普通高等教育"十一五"国家级规划教材

电 路 原 理

马世豪　编著

科 学 出 版 社
北 京

内 容 简 介

本书共13章。前3章简要介绍静电场、稳恒磁场的基本理论和麦克斯韦电磁理论。后10章内容包括电路的基本概念、基本定理，电路的等效变换，线性电路的基本分析方法，网络定理，一阶电路与二阶电路，正弦交流电路，三相电路与互感电路，非正弦周期电流电路，拉普拉斯变换（动态电路的复频域分析法），双口网络等。各章均配有与基本内容密切相关的典型例题，书末附有各章习题的答案。

本书可作为高等院校电子、通信、计算机、信息技术等专业的本科生教材，也可作为高职高专电路原理课程的教材，同时可供相关领域的技术人员参考。

图书在版编目(CIP)数据

电路原理/马世豪编著. —北京：科学出版社，2006

普通高等教育“十一五”国家级规划教材
ISBN 978-7-03-013423-3

Ⅰ.电…　Ⅱ.马…　Ⅲ.电路理论－高等学校－教材　Ⅳ.TM13

中国版本图书馆CIP数据核字(2007)第014243号

责任编辑：马长芳　李鹏奇　姚庆爽 / 责任校对：张　琪
责任印制：徐晓晨 / 封面设计：陈　敬

科学出版社出版
北京东黄城根北街16号
邮政编码：100717
http://www.sciencep.com

北京虎彩文化传播有限公司印刷
科学出版社发行　各地新华书店经销

*

2006年8月第　一　版　开本：B5(720×1000)
2021年2月第十次印刷　印张：29
字数：575 000

定价：88.00 元

（如有印装质量问题，我社负责调换）

前　　言

电路原理(或电路分析、电路等)课程是电类专业很重要的专业基础课,也是电类相关专业必修的基础课。学习电路原理的先修基础课是电磁场理论(或电磁学),因电路理论主要研究的是电路中的电磁过程,即电压、电流、电荷、磁通(或磁链)所表征的物理过程,这四个物理量是电路的基本变量。在"课时紧、内容多"的理科课程设置中,有不少专业在不开设电磁场理论(或电磁学)课程的情况下,直接开设电路原理课,这势必给该课程的学习和讲授带来一定的难度。鉴于此,笔者根据多年讲授电磁学和电路原理课的经验体会,结合高等院校课程改革的要求,编写了以简明电磁场理论为先修基础,以电路原理基础知识为主要内容的《电路原理》一书。本书已在华中师范大学 2002 级和 2003 级计算机等专业的本科生中使用,收到了理想的教学效果。

本书在编写过程中考虑了以下特点:

在内容取舍上贯彻"加强基础、突出重点、不断更新、利于教学"的原则,力求使本书易于"操作",即教师教起来顺手,学生学起来顺心,既有一定深度,又有一定广度。

本书以"三场"(静电场、稳恒磁场、变化的电磁场)、"二律"(KCL、KVL)、"四法"(支路法、网孔法、回路法、节点法)、"六定理"(叠加定理、替代定理、戴维南-诺顿定理、互易定理、对偶定理、特勒根定理)等为主线展开论述,内容基础性强,教材结构体系相对独立完整,有些章节略去不讲不会影响其他章节的讲授和学习。各专业可根据自身特点及课时多少灵活选用。

本书共 13 章,前 3 章简要介绍静电场、稳恒磁场和变化电磁场的基本知识,为学习电路原理打下必要的"场"基础。后 10 章主要介绍电路的基本概念、基本定律、基本定理、基本分析方法及其在各种电路中的应用等电路原理的基础知识。对于学过电磁学的学生,前 3 章可略去不讲。

本书各章结合知识点除配有典型的例题和一定量的习题外,还配有思考题,这也是本书有别于其他同类教科书的一个小小的特点,旨在帮助读者较好地掌握基本内容,提高分析问题和解决问题的能力。本书叙述力求深入浅出,物理过程的分析详细易懂,便于读者自学。学习本课程,可为以后模拟电路、数字电路等课程的学习提供必要的基础理论知识。

本书在编写过程中参考了一些近年来国内外出版的有关教科书,书末列写了其中有代表性的好书,笔者对这些书的作者表示敬意!

限于笔者水平有限,书中疏漏不妥之处在所难免,敬请读者批评指正!

作　　者

2004 年元月

于武昌桂子山

目　　录

第1章 静电场的基本规律

相对于观察者静止的电荷所激发的电场叫作静电场。本章主要介绍静电场的基本性质和规律，讨论导体、电介质存在时与电场之间的相互作用等问题。本章主要内容有：库仑定律、电场强度、电势、静电场的高斯定理和环路定理、静电场中导体和电介质的性质以及静电场的能量等。这些内容是稳恒电路必备的理论基础。

1.1 库仑定律

1.1.1 电荷与电荷守恒定律

1. 电荷

早在公元前7世纪，希腊哲学家就记载了用布摩擦过的琥珀能够吸引一些轻小物体的现象，我国东汉时期的王充在其著书中也有“琥珀拾芥”的记载。后来人们还发现，诸如玻璃棒、橡胶棒、硫磺块等，将它们用毛皮和丝绸摩擦后，也能够吸引轻小物体。当物体具有这种吸引轻小物体的性质时，就说它带了电或具有了电荷，并称之为带电体。实验表明，自然界中只存在两种电荷，即正电荷和负电荷，且异号电荷相互吸引，同号电荷相互排斥。人们把电荷之间的这种相互作用力称为电力。物体所带电荷的多少称为电量，通常用符号 Q 或 q 表示。

2. 物质的电结构

按照物质的电结构理论，物质由分子组成，分子由原子组成，原子由带正电的原子核和绕核运动的带负电的电子组成。物质内部固有地存在电子和质子这两类基本电荷，它们正是各种物体带电的内在依据。由于在正常情况下，物体内部任何一部分所包含的电子总数和质子总数总是相等的，所以物体对外界不显出电性，但是在一定的外因条件下，如果物体得到或失去一定量的电子，使得物体的电子总数和质子总数不再相等，于是物体就显示电性。例如摩擦起电。

物体可以按照其转移或传导电荷的能力分为导体、半导体和绝缘体。导体和绝缘体之间没有严格的界限。在一定的条件下，绝缘体可以变为导体。对导电性能极强的金属导体而言，其原子中最外层电子（价电子）容易摆脱原子的束缚，在导体中自由运动，称之为自由电子，失去价电子的原子则称为原子实，它们在固态金属中排列成整齐的点阵，这种点阵称为晶格或晶体点阵。自由电子在晶格中，像气体分子那样做无规则运动，并不时地彼此碰撞或与晶格点阵上的原子实碰撞，这就是金属的微观电结构的经典图像。除金属导体外，石墨、电解液（酸、碱、盐的水溶液）、人体、大地、电离的气体也是导体。

对绝缘体而言，其绝大部分电荷都只能束缚在一个原子或分子的范围内做微小位移，它的导电性能极差。例如，玻璃、橡胶、丝绸、琥珀、松香、硫磺、瓷器、油类物质、未电离的气体等都是绝缘体。

对于半导体而言，其导电能力介于导体和绝缘体之间，而且对温度、光照、杂质、压力、电磁场等外加条件极为敏感。在半导体中，导电的粒子叫载流子，其中一种是带负电的电子，另一种是带正电的空穴，它们在现代电子技术中应用十分广泛。

3. 电荷的量子化

物质的电结构图像及实验事实表明，电荷的量值是不连续的，它有一个基本单元，即一个质子或一个电子所带电量的绝对值 e，测量表明，e 的量值为 $e=1.60217733\times10^{-19}$C，而每个原子核、原子、分子乃至任何宏观的带电体所带的电量都只能是这个基本电荷 e 的整数倍，即

$$q = ne, \qquad n = 1,2,\cdots$$

电荷这种只能取分立的不连续量值的性质，叫做电荷量子化，电荷的量子就是 e。量子化是近代物理中的一个基本概念。

应当指出，近代物理从理论上预言有一种电量为 $\pm\frac{1}{3}e$ 或 $\pm\frac{2}{3}e$ 的基本粒子(层子或夸克)存在，并认为质子和中子等诸多粒子是由层子组成的，但至今尚未在实验中找到自由的夸克。

4. 电荷守恒定律

大量的实验表明，在一个与外界没有电荷交换的系统内，正负电荷的代数和在任何物理过程中始终保持不变，这个结论称为电荷守恒定律。无论是在宏观领域，还是在原子、原子核和基本粒子等微观领域，电荷守恒定律都是成立的，因此，它是物理学的重要规律之一。

1.1.2 库仑定律

在静电学中，经常要用到点电荷的概念。点电荷是从实际的带电体抽象出来的一个理想模型，类似于力学中的质点等。所谓点电荷，是指带电体本身的几何线度，比起它到其他带电体或者参考点的距离小得多时，可以忽略带电体的形状、大小，把它抽象成一个带电的几何点。在理解点电荷这个概念时要注意，点电荷是一个抽象的理想模型，具有相对的意义。一个带电体可否视为点电荷，要由具体问题来决定。

1784～1785 年，库仑利用扭秤实验定量地研究了两个点电荷之间的相互作用，并总结出它们之间相互作用的规律，即库仑定律，其表述为：

在真空中，两个静止的点电荷 q_1 与 q_2 之间的作用力，其大小与两点电荷电量的乘积成正比，而与两点电荷之间的距离 r 的平方成反比，作用力的方向沿着两点电荷的连线，同号电荷相斥，异号电荷相吸，写成数学表达式，即

$$\boldsymbol{F} = -\boldsymbol{F}' = k\frac{q_1q_2}{r^2}\boldsymbol{r}^0 \tag{1-1}$$

式中$\boldsymbol{r}^0$是$\boldsymbol{r}$方向上(由q_1指向q_2)的单位向量,即$\boldsymbol{r}^0=\frac{\boldsymbol{r}}{r}$,$k$为比例系数,可根据实验测定。在SI中,$k=8.98755\times10^9\text{N}\cdot\text{m}^2\cdot\text{C}^{-2}\approx9.0\times10^9\text{N}\cdot\text{m}^2\cdot\text{C}^{-2}$。

图1-1(a)和1-1(b)分别给出的是两带电量各为q_1和q_2同号点电荷及异号点电荷相互作用的示意图,在SI中,将k写成$k=\frac{1}{4\pi\varepsilon_0}$,这样,库仑定律的数学表述形式为

$$\boldsymbol{F} = \frac{1}{4\pi\varepsilon_0}\cdot\frac{q_1q_2}{r^2}\boldsymbol{r}^0 \tag{1-2}$$

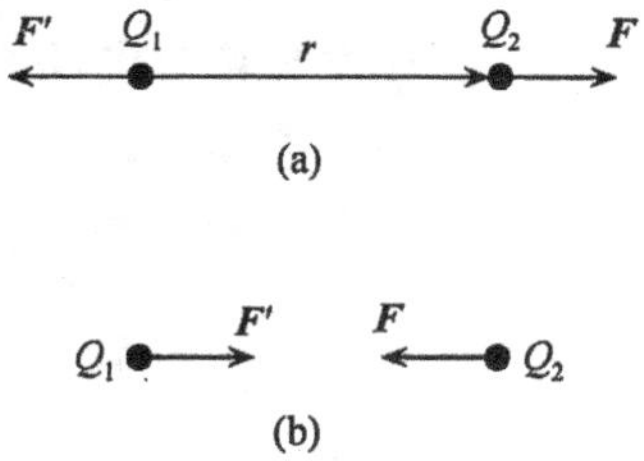

F′ Q1 r Q2 F

(a)

Q1 F′ F Q2

(b)

图1-1

式中ε_0称为真空中的介电常数(或称真空电容率),其大小和单位为

$$\varepsilon_0 = \frac{1}{4\pi k} = 8.854188\times10^{-12}\text{C}^2\cdot\text{N}^{-1}\cdot\text{m}^{-2}\approx8.85\times10^{-12}\text{C}^2\cdot\text{N}^{-1}\cdot\text{m}^{-2}$$

当带电体处于电介质(绝缘物质)中时,会使介质极化而产生极化电荷,同时还由于电介质分子中正负电荷的微观移动导致电介质产生了弹性形变而引起弹性力,因此,介质中两个点电荷之间的作用力显得相当复杂。但实验和理论证明,无限大均匀电介质中两个相距为r的点电荷q_1与q_2之间的相互作用力是真空中的$\frac{1}{\varepsilon_r}$倍,即

$$\boldsymbol{F} = \frac{1}{\varepsilon_r}\cdot\frac{1}{4\pi\varepsilon_0}\cdot\frac{q_1q_2}{r^2}\boldsymbol{r}^0 = \frac{1}{4\pi\varepsilon}\cdot\frac{q_1q_2}{r^2}\boldsymbol{r}^0 \tag{1-3}$$

式中ε_r称为电介质的相对介电常数(或相对电容率),ε称为电介质的介电常数,$\varepsilon=\varepsilon_r\varepsilon_0$。

应当指出,库仑定律只适用于研究点电荷之间的相互作用。在计算任意两带电体之间的相互作用时,必须把带电体分割成无限多个小的单元,每个小的单元可视为点电荷。于是整个带电体就可看成是无限多个点电荷的集合,而带电体之间的相互作用就可由这两组点电荷相互作用的总和来描述。力的叠加原理则是处理两组点电荷相互作用的基础,即同时存在多个点电荷时,作用在其中任意一个点电荷上的力,等于其他每一个点电荷单独对该点电荷库仑作用力的矢量和。这个规律通常称为力的叠加原理。

1.2 静电场　电场强度

1.2.1 电场

从1.1节的讨论我们看到,电荷之间具有相互作用力,那么这种力是如何传递

的呢？对此，历史上曾有过长时间的争论。一种是超距作用观点，认为这类力不需要媒介也不需要时间，能够由一个带电体立即作用于另一个带电体上；另一种观点是“以太”传递观点，认为这类力（电力和磁力）是近距作用的，是通过一种充满在空间的弹性介质即“以太”来传递的。

近代物理学的理论和实验证明上述观点都是错误的，并指出任何电荷都会在其周围空间激发电场。电场的基本性质是，对处于其中的其他电荷有作用力，这个力称为电场力。事实上，两个电荷之间的相互作用力，实际上是一个电荷的电场作用在另一个电荷上的电场力。用一个图式来概括，则为

电荷 ⟷ 电场 ⟷ 电荷

在理解电场这个概念时应注意两点：一是电场的力的属性，即电场对置于其中的任何其他电荷有电场力的作用；二是电场的物质性，即电场和实物（由原子、分子等组成的物质）一样具有能量、动量、质量等属性，它是物质存在的又一种形态。电场（磁场）和实物一起构成了物质世界多姿多彩的绚丽图景。

1.2.2 电场强度

上面谈到，电场具有对置于其中的电荷施加电场力的性质，为了描述这一性质，必须引入一个试探电荷，用符号 q_0 表示，它应满足两个条件：① q_0 的电量足够小，以致将它放入电场后，并不因为自身的电荷而影响原被测的电场；② q_0 的几何线度足够小，即可视为点电荷。简言之，试探电荷是一个电量足够小的点电荷。只有这样，q_0 才能反映出电场各点的性质。

一般把电场中所要研究的点称为场点。当试探电荷 q_0 置于电场中某点时，将受到电场力 $\boldsymbol{F}$ 的作用。实验表明，$\boldsymbol{F}$ 的大小与 q_0 成正比，而比值$\frac{\boldsymbol{F}}{q_0}$只与场点有关而与试探电荷 q_0 无关。于是，我们把电场中每点的$\frac{\boldsymbol{F}}{q_0}$叫做该点的电场强度（简称场强），以 $\boldsymbol{E}$ 表示，即

$$\boldsymbol{E}=\frac{\boldsymbol{F}}{q_0} \tag{1-4}$$

由这个定义可知，场强是描述电场中某点性质的物理量，其大小等于单位试探电荷在该点电场力的大小，其方向与正试探电荷在该点所受电场力的方向相同。在 SI 中，$\boldsymbol{E}$ 的单位为牛顿·库仑$^{-1}$（$\mathrm{N\cdot C^{-1}}$）。

一般而言，电场中不同的场点，其场强的大小、方向都不相同，即 $\boldsymbol{E}$ 是空间坐标的一个矢量点函数，可记作 $\boldsymbol{E}(x,y,z)$，电场中确定的场点，就有一个确定的 $\boldsymbol{E}$ 与之一一对应。在“求某一带电体激发的电场”时，就是指求出场强与坐标的函数关系 $\boldsymbol{E}=\boldsymbol{E}(x,y,z)$。若电场中各点场强具有相同的大小和方向，则称之为均匀电场或匀强电场。

1.2.3 电场强度的计算 场强叠加原理

1. 点电荷电场的场强

在点电荷 Q 所激发的电场中，距 Q 为 r 处的场点放置试探电荷 q_0，由库仑定律可知

$$\boldsymbol{F}=\frac{q_0 Q}{4\pi\varepsilon_0 r^2}\boldsymbol{r}^0$$

根据场强的定义式即得

$$\boldsymbol{E}=\frac{Q}{4\pi\varepsilon_0 r^2}\boldsymbol{r}^0 \tag{1-5}$$

式(1-5)即为点电荷的场强公式。式中 Q 称为场源电荷，其所处的点称为源点。r 为场源电荷到场点的距离，$\boldsymbol{r}^0$ 为场源电荷指向场点矢径方向的单位向量。可以看出，点电荷场强的大小随场点与源点的距离按平方反比律减小，方向沿场点与源点的联线。当 $Q>0$，$\boldsymbol{E}$ 与 $\boldsymbol{r}^0$ 同向，当 $Q<0$，$\boldsymbol{E}$ 与 $\boldsymbol{r}^0$ 反向，场强对于源点呈球对称分布。

2. 点电荷系电场的场强

将试探电荷 q_0 放在点电荷系($q_1,q_2,\cdots,q_n$)所激发的电场中某一点，实验表明，q_0 在该点所受电场力的合力等于各个点电荷单独存在时作用于 q_0 的电场力的矢量和，即

$$\boldsymbol{F}=\boldsymbol{F}_1+\boldsymbol{F}_2+\cdots+\boldsymbol{F}_n$$

将上式两边同除以 q_0，即

$$\frac{\boldsymbol{F}}{q_0}=\frac{\boldsymbol{F}_1}{q_0}+\frac{\boldsymbol{F}_2}{q_0}+\cdots+\frac{\boldsymbol{F}_n}{q_0}$$

由场强的定义式可得

$$\boldsymbol{E}=\boldsymbol{E}_1+\boldsymbol{E}_2+\cdots+\boldsymbol{E}_n \tag{1-6}$$

即

$$\boldsymbol{E}=\sum\frac{\boldsymbol{F}_i}{q_0}=\sum\boldsymbol{E}_i$$

上式表明，n 个点电荷所激发的电场在某点的总场强等于每个点电荷单独存在时所激发的电场在该点场强的矢量和。这一结论称为场强叠加原理。

3. 连续带电体的场强

任何连续的带电体都可以分割成无穷多个电荷元 $\mathrm{d}q$，而电荷元 $\mathrm{d}q$ 可视为点电荷。所以，连续带电体事实上可以看作是由无穷多个电荷元 $\mathrm{d}q$ 组成的点电荷系。这样，便可利用点电荷的场强公式和场强叠加原理计算其场强分布了，具体方法是：

(1) 微分求 $\mathrm{d}\boldsymbol{E}$。在连续带电体的电场中对所研究的场点 P，由点电荷的场强公式可得，每一电荷元 $\mathrm{d}q$ 在 P 点所产生的场强为 $\mathrm{d}\boldsymbol{E}=\frac{\mathrm{d}q}{4\pi\varepsilon_0 r^2}\boldsymbol{r}^0$，式中 r 是由 $\mathrm{d}q$ 到场点 P 的距离。

(2) 积分求总场强 $\boldsymbol{E}$。计算整个带电体在 P 点产生的总场强，就要对所有电荷元在 P 点产生的 $\mathrm{d}\boldsymbol{E}$ 求矢量和，数学上就变成对 $\mathrm{d}\boldsymbol{E}$ 求积分，即

$$\boldsymbol{E} = \int \mathrm{d}\boldsymbol{E} = \int \frac{\mathrm{d}q}{4\pi\varepsilon_0 r^2}\boldsymbol{r}^0 \tag{1-7}$$

实际的连续带电体的电荷分布有三种类型：

(1) 体分布。带电体呈立体型，其电荷连续分布在整个体积内，以 ρ 表示电荷体密度，$\mathrm{d}V$ 为电荷元 $\mathrm{d}q$ 的体积元，则

$$\mathrm{d}q = \rho \mathrm{d}V$$

(2) 面分布。带电体呈平面型，其电荷连续分布在整个面上，以 σ 表示电荷面密度，$\mathrm{d}S$ 为电荷元 $\mathrm{d}q$ 的面积元，则

$$\mathrm{d}q = \sigma \mathrm{d}S$$

(3) 线分布。带电体是线型，其电荷连续分布在整个带电线上，以 λ 表示电荷线密度，$\mathrm{d}l$ 为电荷元 $\mathrm{d}q$ 的线元，则

$$\mathrm{d}q = \lambda \mathrm{d}l$$

将上述三种分布 $\mathrm{d}q$ 的表达式代入式(1-7)，可得

$$\boldsymbol{E} = \begin{cases} \int_V \dfrac{\rho \mathrm{d}V}{4\pi\varepsilon_0 r^2}\boldsymbol{r}^0 (\text{体分布}) \\ \int_S \dfrac{\sigma \mathrm{d}S}{4\pi\varepsilon_0 r^2}\boldsymbol{r}^0 (\text{面分布}) \\ \int_L \dfrac{\lambda \mathrm{d}l}{4\pi\varepsilon_0 r^2}\boldsymbol{r}^0 (\text{线分布}) \end{cases} \tag{1-8}$$

应指出，上述三式中的被积函数都是矢量函数。在求积分时，通常把被积函数 $\mathrm{d}\boldsymbol{E}$ 用直角坐标系中的各分量式写出，再分别进行积分运算，最后就合成矢量 $\boldsymbol{E}$。

例 1-1 计算电偶极子激发的场强。

两个带等量而异号的正负电荷($+q$，$-q$)，当两者之间的距离 l 较之场点到它们中心的距离小得多时，这两个点电荷系就称为电偶极子。从 $-q$ 指向 $+q$ 的矢量 $\boldsymbol{l}$

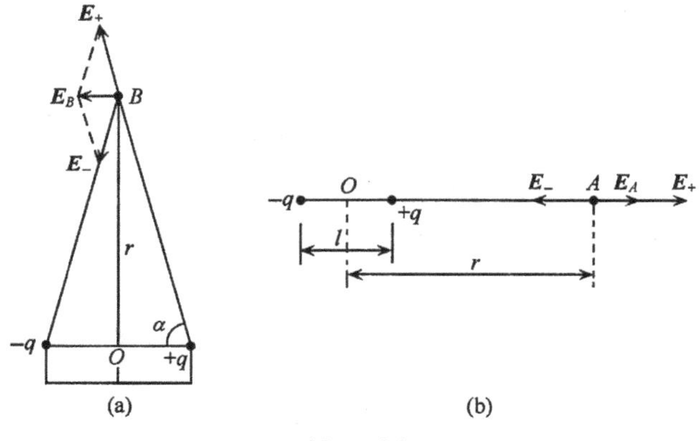

例 1-1 图

称为电偶极子的轴，ql 称为电偶极子的电偶极矩，简称电矩，用符号 $\boldsymbol{p}$ 表示，即

$$\boldsymbol{p} = q\boldsymbol{l}$$

电偶极子在研究电介质的极化、电磁波的发射与吸收以及中性分子之间的相互作用等问题时，都是一个非常重要的物理模型。电偶极子在周围空间激发的电场比点电荷复杂。我们在这里只计算电偶极子在其轴线的延长线上某点 A 和电偶极子轴线的中垂线上某点 B 的场强。

解 (1) 电偶极子轴线 $\boldsymbol{l}$ 的延长线上某点 A 的场强。

设电偶极子处在真空中，其轴线的 O 点到延长线上 A 点的距离为 $r(r\gg l)$，如例 1-1 图(b)所示。$+q$ 和 $-q$ 在 A 点产生的场强 $\boldsymbol{E}_+$和 $\boldsymbol{E}_-$都沿着轴线，但方向相反。它们的大小分别为

$$E_+ = \frac{q}{4\pi\varepsilon_0\left(r - \frac{l}{2}\right)^2}$$

$$E_- = \frac{q}{4\pi\varepsilon_0\left(r + \frac{l}{2}\right)^2}$$

因 $\boldsymbol{E}_+$与 $\boldsymbol{E}_-$同轴但方向相反，故合场强的大小为

$$E_A = E_+ - E_- = \frac{1}{4\pi\varepsilon_0}\left[\frac{q}{\left(r - \frac{l}{2}\right)^2} - \frac{q}{\left(r + \frac{l}{2}\right)^2}\right] = \frac{q}{4\pi\varepsilon_0} \cdot \frac{2rl}{\left(r^2 - \frac{l^2}{4}\right)^2}$$

由于 $r\gg l$，则

$$E_A = \frac{1}{4\pi\varepsilon_0} \cdot \frac{2ql}{r^3} = \frac{1}{4\pi\varepsilon_0} \cdot \frac{2P}{r^3}$$

$\boldsymbol{E}$ 的方向与电矩 $\boldsymbol{p}$ 的指向相同，见例 1-1(b)图。

(2) 电偶极子中垂线上某点 B 的场强。

如例 1-1(a)图所示，令电偶极子中垂线上 B 点到其中心 O 的距离为 $r(r\gg l)$，$+q$ 在 B 点激发的场强 $\boldsymbol{E}_+$沿$+q$ 与 B 的连线并背离$+q$ 点，$-q$ 在 B 点激发的场强 $\boldsymbol{E}_-$沿$-q$ 与 B 的连线并指向$-q$ 点，且 $\boldsymbol{E}_+$与 $\boldsymbol{E}_-$大小相等，即

$$E_+ = E_- = \frac{1}{4\pi\varepsilon_0} \cdot \frac{q}{\left(r^2 + \frac{l^2}{4}\right)}$$

由对称性不难看出，B 点合场强 $\boldsymbol{E}_B$ 的大小为

$$E_B = E_+\cos\alpha + E_-\cos\alpha = 2E_+\cos\alpha = 2\frac{1}{4\pi\varepsilon_0} \cdot \frac{q}{\left(r^2 + \frac{l^2}{4}\right)} \cdot \frac{\frac{l}{2}}{\sqrt{r^2 + \frac{l^2}{4}}}$$

$\boldsymbol{E}_B$ 的方向与电矩 $\boldsymbol{p}$ 的方向相反。因 $r\gg l$，即得

$$E_B = \frac{ql}{4\pi\varepsilon_0 r^3} = \frac{P}{4\pi\varepsilon_0 r^3}$$

上述计算结果表明，电偶极子在其轴线的延长线上和中垂线上所激发的场强与电偶极子电矩值 P 成正比，而与场点到电偶极子距离的三次方成反比。

例 1-2 一长度为 L，总电量为 q 的均匀带电直线，设线外一点 P 到带电直线的垂直距离为 a，P 点和直线两端的连线与直线之间的夹角分别为 θ_1 和 θ_2（例 1-2 图），试求 P 点的场强。

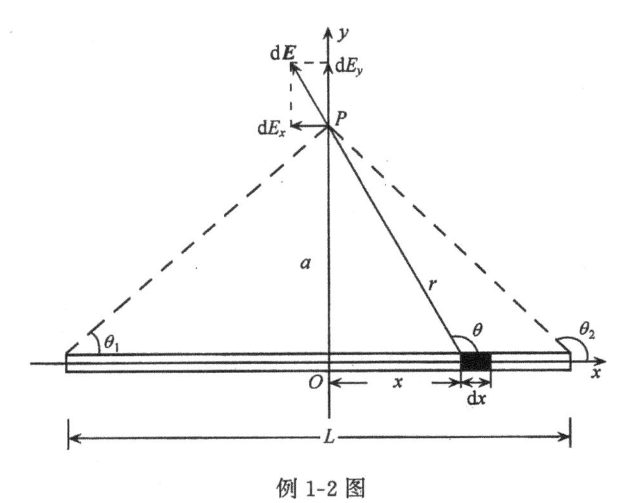

例 1-2 图

解 取场点 P 到带电直线的垂足为坐标原点 O，x 轴沿带电直线向右，y 轴过 P 点竖直向上，如本例图所示。由于带电体是电荷均匀连续分布的带电直线，在距原点 O 为 x 处取电荷元 $\mathrm{d}q$，则有

$$\mathrm{d}q = \lambda \mathrm{d}x = \frac{q}{L}\mathrm{d}x$$

$\mathrm{d}q$ 可视为点电荷，它在 P 点激发的场强为 $\mathrm{d}\boldsymbol{E}$，其大小为

$$\mathrm{d}E = \frac{\mathrm{d}q}{4\pi\varepsilon_0 r^2}$$

$\mathrm{d}\boldsymbol{E}$ 的方向如例 1-2 图所示。

设 $\mathrm{d}\boldsymbol{E}$ 与 x 轴之间的夹角为 θ，则 $\mathrm{d}\boldsymbol{E}$ 沿 x 轴和 y 轴的分量分别为

$$\mathrm{d}E_x = \mathrm{d}E\cos\theta, \qquad \mathrm{d}E_y = \mathrm{d}E\sin\theta$$

对 $\mathrm{d}E_x$、$\mathrm{d}E_y$ 进行积分，便得所求场强的分量为

$$E_x = \int \mathrm{d}E_x = \int \mathrm{d}E\cos\theta = \int \frac{\lambda \mathrm{d}x}{4\pi\varepsilon_0 r^2}\cos\theta$$

$$E_y = \int \mathrm{d}E_y = \int \mathrm{d}E\sin\theta = \int \frac{\lambda \mathrm{d}x}{4\pi\varepsilon_0 r^2}\sin\theta$$

在上述积分的被积函数中，r、θ、x 均为变量，需要变量统一。由几何关系可知

$$r=\frac{a}{\sin\theta},\qquad x=-a\cot\theta,\qquad \mathrm{d}x=\frac{a\mathrm{d}\theta}{\sin^2\theta}$$

代入上述积分式，即得

$$E_x=\int_{\theta_1}^{\theta_2}\frac{\lambda}{4\pi\varepsilon_0 a}\cos\theta\mathrm{d}\theta=\frac{\lambda}{4\pi\varepsilon_0 a}(\sin\theta_2-\sin\theta_1)$$

$$E_y=\int_{\theta_1}^{\theta_2}\frac{\lambda}{4\pi\varepsilon_0 a}\sin\theta\mathrm{d}\theta=-\frac{\lambda}{4\pi\varepsilon_0 a}(\cos\theta_2-\cos\theta_1)$$

其矢量表示为

$$\boldsymbol{E}=E_x\boldsymbol{i}+E_y\boldsymbol{j}$$

$\boldsymbol{E}$ 的大小为

$$E=\sqrt{E_x^2+E_y^2}$$

其方向可用 $\boldsymbol{E}$ 与 x 轴的夹角 θ 表示，即

$$\theta=\arctan\frac{E_y}{E_x}$$

（注意：图中 z 轴未画出，因 $\mathrm{d}E_z=0$，$\int\mathrm{d}E_z=0$。）

如果这一均匀带电直线为无限长，即 $\theta_1=0$，$\theta_2=\pi$，则得

$$E_x=0,\qquad E_y=\frac{\lambda}{2\pi\varepsilon_0 a}$$

即

$$\boldsymbol{E}=\frac{\lambda}{2\pi\varepsilon_0 a}\boldsymbol{j}$$

结果表明，无限长均匀带电直线附近某点 P 的场强 $\boldsymbol{E}$ 与该点到带电直线的距离 a 成反比，$\boldsymbol{E}$ 的方向沿垂直于带电直线的方向。若 λ 为正，$\boldsymbol{E}$ 沿 y 轴正方向；若 λ 为负，$\boldsymbol{E}$ 沿 y 轴负方向。以上结果，对有限长均匀带电直线靠近中部附近的区域（$a\ll L$）近似成立。

例 1-3 一半径为 R 的细圆环，均匀带有电量 q，试计算圆环轴线上离环心距离为 x 处 P 点的场强。

解 建立例 1-3 所示的坐标系 OX，在圆环上任取一电荷元，其电量为

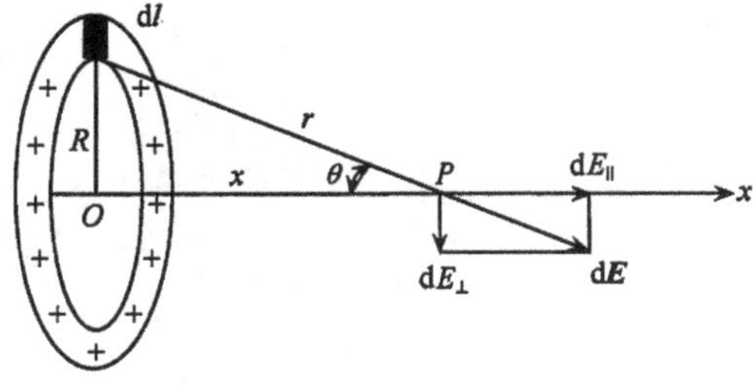

例 1-3 图

$$\mathrm{d}q=\lambda\mathrm{d}l=\frac{q}{2\pi R}\mathrm{d}l$$

$\mathrm{d}q$ 在 P 点激发的场强 $\mathrm{d}\boldsymbol{E}$ 的大小为

$$\mathrm{d}E=\frac{\mathrm{d}q}{4\pi\varepsilon_0 r^2}$$

$\mathrm{d}\boldsymbol{E}$ 的方向如例 1-3 图所示。

由于圆环上各电荷元在 P 点激发的场强 $\mathrm{d}\boldsymbol{E}$ 的方向各不相同，为此把 $\mathrm{d}\boldsymbol{E}$ 分解为平行于 X 轴的分量 $\mathrm{d}E_{\parallel}$ 和垂直于 X 轴的分量 $\mathrm{d}E_{\perp}$。根据圆环对 P 点的轴对称性可知，各电荷元在 P 点垂直于 X 轴的分量相互抵消，所以带电细圆环在 P 点激发的合场强是平行于 X 轴的那些分量 $\mathrm{d}E_{\parallel}$ 的总和，即

$$E=\int \mathrm{d}E_{\parallel}=\int \mathrm{d}E\cos\theta=\int \frac{\lambda \mathrm{d}l}{4\pi\varepsilon_0 r^2}\cos\theta$$

$$=\frac{\lambda\cos\theta}{4\pi\varepsilon_0 r^2}\int_0^{2\pi R}\mathrm{d}l=\frac{q}{4\pi\varepsilon_0 r^2}\cos\theta=\frac{qx}{4\pi\varepsilon_0 (x^2+R^2)^{3/2}}$$

$\boldsymbol{E}$ 的方向沿 X 轴方向。若 $q>0$，$\boldsymbol{E}$ 沿 X 轴正方向。若 $q<0$，$\boldsymbol{E}$ 沿 X 轴负方向。若 $x=0$，则 $E=0$，即环心的场强为零。

若 $x\gg R$，则有

$$E\approx\frac{q}{4\pi\varepsilon_0 x^2}$$

结果表明，在远离环心处的场强近似于环上所有电荷全部集中在环心处的一个点电荷所激发的场强。

例 1-4 一均匀带电薄圆盘，半径为 R，电荷面密度为 σ。试计算该带电圆盘轴线上与盘心距离为 x 处点 P 的场强。

解 方法一：建立如例 1-4 图(a)所示坐标系，把圆盘分割成许多同心的细圆环，则圆盘上任一半径为 r，宽度为 $\mathrm{d}r$ 的细圆环，其面积元为 $2\pi r\mathrm{d}r$，所带电量为 $\mathrm{d}q=\sigma 2\pi r\mathrm{d}r$。

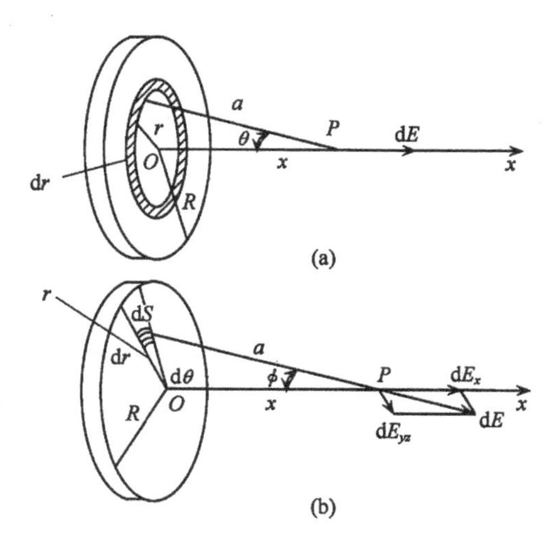

例 1-4 图

利用例 1-3 中得到的带电细圆环轴线上任一点场强的公式，可得此带电细圆环在圆盘轴线上 P 点激发的场强为

$$dE = \frac{x dq}{4\pi\varepsilon_0(x^2 + r^2)^{3/2}} = \frac{x\sigma 2\pi r dr}{4\pi\varepsilon_0(x^2 + r^2)^{3/2}}$$

整个带电圆盘在 P 点产生的场强就是这许多带电细圆环在 P 点所激发的场强的叠加。由于各带电圆环在 P 点所激发的场强都是沿 x 轴方向，所以合场强的大小为

$$E = \int dE = \frac{2\pi\sigma x}{4\pi\varepsilon_0}\int_0^R \frac{r}{(x^2 + r^2)^{3/2}} dr = \frac{\sigma}{2\varepsilon_0}\left(1 - \frac{x}{\sqrt{x^2 + R^2}}\right)$$

$\boldsymbol{E}$ 的方向沿 x 轴方向。若 $\sigma>0$，$\boldsymbol{E}$ 沿 x 轴正方向；若 $\sigma<0$，$\boldsymbol{E}$ 沿 x 轴负方向。

方法二：如例 1-4 图(b)，在圆盘上半径为 r 处任取一面积元 dS，则

$$dS = r d\theta dr$$

其带电量为

$$dq = \sigma dS = \sigma r d\theta dr$$

由点电荷的场强公式可知该 dq 在 P 点产生的场强为大小为

$$dE = \frac{dq}{4\pi\varepsilon_0 a^2} = \frac{\sigma r d\theta dr}{4\pi\varepsilon_0 a^2}$$

由于圆盘的电荷分布对盘轴上的 P 点具有轴对称性，显然，所有 $d\boldsymbol{E}$ 在垂直于 x 轴方向的分量互相抵消，只有平行 x 轴的分量 $d\boldsymbol{E}_x$ 对 P 点的总场强有贡献，如本例图(b)可知

$$dE_x = \frac{\sigma r d\theta dr}{4\pi\varepsilon_0 a^2}\cos\varphi = \frac{\sigma r d\theta dr}{4\pi\varepsilon_0 a^2}\cdot\frac{x}{a} = \frac{\sigma x r d\theta dr}{4\pi\varepsilon_0(x^2 + r^2)^{3/2}}$$

对变量 r、θ 求二重积分，可得带电圆盘在盘轴 P 点产生的场强为大小为

$$E = \iint_S dE_x = \frac{\sigma x}{4\pi\varepsilon_0}\int_0^{2\pi} d\theta\int_0^R \frac{r}{(x^2 + r^2)^{3/2}} dr = \frac{\sigma}{2\varepsilon_0}\left(1 - \frac{x}{\sqrt{x^2 + R^2}}\right)$$

$\boldsymbol{E}$ 的方向沿 x 轴方向。

所得结果与方法一的计算结果一致。

对本例结果可做两点相对性讨论。

(1) 若 $x\ll R$，这时有限大小的带电盘面对 P 点而言可视为无限大平面，于是 P 点的场强为 $E=\frac{\sigma}{2\varepsilon_0}$，即对于无限大均匀带电平面，它在空间所产生的电场的场强大小处处相等，与场点到带电平面的距离无关。$\boldsymbol{E}$ 在方向上，若 $\sigma>0$，$\boldsymbol{E}$ 的方向垂直带电平面指向两侧；若 $\sigma<0$，则 $\boldsymbol{E}$ 的方向由两侧垂直指向带电平面。可见，无限大带电平面两侧的电场是均匀电场。

(2) 若 $x\gg R$，将本例的结果写成

$$E = \frac{\sigma}{2\varepsilon_0}\left[1 - \frac{x}{\sqrt{x^2 + R^2}}\right] = \frac{\sigma}{2\varepsilon_0}\left[1 - \frac{1}{\sqrt{1^2 + \left(\frac{R}{x}\right)^2}}\right]$$

根据牛顿二项式定理

$$\frac{1}{\sqrt{1^2+\left(\frac{R}{x}\right)^2}}=1-\frac{1}{2}\left(\frac{R^2}{x^2}\right)+\frac{3}{8}\left(\frac{R^2}{x^2}\right)^2-\cdots\approx 1-\frac{1}{2}\left(\frac{R^2}{x^2}\right)$$

代入上式即得

$$E\approx\frac{\sigma R^2}{4\varepsilon_0 x^2}=\frac{\sigma\pi R^2}{4\pi\varepsilon_0 x^2}=\frac{q}{4\pi\varepsilon_0 x^2}$$

式中 q 是圆盘所带的总电量，这一结果与点电荷的场强公式一致。可见，只要 $\frac{R}{x}$ 足够小，就可以足够精确地把带电圆盘看作点电荷。这再一次说明，一个带电体能否被视为点电荷不在于其本身的绝对大小，而在于其本身的线度与它到场点的距离相比是否足够小。同一个带电薄圆盘，当场点很远时，可被看作点电荷；而当场点在圆盘附近时，它又可被看作无限大带电平面！

1.3 高斯定理

在讨论高斯定理之前，必须建立电通量的概念。因为高斯定理是关于闭合曲面电通量的定理。关于电通量的概念，往往令初学者感到抽象而难以接受，为此，我们先引进电场线的概念，它将有助于对电通量的理解。

1.3.1 电场线及其密度

电场线（也叫电力线）的概念是法拉第首先提出的，它能形象地描述场强在空间的分布情形，使电场有一个比较直观的图像。其定义为：在电场中画出一系列的曲线，使曲线上每一点的切线方向与该点处场强 $\boldsymbol{E}$ 的方向一致，所有这样画出的曲线，叫做电场线。图 1-2 即表示某一电场中的一条电场线。

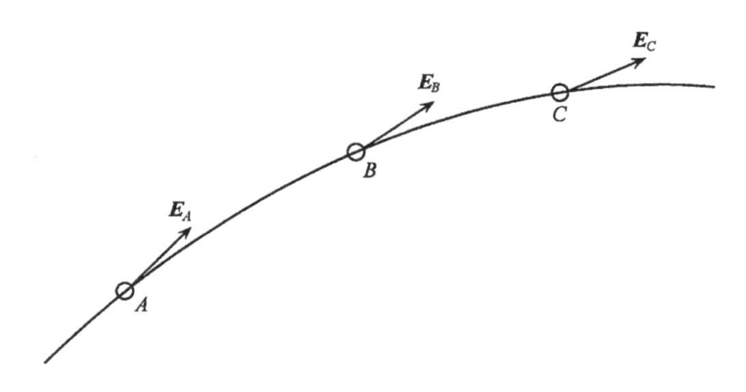

图 1-2

为了使电场线不仅表示出电场的方向分布情况，而且能表示出各点场强大小的分布情况，我们接着引入电场线密度的概念。其定义为：在电场中任一点，取垂直于该点场强($\boldsymbol{E}$)方向的面积元 $\mathrm{d}S$,设穿过 $\mathrm{d}S$ 的电场线有 $\mathrm{d}N$ 条,则比值$\frac{\mathrm{d}N}{\mathrm{d}S}$称为该点的电场线密度。而且在作电场线图时,总是使得电场中任一点的电场线密度与该点场强的大小满足下述关系,即

$$E=\frac{\mathrm{d}N}{\mathrm{d}S}$$

由此可见,在场强较大的地方,电场线较密集;场强较小的地方,电场线较稀疏。这样,电场线的疏密就形象地反映了电场中场强大小的分布。图 1-3 是借助一些实验方法画出的几种常见的电荷静止分布时的电场线图。

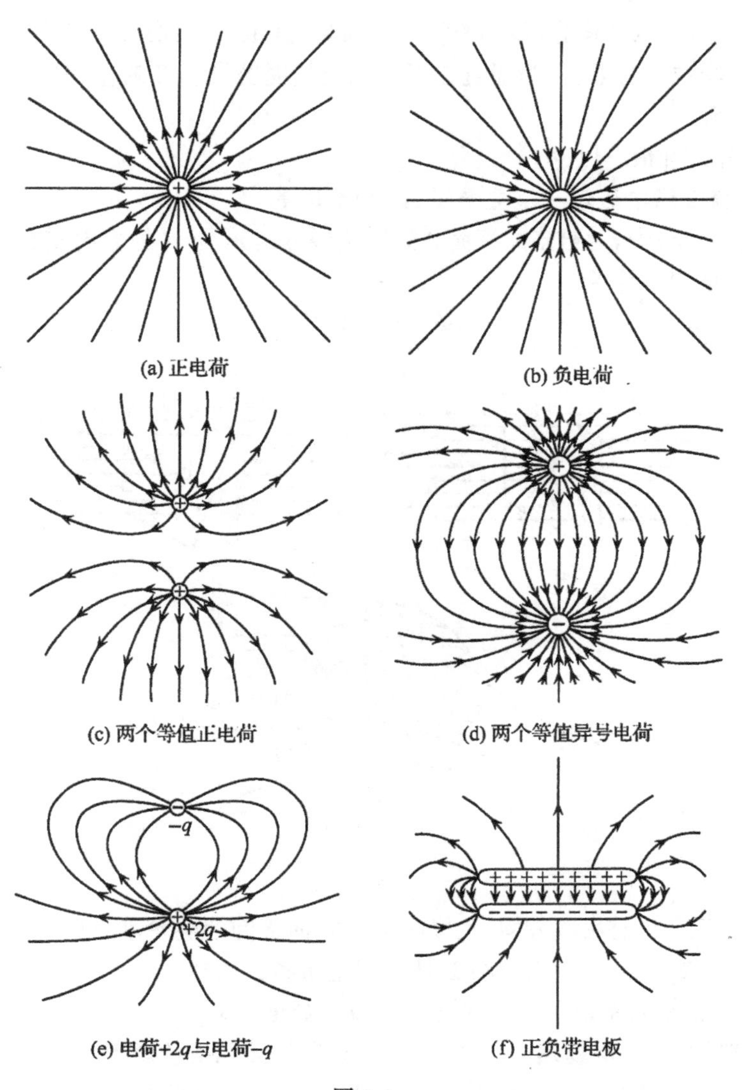

图 1-3

由图 1-3 可以看出，静电场的电场线有如下性质：

(1) 电场线不形成闭合曲线，它起始于正电荷（或来自无穷远处），终止于负电荷（或伸向无穷远处），不会在没有电荷的地方中断。

(2) 任意两条电场线不会相交。这正是电场中每一点处场强具有唯一确定方向的必然结果。

在理解电场线的概念时应注意，在电场中并不真有电场线存在，它只是为了形象地描述电场而使用的一种几何方法。除了描述电场外，电场线的概念对于电路问题的分析也是很有帮助的。

1.3.2 电通量

借助于电场线的概念，我们来讨论电通量。其定义为：通过电场中某一曲面（或平面）的电场线的总数，称为通过该面的电场强度通量或 $\boldsymbol{E}$ 通量，简称电通量。用符号 Φ_e 表示。

下面分几种情况讨论：

1. 匀强电场中通过一给定平面 ΔS 的电通量

在图 1-4(b)中，对给定的平面 ΔS，其法线方向 $\boldsymbol{n}^0$ 与 $\boldsymbol{E}$ 的方向成 θ 角，显然，通过平面 ΔS 的电通量为

$$\Phi_e = E\cos\theta\Delta S \tag{1-9}$$

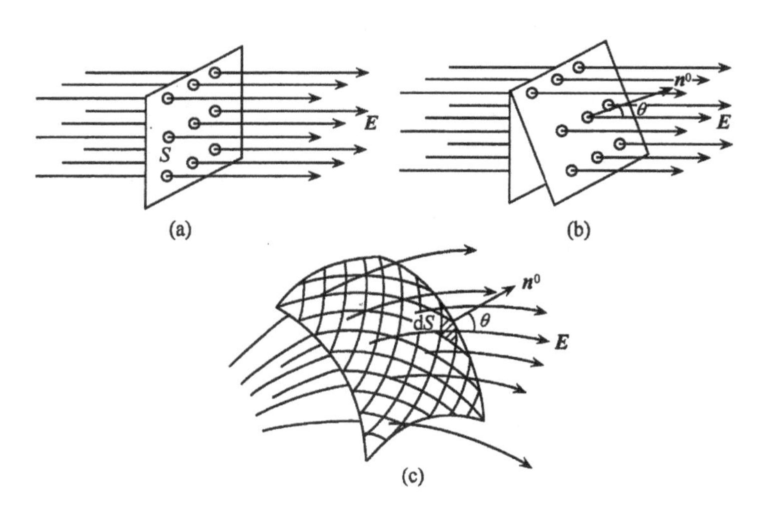

图 1-4

如果平面 ΔS 的法线方向 $\boldsymbol{n}^0$ 与场强 $\boldsymbol{E}$ 方向之间的夹角 θ 介于 0°～180°之间，由式(1-9)可知，通过给定面积的 $\boldsymbol{E}$ 通量可正可负或为零。

2. 非匀强电场中通过一给定空间曲面 S 的电通量

在一般情况下，电场是非匀强电场，所给定的面积是任意形状的曲面 S，那么，如何计算通过该曲面的电通量呢？这里，我们可以借助微积分的数学方法，先把该

曲面分割成无限多个充分小的面积元 $\mathrm{d}S$，这样，每一个小面积元 $\mathrm{d}S$ 可以看作是平面，小面积元 $\mathrm{d}S$ 上的场强可以认为是均匀的。设 $\mathrm{d}S$ 的法线方向与该处的场强 $\boldsymbol{E}$ 成 θ 角，如图 1-4(c)，那么通过给定面积元 $\mathrm{d}S$ 的 $\boldsymbol{E}$ 通量为

$$\mathrm{d}\Phi_e = E\cos\theta\mathrm{d}S$$

接着，对整个曲面求积分可得通过给定曲面 S 总的电通量为

$$\Phi_e = \int_S \mathrm{d}\Phi_e = \int_S E\cos\theta\mathrm{d}S \tag{1-10}$$

如果曲面是闭合曲面，式(1-10)可写成

$$\Phi_e = \oint_S \mathrm{d}\Phi_e = \oint_S E\cos\theta\mathrm{d}S \tag{1-11}$$

必须指出，对于非闭合曲面，曲面法线的正方向可以取曲面的任一侧，但是，对于闭合曲面，数学上规定自内向外且垂直于面积元的方向为该面积元的正法线方向。这样，由 $\mathrm{d}\Phi_e=E\cos\theta\mathrm{d}S$ 可知，在电场线从曲面之内向外穿出处，$\boldsymbol{E}$ 通量为正，反之，在电场线从外部穿入曲面处，$\boldsymbol{E}$ 通量为负。

如果引入面积元矢量 $\mathrm{d}\boldsymbol{S}$（其大小等于 $\mathrm{d}S$，方向为 $\mathrm{d}S$ 的正法线方向），于是 $E\cos\theta\mathrm{d}S$ 可写成 $\boldsymbol{E}\cdot\mathrm{d}\boldsymbol{S}$ 的形式（$\boldsymbol{E}$ 和 $\mathrm{d}\boldsymbol{S}$ 的标积形式），则式(1-10)和式(1-11)可分别写成

$$\Phi_e = \int_S \mathrm{d}\Phi_e = \int_S \boldsymbol{E}\cdot\mathrm{d}\boldsymbol{S} \tag{1-10$'$}$$

$$\Phi_e = \oint_S \mathrm{d}\Phi_e = \oint_S \boldsymbol{E}\cdot\mathrm{d}\boldsymbol{S} \tag{1-11$'$}$$

1.3.3 高斯定理

上面介绍了 $\boldsymbol{E}$ 通量的概念，在此基础上，我们进一步讨论静电场中通过任一闭合曲面的 $\boldsymbol{E}$ 通量与场源电荷量之间的关系，从而得出一个描述静电场性质的基本定理，即高斯定理。

参看图 1-5，我们首先计算点电荷 $+q$ 所激发的电场中，通过以点电荷 $+q$ 为中心，以任一 r 为半径的封闭球面的 $\boldsymbol{E}$ 通量。

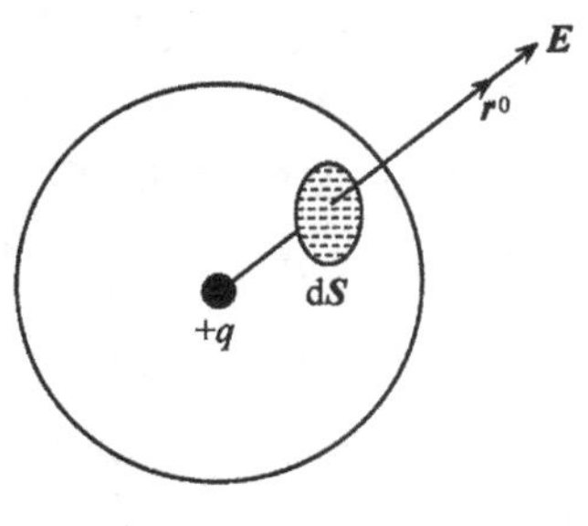

图 1-5

由库仑定律可知，在球面上任一点的场强为

$$\boldsymbol{E} = \frac{q}{4\pi\varepsilon_0 r^2}\boldsymbol{r}^0$$

场强 $\boldsymbol{E}$ 的方向沿半径呈辐射状，处处和球面上面积元矢量 $\mathrm{d}\boldsymbol{S}$ 的单位法向矢量 $\boldsymbol{r}^0$ 方向相同，即 $\boldsymbol{E}$ 和 $\boldsymbol{r}^0$ 之间的夹角 θ 为零，由式(1-11)可求得通过该闭合球面的 $\boldsymbol{E}$ 通量为

$$\Phi_e = \oint_S \boldsymbol{E}\cdot\mathrm{d}\boldsymbol{S} = \oint_S \frac{q}{4\pi\varepsilon_0 r^2}\boldsymbol{r}^0\cdot\mathrm{d}\boldsymbol{S} = \frac{q}{4\pi\varepsilon_0 r^2}\oint_S \mathrm{d}S = \frac{q}{4\pi\varepsilon_0 r^2}\cdot 4\pi r^2 = \frac{q}{\varepsilon_0}$$

这一结果表明，通过闭合球面上的 $\boldsymbol{E}$ 通量仅与球面所包围的电荷量成正比，而与所取球面的半径无关。如果用电场线的语言来表述，即通过闭合球面的电场线

的总数在量值上仅等于闭合球面所包围电荷量的$\frac{1}{\varepsilon_0}$倍，而与闭合球面的几何尺度无关。

接下来我们讨论通过包围点电荷 q 的任意闭合曲面的 $\boldsymbol{E}$ 通量。如图 1-6(a)所示，S' 为包围点电荷 q 的任意闭合曲面，S 为包围同一个点电荷 q，且与 q 同心的球面，根据电场线的连续性可以看出，通过闭合球面 S 的电场线的总数与通过任一闭合曲面 S' 的电场线总数应该是一样的，即通过任一闭合曲面的 $\boldsymbol{E}$ 通量亦等于闭合曲面内的电荷量 q 除以 ε_0，与闭合曲面的几何形状无关。

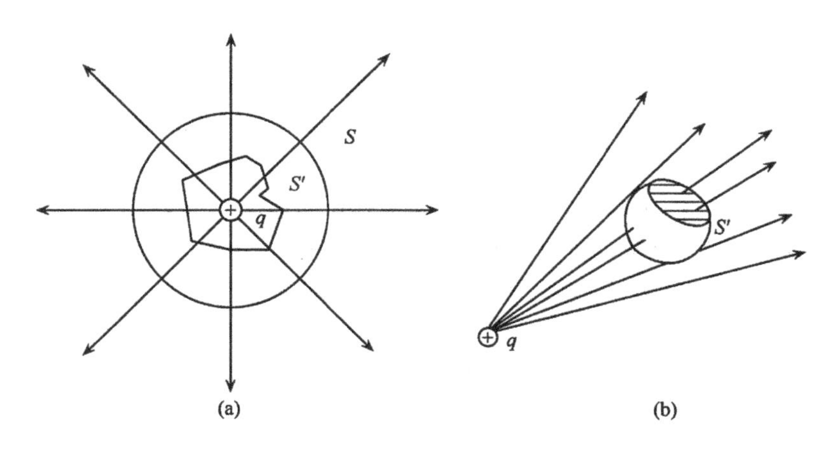

图 1-6

如果电荷 q 在闭合曲面 S' 外，如图 1-6(b)所示。可以看出，进入该曲面的电场线与穿出该闭合面的电场线在数目上是一样的，但一进一出，两相抵消，因此通过该闭合曲面总的 $\boldsymbol{E}$ 通量为零。

利用上述结果，进一步讨论任一闭合曲面 S 内含有任一电荷系时，通过该闭合曲面的 $\boldsymbol{E}$ 通量。由于任一电荷系(包括电荷连续分布的任一带电体)，都可以看成是点电荷的集合。对于给定的闭合曲面而言，其所包围的每一个点电荷 q_i 所产生的电场线均为$\frac{q_i}{\varepsilon_0}$，显然，通过该闭合曲面的总的 $\boldsymbol{E}$ 通量，其数值应等于组成该电荷系的各点电荷发出(或终止)的通过该闭合曲面的电场线数，即等于 $\Phi_{e_1}, \Phi_{e_2}, \cdots, \Phi_{e_n}$的代数和。

由于

$$\Phi_{e_1} = \frac{q_1}{\varepsilon_0}, \quad \Phi_{e_2} = \frac{q_2}{\varepsilon_0}, \quad \cdots, \quad \Phi_{e_n} = \frac{q_n}{\varepsilon_0}$$

$$\Phi_e = \oint_S \boldsymbol{E} \cdot \mathrm{d}\boldsymbol{S} = \frac{1}{\varepsilon_0} \sum_{i=1}^{n} q_i \tag{1-12}$$

式(1-12)表明，在任意的静电场中，通过任一闭合曲面 S 的电通量，等于该闭合曲面所包围的所有电荷量的代数和除以 ε_0。这一结论称为真空中的高斯定理。式

中的闭合曲面 S 称为“高斯面”。

由高斯定理可以看出，当闭合曲面所包围的电荷为正时，$\Phi_e>0$，说明有电场线自 $+q$ 发出并穿出闭合曲面，通常把正电荷称为静电场的源头；当闭合曲面所包围的电荷为负时，$\Phi_e<0$，说明有电场线穿进闭合曲面而终止于 $-q$ 上，通常称负电荷为静电场的尾闾。若静电场中任一闭合曲面内既没有源头存在，也没有尾闾存在，那么穿进闭合曲面的电场线必定从该闭合曲面的另一处穿出，这说明在没有电荷的地方，电场线是不会中断的。

必须注意，在高斯定理的表达式中，右端 $\sum_{i=1}^{n} q_i$ 是高斯面内所有电荷的代数和，与高斯面外的电荷无关。借助电场线的概念是易于理解的，因为仅高斯面内的电荷对 $\boldsymbol{E}$ 的总通量有贡献；而表达式左端的定积分中的 $\boldsymbol{E}$，则是高斯面内、外所有电荷在高斯面上任一点所激发的总场强。也就是说，高斯面外的电荷对空间各点的场强（包括高斯面上的场强）是有贡献的，但他们对整个高斯面 $\boldsymbol{E}$ 的总通量贡献却为零。若电场中通过某一闭合曲面 S 的电通量为零 $\left(\oint_S \boldsymbol{E}\cdot \mathrm{d}\boldsymbol{S}=0\right)$，这只能推断在该闭合曲面内部不存在电荷或电荷量的代数和为零，但不能说明闭合曲面上各点的场强为零。

还应该指出，高斯定理事实上是由库仑定律与场强叠加原理导出的，但两者在物理意义上是有区别的。库仑定律是把场强和电荷直接联系在一起，而高斯定理则是将场强的通量和某一区域内的电荷量联系在一起。而且，在适用范围上讲，库仑定律只适用于静电场，而高斯定理不仅适用于静电场，也适用于变化的电磁场，它是电磁场理论的基本定理之一。关于高斯定理严格的数学证明，读者可参阅有关的专著。

1.3.4 高斯定理的应用

高斯定理的一个重要的应用，就是带电体系具有一定的对称性时，可以用它来求电场的分布。

例 1-5 求均匀带电球面内外的场强分布。设球面带电总量为 q，半径为 R。

解 见例 1-5 图，分析可知，不论场点 P 是位于球面内还是位于球面外，对于径向 OP，球面上任一电荷元 $\mathrm{d}q$ 都存在与之对称的电荷元 $\mathrm{d}q'$，它们在 P 点垂直于 OP 方向的场强分量因大小相等、方向相反而相互抵消。所以，带电球面在 P 点的场强必定沿径向（$q>0$，沿径向向外；$q<0$，沿径向向内 ）。并且，在半径

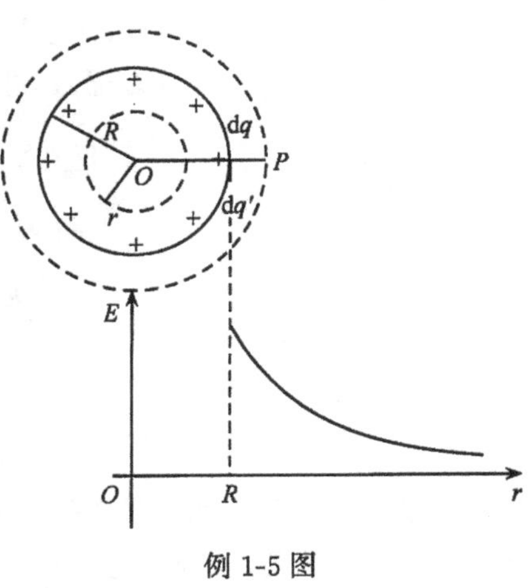

例 1-5 图

$r=\overline{OP}$的球面上各点场强大小都相等。可见呈球对称分布的带电系激发的场强具有球对称性。

下面，先计算带电球面外一点 P 的场强，作半径 $r=\overline{OP}$的球形高斯面，由上述对称性的分析可知，通过该球面的 $\boldsymbol{E}$ 通量为

$$\oint_S \boldsymbol{E}\cdot \mathrm{d}\boldsymbol{S}=\oint_S E\cos\theta \mathrm{d}S=E\oint_S \mathrm{d}S=4\pi r^2 E$$

由高斯定理有

$$\oint_S \boldsymbol{E}\cdot \mathrm{d}\boldsymbol{S}=\frac{q}{\varepsilon_0}$$

则得 $4\pi r^2 E=\dfrac{q}{\varepsilon_0}$，$E=\dfrac{q}{4\pi\varepsilon_0 r^2}$，$\boldsymbol{E}$ 的方向沿径向。

这一结果表明，均匀带电球面在球面外产生的场强，与位于球心，具有相同电量的点电荷产生的场强相同。对球面内的任一场点 P，可同样作 $r<R$ 的球形高斯面，但该高斯面内的电荷量为零，则得 $4\pi r^2 E=0$，$E=0$。

为了便于读者了解场强的大小随半径 r 变化情况的总体特征，例 1-5 图中作出了 E-r 曲线，从图中可以看出，场强在球面上($r=R$)的大小有一个跃变。

例 1-6 求无限长均匀带电直线的场强分布。设电荷线密度为 λ。

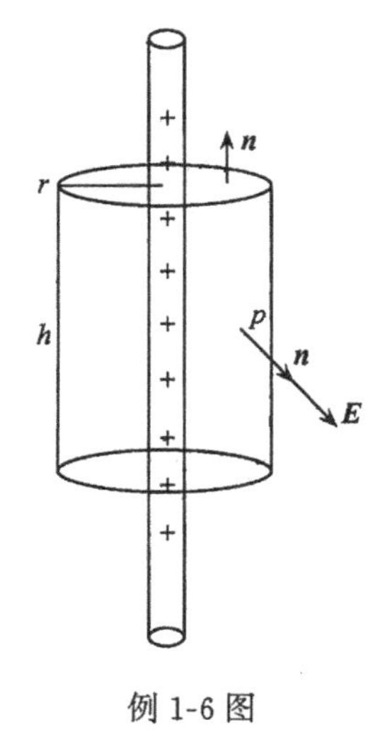

例 1-6 图

解 见例 1-6 图，由于带电直线无限长，且电荷是均匀分布的。分析可知，其所激发的场强沿垂直于该带电直线的径向方向，而且在距带电直线等距离的各点场强 $\boldsymbol{E}$ 的大小相等，说明电场分布具有轴对称性，因此，过场点 P 取一以带电直线为轴线的正圆柱面为高斯面，圆柱高为 h，底面圆的半径为 r，由于场强 $\boldsymbol{E}$ 与上、下底面的法线方向垂直，则通过该柱形高斯面上、下两个底面的 $\boldsymbol{E}$ 通量为零，故通过整个柱形高斯面的 $\boldsymbol{E}$ 通量等于通过其侧面的 $\boldsymbol{E}$ 通量，即

$$\oint_S \boldsymbol{E}\cdot \mathrm{d}\boldsymbol{S}=\int_{S_{侧}} E\cos\theta \mathrm{d}S=E\int_{S_{侧}} \mathrm{d}S=2\pi rhE$$

由高斯定理有

$$\oint_S \boldsymbol{E}\cdot \mathrm{d}\boldsymbol{S}=\frac{\lambda h}{\varepsilon_0}$$

所以

$$2\pi rhE=\frac{\lambda h}{\varepsilon_0}\qquad E=\frac{\lambda}{2\pi r\varepsilon_0}$$

例 1-7 求无限大均匀带电平面的场强分布。设电荷面密度为 σ。

解 见例 1-7 图。由于带电平面为无限大，带电平面两侧附近的电场具有面对

称性，即平面两侧距平面等远点处的场强大小一样，方向处处与平面垂直，并指向平面两侧。为了求场强的大小，过带电平面两侧等距的对称场点 P 和 P' 作一正圆柱形高斯面，其轴线与带电平面垂直，两底面与带电平面平行，底面积均为 S。由于 $\boldsymbol{E}$ 与该柱形高斯面的侧面平行，所以通过侧面的 $\boldsymbol{E}$ 通量为零。而在两底面上，场强 $\boldsymbol{E}$ 的大小相等，方向都是“由里向外”垂直穿过两底面，所以通过两底面的 $\boldsymbol{E}$ 通量实际上就是通过整个柱形高斯面的 $\boldsymbol{E}$ 通量，即

$$\oint_S \boldsymbol{E}\cdot \mathrm{d}\boldsymbol{S} = 2\int_{S_{底面}} E\cos\theta \mathrm{d}S = 2ES$$

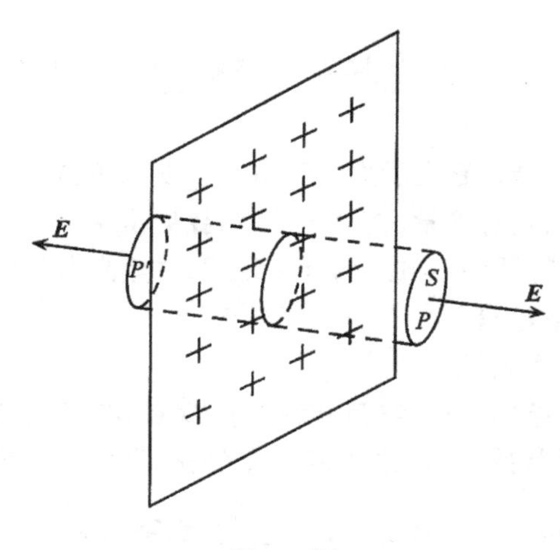

例 1-7 图

由高斯定理有

$$\oint_S \boldsymbol{E}\cdot \mathrm{d}\boldsymbol{S} = \frac{\sigma S}{\varepsilon_0}$$

则得

$$2ES = \frac{\sigma S}{\varepsilon_0} \qquad E = \frac{\sigma}{2\varepsilon_0}$$

应用本例题的结果和场强叠加原理，可以证明，一对电荷密度等值而异号的无限大均匀带电平行平面之间的场强 $\boldsymbol{E}$ 的大小为

$$E = \frac{\sigma}{\varepsilon_0}$$

$\boldsymbol{E}$ 的方向由带正电的平面垂直指向带负电的平面；而在上述平行平面外部空间各点的场强为零。在实际应用中，常利用一对均匀带等值异号电荷的平行板构成的平板电容器(略去边缘效应)获得均匀电场。

从以上几个例子可以看出，只有当带电系统所激发的电场具有球对称、柱对称、面对称性时，才能应用高斯定理方便地求出其场强。现将应用高斯定理求场强的步骤归纳如下：① 首先分析所给问题中的场强分布是否具有某种对称性，(如球

对称、柱对称、面对称)，从而确定能否应用高斯定理求场强分布；② 如果场强分布具有某种对称性，可用高斯定理求场强，则要过场点作具有对称性的高斯面，使得在计算通过该高斯面 $\boldsymbol{E}$ 通量的积分时，$E\cos\theta$ 可以从积分号内提出来，从而使积分变成对简单的几何面进行积分；③ 求出通过高斯面的 $\boldsymbol{E}$ 通量以及高斯面内的总电量；④ 应用高斯定理求出相应的场强。

必须指出，在电场不具有对称性的情况下(例如，有限长的带电线，有限大的带电平面，不均匀带电体的电场等)，是不能用高斯定理求其场强分布的，但是高斯定理在这里仍然是成立的。

1.4 静电场的环路定理 电势

当电荷置于电场中时，在电场力的作用下会发生位移，这说明电场对电荷具有做功的本领，亦即电场具有能量。在这一节中，我们将从静电场力做功的特点出发，导出反映静电场又一特征(有势性)的环路定理，并建立电势的概念。

1.4.1 静电场的环路定理

1. 静电场力做功的特点

先讨论点电荷的电场，设点电荷 q 静止在 O 点，在其电场中，将试探电荷从 A 点(矢径为 $\boldsymbol{r}_A$)经任意路径 ACB 移动到 B 点(矢径为 $\boldsymbol{r}_B$)，如图 1-7 所示。在路径上任一点 C(矢径为 $\boldsymbol{r}_C$)处，取位移元 $\mathrm{d}\boldsymbol{l}$，C 点处的场强为 $\boldsymbol{E}=\dfrac{q}{4\pi\varepsilon_0 r^2}\boldsymbol{r}^0$，可知电场力在这一元位移上所做的元功为 $\mathrm{d}A=\boldsymbol{F}\cdot\mathrm{d}\boldsymbol{l}=q_0\boldsymbol{E}\cdot\mathrm{d}\boldsymbol{l}=q_0E\mathrm{d}l\cos\theta$，其中 θ 是 $\mathrm{d}\boldsymbol{l}$ 与 $\boldsymbol{E}$ 之间的夹角，由图可知 $\mathrm{d}l\cos\theta=\mathrm{d}r$，故得

$$\mathrm{d}A = q_0E\mathrm{d}r = \frac{q_0q}{4\pi\varepsilon_0}\cdot\frac{\mathrm{d}r}{r^2}$$

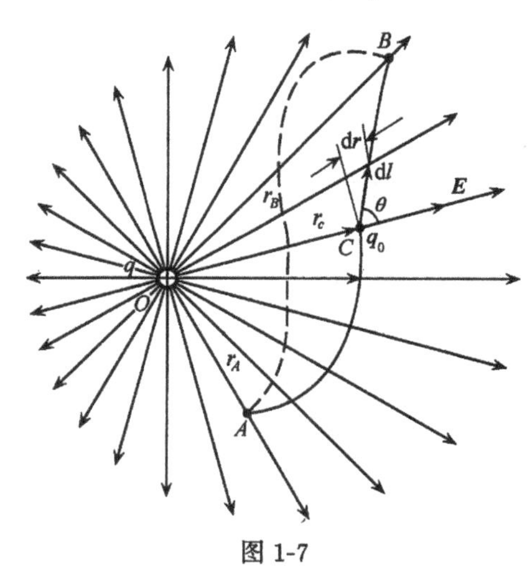

图 1-7

当试探电荷 q_0 从 A 点移到 B 点时，电场力做的总功为

$$A=\int_A^B \mathrm{d}A=\int_A^B q_0 E\cos\theta \mathrm{d}l=\frac{q_0 q}{4\pi\varepsilon_0}\int_{r_A}^{r_B}\frac{\mathrm{d}r}{r^2}=\frac{q_0 q}{4\pi\varepsilon_0}\left(\frac{1}{r_A}-\frac{1}{r_B}\right) \tag{1-13}$$

式中 r_A 和 r_B 分别表示试探电荷的起点及终点与场源电荷 q 的距离。

上式表明，静电场力对试探电荷 q_0 所做的功与 q_0 的路径无关，而只与 q_0 的始末位置有关。很容易证明，这一结论适用于任何静电场。

设试探电荷 q_0 在点电荷系 $q_1,q_2,\cdots,q_n$ 的电场中的一点沿某一路径 L 移至另一点，则电场力所做的功为

$$A=\int_L \boldsymbol{F}\cdot\mathrm{d}\boldsymbol{l}=\int_L q_0\boldsymbol{E}\cdot\mathrm{d}\boldsymbol{l}$$

由场强叠加原理可知，式中的 $\boldsymbol{E}$ 为 $\boldsymbol{E}=\boldsymbol{E}_1+\boldsymbol{E}_2+\cdots+\boldsymbol{E}_n$，则得

$$A=\int_L q_0(\boldsymbol{E}_1+\boldsymbol{E}_2+\cdots+\boldsymbol{E}_n)\cdot\mathrm{d}\boldsymbol{l}=\int_L q_0\boldsymbol{E}_1\cdot\mathrm{d}\boldsymbol{l}+\int_L q_0\boldsymbol{E}_2\cdot\mathrm{d}\boldsymbol{l}+\cdots+\int_L q_0\boldsymbol{E}_n\cdot\mathrm{d}\boldsymbol{l}$$

因为 $\boldsymbol{E}_1+\boldsymbol{E}_2+\cdots+\boldsymbol{E}_n$ 都是点电荷的场强，上面已经证明点电荷的电场中，电场力的功与路径无关，所以上式右边的各项之和也与路径无关，即

$$A=A_1+A_2+\cdots+A_n=\sum_{i=1}^{n}\frac{q_0 q_i}{4\pi\varepsilon_0}\left(\frac{1}{r_{iA}}-\frac{1}{r_{iB}}\right) \tag{1-14}$$

式中 r_{iA}与 r_{iB}分别表示场源电荷 q_i 到 A 点和 B 点的距离。由于任何静电场都可看作是许许多多点电荷电场的叠加，所以可以得出结论：试探电荷 q_0 在任何静电场中运动时，电场力所做的功只与该试探电荷 q_0 的电量及其始末点的位置有关，而与 q_0 所经历的路径无关。做功与路径无关是静电场的一个重要性质，这种性质叫做有位性(或称有势性)，具有这样性质的场叫做位场(或称势场)。

2. 静电场的环路定理

上述结论还可用另一种形式来表述。设试探电荷从静电场中的某点出发，沿某闭合回路 L 一周，又回到原出发点，由式(1-13)或式(1-14)可知电场力做功为零，即

$$q_0\oint_L E\cos\theta\mathrm{d}l=0$$

因为试探电荷 $q_0\neq0$，由上可得

$$\oint_L E\cos\theta\mathrm{d}l=0$$

或

$$\oint_L \boldsymbol{E}\cdot\mathrm{d}\boldsymbol{l}=0 \tag{1-15}$$

式(1-15)左边是场强 $\boldsymbol{E}$ 沿闭合路径的线积分，叫做场强 $\boldsymbol{E}$ 的环流。式(1-15)表明：在静电场中，电场强度 $\boldsymbol{E}$ 沿任意闭合路径的环流为零。这一结论通常称为静电场的环路定理(简称环路定理)，它实际上是电场力做功与路径无关的等价表述。任何力场，只要具有场强的环流为零的特征，就称之为保守力场(或势场)。可见，静电场

是保守力场。

现在，我们已经学习了描述静电场的高斯定理和环路定理。前者指出场中任一闭合曲面上的 $\boldsymbol{E}$ 的通量等于$\frac{q_{内}}{\varepsilon_0}$($q_{内}$ 为闭合曲面内的电荷量)，后者表明场中任一闭合曲线上 $\boldsymbol{E}$ 的环流为零。根据矢量分析的知识可知，若已知矢量点函数 $\boldsymbol{E}(x,y,z)$在场空间某区域内任一闭合曲面的通量及任一闭合曲线的环流，加上一定的边界条件，就可以唯一确定该区域内场强 $\boldsymbol{E}(x,y,z)$的分布以及静电场的性质。由此可见，高斯定理与环路定理对静电场的重要性。

1.4.2 电势

在讨论电势概念之前，有必要先引进电势能的概念。

1. 电势能

在力学中，为了反映重力、弹性力等保守力做功与路径无关的特点，我们曾经引进过重力势能和弹性势能的概念。同样，静电场是保守力场，也可引进电势能的概念来描述它的性质。

与物体在重力场中具有重力势能一样，也可以认为电荷在静电场中一定的位置处具有一定的电势能。且电场力对试探电荷自 a 点移动到 b 点所做的功，就是试探电荷 q_0 在 a、b 两点电势能改变的量度。若以 W_a 和 W_b 分别表示试探电荷在静电场中 a、b 两点的电势能，则

$$W_a - W_b = A_{ab} = q_0\int_a^b \boldsymbol{E}\cdot \mathrm{d}\boldsymbol{l} \tag{1-16}$$

与重力势能一样，电势能也是一个相对量。为了确定电荷在电场中某一点的电势能的大小，必须选取一个电势能为零的参考点。在电荷为有限分布的带电体的电场中，通常选取 q_0 在无限远处的电势能为零，即 $W_\infty=0$。显然，电荷 q_0 在电场中 a 点的电势能为

$$W_a = A_{a\to\infty} = q_0\int_a^\infty \boldsymbol{E}\cdot \mathrm{d}\boldsymbol{l} \tag{1-17}$$

即电荷 q_0 在电场中某点 a 处的电势能 W_a 在数值上等于 q_0 从 a 点移到无限远处电场力所做的功。

应指出，与重力势能相似，电势能是属于 q_0 与其所处的电场这整个系统的，即是场源电荷与 q_0 之间的相互作用能。

2. 电势与电势差

由式(1-17)可知，电荷 q_0 在电场中某点处的电势能与 q_0 的大小成正比，而比值$\frac{W_a}{q_0}$是一个标量点函数。所以我们可以用这一比值来作为表征静电场性质的又一物理量，称为电势。通常用符号 U_a 来表示电场中 a 点的电势，即

$$U_a = \frac{W_a}{q_0} = \int_a^\infty \boldsymbol{E}\cdot \mathrm{d}\boldsymbol{l} \tag{1-18}$$

式(1-18)表明，静电场中某点 a 的电势在数值上等于单位正电荷在该点的电势能，或等于把单位正电荷从该点 a 沿任一路径移到无限远处时电场力所做的功。

由于电势能是相对量，因此电势也是一个相对量。电场中某点的电势，其值与电势零点的选取有关。对于有限大小的带电体激发的电场，通常选无限远处为零电势点；而对于电荷是无限分布的带电体系所激发的电场，则不能选无穷远处为零电势点，否则就会导致场中任一点的电势为无限大或无确定值。这时，只能在有限范围内选取某一点为电势零点。而在实际应用中，往往选大地或电器设备的外壳以及公共地线为零电势点。

在静电场中，任意两点 a 和 b 的电势之差称为电势差，也叫电压，它是电路、电工学等技术科学中经常要用到的一个重要概念。用公式表示为

$$U_{ab}=U_a-U_b=\int_a^{\infty}\boldsymbol{E}\cdot\mathrm{d}\boldsymbol{l}-\int_b^{\infty}\boldsymbol{E}\cdot\mathrm{d}\boldsymbol{l}=\int_a^b\boldsymbol{E}\cdot\mathrm{d}\boldsymbol{l}\tag{1-19}$$

式(1-19)表明，静电场中 a、b 两点的电势差在数值上等于单位正电荷从 a 点沿任意路径移动到 b 点时电场力所做的功。因此，当任一电荷 q_0 由静电场中 a 点移到 b 点时，电场力所做的功可用电势表示为

$$A=q_0(U_a-U_b)\tag{1-20}$$

从式(1-19)可以看出，电场中任意两点的电势差只与它们的相对位置有关，而与电势零点的选取无关。这是电势差与电势概念的区别之一。

在 SI 中，电势与电势差的单位都为焦耳・库仑$^{-1}$(J・C^{-1})，称为伏特(V)。

1.4.3 电势的计算

当电荷分布已知时，可用下述两种方法计算电势。

1. 用点电荷的电势公式和电势叠加原理求电势

对于点电荷 q 激发的电场，若选电势零点为无限远处，则其场中任一点 P 的电势为

$$U=\int_P^{\infty}\boldsymbol{E}\cdot\mathrm{d}\boldsymbol{l}=\int_P^{\infty}\frac{q}{4\pi\varepsilon_0r^2}\boldsymbol{r}^0\cdot\mathrm{d}\boldsymbol{r}=\int_P^{\infty}\frac{q\mathrm{d}r}{4\pi\varepsilon_0r^2}=\frac{q}{4\pi\varepsilon_0r}\tag{1-21}$$

式(1-21)即为点电荷的电势公式。式中 r 为场点 P 到场源电荷 q 的距离。

对于点电荷系激发的电场，由于其场强满足叠加原理，即

$$\boldsymbol{E}=\sum_{i=1}^{n}\boldsymbol{E}_i$$

故其电场中任一点 P 的电势为

$$U=\int_P^{\infty}\boldsymbol{E}\cdot\mathrm{d}\boldsymbol{l}=\int_p^{\infty}\sum_{i=1}^{n}\boldsymbol{E}_i\cdot\mathrm{d}\boldsymbol{l}=\sum_{i=1}^{n}\int_P^{\infty}\boldsymbol{E}_i\cdot\mathrm{d}\boldsymbol{l}=\sum_{i=1}^{n}\frac{q_i}{4\pi\varepsilon_0r_i}=\sum_{i=1}^{n}U_i\tag{1-22}$$

式(1-22)表明，点电荷系的电场中某点的电势，等于各点电荷单独存在时的电场在该点电势的代数和。这一结论叫做电势叠加原理。

如果静电场是由电荷连续分布的带电体所激发，求场中某点的电势，可应用微积分知识进行计算，即把带电体分割成无限多个元电荷 $\mathrm{d}q$(可视为点电荷)，每一

元电荷对场点 P 贡献的元电势按点电荷的电势公式(1-21)可写为

$$dU = \frac{dq}{4\pi\varepsilon_0 r}$$

那么整个带电体在给定场点 P 的电势则为

$$U = \int dU = \int \frac{dq}{4\pi\varepsilon_0 r} \tag{1-23}$$

从数学上讲,式(1-23)即为式(1-22)当 $n\to\infty$ 时"求和取极限"的等效表述。具体而言,对于均匀体分布(电荷体密度为 ρ)、均匀面分布(电荷面密度为 σ)、均匀线分布(电荷线密度为 λ)的连续带电体电场中任一场点的电势,式(1-23)可归纳写成

$$U = \begin{cases} \int_V \frac{\rho dV}{4\pi\varepsilon_0 r} \\ \int_S \frac{\sigma dS}{4\pi\varepsilon_0 r} \\ \int_L \frac{\lambda dl}{4\pi\varepsilon_0 r} \end{cases}$$

由于电势是标量,上式的积分为标量积分,因此,电势的积分计算比场强的积分计算要简便得多。

2. 用电势的定义求电势

利用电势的定义式求电势的方法有时也叫场强积分法。若场强分布为已知,或场强分布容易由高斯定理求出时,应用场强积分法求电势变得很简便。此时,求电场中某点的电势就是计算该点到电势零点之间的线积分。由于积分路径的任意性,可根据具体情况选择一条最便于计算的积分路线。应注意的是:如果积分路线上场强的表达式各段不相同,积分应分段进行。在某一区域 $\boldsymbol{E}$ 的积分,就必须用该区域 $\boldsymbol{E}$ 的表达式。

例 1-8 求半径为 R,均匀带电的细圆环轴线上,距环心 x 处 P 点的电势。

解 可用上述两种方法求解。

(1) 电势叠加法。

如例 1-8 图,在带电圆环上任取一电荷元 dq,其量值为

$$dq = \lambda dl = \frac{q}{2\pi R} dl$$

该电荷元对圆环轴线上 P 点的电势为

$$dU = \frac{dq}{4\pi\varepsilon_0 r} = \frac{q dl}{8\pi^2 R\varepsilon_0 \sqrt{x^2 + R^2}}$$

则整个带电圆环在 P 点产生的电势为

$$U = \int dU = \int_0^{2\pi R} \frac{q dl}{8\pi^2 R\varepsilon_0 \sqrt{x^2 + R^2}} = \frac{q}{8\pi^2 R\varepsilon_0 \sqrt{x^2 + R^2}} \int_0^{2\pi R} dl = \frac{q}{4\pi\varepsilon_0 \sqrt{x^2 + R^2}}$$

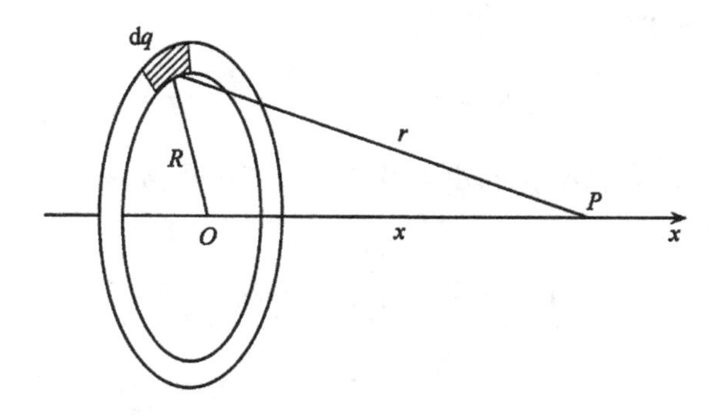

例 1-8 图

(2) 场强积分法。

由例 1-3 的结论式,带电细圈环轴线上任一点 P 的场强大小为

$$E=\frac{qx}{4\pi\varepsilon_0(x^2+R^2)^{3/2}}$$

场强的方向沿 X 轴。由于在静电场中计算电势时,场强的积分路线可任意选取,这里选沿 X 轴计算 $\boldsymbol{E}$ 的线积分,并选无限远处为零电势点,则带电圆环轴线上 P 的总电势为

$$U_P=\int_P^{\infty}\boldsymbol{E}\cdot\mathrm{d}\boldsymbol{l}=\int_x^{\infty}\frac{qx}{4\pi\varepsilon_0(x^2+R^2)^{3/2}}\mathrm{d}x=\frac{q}{4\pi\varepsilon_0(x^2+R^2)^{1/2}}$$

可见,两种方法求解的结果相同。由上述结果可以看出:当 P 点位于轴线极远处,即 $x\gg R$ 时,则 P 的电势近似为

$$U=\frac{q}{4\pi\varepsilon_0 x}$$

相当于把电荷 q 看作集中在环心的一个点电荷在该点产生的电势;当 P 点位于 O 处,即 $x=0$ 时,则有

$$U_0=\frac{q}{4\pi\varepsilon_0 R}$$

例 1-9 求半径为 R,总电量为 q 的均匀带电球面电场中的电势分布。

解 由于电荷呈球对称分布,很容易用高斯定理求出其场强的分布。由例 1-5 可知,其场强分布为

$$\boldsymbol{E}=\begin{cases}\dfrac{q}{4\pi\varepsilon_0 r^2}\boldsymbol{r}^0 & (r>R)\\ 0 & (r<R)\end{cases}$$

选无限远处为零电势点,利用电势的定义式并沿径向积分,可得均匀带电球面所激发的电场中任一点 P 的电势为

$$U=\int_P^{\infty}\boldsymbol{E}\cdot\mathrm{d}\boldsymbol{l}=\int_r^{\infty}\boldsymbol{E}\cdot\mathrm{d}\boldsymbol{r}=\int_r^{\infty}E\mathrm{d}r$$

若 P 点位于球面外(即 $r>R$),则

$$U=\int_P^{\infty}\boldsymbol{E}\cdot\mathrm{d}\boldsymbol{l}=\int_r^{\infty}E\mathrm{d}r=\int\frac{q}{4\pi\varepsilon_0 r^2}\mathrm{d}r=\frac{q}{4\pi\varepsilon_0 r}$$

若 P 点位于球面内($r<R$),由于带电球面内外场强的函数关系 E-r 不同,积分应分段进行,即

$$U=\int_P^{\infty}\boldsymbol{E}\cdot\mathrm{d}\boldsymbol{l}=\int_r^{R}\boldsymbol{E}_1\cdot\mathrm{d}\boldsymbol{r}+\int_R^{\infty}\boldsymbol{E}\cdot\mathrm{d}\boldsymbol{r}$$

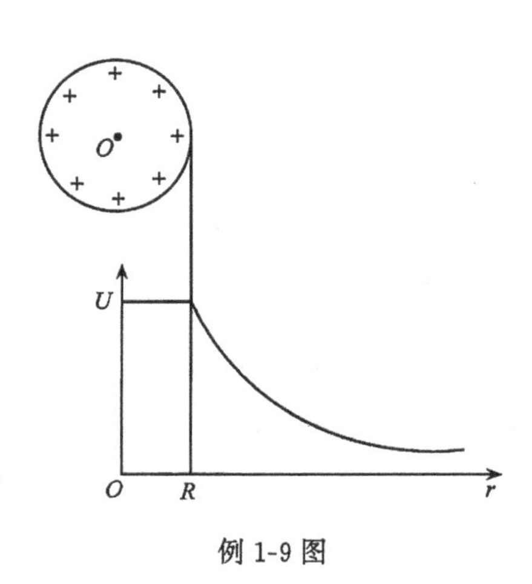

例 1-9 图

式中 $E_1=0, E_2=\dfrac{q}{4\pi\varepsilon_0 r^2}$,则

$$U=\int_r^{R}0\cdot\mathrm{d}r+\int_R^{\infty}\frac{q}{4\pi\varepsilon_0 r^2}\mathrm{d}r=\frac{q}{4\pi\varepsilon_0 R}$$

结果表明,在一个均匀带电球面激发的电场中,球面外任一场点的电势和把所有电荷集中在球心的一个点电荷电场在该点的电势相同;而球面内任一点的电势与球面上的电势相等,故均匀带电球面及其内部是一个等电势区域。电势 U 随 r 的变化关系如例 1-9 图所示。

(读者也可用电势叠加法求解此题。)

例 1-10 求电荷线密度为 λ 的一无限长均匀带电直线所激发的电场中电势分布。

解 因为无限长带电直线的电荷分布是延伸到无限远的,所以在这种情况下不能应用以点电荷的电势公式为基础的电势叠加法来求解此题。否则必得出 U 为无穷大的结果,这显然是没有物理意义的。于是可用电势的定义式即场强积分法来计算电势,不过应注意的是,此时不能选无限远处为零电势点,否则,也会得 U 的值为无穷大的结果。为方便起见,这里不妨选距无限长带电直线径向距离为 $r_0=1\mathrm{m}$ 处的场点为零电势点。见例 1-10 图。

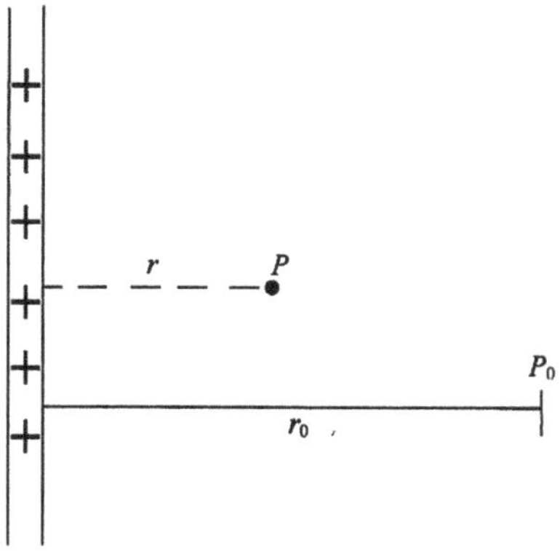

例 1-10 图

由例 1-6 知无限长均匀带电直线的场强大小为

$$E=\frac{\lambda}{2\pi r\varepsilon_0}$$

方向沿垂直于带电直线轴线的径向方向。于是过场点 P 沿径向对 $\boldsymbol{E}$ 求积分可得 P

点与零电势点 P_0 的电势差为

$$U_P - U_{P_0} = \int_P^{P_0} \boldsymbol{E} \cdot \mathrm{d}\boldsymbol{r} = \int_r^{r_0} \frac{\lambda}{2\pi r \varepsilon_0} \mathrm{d}r = \frac{\lambda}{2\pi\varepsilon_0} \ln r_0 - \frac{\lambda}{2\pi\varepsilon_0} \ln r$$

由于 $\ln r_0 = \ln 1 = 0$，所以

$$U_P = -\frac{\lambda}{2\pi\varepsilon_0} \ln r$$

由上式可知，在 $r > 1\text{m}$ 处 U_P 为负值；在 $r < 1\text{m}$ 处 U_P 为正值。该例题结果再次表明，在静电场中只有两点的电势差具有绝对意义，而各点的电势只有相对意义。

与无限长均匀带电直线相类似的带电系还有无限长均匀带电圆柱、无限长均匀带电圆筒等，它们所激发的电场中的电势分布，可以仿照本例的方法去计算。

1.5 等势面 电场强度与电势梯度的关系

同一静电场，既可用电场强度 $\boldsymbol{E}$ 来描述，也可用电势 U 来描述，则两者之间必然存在紧密的内在联系。事实上，式(1-18)或式(1-19)表明了两者之间积分形式的关系，这一节将讨论两者之间的微分形式的关系。为了对这种关系有比较直观的了解，我们先引进等势面的概念。

1.5.1 等势面

前面我们曾引入电场线（$\boldsymbol{E}$ 线）来形象地描述过电场中各点场强的分布情况。类似地，我们也可以用等势面来形象地描述电场中电势的分布情况。一般来说，静电场中的电势是逐点变化的，但是其中有许多点的电势值可以是相等的。我们把静电场中电势相等的点所构成的曲面叫等势面。

与电场线的描绘一样，为了使所描绘的一系列等势面的疏密度能够反映电场中各处电场的强弱，通常规定：在电场中画一系列等势面时，使任何相邻等势面间的电势差都相等，即为一常量。按此规定，图 1-8 中绘出了几种常见电场中的等势面和电场线的平面图。图中虚线代表等势面，实线表示电场线。从图中可以看出，等势面较密集的地方，场强较大。等势面较稀疏的地方，场强较小。这样，就将电场中的场强 $\boldsymbol{E}$ 与电势 U 之间的关系形象而直观地反映出来了。

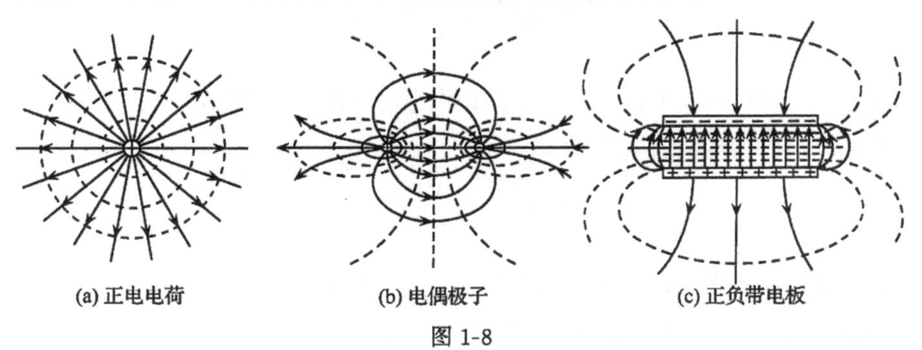

(a) 正电电荷　　(b) 电偶极子　　(c) 正负带电板

图 1-8

从各种等势面图中，可看出等势面有下列特征：

(1) 等势面与电场线处处正交，且电场线的方向总是指向电势降落的方向。

这是不难理解的，因为当试探电荷 q_0 沿等势面作任一元位移 $\mathrm{d}\boldsymbol{l}$ 时，电场力做的元功为零，即 $\mathrm{d}A=q_0\boldsymbol{E}\cdot\mathrm{d}\boldsymbol{l}=q_0E\mathrm{d}l\cos\theta=0$，但 $q_0,E,\mathrm{d}l$ 都不为零，所以必然有 $\cos\theta=0$，即 $\theta=\frac{\pi}{2}$说明 $\boldsymbol{E}$ 与等势面正交。

(2) 任何两等势面不能相交。

这一性质是电势 U 为空间标量点函数的必然结果。

(3) 等势面较密集的地方场强较大，等势面较稀疏的地方场强较小。

1.5.2 电势梯度与场强 E 的关系

在物理学中，"梯度"通常指的是一个物理量的空间变化率，用数学语言来说，就是物理量对空间坐标的微商。下面我们进一步讨论电场中某场点处电势的空间变化率与场强 $\boldsymbol{E}$ 的关系。

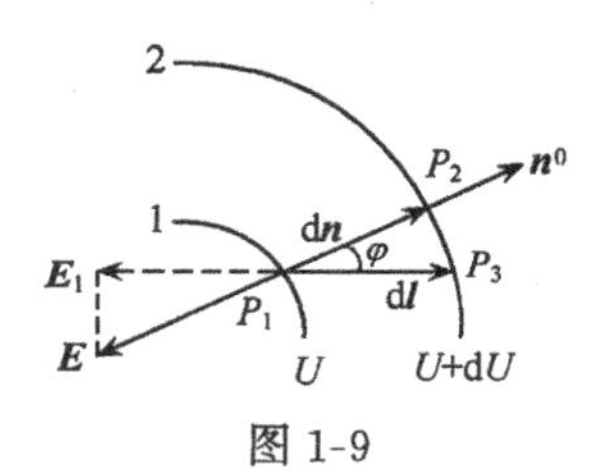

图 1-9

设在任意静电场中，取两个非常邻近的等势面 1 和 2(图 1-9)，电势分别为 U 和 $U+\mathrm{d}U$，且 $\mathrm{d}U>0$。从等势面 1 上任一点 P_1 作等势面 1 的法线，它与等势面 2 交于 P_2 点。规定指向电势升高的方向为该法线的正方向，并以 $\boldsymbol{n}^0$ 表示该法线方向上的单位矢量。因为电场线总是与等势面正交且指向电势降落方向的，所以 P_1 点处的场强 $\boldsymbol{E}$ 与 $\boldsymbol{n}^0$ 的方向相反。从图中可以看出，等势面 1 上 P_1 点沿不同的方向到达等势面 2 的任一点(例如沿 $\mathrm{d}\boldsymbol{n}$ 方向到达 P_2 点或沿 $\mathrm{d}\boldsymbol{l}$ 方向到达 P_3 点)，其电势的空间变化率是不同的，且 P_1 点处，沿过该点等势面的法线方向电势的空间变化率 $\frac{\mathrm{d}U}{\mathrm{d}n}$最大。

由式(1-19)可知，等势面 1 与等势面 2 之间的电势差的绝对值为

$$|U_1-U_2|=|-\mathrm{d}U|=|\boldsymbol{E}\cdot\mathrm{d}\boldsymbol{l}|=|E\cos\varphi\mathrm{d}l|=E\mathrm{d}n$$

式中 φ 为 $\mathrm{d}\boldsymbol{l}$ 与 $\boldsymbol{n}^0$ 之间的夹角，即

$$E=\frac{|-\mathrm{d}U|}{\mathrm{d}n}=\frac{\mathrm{d}U}{\mathrm{d}n}\quad(\mathrm{d}U>0)$$

结果表明，静电场中任一点(P_1)处场强的大小为$\frac{\mathrm{d}U}{\mathrm{d}n}$。考虑到 $\boldsymbol{E}$ 的方向与 $\boldsymbol{n}^0$ 的方向相反，写成矢量式，则有

$$\boldsymbol{E}=-\frac{\mathrm{d}U}{\mathrm{d}n}\boldsymbol{n}^0 \tag{1-24}$$

这便是场强与电势之间的微分形式的关系式。等式右边的矢量$\frac{\mathrm{d}U}{\mathrm{d}n}\boldsymbol{n}^0$ 称为电势梯度矢量(或电势梯度)，通常用 grad$U$ 来表示，即

$$\mathrm{grad}U=\frac{\mathrm{d}U}{\mathrm{d}n}\boldsymbol{n}^0 \tag{1-25}$$

式(1-25)表明，电场中某点的电势梯度矢量，在方向上与电势在该点处空间变化率为最大的方向相同，在量值上等于沿该方向电势的空间变化率。有了电势梯度的概念，式(1-24)便可表述为：静电场中各点的场强等于该点电势梯度的负值，即$\boldsymbol{E}=-\mathrm{grad}U$。也就是说，静电场中各点场强的大小等于该点电势空间变化率的最大值，方向为平行于使电势空间变化率取最大值的方向并指向电势降落的一侧。

由图 1-9 可知，矢量式(1-24)在任一 $\mathrm{d}\boldsymbol{l}$ 方向的分量为

$$E_l=-\frac{\mathrm{d}U}{\mathrm{d}n}\cos\varphi=-\frac{\mathrm{d}U}{\mathrm{d}l}$$

亦即场强 $\boldsymbol{E}$ 沿任一方向的分量等于电势沿该方向空间变化率的负值，如果把直角坐标系的 x 轴、y 轴、z 轴方向分别取作 $\mathrm{d}\boldsymbol{l}$ 的方向，则可得到场强 $\boldsymbol{E}$ 沿这三个方向的分量分别为

$$E_x=-\frac{\partial U}{\partial x},\qquad E_y=-\frac{\partial U}{\partial y},\qquad E_z=-\frac{\partial U}{\partial z}$$

因此在直角坐标系中场强 $\boldsymbol{E}$ 可表述为

$$\boldsymbol{E}=E_x\boldsymbol{i}+E_y\boldsymbol{j}+E_z\boldsymbol{k}=-\left(\frac{\partial U}{\partial x}\boldsymbol{i}+\frac{\partial U}{\partial y}\boldsymbol{j}+\frac{\partial U}{\partial z}\boldsymbol{k}\right)=-\nabla U$$

式中$\nabla=\boldsymbol{i}\frac{\partial}{\partial x}+\boldsymbol{j}\frac{\partial}{\partial y}+\boldsymbol{k}\frac{\partial}{\partial z}$又叫做哈密顿算子(或梯度算符)，是一种微分运算符号。则电势梯度 $\mathrm{grad}U$ 在直角坐标系中可写成

$$\mathrm{grad}U=\frac{\partial U}{\partial x}\boldsymbol{i}+\frac{\partial U}{\partial y}\boldsymbol{j}+\frac{\partial U}{\partial z}\boldsymbol{k}=\nabla U \tag{1-26}$$

电势梯度的单位是伏特·米$^{-1}$($\mathrm{V\cdot m^{-1}}$)，所以场强也常用这个单位。

上述场强和电势之间的微分关系式，实际上提供了又一种计算场强的方法。即在计算场强时，可先计算电势分布，然后利用式(1-24)或式(1-25)求场强。因为电势是标量，一般来说标量的计算较之矢量的计算要简便得多，在求得电势的分布后，只需进行微分运算便可求出场强的各个分量，从而计算出总场强。这样就可避免较复杂的矢量运算。

必须指出，电势与场强的微分关系式说明的是静电场中任一点的场强与该点的电势变化率(而不是该点的电势本身)有关，即静电场中任一点的电势不足以确定该点的场强。例如，电势为零的点的场强可以是非零；反之，若静电场中某点邻域内电势为常量(虽然不为零)，但该点的场强必然为零。

下面举例说明如何由电势分布来计算场强。

例 1-11　一半径为 R_2 的薄圆盘，在盘心挖成一半径为 R_1 的小圆孔，并使盘均匀带电，其面电荷密度为 σ。试用电势梯度求场强的方法计算这个中空均匀带电圈盘轴线上任一点 P 处的场强。

解 设轴线上任一点距圆盘中心 O 的距离为 x,如例 1-11 图所示。在圆盘上取半径为 r,宽为 $\mathrm{d}r$ 细圆环,环上所带电量为 $\mathrm{d}q=\sigma 2\pi r\mathrm{d}r$,由例 1-8 知,该带电细环在 P 点产生的电势为

$$\mathrm{d}U=\frac{\mathrm{d}q}{4\pi\varepsilon_0(r^2+x^2)^{1/2}}=\frac{\sigma r\mathrm{d}r}{2\varepsilon_0(r^2+x^2)^{1/2}}$$

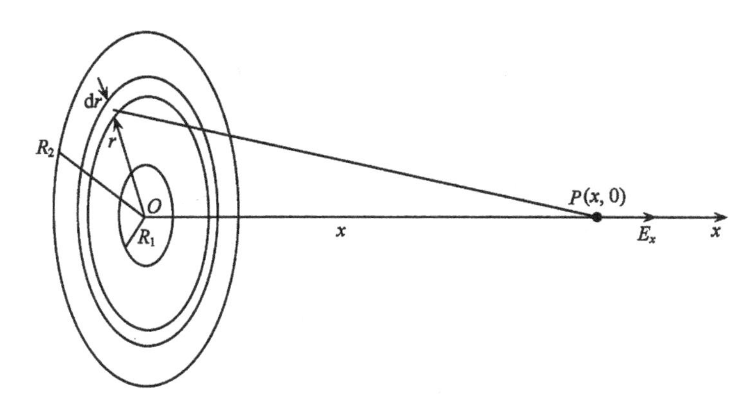

例 1-11 图

整个中空带电圆盘在 P 点产生的电势为

$$U=\int_{R_1}^{R_2}\mathrm{d}U=\int_{R_1}^{R_2}\frac{\sigma r\mathrm{d}r}{2\varepsilon_0(r^2+x^2)^{1/2}}=\frac{\sigma}{2\varepsilon_0}\left(\sqrt{R_2^2+x^2}-\sqrt{R_1^2+x^2}\right)$$

结果表明,轴线上各点的电势仅为 x 的函数,则

$$E_x=-\frac{\partial U}{\partial x}=\frac{\sigma}{2\varepsilon_0}\left[\frac{x}{(R_1^2+x^2)^{1/2}}-\frac{x}{(R_2^2+x^2)^{1/2}}\right]$$

由于圆盘电荷相对于 x 轴的对称分布,显然有

$$E_y=0,\qquad E_z=0$$

所以

$$\boldsymbol{E}=E_x\boldsymbol{i}=\frac{\sigma}{2\varepsilon_0}\left(\frac{x}{\sqrt{R_1^2+x^2}}-\frac{x}{\sqrt{R_2^2+x^2}}\right)\boldsymbol{i}$$

1.6 静电场中的导体

前面几节,我们讨论了真空中的静电场,电场中不存在由原子、分子组成的其他物质。而实际上,静电场中总有导体或电介质存在,且两者有着完全不同的静电特征。在现代科学技术和科学实验中,静电场的许多应用都涉及到静电场中的导体和电介质的静电特征以及它们对静电场的影响。因此,研究导体和电介质的静电特征以及导体和电介质内外电场分布的图像,具有很重要的实际意义。本节先讨论导

体的静电平衡条件及静电场中导体的静电特征。

1.6.1 导体的静电平衡条件

导体中没有电荷做任何宏观定向运动的状态称为导体的静电平衡状态。当把一个不带电的导体放入静电场中时，导体中的自由电子将在静电场力的作用下相对晶体点阵做宏观运动，从而引起导体中电荷的重新分布，结果使导体的一端带正电荷，另一端带负电荷，这就是大家熟知的静电感应现象。当导体两端感应的正、负电荷积累到一定程度时，使得它们所激发的附加电场($\boldsymbol{E}'$)大到足以完全抵消原静电场($\boldsymbol{E}_0$)，此时导体内部的总场强处处为零。自由电荷便不再做宏观移动，导体两端的正、负电荷也不再增加，达到一种新的平衡分布，导体也随之处于静电平衡状态。图 1-10 给出了一球形导体置入静电场中时，原静电场和感应电荷所激发的电场叠加后的分布情况。

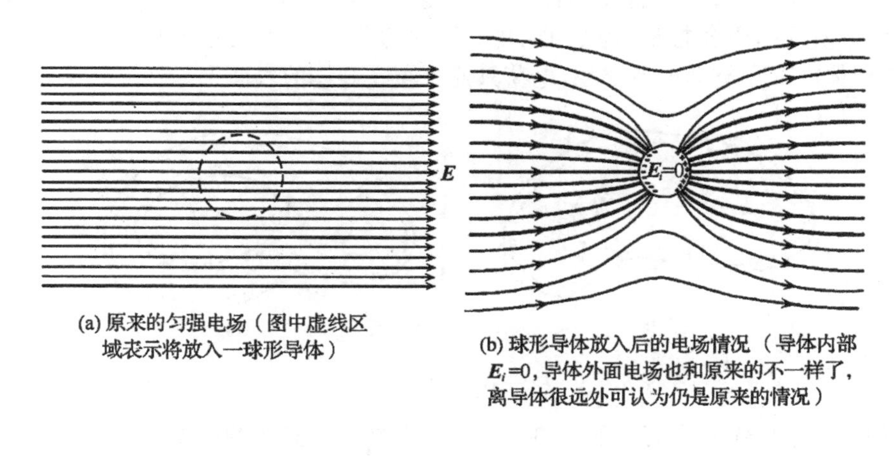

(a) 原来的匀强电场（图中虚线区域表示将放入一球形导体）

(b) 球形导体放入后的电场情况（导体内部 $\boldsymbol{E}_i=0$，导体外面电场也和原来的不一样了，离导体很远处可认为仍是原来的情况）

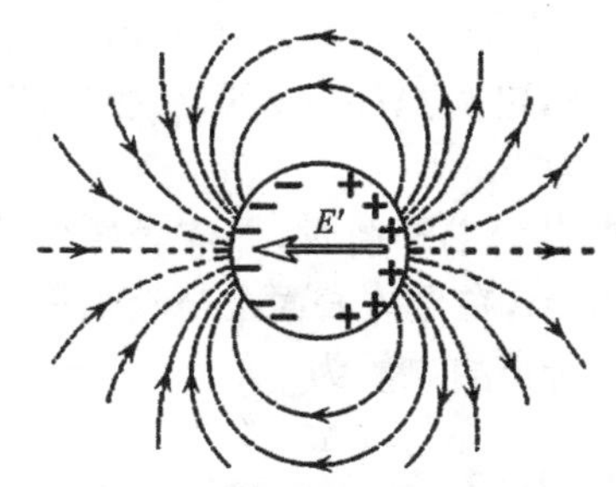

(c) 表示图(b)中左右两半球上的负正感应电荷在球内和球外激发的电场情况。图(b)中的场强分布相当于(a)、(c)两图的叠加

图 1-10 电场中的球形导体

由上面的讨论可以看出，导体处于静止平衡状态所必须满足的条件是：

(1) 导体内任一点的场强为零；

(2) 导体表面任一点的场强方向垂直于该点的表面。

根据静电平衡的条件，可直接得出以下的推论：即当导体处于静电平衡时，导体是一个等势体，导体的表面是一个等势面。这是不难理解的，因为导体处于静电平衡时，导体内的场强处处为零，导体内任意两点 a，b 之间的电势差 $U_{ab}=\int_a^b \boldsymbol{E}\cdot \mathrm{d}\boldsymbol{l}=0$，则导体内各点的电势相等，从而导体是一个等势体。又因为电场线与等势面处处正交，既然导体处于静电平衡时其表面的场强与导体表面垂直，所以导体表面必定是一个等势面，且导体表面的电势与导体内的电势相等。

1.6.2 导体静电平衡时的电荷分布

当导体处于静电平衡状态时，导体上的电荷分布的规律可以由高斯定理直接推出。现考虑一个处于静电平衡的任意形状的实心导体，设想在导体内部任取一闭合曲面(图 1-11(a)虚线所示)，因为在这一闭合曲面上任一点的场强都是零，根据高斯定理可知，通过这一封闭曲面的 $\boldsymbol{E}$ 通量等于零，因此这一封闭面内没有净电荷。由于所取的闭合曲面的任意性，可作下述的普遍结论：当带电导体处于静电平衡时，导体内部没有净电荷存在，电荷只能分布在导体的表面上。

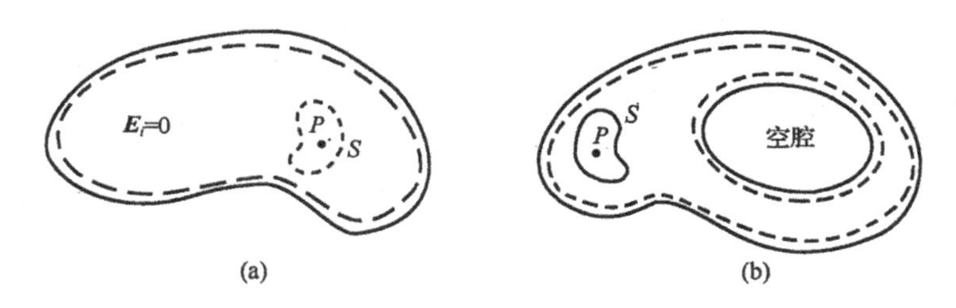

图 1-11

如果带电导体内部有空腔存在，而在空腔内没有其他的带电体(图 1-11(b))应用高斯定理同样可以证明，静电平衡时，不仅导体内部没有净电荷，在空腔的内表面上，处处也没有净电荷存在，电荷只能分布在空腔导体的外表面上，而且导体内以及空腔内任一点的场强都为零。

进一步还可用高斯定理求出静电平衡时，导体表面附近的场强与该表面处电荷面密度的关系。如图 1-12 所示，在导体表面上电荷面密度为 σ 的某一点处取一圆形的面积元 ΔS，则该面积元所带的电量为

$$q=\sigma\Delta S$$

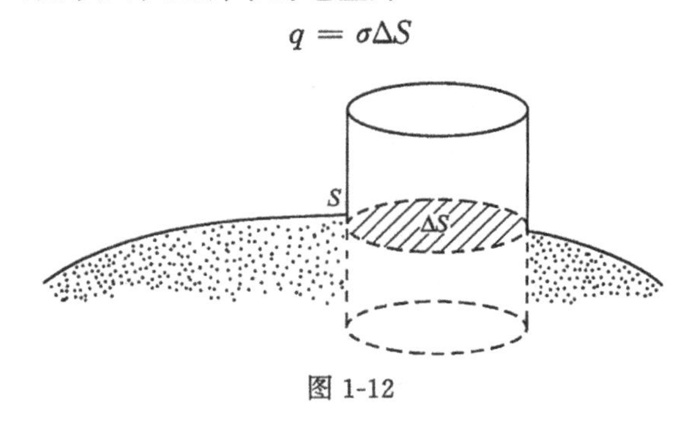

图 1-12

现以 ΔS 为横截面作一扁平的圆柱形闭合面 S。其轴线与导体表面正交，上下两个底面紧靠导体表面且与 ΔS 平行，上底面在导体表面之外，下底面在导体表面之内，由于导体内部的场强为零，所以通过下底面的 $\boldsymbol{E}$ 通量为零。在圆柱面的侧面上，场强不是为零，就是场强与侧面的法线垂直，所以通过侧面的通量也为零。只有在上底面上，场强 $\boldsymbol{E}$ 与 ΔS 的正法线方向同向，则通过上底面的 $\boldsymbol{E}$ 通量为 $E\Delta S$，这也就是通过整个圆柱形高斯面的总通量。由高斯定理得 $\oint_S \boldsymbol{E}\cdot \mathrm{d}\boldsymbol{S} = E\Delta S = \frac{\sigma\Delta S}{\varepsilon_0}$，即

$$E = \frac{\sigma}{\varepsilon_0} \tag{1-27}$$

式(1-27)表明，带电导体处于静电平衡时，导体表面外靠近表面处的场强 $\boldsymbol{E}$，其数值与该点处的电荷面密度成正比，其方向垂直于导体表面向外。

式(1-27)给出的是静电平衡时，导体表面上每一点处的面电荷密度与该点附近场强 $\boldsymbol{E}$ 之间的对应关系，但它并没有反映导体表面上电荷究竟是怎样分布的。要定量地研究这一问题比较复杂，因为一般来说，电荷在导体表面上的分布不仅和导体自身的形状有关，还和附近其他带电体及其分布有关。但是，对于孤立的带电导体来说，根据实验现象的分析可得出其电荷分布有下述定性的规律：即一个孤立带电导体表面上各处的电荷面密度与导体表面的曲率有关，导体表面凸出而尖锐的地方（曲率较大），电荷面密度较大；导体表面平坦的地方（曲率较小），电荷面密度较小；导体表面凹进去的地方（曲率为负），电荷面密度更小。

1.6.3 尖端放电与静电屏蔽

1. 尖端放电

由上述孤立带电导体表面电荷的分布规律可知，对于具有尖端形状的带电导体，其尖端处所带的电荷量最大，因此导体尖端附近的场强也很大，当达到一定的量值时，空气中原有的少量残留离子在这个强电场的作用下会发生激烈运动，并以足够大的动能与空气分子碰撞导致空气分子电离，从而产生出大量的新离子，其中与导体上电荷异号的离子，被吸引到尖端上与导体上的电荷相中和，而与导体上电荷同号的离子则被排斥而离开尖端，做加速运动。这种使得空气被“击穿”而产生的放电现象称为尖端放电。避雷针就是根据尖端放电的原理设计制造的。当雷击发生时，利用尖端放电的原理使强大的放电电流从和避雷针相连接，并且接地良好的粗导线中流入地下，从而避免了建筑物遭受雷击的破坏。在生产实践和电子技术中，尖端放电原理应用十分广泛，这里不一一赘述。

2. 静电屏蔽

如上所述，在静电平衡状态下，一个腔内无其他带电体的空腔导体，其腔内的电场处处为零。事实上，只要达到了静电平衡状态，不管导体腔本身带电或是处于外界电场中，导体腔内电场处处为零这一结论总是对的。这样，导体腔就“保护”了它所包围区域内的任何物体，使之不受导体腔外表面上的电荷或外界电场的影响，

这种现象称为静电屏蔽。见图 1-13(a)。

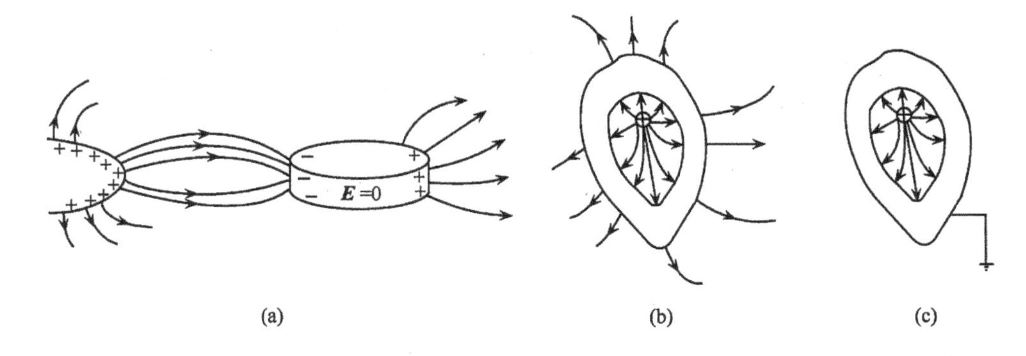

图 1-13

当然,利用空腔导体也可以使腔内带电体的电场对外界不产生影响。参看图 1-13(b)。把一带正电的带电体放入一个金属壳内,由于静电感应,在金属壳内,外表面将分别感应出等量而异号的电荷。这时,金属壳外表面的感应电荷所激发的电场就会对外界产生影响。为了消除这种影响,可把金属壳接地,见图 1-13(c)。于是,金属壳外表面的感应电荷因接地而被中和掉了,相应的电场也随之消失,这样,金属壳内带电体的电场对壳外就不会产生任何影响。由此可以看出,一个接地的空腔导体可以隔绝腔内电场和腔外电场的相互影响。静电屏蔽有着许多重要的实际应用。例如,为了避免外界电场对仪器设备(如某些精密的电磁测量仪器等)的干扰,或者为了避免电器设备的电场(如一些高压设备)对外界的影响,通常都在这些设备的外围安装接地的金属壳(网、罩)。还有,在电路中传送弱电信号的导线,为了避免外界的电磁干扰,影响到信号的传送效果,也往往在导线外表面包一层金属丝编织的屏蔽线层。

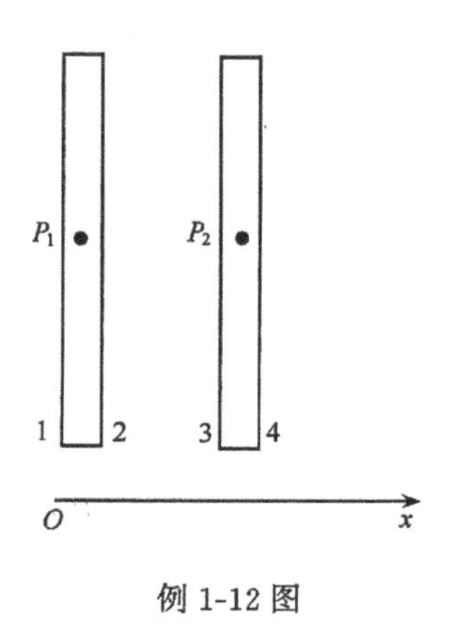

例 1-12 图

例 1-12 有两块板面积很大且相互平行的平面带电导体板,如例 1-12 图所示。证明两带电导体板相向的侧面上的电荷面密度总是大小相等而符号相反;相背的两侧面上的电荷面密度总是大小相等而符号相同。

解 设静电平衡时,1、2、3、4 各表面的电荷密度分别为 σ_1、σ_2、σ_3、σ_4。此时,两导体板内任意两点 P_1、P_2 处的场强 $E_{P_1}=0, E_{P_2}=0$。而 P_1、P_2 两点的场强 $\boldsymbol{E}_{P_1}$、$\boldsymbol{E}_{P_2}$ 都是由四个带电表面所激发的电场强度叠加而成的。注意到取如图选取的坐标系 Ox,并由例 1-7 的结果可得

$$E_{P_1}=\frac{\sigma_1}{2\varepsilon_0}-\frac{\sigma_2}{2\varepsilon_0}-\frac{\sigma_3}{2\varepsilon_0}-\frac{\sigma_4}{2\varepsilon_0}$$

故

$$\sigma_1-\sigma_2-\sigma_3-\sigma_4=0 \tag{1}$$

同样

$$E_{P_2}=\frac{\sigma_1}{2\varepsilon_0}+\frac{\sigma_2}{2\varepsilon_0}+\frac{\sigma_3}{2\varepsilon_0}-\frac{\sigma_4}{2\varepsilon_0}$$

即

$$\sigma_1+\sigma_2+\sigma_3-\sigma_4=0 \tag{2}$$

联立式(1)、(2)解得

$$\sigma_1=\sigma_4$$

$$\sigma_2=-\sigma_3$$

命题得证。

1.7 电容 电容器

当导体处于带电状态时，就带有或储存了一定量的电荷，这说明导体就像一个盛电的容器一样，具有容纳电荷的本领。本节要讨论的电容就是反映导体这种性质的物理量。

1.7.1 孤立导体的电容

所谓“孤立导体”，是指该导体附近没有其他导体或带电体存在的导体。设想使一个孤立导体带电 q，它将具有一定的电势 U。理论和实验表明，随着 q 的增加，U 将按比例地增加，两者的比例关系可以写成

$$\frac{q}{U}=C \tag{1-28}$$

式中 C 是一个仅与导体的形状和大小有关，而与 q、U 无关的比例常量，它能表征导体储电的能力，称之为孤立导体的电容。其物理意义是：使导体每升高单位电势所需的电量。例如，一个半径为 R 的孤立导体球的电容为

$$C=\frac{q}{U}=\frac{q}{\left(\dfrac{q}{4\pi\varepsilon_0 R}\right)}=4\pi\varepsilon_0 R$$

在 SI 中，电容的单位为库·伏$^{-1}$，称为法拉(F)，简称法。在实际应用中，法拉这种单位太大，常用微法(μF)和皮法(pF)作为电容的单位，其换算关系为

$$1\text{F}=10^6\mu\text{F}=10^{12}\text{pF}$$

1.7.2 电容器及其电容

实际上不存在孤立导体，如果在一个导体 A 近旁有其他导体，则导体 A 的电

势不仅与它自己所带的电荷量有关，还取决于其他导体的形状和位置以及其他导体的带电状况。这时导体 A所带的电荷量 q_A 与其电势 U_A 之间的正比关系不再成立，也就是不能再谈单个导体的电容了。为了消除其他导体的影响，可采用静电屏蔽的方法，用一个封闭的导体壳 B 将导体 A 包围起来(图 1-14)。这样就可以使由导体 A 和导体壳 B 构成的一对导体系，不再受到壳外的导体及其带电状况的影响，也就是说，无论导体壳 B 接地与否，导体 A 与导体 B 之间的电势差 U_A-U_B，不会受到外界的影响，且与导体 A 所带电荷量 q_A 的比值不变。这种由导体壳 B 和其腔内导体 A 组成的导体系，叫做电容器，组成电容器的两导体叫做电容器的极板。比值

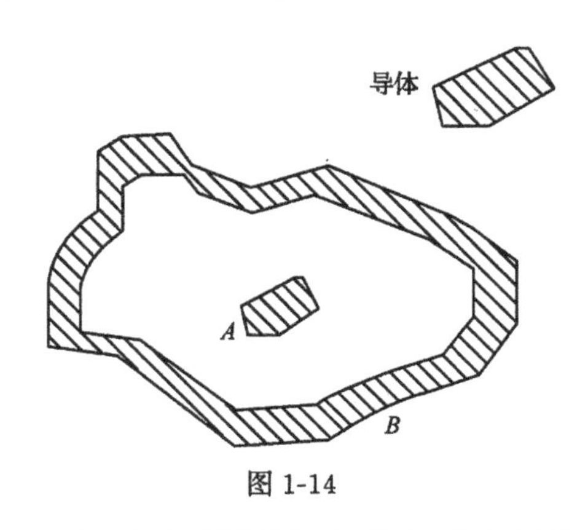

图 1-14

$$C=\frac{q}{U_A-U_B} \tag{1-29}$$

称为电容器的电容，其值只取决于电容器两极板的大小、形状、相对位置及极板间电介质的电容率(或介电常数)，式中 q 为任一极板上电荷量的绝对值。

实际中对电容器屏蔽性的要求并不像上面所述的那样苛刻。通常是用两块非常靠近的、中间充满电介质(例如空气、蜡纸、云母、涤纶薄膜、陶瓷等)的金属板(箔或膜)构成电容器。这样的电容器装置能使电场局限在两极板之间，不受外界的影响，从而使电容器的电容具有固定的量值。

电容器作为一种储藏电荷和电能的元件，被广泛应用于各种电路(交流电路、电子电路等)中。当你打开任何电子仪器或装置(如收音机、示波器等)的外壳时，就会看到线路中有各种各样的元件，其中很多的是电容器。实际的电容器种类繁多，一些常见的电容器如图 1-15 所示。

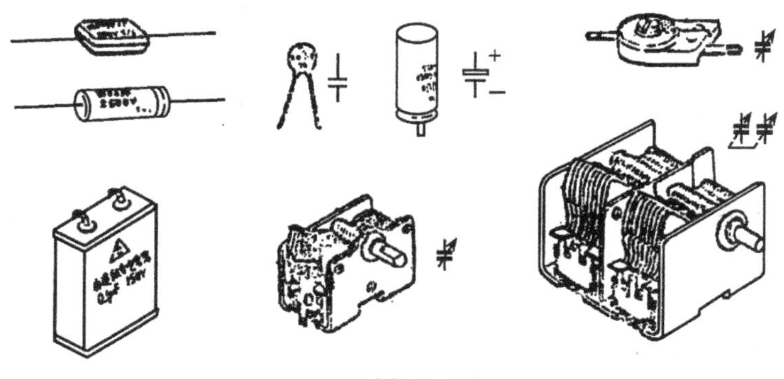

图 1-15

1.7.3 电容器电容的计算

下面根据电容器电容的定义，计算几种常用的真空电容器的电容。

1. 平行板电容器

平行板电容器由两块大小相同、彼此靠得很近，且相互平行的金属极板所组成。设每块极板的面积为 S，两极板内表面之间的距离为 d，且板面的线度远大于两极板内表面间的距离（$\sqrt{S}\gg d$），见图 1-16。即 A 和 B 两极板可以认为是无限大均匀带电平面，极板间的电场是匀强电场。若两极板的电荷面密度分别为 σ 和 $-\sigma$，则两极板间的场强为

$$E=\frac{\sigma}{\varepsilon_0}$$

此时，两极间的电势差为

$$U_{AB}=U_A-U_B=Ed=\frac{\sigma}{\varepsilon_0}d=\frac{qd}{\varepsilon_0 S}$$

式中 $q=\sigma S$ 为任一极板内表面电量的绝对值。根据电容器电容的定义，即得平行板电容器的电容为

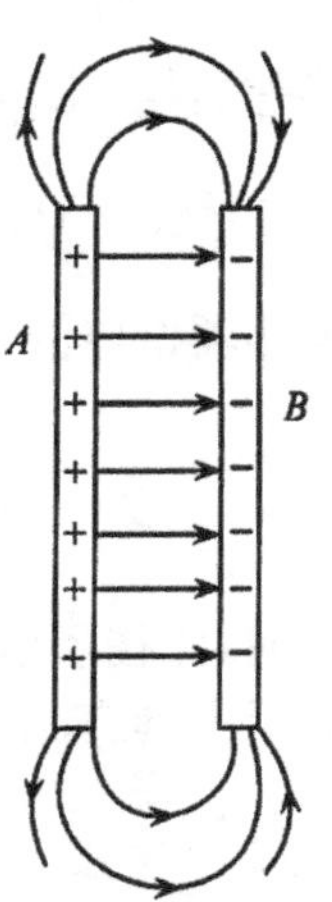

图 1-16

$$C=\frac{q}{U_A-U_B}=\frac{\varepsilon_0 S}{d} \tag{1-30}$$

由式(1-30)可以看出，平行板电容器的电容 C 和极板的面积 S 成正比，和两极板间的距离 d 成反比，而与极板上所带电量无关。说明两极板间为真空时，电容 C 只和电容器本身的几何结构有关。

2. 圆柱形电容器

圆柱形电容器是由两个同轴金属圆柱筒（面）极板组成的。设圆柱面极板的长度为 l，半径分别为 R_A 和 R_B（图 1-17），并且 $l\gg(R_B-R_A)$，则可将两端边缘处电场不均匀性影响略去不计。这样，当电容器带电后，电荷将均匀分布在内外圆柱面上，从而两圆柱面间的电场具有轴对称性，并且很大程度上不受外界的影响。

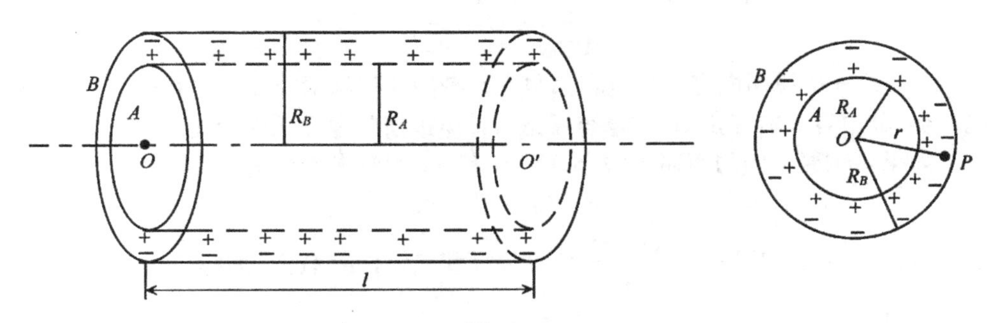

图 1-17

设内、外圆柱面极板分别带电 $+q$ 和 $-q$，由于电荷是均匀分布的，则圆柱面极

板单位长度上的电荷量$\lambda=\dfrac{q}{l}$。利用高斯定理可求出两圆柱面极板间距轴线为r（$R_A<r<R_B$）处P点的场强为

$$\boldsymbol{E}=\frac{\lambda}{2\pi\varepsilon_0 r}\boldsymbol{r}^0$$

由电势差的定义式可求得两圆柱面极板间的电势差为

$$U_A-U_B=\int_{R_A}^{R_B}\boldsymbol{E}\cdot\mathrm{d}\boldsymbol{r}=\int_{R_A}^{R_B}E\mathrm{d}r=\int_{R_A}^{R_B}\frac{\lambda}{2\pi\varepsilon_0}\cdot\frac{\mathrm{d}r}{r}=\frac{\lambda}{2\pi\varepsilon_0}\ln\frac{R_B}{R_A}$$

根据电容器电容的定义，即得圆柱形电容器的电容为

$$C=\frac{q}{U_A-U_B}=\frac{\lambda l}{U_A-U_B}=\frac{2\pi\varepsilon_0 l}{\ln\left(\dfrac{R_B}{R_A}\right)}\tag{1-31}$$

结果表明，圆柱形电容器两极板间为真空时，其电容只和它本身的几何结构有关。

3. 球形电容器

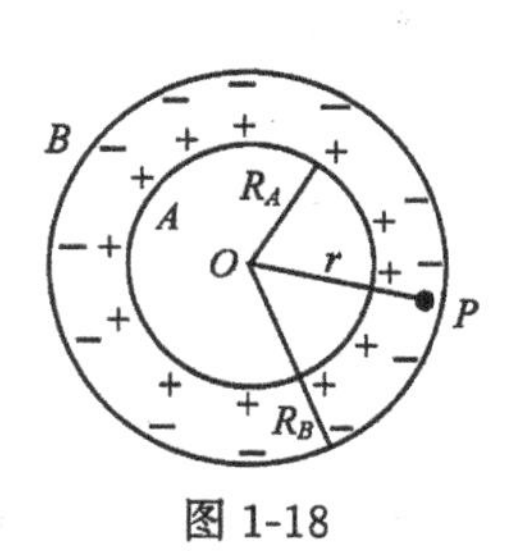

图 1-18

球形电容器是由半径分别为R_A和R_B的两个同心金属球壳（面）所组成的（图 1-18）。设内球壳带电$+q$，外球壳带电$-q$，则正、负电荷将分别均匀地分布在内球壳的外表面和外球壳的内表面上。这时，两球壳之间的电场具有球对称性，利用高斯定理，可求得两球壳之间距球心为r（$R_A<r<R_B$）处P点的场强为

$$\boldsymbol{E}=\frac{q}{4\pi\varepsilon_0 r^2}\boldsymbol{r}^0$$

由电势差的定义式即得两球壳间的电势差为

$$U_A-U_B=\int_{R_A}^{R_B}\boldsymbol{E}\cdot\mathrm{d}\boldsymbol{r}=\int_{R_A}^{R_B}E\mathrm{d}r=\int_{R_A}^{R_B}\frac{q}{4\pi\varepsilon_0}\cdot\frac{\mathrm{d}r}{r^2}=\frac{q}{4\pi\varepsilon_0}\left(\frac{1}{R_A}-\frac{1}{R_B}\right)$$

根据电容器电容的定义，可求得球形电容器的电容为

$$C=\frac{q}{U_A-U_B}=\frac{q}{\dfrac{q}{4\pi\varepsilon_0}\left(\dfrac{1}{R_A}-\dfrac{1}{R_B}\right)}=4\pi\varepsilon_0\frac{R_AR_B}{R_B-R_A}\tag{1-32}$$

式(1-32)再一次说明电容器的电容只与它本身的几何结构有关。结构形状一定的电容器，其电容具有固定值，与电容器是否带电或所带电量的多少无关。

如果两球壳之间的距离d很小，而R_A和R_B相对来说都很大，即

$$d=(R_B-R_A)\ll R_A$$

这时$R_A\approx R_B=R$，于是$C=\dfrac{4\pi\varepsilon_0 R^2}{d}$，将球壳面积$S=4\pi R^2$代入，即得

$$C=\frac{\varepsilon_0 S}{d}$$

即化成了平板电容器的公式。

又如果 $R_B \gg R_A$，这时式(1-32)的分母中可略去 R_A，即得

$$C = \frac{4\pi\varepsilon_0 R_A R_B}{R_B} = 4\pi\varepsilon_0 R_A$$

此式就是半径为 R_A 的“孤立”导体球的电容公式。

由以上三例，可归纳出计算电容器电容的基本方法是：① 首先假设电容器的两极板分别带电荷 $\pm q$（因为电容器的电容与所带电量无关），并计算电容器两极板间的场强分布，从而计算出两极板间的电势差 U_{AB}；② 由电容器电容的定义式计算电量 q 与 U_{AB} 的比值就得到所求电容器的电容 C。

4. 电介质电容器

以上所列举的电容器例子中，其两极板间均为真空的情况。而实际中常用的电容器，大多数是两极板间都充满了某种均匀的电介质。实验证明，两极板间为真空时的电容 C_0 与两极板间充满某种均匀电介质时的电容 C 比值为

$$\frac{C}{C_0} = \varepsilon_r \tag{1-33}$$

式中 ε_r 叫做该介质的相对电容率（或相对电介常数），它是表征电介质本身特征的物理量。由式(1-33)可以看出，当两极板间充满相对电容率为 ε_r 的电介质时，电容器的电容要增至真空时的 ε_r 倍。这说明电容器的电容不仅与电容器本身的几何特征有关，还与两极板间所充的电介质有关。

电容器在电路中具有隔直流、通交流的作用，它和其他元件可组成振荡放大器以及时间延迟电路等。每个实际的成品电容器，外表上除了标明型号外，还标有两个重要的性能指标，例如“100μF，250V”，其中 100μF 表示电容大小，250V 表示电容器的耐压，所谓耐压就是电容器所能承受的最大电压值。因此，在实际应用中，务必注意电容器两极板上所加的电压不能超过标明的耐压值，否则会使电容器击穿损坏，并引发电路事故等。

1.7.4 电容器的串联和并联

在实际应用中，往往会遇到已有的电容器的电容或者耐压值不能满足电路中使用的要求。这时可以把若干个电容器适当地连接起来构成一电容器组，用以适应电路的使用要求。电容器组合（或组合电容器）所容纳的电量与两引出端的电势差之比，称为组合电容器的等效电容。连接电容器的基本方法有两种，现分别简述如下。

1. 串联电容器

图 1-19 表示几个电容器的串联。设其电容值分别为 $C_1, C_2, \cdots, C_n$，串联组合的等效电容值为 C。当充电后，由于静电感应，每个电容器的两个极板上都带有等量而异号的电 $+q$ 和 $-q$，这时每个电容器两极板间的电势差分别为

$$U_1 = \frac{q}{C_1}, \quad U_2 = \frac{q}{C_2}, \quad \cdots, \quad U_n = \frac{q}{C_n}$$

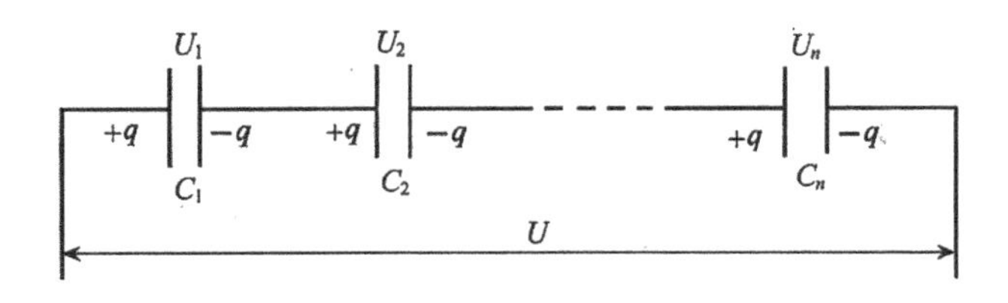

图 1-19

则组合电容器的总电势差为

$$U = U_1 + U_2 + \cdots + U_n = q\left(\frac{1}{C_1} + \frac{1}{C_2} + \cdots + \frac{1}{C_n}\right)$$

由 $U=\dfrac{q}{C}$ 即得

$$\frac{1}{C} = \frac{1}{C_1} + \frac{1}{C_2} + \cdots + \frac{1}{C_n} = \sum_{i=1}^{n} \frac{1}{C_i} \tag{1-34}$$

式(1-34)表明，串联等效电容器电容的倒数等于每个电容器电容的倒数之和。

2. 并联电容器

图 1-20 表示电容值分别为 $C_1, C_2, \cdots, C_n$ 的几个电容器并联。当充电后，每个电容器两极板上的电势差都相等，即都等于充电电压 U。而每个电容器极板上电量的绝对值分别为

$$q_1 = C_1U, \quad q_2 = C_2U, \quad \cdots, \quad q_n = C_nU$$

组合电容器的总电荷量为

$$q = q_1 + q_2 + \cdots + q_n = (C_1 + C_2 + \cdots + C_n)U$$

由此可得并联组合电容器的等效电容为

$$C = \frac{q}{U} = C_1 + C_2 + \cdots + C_n = \sum_{i=1}^{n} C_i \tag{1-35}$$

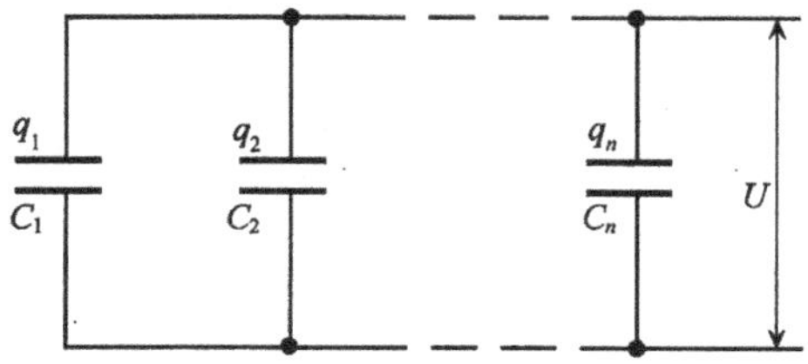

图 1-20

式(1-35)表明，并联等效电容器的电容等于每个电容器的电容之和。

需要指出的是：多个电容器串联或并联后使用时，每个电容器两端的电势差依然不能超过该电容器所标明的耐压值。例如，一个“20μF，200V”的电容器与一个“10μF，300V”的电容器，若它们并联使用时，等效电容器的电容为 30μF，耐压值为

200V；若两者串联使用时，注意到串联等效电容器各极板上的带电量不能大于其中带电量允许值为最小的那个电容器所带的电量（由电容器的 C、U 性能指标根据 $q=CU$ 算出），则该串联等效电容器的电容为 6.67μF，耐压为 450V。

1.8 静电场中的电介质

在 1.6 中我们讨论了静电场中导体的静电特性，本节将讨论静电场中电介质的静电特性。

1.8.1 电介质的极化

什么是电介质呢？与导体相比，电介质的主要特征是它的原子（或分子）中的电子被原子核束缚得很紧，即使在电场作用下，其电子一般只能相对原子核有微观位移，而不像导体中的自由电子那样能够脱离所属原子做宏观运动。也就是说，电介质内几乎不存在自由电子或正离子这样一些可以自由运动的电荷。其电阻率很大，导电性能很差。从这个意义上讲，电介质就是绝缘物质。例如，一切气体、油类、纯水、玻璃、云母、塑料、陶瓷、橡胶等都是常见的电介质。当电介质在静电场中达到静电平衡时，其内部的场强可以不为零，而导体静电平衡时内部的场强处处为零。这也是电介质和导体的主要区别之一。

从物质的电结构来看，任何物质的分子或原子（以下统称为分子）都是由带正电的原子核和核外带负电的电子组成。一般而言，原子核的正电荷和核外的电子都不集中在一点，但是，当场点与分子间的距离远大于分子的线度时，整个中性分子激发的电场就可近似采用一种“重心模型”来计算，即可以认为分子中所有的正电荷和所有负电荷分别等效地集中在两个几何点上，这两个点分别叫做正、负电荷的重心。根据重心模型，可把电介质分成两类：在一类电介质中，当外电场不存在时，正负电荷的重心是不重合的，形成一定的电偶极矩，叫做分子的固有电矩，这类分子称为有极分子。在另一类电介质中，当外电场不存在时，分子的正负电荷中心是重合的，不形成电偶极矩，即分子的电偶极矩为零，这类分子称为无极分子。下面分别讨论这两类电介质的电极化问题。

1. 无极分子的位移极化

当无极分子电介质（如 H_2、N_2、CH_4 等气体）处于外电场中时，在电场力的作用下，其分子的正负电荷重心将发生相对位移，形成一个电偶极子，其电偶极矩的方向都沿着外电场的方向。这种在外电场作用下产生的电偶极矩通常称为感生电矩。对于一块均匀电介质整体来说，在电介质内部，沿外电场方向同一平行线排列的电偶极子“首尾相连”，而相邻电偶极子的正负电荷彼此靠得很近，可等效地看成是电中和，这样，电介质内部处处仍然保持电中性。但是，在电介质的两个和外电场方向垂直的端面上，将分别出现正电荷和负电荷（图 1-21）。

而这些电荷与电介质分子固连在一起，即不能离开电介质转移到其他带电体

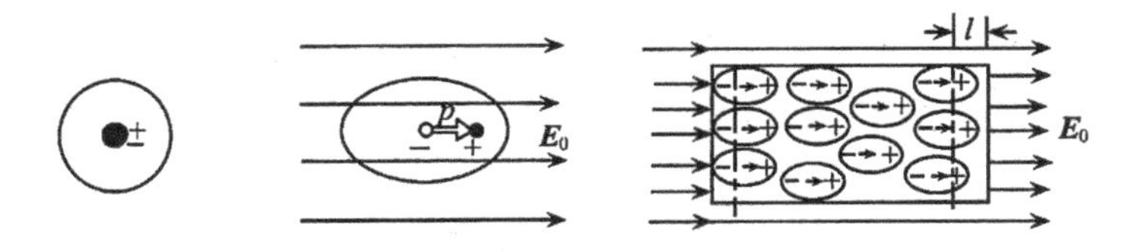

图 1-21　无极分子极化示意图

上，也不能在电介质内自由运动，称之为极化电荷(或束缚电荷)。这种在外电场作用下，电介质中出现极化电荷的现象叫做电介质的极化。由于无极分子的极化在于正、负电荷重心的相对位移，且主要是电子位移(因电子质量比原子核的质量小得多)。所以无极分子的极化通常叫做电子位移极化或简称位移极化。

2. 有极分子的取向极化

对于有极分子电介质(如 H_2O、SO_2、H_2S、有机酸等)来说，虽然每个分子都有一事实上的等效电矩(固有电矩)，但是，在没有外电场时，由于分子不规则的热运动，分子固有电矩的排列是杂乱无章的，因此，平均来说，所有分子的固有电矩的矢量和为零 ($\sum \boldsymbol{P}_{分子}=0$)，整个电介质呈电中性，宏观上不产生电场。当这种电介质处于外电场中时，则每个分子电矩都受到力矩的作用，使分子电矩方向转向外电场方向(图 1-22)。于是所有分子电矩的矢量和不再等于零 ($\sum \boldsymbol{P}_{分子}\neq 0$) 。但由于分子热运动的缘故，这种转向并不完全，即所有分子电偶极子不都是很整齐地沿外电场方向排列。然而，不管它们排列的整齐程度怎样，在电介质的两个和外电场方向垂直的端面上，总有一定量的极化电荷产生(图 1-22)。由于有极分子的极化是分子的固有电矩转向外电场方向所致，所以称之为取向极化。一般来说，分子在取向极化的同时还会产生电子位移极化，但是对有极分子而言，在静电场作用下，取向极化的效应比位移极化的效应大得多，因此其主要的极化机制是取向极化。

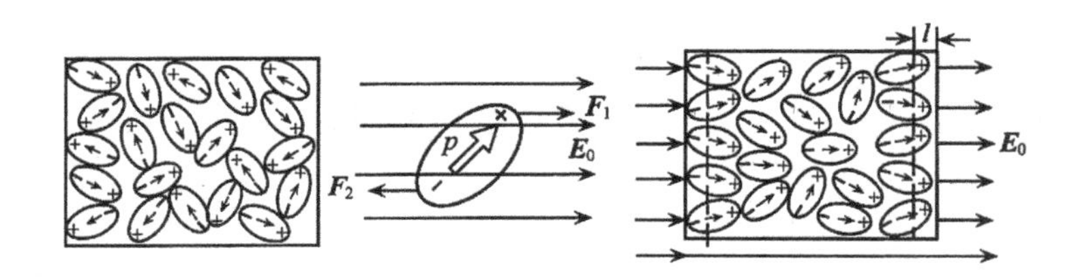

图 1-22　有极分子的极化示意图

上述两类电介质极化的微观过程虽有不同，但从宏观效果上看，都是外电场的作用，使电介质的两个相对端面产生了等量异号的极化电荷，因此，在对电介质的极化作宏观描述时，无需区分是何种极化。

1.8.2　电极化强度

从上面关于电介质极化机制的讨论中我们看到，当电介质处于极化状态时，电介质的任一宏观小体积 ΔV 内分子的电矩矢量和不为零，即 $\sum \boldsymbol{P}_i\neq 0$，外电场愈强，电介质被极化的程度愈大，$\sum \boldsymbol{P}_i$ 的值也愈大。因此，为了定量描述电介质内各处的电极化情况，有必要引入电极化强度这样一个物理量，用符号 $\boldsymbol{P}$ 表示，它等于单位体积内分子电矩的矢量和，即

$$\boldsymbol{P} = \frac{\sum \boldsymbol{P}_i}{\Delta V} \tag{1-36}$$

在 SI 中，$\boldsymbol{P}$ 的单位是库仑・米$^{-2}$($\mathrm{C \cdot m^{-2}}$)。

下面，进一步讨论电极化强度与场强的关系。电介质的极化是电场和电介质分子相互作用的过程，外电场引起电介质的极化，而电介质极化后出现的极化电荷也要激发电场（叫退极化场 $\boldsymbol{E}'$）并改变原外电场 $\boldsymbol{E}_0$ 的分布，重新分布后的电场反过来再影响电介质的极化，直到静电平衡时，电介质处于一定的极化状态。所以，电介质中任一点的电极化强度 $\boldsymbol{P}$ 实际上是由该点的合场强 $\boldsymbol{E}=\boldsymbol{E}_0+\boldsymbol{E}'$ 决定的。对于不同的电介质，$\boldsymbol{P}$ 与 $\boldsymbol{E}$ 的关系是不同的。实验证明，对于各向同性的电介质，每一点的极化强度 $\boldsymbol{P}$ 与该点处的合场强 $\boldsymbol{E}$ 成正比，在 SI 中，可写成

$$\boldsymbol{P} = \chi_e \varepsilon_0 \boldsymbol{E} \tag{1-37}$$

式中的 χ_e 是与电介质性质有关的比例系数，称为电介质的电极化率，它是一个没有单位且大于零的纯数。不同的电介质，有不同的 χ_e 值。

由上面的讨论可知，电介质极化后产生的一切宏观效应是通过极化电荷来体现的，电介质的极化程度越大（$\boldsymbol{P}$ 越大），电介质表面上的极化电荷面密度 σ' 也越大。那么，它们之间的关系如何呢？为简便起见，我们以充满均匀各向同性电介质的平行板电容器为例进行讨论。

如图 1-23 所示。平行板 A 和平行板 B 的面积都是 S，相距为 d，d 与极板的线度相比很小，因此两极板可看作是无限大平板，设极板上自由电荷的面密度为 σ_0。由于两极板间充满的是均匀各向同性的电介质，因此电介质的极化是均匀极化，在邻近两极板的电介质表面，产生的极化电荷面密度分别是 $+\sigma'$ 和 $-\sigma'$。按电极化强度的定义，此处的电极化强度为

$$\boldsymbol{P} = \frac{(\sum \boldsymbol{P}_i)_V}{V}$$

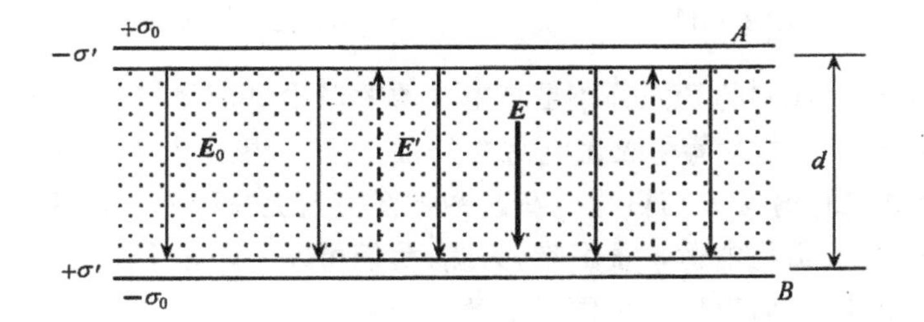

图 1-23

式中 V 是两极板之间的空间体积（充满电介质的体积），$(\sum \boldsymbol{P}_i)_V$ 是整个体积 V 内

电介质分子电矩的矢量和。根据电矩的定义，分析可知

$$\left|(\sum \boldsymbol{P}_i)_V\right| = (\sigma' S)d$$

所以

$$P = |\boldsymbol{P}| = \left|\frac{(\sum \boldsymbol{P}_i)_V}{V}\right| = \frac{(\sigma' S)d}{Sd} = \sigma' \tag{1-38}$$

式(1-38)表明，平行板电容器中的均匀电介质，其电极化强度的大小与电介质表面极化电荷面密度 σ' 相等。

应当指出，如果电介质表面某点处面积元 $\mathrm{d}\boldsymbol{S}$ 的正法线方向的单位向量 $\boldsymbol{n}^0$ 与该点处电极化强度 $\boldsymbol{P}$ 之间的夹角为 θ，则该点处极化电荷面密度 σ' 与同一点处电极化强度 $\boldsymbol{P}$ 之间的关系为

$$\sigma' = \boldsymbol{P} \cdot \boldsymbol{n}^0 \tag{1-39}$$

该式的详细推导读者可参阅有关专著。

1.8.3 电介质中的高斯定理

在 1.3 节中，我们讨论了真空中静电场的高斯定理，其数学表达式为

$$\int_S \boldsymbol{E} \cdot \mathrm{d}\boldsymbol{S} = \frac{1}{\varepsilon_0}\sum_{i=1}^{n} q_i$$

当静电场中存在电介质时，高斯定理的数学表述形式又如何呢？为简单起见，仍以平行板电容器充满各向同性的均匀电介质为例来进行讨论。

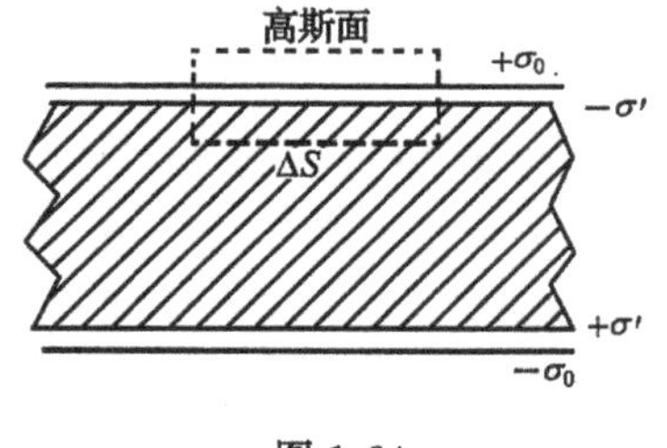

图 1-24

设平行板电容器两极板所带自由电荷的面密度分别为 $+\sigma_0$ 和 $-\sigma_0$，电介质极化后，在靠近电容器两极板的电介质表面上产生的极化电荷的面密度分别为 $-\sigma'$ 和 $+\sigma'$。如图 1-24 所示，取一闭合的圆柱形高斯面(图中虚线表示所作高斯面的截面)，其上下底面与电容器极板平行，两底面的面积均为 ΔS。其中一底面在电介质内，对所作的圆柱形高斯面，由 1.3 节中讨论的高斯定理，有

$$\oint_S \boldsymbol{E} \cdot \mathrm{d}\boldsymbol{S} = \frac{1}{\varepsilon_0}(q_0 - q') = \frac{1}{\varepsilon_0}(\sigma_0 \Delta S - \sigma' \Delta S)$$

由上式可知，电介质中的场强分布是与电介质的极化电荷分布有关的，要求解场强 $\boldsymbol{E}$，必须同时知道自由电荷和极化电荷的分布。但是，极化电荷的分布又取决于场强 $\boldsymbol{E}$。电介质中的场强 $\boldsymbol{E}$ 与极化电荷这种相互关系上的环联使求解问题显得十分繁杂，尤其是计算极化电荷 q' 很困难。为此，我们可以引入一个新的物理量，以避开极化电荷的出现，从而得到一个便于求解的公式。

现在来考虑电极化强度 $\boldsymbol{P}$ 对整个柱形高斯面的积分，即 $\oint_S \boldsymbol{P} \cdot \mathrm{d}\boldsymbol{S} = ?$。由于仅在电介质内电极化强度 $\boldsymbol{P}$ 不为零，而且 $\boldsymbol{P}$ 与电介质的两个表面垂直，所以 $\boldsymbol{P}$ 对整

个圆柱形高斯面的积分等于对下底面的积分，即

$$\oint_S \boldsymbol{P}\cdot \mathrm{d}\boldsymbol{S} = \oint_{\Delta S} \boldsymbol{P}\cdot \mathrm{d}\boldsymbol{S} = \oint_{\Delta S} \sigma' \cdot \mathrm{d}S = \sigma' \cdot \Delta S = q'$$

则得

$$\oint_S \boldsymbol{E}\cdot \mathrm{d}\boldsymbol{S} = \frac{1}{\varepsilon_0}q_0 - \oint_S \frac{1}{\varepsilon_0}\boldsymbol{P}\cdot \mathrm{d}\boldsymbol{S}$$

移项整理得

$$\oint_S \left(\boldsymbol{E} + \frac{1}{\varepsilon_0}\boldsymbol{P}\right)\cdot \mathrm{d}\boldsymbol{S} = \frac{1}{\varepsilon_0}q_0$$

即

$$\oint_S (\varepsilon_0\boldsymbol{E} + \boldsymbol{P})\cdot \mathrm{d}\boldsymbol{S} = q_0$$

现在引入一个新的物理量即电位移矢量 $\boldsymbol{D}$，并令

$$\boldsymbol{D} = \varepsilon_0\boldsymbol{E} + \boldsymbol{P}$$

代入上式，得

$$\oint_S \boldsymbol{D}\cdot \mathrm{d}\boldsymbol{S} = q_0 \tag{1-40}$$

式中 $\oint_S \boldsymbol{D}\cdot \mathrm{d}\boldsymbol{S}$ 称为通过封闭面 S 的电位移通量(或 $\boldsymbol{D}$ 通量)。上述结论虽然是从充满各向同性均匀电介质的平行板电容器这一特例推出的，但是可以证明，在一般情况下，这一结论也是正确的。于是，我们便得出有电介质时的高斯定理，其表述为：

在任何电场中，通过任一闭合曲面的电位移通量等于该闭合曲面所包围的自由电荷的代数和。写成数学表述式，即

$$\oint_S \boldsymbol{D}\cdot \mathrm{d}\boldsymbol{S} = \sum_{i=1}^{n} q_{0i} \tag{1-41}$$

如果把真空看作电介质的特例，因真空中 $\boldsymbol{P}=0$，相应地，$\boldsymbol{D}=\varepsilon_0\boldsymbol{E}+\boldsymbol{P}=\varepsilon_0\boldsymbol{E}$，则式(1-41)变成 $\oint_S \varepsilon_0\boldsymbol{E}\cdot \mathrm{d}\boldsymbol{S} = \sum_{i=1}^{n} q_{0i}$，或 $\oint_S \boldsymbol{E}\cdot \mathrm{d}\boldsymbol{S} = \frac{1}{\varepsilon_0}\sum_{i=1}^{n} q_{0i}$。这也就是真空中的高斯定理，因此，有介质时的高斯定理可以看作真空中高斯定理的推广。

对于各向同性电介质，电介质内任一点的电极化强度 $\boldsymbol{P}$ 与该点的合场强 $\boldsymbol{E}$ 成正比，而且方向相同，即

$$\boldsymbol{P} = \chi_e\varepsilon_0\boldsymbol{E}$$

因此

$$\boldsymbol{D} = \varepsilon_0\boldsymbol{E} + \boldsymbol{P} = \varepsilon_0\boldsymbol{E} + \chi_e\varepsilon_0\boldsymbol{E} = \varepsilon_0(1+\chi_e)\boldsymbol{E}$$

令 $\varepsilon_r=1+\chi_e$，$\varepsilon=\varepsilon_0\varepsilon_r$，则

$$\boldsymbol{D} = \varepsilon_0\varepsilon_r\boldsymbol{E} = \varepsilon\boldsymbol{E} \tag{1-42}$$

式中 ε_r 称为电介质的相对介电常数，ε 称为电介质的介电常数，ε_0 是真空的介电常

数。ε_r 或 ε 只与电介质的性质有关。

如果是各向异性的电介质，例如石英晶体等，$\boldsymbol{P}$ 与 $\boldsymbol{E}$ 以及 $\boldsymbol{D}$ 与 $\boldsymbol{E}$ 的方向一般并不相同，电极化率 χ_e 也不能用一个常数来表示，此时，式(1-42)便失去意义，但 $\boldsymbol{D}=\varepsilon_0\boldsymbol{E}+\boldsymbol{P}$ 仍适用。在 SI 中，$\boldsymbol{D}$ 的单位是库仑·米$^{-2}$(C·m^{-2})。

类似于用电场线($\boldsymbol{E}$ 线)来形象地描述电场一样，在有电介质存在的电场中，我们也可以引入电位移线($\boldsymbol{D}$ 线)来进行描述。电位移线可仿照电场线来加以定义。即在有电介质存在的电场中描绘一系列的曲线，使曲线上每一点的切线方向与该点处电位移矢量 $\boldsymbol{D}$ 的方向一致，并规定，通过垂直于该点电位移方向单位面积的电位移线的数目(电位移线密度)，等于该点处电位移 $\boldsymbol{D}$ 的量值。

应指出的是，$\boldsymbol{D}$ 是一个辅助物理量，没有明显的物理意义，利用它来描述电介质中的电场时，可以撇开极化电荷这一因素，但是描述电场性质的物理量仍是电场强度 $\boldsymbol{E}$ 和电势 U，若把一试验电荷置于电场中，决定它受力的是场强 $\boldsymbol{E}$，而不是电位移 $\boldsymbol{D}$。

在自由电荷的分布和电介质的分布具有相同的对称性(球对称、柱对称、面对称等)的条件下，利用电介质中的高斯定理可以简便地求场强的分布。现举例如下：

例 1-13 一半径为 R，带电量为 q_0 的金属球，浸没在介电常数为 ε 的均匀无限大电介质中。求电介质内任一点 P 的场强及与带电金属球交界处的电介质表面上的极化电荷面密度 σ'。

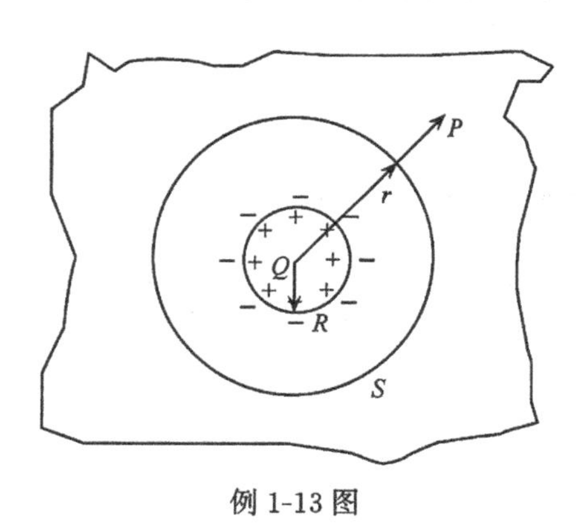

例 1-13 图

解 分析可知，带电金属球所带电荷的分布具有球对称性，而且其周围电介质的分布具有相同的球对称性。在电介质中过点 P 作一半径为 r 并与带电金属球同心的闭合球形高斯面 S(例 1-13 图)，由对称性可知 S 上各点的 $\boldsymbol{D}$ 大小相等且沿径向，利用电介质中的高斯定理可得

$$\oint_S \boldsymbol{D}\cdot \mathrm{d}\boldsymbol{S} = D4\pi r^2 = q_0$$

即

$$D = \frac{q_0}{4\pi r^2}$$

写成矢量式为

$$\boldsymbol{D} = \frac{q_0}{4\pi r^2}\boldsymbol{r}^0$$

因 $\boldsymbol{D}=\varepsilon\boldsymbol{E}$，所以电介质中离带电金属球心 r 处点 P 的场强为

$$\boldsymbol{E} = \frac{\boldsymbol{D}}{\varepsilon} = \frac{q_0}{4\pi\varepsilon r^2}\boldsymbol{r}^0 = \frac{q_0}{4\pi\varepsilon_0\varepsilon_r r^2}\boldsymbol{r}^0 = \frac{\boldsymbol{E}_0}{\varepsilon_r}$$

结果表明，带电金属球周围充满均匀无限大电介质，其场强减弱到真空时的$\frac{1}{\varepsilon_r}$倍。

由$\boldsymbol{D}=\varepsilon_0\boldsymbol{E}+\boldsymbol{P}$，可求得电极化强度为

$$\boldsymbol{P}=\boldsymbol{D}-\varepsilon_0\boldsymbol{E}=\frac{q_0}{4\pi r^2}\boldsymbol{r}^0-\varepsilon_0\frac{q_0}{4\pi\varepsilon_0\varepsilon_r r^2}\boldsymbol{r}^0=\frac{q_0}{4\pi r^2}\cdot\frac{(\varepsilon_r-1)}{\varepsilon_r}\boldsymbol{r}^0$$

可见，电极化强度$\boldsymbol{P}$与r有关，电介质是非均匀极化。在与带电金属球交界处的电介质表面上，其极化电荷面密度为

$$\sigma'=\boldsymbol{P}\cdot\boldsymbol{n}^0$$

此处的$\boldsymbol{n}^0$是带电金属球和电介质交界处，由电介质指向带电金属球的法线单位矢量。代入两者交界面处的$\boldsymbol{P}$式，并注意到$\boldsymbol{P}$与$\boldsymbol{n}^0$的方向相反，则得

$$\sigma'=-\frac{q_0}{4\pi R^2}\cdot\frac{(\varepsilon_r-1)}{\varepsilon_r}$$

因为$\varepsilon_r>1$，可知σ'恒与q_0反号。由此可以算出在带电金属球与电介质交界面处的总电荷量即自由电荷的电量与极化电荷的电量之和为

$$q_0-\frac{\varepsilon_r-1}{\varepsilon_r}q_0=\frac{q_0}{\varepsilon_r}$$

可见总电荷量减小到自由电荷电量的$\frac{1}{\varepsilon_r}$倍，这正是电介质中离带电金属球心为r处场强减小到真空时的$\frac{1}{\varepsilon_r}$倍的原因所在。

例 1-14 极板面积为S的平行板电容器，两极板间充有两层电介质，电容率分别为ε_1和ε_2，厚度分别为d_1和d_2，电容器两极板上自由电荷面密度分别为$+\sigma$和$-\sigma$，如图所示。求：(1)各层电介质的电位移$\boldsymbol{D}$和场强$\boldsymbol{E}$；(2) 求此电容器的电容。

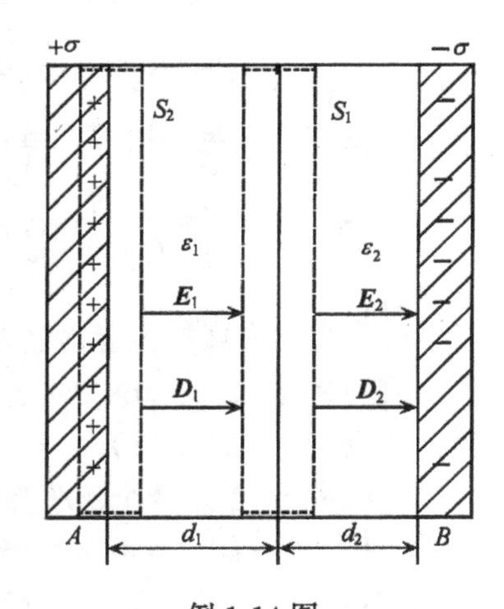

例 1-14 图

解 (1) 分析可知，电容器极板上自由电荷的分布具有面对称性，两极板间所填充的两层电介质的分布也具有相同的面对称性。由于面对称性，两层电介质中的电位移$\boldsymbol{D}_1$和$\boldsymbol{D}_2$及场强$\boldsymbol{E}_1$和$\boldsymbol{E}_2$都与极板板面和两介质的分界面垂直。在两层电介质交界面处作一闭合面S_1(高斯面)，如本例图中中间的虚线所示，在此高斯面内的自由电荷为零，由电介质中的高斯定理可得

$$\oint_{S_1}\boldsymbol{D}\cdot d\boldsymbol{S}=-D_1S+D_2S=0$$

所以

$$D_1=D_2$$

由 $\boldsymbol{D}=\varepsilon\boldsymbol{E}$，可知

$$D_1 = \varepsilon_1 E_1 \qquad D_2 = \varepsilon_2 E_2$$

即得

$$\frac{E_1}{E_2} = \frac{\varepsilon_2}{\varepsilon_1} = \frac{\varepsilon_{r2}}{\varepsilon_{r1}}$$

可见在两层介质中电位移相等，但场强却不相等，而是和电介质的电容率（或相对电容率）成反比。

为了求得各层电介质中的电位移和场强的大小，可另作一闭合高斯面 S_2，如本例图中左边的虚线所示。这一高斯面内的自由电荷量等于正极板上所带的电荷量 $S\sigma$，由电介质中的高斯定理可得

$$\oint_{S_2} \boldsymbol{D}_1 \cdot \mathrm{d}\boldsymbol{S} = D_1 S = S\sigma$$

所以

$$D_1 = \sigma$$

再利用 $D_1=\varepsilon_1 E_1, D_2=\varepsilon_2 E_2, D_1=D_2$，可求得

$$E_1 = \frac{\sigma}{\varepsilon_1} = \frac{\sigma}{\varepsilon_0 \varepsilon_{r1}}, \qquad E_2 = \frac{\sigma}{\varepsilon_2} = \frac{\sigma}{\varepsilon_0 \varepsilon_{r2}}$$

式中 $\boldsymbol{D}_1$、$\boldsymbol{D}_2$ 和 $\boldsymbol{E}_1$、$\boldsymbol{E}_2$ 的方向都是由左向右，即由电容器的正极板指向负极板。

(2) 电容器正、负极板 A、B 间的电势差为

$$U_A - U_B = E_1 d_1 + E_2 d_2 = \sigma\left(\frac{d_1}{\varepsilon_1} + \frac{d_2}{\varepsilon_2}\right) = \frac{q}{S}\left(\frac{d_1}{\varepsilon_1} + \frac{d_2}{\varepsilon_2}\right)$$

式中 $q=S\sigma$ 是电容器每一极板上电量的绝对值。由电容器电容的定义式可得

$$C = \frac{q}{U_A - U_B} = \frac{S}{\dfrac{d_1}{\varepsilon_1} + \dfrac{d_2}{\varepsilon_2}} = \frac{\varepsilon_1 \varepsilon_2 S}{d_1 \varepsilon_2 + d_2 \varepsilon_1}$$

可见电容和电介质的位置次序无关。上述结果可以推广到两极板间充有任意多层电介质的情况（每一层电介质的厚度可以不同，但其相互叠合的两表面必须都和电容器两极板的表面平行）。

必须强调指出：上述两个例题都得到 $\boldsymbol{D}=\varepsilon_0\boldsymbol{E}_0$ 的关系式，但它绝不是一个普遍的结论式，只有在一定的条件下才能成立。这一条件是均匀电介质充满整个电场（例 1-13）或电介质表面为等势面（例 1-14）。证明这一点要用到矢量分析的知识，本书从略。

1.9 电场的能量

在 1.4 节中，曾讨论过带电系统的能量，当时是把它作为电荷之间的势能来解释的。现在进一步要问，带电体系的能量存在于什么地方（或者说谁是能量的载

体)？下面来具体地讨论这一问题。

1.9.1 带电体系的能量

任何带电体都具有一定的电势能，可以认为，电量为 Q 的带电体的电荷原来全部是分散在无穷远处，而是由外力不断克服静电场力做功，将这些电荷一一搬到该带电体上的结果。带电体的总电势能应等于外力克服静电场力搬运全部电荷所做的功。当开始把第一个 $\mathrm{d}q$ 从无限远处移到该物体上时，由于物体原来是不带电的，因此这个 $\mathrm{d}q$ 没有静电场力对它的作用，所以在搬运过程中，外力不需克服静电场力做功。当物体带上 $\mathrm{d}q$ 的电量成为带电体后，再把第二个 $\mathrm{d}q$、第三个 $\mathrm{d}q$、……、第 n 个 $\mathrm{d}q$ 从无限远搬运到带电体上时，就需要外力不断地克服静电场力做功。当带电体带有电量 q，相应的电势为 U 时，再把一个 $\mathrm{d}q$ 从无穷远处移到该带电体上时，外力克服静电场力所做的元功为

$$\mathrm{d}A = U\mathrm{d}q$$

所以在带电体带电为 Q 的全过程中，外力克服静电场力做的总功为 $A = \int \mathrm{d}A = \int_0^Q U\mathrm{d}q$ 。由于静电场力是保守力，根据能量转换与守恒定律，外力克服静电场力所做的总功应转化为带电体所具有的电能，即

$$W = A = \int_0^Q U\mathrm{d}q \tag{1-43}$$

下面，再以电容器为例来讨论两极板 A 和 B 分别带有电量 $+Q$ 和 $-Q$，两极板间电势差为 U_{AB} 时，电容器这一带电体系所具有的能量。类似上面的讨论可以想像，电容器的充电过程是把元电荷 $\mathrm{d}q$ 从一个极板逐一搬到另一个极板的过程。当两极板不带电，搬运第一个 $\mathrm{d}q$ 时，由于电场为零，搬运过程中没有电场力对该 $\mathrm{d}q$ 做功。其后搬运第二个 $\mathrm{d}q$、第三个 $\mathrm{d}q$、……、第 n 个 $\mathrm{d}q$ 时，由于两极板间有了电场，均有相应的电场力对元电荷的搬移做负功，即外力要克服电场力做功。当电容器的两极板分别带有 $+q$ 和 $-q$ 的电量，两极板间的电势差为 U 时，再将 $\mathrm{d}q$ 从负极板 B 搬移到正极板 A，外力所做的元功为

$$\mathrm{d}A = U\mathrm{d}q = \frac{q}{C}\mathrm{d}q$$

式中 C 为电容器的电容。

在电容器充电的全过程中(两极板由不带电到分别带有电量 $+Q$ 和 $-Q$)，外力所做的总功为

$$A = \int \mathrm{d}A = \int U\mathrm{d}q = \int_0^Q \frac{q}{C}\mathrm{d}q = \frac{1}{2} \cdot \frac{Q^2}{C}$$

根据能量转换与守恒的观点，外力克服静电场力所做的总功应转化为电容器具有的电能，即

$$W = A = \frac{1}{2} \cdot \frac{Q^2}{C} \tag{1-44a}$$

因为 $Q=CU$,所以上式也可以写成

$$W = \frac{1}{2}CU^2 \tag{1-44b}$$

或

$$W = \frac{1}{2}UQ \tag{1-44c}$$

无论电容器的结构如何,这一结论式总是正确的,今后将经常用到上述关系式。

1.9.2 电场的能量及能量密度

从上面对带电体系电能的讨论中可以看到一带电体或一带电系的带电过程,实际上也是带电体或带电系电场的建立过程,考虑到外力将电荷搬到带电体上时所克服的静电场力是电场赋予的,因此带电体或带电系在带电 Q 的全部过程中所积聚的能量是电场的能量。为了说明这一点,可将上述电容器电能的式(1-44b)应用到平行板电容器,并将两极板的电势差 $U=Ed$ 及电容 $C=\frac{\varepsilon \cdot S}{d}$ 代入,即得

$$W = \frac{1}{2} \cdot \frac{\varepsilon S}{d}E^2 d^2 = \frac{1}{2}\varepsilon E^2 Sd = \frac{1}{2}\varepsilon E^2 V$$

式中 V 表示电容器两极板之间电场所占的体积。这一结果表明,充电电容器的电能可以用表征电场性质的电场强度 $\boldsymbol{E}$ 来表示,而且电能和电场所占的体积 V 成正比,这说明电能是定义在电场中的,也就是说电能的携带者是电场。由于平行板电容器中电场是均匀分布的,所储存的电场能量也应该是均匀分布的。因此电场中每单位体积的电场能量,亦即电场能量的体密度为

$$\omega_e = \frac{W}{V} = \frac{1}{2}\varepsilon E^2 = \frac{1}{2}DE \tag{1-45}$$

在 SI 中,电场能量体密度的单位为 $\mathrm{J \cdot m^{-3}}$。

上述结果虽然是从均匀电场的特例中导出的,但可以证明这是一个对任一电磁场都普遍适用的公式。在非均匀电场和变化的电磁场中,只不过其能量密度是逐点改变的,即 $\omega_e=\omega_e(x,y,z)$。

要计算任一带电系统整个电场中所储存的总能量,可将电场所占空间分成许多体积元 $\mathrm{d}V$,求出其电场能 $\mathrm{d}W_e=\omega_e\mathrm{d}V$,然后把各体积元的电场能量累加起来,也就是求如下的积分

$$W_e = \int_V \omega_e \mathrm{d}V = \int_V \left(\frac{1}{2}DE\right)\mathrm{d}V \tag{1-46}$$

式中 ω_e 是和每一个体积元 $\mathrm{d}V$ 相应的电场能量密度,积分遍及整个电场空间 V。

必须指出,式(1-43)、式(1-44)表明静电能的存在源于电荷的存在,似乎电荷是电能的携带者,而式(1-45)、式(1-46)又表明静电能是储存于电场中的,电场是

电能的携带者。那么究竟谁是电能的携带者呢？在静电场中，电荷和电场都不发生变化，且电场总是伴随着电荷而存在，因此无法用实验来验证电能究竟是以哪种方式储存的。所以，在静电场范围内，电场携带电能与电荷携带电能的观点是等效的。但是，对于变化的电磁场，情况就不同了。无数实验事实表明，变化的电磁场可以脱离电荷而独立存在，而且电磁场的能量是以电磁波的形式在空间传播的。例如，当你打开收音机时，由电磁波携带的能量就从天线输入，经过电子线路的作用转化为喇叭发出的声能，这就直接证实了电能是储存在电磁场中的观点。能量是物质的固有属性之一，能量这个概念是不能与物质这个概念分割开来的。所以，电场具有能量的结论，证明电场是一种特殊形态的物质。

例 1-15 计算内外半径分别为 R_A 和 R_B，内外极板分别带电 $+Q$ 和 $-Q$ 的球形电容器所储存的电能。设球形电容器两极板间充满电容率为 ε 的电介质。

解 分析可知，整个电场只局域在球形电容器的两极板间。在两极板间，球半径为 r 的同心球面上，场强的大小相等，于是，在该球面附近取一厚度为 $\mathrm{d}r$ 的球壳层体积元，即 $\mathrm{d}V=4\pi\cdot r^2\mathrm{d}r$，在该体积元内，可以认为电场的能量密度 ω_e 处处是相等的，则该体积元内电场的能量为

$$\mathrm{d}W_e=\omega_e\mathrm{d}V=\frac{1}{2}\varepsilon E^2\mathrm{d}V=\frac{1}{2}\varepsilon E^2\cdot 4\pi r^2\mathrm{d}r=2\pi\varepsilon E^2r^2\mathrm{d}r$$

于是，整个电场中储存的能量为

$$W_e=\int\mathrm{d}W_e=\int_{R_A}^{R_B}2\pi\varepsilon\left(\frac{Q}{4\pi\varepsilon r^2}\right)^2\cdot r^2\mathrm{d}r=\frac{Q^2}{8\pi\varepsilon}\int_{R_A}^{R_B}\frac{\mathrm{d}r}{r^2}=\frac{Q^2}{8\pi\varepsilon}\left(\frac{1}{R_A}-\frac{1}{R_B}\right)$$

$$=\frac{1}{2}\cdot\frac{Q^2}{4\pi\varepsilon\dfrac{R_AR_B}{R_B-R_A}}=\frac{1}{2}\cdot\frac{Q^2}{C}$$

所得结果与式(1-44)的结论完全相同。上面的计算也提供了一种求电容器电容的方法，即利用式(1-46)求出电容器电场中储存的能量为何值，再将所求结果与式(1-44a)即 $W=\frac{1}{2}\cdot\frac{Q^2}{C}$ 比较，便可求出 C。

思 考 题

1-1 根据点电荷的场强公式

$$E=\frac{1}{4\pi\varepsilon_0}\cdot\frac{q}{r^2}$$

当所考虑的点与点电荷的距离 $r\to 0$ 时，则场强 $E\to\infty$，这是没有物理意义的，对这种似是而非的问题应如何解释？

1-2 判断下列说法是否正确，并说明理由。

(1) 场中某点场强的方向就是将点电荷放在该点时所受电场力的方向；

(2) 场强的方向可由 $\boldsymbol{E}=\dfrac{\boldsymbol{F}}{q}$ 定出，其中 q 可正可负；

(3) 在以点电荷为球心所作的球面上，由该点电荷所产生的场强处处相等。

1-3　如果把质量为 m 的点电荷 q 放入电场中，由静止状态释放，此电荷是否沿着电力线运动？

1-4　下面说法是否正确？为什么？

(1) 闭合曲面上各点场强为零时，面内必没有电荷；

(2) 闭合曲面内总电量为零时，面上各点场强必为零；

(3) 闭合曲面的通量为零时，面上各点场强必为零；

(4) 闭合曲面上的总通量仅是由面内电荷提供的；

(5) 闭合曲面上各点的场强仅是由面内电荷提供的。

1-5　在高斯定理中，对高斯面的形状有无特殊要求？在应用高斯面定理求场强时，对高斯面的形状有无特殊要求？如何选取合适的高斯面？高斯定理表示静电场具有怎样的性质？

1-6　一人站在绝缘台上，如果此人的电势增加到 10^4V，他将会有意外事故发生吗？

1-7　两个相隔一定距离却带同号电荷的小球，要使它们的电势能增加或减少，它们将发生什么变化？如果它们带异号电荷，情况又如何？

1-8　下列说法是否正确？试举例加以说明。

(1) 场强相等的区域，电势也处处相等；

(2) 电势相等处，场强也相等；

(3) 场强为零处，电势一定为零；

(4) 电势为零处，场强一定为零；

(5) 场强大处，电势一定高。

1-9　将一个带正电荷的导体 A 移近一个不带电的导体 B 时，导体 B 的电势升高还是降低？为什么？

1-10　怎样才能保证在给定空间区域中，电势将有一恒定值？

1-11　两个半径分别为 r_1 与 r_2 的同心均匀带电球面，且 $r_2=2r_1$。内球带电量为 $q_1>0$，问外球带电量 q_2，分别满足什么条件时，能使内球的电势为正、为零或为负？

1-12　一封闭金属壳内有两个带电导体 A 和 B，已知 $q_A=-q_B$，问壳的内壁各点电荷面密度 σ 是否都为零？若用导线联结 A 和 B，结论又如何？

1-13　有两个金属球，一大一小，带等量同号电荷，试问这两个球的电势是否相等？如果用一根导线把这两个球连接起来，有没有电荷流动？

1-14　有人说电位移矢量 $\boldsymbol{D}$ 只与自由电荷有关而与束缚电荷无关，这种说法对吗？

1-15　电容器的带电量有没有限制？通常用什么方法表示最大带电量？

习　题

1-1　两个电量都是 $+q$ 的点电荷，相距为 $2d$，连线中点为 O，今在它们连线的垂直平分线上放置另一个点电荷 q'，q' 与 O 相距为 r。(1) 求 q' 所受的力；(2) q' 放在哪一点时，所受的力最大？

1-2　在正方形的顶点上各放一电量相等的同性点电荷 q。

(1) 证明放在正方形中心的任意电量的点电荷所受的力为零；

(2) 若在中心放一点电荷 Q，使顶点上每个电荷受到的合力恰为零，求 Q 和 q 的关系。

1-3　若电量均匀地分布在长为 L 的细棒上，求证：

(1) 在棒的延长线上，离棒中心为 a 处 P 点的场强为

$$E=\frac{1}{\pi\varepsilon_0}\cdot\frac{q}{4a^2-L^2}$$

(2) 在棒的垂直平分线上，离棒为 a 处 Q 点的场强为 $E=\frac{1}{2\pi\varepsilon_0}\cdot\frac{q}{a\sqrt{L^2+4a^2}}$。若棒为无限长时(即 $L\to\infty$)，将结果与无限长带电直线的场强相比较。

1-4　线电荷密度为 λ 的无限长均匀带电线，分别弯成附图中(a)、(b)两种形状，若圆弧半径为 R，试求：(a)、(b)图中 O 点的场强。

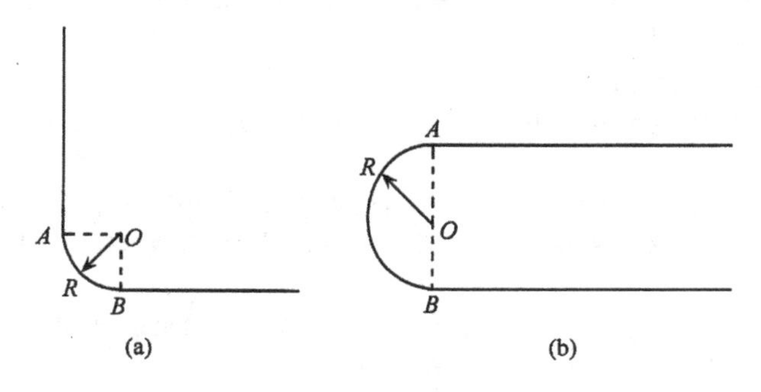

习题 1-4 图

1-5　一半径为 R 的半球面，均匀带有电荷，电荷面密度为 σ，求球心处的电场强度的大小。

1-6　一无限大平面，开有一半径为 R 的圆洞，设平面均匀带电，电荷面密度为 σ。求洞的轴线上离洞心为 r 处的场强。

1-7　两无限大的平行平面均匀带电，面电荷密度都是 σ，求各处的场强分布。

1-8　大小两个同心球面，小球半径为 R_1，均匀带电 q_1，大球半径为 R_2，均匀带电 q_2。求空间电场强度的分布。问电场强度是否是坐标 r(离球心的距离)的连续函数？

1-9　一半径为 R 的带电球，其电荷体密度为 $\rho=\rho_0\left(1-\frac{r}{R}\right)$，$\rho_0$ 为一常量，r 为空间某点至球心的距离，试求：

(1) 球内、外的场强分布；

(2) r 为多大时，场强最大，该点场强 $E_{\max}=$？

1-10　两个无限长同轴圆柱面，半径分别为 R_1 和 R_2($R_2>R_1$)，分别带有等值异号电荷，每单位长度的电量为 λ(电荷线密度)。试分别求出离轴线为

(1) $r<R_1$；

(2) $R_1<r<R_2$；

(3) $r>R_2$ 各处的电场强度。

1-11　一半径为 R 的无限长带电圆柱体，电荷是均匀分布的，圆柱体单位长度的电荷为 λ。用高斯定理求圆柱体内距轴线距离为 r 处的场强。

1-12　一半径为 R 的均匀带电长棒，电荷体密度为 ρ。求棒的轴线上一点与棒表面之间的电势差。

1-13　有两根半径为 R，相距为 d 的无限长平行直导线($d\gg R$)，带有等量而异号的电荷，单位长度上的电量为 λ。求这两根导线的电势差(每一导线为一等势体)。(提示：先计算两导线连线上任一点的场强。)

1-14　参看习题1-3，求该题中P点和Q点的电势，能否从电势的表达式，由电势梯度算出P点和Q点的场强？

1-15　半径为R的均匀带电球体，带电量为Q，处于真空中。

(1) 用高斯定理求空间场强的分布；

(2) 用电势定义式求空间电势分布。

1-16　大小两个同心球面，小球半径为R_1，带电q_1，大球半径为R_2，带电q_2，试求空间电势的分布。

1-17　两块无限大的导体平板A、B，平行放置，间距为d，每板的厚度为a，板面积为S，现给A板带电Q_A，B板带电Q_B，如

(1) Q_A、Q_B均为正值时；

(2) Q_A为正值，Q_B为负值，且$|Q_A|<|Q_B|$时，分别求出两板各表面上的电荷面密度以及两板间的电势差。

1-18　一电容器为“10μF，300V”，另一电容器为“30μF，450V”，若将两电容器并联使用，等效电容器的容量是多少？耐压是多少？若将两电容器串联使用，等效电容器的容量和耐压又各是多少？

1-19　C_1，C_2两个电容器，分别标明为“200pF，500V”和“300pF，900V”，把它们串联起来后，等值电容多大？如果加上1000V电压，是否会击穿？

1-20　一平板空气电容器，空气层厚度1.5cm，所接电压为39.0kV时，这电容器是否会被击穿？(设空气的击穿场强的大小为30kV·cm^{-1}。)现在将一厚度为0.30cm的玻璃片插入电容器，玻璃片表面与电容器极板平行，已知玻璃的相对介电系数为7.00，击穿场强的大小为100kV·cm^{-1}，问这时的电容器是否被击穿？

1-21　在两极板相距为d的平行板电容器中，插入一块厚度为$\frac{d}{2}$的金属大平板(此板与两极板相平行)，其电容变为原来电容的多少倍？如果插入的是相对介电系数为ε_r的大平板，则又如何？

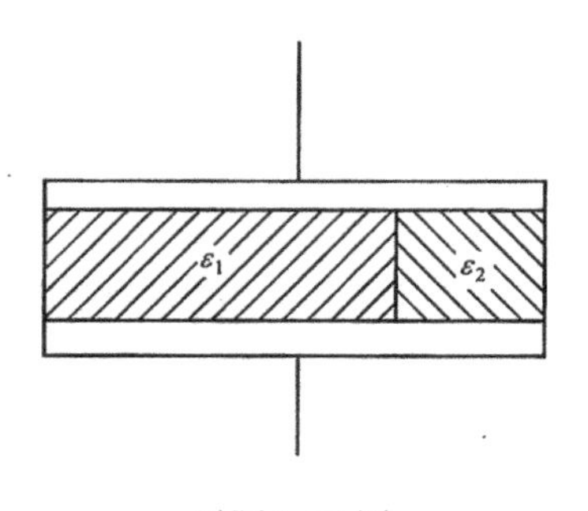

习题1-22图

1-22　如习题图所示，一平板电容器(极板面积为S，间距为d)中充满两种介质，设两种介质在极板间的面积之比$\frac{S_1}{S_2}=3$，试计算其电容；如果电介质尺寸相同，电容又如何？

1-23　在一平行板电容器的两板上带有等值异号的电荷，两板间的距离为5.0mm，充以$\varepsilon_r=3$的介质，介质中的电场强度为1.0×10^6V·m^{-1}，求：

(1) 介质中的电位移矢量；

(2) 平板上的自由电荷密度；

(3) 介质中的极化强度；

(4) 介质面上的极化电荷面密度；

(5) 平行板上自由电荷及介质面上极化电荷所产生的那一部分电场强度。

1-24　一导体球带电q，半径为R，球外有两种均匀电介质，一种介质(ε_1)的厚度为d，另一种介质为空气，充满其余整个空间。

(1) 求离球心O为r处的电场强度$\boldsymbol{E}$和电位移$\boldsymbol{D}$；

(2) 求离球心O为r处的电势U；

(3) 说明第一种介质边界面上的极化电荷分布情况。

1-25 半径为 R 的导体球，带有电荷 Q，球外有一充满均匀电介质的同心球壳，球壳的内外半径分别为 a 和 b，相对介质常数为 ε_r，求：

(1) 介质内外的电场强度 $\boldsymbol{E}$ 和电位移 $\boldsymbol{D}$；

(2) 介质内的电极化强度 $\boldsymbol{P}$ 和介质表面上的极化电荷面密度 σ'；

(3) 离球心 O 为 r 处的电势 U；

(4) 如果在电介质外罩一半径为 b 的导体球壳，该球壳与导体球构成一电容器，其电容多大？

1-26 一平行板电容器的两极板间有两层均匀介质，一层介质的 $\varepsilon_{r1}=4.0$，厚度为 $d_1=2.0\text{mm}$，另一层介质的 $\varepsilon_{r2}=2.0$，厚度为 $d_2=3.0\text{mm}$。极板面积为 $S=50\text{cm}^2$，两极板间电压为 200V，计算：

(1) 每层介质中的电场能量密度；

(2) 每层介质中的总能量；

(3) 用公式 $\frac{1}{2}qU$ 计算电容器的总能量。

1-27 两个同轴的圆柱面，长度为 l，半径分别为 R_1 和 R_2。两圆柱面间充有介电常数为 ε 的均匀电介质。当这两个圆柱面带有等量而异号电荷 $+Q$ 和 $-Q$ 时，求：

(1) 在半径为 $r(R_1<r<R_2)$，厚度为 $\mathrm{d}r$，长度为 l 的圆柱薄壳中任一点处，电场能量密度是多少？整个薄壳中的总能量是多少？

(2) 电介质中的总能量是多少？能否从电介质中的总电场能推算圆柱形电容器的电容？

1-28 有两个半径均为 R 的球体。若这两个球带有相同的电量 Q，但其中一个球的电荷是均匀分布在球体内，另一个球的电荷只均匀分布在表面上。试证球体电荷分布球体的电场能量是面电荷分布球体的电场能量的 $\frac{6}{5}$ 倍。

1-29 平行板电容器极板的面积为 200cm^2，极板间的距离为 1.0mm，在电容器内有一块玻璃板（$\varepsilon_r=5$）充满两极板间的全部空间，求在下列情况下，若将玻璃板移开，电容器能量的变化：

(1) 将电容器与电动势为 300V 的电源相连；

(2) 充电后，将电源断开再抽出玻璃板。

1-30 设有半径都是 r 的两条平行的无限长直导线 A、B，其间距为 $d(d\ll r)$，且充满介电常数为 ε 的电介质，求单位长度导线的电容。

1-31 真空中有一半径为 R 的均匀带电球面，其电荷面密度为 σ，球面上有一小孔，小孔的半径与球面半径之比 $\eta\ll 1$，试问球心处的场强和电势可用何种简易方法计算？球心处的场强和电势各为多大？

1-32 在半径为 R，电荷体密度为 ρ 的均匀带电球体内，挖去一个半径为 r 的小球，如图所示。试求 O、O'、P、M 各点的场强和电势（O、O'、P、M 在一条直线上）。

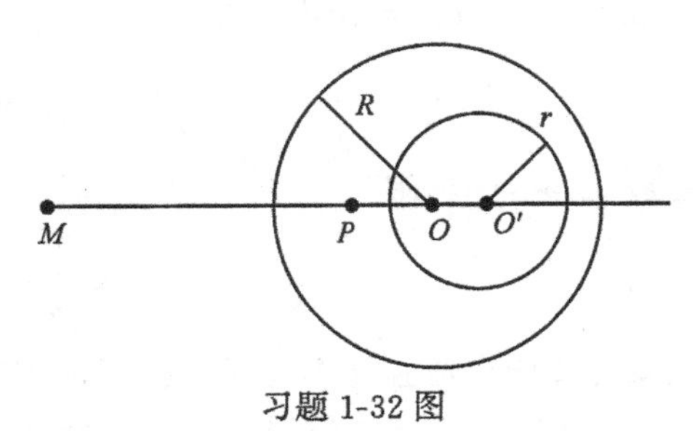

习题 1-32 图

第2章　稳恒磁场

第1章我们研究了静止电荷所激发的电场的基本性质和基本规律。如果是运动电荷，在其周围不仅要产生电场，同时还要产生磁场。磁场和电场一样，也是一种特殊形态的物质。当运动的电荷形成稳恒电流时，在它周围激发的便是稳恒磁场，即磁场中各点的性质不随时间而改变。本章将研究稳恒磁场的基本性质和基本规律。主要内容将按照相互有关联的三个方面展开讨论：① 如何描述稳恒电流在真空中激发的磁场；② 如何描述磁场对电流和运动电荷的作用规律；③ 磁介质中磁场的描述问题。

稳恒磁场和静电场都是矢量场，而各种矢量场在研究方法和思想方法上有许多类似之处，譬如，稳恒磁场的许多基本规律可与静电场相对应，两者在内容上具有相似性和对称性。因此，比照静电场的有关内容，采用类比方法进行研究，将有助于掌握好本章的内容。

2.1　稳恒电流

2.1.1　电流与电流强度

电荷的定向运动形成电流。电流可分为两类即传导电流和运流电流。带电粒子在导体内定向运动形成的电流叫传导电流；由带电物体在空间做定向机械运动形成的电流叫运流电流。通常指的电流是传导电流。要使电荷相对导体做有规则的定向运动，即在导体内产生电流，必须满足两个条件：一是导体内有可以自由运动的带电粒子；二是导体内有电场存在（或者说导体两端有电势差）。

为了描述电流的强弱，定义单位时间内通过某截面的电量为通过该截面的电流强度，记为I。其表达式为

$$I=\frac{\Delta q}{\Delta t}$$

或取$\Delta t\to 0$的极限

$$I=\lim_{\Delta t\to 0}\frac{\Delta q}{\Delta t}=\frac{\mathrm{d}q}{\mathrm{d}t}\tag{2-1}$$

如果导体内电流强度不随时间而变化，这种电流就叫稳恒电流或直流电。

在SI中，规定电流强度为基本量，单位为安培(A)。

由式(2-1)可知，$1\mathrm{A}=1\mathrm{C}\cdot\mathrm{s}^{-1}$。在实际应用中安培(A)这种单位太大，常采用毫安(mA)和微安(μA)为电流的单位，它们和安培(A)之间的换算关系为

$$1\text{mA} = 10^{-3}\text{A}, \qquad 1\mu\text{A} = 10^{-6}\text{A}$$

应当指出,电流强度是标量,通常所说的电流方向,是指从等效性出发所规定的正电荷运动的方向。这样,在导体中电流的方向总是沿着电场的方向,从高电势处指向低电势处。

2.1.2 电流密度

电流强度能反映电流的强弱,但它只能描述导体中通过某一截面电流的整体特征,而不能反映导体中各点的电流分布情况。例如,电流在粗细不均匀的导体或在大块导体中流动时,其分布是不均匀的,为此,必须引入一个能够细致描述电流分布的物理量,称之为电流密度,用 $\boldsymbol{j}$ 表示,其定义为

$$\boldsymbol{j} = \frac{\mathrm{d}I}{\mathrm{d}S}\boldsymbol{n}^0 \tag{2-2}$$

式中 $\boldsymbol{j}$ 为导体某点处(图 2-1)的电流密度,dS 为该点处面积元的大小,面积元 d$\boldsymbol{S}$ 单位法向矢量 $\boldsymbol{n}^0$ 的方向与该点场强 $\boldsymbol{E}$ 的方向相同,dI 为通过面积元 dS 的电流强度。由此可见,电流密度 $\boldsymbol{j}$ 是一个矢量,导体中某点处的 $\boldsymbol{j}$,其方向与该点场强方向一致,其大小等于通过与该点场强方向垂直的单位截面的电流强度(单位时间里通过与场强方向垂直的单位截面的电量)。

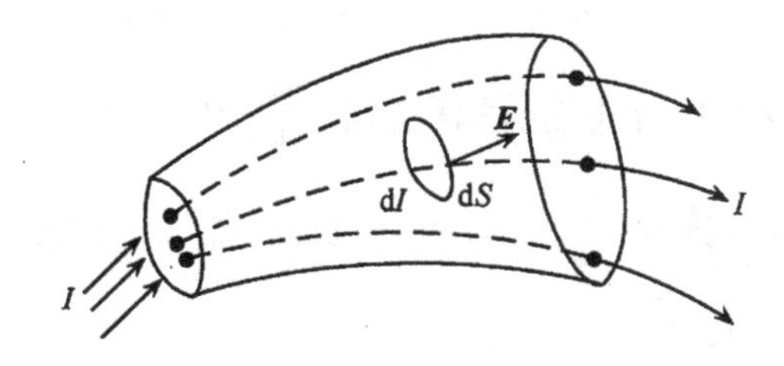

图 2-1

在 SI 中,电流密度的单位为安培·米$^{-2}$(A·m^{-2})。

由式(2-2)可得 $\mathrm{d}I = j\mathrm{d}S$,如果 $\boldsymbol{j}$ 与 d$\boldsymbol{S}$ 的方向成 θ 角,则 $\mathrm{d}I = j\cos\theta\mathrm{d}S$,或写成矢量点积形式,即 $\mathrm{d}I = \boldsymbol{j}\cdot\mathrm{d}\boldsymbol{S}$。这样,通过导体中任一截面的电流强度可表示为

$$I = \int_S \boldsymbol{j}\cdot\mathrm{d}\boldsymbol{S} = \int_S j\cos\theta\mathrm{d}S \tag{2-3}$$

由于电流密度 $\boldsymbol{j}$ 是一个矢量,它在导体中的分布就构成了一个矢量场,即电流场。类似于用电场线($\boldsymbol{E}$ 线)来形象地描绘电场一样,也可引入电流线 $\boldsymbol{j}$ 线来形象地描绘电流场,所谓电流线,就是在电流场中绘出一系列的曲线,使这些曲线上每点的切线方向和该点电流密度 $\boldsymbol{j}$ 的方向一致。有了电流线的概念,就可以帮助我们理解电流密度 $\boldsymbol{j}$ 和电流强度 I 的关系,即式(2-3)反映的是一个矢量场与它的通量之间的关系。

2.1.3 电流的连续性方程

设想在有电流的导体内任取一闭合曲面 S(图 2-2),类似于第 1 章表述高斯定

理那样，规定 S 面上处的外法线方向为正方向。则在单位时间内通过 S 面向外流出的静电荷量应为 $\oint_S \boldsymbol{j}\cdot \mathrm{d}\boldsymbol{S}$，由电荷守恒定律，它应等于闭合曲面内单位时间电荷量的减少值，即

$$\oint_S \boldsymbol{j}\cdot \mathrm{d}\boldsymbol{S} = -\frac{\mathrm{d}q}{\mathrm{d}t} \tag{2-4}$$

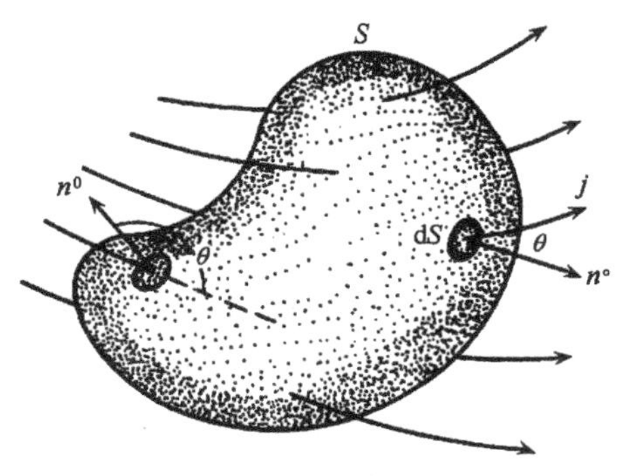

图 2-2　电流连续性原理

式(2-4)实质上就是电荷守恒定律的数学表达式，称为电流的连续性方程。其物理含义是：如果闭合曲线 S 内有正电荷积累起来，$\frac{\mathrm{d}q}{\mathrm{d}t}>0$，则流入 S 面内的电荷量多于从 S 面内流出的电荷量，从而 $\oint_S \boldsymbol{j}\cdot \mathrm{d}\boldsymbol{S}<0$；反之，如果 S 面内正电荷减少，$\frac{\mathrm{d}q}{\mathrm{d}t}<0$，则从 S 面内流出的电荷量多于流入 S 面内的电荷量，从而 $\oint_S \boldsymbol{j}\cdot \mathrm{d}\boldsymbol{S}>0$；一种有意义的特殊情况是：闭合曲面 S 内的电荷量始终处于一种不随时间而变化的稳定动态分布，也就是说，任何时刻，流入 S 面内的电荷量等于从 S 面内流出的电荷量，即 $\frac{\mathrm{d}q}{\mathrm{d}t}=0$。这样，在导体内必定存在一个不随时间变化的稳恒电场，从而使导体内维持着各点电流密度 $\boldsymbol{j}$ 的大小和方向都不随时间变化的稳恒电流。由式(2-4)得

$$\oint_S \boldsymbol{j}\cdot \mathrm{d}\boldsymbol{S} = 0 \tag{2-5}$$

式(2-5)叫电流的稳恒条件。

借助电流线的概念来理解式(2-5)，就是说，在稳恒电流条件下，电流线连续地穿过闭合面 S 所包围的体积，不可能在任何地方中断，它们永远是闭合曲线，通常称为稳恒电流的闭合性。

2.1.4　电源及电动势

1. 非静电力　电源

根据以上分析，要在导体内形成稳恒电流就必须在导体内建立一个稳恒电场，或者说在导体两端维持恒定的电势差。怎样才能满足这一条件呢？为了便于说明

问题，我们以带电电容器放电时形成的电流为例来进行讨论。见图 2-3(a)。

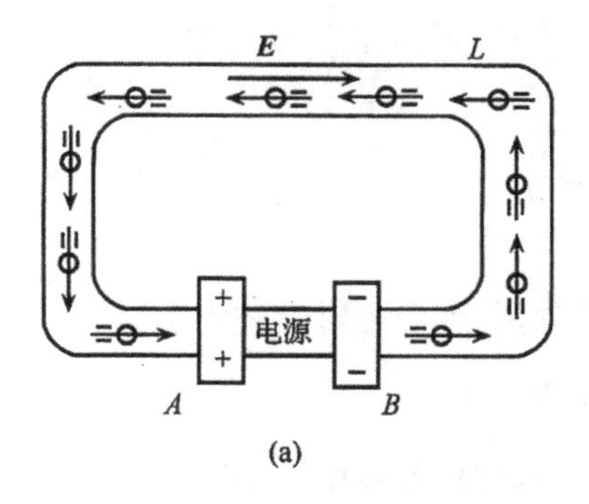

(a)

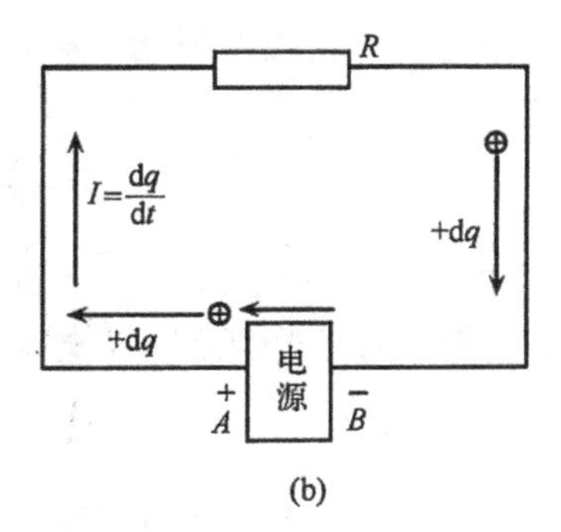

(b)

图 2-3

用导线把充过电的电容器的正极板 A 和负极板 B 连接后，正电荷在静电力的作用下通过导线向负极板流动而形成电流。但是这种电流是一种暂时电流，随着两极板上正负电荷的逐渐中和而减少，使得两极板间电势差也逐渐减少直至为零，导线中的电流也随之减弱直至为零。由此可见，仅有静电力的作用是不能形成稳恒电流的。现在设想，在电流的流动过程中，如果有一种本质上完全不同于静电力的力，能够不断地把每一时刻到达负极板上的正电荷逆着静电力的方向送回到电势高的正极板 A 上，从而使得两极板上正负电荷的数量保持不变，亦即使得两极板间的电势差恒定不变，这样便在电路中形成了稳恒电流。上述这种使正电荷逆着静电力的方向运动，维持稳恒电流的非静电性力，叫非静电力，用符号 $\boldsymbol{F}_K$ 表示。提供非静电力的装置叫做电源。可见，要产生稳恒电流，必须要有电源才行。电源在维持稳恒电流的过程中，非静电力把正电荷不断从低电势处送回到高电势处，要不断地克服静电力做功。从能量转换与守恒的观点来看，电源中非静电力的功是电源不断消耗其他非静电形式能量的结果。所以电源实质上是把其他形式的能量转化为电能的一种装置。说得确切一点，电源是一种兼有能量与转换本领的能源装置。

由于各种形式的能量都可转化为电能，所以有各种各样的电源。例如，化学电池、发电机、热电偶、硅(硒)太阳电池等电源，它们分别是把化学能、机械能、热能、太阳能转变为电能的装置。

每一种电源都有正极和负极。通常把电源内部正、负两极之间的电路称为内电路，电源正、负两极外部构成的电流通路叫外电路，内电路和外电路合起来构成闭合电路。在电源的作用下，正电荷由正极流出，经过外电路流入负极，然后正电荷在电源内非静电力的作用下再从负极经过内电路流到正极，如图 2-3(b)所示，于是，在电源的作用下，电荷在闭合电路中持续不断地恒定流动而形成稳恒电流，从而保持了电流线的闭合性。

2. 电动势

对于不同的电源，把一定量的正电荷从电源负极移到电源正极，非静电力所做的功是不同的，为了反映电源中非静电力做功的本领，下面引入电动势的概念。

仿照静电场中场强的概念一样，我们用 $\boldsymbol{F}_{\mathrm{K}}$ 表示单位正电荷在电源中所受的非静电力，则

$$\boldsymbol{E}_{\mathrm{K}}=\frac{\boldsymbol{F}_{\mathrm{K}}}{q}$$

通常把 $\boldsymbol{E}_{\mathrm{K}}$ 叫做“非静电性电场的场强”。

当正电荷 q 通过电源绕闭合电路一周时，非静电力对其做的功为

$$A=\oint_{L}q\boldsymbol{E}_{\mathrm{K}}\cdot\mathrm{d}\boldsymbol{l}$$

由于非静电力只存在于电源内部，而外电路不存在非静电力，所以上述功的环路积分实际为

$$A=\int_{-}^{+}q\boldsymbol{E}_{\mathrm{K}}\cdot\mathrm{d}\boldsymbol{l}$$

于是，我们把单位正电荷经电源内部从负极到正极时，非静电力所做的功定义为电源的电动势，用 ε 表示，即

$$\varepsilon=\frac{A}{q}=\int_{-(\text{电源内})}^{+}\boldsymbol{E}_{\mathrm{K}}\cdot\mathrm{d}\boldsymbol{l} \tag{2-6}$$

电源电动势的大小只取决于电源本身的性质，而与电源的形状、大小以及外电路的性质或是否接通闭合电路无关。根据式(2-6)，可知电动势是标量，可正可负。若 ε 为正，表示非静电力做正功；若 ε 为负，表示非静电力做负功。习惯上规定电动势的方向为自负极经电源内部指向正极的方向。

电动势 ε 和极板间的电势差 U_{AB} 是两个不同的概念，要注意加以区别。

在 SI 中，电动势的单位和电势的单位相同，为焦耳·库仑$^{-1}$($\mathrm{J\cdot C^{-1}}$)即伏特(V)。

必须指出，不同的电源有不同性质的非静电作用，这些作用的机制是十分复杂的，我们在这里笼统地把它们都看作是一种非静电性电场，并用 $\boldsymbol{E}_{\mathrm{K}}$ 表示其场强。与静电性场强 $\boldsymbol{E}$ 相比，除了在电路中引起电流这一点上有相似性外，其他方面的性质，$\boldsymbol{E}_{\mathrm{K}}$ 和静电性场强是不一样的。另外，在许多实际的闭合电路中，整个闭合电路处处都有非静电力存在，这时就无法区别“电源内部”和“电源外部”，于是，整个电路的电动势可表述为“非静电性场强 $\boldsymbol{E}_{\mathrm{K}}$”沿闭合电路的环流，即

$$\varepsilon=\oint_{L}\boldsymbol{E}_{\mathrm{K}}\cdot\mathrm{d}\boldsymbol{l} \tag{2-7}$$

该式比式(2-6)更具普适性。

2.2 磁场　磁感强度

2.2.1 磁现象

在历史上，磁现象的发现要早于电现象的发现，我国是最早发现和应用磁现象

的国家，在磁学领域内做出过重大的贡献。早在公元前四世纪成书的《管子·地数篇》上就有这样的描述："上有慈石者下有铜金"。《水经注》记载，秦始皇阿房宫的北阙门用磁石构建，以防带兵器的刺客。我国古代把"磁石"写作慈石，意思是"石铁之母也，以有慈石，故能引其子"（东汉高诱的慈石注）。现今河北省的磁县，古时称为慈州和磁州，就是因盛产天然磁石而得名。汉朝以后，有关记载磁现象以及应用的著作典籍更多。例如，东汉著名的唯物主义思想家王充在《论衡》中所描述的"司南勺"已被公认为是世界上最早的指南针。11 世纪北宋科学家沈括在《梦溪笔谈》中第一次明确地记载了我国已经将指南针用于航海。而且，沈括第一次发现了地磁偏角，比欧洲的发现要早四百多年。

现在知道，人们最初发现的天然磁铁矿石的化学成分是四氧化三铁（Fe_3O_4）。天然或人造磁铁具有吸引铁、钴、镍等物质的性质，称之为磁性。一块磁铁两端磁性最强的区域称为磁极。如果将条形磁铁（或狭长磁针）的中心支撑或悬挂起来，使它能在水平面内自由转动，则两磁极总是分别指向南北方向。我们把指北的磁极称为北极（N 极），指南的磁极称为南极（S 极）。应附带说明一下，磁极所指的方向与地理上严格的南北极方向稍有偏离，偏离的角度称为地磁偏角。实验表明，磁铁的磁极之间有作用力存在，称为磁力。且同号磁极相斥，异号磁极相吸。磁铁的两个磁极，不可能分割成独立的 N 极和 S 极。

2.2.2 电流的磁场

在历史上相当长一段时间里，人们认为磁与电是两类截然分开的现象，故而磁学和电学的研究一直是彼此独立地发展着。直到 1820 年 4 月，丹麦物理学家奥斯特（H. C. Oersted）发现电流的磁效应，才把电和磁联系起来，从此开始了电磁学的新纪元。

奥斯特电流效应的实验发现给整个科学界带来了巨大的震动，一个崭新的研究领域顷刻间激起了法国的阿拉果（Arago）、安培（Ampere）等杰出物理学家的探索热情。1822 年，安培通过实验研究和理论分析，提出了关于物质磁性本质的分子电流假说。这个假说指出，组成磁铁的最小单元（磁分子）就是分子的环形电流。如果这样的一些分子环电流定向地排列起来，在宏观上就显示出 N 极和 S 极来（图 2-4）。

图 2-4　安培分子环流假说

当时，人们还不了解原子内部结构，因此也不能解释物质内部的分子环流是怎样形成的。现在就清楚了，原子是由带正电的原子核和绕核旋转的负电子组成的。

电子不仅绕核旋转，而且还有自旋。原子、分子等微观粒子内电子的这些运动便形成了“分子环电流”，简称分子电流。这便是物质磁性的基本来源。

由此看来，无论是导体中传导电流的磁效应，还是磁铁的磁效应都来源于电荷的运动。可以说，一切磁现象都可以归结为运动电荷（电流）之间的相互作用，而这种相互作用是通过各自所激发的磁场给对方施以磁场力产生的。用图示的形式来表示，则有

$$\text{电流} \leftrightarrow \boxed{\text{磁场}} \leftrightarrow \text{电流}$$

或

$$\text{运动电荷} \leftrightarrow \boxed{\text{磁场}} \leftrightarrow \text{运动电荷}$$

顺便指出，在相对论中，固定在匀速运动电荷系上的参考系认为该电荷是静止不动的，在其周围只存在电场。而相对于该电荷运动着的惯性系，则认为该电荷是运动的，其周围既有电场，也有磁场。而且狭义相对论认为在一切惯性系中，物理规律是相同的。那么这个电荷周围客观存在的到底仅是电场？还是电场和磁场兼而有之呢？

按照相对论的观点，电场和磁场是统一的电磁场的两个特殊表现形式，正如时间和空间是统一的时空间的特殊表现形式一样。只有在学习了相对论之后，才能对电和磁的内在联系有更深入的了解。

2.2.3 磁感应强度

在 1.2 节中，我们从电场对电荷有电场力作用的性质出发，引入电场强度 $\boldsymbol{E}=\frac{\boldsymbol{F}}{q_0}$ 来描述电场。仿照这一研究方法，我们也可以根据磁场对运动电荷、载流导体以及永磁体有磁场力作用的性质出发来引进磁感应强度 $\boldsymbol{B}$ 这一物理量用以描述磁场。原则上讲，运动电荷、载流导体以及永磁体都可以作为试探磁场力的元件。这里我们采用正的运动电荷作为试探元件，并称为运动试探电荷。实验表明，当正的试探运动电荷以同一速率沿不同方向通过磁场中的某点（场点）P 时，它所受磁力的大小是不同的，然而这其中存在一种特殊情况：即当正的试探运动电荷通过 P 的速度方向（$\boldsymbol{v}$）与该点处磁场方向垂直时，它所受的磁力为最大值，而且这个最大磁力 F_m 正比于试探运动电荷的电量 q 与速率 v 的乘积。但是比值 $\frac{F_m}{qv}$ 却在该点 P 具有确定的量值而与运动电荷的 qv 值无关。对于磁场中不同的点，这个比值则有不同的值。由此可见，比值 $\frac{F_m}{qv}$ 的大小反映了空间各点磁场的强弱。于是，我们把这个比值定义为磁场中某点磁感应强度 $\boldsymbol{B}$ 的大小，即

$$B=\frac{F_m}{qv} \tag{2-8}$$

该点磁场的方向就是磁感应强度 $\boldsymbol{B}$ 的方向。而 $\boldsymbol{B}$ 的方向又如何确定呢？实验表明，

正的试探电荷在磁场中所受的磁力总是垂直于$\boldsymbol{B}$和$\boldsymbol{v}$所构成的平面。而且$\boldsymbol{F}_m$、$\boldsymbol{B}$、$\boldsymbol{v}$三者的方向都彼此正交,具有矢量矢积的右手螺旋关系。这样就可以根据最大磁力$\boldsymbol{F}_m$和$\boldsymbol{v}$的方向来确定$\boldsymbol{B}$的方向为$\boldsymbol{F}_m \times \boldsymbol{v}$的方向,即按右手螺旋法则,由正试探运动电荷所受最大磁力$\boldsymbol{F}_m$的方向,经小于π的角度转向正试探运动电荷速度$\boldsymbol{v}$的方向时,螺旋前进的方向便是该点$\boldsymbol{B}$的方向。如图2-5所示。由这样所确定的$\boldsymbol{B}$的方向即磁场的方向,与用小磁针的N极来探测的磁场方向是一致的。

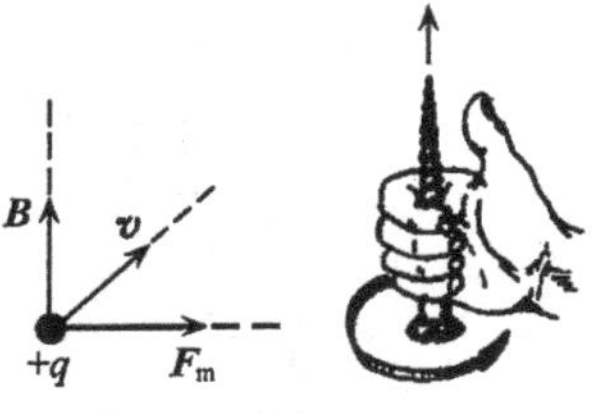

图 2-5

磁感应强度$\boldsymbol{B}$是描述磁场中各点磁场强弱和方向的物理量,它与电场中的电场强度$\boldsymbol{E}$的地位相当,也是空间位置的矢量点函数。如果磁场中各点$\boldsymbol{B}$都相同,则称之为匀强磁场。在SI中磁感应强度的单位为特斯拉(T),$1T=1N \cdot S \cdot C^{-1} \cdot m^{-1}$。在实际应用中,磁感应强度还采用高斯(G)为单位,它与特斯拉的换算关系为

$$1G = 10^{-4}T$$

一些常见磁场的磁感应强度的大小见表2-1。

表 2-1

磁场名称	数值/T
地球磁场水平强度在赤道处	$(0.3\sim0.4)\times10^{-4}$
地球磁场竖直强度在南北极地区	$(0.6\sim0.7)\times10^{-4}$
普通永久磁铁两极附近	0.4～0.7
电动机和变压器	0.9～1.7
超导脉冲的磁场	10～100

2.3 毕奥-萨伐尔定律

奥斯特实验说明电流可以产生磁场,那么电流产生磁场的规律如何呢?

2.3.1 毕奥-萨伐尔定律

为了求出任意形状的电流所激发的磁场,仿照任意连续带电体所激发的电场的研究方法,可以把电流看作是无穷多小段电流的集合,各小段电流称为电流元,并用$I\mathrm{d}\boldsymbol{l}$表示,而$\mathrm{d}\boldsymbol{l}$表示在载流导体上沿电流方向所取的线元,$I$为导体中的电流。于是任意形状的线电流所激发的磁场就等于各段电流元所激发磁场的矢量和。当时,法国的毕奥和萨伐尔做了许多相关的实验,并分析研究了大量的实验资料和数据,最终总结出了电流元$I\mathrm{d}\boldsymbol{l}$和它在空间任一点$P$处所激发的磁感应强度$\mathrm{d}\boldsymbol{B}$之间的关系。随后,拉普拉斯从数学上也总结出了这一关系。其表述为:真空中任一电流元$I\mathrm{d}\boldsymbol{l}$在给定点$P$处所产生的磁感应强度$\mathrm{d}\boldsymbol{B}$的大小与电流元的大小成正比,与电流元和由电流元到$P$点的矢径$\boldsymbol{r}$之间的夹角的正弦成正比,并与电流元

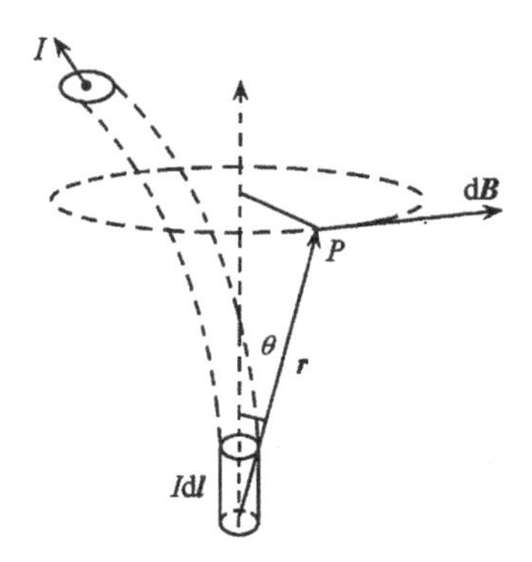

图 2-6

到 P 点的距离(矢径 $\boldsymbol{r}$ 的大小)的平方成正比;$\mathrm{d}\boldsymbol{B}$ 的方向垂直于 $I\mathrm{d}\boldsymbol{l}$ 和 $\boldsymbol{r}$ 所组成的平面,并沿矢积 $I\mathrm{d}\boldsymbol{l}\times\boldsymbol{r}$ 的方向(图 2-6)。这就是真空中的毕奥-萨伐尔定律。写成数学表达式即

$$\mathrm{d}\boldsymbol{B} = k\frac{I\mathrm{d}\boldsymbol{l}\times\boldsymbol{r}^0}{r^2}$$

$\mathrm{d}\boldsymbol{B}$ 的大小为

$$\mathrm{d}B = k\frac{I\mathrm{d}l\sin\theta}{r^2}$$

式中 $\boldsymbol{r}^0$ 为电流元到 P 点矢径 $\boldsymbol{r}$ 上的单位矢量,θ 为 $I\mathrm{d}\boldsymbol{l}$ 与 $\boldsymbol{r}$ 之间的夹角。

在 SI 中,式中比例系数 k 规定为 $k=\frac{\mu_0}{4\pi}$,μ_0 称为真空中的磁导率,其大小规定为 $\mu_0=4\pi\times10^{-7}\mathrm{T\cdot m\cdot A^{-1}}$。这样上式变为

$$\mathrm{d}\boldsymbol{B} = \frac{\mu_0}{4\pi}\frac{I\mathrm{d}\boldsymbol{l}\times\boldsymbol{r}^0}{r^2} \tag{2-9}$$

和电场强度 $\boldsymbol{E}$ 一样,磁感应强度 $\boldsymbol{B}$ 遵从矢量叠加原理。这样,根据毕奥-萨伐尔定律和磁场叠加原理,给定 P 处所激发的总磁感应强度为

$$\boldsymbol{B} = \int\mathrm{d}\boldsymbol{B} = \frac{\mu_0}{4\pi}\int\frac{I\mathrm{d}\boldsymbol{l}\times\boldsymbol{r}^0}{r^2} \tag{2-10}$$

应当指出,毕奥-萨伐尔定律是在对大量的实验事实进行分析研究后经过科学抽象提出来的。由于孤立的电流元是不可能得到的,因此该定律不能由实验直接加以验证。但是由毕奥-萨伐尔定律出发,根据式(2-10)计算得到的各种形状线电流激发的总磁感应强度和实验测得的结果相符合,这就间接证明了式(2-9)的正确性以及磁感应强度 $\boldsymbol{B}$ 是遵守磁场叠加原理的。

2.3.2 毕奥-萨伐尔定律的应用

1. 载流直导线的磁场

图 2-7 中为一载流直导线,设其电流强度为 I,试计算导线旁的任一场点 P 的磁感应强度 $\boldsymbol{B}$。

由毕奥-萨伐尔定律可知,载流直导线上任一电流元 $I\mathrm{d}\boldsymbol{l}$ 在 P 点所产生的磁感应强度为

$$\mathrm{d}\boldsymbol{B} = \frac{\mu_0}{4\pi}\frac{I\mathrm{d}\boldsymbol{l}\times\boldsymbol{r}^0}{r^2}$$

$\mathrm{d}\boldsymbol{B}$ 的方向由 $I\mathrm{d}\boldsymbol{l}\times\boldsymbol{r}^0$ 来确定,即垂直纸面向里,图中用⊗表示。由于载流直导线上每一个电流元在 P 点所产生的磁感应强度 $\mathrm{d}\boldsymbol{B}$ 的方向都相同,所以矢量积分 $\boldsymbol{B}=\int\mathrm{d}\boldsymbol{B}$ 可归结为下面的标量积分,即

$$B=\int \mathrm{d}B=\frac{\mu_0}{4\pi}\int \frac{I\mathrm{d}l\sin\theta}{r^2}$$

积分遍及整个直导线。先统一变量，把被积函数化为 θ 的函数。从场点 P 作载流直导线的垂线 PO，其长度为 a。以垂足 O 为原点，设电流元 $I\mathrm{d}\boldsymbol{l}$ 到 O 的距离为 l，由图 2-7 可以看出

$$l=-a\cot\theta \qquad \mathrm{d}l=\frac{a\mathrm{d}\theta}{\sin^2\theta} \qquad r=\frac{a}{\sin\theta}$$

将 $\mathrm{d}l$ 和 r 与 θ 的关系式代入被积函数，则上面的积分化为

$$B=\frac{\mu_0}{4\pi}\int_{\theta_1}^{\theta_2}\frac{I\sin\theta}{a}\mathrm{d}\theta=\frac{\mu_0 I}{4\pi}(\cos\theta_1-\cos\theta_2)$$

式中 θ_1 和 θ_2 分别为载流直导线两端的电流元与其到场点矢径的夹角。

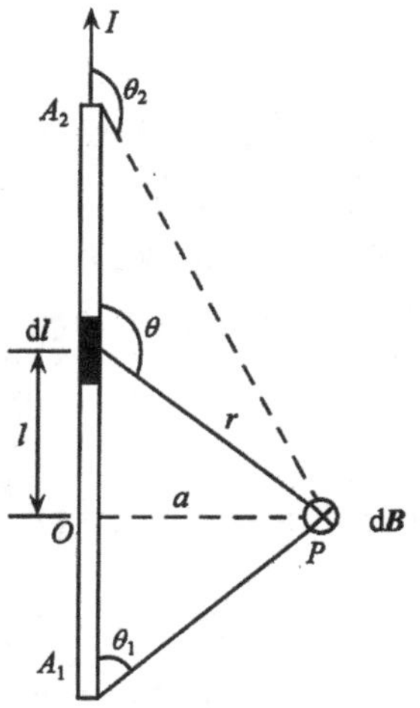

图 2-7

如果导线为无限长，即 $\theta_1=0,\theta_2=\pi$，则

$$B=\frac{\mu_0 I}{2\pi a} \tag{2-11}$$

结果表明，无限长载流直导线周围各点的磁感应强度的大小与各点到导线的垂直距离 a 成反比。

2. 圆形电流轴线上的磁场

设真空中有一半径为 R，电流强度为 I 的载流圆线圈。试求其轴线上距圆心 O 为 x 处 P 点的磁感应强度 $\boldsymbol{B}$(图 2-8)。

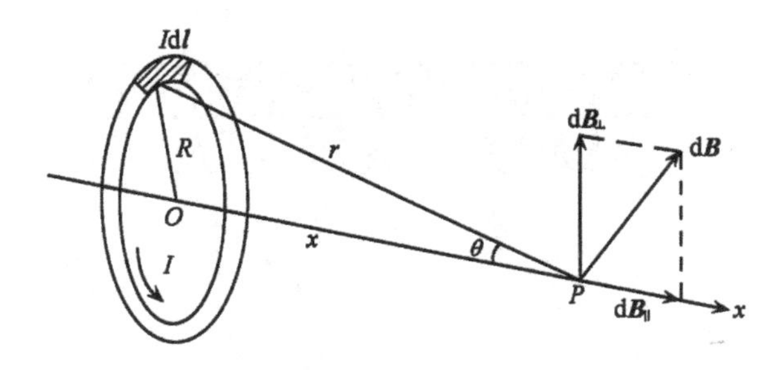

图 2-8

如图 2-8 所示，载流圆线圈上任取一电流元，该电流元 $I\mathrm{d}\boldsymbol{l}$ 与它到轴线上 P 点矢径 $\boldsymbol{r}$ 之间的夹角为 90°。由毕奥-萨伐尔定律可知，这电流元在 P 点所产生的磁感应强度为

$$\mathrm{d}\boldsymbol{B}=\frac{\mu_0}{4\pi}\frac{I\mathrm{d}\boldsymbol{l}\times\boldsymbol{r}^0}{r^2}$$

其大小为

$$dB = \frac{\mu_0}{4\pi}\frac{Idl\ \sin 90°}{r^2} = \frac{\mu_0}{4\pi}\frac{Idl}{r^2}$$

显然，载流圆线圈上各电流元在 P 点产生的磁感应强度大小相等，但方向各不一样。因此，可以把 $d\boldsymbol{B}$ 分解为平行于轴线的分量 $d\boldsymbol{B}_{\parallel}$ 和垂直于轴线的分量 $d\boldsymbol{B}_{\perp}$。由对称性可知，载流圆线圈任一直径两端的电流元在 P 点产生的磁感应强度在垂直轴线的分量 $d\boldsymbol{B}_{\perp}$ 大小相等，方向相反，$d\boldsymbol{B}_{\perp}$ 的总和为零，而 $d\boldsymbol{B}_{\parallel}$ 相互加强。所以

$$B = \int dB_{\parallel} = \int dB\sin\theta = \int \frac{\mu_0 Idl}{4\pi r^2}\sin\theta$$

由于 $\sin\theta = \frac{R}{r}$，对于给定点 P 而言，r、R 都是常量，则

$$B = \frac{\mu_0 IR}{4\pi r^3}\int_0^{2\pi R} dl = \frac{\mu_0 I 2\pi R^2}{4\pi r^3} = \frac{\mu_0 IR^2}{2(R^2 + x^2)^{3/2}} \tag{2-12}$$

当 $x=0$ 时，即圆心 O 处的磁感应强度的量值为

$$B = \frac{\mu_0 I}{2R} \tag{2-13}$$

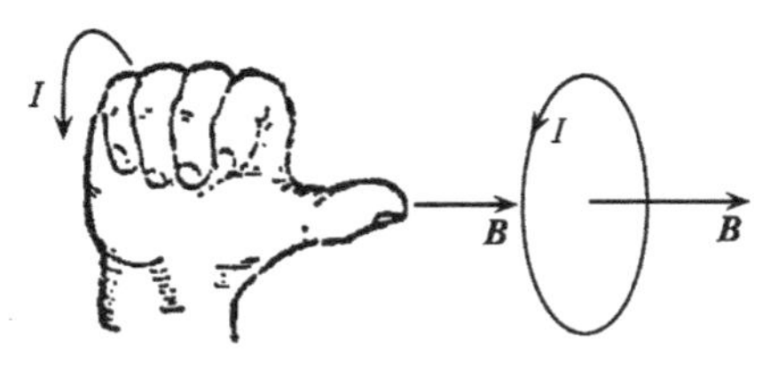

图 2-9

载流圆线圈轴线上各点的磁感应强度都沿轴线方向，与电流方向构成右手螺旋关系，即右手四指自然弯曲的方向代表圆电流的流向，则伸直的拇指指向代表沿着轴线上 $\boldsymbol{B}$ 的方向(图 2-9)。

3. *载流长直螺线管内部的磁场*

长直螺线管是指均匀地密绕在长直圆柱面上的螺线形线圈(图 2-10)。

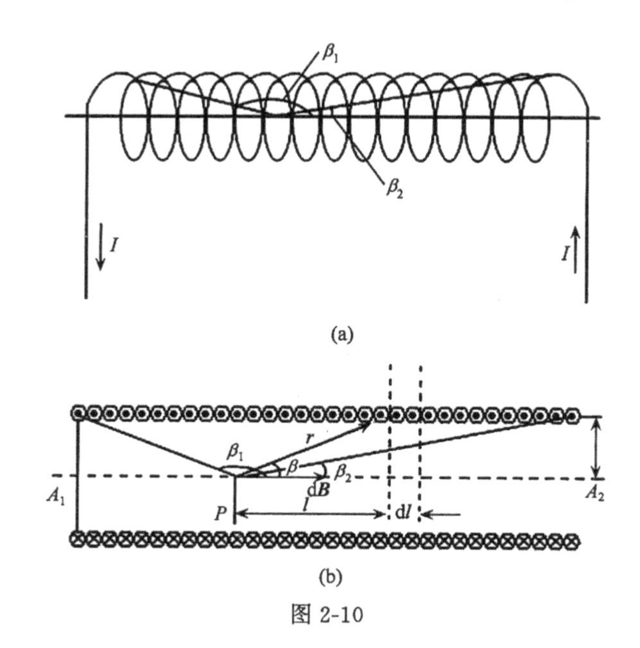

图 2-10

如图 2-10(a)所示，真空中有一长度为 L，半径为 R 的载流密绕螺线管，电流强度为 I，单位长度上的线圈匝数为 n 匝，试计算螺线管轴线上的一点 P 的磁感应强度。

如图 2-10(b)，在距场点 P 为 l 处(沿轴线)，从螺线管上取元线段 $\mathrm{d}l$，该元线段有线圈 $n\mathrm{d}l$，对 P 点而言，它等效于电流强度为 $In\mathrm{d}l$ 的圆形电流，根据式(2-12)，该等效圆电流在 P 点所激发的磁感应强度的大小为

$$\mathrm{d}B = \frac{\mu_0 R^2 In\mathrm{d}l}{2(R^2 + l^2)^{3/2}}$$

方向沿轴线向右。

因为载流螺线管各元线段线圈在 P 点所产生的磁感应强度的方向都相同，所以整个载流螺线管在 P 点所产生总磁感应强度的大小为

$$B = \int_L \mathrm{d}B = \int_L \frac{\mu_0 R^2 In\mathrm{d}l}{2(R^2 + l^2)^{3/2}}$$

为便于积分，引入角参量 β 替换线变量 l，β 为螺线管的轴线与从 P 点到 $\mathrm{d}l$ 处小段线圈上任一点的矢径之间的夹角，由图可知

$$l = R\cot\beta \qquad \mathrm{d}l = -R\csc^2\beta\mathrm{d}\beta$$

$$R^2 + l^2 = R^2\csc^2\beta$$

将这些变换关系式代入以上积分式得

$$B = \int_{\beta_1}^{\beta_2} -\frac{\mu_0}{2}nI\sin\beta\mathrm{d}\beta = \frac{\mu_0}{2}nI(\cos\beta_2 - \cos\beta_1) \tag{2-14}$$

式中 β_1 和 β_2 分别表示 P 点到螺线管两端的连线与轴线之间的夹角。

如果载流螺线管为“无限长”，亦即载流螺线管的长度 L 较其半径 R 大得多时 $(L \gg R)$，$\beta_1 \to \pi$，$\beta_2 \to 0$，则

$$B = \mu_0 nI$$

这一结果表明，任何密绕的载流长直螺线管内部轴线上的磁感应强度与场点 P 的位置无关。

如果 P 点处于半“无限长”载流螺线管的一端，例如 A_1 点处，则 $\beta_1 \to \frac{\pi}{2}$，$\beta_2 \to 0$，所以在 P 点处的磁感应强度为

$$B = \frac{1}{2}\mu_0 nI$$

端点处的磁感应强度恰好是内部磁感应强度的一半。载流长直螺线管所激发的磁感应强度的方向沿螺线管轴线，其指向可按右手螺旋法则确定，即右手四指自然弯曲的方向代表圆电流的流向，伸直的拇指的指向就是磁感应强度 $\boldsymbol{B}$ 的方向。轴线上各点 $\boldsymbol{B}$ 的量值变化情况大致如图 2-11 所示，从图中可以看出，密绕长直载流螺线管内中部轴线附近的磁场可近似为匀强磁场。

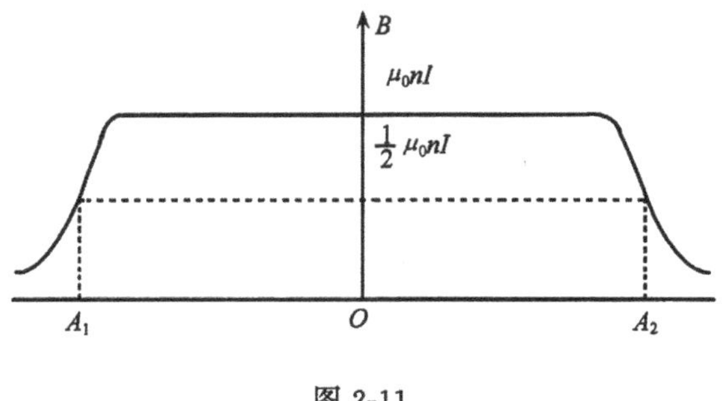

图 2-11

2.3.3 运动电荷的磁场

按照经典电子理论，通电导线中的电流是大量自由电子做定向运动形成的，因此载流导线所产生的磁场，本质上是导线中所有定向运动电荷所产生磁场的总和。下面我们从电流元与其磁场关系的毕奥-萨伐尔定律出发，导出运动电荷与其激发磁场的关系式。

电流元 $I\mathrm{d}\boldsymbol{l}$ 所激发的磁场为

$$\mathrm{d}\boldsymbol{B} = \frac{\mu_0}{4\pi}\frac{I\mathrm{d}\boldsymbol{l} \times \boldsymbol{r}^0}{r^2}$$

如图 2-12 所示，设 S 是电流元 $I\mathrm{d}\boldsymbol{l}$ 的横截面，$\boldsymbol{n}$ 为导体内单位体积中等效的正电荷数(粒子数密度)，每个粒子的带电量为 q，且都以速度$\boldsymbol{v}$ 沿电流元 $I\mathrm{d}\boldsymbol{l}$ 方向匀速运动，那么电流强度为

$$I = qnvS$$

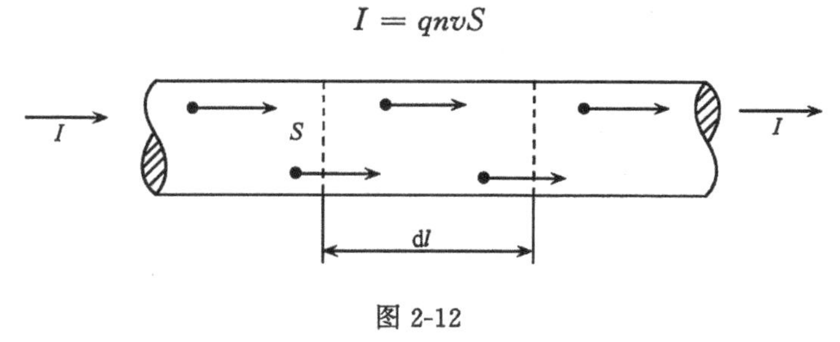

图 2-12

注意到$\boldsymbol{v}$ 与 $I\mathrm{d}\boldsymbol{l}$ 同方向，于是，毕奥-萨伐尔定理可改写为

$$\mathrm{d}\boldsymbol{B} = \frac{\mu_0}{4\pi}\frac{nS\mathrm{d}lq\,\boldsymbol{v} \times \boldsymbol{r}^0}{r^2}$$

在电流元 $I\mathrm{d}\boldsymbol{l}$ 内以速度$\boldsymbol{v}$ 做定向运动的带电粒子数为 $\mathrm{d}N=\boldsymbol{n}S\mathrm{d}l$，从微观上讲，电流元 $I\mathrm{d}\boldsymbol{l}$ 所产生的磁感应强度 $\mathrm{d}\boldsymbol{B}$，就是这 $\mathrm{d}N$ 个以速度$\boldsymbol{v}$ 定向运动的带电粒子所激发的磁感应强度的总和。因此，每一个带电量为 q 以速度$\boldsymbol{v}$ 运动的粒子所激发的磁感应强度为

$$\boldsymbol{B}_i = \frac{\mathrm{d}\boldsymbol{B}}{\mathrm{d}N} = \frac{\mu_0}{4\pi}\frac{q\,\boldsymbol{v} \times \boldsymbol{r}^0}{r^2} \tag{2-15}$$

去掉其下标 i 后，式(2-15)为

$$\boldsymbol{B}=\frac{\mu_0}{4\pi}\frac{q\,\boldsymbol{v}\times\boldsymbol{r}^0}{r^2} \tag{2-16}$$

式(2-16)是运动带电粒子与其所产生磁场的普遍关系式。当 q 为正时，$\boldsymbol{B}$ 的方向为矢积 $\boldsymbol{v}\times\boldsymbol{r}^0$ 的方向；当 q 为负时，$\boldsymbol{B}$ 的方向与矢积 $\boldsymbol{v}\times\boldsymbol{r}^0$ 的方向相反。

2.4　磁场的高斯定理

在第 1 章的讨论中我们已经知道，对于静电场，若其场矢量($\boldsymbol{E}$)点函数的任意闭合曲面的通量与任意闭合曲线的环流（和边界条件）为已知时，该矢量($\boldsymbol{E}$)在空间的分布则被唯一确定。由闭合曲面的通量和闭合曲线的环流，还可以了解静电场的性质。对于磁场，我们同样来讨论其场矢量 $\boldsymbol{B}$ 的通量和环流。本节主要讨论 $\boldsymbol{B}$ 对任意闭合曲面的通量，下节讨论 $\boldsymbol{B}$ 对任意闭合曲线的环流。

2.4.1　磁感应线

类似与用电场线来形象地描述电场一样，我们也可以用磁感应线（或 $\boldsymbol{B}$ 线）来描述磁场。所谓磁感应线，就是在磁场中画出一系列的曲线，使曲线上任一点的切线方向和该点磁感应强度的方向一致，这样的曲线叫磁感应线（或 $\boldsymbol{B}$ 线）。为了使磁感应线不仅能表示磁感应强度的方向，而且能描述磁感应强度的大小，我们规定：通过磁场中某点处垂直于 $\boldsymbol{B}$ 矢量单位面积的磁感应线数目（磁感应密度）等于该点 $\boldsymbol{B}$ 的量值，即 $B=\dfrac{\mathrm{d}N}{\mathrm{d}S_\perp}$（$\mathrm{d}N$ 为通过与 $\boldsymbol{B}$ 垂直的面元 $\mathrm{d}S_\perp$ 的磁感应线条数），这样，磁场较强的地方，磁感应线较密集；磁场较弱的地方，磁感应线较稀疏。对于均匀磁场来说，磁场中的磁感应线相互平行，且各处磁感应线密度相等；对非均匀磁场来说，磁场中的磁感应线相互不平行，或者磁感应线密度不相等，或两者兼而有之。

实验上很容易把磁感应线描绘出来。在水平放置的玻璃板上，撒上细小的铁屑，使导线穿过玻璃板并通以电流，铁屑便在磁场作用下变成小磁针，轻轻地敲击玻璃板，铁屑就会有规律地排列起来，从而可以描绘出磁感应线的分布图像。图 2-13所示是几种不同形状的电流所激发磁场的磁感应线图。

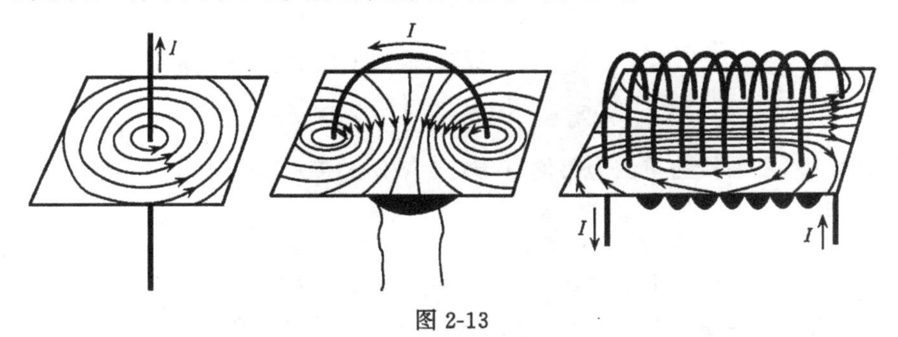

图 2-13

从磁感应线的图示中，可知磁感应线应具有如下特性：① 磁场中任意两条磁感应线不会相交，这正是磁场中每一点处磁感应强度具有唯一确定方向的必然结果。磁感应线的这一特性与电场线相同；② 每一条磁感应线都是和激发磁场的电流相互套链成无头无尾的闭合曲线，而且磁感应线的环线方向和电流流向形成右手螺旋关系（图 2-14）。磁感应线的这一特性与静电场线完全不同，因为磁场是一种涡旋场。

必须指出，磁感应线是为了形象描述磁场而引入的，磁场中并不真有磁感应线存在。

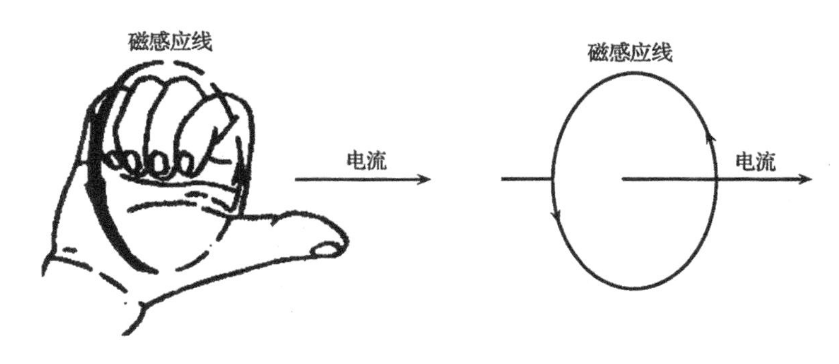

图 2-14

2.4.2 磁通量、磁场的高斯定理

在磁场中，通过一给定曲面磁感应线的总数，称为通过该曲面的磁通量，用 Φ_m 表示。

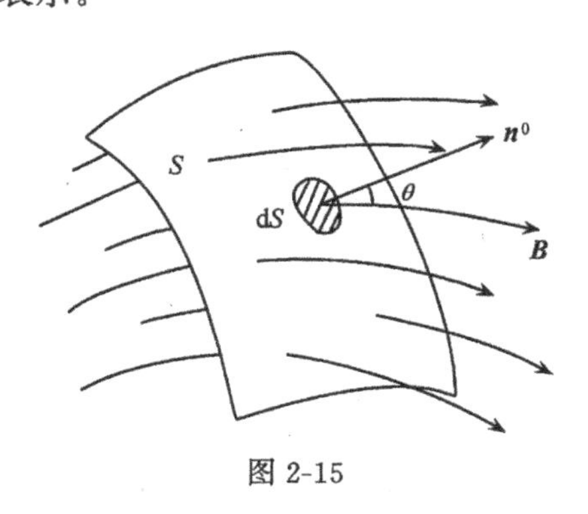

图 2-15

下面计算任一磁场中通过任一曲面 S 的磁通量，方法完全类似于电通量的计算，在曲面 S 上取面积元 $\mathrm{d}S$（图 2-15），$\mathrm{d}S$ 的正法线方向与该点处磁感应强度 $\boldsymbol{B}$ 方向之间的夹角为 θ，则通过该面积元 $\mathrm{d}S$ 的磁通量为

$$\mathrm{d}\Phi_m = B\cos\theta\mathrm{d}S$$

或写成矢量标积的形式

$$\mathrm{d}\Phi_m = \boldsymbol{B}\cdot\mathrm{d}\boldsymbol{S}$$

所以，通过曲面 S 的总磁通量为

$$\Phi_m = \int_S \mathrm{d}\Phi_m = \int_S \boldsymbol{B}\cdot\mathrm{d}\boldsymbol{S} \tag{2-17}$$

在 SI 中，磁通量的单位为韦伯（Wb）。1 Wb=1T×1m^2，由此，1T 也可用 1Wb·m^{-2}表示。

对于闭合曲面而言，数学上规定：垂直于各面积元由内向外的指向为闭合曲面上各面积元的正法线方向。这样，磁感应线从闭合面穿出处的磁通量为正，从外穿入闭合面处的磁通量为负，由于磁感应线是无头无尾的闭合线，因此，穿入闭合曲

面的磁感应线数必定等于穿出同一闭合曲面的磁感应线数。所以通过任一闭合曲面的总磁通量必为零，即

$$\oint_S \boldsymbol{B} \cdot \mathrm{d}\boldsymbol{S} = 0 \tag{2-18}$$

式(2-18)称为磁场的高斯定理，它是电磁场理论的基本方程之一，其地位与静电场中的高斯定理 $\oint_S \boldsymbol{E} \cdot \mathrm{d}\boldsymbol{S} = \sum \frac{q_i}{\varepsilon_0}$ 相对应。但两个方程的差别反映出磁场和静电场是两类本质上不一样的场。磁场是涡旋式的场，其磁感线是无头无尾的闭合线；而静电场是发散式的场，激发静电场的场源电荷是电场线的源头或尾闾。

例 2-1 相距为 $d=40\text{cm}$ 的两根平行长直载流导线 1、2 放在真空中，每根载流导线的电流强度为 $I_1=I_2=20\text{A}$，如例 2-1(a)图所示。求：

(1) 在两导线所在平面内且与两导线等距的点 A 处的磁感应强度；

(2) 通过图中斜线所示面积的磁通量($r_1=r_3=10\text{cm}$, $r_2=20\text{cm}$, $l=25\text{cm}$)。

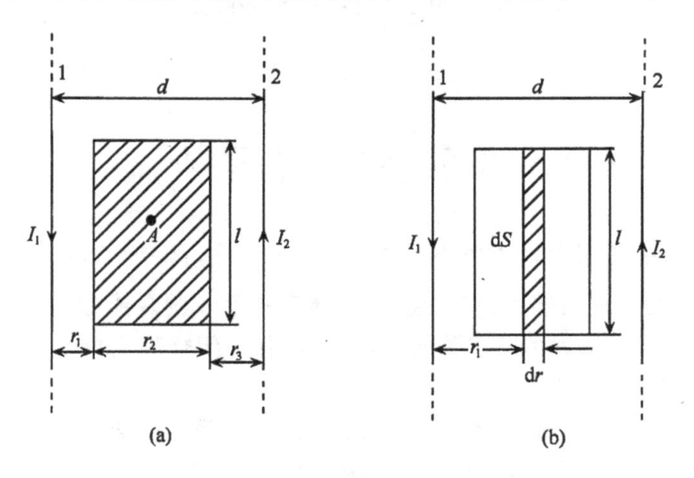

例 2-1 图

解 (1) 分析可知，两载流长直导线在 A 点处产生的磁感应强度 $\boldsymbol{B}_1$、$\boldsymbol{B}_2$ 的方向都是垂直纸面向外的。$\boldsymbol{B}_1$、$\boldsymbol{B}_2$ 的大小可按无限长载流直导线所产生的磁感应强度的公式计算，因 $I_1=I_2$，且 A 点与两载流直导线等距，所以得

$$B_1 = B_2 = \frac{\mu_0}{2\pi} \cdot \frac{I}{\left(r_1 + \frac{r_2}{2}\right)} = \frac{4\pi \times 10^{-7} \times 20}{2\pi \times 0.20} = 2.0 \times 10^{-5}(\text{T})$$

故 A 点的总磁感应强度为 $B=B_1+B_2=2B_1=4.0\times10^{-5}\ \text{T}$。

(2) 由于磁场为非均匀磁场，将给定面积 S 分割成许多条形面积元，如例 2-1 图(b)所示，所取面积元 $\mathrm{d}S(l\mathrm{d}r)$ 与导线 1 相距 r，与导线 2 相距 $d-r$，该面积元处的磁感应强度垂直纸面向外，大小为

$$B = \frac{\mu_0}{2\pi} \cdot \frac{I_1}{r} + \frac{\mu_0}{2\pi} \cdot \frac{I_2}{d-r}$$

若规定面积元 $\mathrm{d}S$ 的正法线方向垂直纸面向外，则通过面积元 $\mathrm{d}S$ 的磁通量为

$$\mathrm{d}\Phi_{\mathrm{m}} = \boldsymbol{B} \cdot \mathrm{d}\boldsymbol{S} = \frac{\mu_0 l}{2\pi}\left(\frac{I_1}{r} + \frac{I_2}{d-r}\right)\mathrm{d}r$$

显然，通过面积 S 的总磁通量为

$$\Phi_{\mathrm{m}} = \int_S \mathrm{d}\Phi_{\mathrm{m}} = \frac{\mu_0 l}{2\pi}\int_{r_1}^{r_1+r_2}\left(\frac{I_1}{r} + \frac{I_2}{d-r}\right)\mathrm{d}r$$

$$= \frac{\mu_0 l I_1}{2\pi}\ln\frac{r_1+r_2}{r_1} + \frac{\mu_0 l I_2}{2\pi}\ln\frac{d-r_1}{d-r_1-r_2}$$

由于 $I_1=I_2$，且 $d=r_1+r_2+r_3$，$r_1=r_3$，所以

$$\Phi_{\mathrm{m}} = \frac{\mu_0 l I_1}{2\pi}\left(\ln\frac{r_1+r_2}{r_1} + \ln\frac{r_2+r_3}{r_3}\right) = \frac{\mu_0 l I_1}{\pi}\ln\frac{r_1+r_2}{r_1}$$

代入数据后求得

$$\Phi_{\mathrm{m}} = \frac{4\pi \times 10^{-7} \times 0.25 \times 20}{\pi}\ln\frac{0.30}{0.10}$$

$$= 20 \times 10^{-7} \times \ln 3 = 2.2 \times 10^{-6}(\mathrm{Wb})$$

2.5 安培环路定理

在第 1 章中，我们讨论过静电场中场强 $\boldsymbol{E}$ 的环流，其结果为零，即 $\oint_L \boldsymbol{E} \cdot \mathrm{d}\boldsymbol{l} = 0$（静电场的环路定理），那么，在磁场中，磁感应强度 $\boldsymbol{B}$ 的环流如何呢？下面我们以无限长载流直导线激发的磁场为例，讨论 $\boldsymbol{B}$ 沿任一闭合路径的环流。

2.5.1 安培环路定理

设无限长直导线内通有稳恒电流 I，由毕奥-萨伐尔定律可知其周围的磁感应线是一系列以导线为中心的同心圆，如图 2-16(a)所示。

在垂直于导线的平面内任取一包围电流 I 的闭合曲线 L 作为 $\boldsymbol{B}$ 的积分路线，称为安培环路。且沿 L 积分时的绕行方向与电流 I 的流向符合右手螺旋法则，见图 2-16(b)。今在闭合曲线 L 上任一点 P 取一线元 $\mathrm{d}\boldsymbol{l}$，P 点处的磁感应强度 $\boldsymbol{B}$ 的方向如图 2-16(b)所示，大小为

$$B = \frac{\mu_0}{2\pi} \cdot \frac{I}{r}$$

式中 I 为导线中的电流，r 为场点 P 与导线之间的距离。由图可知 $\mathrm{d}l\cos\theta = r\mathrm{d}\varphi$，所以按图 2-16(b)中所示的绕行方向，$\boldsymbol{B}$ 沿闭合曲线 L 的积分为

$$\oint_L \boldsymbol{B} \cdot \mathrm{d}\boldsymbol{l} = \oint_L B\cos\theta \mathrm{d}l = \oint_L Br\mathrm{d}\varphi = \int_0^{2\pi}\frac{\mu_0 I}{2\pi r} \cdot r\mathrm{d}\varphi = \frac{\mu_0 I}{2\pi}\int_0^{2\pi}\mathrm{d}\varphi = \mu_0 I$$

如果闭合曲线 L 不在垂直于载流直导线的平面内，可将 L 上的每一段线元分解为在平行于直导线平面内的分量 $\mathrm{d}\boldsymbol{l}_{\parallel}$ 和垂直于此平面的分量 $\mathrm{d}\boldsymbol{l}_{\perp}$，于是

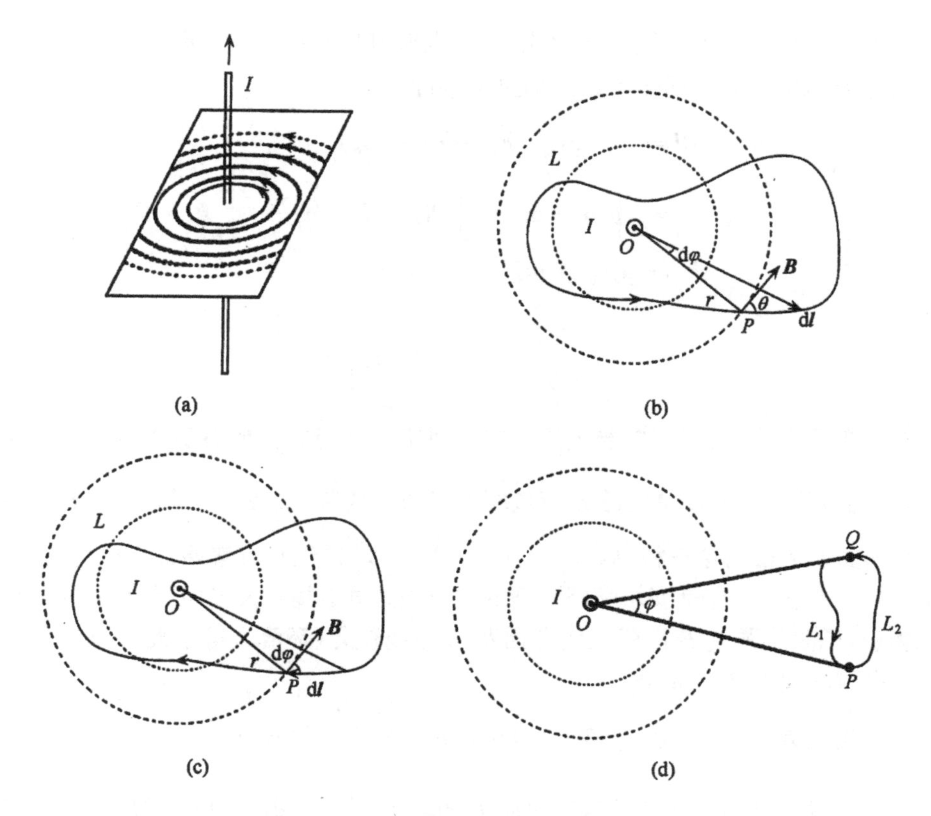

图 2-16

$$\oint_L \boldsymbol{B}\cdot \mathrm{d}\boldsymbol{l}=\oint_L \boldsymbol{B}\cdot(\mathrm{d}\boldsymbol{l}_{\parallel}+\mathrm{d}\boldsymbol{l}_{\perp})=\oint_L B\cos 90^\circ \mathrm{d}l_{\parallel}+\oint_L B\cos\theta \mathrm{d}l_{\perp}$$

$$=0+\oint_L Br\mathrm{d}\varphi=\int_0^{2\pi}\frac{\mu_0 I}{2\pi r}\cdot r\mathrm{d}\varphi=\mu_0 I$$

积分结果与上相同。

如果 $\boldsymbol{B}$ 对同一闭合曲线 L 沿与上面相反的绕行方向积分，见图 2-16(c)，则有

$$\oint_L \boldsymbol{B}\cdot \mathrm{d}\boldsymbol{l}=\oint_L B\cos(\pi-\theta)\mathrm{d}l=-\oint_L B\cos\theta \mathrm{d}l=-\int_0^{2\pi}\frac{\mu_0 I}{2\pi}\mathrm{d}\varphi=-\mu_0 I$$

积分结果表明为负值，与上面的积分结果存在负号的差别反映电流的正方向与积分回路的绕行方向组成右手螺旋关系时，I 取正，反之取负。

如果所选闭合曲线 L 不包围电流，见图 2-16(d)。这时，从 O 点作闭合曲线 L 的两条切线 OP 和 OQ，切点 P 和 Q 将闭合曲线 L 分割成 L_1 和 L_2 两部分，按上面相同的分析，可得

$$\oint_L \boldsymbol{B}\cdot \mathrm{d}\boldsymbol{l}=\int_{L_1}\boldsymbol{B}\cdot \mathrm{d}\boldsymbol{l}+\int_{L_2}\boldsymbol{B}\cdot \mathrm{d}\boldsymbol{l}=\frac{\mu_0 I}{2\pi}\left(\int_{L_1}\mathrm{d}\varphi-\int_{L_2}\mathrm{d}\varphi\right)=0$$

即闭合曲线不包围电流时，$\boldsymbol{B}$ 的环流为零。

如果闭合曲线 L 包围多根电流，且每根电流单独存在时所激发的磁感应强度分别为 $\boldsymbol{B}_1,\boldsymbol{B}_2,\cdots,\boldsymbol{B}_n$，根据磁场叠加原理，可得

$$\begin{aligned}\oint_L \boldsymbol{B}\cdot \mathrm{d}\boldsymbol{l} &= \oint_L (\boldsymbol{B}_1+\boldsymbol{B}_2+\cdots+\boldsymbol{B}_n)\cdot \mathrm{d}\boldsymbol{l}\\ &= \oint_L \boldsymbol{B}_1\cdot \mathrm{d}\boldsymbol{l}+\oint_L \boldsymbol{B}_2\cdot \mathrm{d}\boldsymbol{l}+\cdots+\oint_L \boldsymbol{B}_n\cdot \mathrm{d}\boldsymbol{l}\\ &= \mu_0 I_1+\mu_0 I_2+\cdots+\mu_0 I_n\end{aligned}$$

即

$$\oint_L \boldsymbol{B}\cdot \mathrm{d}\boldsymbol{l} = \mu_0\sum_{i=1}^{n} I_i \tag{2-19}$$

式中 I_i 的正负性如上所述，当电流方向与回路 L 绕行方向成右手螺旋关系时，I 为正，反之为负。$\sum\limits_{i=1}^{n} I_i$ 仅是回路 L 所包围电流的代数和。式(2-19)虽然是从长直载流导线所激发的磁场这一特例导出的，但可以证明其结论具有普遍性，称之为安培环路定理。式(2-19)即是安培环路定理的数学表达式。其可表述如下：在真空的稳恒磁场中，磁感应强度 $\boldsymbol{B}$ 沿任意闭合回路 L 的线积分(环流)，等于此回路所包围的所有电流的代数和的 μ_0 倍。

应当注意，$\boldsymbol{B}$ 的环流 $\oint_L \boldsymbol{B}\cdot \mathrm{d}\boldsymbol{l}$ 与 $\boldsymbol{B}$ 是两个不同的概念。安培环路定理中的 $\sum\limits_{i=1}^{n} I_i$ 仅仅是穿过环路的电流，它说明 $\boldsymbol{B}$ 的环流 $\oint_L \boldsymbol{B}\cdot \mathrm{d}\boldsymbol{l}$ 只和穿过环路的电流有关，而与未穿过环路的电流无关，换句话说，仅穿过环路的电流对 $\oint_L \boldsymbol{B}\cdot \mathrm{d}\boldsymbol{l}$ 有贡献。但是环路上任一点的磁感应强度 $\boldsymbol{B}$ 却是环路内外所有电流在该点所激发的磁感应强度的总矢量和，也就是说，环路外的电流虽然对环流 $\oint_L \boldsymbol{B}\cdot \mathrm{d}\boldsymbol{l}$ 无贡献，但是对环路上的总磁感应强度却是有贡献的。此外，所谓被闭合环路 L 所包围的电流，是指穿过以 L 为边界的任一曲面的电流，曲面的正法线方向规定为与环路的积分方向成右手螺旋关系。磁感应强度 $\boldsymbol{B}$ 的环流不一定等于零，表明磁场不是保守场，亦即不是有势场，因此一般不能引入标量“势”的概念来描述磁场，这再一次说明磁场和静电场是本质上不同的场。

2.5.2 安培环路定理的应用

在第 1 章中，利用静电场的高斯定理可以非常简单地求出电荷对称分布时的电场强度。同样，利用安培环路定理可以很简便地求出某些具有对称性分布的电流所产生的磁感应强度。下面举例加以说明。

1. 无限长载流圆柱导体内外的磁场

设真空中有一无限长载流圆柱导体，圆柱半径为 R，稳恒电流 I 沿轴线方向流动，并且在圆柱导体的横截面上电流是均匀分布的。试求该圆柱导体内外的磁场

分布。

如果所讨论的场点 A 在载流圆柱导体外，且距轴线的垂直距离为 $r(r>R)$，过 A 点作半径为 r 的圆，见图 2-17(a)，以该圆作为磁感应强度的积分环路，环路的绕行方向为顺时针方向。由于磁场对载流圆柱导体的轴线具有轴对称性，圆环路任一点的 $\boldsymbol{B}$ 的量值均相等，$\boldsymbol{B}$ 的方向处处与圆环路的路径相切，即处处与相应点的路径元方向一致。应用安培环路定理可得

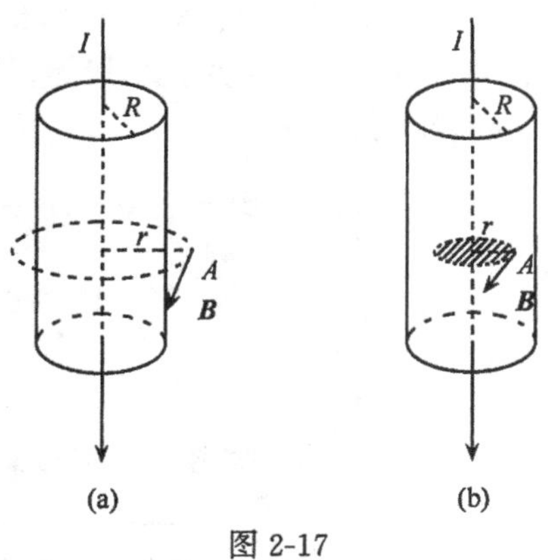

图 2-17

$$\oint_L \boldsymbol{B} \cdot \mathrm{d}\boldsymbol{l} = \oint_L B\mathrm{d}l = B\oint_L \mathrm{d}l = B2\pi r = \mu_0 I$$

所以

$$B = \frac{\mu_0 I}{2\pi r}$$

由此可知，无限长载流圆柱导体的磁场与长直载流导线激发的磁场相同。

如果所讨论的场点 A 在载流圆柱导体内，且距轴线的垂直距离为 $r(r<R)$，见图 2-17(b)。分析计算方法与上述相同，即得

$$\oint_L \boldsymbol{B} \cdot \mathrm{d}\boldsymbol{l} = B2\pi r$$

但应注意，此时闭合环路所包围的电流为

$$\frac{I}{\pi R^2} \cdot \pi r^2 = \frac{Ir^2}{R^2}$$

所以

$$B2\pi r = \mu_0 \frac{Ir^2}{R^2}$$

故得

$$B = \frac{\mu_0 I r}{2\pi R^2}$$

结果表明，在载流圆柱导体内，磁感应强度的大小与场点离轴线的距离 r 成正比。

2. *载流长直螺线管内的磁场*

设一通有电流为 I 的长直螺线管，单位长度的匝数为 n，处在真空中，试求螺线管内中央部分某点的磁感应强度。

由于载流螺线管相当长，管内中央部分的磁场可认为是匀强磁场，其磁感应强度的方向与螺线管的轴线平行。螺线管的外侧，磁感应强度很微弱，可以忽略不计。于是，可以过螺线管中央一点 P 作一矩形闭合回路 $abcd$，其绕行方向为：$a \to b \to c \to d \to a$，如图 2-18 所示。分析可知，路径 cd 上，以及路径 bc 和 da 的管外段上，$\boldsymbol{B}$

$=0$，在路径 bc 和 da 的管内段上，虽然 $\boldsymbol{B}\neq 0$，但其路径元与 $\boldsymbol{B}$ 垂直，即 $\boldsymbol{B}\cdot \mathrm{d}\boldsymbol{l}=0$。仅路径 ab 上，各点 $\boldsymbol{B}$ 的大小相等，且方向与路径元 $\mathrm{d}\boldsymbol{l}$ 一致。因此，$\boldsymbol{B}$ 沿闭合回路 $abcda$ 的线积分（环流）

$$\oint_L \boldsymbol{B}\cdot \mathrm{d}\boldsymbol{l}=\int_{ab}\boldsymbol{B}\cdot \mathrm{d}\boldsymbol{l}+\int_{bc}\boldsymbol{B}\cdot \mathrm{d}\boldsymbol{l}+\int_{cd}\boldsymbol{B}\cdot \mathrm{d}\boldsymbol{l}+\int_{da}\boldsymbol{B}\cdot \mathrm{d}\boldsymbol{l}$$

$$=B\int_{ab}\mathrm{d}l+0+0+0=B\,\overline{ab}$$

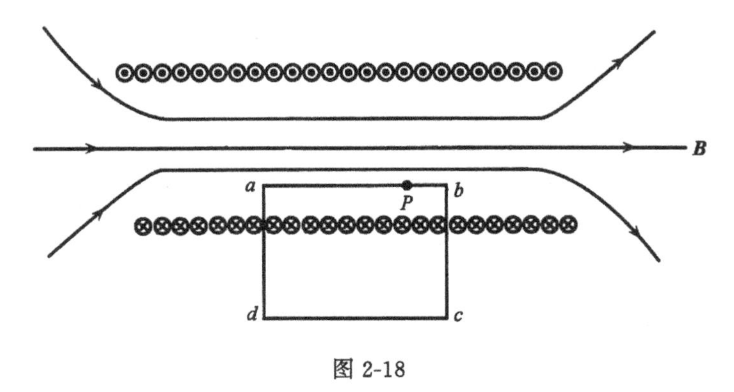

图 2-18

由于螺线管单位长度的匝数为 n，通过每匝线圈的电流为 I，所以闭合回路 $abcda$ 所包围的电流总和为 $\overline{ab}nI$，且根据右手螺旋法则的判定应取正值。于是由安培环路定理，得

$$\oint_L \boldsymbol{B}\cdot \mathrm{d}\boldsymbol{l}=B\,\overline{ab}=\mu_0 nI\,\overline{ab}$$

所以

$$B=\mu_0 nI$$

这一结果与由毕奥-萨伐尔定律计算出的结果相同，但应用安培环路定理的方法计算要简便得多。此外，在本例中，P 点是螺线管中央部分的任一场点，并不局限在轴线上，由此可以看出，载流长直螺线管内部的磁场是均匀磁场。

3. *载流螺绕环内的磁场*

密绕在圆环形管上的螺旋形线圈叫作螺绕环（或环形螺线管），如图 2-19(a) 所示。

设真空中有一螺绕环，内环半径为 r_1，外环半径为 r_2，环上线圈的总匝数为 N，通有电流 I，试计算环管内任一点 P 的磁感应强度。

由于载流螺绕环上的线圈是均匀密绕的，线圈电流的环对称分布使得环管内的磁场也具环对称性。分析可知，环内的磁感应线是一些同心圆线，圆心在通过环心垂直于环面的直线上。在同一条磁感应线上各点磁感应强度的量值相等，方向处处沿圆的切线方向，且与环面平行。现选取环管内过点 P 的磁感应线作为 $\boldsymbol{B}$ 的积分回路 L，回路 L 的半径为 r，如图 2-19(b) 所示，由于 L 上任一点磁感应强度的量值相等，方向与相应点的线元 $\mathrm{d}\boldsymbol{l}$ 同向，故得 $\boldsymbol{B}$ 的环流为

$$\oint_L \boldsymbol{B} \cdot \mathrm{d}\boldsymbol{l} = B \oint_L \mathrm{d}l = B2\pi r = \mu_0 I_{总}$$

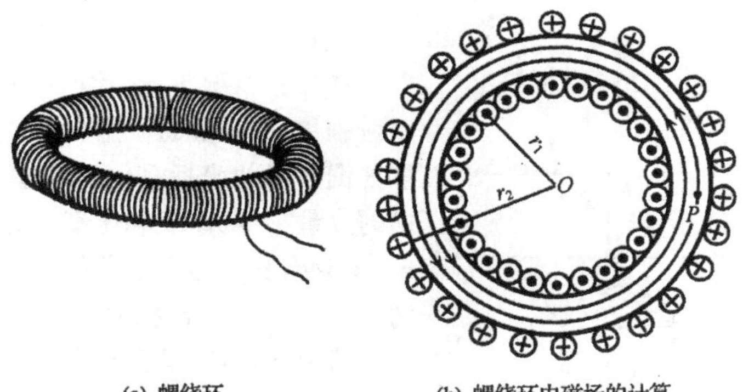

(a) 螺绕环　　(b) 螺绕环内磁场的计算

图 2-19

因为环上线圈的总匝数为 N，每匝线圈都通有电流 I，则回路 L 所包围的电流总数为 NI，由安培环路定理有

$$\oint_L \boldsymbol{B} \cdot \mathrm{d}\boldsymbol{l} = B2\pi r = \mu_0 NI$$

即得环管内 P 点的磁感强度为

$$B = \frac{\mu_0 NI}{2\pi r}$$

当环管的孔径($r_2 - r_1$)比环的平均半径(仍以 r 表示)小得多时，可以取螺绕环的平均长度为 $l = 2\pi r$，则环管内各点的磁感应强度为

$$B = \frac{\mu_0 NI}{2\pi r} = \frac{\mu_0 NI}{l} = \mu_0 nI$$

式中 $n = \frac{N}{l} = \frac{N}{2\pi r}$ 为螺线环单位长度上的匝数，$\boldsymbol{B}$ 的方向与螺绕环线圈的电流方向构成右手螺旋关系。

如果将积分回路 L 选在螺绕环外与环同心的闭合圆上，由于回路 L 所包围的电流总数为零，由安培环路有

$$\oint_L \boldsymbol{B} \cdot \mathrm{d}\boldsymbol{l} = BL = 0$$

所以

$$\boldsymbol{B}_{外} = 0$$

由上述讨论可以看出，载流螺绕环的磁场全部集中在环管内，环管外的磁场为零。

2.6 洛伦兹力

2.6.1 洛伦兹力公式

在 2.2 节对磁感应强度的定义中我们看到，电量为 q 的正电荷沿磁场方向运

动时所受的磁力为零；而当它的运动方向与磁场方向垂直($\boldsymbol{v}\perp\boldsymbol{B}$)时，它所受到的磁场力最大，即

$$F_{\max}=Bqv$$

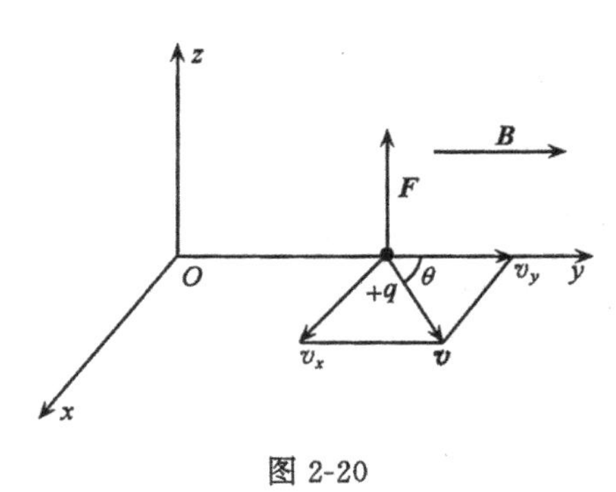

图 2-20

在一般情况下，运动电荷的速度$\boldsymbol{v}$与磁感应强度$\boldsymbol{B}$可以成任意夹角θ，见图 2-20。取如图所示的坐标系，$\boldsymbol{v}$可分解为沿磁场方向的分量$v_y=v\cos\theta$和垂直磁场方向的分量$v_x=v\sin\theta$。由于运动电荷的速度方向与$\boldsymbol{B}$方向一致时，电荷所受的磁场力为零，所以在一般情况下，运动电荷在磁场中所受的磁场力为

$$F=Bqv\sin\theta$$

写成矢量矢积的形式，即

$$\boldsymbol{F}=q\boldsymbol{v}\times\boldsymbol{B} \tag{2-20}$$

式(2-20)即为洛伦兹力公式。洛伦兹力$\boldsymbol{F}$的大小为$Bqv\sin\theta$，方向垂直于运动电荷的速度$\boldsymbol{v}$和磁感应强度$\boldsymbol{B}$所组成的平面，由右手螺旋法则确定。可以看出，当q为正时，$\boldsymbol{F}$的方向为矢积$\boldsymbol{v}\times\boldsymbol{B}$的方向，当$q$为负时，$\boldsymbol{F}$的方向为矢积$-\boldsymbol{v}\times\boldsymbol{B}$的方向。

在磁场中运动的带电粒子所受的洛伦兹力总是与带电粒子的运动速度相垂直这一事实表明，洛伦兹力只能使带电粒子的运动方向发生偏转，而不会改变其速度的大小，因此洛伦兹力对运动的带电粒子永不做功，这是洛伦兹力的一个重要特性。

2.6.2 带电粒子在磁场中的运动

1. 带电粒子在均匀磁场中的运动

一电量为q、质量为m的粒子，以初速$\boldsymbol{v}_0$进入磁感应强度为$\boldsymbol{B}$的均匀磁场中，略去重力的作用，粒子的运动情况将因$\boldsymbol{v}_0$和$\boldsymbol{B}$的夹角不同而不同。

(1) 当$\boldsymbol{v}_0$和$\boldsymbol{B}$相互平行时，由洛伦兹力公式可知，$\boldsymbol{v}_0\times\boldsymbol{B}=0$，$\boldsymbol{F}=0$，带电粒子不受磁场的影响，进入磁场后，仍以原速$\boldsymbol{v}_0$做匀速直线运动。

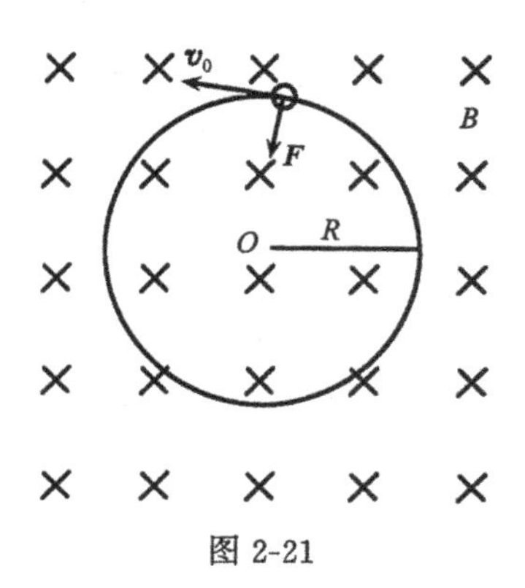

图 2-21

(2) 当$\boldsymbol{v}_0$和$\boldsymbol{B}$垂直时，粒子所受的洛伦兹力$\boldsymbol{F}$的大小为$F=Bqv_0$，其方向垂直于$\boldsymbol{v}_0$和$\boldsymbol{B}$组成的平面(图 2-21)。由于$\boldsymbol{F}$与$\boldsymbol{v}_0$垂直，所以$\boldsymbol{F}$只改变带电粒子的速度方向，而不改变速度的大小。带电粒子将在磁场中做匀速圆周运动，而洛伦兹力$\boldsymbol{F}$正是带电粒子做匀速圆周运动的向心力，因此$Bqv_0=m\dfrac{v_0^2}{R}$。由此可得带电粒子做圆周运动的轨道半径为

$$R=\frac{mv_0}{qB} \tag{2-21}$$

从式(2-21)可知,对于一给定的带电粒子$\left(\frac{m}{q}一定\right)$,其轨道半径与带电粒子的运动速度成正比,而与磁感应强度成反比。

带电粒子绕圆形轨道运动一周所需要的时间为周期,用T表示

$$T=\frac{2\pi R}{v_0}=\frac{2\pi m}{qB} \tag{2-22}$$

由此可见,周期T只由m、q及B决定,而与带电粒子的运动速度无关,这一结论是磁聚焦和回旋加速器的理论基础。

(3) 当$\boldsymbol{v}_0$和$\boldsymbol{B}$斜交成θ角(图 2-22),这时可将$\boldsymbol{v}_0$分解成平行于$\boldsymbol{B}$的分量$v_{\parallel}$和垂直于$\boldsymbol{B}$的分量$v_{\perp}$,即

$$v_{\perp}=v_0\sin\theta,\qquad v_{\parallel}=v_0\cos\theta$$

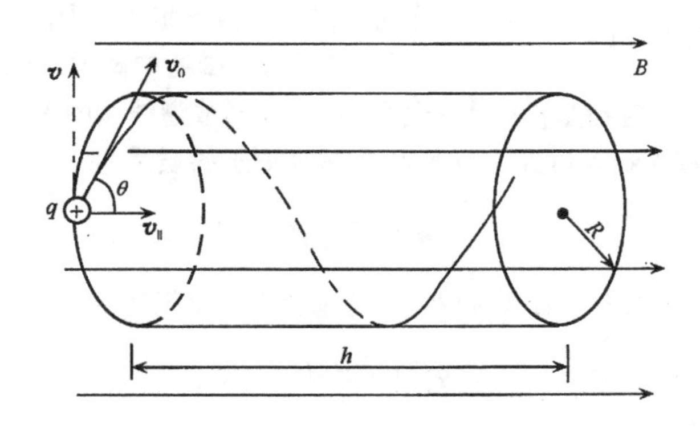

图 2-22 带电粒子的螺旋运动

由上面的讨论可知,在磁场的作用下,速度的垂直分量$\boldsymbol{v}_{\perp}$将使带电粒子在垂直于$\boldsymbol{B}$的平面内做匀速圆周运动,而速度的平行分量$\boldsymbol{v}_{\parallel}$将使带电粒子沿$\boldsymbol{B}$的方向做匀速直线运动。根据运动叠加原理,粒子实际上将沿一螺旋线运动,如图 2-22 所示。

螺旋线的半径为

$$R=\frac{mv_{\perp}}{qB}=\frac{mv_0\sin\theta}{qB} \tag{2-23}$$

带电粒子的旋转周期为

$$T=\frac{2\pi R}{v_{\perp}}=\frac{2\pi m}{qB} \tag{2-24}$$

粒子旋转一周期所前进的距离叫螺距,用h表示,其值为

$$h=v_{\parallel}T=\frac{2\pi m}{qB}v_0\cos\theta \tag{2-25}$$

式(2-25)结果表明,螺距h与$\boldsymbol{v}_{\perp}$无关,只与$\boldsymbol{v}_{\parallel}$成正比。利用上述结果,可以实现磁聚焦。例如,在一均匀磁场中某点发射一束带电粒子,利用相关的仪器装置,使

带电粒子的速度$\boldsymbol{v}_0$与$\boldsymbol{B}$的夹角θ很小，这样，$v_\perp=v_0\sin\theta\approx v\theta$，$v_\parallel=v_0\cos\theta\approx v$。因此，这些带电粒子的$\boldsymbol{v}_\perp$可以各不相同，从而带电粒子将沿不同半径的螺旋线前进。但是，带电粒子的$\boldsymbol{v}_\parallel$近似相等，使得它们的螺距基本上是相同的，于是，所有的带电粒子经过一个螺距后都将汇聚于一点。这个现象与光束通过光学透镜聚焦的现象很相似，故称之为磁聚焦。在电子光学中磁聚焦有着广泛的应用。

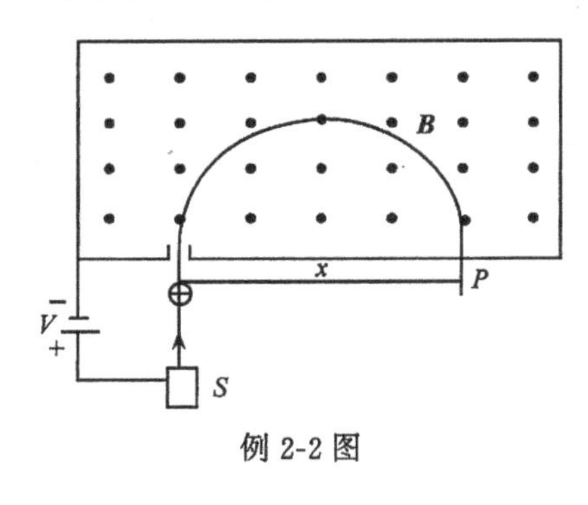

例 2-2 图

例 2-2 质谱仪是用于测定带电粒子电量与质量之比（简称荷质比）的仪器，其结构原理如例 2-2 图所示。离子源S产生质量为M、电量为q的离子，离子刚产生出来时速度很小，可以看作是静止的。离子飞出S后经过电压V加速，进入磁感应强度为$\boldsymbol{B}$的均匀磁场，在洛伦兹力作用下沿着半个圆周运动到记录它的照相底片上的P点处。质量不同的离子，在磁场中做圆周运动的半径是不同的，于是它们分别射到照相底片不同的位置上，形成谱线状的条纹，称为质谱，如图所示，若测得P点到入口处的距离为x，试证离子的质量为

$$M=\frac{qB^2}{8V}x^2$$

解 设离子经电压V加速后在入口处垂直进入磁场时的速率为v，则有

$$qV=\frac{1}{2}Mv^2$$

即得

$$v=\sqrt{\frac{2qV}{M}}$$

离子进入磁场后做匀速圆周运动，有

$$qvB=M\frac{v^2}{R}$$

即得离子的圆轨道半径为

$$R=\frac{Mv}{qB}=\frac{M\sqrt{\dfrac{2qV}{M}}}{qB}$$

如例 2-2 图可知$R=\dfrac{x}{2}$，代入上式即可求得

$$M=\frac{qB^2}{8V}x^2$$

质谱仪是英国物理学家和化学家阿斯顿(F. W. Aston 1877～1945)于 1919 年

创造的，当年用它发现了氯和汞的同位素，以后几年又用质谱仪发现了许多其他同位素，为此阿斯顿于 1922 年荣获诺贝尔化学奖。质谱仪在现代科学技术的许多领域，如核物理、原子能技术、半导体物理、地质科学、化学、石油、医学、农业等领域中有着十分广泛的应用。

*2. 带电粒子在非均匀磁场中的运动

由式(2-21)可知，带电粒子在均匀磁场中可绕磁感应线做螺旋运动，螺旋线的半径 R 与磁感应强度 $\boldsymbol{B}$ 的量值成反比。因此，当带电粒子在非均匀磁场中向磁感应强度增加的方向运动时，其螺旋线的半径将随磁感应强度的增加而不断地减小。与此同时，该带电粒子所受的洛伦兹力恒有一指向磁场较弱方向的分力，这一分力将阻止带电粒子向磁感应强度增加的的方向运动，如图 2-23 所示。

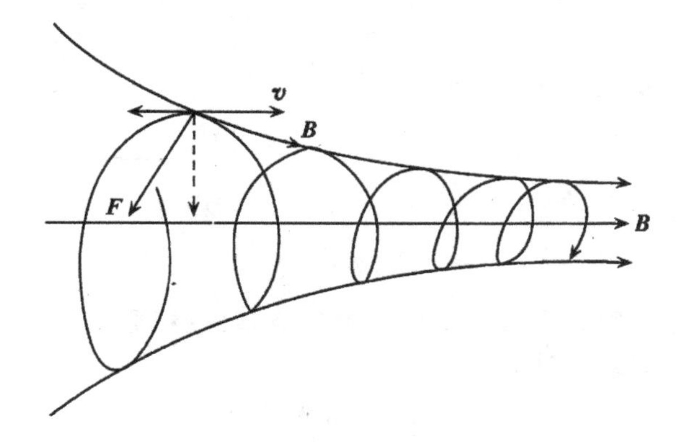

图 2-23

于是，粒子按磁感应强度增加的方向运动的速度将逐渐减小到零，从而使粒子掉转方向运动。这样可以在一长圆柱形真空室中用两个电流方向相同的线圈产生一个两端强中央弱的磁场，如图 2-24 所示。

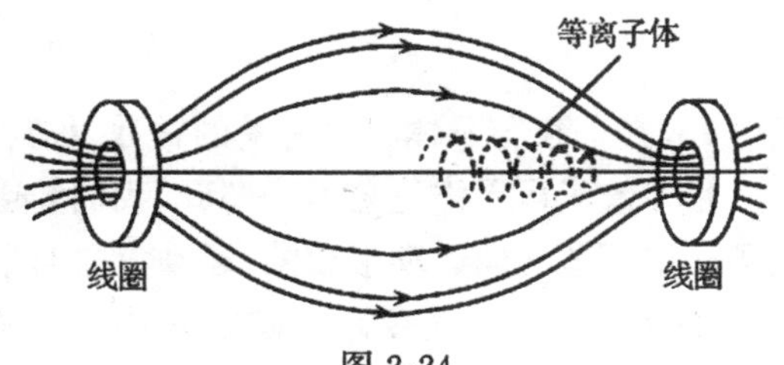

图 2-24

对于在该磁场中运动的带电粒子来说，两端较强的磁场对其运动起阻塞作用，它们迫使带电粒子局限在一定的范围内往返运动，这种装置称为磁塞。由于带电粒子在两端处的运动现象好像光线遇到镜面发生反射一样，所以这种装置也称为磁镜装置，两端各为一面磁镜。

上述磁约束现象也存在于宇宙空间。例如地球磁场中间弱，两极强，是一个天然的磁镜捕集器。在距地面几千公里和两万公里的高空，分别存在内、外两个环绕地球的辐射带，现称为范艾伦(J. A. Van Allen)辐射带，便是地磁场所俘获的来自外层空间的大量带电粒子(绝大部分是质子和电子)在沿地磁感应线来回振荡形成的。有时，太阳黑子的活动使宇宙高能粒子剧增，这些高能粒子在地磁感应线的引导下于地球北极附近进入大气层时，使大气分子激发并辐射发光，从而形成美丽壮观的北极光。

*2.6.3 霍耳效应

1879 年霍耳(A.H.HALL)首先发现，把一宽度为 a 厚度为 b 的金属导体薄板放在均匀磁场 $\boldsymbol{B}$ 中，并使金属板面与 $\boldsymbol{B}$ 的方向垂直，如果在金属板中沿着与 $\boldsymbol{B}$ 垂直的方向，即金属板的纵向通以电流 I 时，在金属板的上、下两侧面之间会出现横向电势差 U_H，见图 2-25(a)，这种现象称为霍耳效应，电势差 U_H 称为霍耳电势差。

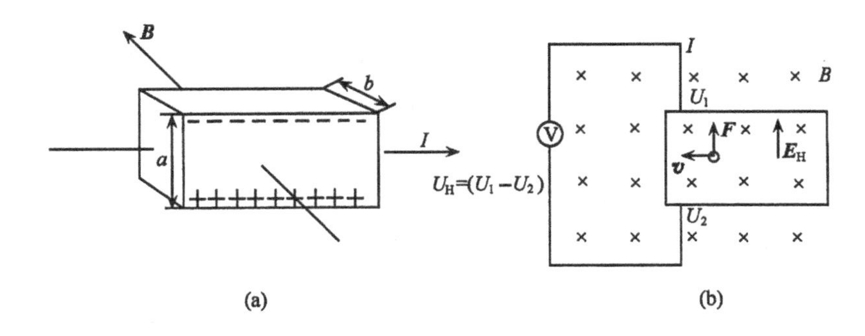

图 2-25

实验测得，霍耳电势差 U_H 的大小与磁感应强度 $\boldsymbol{B}$ 的大小和电流强度 I 成正比，而与金属板的厚度 b 成反比，即

$$U_H \propto \frac{IB}{b}$$

或写成

$$U_H = R_H \frac{IB}{b} \tag{2-26}$$

式中 R_H 是一仅与导体材料有关的常数，称为霍耳系数。

霍耳效应可用洛伦兹力来解释。我们知道，金属中的电流实际上是自由电子在电场作用下做定向运动形成的，运动方向与电流方向正好相反。设电子的定向速度为$\boldsymbol{v}$ (表示平均定向速度)，在磁场 $\boldsymbol{B}$ 中($\boldsymbol{v} \perp \boldsymbol{B}$)，电子所受洛伦兹力为 $\boldsymbol{F}=-e\boldsymbol{v}\times\boldsymbol{B}$，在洛伦兹力 $\boldsymbol{F}$ 的作用下，电子就要向金属板上侧漂移，如图 2-25(a)所示，结果使金属板上侧有负电荷积累，而下侧有对应的正电荷积累，从而金属板上下侧产生了一横向的附加电场 $\boldsymbol{E}_H$，称为霍耳电场。当霍耳电场对电子的作用力$-e\boldsymbol{E}_H$ 正好与磁场 $\boldsymbol{B}$ 对电子的洛伦兹力 $\boldsymbol{F}$ 相平衡时，电子不再有横向漂移运动，达到稳恒状态。这时有

$$-e\boldsymbol{E}_H = -\boldsymbol{F} = e\boldsymbol{v}\times\boldsymbol{B}$$

$$\boldsymbol{E}_H = -\boldsymbol{v}\times\boldsymbol{B}$$

$$E_H = vB$$

由此可求出金属板上下两侧的霍耳电势差为

$$U_H = U_1 - U_2 = -aE_H = -avB$$

式中负号表示金属板上侧的电势低于下侧的电势。设导体内电子的数密度为 n，则电流为

$$I = nevab$$

即

$$v = \frac{I}{neab}$$

代入上式可得

$$U_H = -\frac{IB}{neb} = -\frac{1}{ne}\left(\frac{IB}{b}\right)$$

将上式与式(2-26)比较可得金属的霍耳系数为

$$R_H = -\frac{1}{ne} \tag{2-27a}$$

或写成一般表示式

$$R_H = \frac{1}{nq} \tag{2-27b}$$

霍耳效应不仅在金属导体中会产生，在半导体和导电流体(如等离子体)中也会产生。所不同的是金属导体中形成电流的运动电荷的负载者(简称载流子)是带负电的电子，而半导体中的载流子有的是以带负电的电子为主(n 型)，有的是以带正电的空穴为主(p 型)。通过对霍耳系数的测定(是正值还是负值)，可判断半导体的类型，根据霍耳系数的大小，还可以测定载流子的浓度。

此外，霍耳效应在工业生产和现代科学技术的许多其他领域(如测量技术、电子技术、自动化技术和计算机技术等)中应用十分广泛。由半导体材料制成的霍耳元件可用来测量磁场，测量直流或交流电路中的电流强度和功率；还可转换信号，例如把直流电流转换成交流电并对它进行调制，放大直流或交流信号等；霍耳元件对各种物理量(先将其转换成电流信号)能进行四则或乘方、开方等数学运算。

目前正在研究中的“磁流体发电”的基本原理，正是以导电流体中会产生霍耳现象为依据的。当处于高温、高速的等离子态气体通过耐高温材料制成的导电管时，如果在垂直于气流的方向加上磁场，则气体中的正、负离子在洛伦兹力的作用下将分别向与流速 $\boldsymbol{v}$ 和磁场 $\boldsymbol{B}$ 都垂直的两个相反方向偏移，结果在导电管两侧的电极上产生了电势差，于是电极上便可连续输出电能了。

2.7 磁场对载流导线的作用

2.7.1 安培力公式

实验表明，载流导线在磁场中要受到磁场力的作用，这个力遵从什么规律呢？我们知道，导线中的电流是大量自由电子的定向漂移形成的，因此磁场中载流导线

内的每一定向运动的电子都要受到洛伦兹力的作用,由于这些电子受到导体的约束,所有电子所受的洛伦兹力便全部传递给了导体,宏观上表现为载流导体受到一个磁场力,通常称为安培力。下面我们从运动电荷所受洛伦兹力出发推导出安培力公式。

如图 2-26 所示,在均匀磁场中的载流导线上取一电流元 $I\mathrm{d}\boldsymbol{l}$,其截面积为 S,$I\mathrm{d}\boldsymbol{l}$ 与所在处的磁感应强度 $\boldsymbol{B}$ 之间的夹角为 φ,电流元中自由电子定向漂移速度为 $\boldsymbol{v}$,$\boldsymbol{v}$ 与 $\boldsymbol{B}$ 之间的夹角为 $\theta=\pi-\varphi$。由洛伦兹力公式可知,电流元中每一个电子所受洛伦兹力的大小为 $f=evB\sin\theta$,力的方向垂直纸面向里。设导体单位体积内的电子数为 n,则电流元中自由电子数为 $nS\mathrm{d}l$。这样,电流元所受的磁力应等于电流元中这 $nS\mathrm{d}l$ 个电子所受洛伦兹力的总和。由于作用在每个电子上的力大小相等,方向相同,所以电流元所受磁力为

$$\mathrm{d}F = evB\sin\theta \cdot nS\mathrm{d}l$$

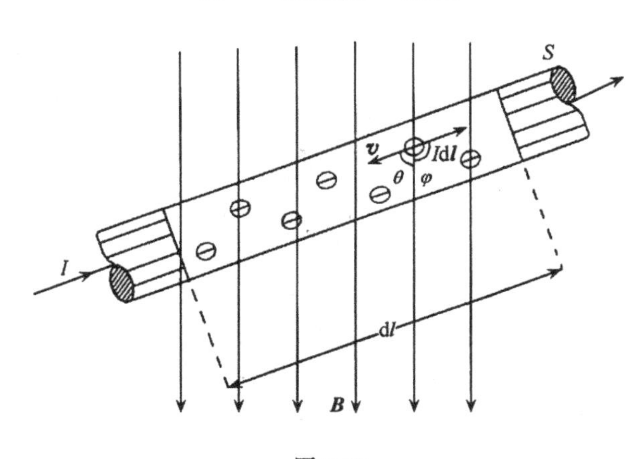

图 2-26

注意到电流强度 $I=nevS$,则上式化为

$$\mathrm{d}F = I\mathrm{d}lB\sin\theta = I\mathrm{d}lB\sin(\pi-\varphi) = I\mathrm{d}lB\sin\varphi$$

写成矢量积形式

$$\mathrm{d}\boldsymbol{F} = I\mathrm{d}\boldsymbol{l} \times \boldsymbol{B} \tag{2-28}$$

式(2-28)表明,磁场对电流元 $I\mathrm{d}\boldsymbol{l}$ 的作用力 $\mathrm{d}\boldsymbol{F}$ 在数值上等于电流元的大小、电流元所在处磁感应强度的大小及电流元 $I\mathrm{d}\boldsymbol{l}$ 和所在处 $\boldsymbol{B}$ 之间的夹角 φ 的正弦三者之乘积;$\mathrm{d}\boldsymbol{F}$ 的方向垂直于 $I\mathrm{d}\boldsymbol{l}$ 和 $\boldsymbol{B}$ 所组成的平面,与矢量积 $I\mathrm{d}\boldsymbol{l}\times\boldsymbol{B}$ 的方向一致。这一规律首先是安培通过实验总结出来的,所以称之为安培定律。式(2-28)通常称为安培力公式。

如果计算任一给定载流导线所受的磁力,即对载流导线上各电流元所受安培力求矢量和,其表达式为

$$\boldsymbol{F} = \int_L \mathrm{d}\boldsymbol{F} = \int_L I\mathrm{d}\boldsymbol{l} \times \boldsymbol{B} \tag{2-29}$$

下面举例加以说明。

例 2-3 处在真空中的两条无限长直导线 AB 和 CD，彼此平行，相距为 a，分别通有电流 I_1 和 I_2，如例 2-3 图所示。试求它们之间单位长度上的作用力。

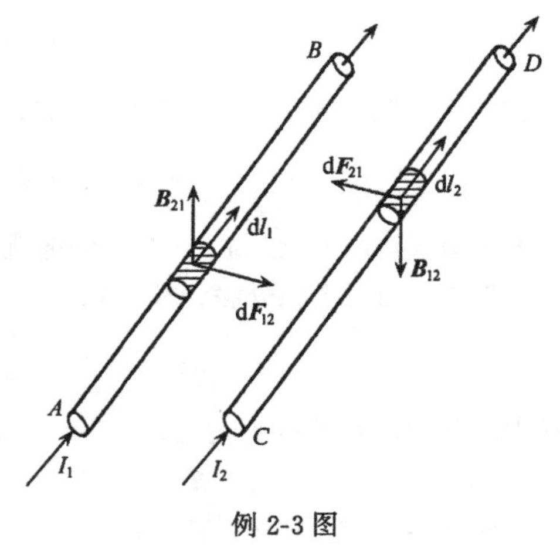

例 2-3 图

解 两载流导线之间的作用力就是彼此在对方所激发的磁场中受到的磁力。先讨论载流导线 CD 在载流导线 AB 所产生的磁场中受力的情况。分析可知，载流长直导线 AB 在 CD 导线上各点处所产生的磁感应强度方向都相同。

磁感应强度的大小均为

$$B_{12}=\frac{\mu_0 I_1}{2\pi a}$$

当两导线中的电流 I_1 和 I_2 同向时，载流导线 CD 上各电流元 $I_2\mathrm{d}l_2$ 所受安培力的大小相等，方向相同(垂直指向载流导线 AB)。且安培力的大小为

$$\mathrm{d}F_{12}=B_{12}I_2\mathrm{d}l_2=\frac{\mu_0 I_1 I_2}{2\pi a}\mathrm{d}l_2$$

所以载流导线 CD 每单位长度上所受的磁力为

$$\frac{\mathrm{d}F_{12}}{\mathrm{d}l_2}=\frac{\mu_0 I_1 I_2}{2\pi a}$$

同理，载流导线 CD 所产生的磁场施予载流导线 AB 每单位长度的磁力亦与上式相同，但方向垂直指向 CD。可见，两平行的长直导线通以同向电流时，相互吸引。若彼此通以反向电流将相互排斥，但两载流导线之间单位长度上的作用力仍由上式表示。

在 SI 中，电流强度的单位安培(A)就是利用上述关系式定义的。即真空中载有等值电流，且彼此相距 1 米的两根无限长平行直导线，当每米长度上的相互作用力为 2.0×10^{-7}N 时，每根导线上的电流强度定义为 1A。

例 2-4 一铅直放置的无限长直导线，通有电流 I_1，另一水平放置的直导线，长为 L，通有电流 I_2，两导线在同一平面内(例 2-4 图)，求水平放置的载流直导线所受的磁力。

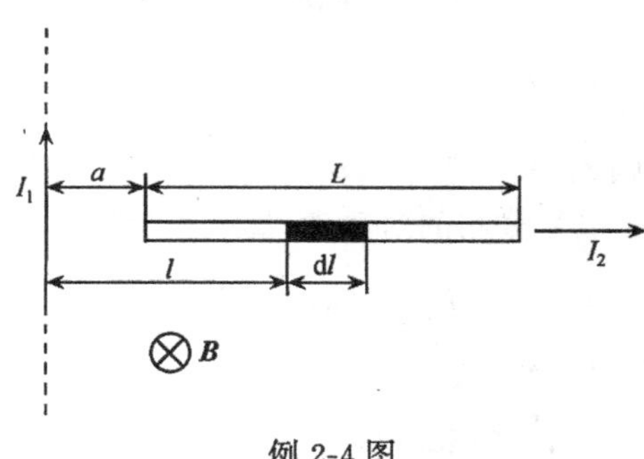

例 2-4 图

解 水平直导线 L 所处的磁场为非均匀磁场。在 L 上任取一电流元 $I_2\mathrm{d}l$，它与通有电流 I_1 的无限长载流直导线相距

为 l，电流元所处的磁感应强度的大小为

$$B=\frac{\mu_0 I_1}{2\pi l}$$

其方向垂直纸面向里，由安培力公式，该电流元所受磁力的大小为

$$\mathrm{d}F=BI_2\mathrm{d}l\sin 90^\circ=\frac{\mu_0 I_1 I_2}{2\pi l}\mathrm{d}l$$

其方向垂直 $I_2\mathrm{d}l$ 向上。由于 L 上各电流元所受磁力的方向都相同，所以整段导线 L 所受的磁力可用积分法计算，即

$$F=\int_L \mathrm{d}F=\int_a^{a+L}\frac{\mu_0 I_1 I_2}{2\pi l}\mathrm{d}l=\frac{\mu_0 I_1 I_2}{2\pi}\ln\frac{a+L}{a}$$

磁力的方向垂直导线 L 向上。

例 2-5 在均匀磁场 $\boldsymbol{B}$ 中，通有电流强度为 I 的弓形闭合线圈 $abca$，其平面与 $\boldsymbol{B}$ 垂直，求整个线圈所受的安培力。

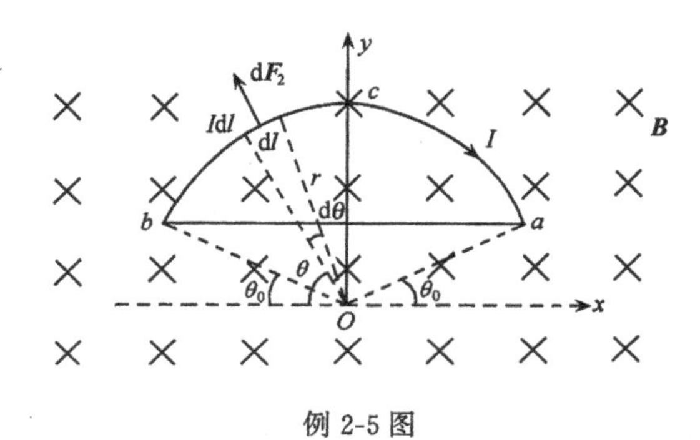

例 2-5 图

解 整个弓形线圈由直导线 ab 和圆弧形导线 bca 组成。取如图所示的坐标系 xOy。由于直导线 ab 上各电流元所受的安培力 $\mathrm{d}\boldsymbol{F}_1$ 大小相等，方向相同，因此，很容易求得整段直导线 ab 所受的安培力 $\boldsymbol{F}_1$ 的大小为

$$F_1=\int_L \mathrm{d}F_1=\int_a^b BI\mathrm{d}l=BI\,\overline{ab}$$

$\boldsymbol{F}_1$ 的方向垂直向下。

对于圆弧形导线 bca 而言，由安培力公式可知，它上面各电流元所受的安培力 $d\boldsymbol{F}_2$ 大小都等于

$$\mathrm{d}F=BI\mathrm{d}l$$

但方向沿各自所在处的径向离开圆心向外。因此，应将各个电流元所受安培力分解为 x 方向和 y 方向的分力 $\mathrm{d}F_{2x}$和 $\mathrm{d}F_{2y}$。由于电流分布的对称性，圆弧形导线上各电流元在 x 方向分力的总和为零，即 $\int_{bca}\mathrm{d}F_x=0$，只有 y 方向的分力对其所受合力有贡献。于是，圆弧形导线 bca 所受安培力 $\boldsymbol{F}_2$ 的大小为

$$F_2=\int \mathrm{d}F_{2y}=\int F_{2y}\sin\theta=\int_{bca}BI\mathrm{d}l\sin\theta$$

由图可知，$dl=rd\theta$，代入上式可得

$$F_2 = BIr\int_{\theta_0}^{\pi-\theta_0}\sin\theta d\theta = BIr(2\cos\theta_0)$$

因 $2r\cos\theta_0=ab$，即得

$$\boldsymbol{F}_2 = IB\,\overline{ab}$$

$\boldsymbol{F}_2$ 的方向竖直向上，可见 $\boldsymbol{F}_1$ 与 $\boldsymbol{F}_2$ 大小相等，方向相反。因此，整个弓形闭合载流线圈在均匀磁场中所受安培力的合力为零。

2.7.2 载流线圈在磁场中所受的磁力矩

如图 2-27 所示，在磁感应强度为 $\boldsymbol{B}$ 的均匀磁场中，有一刚性的矩形载流线圈，边长分别为 l_1 和 l_2，电流为 I。设矩形线圈的平面与磁感应强度 $\boldsymbol{B}$ 的方向成任意角 θ，矩形线圈的对边 ab、cd 与 $\boldsymbol{B}$ 垂直。

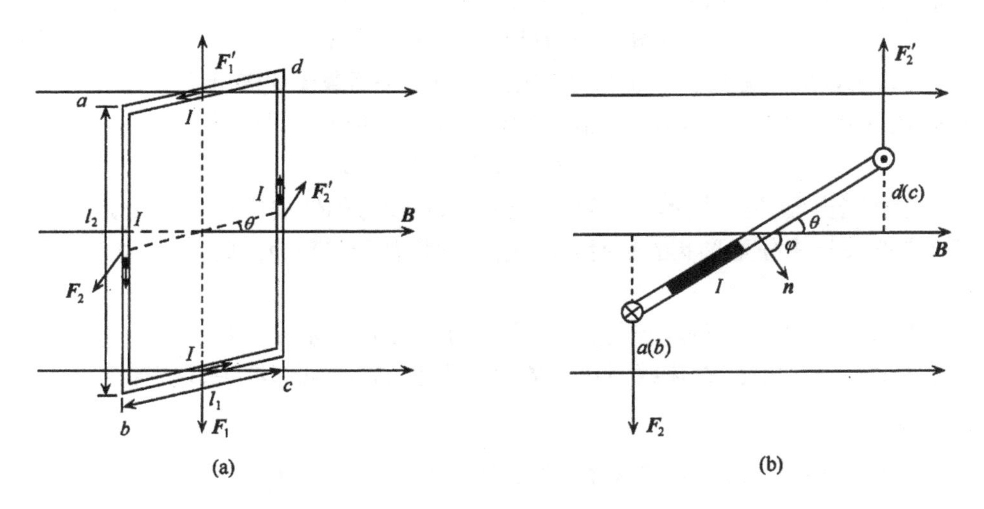

图 2-27

由安培定律可知，bc 边和 da 边所受的磁力分别为 $\boldsymbol{F}_1$ 与 $\boldsymbol{F}'_1$，其大小分别为

$$F_1 = BIl_1\sin\theta$$

$$F'_1 = BIl_1\sin(\pi-\theta) = BIl_1\sin\theta$$

这两个力在同一直线上，大小相等方向相反，互相抵消。

ab 边和 cd 边所受的磁力分别为 $\boldsymbol{F}_2$ 与 $\boldsymbol{F}'_2$，且这两个力大小相等方向相反，但不在同一直线上，因此形成一力偶，其力臂为 $l_1\cos\theta$，如图 2-27(b)所示。这一力偶作用在线圈上的力矩的大小为

$$M = F_2 l_1\cos\theta = BIl_1l_2\cos\theta = BIS\cos\theta$$

式中 $S=l_1l_2$ 表示线圈的面积。

通常用线圈平面的法线方向来表示线圈的方位，载流线圈的正法线方向可用右手螺旋法则来规定，即右手四指弯曲的方向表示线圈中电流的方向，则大拇指的指向就是线圈平面正法线 $\boldsymbol{n}$ 的方向，见图 2-27(b)。

现在,定义一个与电偶极矩($\boldsymbol{p}=q\boldsymbol{l}$)相类似的物理量,即磁矩,用 $\boldsymbol{P}_m$ 表示。

$$\boldsymbol{P}_m = IS\boldsymbol{n}^0 \tag{2-30}$$

式中 $\boldsymbol{n}^0$ 为载流线圈平面正法线方向的单位矢量。$\boldsymbol{P}_m$ 称为载流线圈的磁矩。它的大小等于线圈中的电流与线圈平面面积的乘积,磁矩的方向为线圈平面的正法线方向。有了磁矩的概念,可将载流线圈在磁场中所受的磁力矩表示成非常简洁的形式。

由图 2-27(b)可以看出,载流线圈磁矩 $\boldsymbol{P}_m$ 和磁感应强度 $\boldsymbol{B}$ 之间所形成的夹角 φ 与 θ 的关系为 $\varphi+\theta=\frac{\pi}{2}$,所以

$$M = BIS\cos\theta = BIS\cos\left(\frac{\pi}{2}-\varphi\right) = BIS\sin\varphi = P_m B\sin\varphi$$

如果载流线圈有 N 匝,那么线圈所受磁力矩的大小为

$$M = NBIS\sin\varphi = P_m B\sin\varphi \tag{2-31}$$

式中 $P_m=NIS$ 就是 N 匝载流线圈磁矩的大小。平面载流线圈所受磁力矩 $\boldsymbol{M}$ 的方向和 $\boldsymbol{P}_m\times\boldsymbol{B}$ 的方向一致,所以上式可写成矢量矢积的形式,即

$$\boldsymbol{M} = \boldsymbol{P}_m \times \boldsymbol{B} \tag{2-32}$$

应当指出,上述由矩形载流线圈导出的式(2-32)能够推广到一般的情况,即对于在匀强磁场中任意形状的平面载流线圈,计算其所受磁力矩时,式(2-32)都是成立的。

在 SI 中,磁矩 $\boldsymbol{P}_m$ 的单位为 $A\cdot m^2$,磁力矩的单位为 $m\cdot N$。

由式(2-31)可知,载流线圈在磁场中所受磁力矩与 $\sin\varphi$ 有关,现在讨论几种特殊情况:

(1) 当 $\varphi=\frac{\pi}{2}$ 时,$\boldsymbol{n}^0$ 与 $\boldsymbol{B}$ 垂直,即线圈平面与 $\boldsymbol{B}$ 平行,线圈所受到的磁力矩为最大值,即

$$M_{max} = P_m B$$

(2) 当 $\varphi=0$ 时,$\boldsymbol{n}^0$ 与 $\boldsymbol{B}$ 同向,即线圈平面与 $\boldsymbol{B}$ 垂直,线圈所受到的磁力矩为零,线圈处于稳定平衡状态。

(3) 当 $\varphi=\pi$ 时,$\boldsymbol{n}^0$ 与 $\boldsymbol{B}$ 反向,即线圈平面与 $\boldsymbol{B}$ 垂直,线圈所受到的磁力矩为零,线圈处于非稳定平衡状态。因为线圈稍受扰动,它就会在磁力矩的作用下离开这一位置,而转到 $\varphi=0$ 的稳定位置上。

由上述讨论可以看出,载流线圈在匀强磁场中将受到磁力矩的作用发生转动,且总是转到它的磁矩 $\boldsymbol{P}_m$ 与 $\boldsymbol{B}$ 同方向的位置上,而不可能整个线圈产生平动(因所受合力为零)。然而,如果载流线圈处在非均匀磁场中,其所受的合力和合力矩一般都不会等于零,所以线圈除转动外,同时还要发生平动。

磁场对载流线圈作用力矩的规律是制造各种电动机、动圈式电表和电流计等仪器仪表的基本原理。

2.7.3 磁力的功

载流导线或载流线圈在磁场内受到磁力或磁力矩的作用，它们的位置与方位会发生改变，说明磁力做了功。

1. *磁力对运动载流导线的功*

设有一均匀磁场，磁感应强度 $\boldsymbol{B}$ 的方向垂直纸面向外，如图 2-28 所示。磁场中有一载流导线 $abcd$ 构成的闭合电路(设在纸面上)，导线 ab 长为 l，且可沿着 da 和 cb 滑动，假定电路中的电流强度总保持不变。由安培定律可知，运动载流导线 ab 在磁场中所受磁力 $\boldsymbol{F}$ 的大小为

$$F = BIl$$

力的方向如图(2-28)所示。

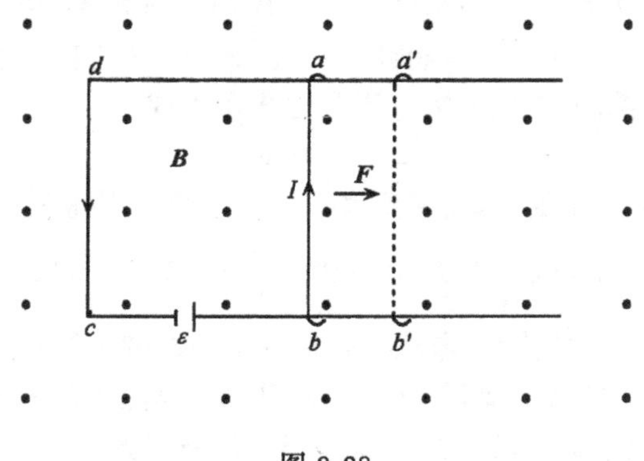

图 2-28

在磁力 $\boldsymbol{F}$ 的作用下，ab 将从初始位置沿着 $\boldsymbol{F}$ 力的方向移动，当移动到位置 $a'b'$ 时，磁力 $\boldsymbol{F}$ 所做的功为

$$A = F\,\overline{aa'} = BIl\,\overline{aa'}$$

与此同时，当导线 ab 由初始位置移动到终了位置 $a'b'$，回路的面积增加了 $l\,\overline{aa'}$，相应地，通过回路的磁通量的增量为

$$\Delta\Phi_{\mathrm{m}} = Bl\,\overline{aa'}$$

将 $\Delta\Phi_{\mathrm{m}}$ 代入上式，即得

$$A = I\Delta\Phi_{\mathrm{m}} \tag{2-33}$$

式(2-33)表明，当载流导线在磁场中作切割磁力线运动时，如果电流保持不变，则磁力所做的功等于电流强度 I 乘以通过回路所环绕面积的磁通量的增量。或者说磁力所做的功等于电流强度 I 乘以载流导线在移动中所切割的磁感应线数。

2. *磁力矩对转动载流线圈所做的功*

如图 2-29 所示，设有一载流线圈，电流强度 I 恒定不变，在磁感应强度 $\boldsymbol{B}$ 的匀强磁场中受磁力矩作用而转动。现在来计算磁力矩所做的功。

因载流线圈所受的磁力矩为

$$M = BIS\sin\varphi$$

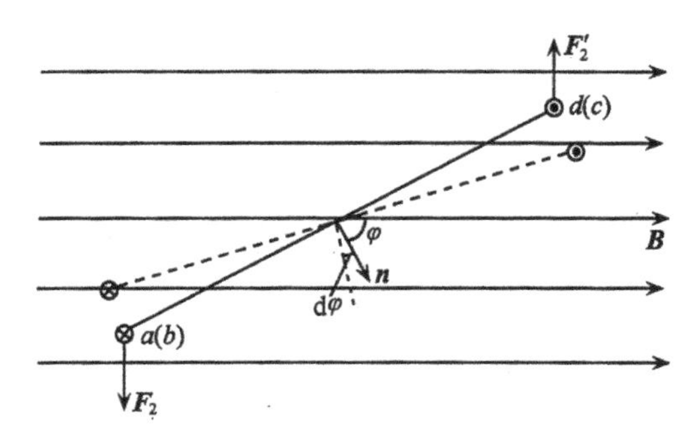

图 2-29

当线圈转过一极小角度 $\mathrm{d}\varphi$ 时，磁力矩做的功为

$$\mathrm{d}A = -M\mathrm{d}\varphi = -BIS\sin\varphi\,\mathrm{d}\varphi = BIS\mathrm{d}(\cos\varphi) = I\mathrm{d}(BS\cos\varphi)$$

式中负号表示磁力矩做正功时，将使磁力矩 $\boldsymbol{P}_\mathrm{m}$ 和 $\boldsymbol{B}$ 之间的夹角 φ 减小。因为 $BS\cos\varphi$ 表示通过线圈的磁通量 Φ_m。于是上式可写成

$$\mathrm{d}A = I\mathrm{d}\Phi_\mathrm{m}$$

那么，当上述载流线圈从 $\Phi_{1\mathrm{m}}$ 转到 $\Phi_{2\mathrm{m}}$ 时，磁力矩做的总功应为

$$A = \int_{\Phi_{1\mathrm{m}}}^{\Phi_{2\mathrm{m}}} I\mathrm{d}\Phi_\mathrm{m} = I(\Phi_{2\mathrm{m}} - \Phi_{1\mathrm{m}}) = I\Delta\Phi_\mathrm{m} \tag{2-34}$$

可以证明，一个任意的闭合电流回路在磁场中改变位置或改变形状时，磁力或磁力矩所做的功都可按 $A=I\Delta\Phi_\mathrm{m}$ 计算。如果电流是随时间变化的，磁力做的总功可按式(2-34)的积分形式计算。所以式(2-34)是磁力做功的一般表达式。

例 2-6 一边长为 l 的正三角形线圈，通有电流 I，放在磁感应强度为 $\boldsymbol{B}$ 的匀强磁场中，$\boldsymbol{B}$ 与线圈平面平行(例 2-6 图)，求该载流线圈所受的磁力矩。

解 载流线圈的磁矩 $\boldsymbol{P}_\mathrm{m}$ 的大小为 $P_\mathrm{m}=IS$。$\boldsymbol{P}_\mathrm{m}$ 的方向垂直纸面向外，由公式 $\boldsymbol{M}=\boldsymbol{P}_\mathrm{m}\times\boldsymbol{B}$，即得磁力矩 $\boldsymbol{M}$ 的大小为

$$M = BP_\mathrm{m}\sin 90^\circ = BIS$$

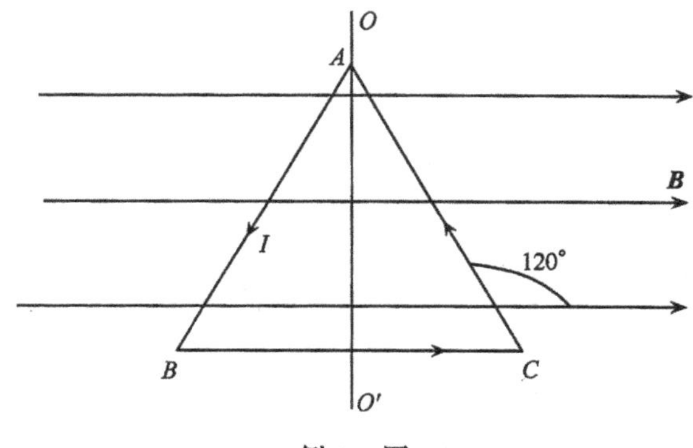

例 2-6 图

因 $S=\dfrac{1}{2}l^2\sin 60^\circ=\dfrac{\sqrt{3}}{4}l^2$，所以磁力矩为

$$M = \frac{\sqrt{3}}{4}BIl^2$$

$\boldsymbol{M}$ 的方向为 $\boldsymbol{P}_m \times \boldsymbol{B}$ 的方向，即沿纸面竖直向上。

例 2-7 一半径为 R，通有恒定电流 I 的圆形载流线圈，放在磁感应强度为 $\boldsymbol{B}$ 的均匀磁场中，载流线圈的平面与 $\boldsymbol{B}$ 平行(例 2-7 图)。求载流线圈所受到磁力矩以及在磁力矩的作用下线圈转过 $\frac{\pi}{2}$ 时，磁力矩做的功。

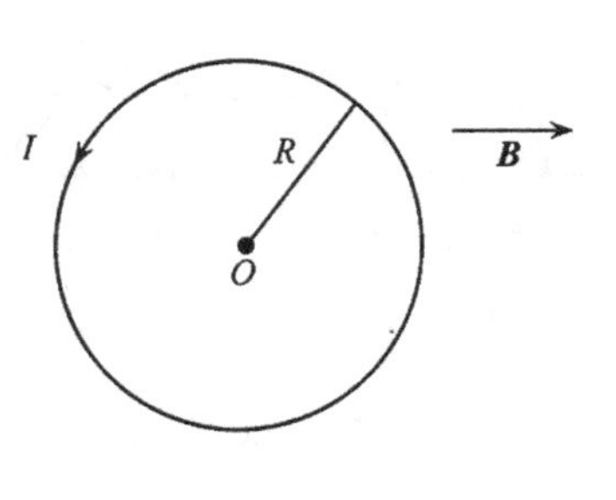

例 2-7 图

解 载流圆线圈的磁矩 $\boldsymbol{P}_m$ 的方向垂直纸面向外，大小为

$$P_m = I\pi R^2$$

由磁力矩公式 $\boldsymbol{M} = \boldsymbol{P}_m \times \boldsymbol{B}$ 即得

$$M = P_m B \sin 90° = I\pi R^2 B$$

$\boldsymbol{M}$ 的方向为 $\boldsymbol{P}_m \times \boldsymbol{B}$ 的方向，即沿纸面竖直向上。

载流圆线圈处于初始位置时，通过线圈平面的磁通量 $\Phi_{1m} = 0$，当线圈处于转过 $\frac{\pi}{2}$ 角度的位置时，通过线圈平面的磁通量为 $\Phi_{2m} = BS$，则

$$\Delta\Phi_m = \Phi_{2m} - \Phi_{1m} = BS - 0 = B\pi R^2$$

根据磁力矩做功的公式即得

$$A = I\Delta\Phi_m = IB\pi R^2$$

2.8 磁介质中磁场的基本规律

前面我们讨论了传导电流和运动电荷在真空中所激发的磁场及其基本规律。如果磁场中有实物物质存在时，那么磁场与实物之间的相互作用、非真空中磁场的分布及其规律又如何呢？下面，我们用类似于讨论电介质中电场的方法来进行研究。

2.8.1 磁介质的磁化 磁化强度

在磁场作用下，其内部状态发生变化，并反过来影响磁场分布的物质，称为磁介质。磁介质在磁场作用下内部状态的变化叫磁化。事实上，任何物质在磁场的作用下都或多或少地发生磁化并反过来影响磁场，因此所有的物质都可看作磁介质。

磁介质的磁化可以用安培的分子环电流假说来解释。因为每个磁介质分子(或原子)相当于一个环形电流，分子环电流的磁矩叫分子磁矩。在没有外磁场时，磁介质中各分子磁矩的方向是杂乱无章的，大量分子的磁矩相互抵消，因此宏观上磁介质不显磁性。当外磁场存在时，磁介质内各分子磁矩或多或少地会转向外磁场方向，这就是磁介质的磁化机理。

图 2-30(a)是均匀磁介质在匀强磁场中磁化的例子。

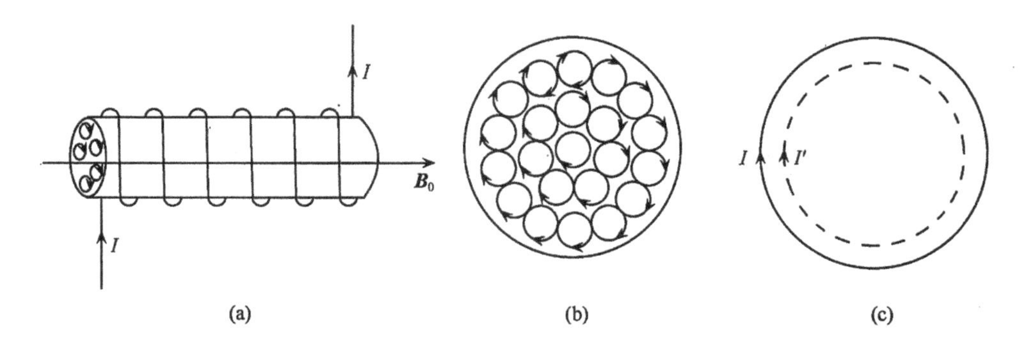

图 2-30

在长直螺线管内充满某种均匀介质，当线圈通有电流时，管内出现的沿轴线方向的磁场($\boldsymbol{B}_0$)对管内磁介质的分子磁矩产生取向作用。为讨论问题简单起见，假定每个分子磁矩都转到与外磁场 $\boldsymbol{B}_0$ 相同的方向，考虑螺线管的一个横截面，其分子电流的规则排列如图 2-30(b)所示。由于磁介质均匀磁化，从宏观来看，磁介质内部分子电流的效应相互抵消，而磁介质表面分子圆电流的包络则相当于有一层面电流流经磁介质的表面，如图 2-30(c)所示，这是磁介质分子电流规则排列的宏观效果。这种因磁化出现在磁介质表面的宏观电流叫磁化电流(或束缚电流)，用 I' 表示。它对应于电介质中的极化电荷(束缚电荷)。

正如讨论电介质时必须区分极化电荷和自由电荷一样，在讨论磁介质时必须区分磁化电流和传导电流。磁化电流是磁介质的分子电流因磁化而出现在磁介质表面的宏观电流，它不伴随着带电粒子的宏观运动，而传导电流必然伴随着带电粒子(自由电子)的宏观运动。

与有电介质时场强 $\boldsymbol{E}$ 是由自由电荷的场强 $\boldsymbol{E}_0$ 与极化电荷的场强 $\boldsymbol{E}'$ 叠加而成相类似，有磁介质时磁场的磁感应强度 $\boldsymbol{B}$ 也是由两部分叠加而成，即

$$\boldsymbol{B} = \boldsymbol{B}_0 + \boldsymbol{B}' \tag{2-35}$$

式中 $\boldsymbol{B}_0$ 与 $\boldsymbol{B}'$ 分别为传导电流和磁化电流所激发磁场的磁感应强度。

为了描述磁介质磁化程度，可以仿照电介质理论中极化强度 $\boldsymbol{P}$ 引入磁化强度的概念。在磁介质中取一小体积元 ΔV。磁化前，ΔV 内各分子磁矩的方向杂乱无章，整个 ΔV 内分子磁矩的矢量和为零。磁化后，由于各分子磁矩的取向作用，ΔV 内的分子磁矩在一定程度上沿着外磁场 $\boldsymbol{B}_0$ 的方向排列起来，这时 ΔV 内分子磁矩的矢量和将不为零。磁化越强，这个矢量和的数值越大。因此，可以用单位体积内分子磁矩的矢量和来描述磁介质的磁化强度，令

$$\boldsymbol{J} = \frac{\sum \boldsymbol{P}_{mi}}{\Delta V} \tag{2-36}$$

式中 $\boldsymbol{P}_{mi}$ 表示 ΔV 内第 i 个分子的磁矩，求和遍及 ΔV 内所有的分子。$\boldsymbol{J}$ 称为磁介质

的磁化强度。由于 ΔV 可取得宏观任意小，所以 $\boldsymbol{J}$ 是磁介质中的宏观矢量点函数。如果磁介质中各处的 $\boldsymbol{J}$ 相同，则磁介质是均匀的，$\boldsymbol{J}$ 的方向沿着外磁场 $\boldsymbol{B}_0$ 的方向（除抗磁质外）。

在 SI 中，$\boldsymbol{J}$ 的单位为安・米$^{-1}$（$\mathrm{A \cdot m^{-1}}$）。

实验和理论研究表明，磁介质可按其磁化特性分为三类：① 顺磁质，如铝、锰、氧等，这类磁介质磁化后，其内任一点 $\boldsymbol{B}'$ 的方向与 $\boldsymbol{B}_0$ 方向相同，使得叠加磁场（介质中的磁场）的 $\boldsymbol{B}$ 为 $B>B_0$；② 抗磁质，如铜、铋、氢等。这类磁介质磁化后，其内任一点 $\boldsymbol{B}'$ 的方向与 $\boldsymbol{B}_0$ 方向相反，使得 $\boldsymbol{B}$ 为 $B<B_0$。实验结果表明，无论是顺磁质还是抗磁质，其 B' 都较 B_0 要小得多，B' 与 B_0 之比约为十万分之几，它对原来的磁场影响很微弱，所以顺磁质和抗磁质统称为弱磁性物质，简称为弱磁质。③ 铁磁质，如铁、钴、镍等，这类磁介质磁化后，其内任一点 $\boldsymbol{B}'$ 的方向与 $\boldsymbol{B}_0$ 方向相同，但 $\boldsymbol{B}'$ 的值却比 $\boldsymbol{B}_0$ 的值大得多，即 $B'\gg B_0$，这类磁介质磁化后能显著地增加磁场，故称之为铁磁质。

2.8.2 磁场强度 H　磁介质中的安培环路定理

由上面的讨论我们知道，当传导电流的磁场中有磁介质存在时，磁介质中各点的磁感应强度 $\boldsymbol{B}$ 等于传导电流 I 和磁化电流 I' 在该点激发的磁感应强度 $\boldsymbol{B}_0$ 与 $\boldsymbol{B}'$ 的矢量和，即

$$\boldsymbol{B} = \boldsymbol{B}_0 + \boldsymbol{B}'$$

这时安培环路定理应写成

$$\oint_L \boldsymbol{B} \cdot \mathrm{d}\boldsymbol{l} = \mu_0 \sum (I_i + I'_i) \tag{2-37}$$

式(2-37)右边的做和项分别是对回路 L 包围的全部传导电流 $\sum I_i$ 和全部的磁化电流 $\sum I'_i$ 做和。因磁化电流依赖于磁化情况（磁化强度 $\boldsymbol{J}$），而磁化情况又依赖于总的磁感应强度 $\boldsymbol{B}$。磁介质中的总磁感应强度 $\boldsymbol{B}$ 与磁化电流 I' 这种相互关系上的环联，造成计算上的繁琐与困难。在讨论电介质中的高斯定理时，我们已遇到过类似的问题，解决的方法是设法从方程中消去极化电荷 q'，在这里，我们完全可以采取类似的方法着手从方程中消去磁化电流 I'。下面借助一特例进行讨论。

如图 2-31 所示，传导电流强度为 I 的长直螺线管内所填充的均匀顺磁介质，是一个长为 l，面积为 S 的圆柱体，其表面均匀地环流着磁化电流 I'，整体上它相当于一个大的圆电流，其磁矩的大小为 $I'S$，方向与图 2-31 中的 $\boldsymbol{B}$ 方向一致。这个等效磁矩应等于圆柱体磁介质内所有分子电流磁矩的矢量和，于是

$$I'S = \sum P_{mi}$$

因圆柱体磁介质的体积为 $\Delta V = Sl$，因此由磁化强度的定义式可得

$$J = \frac{\sum P_{mi}}{\Delta V} = \frac{I'S}{Sl} = \frac{I'}{l} = i' \tag{2-38}$$

式中 i' 表示磁介质单位长度上的面磁化电流，简称为面磁化电流密度。式(2-38)表

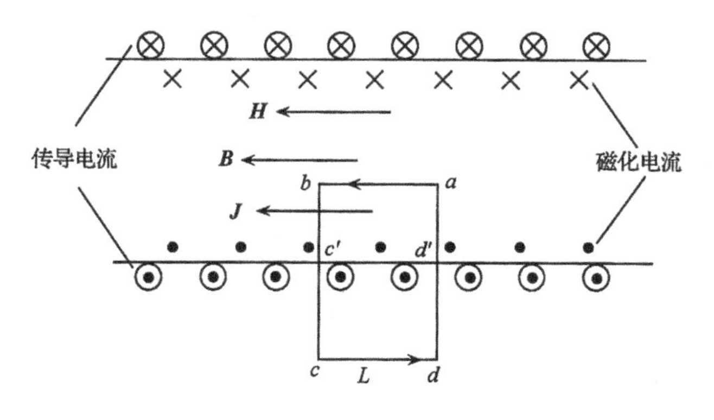

图 2-31

明，磁介质内磁化强度的大小等于其面磁化电流密度的值，其方向沿轴线方向。

为了从式(2-37)中消去 $\sum I'_i$，下面来计算磁化强度 $\boldsymbol{J}$ 沿图中闭合路径 L 的环流。

$$\oint_L \boldsymbol{J}\cdot \mathrm{d}\boldsymbol{l}=\int_a^b \boldsymbol{J}\cdot \mathrm{d}\boldsymbol{l}+\int_b^{c'} \boldsymbol{J}\cdot \mathrm{d}\boldsymbol{l}+\int_{c'}^{c} \boldsymbol{J}\cdot \mathrm{d}\boldsymbol{l}+\int_c^d \boldsymbol{J}\cdot \mathrm{d}\boldsymbol{l}+\int_d^{d'} \boldsymbol{J}\cdot \mathrm{d}\boldsymbol{l}+\int_{d'}^{a} \boldsymbol{J}\cdot \mathrm{d}\boldsymbol{l}$$

由于 $\boldsymbol{J}$ 只存在于螺线管内部的磁介质中，且各点的 $\boldsymbol{J}$ 为常矢量，方向沿轴线与外磁场 $\boldsymbol{B}_0$ 方向相同。因此，在螺线管外的路径 $c'c$、cd、dd' 上 $\boldsymbol{J}$ 处处为零，在螺线管内的磁介质中，路径 bc'、$d'a$ 与 $\boldsymbol{J}$ 垂直，而路径 ab 段与 $\boldsymbol{J}$ 平行，且其上各线元 $\mathrm{d}\boldsymbol{l}$ 与 $\boldsymbol{J}$ 方向相同，所以上式右端的线积分除 ab 段外，其余各项积分为零，于是

$$\oint_L \boldsymbol{J}\cdot \mathrm{d}\boldsymbol{l}=\int_a^b \boldsymbol{J}\cdot \mathrm{d}\boldsymbol{l}=J\,\overline{ab}$$

由式(2-38)可知，该闭合路径 L 所包围的磁化电流为

$$\sum I'_i=i'\,\overline{ab}=J\,\overline{ab}$$

即得

$$\oint_L \boldsymbol{J}\cdot \mathrm{d}\boldsymbol{l}=\sum I'_i$$

将上式代入式(2-37)并移项整理得

$$\oint_L \left(\frac{\boldsymbol{B}}{\mu_0}-\boldsymbol{J}\right)\cdot \mathrm{d}\boldsymbol{l}=\sum I_i$$

现引入一个辅助性物理量 $\boldsymbol{H}$，称之为磁场强度，并定义为

$$\boldsymbol{H}=\frac{\boldsymbol{B}}{\mu_0}-\boldsymbol{J} \tag{2-39}$$

于是便得

$$\oint_L \boldsymbol{H}\cdot \mathrm{d}\boldsymbol{l}=\sum I_i \tag{2-40}$$

式(2-40)称为磁介质中的安培环路定理。该定理表明，磁场强度 $\boldsymbol{H}$ 沿任何闭合路径的线积分，即 $\boldsymbol{H}$ 的环流，等于该闭合路径所围绕的传导电流的代数和，与磁介质

无关。式(2-40)虽然是从一特例导出的，但可以证明，在稳恒电流的磁场中，无论对真空或磁介质的情况都是适用的。若把真空看作磁介质的特例，其磁化强度 $\boldsymbol{J}=0$，由式(2-39)可知，$\boldsymbol{H}=\dfrac{\boldsymbol{B}}{\mu_0}$，于是，式(2-40)成为

$$\oint_L \frac{\boldsymbol{B}}{\mu_0} \cdot \mathrm{d}\boldsymbol{l} = \sum I_i$$

即

$$\oint_L \boldsymbol{B} \cdot \mathrm{d}\boldsymbol{l} = \mu_0 \sum I_i$$

这也就是真空中的安培环路定理。因此，磁介质中安培环路定理可以看作是真空中安培环路定理的推广形式。

在 SI 中，磁场强度 $\boldsymbol{H}$ 的单位为安·米$^{-1}$($\mathrm{A\cdot m^{-1}}$)。

根据磁场强度的定义式，可得磁介质中任一点处的磁感应强度 $\boldsymbol{B}$、磁场强度 $\boldsymbol{H}$ 和磁化强度 $\boldsymbol{J}$ 之间的普遍关系为

$$\boldsymbol{B} = \mu_0\boldsymbol{H} + \mu_0\boldsymbol{J} \tag{2-41}$$

显然，磁化强度 $\boldsymbol{J}$ 不仅和磁介质的性质有关，还和磁介质所处的磁场有关。实验表明，对于各向同性的磁介质，在磁介质中任一点处的磁化强度 $\boldsymbol{J}$ 与磁场强度 $\boldsymbol{H}$ 成正比，即

$$\boldsymbol{J} = \chi_m\boldsymbol{H} \tag{2-42}$$

式中比例系数 χ_m 只与磁介质的性质有关，称为磁介质的磁化率。将上式代人 $\boldsymbol{H}$ 的定义式，即得

$$\boldsymbol{B} = \mu_0(1 + \chi_m)\boldsymbol{H}$$

令

$$\mu_r = 1 + \chi_m, \qquad \mu = \mu_0\mu_r$$

μ_r 称为磁介质的相对磁导率，是一个纯数。μ 称为磁介质的磁导率，它的单位与真空中磁导率 μ_0 的单位相同，于是上式可写成

$$\boldsymbol{B} = \mu\boldsymbol{H} \tag{2-43}$$

上述磁介质的磁化率 χ_m、相对磁导率 μ_r、磁导率 μ 都是描述磁介质特性的物理量，只要知道其中任一个物理量，该介质的磁性就完全清楚了。在真空中，由于 $\boldsymbol{J}=0$，$\chi_m=0$，故 $\mu_r=1$；在顺磁质中，$\mu_r>1$；在抗磁质中，$\mu_r<1$；在铁磁质中 $\mu_r\gg1$，且不是常数。在 2.9 节，将专门讨论铁磁质。

类似于用磁感应线($\boldsymbol{B}$ 线)来形象地描述磁场一样，我们也可以引入 $\boldsymbol{H}$ 线来描述磁场。$\boldsymbol{H}$ 线与 $\boldsymbol{H}$ 矢量的关系规定如下：$\boldsymbol{H}$ 线上任一点的切线方向与该点 $\boldsymbol{H}$ 矢量的方向相同，$\boldsymbol{H}$ 线的密度(在与 $\boldsymbol{H}$ 矢量垂直的单位面积上通过的 $\boldsymbol{H}$ 线的数目)和该点处 $\boldsymbol{H}$ 矢量的大小相等。由式(2-43)可见，在各向同性的均匀磁介质中，通过任一截面的磁感应线($\boldsymbol{B}$ 线)数目是通过同一截面 $\boldsymbol{H}$ 线的 μ 倍。

应当指出，由于历史的原因，被称为磁场强度的 $\boldsymbol{H}$ 并不与静电场中的电场强

度 $\boldsymbol{E}$ 对应，而是与电位移矢量 $\boldsymbol{D}$ 相当，即 $\boldsymbol{H}$ 是一个辅助性物理量，而真正描述磁场性质的物理量仍是磁感应强度 $\boldsymbol{B}$。若一运动电荷或载流导线处于磁场中，决定其受力的是 $\boldsymbol{B}$，而不是 $\boldsymbol{H}$。

对于具有对称性分布的均匀磁介质，可以利用磁介质中的安培环路定理简便地求其磁场分布。

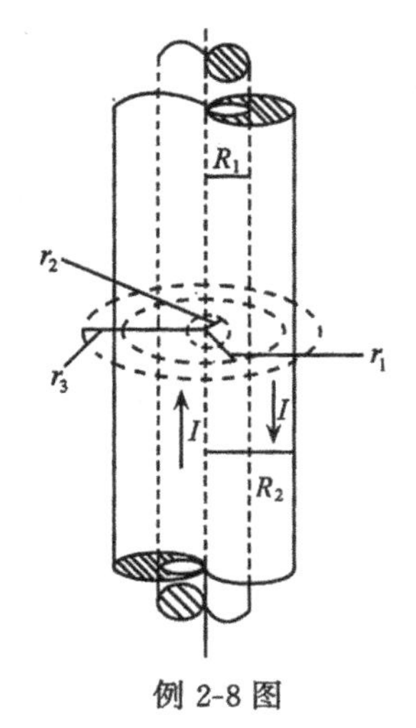

例 2-8 图

例 2-8 如例 2-8 图所示，一半径为 R_1 的无限长圆柱形导体（$\mu\approx\mu_0$）中均匀地通有电流 I，在其外面套有半径为 R_2 的无限长同轴圆柱形导体面，并均匀地通有反向电流 I，两者之间充满着磁导率为 μ 的均匀磁介质。试求：(1) 圆柱形导体外侧面与圆柱形导体面之间一点的磁场；(2) 圆柱形导体内一点的磁场；(3) 圆柱形导体面外一点的磁场。

解 (1) 无限长载流同轴圆柱形导体和圆柱形导体面所激发的磁场是轴对称分布的，而两者之间所充的均匀磁介质也具有相同的轴对称分布。设介于圆柱形导体外侧面与圆柱形导体面之间一点到轴线的距离为 r_1。现以轴线为中心，r_1 为半径作一如图所示的圆回路，在该圆回路上各点 $\boldsymbol{H}$ 的大小相同，方向沿圆的切线方向，由安培环路定理可得

$$\oint_L \boldsymbol{H}\cdot \mathrm{d}\boldsymbol{l} = \int_0^{2\pi r_1} H\mathrm{d}l = H\int_0^{2\pi r_1}\mathrm{d}l = H2\pi r_1 = I$$

则

$$H = \frac{I}{2\pi r_1}$$

由 $B=\mu H$ 得

$$B = \mu H = \frac{\mu I}{2\pi r_1}$$

(2) 以圆柱形导体内一点到轴线的垂直距离 r_2 为半径作一图中所示的圆回路，分析讨论同上。由安培环路定理可得

$$\oint_L \boldsymbol{H}\cdot \mathrm{d}\boldsymbol{l} = H\int_0^{2\pi r_2}\mathrm{d}l = H2\pi r_2 = I\,\frac{\pi r_2^2}{\pi R_1^2} = I\,\frac{r_2^2}{R_1^2}$$

式中 $I\,\dfrac{\pi r_2^2}{\pi R_1^2}$ 是该回路所包围的电流，由此可得

$$H = \frac{Ir_2}{2\pi R_1^2}$$

由 $B=\mu H$ 得（注意到 $\mu\approx\mu_0$）

$$B = \frac{\mu_0}{2\pi}\cdot\frac{Ir_2}{R_1^2}$$

(3) 与上述计算讨论一样，以圆柱形导体面外一点到轴线的垂直距离 r_3 为半径作图中所示的圆回路，应用安培环路定理，并注意到该回路所包围的电流的代数和为零，即得

$$\oint_L \boldsymbol{H} \cdot \mathrm{d}\boldsymbol{l} = H\int_0^{2\pi r_3} \mathrm{d}l = 0$$

故

$$\boldsymbol{H} = 0, \qquad \boldsymbol{B} = 0$$

例 2-9 在线圈均匀密绕的螺绕环环管内充满均匀的顺磁介质，其磁导率为 $\mu = 5.0\times10^{-4}\mathrm{Wb\cdot A^{-1}\cdot m^{-1}}$，已知螺绕环中的传导电流 $I=2.0\mathrm{A}$，螺绕环线圈的总匝数为 N，单位长度上的匝数为 $n=1000$ 匝 $\cdot\mathrm{m^{-1}}$。环管的横截面半径比环的平均半径小得多(例 2-9 图)。试求：(1) 环管内的磁场强度 $\boldsymbol{H}$ 和磁感应强度 $\boldsymbol{B}$；(2) 磁介质的磁化强度 $\boldsymbol{J}$ 和磁化面电流密度 i'。

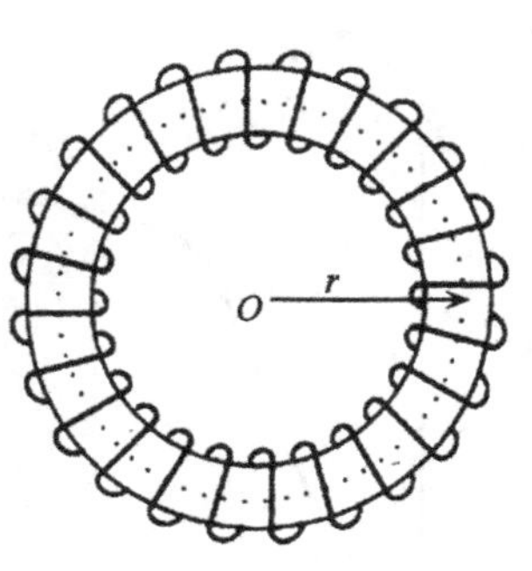

例 2-9 图

解 (1) 如例 2-9 图所示，过环管内任一点作一与环同心，半径为 r 的圆回路。由对称性分析可知，该回路上各点 $\boldsymbol{H}$ 的大小相等，方向沿圆的切线方向。根据安培环路定理可得

$$\oint_L \boldsymbol{H} \cdot \mathrm{d}\boldsymbol{l} = H\int_0^{2\pi r} \mathrm{d}l = H2\pi r = NI$$

所以

$$H = \frac{NI}{2\pi r} = nI = 1000 \times 2.0 = 2.0 \times 10^3(\mathrm{A\cdot m^{-1}})$$

由 $B=\mu H$ 可得

$$B = \mu H = 5.0 \times 10^{-4} \times 2.0 \times 10^3 = 1(\mathrm{Wb\cdot m^{-2}})$$

(2) 由 $\boldsymbol{B}$、$\boldsymbol{H}$、$\boldsymbol{J}$ 之间的普遍关系式可求得

$$J = \frac{B-\mu_0 H}{\mu_0} = \frac{1-4\pi\times10^{-7}\times2.0\times10^3}{4\pi\times10^{-7}} = 7.9\times10^5(\mathrm{A\cdot m^{-1}})$$

因为 $J=i'$，所以

$$i' = J = 7.9\times10^5(\mathrm{A\cdot m^{-1}})$$

2.9 铁 磁 质

在各类磁介质中，应用最广泛的是铁磁性物质。人们早已熟知的电机制造和通讯设备离不开铁磁性材料。随着电子计算机和信息科学的快速发展，应用铁磁性材料制成各种元器件进行信息的储存和记录，已发展成为引人注目的新科技领域。例如，家喻户晓的磁带、光碟、影碟、计算机存储器的软磁盘、硬磁盘及光盘等，都是铁磁性材料制成的，预计铁磁性材料的新应用还将不断得到发展。因此，对铁磁质的

研究，无论在理论上还是实用上都有很重要的意义。

铁磁质具有下述特征：① 具有较大的磁导率和磁化率，即磁化后附加的磁场$\boldsymbol{B}'$特别强，使得铁磁质中的$\boldsymbol{B}$远大于$\boldsymbol{B}_0$，其$\mu=\dfrac{B}{B_0}$的值可达几百乃至几千以上；② 磁导率μ及磁化率χ_m不是恒量，而是随所在处的磁场强度$\boldsymbol{H}$而变化，且有较复杂的函数关系；③ 磁化强度随外磁场而变，但它的变化落后于外磁场的变化。在外磁场撤除后，铁磁质仍能保留部分剩磁。下面我们简单地介绍反映磁介质上述特征的磁化规律。

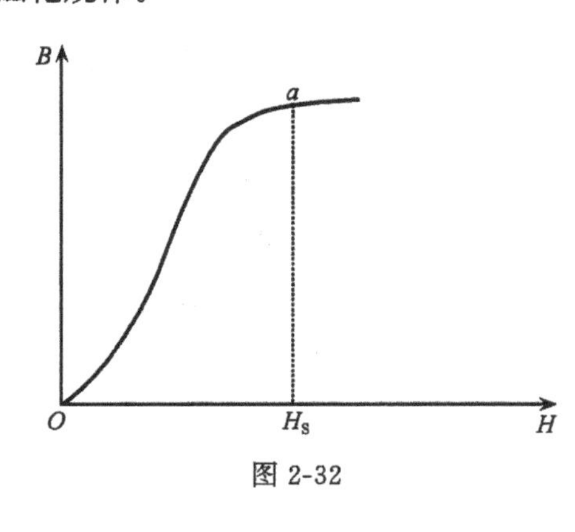

图 2-32

通过实验可以测绘出铁磁质的B和H之间的关系曲线，称为磁化曲线，即B-H曲线，如图 2-32 所示。分析B-H曲线，可以看出，这条曲线是非线性的，在从零开始逐步增大H而使铁磁质磁化的过程中，B也随着增大，不过开始时B增大得较慢，接着便是一段急剧增大的过程，这之后B的增大又缓慢下来，并且从某点a开始，B几乎不再随H增大而增大，曲线几乎成为与H轴平行的直线，这时磁介质的磁化已达到饱和状态，相应的磁场强度叫饱和磁场强度，记做H_s，并把铁磁介质从未磁化到饱和磁化状态之间的这段磁化曲线叫起始磁化曲线（图中Oa曲线）。

当铁磁质达到饱和磁化状态之后，如果使H逐渐减弱，这时B的值也随着减小，但不是沿原来的起始磁化曲线反向减小，而是沿着另一条曲线ab下降。当H逐渐减为零时，B并不等于零，而是保留一定的大小B_r，如图 2-33 中纵坐标轴（B轴）上的Ob段，这就是铁磁质的剩磁现象，B_r称为剩余磁感应强度，简称剩磁。

如果要消除剩磁，就必须对铁磁质施加反向的外磁场。当反向外磁场H由零增至某一数值H_c（图 2-33 中与c点对应的磁场强度）时，B才等于零，铁磁质的磁性才消失。通常把与c点对应的磁场强度H_c称为铁磁质的矫顽力。矫顽力H_c反映了铁磁质保存剩磁状态的能力。如继续增加反向磁场强度，铁磁质将被反向磁化，并按曲线cd达到反向磁饱和状态。从d点开始，如再把反向磁场强度逐渐减小到零，B和H的关系曲线将沿db'曲线变化到达b'点，铁磁质出现反向的剩磁（Ob'段）。

此后，又对铁磁质施以正向增加的磁场H，其磁化将沿$b'c'a$曲线回到a点。这样，铁磁质在反复磁化时，其磁化曲线是一条具有方向性的闭合曲线，如图 2-33 所示的闭合曲线$abcdb'c'a$。从曲线图可以看出，B和H的值不具有一一对应的关系，同一个H，可以对应几个不同的B值。并且从曲线ab段和aO段的比较可知，虽然H减小时，B也随之减小，但B的减小落后于H的减小，这种现象称为磁滞。

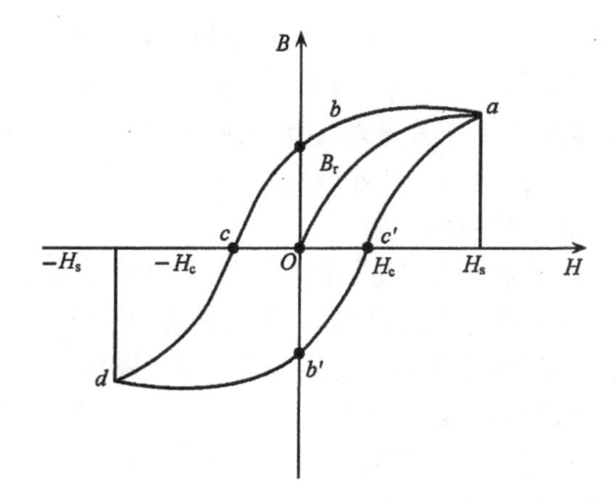

图 2-33

铁磁质反复磁化形成的闭合曲线称为磁滞回线，它对原点 O 是对称的。研究铁磁质的磁性、比较选用铁磁质就必须知道它的磁滞回线，各种不同的铁磁质其磁滞回线是各不相同的，主要区别是磁滞回线的宽、窄度不同和矫顽力的大小不一样。

图 2-34

上述铁磁质的磁性起因曾长时间地使人们困惑不解。近代量子论诞生后，磁畴理论较好地解释了铁磁质磁性的起因问题。限于课程的要求，这里只把几个主要的论点作一简单的介绍。磁畴理论认为：

(1) 铁磁质内存在着许多自发磁化的小区域，称为磁畴。磁畴的形状和大小不一(图2-34)。大致说来，每个磁畴的体积约为 $10^{-12}\mathrm{m}^3$，其中约含 $10^{12}\sim10^{15}$个原子。每个磁畴都有一定的磁矩，由电子自旋磁矩自发取向一致时所产生，与电子的轨道运动无关。在无外磁场作用时，各磁畴的排列是不规则的，每个铁磁质宏观上不显磁性，见图 2-35(a)。

(2) 当有外加磁场时，凡是磁矩方向与外磁场方向相同或接近的磁畴都要扩大自己的体积(畴壁向外扩展)，而其他磁畴的体积要缩小，见图 2-35(b)。当外磁

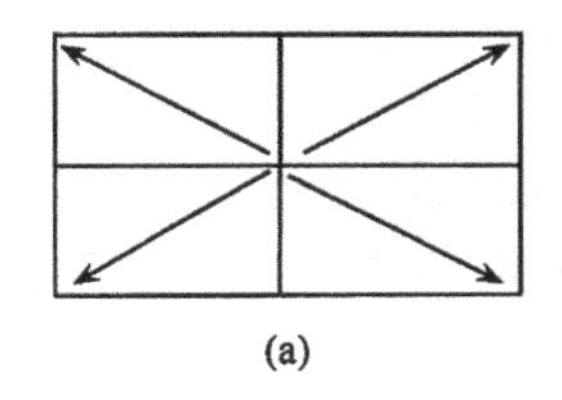

(a)

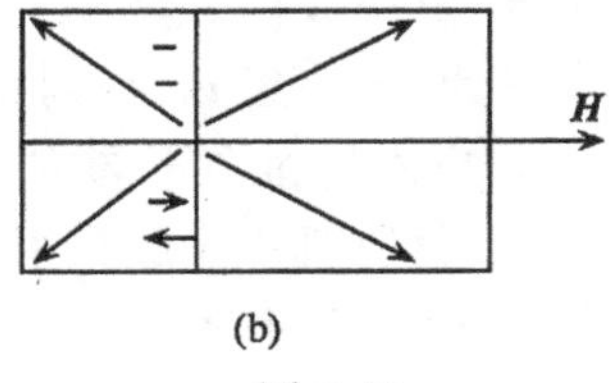

(b)

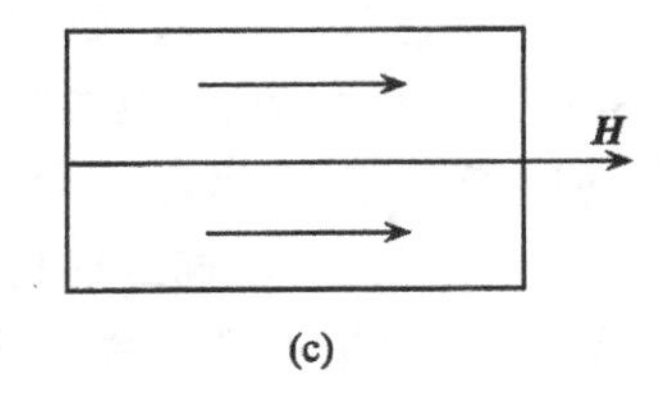

(c)

图 2-35

场不断增强时，每个磁畴的磁矩方向都不同程度地向外磁场方向逼近。最终，直至所有磁畴的磁矩方向几乎转到和外磁场方向相同见图 2-35(c)，这时铁磁质便达到磁化饱和状态，这就是起始磁化曲线的成因。上述磁畴壁的向外扩大以及磁畴磁矩的转向是不可逆的，即当外磁场减弱或消失时，磁畴并不按原来变化的规律逆向退回到原状态。这就解释了磁滞的成因。

(3) 由于磁畴起因于电子自旋磁矩的自发有序排列，因此，当铁磁质受到强烈震动，尤其是在高温下分子的剧烈热运动，都会破坏电子自旋磁矩的自发有序排列，使磁畴瓦解。所以，当铁磁质的温度高于某一临界温度时，磁畴将不复存在，铁磁质就退化为普通的顺磁质。使铁磁质失去铁磁性的临界温度称为居里点。例如，实验测得纯铁的居里点为 770℃，纯镍的居里点为 358℃。

铁磁质按其性能和用途，可分为下述三类：

(1) 软磁材料，如工程纯铁、硅钢、坡莫合金等。其特点是矫顽力小($H_c < 10^2$ $A \cdot m^{-1}$)，磁滞损耗低。它的磁滞回线呈细长条形状，见图 2-36(a)。这种铁磁材料磁滞特性不显著，容易磁化，也容易退磁，适用于交变磁场，可用来制造变压器、继电器、电机以及各种高频电磁元件的铁芯。

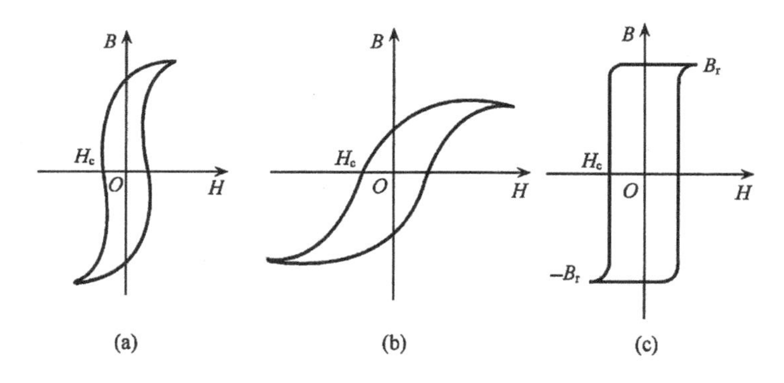

图 2-36

(2) 硬磁材料，如碳钢、钨钢、铝钢等。其特点是矫顽力大，H_c 约为 $10^4 \sim 10^6$ $A \cdot m^{-1}$。剩磁 B_r 也大。这种铁磁材料的磁滞回线所围的面积较大，磁滞特性显著，见图 2-36(b)。经磁化后，其剩磁很强，且不容易消除。这种硬磁材料适合于制成永久磁铁，用于磁电式电表、永磁扬声器、耳机、小型直流电机以及雷达的磁控管的制造中。

(3) 矩磁材料，如锰-镁和锂-镁铁氧体。其磁滞回线差不多呈矩形，见图 2-36(c)，故称之为矩磁材料。其特点是：一经磁化，剩磁感应强度和饱和时的磁感应强度近乎相等，矫顽力较小。若矩磁材料在不同方向的磁场下磁化，总是处于 $+B_r$ 或 $-B_r$ 两种不同的剩磁状态。计算机中一般采用二进制，只有“0”和“1”两个数码，因此可用矩磁材料的两种剩磁状态($+B_r$ 和 $-B_r$)分别代表“0”和“1”数码，起到记忆的作用。这种特性还可使矩磁材料作为电子计算机、自动控制等新技术中制造存储、开关等元件之用。

思 考 题

2-1 一个电荷能在它的周围空间中任一点激发电场，一个电流元是否也能够在它的周围空间任一点激发磁场？

2-2 从毕奥-萨伐尔定律能导出无限长直电流的磁场公式 $B=\frac{\mu I}{2\pi a}$。当考察点无限接近导线($a\to 0$)时，则 $B\to\infty$，这是没有物理意义的，如何解释？

2-3 设想把一电荷放在飞行着的火箭上，是否会产生磁场？

2-4 一匀速直线运动电荷在真空中给定点所产生的磁场是不是恒定的磁场？为什么？

2-5 试比较点电荷的电场强度公式与毕奥-萨伐尔定律两数学表达式的类似与差别。根据两个公式加上场强叠加原理就能解决任意的静电场和磁场的空间分布。从这里，你能否体会到物理学中解决某些问题的基本思路与方法？

2-6 在安培环路定理中，对闭合回路有无特殊要求？如应用安培环路定理解题，对闭合回路有无特殊要求？如何选取合适的闭合回路？

2-7 安培环路定理 $\oint_L \boldsymbol{B}\cdot \mathrm{d}\boldsymbol{l}=\mu_0\sum I_i$ 中的磁感应强度 $\boldsymbol{B}$ 是否只是穿过闭合环路内的电流所激发的？它与环路外的电流有无关系？计算时考虑了没有？表现在什么地方？

2-8 在无限长的载流直导线附近的两点 A 和 B，把一个电流元依次放置在这两点，如果 A 和 B 到导线的距离相等，问电流元所受到的磁力大小是否一定相等？

2-9 沿着一根直导线，有电流从西到东流过，将它水平地置于赤道上，它将受到怎样方向上的地磁力作用？

2-10 在空间有三根彼此平行的相同长直导线，且彼此间的距离相等，各通以相同强度、相同方向的电流。设除了相互作用的磁力外，其他的影响可以忽略，它们将如何运动？

2-11 如果一个电子在通过空间某区域时不偏转，能否肯定这个区域中没有磁场？

2-12 两个电子同时由电子枪射出，它们的初速度与均匀磁场垂直，速度分别为 v 和 $2v$。经磁场偏转后，哪个电子先回到出发点？

2-13 为什么当磁场靠近电视机的屏幕时，会使图像变形？

2-14 在一均匀磁场中，有两个面积相等、通有相同电流的线圈，一个是三角形的，一个是圆形。这两个线圈所受磁力矩是否相等？所受的最大磁力矩是否相等？所受磁力的合力是否相等？当它们在磁场中处于稳定位置时，由线圈中电流所激发的磁场的方向与外磁场的方向是相同、相反还是互相垂直？

2-15 两个电流元之间的相互作用力，是否一定遵从牛顿第三定律？

2-16 磁场的高斯定理说明磁场具有什么样的性质？安培环路定理又说明了磁场具有什么样的性质？

习 题

2-1 如图所示，一根无限长直导线，通有电流 I，中部一段弯成圆弧形，求图中 P 点磁感应强度的大小。

2-2 电流 I 沿如图所示的导线流过时(图中直线部分伸向无限远处)，试求 O 点的磁感应

强度 $\boldsymbol{B}$。

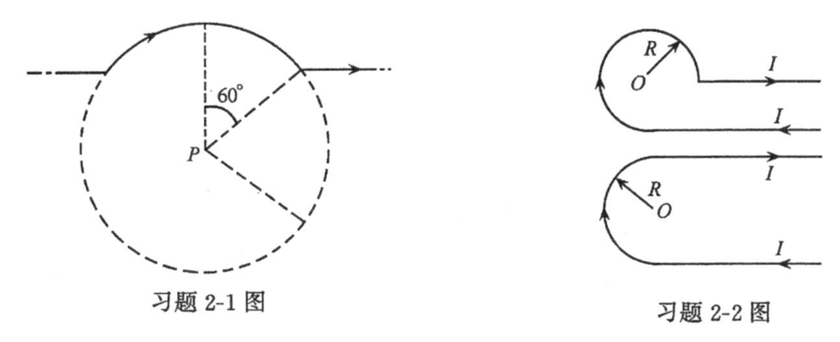

习题 2-1 图　　　　习题 2-2 图

2-3　将通有电流 I 的导线弯成如图所示的形状，求 O 点的磁感应强度 $\boldsymbol{B}$。

2-4　如图所示，两导线沿半径方向引到铁环上的 A、B 两点，并在很远处与电源相连。求环中心的磁感应强度。

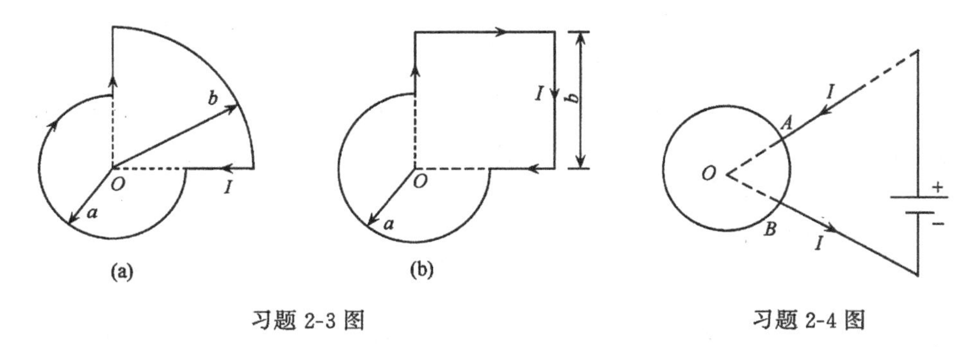

习题 2-3 图　　　　习题 2-4 图

2-5　两圆线圈半径均为 R，平行地共轴放置，两圆心 O_1、O_2 相距为 a，所载电流均为 I，且电流方向相同，如图所示。

(1) 以 O_1、O_2 连线的中点 O 为原点，求轴线上坐标为 x 的任一点处磁感应强度的大小；

(2) 试证明当 $a=R$ 时，O 点处的磁场最为均匀。(这样放置的一对线圈叫做亥姆霍兹线圈。)

2-6　在半径为 R 的无限长半圆柱形金属薄片中，自上而下地有电流 I 均匀通过，如图所示，试求圆柱轴线上任一点 P 处的磁感应强度($R=1.0\text{cm}$，$I=5.0\text{A}$)。

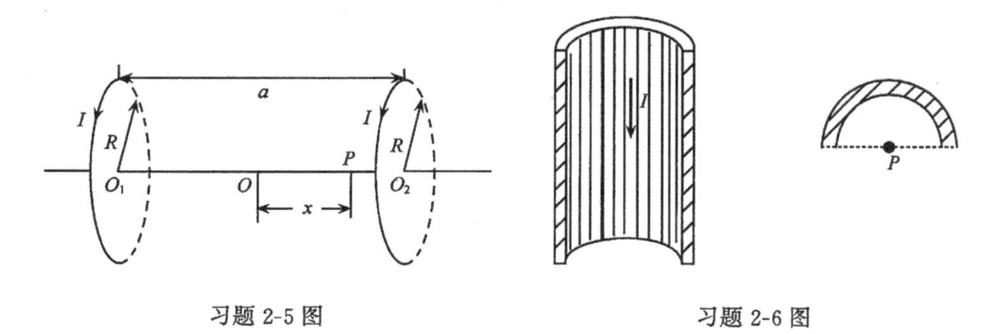

习题 2-5 图　　　　习题 2-6 图

2-7　如图所示，半径为 R 的木球上绕有密集的细导线，线圈平面彼此平行，且以单层线圈盖住半个球面，设线圈的总匝数为 N，通过线圈的电流为 I，求球心 O 处的磁感应强度。

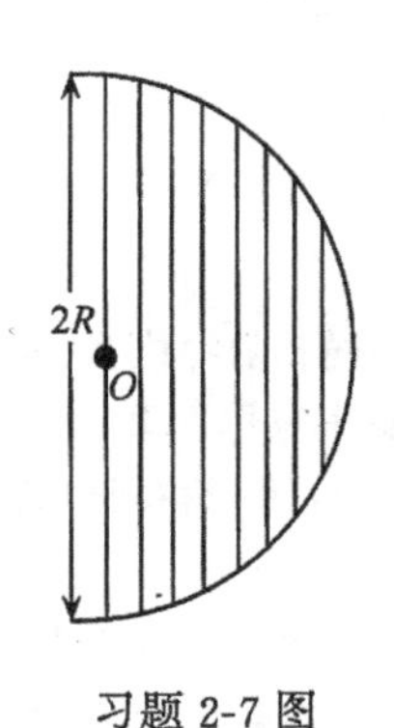

习题 2-7 图

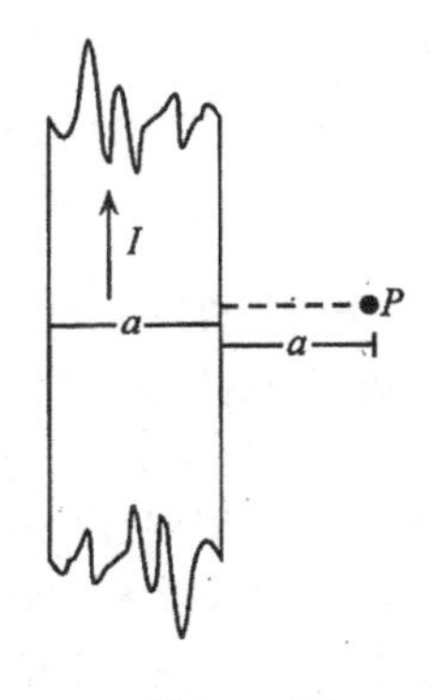

习题 2-8 图

2-8　如图所示，一宽为 a 的薄长金属板，沿纵向均匀通有电流 I，试求在薄板的平面上，距板的一边为 a 的点 P 的磁感应强度。

2-9　半径为 R 的薄圆盘上均匀带电，总电量为 q，令此盘绕通过盘心且垂直盘面的轴线匀速转动，角速度为 ω，求轴线上距盘心为 x 处的磁感应强度。

2-10　一根很长的铜导线均匀载有电流 10A，在导线内部作一平面 S，如图所示。试计算通过 S 平面的磁通量(沿导线长度方向取长为 1m 的一段计算)。铜的磁导率 $\mu\approx\mu_0$。

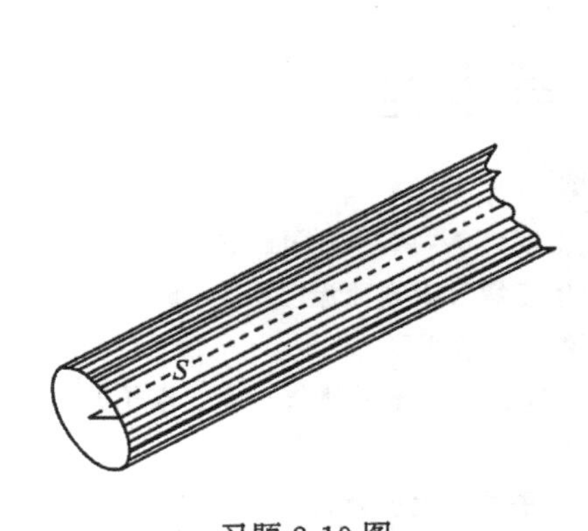

习题 2-10 图

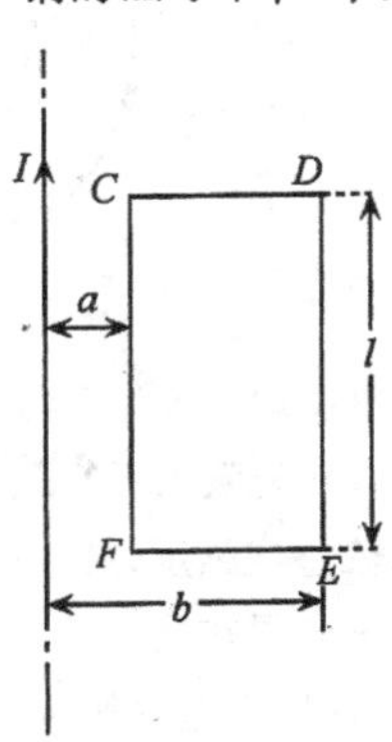

习题 2-11 图

2-11　如图所示，载流无限长直导线的电流为 I，试求通过矩形面积 $CDEF$ 的磁通量($CDEF$ 与长直导线共面)。

2-12　设图中两导线中的电流 I_1、I_2 均为 8A，对图示的三条闭合曲线 a、b、c 分别写出安培环路定理等式右边电流的代数和，并讨论：

(1) 在各条闭合曲线上，各点的磁感应强度 $\boldsymbol{B}$ 的量值是否相等？

(2) 在闭合曲线 c 上各点的 $\boldsymbol{B}$ 是否为零？为什么？

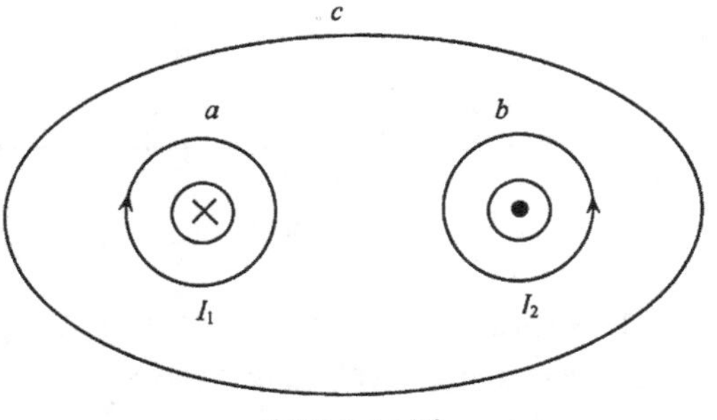

习题 2-12 图

2-13　一根长直圆管形导体的横截面

内外半径分别为 a、b，导体内载有沿轴线的电流 I，且电流 I 均匀地分布在管的横截面上。试证导体内部各点($a<r<b$)的磁感应强度的量值由下式给出

$$B=\frac{\mu_0 I}{2\pi(b^2-a^2)}\cdot\frac{r^2-a^2}{r}$$

试以 $a=0$ 的极限情形检验这一公式。$r=b$ 时又怎样？

2-14 一根很长的同轴电缆，由一导体圆柱(半径为 a)和一同轴的导体管(内、外半径分别为 b、c)构成，使用时，电流 I 从一导体流出，从另一导体流回。设电流都是均匀地分布在导体的横截面上，求：(1) 导体圆柱内($r<a$)；(2) 两导体之间($a<r<b$)；(3) 导体圆管内($b<r<c$)；(4)电缆外($r>c$)各点处磁感应强度的大小。

2-15 如图所示，一根外半径为 R_1 的无限长圆柱形导体管，管内空心部分的半径为 R_2，空心部分的轴与圆柱的轴平行但不重合，两轴间距为 a，且 $a>R_2$。现有电流 I 沿导体管轴向流动，且电流均匀分布在管的横截面上。试求：

(1) 圆柱轴线上磁感应强度的大小；

(2) 空心部分轴线上磁感应强度的大小。

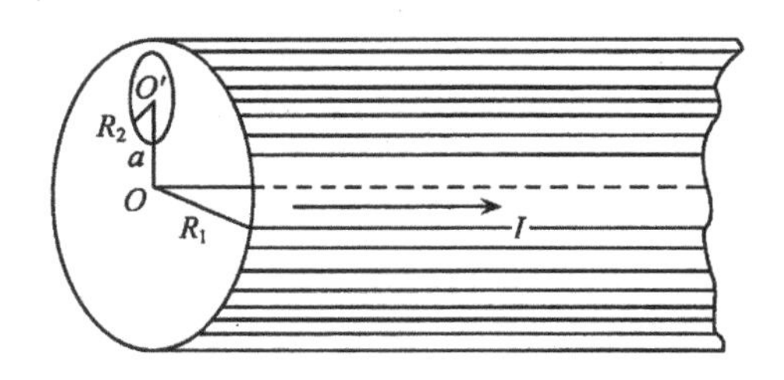

习题 2-15 图

2-16 设电流均匀流过无限大导电平面，其电流密度为 j。求导电平面两侧的磁感应强度。

2-17 设有两无限大平行载流平面，它们的电流密度均为 j，电流流向相反。试求：(1) 两载流平面之间的磁感应强度；(2) 两载流平面之外空间的磁感应强度。

2-18 有一电子在垂直于一均匀磁场方向做一半径为 1.2cm 的圆周运动。电子的速度是 $10^6\mathrm{m\cdot s^{-1}}$。问此圆轨道内所包含的总磁通量是多少？

2-19 如图所示，AB 长度为 0.1m，位于 A 点的电子具有大小为 $v_0=1.0\times10^7\mathrm{m\cdot s^{-1}}$的初速度，试问：

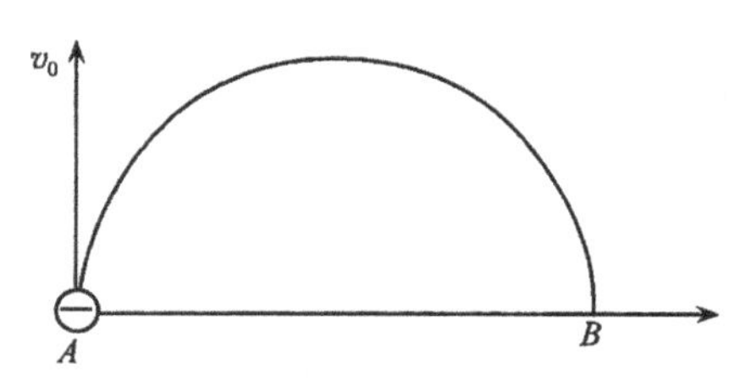

习题 2-19 图

(1) 磁感应强度的大小和方向应如何才能使电子沿图中半圆周从 A 运动到 B；

(2) 电子从 A 运动到 B 需多长时间？

2-20 已知地面上空某处地磁场的磁感应强度 $B=4.0\times10^{-5}\mathrm{T}$，方向向北，若宇宙射线中

有一速率$v=5.0\times10^{7}\text{m}\cdot\text{s}^{-1}$的质子竖直向上通过此处，试求：(1) 洛伦兹力的方向；(2) 洛伦兹力的大小，并与该质子受到的万有引力相比较。

2-21 带电粒子穿过饱和蒸汽时，在它走过的路径上，饱和蒸汽便凝结成小液滴。从而可以显示出它的运动轨迹来，这就是云室的原理。今在云室中$B=10^{4}$(G)的均匀磁场中，观测到一个质子的轨迹是圆弧，半径$r=20\text{cm}$，已知这粒子的电荷为$1.6\times10^{-19}\text{C}$，质量为$1.67\times10^{-27}\text{kg}$，求它的动能。

2-22 一质子以$(2.0\times10^{5}\mathbf{i}+3.0\times10^{5}\mathbf{j})\text{m}\cdot\text{s}^{-1}$的速度射入磁感应强度$\boldsymbol{B}=0.080\mathbf{i}\text{T}$的均匀磁场中，求这质子做螺旋运动的半径和螺距。

2-23 一电子在$B=2.0\times10^{-4}\text{T}$的磁场中沿半径$R=2.0\text{cm}$的螺旋线运动，螺距为$h=5.0\text{cm}$，求这电子的速度。

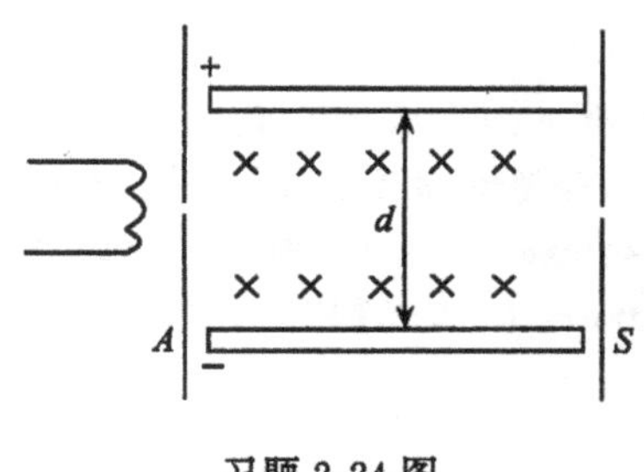

习题 2-24 图

2-24 粒子选择器是由相互正交的匀强电场和匀强磁场组成的。现有一束具有不同速度的带负电粒子，垂直于E和B的方向进入速度选择器。若$U=300\text{V}$，$d=10\text{cm}$，$B=300\text{G}$，试计算穿过速度选择器的粒子的速度。带电粒子的带电符号及质量大小是否影响选择器对它们速度的选择？

2-25 在霍耳效应实验中，宽1.0cm，长4cm，厚$1.0\times10^{-3}\text{cm}$的导体沿长度方向载有3A的电流，当磁感应强度为1.5T的磁场垂直地通过该薄导体时，产生$1.0\times10^{-5}\text{V}$的横向霍耳电压(在宽度两端)。试由这些数据求：

(1) 载流子的漂移速率；

(2) 每立方厘米载流子的数目；

(3) 设载流子是电子，试求这一给定的电流和磁场方向，在图中画出霍耳电压的极性。

2-26 如图所示，有一根半径为R的圆形电流I_2，在沿其直径AB方向有一根无限长直导线载有电流I_1，求：

(1) 半圆弧AaB所受作用力；

(2) 整个圆形电流所受作用力。

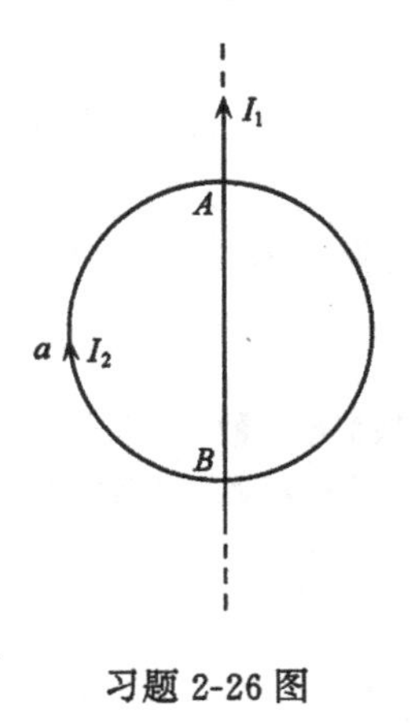

习题 2-26 图

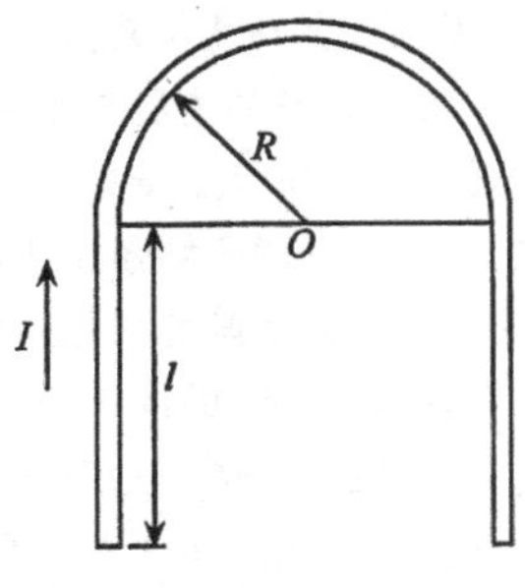

习题 2-27 图

2-27　一通有电流为 I 的长导线，弯成如图所示的形状，放在磁感应强度为 $\boldsymbol{B}$ 的均匀磁场中，$\boldsymbol{B}$ 的方向垂直纸面向里，问此导线所受的安培力为多少？

2-28　沿南北方向，水平放置的铜棒中通有电流 $I=2\text{A}$，流向向南，若要使它悬浮起来，可在东西方向加一磁场。问：该磁场的磁感应强度至少应多大？取何方向？（每米长铜棒的质量为 0.5kg。）

2-29　一载有电流 I_1 的无限长直导线与一载有电流为 I_2 的圆形闭合回路在同一平面内，圆形回路的半径为 R，长直导线与圆形回路中心之间的距离为 d。试求圆形回路所受的磁力。

2-30　一半径为 r 的薄圆盘，放在磁感应强度为 $\boldsymbol{B}$ 的均匀磁场中，$\boldsymbol{B}$ 的方向与盘面平行。在圆盘表面上，电荷密度为 σ。若圆盘以角速度 ω 绕通过盘心且垂直盘面的轴转动。求证作用在圆盘上的磁力矩为

$$M=\frac{\sigma\omega\pi B r^4}{4}$$

2-31　横截面积为 $S=2.0\text{mm}^2$ 的铜线，弯成 U 形，其中 OA 和 DO' 两段保持水平方向不动，$ABCD$ 段是边长为 a 的正方形的三边，U 形部分可绕 OO' 轴转动，如图所示。整个导线放在匀强磁场 $\boldsymbol{B}$ 中，$\boldsymbol{B}$ 的方向竖直向上。已知铜的密度 $\rho=8.9\times10^3\text{kg}\cdot\text{m}^{-3}$，当这铜线中的电流 $I=10\text{A}$ 时，在平衡情况下，AB 段和 CD 段与竖直方向的夹角为 $\alpha=15°$，求磁感应强度 $\boldsymbol{B}$。

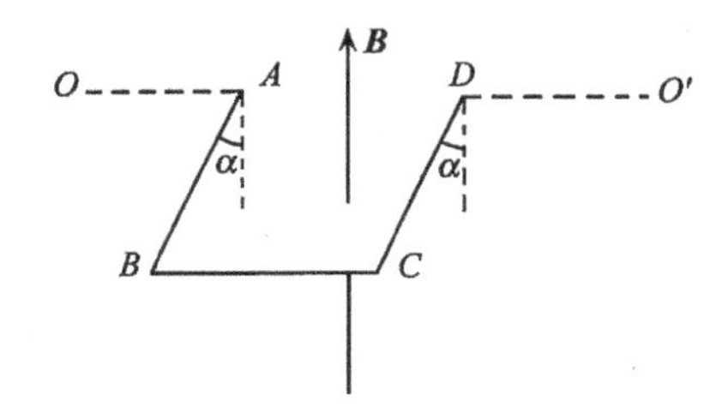

习题 2-31 图

2-32　一半径 $R=0.10\text{m}$ 的半圆形闭合线圈，载有电流 $I=10\text{A}$，放在均匀磁场中，磁场方向与线圈平面平行，磁感应强度 $B=0.50\text{T}$。

(1) 求线圈所受的力矩；

(2) 在这力矩的作用下线圈转过 $\dfrac{\pi}{2}$，求力矩所做的功。

2-33　一电流计的线圈所包围的面积为 60cm^2，共 200 匝，其中通电流 10^{-5}A，放在 0.1T 的均匀磁场中，其所受的最大转矩为多少？

2-34　一根无限长的直圆柱形导线，外包一层相对磁导率为 μ_r 的圆筒形磁介质，导线半径为 R_1，磁介质的半径为 R_2。导线内有电流 I 通过，求：

(1) 磁介质内、外的磁场强度和磁感应强度的分布；

(2) 磁介质内、外表面的磁化面电流密度（磁化后的分子表面电流的线密度）。

2-35　一铁环中心线的周长为 30cm，横截面积 1.0cm^2，在环上紧密地绕有线圈 300 匝。当导线中通有电流 32mA 时，通过环的磁通量为 $2.0\times10^{-6}\text{Wb}$。试求：

(1) 铁环内部磁感应强度 B 的大小；

(2) 铁环内部磁场强度 H 的大小；

(3) 铁环的绝对磁导率 μ 和磁化率 χ_m；

(4) 铁环的磁化强度的大小。

2-36　一磁性材料具有矩形磁滞回线，称之为矩磁材料(如本题图所示)，当反向磁场超过矫顽力时，磁化方向就立即翻转。矩形材料的用途是制作电子计算机中储存元件的环形磁芯，其外直径为 0.8mm，内直径为 0.5mm，高为 0.3mm。这种磁芯由矩磁铁氧体制成，若磁芯原来已被磁化，方向如图。现需使铁芯自内到外的磁化方向全部翻转，导线中脉冲电流 i 的峰值至少需要多大？设磁性材料的矫顽力为 $H_C=2T\left(1T=\frac{10^3}{4\pi}A\cdot m^{-1}\right)$。

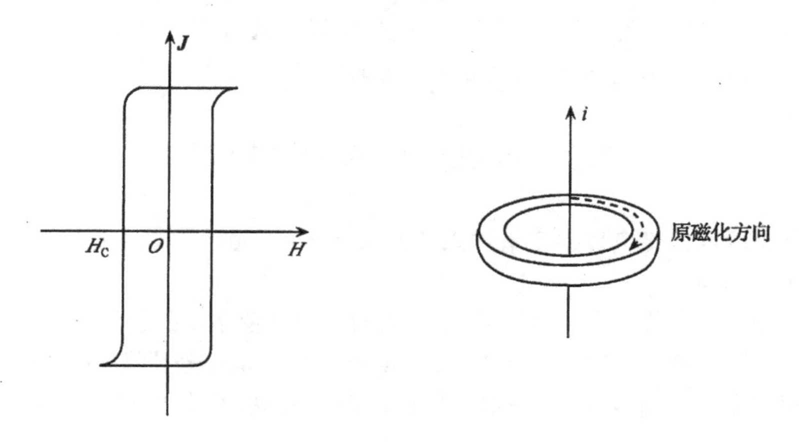

习题 2-36 图

第3章　电磁感应　麦克斯韦电磁理论

前面，我们讨论了静电场和稳恒磁场，它们都不随时间变化，且彼此相对独立。本章将讨论电磁感应现象以及随时间变化的电场和磁场，研究它们之间相互关联、相互激发的内在机制，从而得出电磁场的普遍规律。

3.1　电磁感应的基本规律

电磁感应现象是电磁学中最伟大的发现之一，它揭示了电与磁的内在联系和相互转化的机制。

电磁感应现象的发现，不仅丰富了人类对电磁现象本质的认识，推动了电磁学理论具有划时代意义的发展，而且在生产实践、电工、电子技术等科技领域开拓了广泛应用的前途。可以说，正是电磁感应现象的发现，给人类带来了辉煌的物质文明。

3.1.1　法拉第电磁感应定律

1820年，奥斯特电流磁效应的发现，第一次揭示了电能够产生磁。善于抓住新事物的苗头，勇于创新的法拉第，从朴素的唯物主义和自发的辩证法思想出发，一下子就想到既然电能够产生磁，那么磁能否产生电呢？围绕这一研究课题，他以锲而不舍的精神，精心进行实验研究长达十年之久，终于在1831年首次发现电磁感应现象，并总结出电磁感应定律。法拉第的实验大致可以归纳为以下几类。

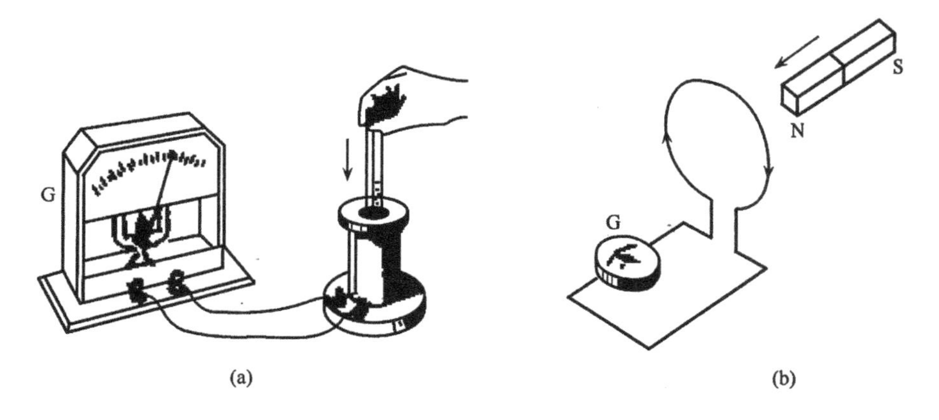

图 3-1

实验1　如图3-1所示，线圈与电流计组成闭合回路，当磁铁棒插入线圈或拔出线圈时，电流计的指针会发生偏转，只不过偏转的方向不同而已。说明线圈中有电流通过。

实验 2　如图 3-2 所示。两彼此靠得很近，但相对静止的线圈，其中线圈 1 与电流计构成闭合回路，线圈 2 中的电路接通或断开的瞬间，或迅速改变电阻 R 的大小时，同样可以看到与线圈 1 相连接的电流计的指针会向不同方向偏转，表明线圈 1 中产生了电流。

实验 3　如图 3-3 所示。把接有电流计的导体线框 $abcd$ 放在磁感应强度为 $\boldsymbol{B}$ 的稳恒磁场中，并使磁感应线穿过线圈平面。导线框的 ab 边可以沿 da 边和 cb 边滑动。

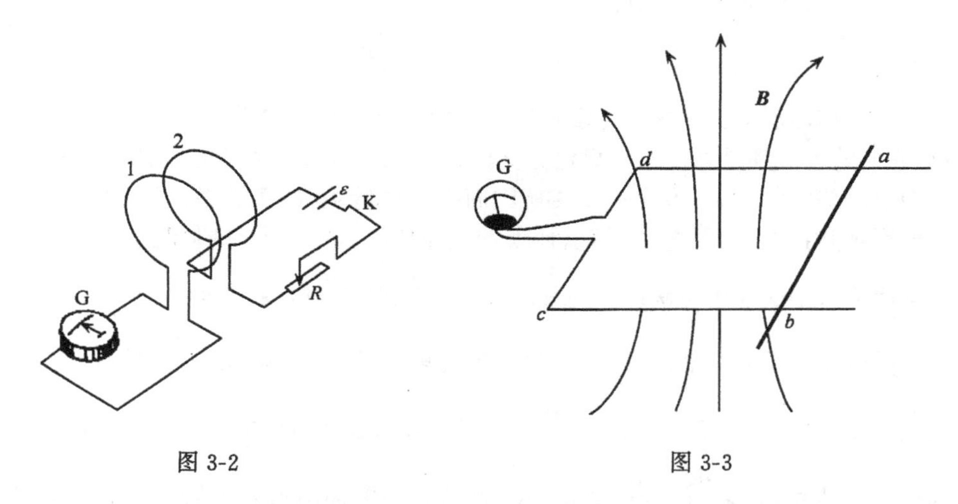

图 3-2　　　　图 3-3

实验发现，当使 ab 边向左或向右滑动时，电流计的指针也随之向不同的方向偏转，表明导线框中有电流产生。而且 ab 边滑动得越快，电流计指针偏转的角度越大，表明导线框中的电流也越大。

仔细分析以上的三类实验，可以发现一个能反映其本质的共同因素，即它们都使穿过回路所围面积的磁通量发生了变化。各类实验都表明，当穿过一个闭合导体回路所围面积的磁通量发生变化时，不管这种变化是由何种原因引起的，则导体回路中就有电流产生，这种现象称为电磁感应现象。导体回路中有电流存在，就意味着导体回路中有电动势存在。这种因导体回路中磁通量发生变化时而产生的电流和电动势分别叫感应电流和感应电动势。

法拉第在定量分析研究各类实验结果的基础上，总结出了导体回路中感应电动势与回路中磁通量变化之间的关系，即不论什么原因使通过导体回路的磁通量发生变化时，回路中有感应电动势产生，并且正比于磁通量对时间变化率的负值。这一结论称为法拉第电磁感应定律。其数学表达式为

$$\varepsilon_i = -k\frac{\mathrm{d}\Phi_{\mathrm{m}}}{\mathrm{d}t}$$

在 SI 中，ε_i 的单位为伏特(V)，Φ_m 的单位为韦伯(Wb)。t 的单位为秒(s)，则 $k=1$(实验测得)于是

$$\varepsilon_i=-\frac{\mathrm{d}\Phi_m}{\mathrm{d}t} \tag{3-1}$$

若回路由 N 匝线圈串联组成，穿过各线圈的磁通量分别为 $\Phi_{1m},\Phi_{2m},\cdots,\Phi_{Nm}$，则整个回路的感应电动势为

$$\varepsilon_i=\varepsilon_{i1}+\varepsilon_{i2}+\cdots+\varepsilon_{iN}=-\frac{\mathrm{d}}{\mathrm{d}t}(\Phi_{1m}+\Phi_{2m}+\cdots+\Phi_{Nm})=-\frac{\mathrm{d}\Psi}{\mathrm{d}t} \tag{3-2}$$

式中 $\Psi=\Phi_{1m}+\Phi_{2m}+\cdots+\Phi_{Nm}$，称为磁通匝链数(全磁通)，如果穿过每匝线圈的磁通量相同，均为 Φ_m 即 $\Psi=N\Phi_m$ 则

$$\varepsilon_i=-\frac{\mathrm{d}\Psi}{\mathrm{d}t}=-N\frac{\mathrm{d}\Phi_m}{\mathrm{d}t} \tag{3-3}$$

式中负号的物理意义反映感应电动势在回路中的方向性。由于电动势和磁通量是标量，它们的正负都是相对某一标定方向而言的。因此，为了确定电动势的正负，即回路中电动势的方向，以及穿过回路所围面积磁通量 Φ_m 的正负性，通常规定如下右手定则：即将右手四指弯曲，用以代表选定回路的绕行方向，则伸直的大拇指指向表示回路所围面积的正法线方向 $\boldsymbol{n}$。按此规定，若 $\boldsymbol{B}$ 与 $\boldsymbol{n}$ 的夹角小于$\frac{\pi}{2}$，则穿过回路所围面积的磁通量 $\Phi_m>0$；若 $\boldsymbol{B}$ 与 $\boldsymbol{n}$ 的夹角大于$\frac{\pi}{2}$，则 $\Phi_m<0$。于是，ε_i(或 I_i)的正负性就可由$\frac{\mathrm{d}\Phi_m}{\mathrm{d}t}$决定了。如果$\frac{\mathrm{d}\Phi_m}{\mathrm{d}t}>0$，则 $\varepsilon_i<0$，表示 ε_i 的方向与回路上所标定的绕行方向相反；如果$\frac{\mathrm{d}\Phi_m}{\mathrm{d}t}>0$，则 $\varepsilon_i>0$，表示 ε_i 的方向与回路上所标定的绕行方向相同。如图 3-4 所示。

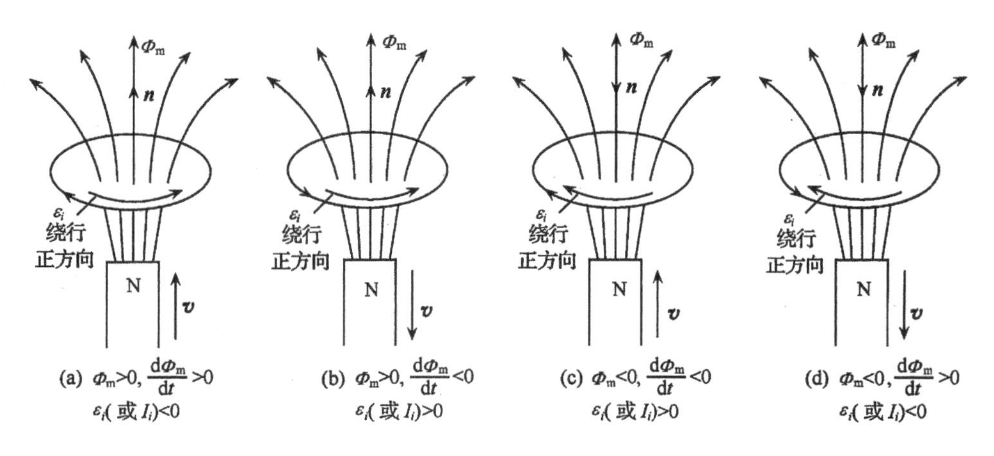

(a) $\Phi_m>0,\ \frac{\mathrm{d}\Phi_m}{\mathrm{d}t}>0$ ε_i(或 I_i)<0　(b) $\Phi_m>0,\ \frac{\mathrm{d}\Phi_m}{\mathrm{d}t}<0$ ε_i(或 I_i)>0　(c) $\Phi_m<0,\ \frac{\mathrm{d}\Phi_m}{\mathrm{d}t}<0$ ε_i(或 I_i)>0　(d) $\Phi_m<0,\ \frac{\mathrm{d}\Phi_m}{\mathrm{d}t}>0$ ε_i(或 I_i)<0

图 3-4

如果闭合回路的电阻为 R，则通过回路的感应电流为

$$I_i = \frac{\varepsilon_i}{R} = -\frac{1}{R} \cdot \frac{\mathrm{d}\Phi_\mathrm{m}}{\mathrm{d}t} \tag{3-4}$$

利用式 $I=\frac{\mathrm{d}q}{\mathrm{d}t}$，可计算出 t_1 到 t_2 的这段时间内通过导体回路任一截面的感应电量为

$$q = \int_{t_1}^{t_2} I_i \mathrm{d}t = -\frac{1}{R}\int_{\Phi_{1\mathrm{m}}}^{\Phi_{2\mathrm{m}}} \mathrm{d}\Phi_\mathrm{m} = -\frac{1}{R}(\Phi_{2\mathrm{m}} - \Phi_{1\mathrm{m}}) \tag{3-5}$$

式中 $\Phi_{1\mathrm{m}}$、$\Phi_{2\mathrm{m}}$分别是 t_1、t_2 时刻通过回路所围面积的磁通量，式(3-5)表明，在一段时间内通过导体截面的感应电量与这段时间内通过回路所围面积磁通量的变化量成正比，而与磁通量变化的快慢无关。如果测得感应电量，且回路中的电阻 R 为已知时，则可计算出磁通量的变化量。通常的磁通计就是依据这一原理而设计的。

必须指出，在理解电磁感应现象时，有两点应加以注意：① 感应电动势 ε_i 的大小只决定于$\frac{\mathrm{d}\Phi_\mathrm{m}}{\mathrm{d}t}$，具有瞬时性，$\varepsilon_i$ 与穿过回路的磁通量 Φ_m 本身无关，也与 Φ_m 的变化量 $\Delta\Phi_\mathrm{m}$ 无直接联系，即 $\Delta\Phi_\mathrm{m}$ 大，ε_i 不一定大；② 感应电动势 ε_i 比感应电流 I_i 更为本质，因为电路中形成电流的充要条件之一必须是有电动势存在。

3.1.2 楞次定律

1843 年，楞次在概括总结大量实验事实的基础上，提出了一种直接判断感应电流(或 ε_i)方向的法则，即闭合回路中感应电流的方向为：感应电流所激发的磁场总是阻碍引起感应电流的原磁场的变化(增加或减少)，这一法则称为楞次定律。根据楞次定律判断感应电流的方向非常简单直观，即首先判断穿过闭合回路的原磁通量沿什么方向并发生什么变化(增加或减少)，接着由楞次定律来确定感应电流所激发的磁场沿何方向(与原来磁场方向是同向还是反向)，然后根据右手定则从感应电流所激发磁场的方向来确定感应电流的方向。并由此确定感应电动势的方向。例如，在图 3-5 中，当磁铁棒插入线圈时，穿过线圈的磁通量增加，按照楞次定律，感应电流所激发磁场的方向应与原磁场方向相反，图 3-5(a)中虚线所示，再根据右手螺旋法则，可知感应电流的方向如图导线中箭头所示。反之，当磁铁拔出时，穿过线圈的原磁通量在减少，感应电流的方向应如图 3-5(b)所示。

楞次定律实际上是能量守恒与能量转化定律在电磁现象中的反映。为了说明这一点，我们从功能转化的角度来分析图 3-5(a)的实验。当磁铁棒的 N 极插入线圈时，线圈中就出现如图所示的感应电流，此时该载流线圈相当于一根条形磁铁，其右端相当于 N 极，它正好与向左插入的磁铁棒的 N 极相斥。显然，为使磁铁棒不断地向左插入线圈，必须依靠外力来克服载流线圈的斥力做功。另一方面，感应电流流过线圈及电流计时必须要产生焦耳热，这个热量正是外力的功转化而来的。设想感应电流的方向与楞次定律的结论相反，则图 3-5(a)线圈右端就相当于 S 极，它与向左插入线圈的磁铁左端的 N 极相吸引，磁铁棒在这个吸引力的作用下加速向左运动(无需其他向左的外力)，这样，线圈的感应电流越来越大，线圈与磁铁棒

的吸引力也越来越强。如此循环下去，一方面是磁铁棒的动能不断增加，另一方面是感应电流放出的焦耳热越来越多，而在这一过程中竟没有外力做功，这显然是违反能量守恒定律的。因此，能量守恒定律要求感应电流（或 ε_i）必须服从楞次定律所规定的方向。

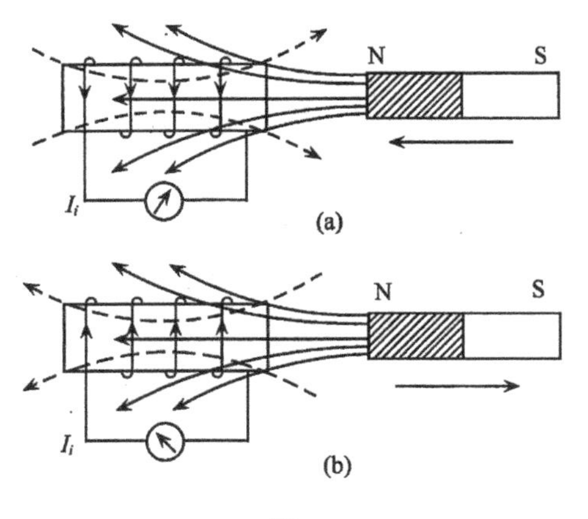

图 3-5

例 3-1 一长直载流螺线管，半径 $r_1=0.02\text{m}$，单位长度的线圈匝数为 $n=10000$ 匝 $\cdot\text{m}^{-1}$，另有一绕向与螺线管线圈绕向相同，半径 $r_2=0.030\text{m}$，匝数为 $N=100$ 匝的圆形线圈 A 套在螺线管外，如例 3-1 图所示。如果螺线管中的电流按 $\dfrac{\text{d}I}{\text{d}t}=0.100\text{A}\cdot\text{s}^{-1}$ 的变化率增加：

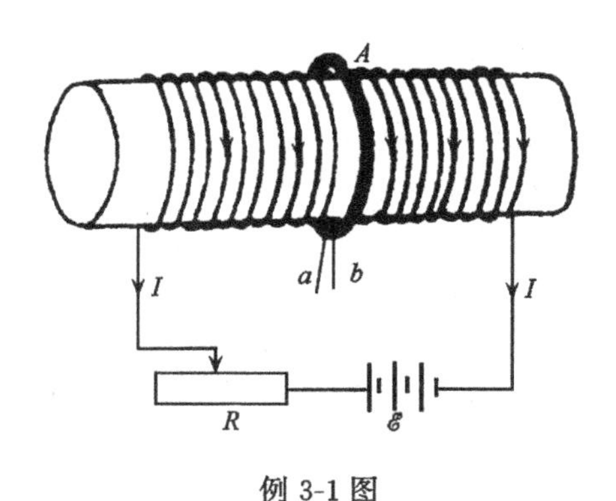

例 3-1 图

(1) 求圆线圈 A 内感应电动势的大小与方向；

(2) 将一可测量电量的冲击电流计接入圆线圈的 ab 两端构成闭合电路，其总电阻为 10Ω，若测得感应电量为 $\Delta q_i=20.0\times10^{-7}\text{C}$，求穿过圆线圈 A 的磁通量的变化值。

解 (1) 取圆线圈 A 回路的绕行方向与载流长直螺线管内电流的流向相同，则回路 A 的正法线方向 $\boldsymbol{n}$ 与载流长直螺线管中电流所产生的磁感应强度 $\boldsymbol{B}$ 的方

向相同，那么通过圆线圈 A 每匝的磁通量为

$$\Phi_m = \boldsymbol{B} \cdot \boldsymbol{S} = \mu_0 n I \pi r_1^2$$

则

$$\varepsilon_i = -\frac{d\Psi}{dt} = -N\frac{d\Phi_m}{dt} = -\mu_0 n N r_1^2 \frac{dI}{dt}$$

$$= -4\pi \times 10^{-7} \times 10^4 \times 10^2 \times 3.14 \times (0.02)^2 \times 0.100 = -1.58 \times 10^{-4}(\text{V})$$

负号表明圆线圈 A 内感应电动势 ε_i 的方向与载流螺线管中电流的方向相反。

(2) 由冲击电流计和圆线圈 A 所构成的闭合回路，其感应电流为

$$I_i = \frac{\varepsilon_i}{R} = -\frac{N}{R} \cdot \frac{d\Phi_m}{dt}$$

根据感应电流与感应电量的关系可知

$$\Delta q_i = \int_{t_1}^{t_2} I_i dt = -\frac{N}{R}\int_{\Phi_{1m}}^{\Phi_{2m}} d\Phi_m = -\frac{N}{R}(\Phi_{2m} - \Phi_{1m}) = -\frac{N}{R}\Delta\Phi_m$$

式中 Φ_{1m}和 Φ_{2m}分别为 t_1 和 t_2 时刻通过线圈 A 每匝的磁通量。于是可得

$$\Delta\Phi_m = \Phi_{1m} - \Phi_{2m} = \frac{\Delta q_i R}{N} = \frac{20 \times 10^{-7} \times 10}{100} = 20.0 \times 10^{-8}(\text{Wb})$$

如果令 t_1 时刻为接通螺线管的时刻，则 $\Phi_{1m}=0$；t_2 为长直螺线管中的电流达到稳定值 I 的时刻，则 $\Phi_{2m}=B\pi r_1^2$，由上述关系式可得

$$B = \frac{\Delta q_i R}{N\pi r_1^2}$$

因此，利用本题的装置及结果，可以测量通电长直螺线管中电流为 I 值时，其管内均匀磁场的磁感应强度 $\boldsymbol{B}$ 的量值。

3.2 动生电动势和感生电动势

为了对电磁感应现象有更深刻的了解，下面按磁通量变化方式的不同分类进行具体的讨论。导致穿过导体回路所围成面积磁通量发生变化的方式是多种多样的，但从本质上讲，可归纳为两类：一类是磁场保持不变，导体在磁场中运动；另一类是导体不动，磁场发生变化。我们把由这两种不同方式磁通量的变化而产生的感应电动势分别叫动生电动势和感生电动势。

3.2.1 动生电动势

在图 3-6 所示的导体框中，当导体棒 ab(长为 l)以速度$\boldsymbol{v}$ 沿垂直于磁场 $\boldsymbol{B}$ 的方向向右运动时，导体棒 ab 内的自由电子也以速度$\boldsymbol{v}$ 随之向右运动，此时自由电子所受的洛伦兹力为

$$\boldsymbol{F}_m = -e\boldsymbol{v} \times \boldsymbol{B}$$

式中$-e$ 为电子所带电量，$\boldsymbol{F}_m$ 的方向由 a 指向 b，在该洛伦兹力的作用下，带负电的电子沿 ab 方向运动，从而使闭合的导体框中出现了逆时针方向的感应电流 I_i；应

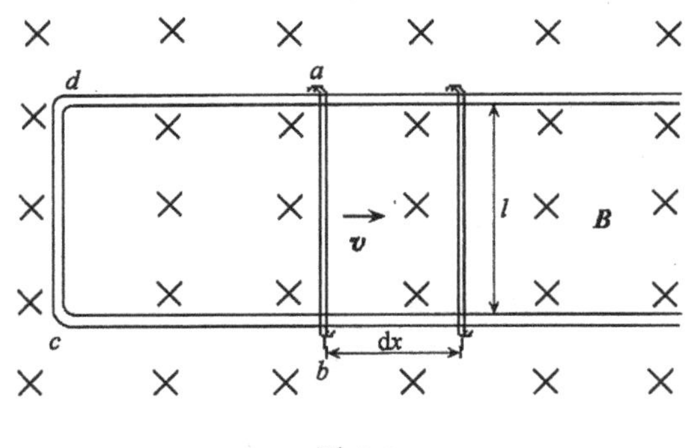

图 3-6

该注意，产生这个电流的动生电动势只存在于运动的导体棒 ab 内，其非静电力就是洛伦兹力。如果没有导体框与导体棒 ab 相接触而构成导体回路，洛伦兹力将使导体棒 b 端堆积负电荷，a 端堆积等量的正电荷，于是导体棒等效于一个具有一定电动势的电源。

由 2.1 节的讨论可知，运动导体棒 ab 内与洛伦兹力相对应的非静电性电场强度为

$$\boldsymbol{E}_{\mathrm{K}} = -\frac{\boldsymbol{F}_{\mathrm{m}}}{e} = \boldsymbol{v} \times \boldsymbol{B}$$

根据电动势的定义可得，运动导体棒 ab 上的动生电动势为

$$\varepsilon_i = \int_a^b \boldsymbol{E}_{\mathrm{K}} \cdot \mathrm{d}\boldsymbol{l} = \int_a^b (\boldsymbol{v} \times \boldsymbol{B}) \cdot \mathrm{d}\boldsymbol{l} = Blv$$

这一结果也可用法拉第电磁感应定律的数学表达式求得。设在 $\mathrm{d}t$ 时间内，导体棒 ab 以速度 $\boldsymbol{v}$ 向右移动的距离为 $\mathrm{d}x$，如果选取回路所围面积的正法线方向垂直纸面向里，则通过回路所围面积磁通量的增量为

$$\mathrm{d}\Phi_{\mathrm{m}} = \boldsymbol{B} \cdot \mathrm{d}\boldsymbol{s} = Bl\mathrm{d}x$$

由 $\varepsilon_i = -\frac{\mathrm{d}\Phi_{\mathrm{m}}}{\mathrm{d}t}$ 可得

$$\varepsilon_i = -\frac{\mathrm{d}\Phi_{\mathrm{m}}}{\mathrm{d}t} = -Bl\frac{\mathrm{d}x}{\mathrm{d}t} = -Blv$$

式中负号表示 ε_i 的方向由 b 指向 a。上面讨论的只是特殊情况（直导线，均匀磁场，直导线垂直磁场 $\boldsymbol{B}$ 平移）。对于一般情况，磁场 $\boldsymbol{B}$ 可以不均匀，长为 L 的导体在磁场中运动时各部分的速度 $\boldsymbol{v}$ 也可以不同（如转动），$\boldsymbol{B}$、$\boldsymbol{v}$ 和导体 L 也可以不互相垂直，这时，可把运动的导体分成许许多多的线元 $\mathrm{d}\boldsymbol{l}$，每个线元的动生电动势为

$$\mathrm{d}\varepsilon_i = \boldsymbol{E}_{\mathrm{K}} \cdot \mathrm{d}\boldsymbol{l} = (\boldsymbol{v} \times \boldsymbol{B}) \cdot \mathrm{d}\boldsymbol{l} \tag{3-6}$$

则整个运动导体的动生电动势为

$$\varepsilon_i = \int_L \mathrm{d}\varepsilon_i = \int_L (\boldsymbol{v} \times \boldsymbol{B}) \cdot \mathrm{d}\boldsymbol{l} \tag{3-7}$$

如果运动的导体构成闭合回路，则

$$\varepsilon_i = \oint_L \mathrm{d}\varepsilon_i = \oint_L (\boldsymbol{v} \times \boldsymbol{B}) \cdot \mathrm{d}\boldsymbol{l} \tag{3-8}$$

应当指出，从宏观上看，产生动生电动势的原因是导体与磁感应线（$\boldsymbol{B}$ 线）有相对的切割运动，从微观上看，动生电动势是洛伦兹力对运动电荷作用的结果。因此，动生电动势只可能存在于运动的导体上。

归纳起来，动生电动势可用下列两种方法计算。

(1) 依据洛伦兹力推出的公式

$$\varepsilon = \int_L (\boldsymbol{v} \times \boldsymbol{B}) \cdot \mathrm{d}\boldsymbol{l}$$

或

$$\varepsilon = \oint_L (\boldsymbol{v} \times \boldsymbol{B}) \cdot \mathrm{d}\boldsymbol{l}$$

可计算相应导体或导体回路的动生电动势；

(2) 用法拉第电磁感应定律计算给定导体或导体回路的动生电动势。

如果是一段不闭合的导体 ab 在稳恒磁场中运动，可以设计一条与导体 ab 构成的闭合回路再进行求解。由于辅助电路在磁场中静止，其上没有动生电动势，故回路中感应电动势 ε_i 就是导体 ab 的动生电动势。

例 3-2 一矩形线圈匝数为 N，面积为 S。当该线圈在均匀磁场 $\boldsymbol{B}$ 中以匀角速度 ω 绕固定轴线 oo' 转动时，求其动生电动势。

解 如例 3-2 图所示，设磁感应强度 $\boldsymbol{B}$ 与 oo' 轴垂直。当线圈平面的正法线方向 $\boldsymbol{n}$ 与 $\boldsymbol{B}$ 之间夹角为 θ 时，对于每匝线圈而言，穿过每匝线圈平面的磁通量为

$$\Phi_{\mathrm{m}} = BS\cos\theta$$

当线圈绕 oo' 转动时，夹角 θ 随时间改变，则 Φ_{m} 也随时间变化。由法拉第电磁感应定律，矩形线圈所产生的感应电动势为

$$\varepsilon_i = -N\frac{\mathrm{d}\Phi_{\mathrm{m}}}{\mathrm{d}t} = NBS\sin\theta\frac{\mathrm{d}\theta}{\mathrm{d}t}$$

式中 $\frac{\mathrm{d}\theta}{\mathrm{d}t}=\omega$，设 $t=0$ 时，$\theta_0=0$，则 $\theta=\omega t$，代入上式即得

$$\varepsilon_i = NBS\omega \cdot \sin\omega t$$

令 $\varepsilon_0=NBS\omega$，表示当线圈平面平行于磁场方向时的感应电动势，即线圈中感应电动势的最大值。于是

$$\varepsilon_i = \varepsilon_0\sin\omega t$$

结果表明，在均匀磁场中以角速度转动的线圈中所产生的感应电动势是随时间作周期性变化的，周期为 $\frac{2\pi}{\omega}$。这种电动势称为交变电动势，在交变电动势的作用下，线圈中的电流也是交变的，称为交变电流或交流。以上结论，即是交流发电机的基本原理。

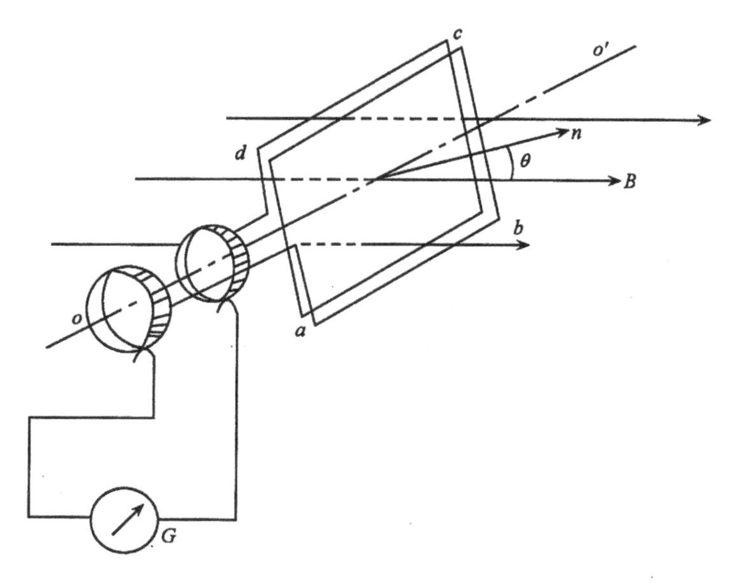

例 3-2 图

例 3-3 一金属棒 OA 长为 L，以恒定的角速度 ω 按逆时针方向在均匀磁场 $\boldsymbol{B}$ 中绕 O 点转动，金属棒 OA 与 $\boldsymbol{B}$ 垂直，求金属棒中动生电动势的大小和方向。

解 如例 3-3 图所示，在金属棒上距 O 点为 l 处取一线元 $\mathrm{d}\boldsymbol{l}$，其方向沿 OA 方向。该线元相对于磁场的运动速度 $\boldsymbol{v}$ 垂直于 $\mathrm{d}\boldsymbol{l}$ 和 $\boldsymbol{B}$，其大小为 $v=\omega l$，则 $\mathrm{d}\boldsymbol{l}$ 内产生的电动势为

$$\mathrm{d}\varepsilon_i = (\boldsymbol{v} \times \boldsymbol{B}) \cdot \mathrm{d}\boldsymbol{l} = - B\omega l \mathrm{d}l$$

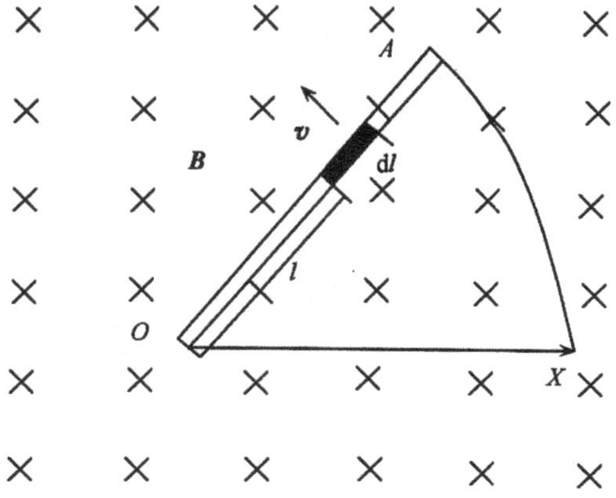

例 3-3 图

式中负号表示 $\mathrm{d}\varepsilon_i$ 的方向与 $\mathrm{d}\boldsymbol{l}$ 方向相反。于是金属棒 OA 总的动生电动势为

$$\varepsilon_i = \int_L \mathrm{d}\varepsilon_i = \int_L - B\omega l \mathrm{d}l = - \frac{1}{2}B\omega L^2$$

负号表示 ε_i 的方向由 A 指向 O，即 O 点的电势比 A 点的电势高。

例 3-4 一圆形均匀刚性线圈，其总电阻为 R，半径为 a，在匀强磁场 $\boldsymbol{B}$ 中以匀角速度 ω 绕沿着其直径的轴 OO' 转动(如图所示)。转轴垂直于 $\boldsymbol{B}$，设自感可以忽略。当线圈平面转至与 $\boldsymbol{B}$ 平行时，试求 OA 圆弧的动生电动势及回路的感应电流。

解 将$\overset{\frown}{OA}$弧分成许多微小的弧元($\mathrm{d}\boldsymbol{l}$)，各弧元的速度$\boldsymbol{v}$ 均垂直于纸面向里，即 $\boldsymbol{v}\perp\boldsymbol{B}$(但大小不相等)，且$\boldsymbol{v}\times\boldsymbol{B}$ 的方向平行于 oo' 竖直向下，与弧元 $\mathrm{d}\boldsymbol{l}$ 的夹角为 $\left(\frac{\pi}{2}-\theta\right)$，如本例图所示。则 $\mathrm{d}\boldsymbol{l}$ 内产生的动生电动势为

$$\begin{aligned}\mathrm{d}\varepsilon_i &= (\boldsymbol{v}\times\boldsymbol{B})\cdot\mathrm{d}\boldsymbol{l} = vB\mathrm{d}l\cdot\cos\left(\frac{\pi}{2}-\theta\right)\\ &= \omega a\sin\theta B\cos\left(\frac{\pi}{2}-\theta\right)\cdot a\mathrm{d}\theta = \omega a^2B\sin^2\theta\mathrm{d}\theta\end{aligned}$$

于是$\overset{\frown}{OA}$圆弧的动生电动势为

$$\varepsilon_{OA} = \int_O^A\mathrm{d}\varepsilon_i = \int_O^A vB\mathrm{d}l\cos\left(\frac{\pi}{2}-\theta\right) = \int_0^{\frac{\pi}{2}}\omega a^2B\sin^2\theta\mathrm{d}\theta = \frac{\omega a^2B}{4}\pi$$

方向由 O 沿圆弧指向 A。

同样可求得$\overset{\frown}{O'A}$圆弧的动生电动势为

$$\varepsilon_{O'A} = \varepsilon_{OA} = \frac{\omega a^2B}{4}\pi$$

方向由 A 沿圆弧指向 O'。

所以半圆弧$\overset{\frown}{OAO'}$上的总电动势为

$$\varepsilon_{OAO'} = 2\varepsilon_{OA} = \frac{\omega a^2B}{2}\pi$$

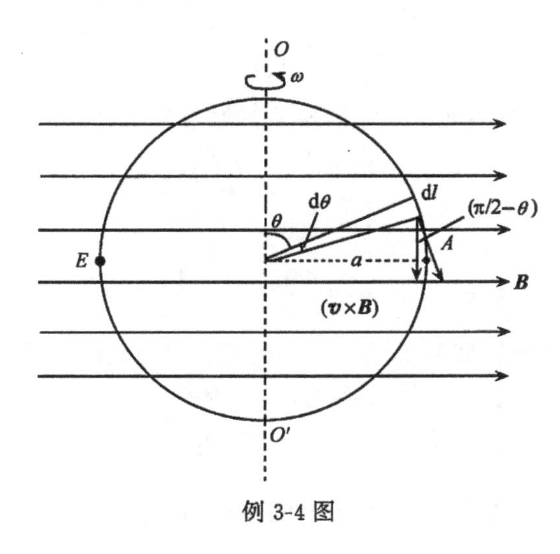

例 3-4 图

方向由 O 沿圆弧经 A 指向 O'。

同理可求得半圆弧$\widehat{O'EO}$上的电动势在数值上与 $\varepsilon_{OAO'}$相等，即

$$\varepsilon_{O'EO}=\varepsilon_{OAO'}=\frac{\omega a^2 B}{2}\pi$$

方向由 O'沿半圆弧经 E 指向 O，所以圆线圈的总感生电动势为

$$\varepsilon_i=2\varepsilon_{OAO'}=\omega a^2 B\pi$$

沿顺时针方向。

则线圈中的感应电流为

$$I_i=\frac{\varepsilon_i}{R}=\frac{\omega a^2 B\pi}{R}$$

3.2.2 感生电动势　涡旋电场

从上面的讨论我们知道，当导体在磁场中做切割磁力线运动时将产生动生电动势，其非静电力是洛伦兹力。那么，处于变化磁场中的静止导体产生感生电动势的非静电力又是什么呢？实验表明，感生电动势完全与导体的种类和性质无关，这说明感生电动势是由变化的磁场本身引起的。1861 年麦克斯韦在分析了一些电磁感应的实验后，敏锐地意识到感生电动势的现象预示着电磁场的新效应。他认为，即使不存在导体回路，变化的磁场及其周围空间也会激发一种电场，称之为感生电场或涡旋电场，用 $\boldsymbol{E}_{涡}$ 表示。正是这种涡旋电场提供了产生感生电动势的非静电力。涡旋电场与静电场的共同点是都对电荷有作用力。但两者有着本质的区别。其一是涡旋电场不是由静止电荷所激发；其二是描述涡旋电场的电场线即 $\boldsymbol{E}_{涡}$ 线是闭合的，其环流不为零，即 $\oint_L \boldsymbol{E}_{涡}\cdot \mathrm{d}\boldsymbol{l}\neq 0$，因此，涡旋电场是非保守场。此外，$\boldsymbol{E}_{涡}$ 线与激发涡旋电场的原磁场的 $\boldsymbol{B}$ 线总是相互套连的。

由电动势的定义可知变化磁场中导体回路 L 的感生电动势为

$$\varepsilon_i=\oint_L \boldsymbol{E}_{涡}\cdot \mathrm{d}\boldsymbol{l} \tag{3-9}$$

根据法拉第电磁感应定律，同一导体回路 L 的感生电动势又可表述为

$$\varepsilon_i=-\frac{\mathrm{d}\Phi_{\mathrm{m}}}{\mathrm{d}t}=-\frac{\mathrm{d}}{\mathrm{d}t}\int_S \boldsymbol{B}\cdot \mathrm{d}\boldsymbol{s}$$

则得

$$\oint_L \boldsymbol{E}_{涡}\cdot \mathrm{d}\boldsymbol{l}=-\frac{\mathrm{d}\Phi_{\mathrm{m}}}{\mathrm{d}t}=-\frac{\mathrm{d}}{\mathrm{d}t}\int_S \boldsymbol{B}\cdot \mathrm{d}\boldsymbol{s}$$

式中的面积分区域 S 是以回路 L 为边界的曲面。而当回路 L 不变动时，上式右边对时间的微商和对曲面的积分可互换次序。于是得

$$\oint_L \boldsymbol{E}_{涡}\cdot \mathrm{d}\boldsymbol{l}=-\int_S \frac{\partial \boldsymbol{B}}{\partial t}\cdot \mathrm{d}\boldsymbol{s} \tag{3-10}$$

由于上式中右边的积分规定面积元 $\mathrm{d}\boldsymbol{s}$ 的正法线方向与回路的绕行方向（标定方

向)成右手螺旋关系,所以式中的负号反映出 $\boldsymbol{E}_{涡}$ 线的旋转方向,如图3-7 所示。

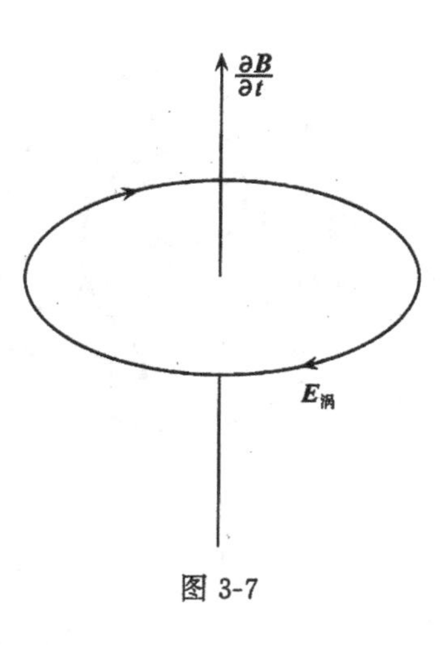

图 3-7

应当指出,将感应电动势分成动生电动势和感生电动势两种,这种分法在一定程度上只有相对意义。由于运动是相对的,就会出现这样的情况,同一种感应电动势,在某一参照系内看,它是感生的,而在另一参照系内看,它却是动生的(例如磁铁棒和线圈的相对运动)。但必须注意,坐标变换只能在一些特殊情况中消除动生和感生电动势的界限,而在普遍情况下,感生电动势是不能通过坐标变换归结为动生电动势的,反之亦然。限于课程要求,详细讨论从略。

归纳起来,感生电动势可以用以下两种方法计算。

(1) 若变化的磁场具有某种对称性,便可利用式(3-10)简单求出 $\boldsymbol{E}_{涡}$ 的空间分布,然后根据

$$\varepsilon_i = \int_L \boldsymbol{E}_{涡} \cdot \mathrm{d}\boldsymbol{l}(\text{非闭合回路})$$

或

$$\varepsilon_i = \oint_L \boldsymbol{E}_{涡} \cdot \mathrm{d}\boldsymbol{l}(\text{闭合回路})$$

计算相应的感生电动势。

(2) 由法拉第电磁感应定律计算感生电动势。如果是一段非闭合导线 ab,可以设计一条辅助曲线与 ab 构成闭合回路求解。辅助曲线设计的原则是,其上感生电动势或者为零或者为易于计算的数值。

例 3-5 在半径为 R 的无限长直载流螺线管内部,当磁场 $\boldsymbol{B}$ 随时间作线性变化时,即$\frac{\mathrm{d}B}{\mathrm{d}t}$为常量,求螺线管内外的感生电场 $\boldsymbol{E}_{涡}$。

解 由于变化的磁场 $\boldsymbol{B}$ 具有轴对称性,由它所激发的感生电场的电场线在管内外都是与螺线管同轴的同心圆,见本例 3-5(a)图,且同一条感生电场线上 $\boldsymbol{E}_{涡}$ 的大小处处相等,方向处处与圆相切。任取一半径为 r 的感生电场线作为闭合回路,由式(3-10)可得

$$\oint_L \boldsymbol{E}_{涡} \cdot \mathrm{d}\boldsymbol{l} = \oint_L E_{涡}\, \mathrm{d}l = 2\pi r E_{涡} = -\oint_S \frac{\partial \boldsymbol{B}}{\partial t} \cdot \mathrm{d}\boldsymbol{s}$$

即得

$$E_{涡} = -\frac{1}{2\pi r}\int \frac{\partial \boldsymbol{B}}{\partial t} \cdot \mathrm{d}\boldsymbol{s}$$

(1) 当 $r<R$ 时,即所考察的点在螺线管内。

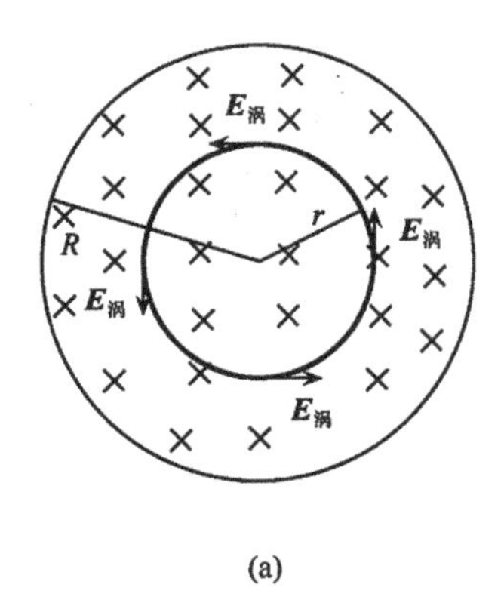

(a)

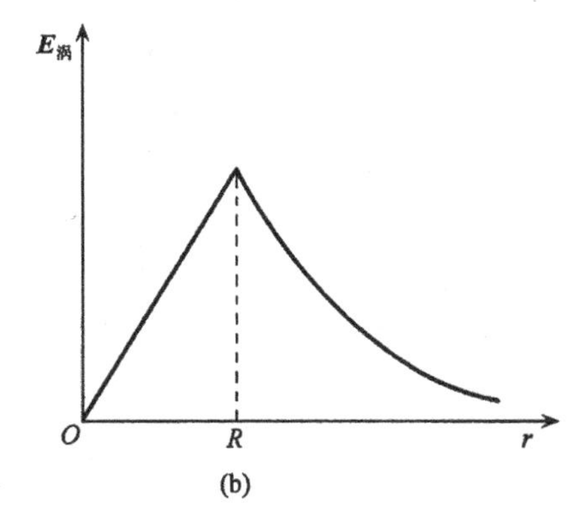

(b)

例 3-5 图

$$E_{涡}=-\frac{1}{2\pi r}\int_S\frac{\partial \boldsymbol{B}}{\partial t}\cdot \mathrm{d}\boldsymbol{s}=-\frac{1}{2\pi r}\cdot\frac{\mathrm{d}B}{\mathrm{d}t}\cdot\pi r^2=-\frac{r}{2}\cdot\frac{\mathrm{d}B}{\mathrm{d}t}$$

负号表示 $\boldsymbol{E}_{涡}$ 与$\frac{\partial \boldsymbol{B}}{\partial t}$成左手螺旋关系。

(2) 当 $r>R$ 时，即所考察的场点在螺线管外。此时，$\int_S\frac{\partial \boldsymbol{B}}{\partial t}\cdot \mathrm{d}\boldsymbol{s}$ 的面积分区域 S 包含了螺线管的整个截面，由于只有管内的$\frac{\mathrm{d}B}{\mathrm{d}t}$不为零，故

$$\int_S\frac{\partial \boldsymbol{B}}{\partial t}\cdot \mathrm{d}\boldsymbol{s}=\pi R^2\frac{\mathrm{d}B}{\mathrm{d}t}$$

于是可得管外的感生电动势为

$$E_{涡}=-\frac{R^2}{2r}\cdot\frac{\mathrm{d}B}{\mathrm{d}t}$$

例 3-5(b)图给出了螺线管内外感生电场 $E_{涡}$ 离轴线距离 r 的变化曲线。

例 3-6 在半径为 R 的圆柱形空间存在着均匀磁场，$\boldsymbol{B}$ 的方向与柱空间的轴平行，如例 3-6 图所示，有一长为 L 的金属棒放在磁场中，设 $\boldsymbol{B}$ 的变化率为$\frac{\mathrm{d}B}{\mathrm{d}t}$，试求棒上感应电动势的大小。

解 由上例结果可知，圆柱形空间的感生电场线是一系列的以柱轴线为中心的同心圆线，同一圆线上 $\boldsymbol{E}_{涡}$ 的方向沿圆的切线，大小均为

$$E_{涡}=-\frac{r}{2}\cdot\frac{\mathrm{d}B}{\mathrm{d}t}$$

在金属棒上任取一线元 $\mathrm{d}\boldsymbol{l}$，则 $\mathrm{d}\boldsymbol{l}$ 的感生电动势为

$$\mathrm{d}\varepsilon_i=\boldsymbol{E}_{涡}\cdot \mathrm{d}\boldsymbol{l}=-\frac{r}{2}\cdot\frac{\mathrm{d}B}{\mathrm{d}t}\cos\theta \mathrm{d}l$$

由例 3-6 图可知，无论 $\mathrm{d}\boldsymbol{l}$ 选在金属棒上何处，恒有

$$r\cos\theta=h$$

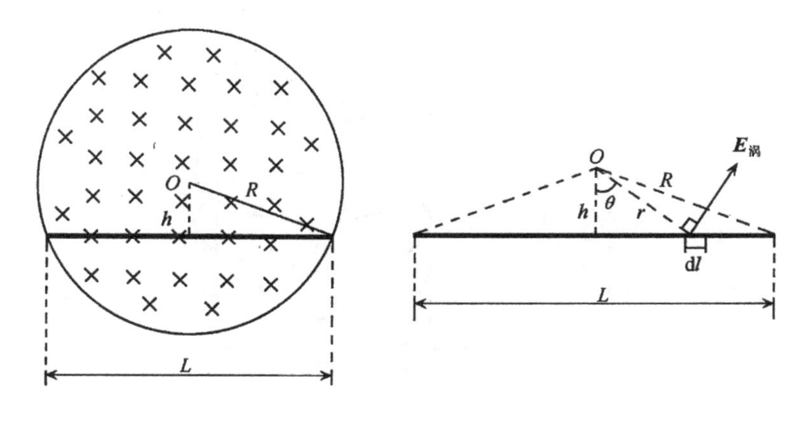

例 3-6 图

故

$$d\varepsilon_i = -\frac{h}{2}\cdot\frac{dB}{dt}\cdot dl$$

即整个金属棒上的总感生电动势为

$$\varepsilon_i = \int_L d\varepsilon_i = \int_L -\frac{h}{2}\cdot\frac{dB}{dt}dl = -\frac{Lh}{2}\cdot\frac{dB}{dt} = -\frac{L}{2}\sqrt{R^2-\left(\frac{L}{2}\right)^2}\frac{dB}{dt}$$

则金属棒上总感生电动势的大小为

$$|\varepsilon_i| = \frac{L}{2}\sqrt{R^2-\left(\frac{L}{2}\right)^2}\frac{dB}{dt}$$

读者也可以试用法拉第电磁感应定律解此题。

3.2.3 电磁感应的应用

1．涡电流效应

前面我们讨论了由导线组成的闭合电路中的感应电动势和感应电流，实验表明，当大块的金属在磁场中运动或是处在变化的磁场中时，金属体内也会产生感应电流，这种电流的电流线呈闭合的涡旋状，故称之为涡旋电流，简称为涡电流。

如图 3-8 所示，当绕在一圆柱形铁芯上的线圈通以交变电流时，铁芯内沿轴线方向将产生交变磁场 $\boldsymbol{B}$，从而激发交变的涡旋电场，其方向与 $\boldsymbol{B}$ 正交。铁芯中的自由电子就在这一交变涡旋电场的作用下绕铁芯轴线往复做涡旋运动形成涡电流。

由于块状金属体电阻很小，因此涡旋电流可以达到非常大的强度，从而释放出大量的焦耳热。工业上用于冶炼特种金属(如钛、钽、铌、钼等)的高频感应炉和家用电磁炉等就是根据这一加热原理制作的。

此外，当块状金属进入或离开磁场区域时，也会产生涡电流，涡电流又要受磁场力的作用，根据楞次定律可知，磁场对金属块内涡电流的作用将阻碍金属块对磁场的相对运动，即块状金属受到一个阻尼力的作用，这种现象称为电磁阻尼。在各类电磁仪表中，为了在测量时使仪表指针的摆动能够迅速稳定下来，仪表内线圈框

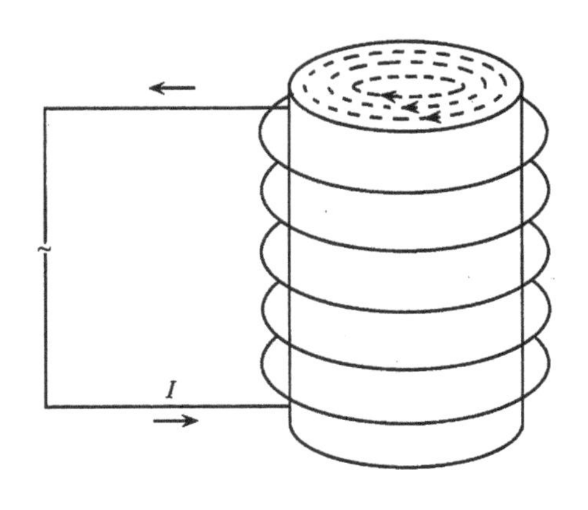

图 3-8

架采用的是闭合的铝框架，其设计就是应用了电磁阻尼的原理。还有电气火车中所用的电磁制动器等，也是依据电磁阻尼原理制作的。

事物都是一分为二的，涡电流在有些方面也有危害性。例如，在电机和变压器等电器设备中，线圈均绕在磁铁芯上，工作时铁芯中将产生很大的涡电流，这不仅白白地损耗了大量的能量(叫作铁芯的涡电流损耗)，而且发热量大到可能烧毁设备。为此，通常将相互绝缘的多层硅钢片迭合起来代替整块铁芯，用以减小涡流。

2. 电子感应加速器

利用感生电场对电子进行加速的一种装置叫电子感应加速器，其结构主要由四大部分组成：即巨大的电磁铁、环形真空室、电子枪和偏转系统。图 3-9(a)是电磁铁与环形真空室的俯视图，图中黑点表示某一时刻变化磁场的方向垂直纸面向上。

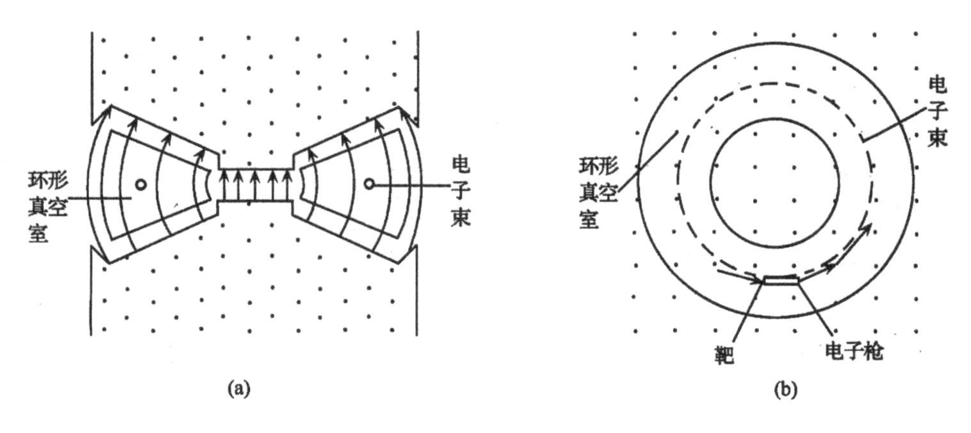

图 3-9

将电磁铁用每秒数十周的强大交变电流来励磁，使两极的磁感应强度 $\boldsymbol{B}$ 往复变化，从而在环形真空室内感应出很强的涡旋电场。由电子枪注入环形室的电子既在磁场中受洛伦兹力作用沿圆形轨道运动，又在涡旋电场的作用下沿圆形轨道被加速，达到预定的能量后便由偏转系统引出。

由于磁场和感生电场都是交变的，因此在交变电场的一个周期内，电子并不是都被加速的。下面就来分析这一问题。把磁场变化的一个周期分为四个阶段，在这四个阶段中磁场 **B** 的方向和变化趋势各不相同，因而激发的涡旋电场的方向也不相同，如图 3-10 所示，图中带有箭号的曲线表示涡旋电场的方向。磁场的磁感应强度 B 为正表示 **B** 向上，B 为负表示 **B** 向下。当电子枪在如图 3-9(b)的情况下被注入环形真空室时，为了使电子不断地被加速，则环形真空室内所激发的涡流电场应该是顺时针方向，同时还要求电子所受的洛伦兹力必须指向圆心以维持电子沿圆形轨道运动。仔细分析后容易看出，只有在第一个$\frac{1}{4}$周期和第四个$\frac{1}{4}$周期电子才能被加速，但在第四个$\frac{1}{4}$周期，由于 **B** 向下，电子所受洛伦兹力指向圆轨道外侧不能充当向心力，因此，整个周期只有第一个$\frac{1}{4}$周期内，电子既能做圆周运动，又不断地被加速。于是，电子感应加速器在交变磁场每个周期的开始将电子注入环形真空室，使之在第一个$\frac{1}{4}$周期内被加速回转几十万圈，从而获得相当高的能量($10^7 \sim 10^8$eV)，然后在第一个$\frac{1}{4}$周期末利用偏转装置引离轨道射向靶子，可产生 X 射线和人工 γ 射线，以作为科研、工业探伤或医疗之用。

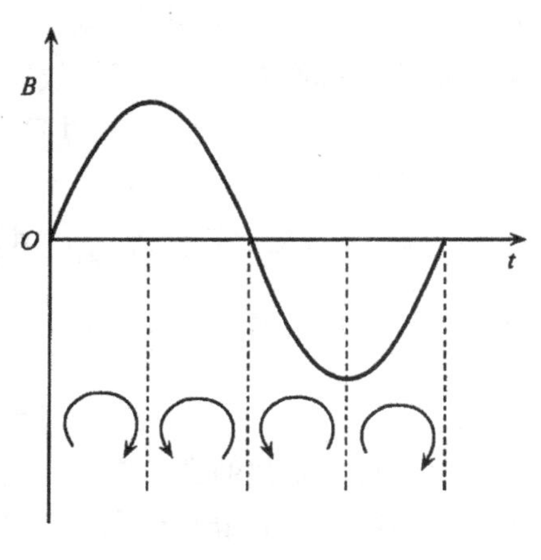

图 3-10

3.3 自感与互感

3.3.1 自感

当一线圈中的电流发生变化时，它所激发的磁场使得通过线圈自身的磁通量(或磁通匝链数)也在变化，从而使线圈自身产生感应电动势。这种因线圈自身电流变化而在线圈自身引起的电磁感应现象叫自感现象，所产生的电动势叫自感电动势。

自感现象的规律如何呢？根据毕奥-萨伐尔定律可知，线圈中电流所激发的磁感应强度 **B** 与电流 I 成正比($B \propto I$)，相应地，通过同一线圈的磁通匝链数也正比于线圈中的电流 I，即

$$\Psi = LI \tag{3-11}$$

式中L为比例系数，叫做自感系数，简称自感。自感L与线圈的大小、几何形状、匝数以及周围的磁介质(μ)有关，对于一个给定的线圈，其自感L在量值上等于线圈中的电流为1单位电流时穿过该线圈所围面积的磁通匝链数。

当线圈的电流I改变时，Ψ也随之改变，由法拉第电磁感应定律可知，线圈中产生的自感电动势为

$$\varepsilon_L = -\frac{\mathrm{d}\Psi}{\mathrm{d}t} = -\frac{\mathrm{d}(LI)}{\mathrm{d}t} = -\left(L\frac{\mathrm{d}I}{\mathrm{d}t} + I\frac{\mathrm{d}L}{\mathrm{d}t}\right)$$

当L不变时，即得

$$\varepsilon_L = -L\frac{\mathrm{d}I}{\mathrm{d}t} \tag{3-12}$$

式中负号是楞次定律的数学表述，它指出线圈中的感应电动势将反抗线圈中电流的改变，即电流I增加时，ε_L与电流方向相反；当电流I减小时，ε_L与电流方向相同。式中负号还揭示了这样一种性质：线圈回路的自感系数越大，自感应的作用也越大，回路中的电流就越不容易改变，也就是说，回路中的自感应有使回路保持原有电流不变的性质，这一性质与力学中物体的惯性相似，故称之为“电磁惯性”，自感L则是回路本身电磁惯性的量度。式(3-12)也可以作为自感的又一种定义式。

在SI中，自感的单位为亨利(H)，$1\mathrm{H}=1\mathrm{Wb}\cdot\mathrm{A}^{-1}=1\mathrm{V}\cdot\mathrm{S}\cdot\mathrm{A}^{-1}$。实用中常用毫亨(mH)和微亨($\mu$H)为自感的单位，它们的换算关系为$1\mathrm{H}=10^3\mathrm{mH}=10^6\mu\mathrm{H}$。

3.3.2 互感

如图3-11所示，当线圈1中的电流变化时，它所激发的变化磁场会在其邻近的线圈2中产生感应电动势；同样，线圈2中的电流变化时所激发的变化磁场也会在与之相邻的线圈1中产生感应电动势。这种现象称为互感现象，所产生的感应电动势称为互感电动势。这样的两个线圈回路叫互感耦合回路。下面来讨论互感电动势的规律，设线圈1所激发的磁场使得通过线圈2的磁通匝链数为Ψ_{21}，根据毕奥-萨伐尔定律，Ψ_{21}与线圈1中的电流I_1成正比，即

$$\Psi_{21} = M_{21}I_1$$

同理，设线圈2所激发的磁场通过线圈1中的磁通匝链数为Ψ_{12}，则

$$\Psi_{12} = M_{12}I_2$$

上面两式中的M_{12}和M_{21}是比例系数，与线圈的几何形状、大小、匝数以及两线圈的相对位置和周围的磁介质(μ)有关。实验和理论证明，$M_{12}=M_{21}$，统一用M表示，称为两线圈回路的互感系数，简称互感。这样，上述式子可表述为

$$\Psi_{21} = MI_1 \tag{3-13a}$$

$$\Psi_{12} = MI_2 \tag{3-13b}$$

式(3-13a)和式(3-13b)表明，两线圈回路的互感系数，在量值上等于其中一个线圈中通有1单位电流时，穿过另一回路所围面积的磁通匝链数。在非铁磁质的情况

下，M 是一个与电流无关的恒量。

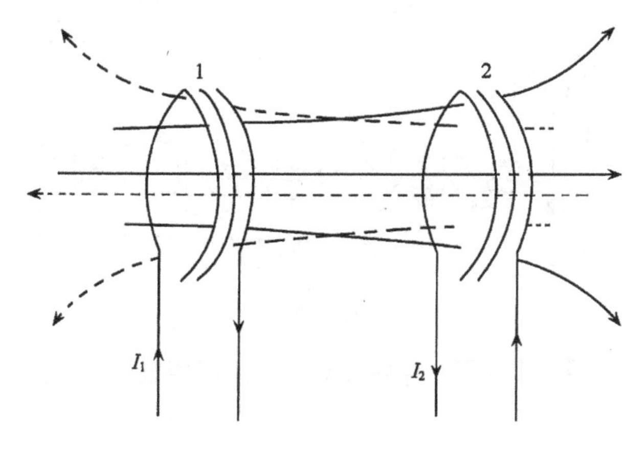

图 3-11

由法拉第电磁感应定律可得两线圈的互感电动势分别为

$$\varepsilon_{21}=-\frac{\mathrm{d}\Psi_{21}}{\mathrm{d}t}=-\frac{\mathrm{d}(MI_1)}{\mathrm{d}t}=-\left(M\frac{\mathrm{d}I_1}{\mathrm{d}t}+I_1\frac{\mathrm{d}M}{\mathrm{d}t}\right)$$

$$\varepsilon_{12}=-\frac{\mathrm{d}\Psi_{12}}{\mathrm{d}t}=-\frac{\mathrm{d}(MI_2)}{\mathrm{d}t}=-\left(M\frac{\mathrm{d}I_2}{\mathrm{d}t}+I_2\frac{\mathrm{d}M}{\mathrm{d}t}\right)$$

若 M 保持不变，则有

$$\varepsilon_{21}=-M\frac{\mathrm{d}I_1}{\mathrm{d}t} \tag{3-14a}$$

$$\varepsilon_{12}=-M\frac{\mathrm{d}I_2}{\mathrm{d}t} \tag{3-14b}$$

式中负号是楞次定律的数学表述，它指出一个线圈中所引起的互感电动势必然要反抗另一个线圈中电流的变化。

式(3-14a)或式(3-14b)也可作为互感的又一种定义式，即两个线圈的互感 M 在量值上等于其中一个线圈的电流强度的变化率为一单位时在另一个线圈中产生的互感电动势的大小。

互感系数 M 与自感系数 L 的单位相同，也是采用亨利(H)、毫亨(mH)或微亨(μH)为单位。

自感和互感现象在电工和电子技术中的应用十分广泛，例如，日光灯的镇流器、电子电路使用的自感线圈，特别是由自感线圈与电容器组成的用以完成特定任务的各种谐振电路等，都是自感现象的应用，而各种各样的变压器则是互感的典型应用。

例 3-7 如本例图所示，由两无限长的同轴圆筒状导体所构成的电缆，内筒半径为 R_1，外筒半径为 R_2，其间充满磁导率为 μ 的均匀磁介质，电缆中沿轴向流经内外导体筒的电流 I 大小相等而方向相反。求此电缆每单位长度的自感系数。

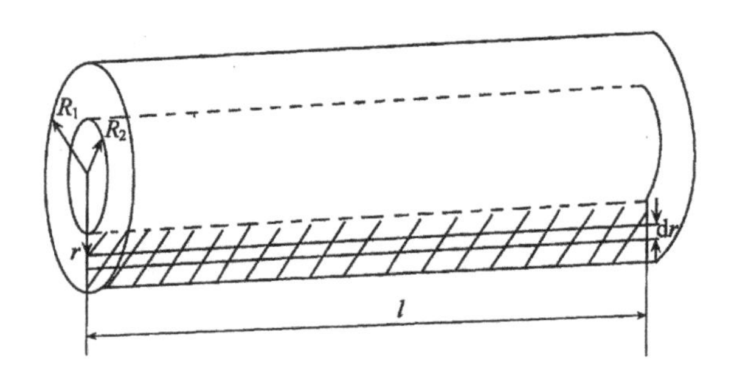

例 3-7 图

解 由安培环路定律，可求得内外导体筒之间距轴线为 r 处的电磁感应强度的大小为

$$B=\frac{\mu I}{2\pi r}$$

$\boldsymbol{B}$ 的方向与以 r 为半径的同轴圆上的切线方向一致。

在两导体筒之间距轴线为 r 处取一窄条形面积元 $\mathrm{d}s=l\mathrm{d}r$（l 为一段电缆的长度）。由于 $\boldsymbol{B}$ 的方向与该面积元正交，因此通过该面积元的磁通量为

$$\mathrm{d}\Phi_{\mathrm{m}}=Bl\mathrm{d}r=\frac{\mu Il}{2\pi}\cdot\frac{\mathrm{d}r}{r}$$

则通过两导体筒之间长为 l，宽为 (R_2-R_1) 截面的总磁通量为

$$\Phi_{\mathrm{m}}=\int_{\mathrm{m}}\Phi_{\mathrm{m}}=\int_{R_1}^{R_2}\frac{\mu Il}{2\pi}\cdot\frac{\mathrm{d}r}{r}=\frac{\mu Il}{2\pi}\ln\frac{R_2}{R_1}$$

由自感的定义式可知，一段长为 l 的电缆的自感系数为

$$L=\frac{\Phi_{\mathrm{m}}}{I}=\frac{\mu l}{2\pi}\ln\frac{R_2}{R_1}$$

则每单位长度电缆的自感系数为

$$L'=\frac{L}{l}=\frac{\mu}{2\pi}\ln\frac{R_2}{R_1}$$

结果表明，单位长度电缆的自感系数仅与磁介质的磁导率及导体筒的内外半径有关。

例 3-8 如本例图所示，截面积为 S，长度均为 l 的两共轴密绕长直螺线管 C_1 与 C_2，其匝数分别为 N_1 与 N_2，螺线管内充满磁导率为 μ 的非铁磁质介质，求此两螺线管的自感系数以及它们的互感系数。

解 设螺线管 C_1 通有电流 I_1（或螺线管 C_2 通有电流 I_2），由载流长直螺线管内磁感应强度的公式可知，C_1 螺线管内的磁感应强度及磁通匝链数分别为

$$B_1=\mu\frac{N_1I_1}{l}$$

$$\Psi_1=N_1B_1S=\mu\frac{N_1^2I_1}{l}S$$

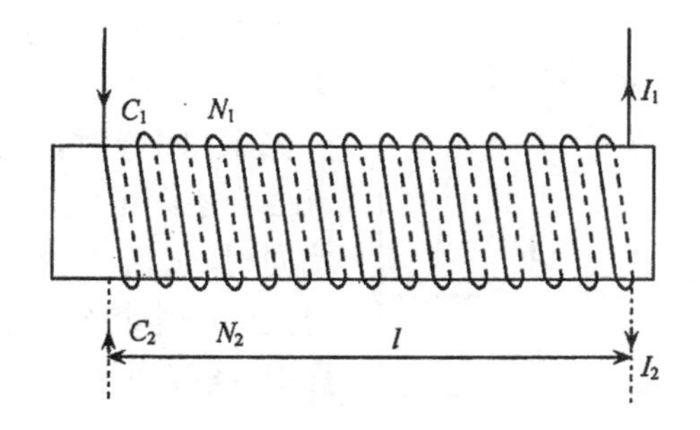

例 3-8 图

则 C_1 螺线管的自感系数为

$$L_1 = \frac{\Psi_1}{I_1} = \mu \frac{N_1^2}{l} S$$

同理,C_2 螺线管的自感系数为

$$L_2 = \mu \frac{N_2^2}{l} S$$

当 C_1 螺线管通有电流 I_1 时,其所产生的磁场 $\boldsymbol{B}_1$ 使得通过螺线管 C_2 的磁通匝链数为

$$\Psi_{21} = N_2 B_1 S = \mu \frac{N_1 N_2 I_1}{l} S$$

由互感系数的定义可得

$$M = \frac{\Psi_{21}}{I_1} = \mu \frac{N_1 N_2}{l} S$$

联立 L_1、L_2、M 的表达式可知

$$M^2 = L_1 L_2 \text{ 或 } M = \sqrt{L_1 L_2}$$

必须指出,只有像上述这样的耦合线圈(一个线圈回路中电流所产生的磁感应线全部穿过另一线圈回路)才有 $M=\sqrt{L_1 L_2}$ 的关系。在一般情况下,$M=k\sqrt{L_1 L_2}$,而 $0 \leqslant k \leqslant 1$,$k$ 称为耦合因数,其值由两个线圈回路之间磁耦合的情况而定。

3.4 磁场的能量

磁场与电场一样具有能量,那么磁场能量的表现形式如何呢?由于磁场在建立过程中总伴有电磁感应现象发生,因此,可以从能量转换的角度出发来研究电磁感应现象,从而对磁场的能量问题加以了解。

我们知道,在只含有纯电阻的直流电路中,电源提供的能量全部消耗在电阻上而转化成焦耳热。然而,在一个含有电阻和自感线圈的电路中(图 3-12)情况就不

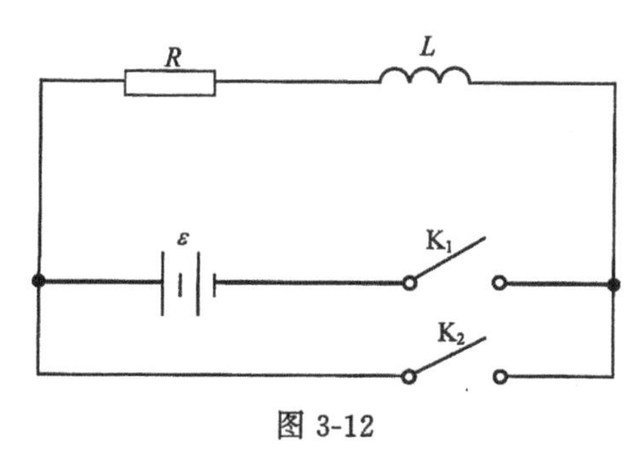

图 3-12

一样了。当开关K_1、K_2未闭合时，自感线圈的电流为零，这时线圈中没有磁场。当开关K_1闭合时，电路接通，线圈中的电流由零逐渐增大，最终达到恒定值I。与此同时，线圈中的磁场也随之由零逐渐增大到一个相应的恒定值。而在这一过程中，线圈中必定有自感电动势ε_L产生，以阻止线圈中磁场的建立。因此，在线圈内磁场建立的过程中，电源必须提供能量来克服自感电动势做功。可见在含有电阻R和自感线圈L的电路中，电源提供的能量一部分转化为电阻R所消耗的焦耳热，另一部分则转化成线圈中磁场的能量。

如图 3-12，将K_1闭合，K_2断开，由闭合回路的欧姆定律可得

$$\varepsilon + \varepsilon_L = IR$$

注意到ε_L和ε方向相反，则得

$$\varepsilon - L\frac{\mathrm{d}I}{\mathrm{d}t} = IR$$

将上式两边同乘以$I\mathrm{d}t$并整理得

$$\varepsilon I\mathrm{d}t = LI\mathrm{d}I + RI^2\mathrm{d}t$$

考虑初始条件：$t=0, I=0$和$t=t, I=I$，并对上式积分可得

$$\int_0^t \varepsilon I\mathrm{d}t = \int_0^I LI\mathrm{d}I + \int_0^t RI^2\mathrm{d}t = \frac{1}{2}LI^2 + \int_0^t RI^2\mathrm{d}t$$

上式左边表示从 0 到t时间内，电源所做的功，亦即电源所提供的能量；$\int_0^t I^2R\mathrm{d}t$表示电阻R上所消耗的焦耳热；而$\frac{1}{2}LI^2$则表示电源反抗自感电动势ε_L所做的功转变的磁场能。

磁场能量的演示实验可用图 3-12 所示的电路进行。将电路中的R换成小灯泡，先接通K_1，断开K_2，灯泡将由暗逐渐变到稳定的亮度(为了使效果明显，所用的电池的电动势应小于灯泡的额定电压为宜)。当灯泡达到稳定的光亮度后，再断开K_1，同时接通K_2，即可看到在短暂的时间内，灯泡仍然发光。如果线圈的自感很大，灯泡会很亮地闪一下。这说明在电源断开后的一段极短的时间内，灯泡所发光的光能和热能，是由自感线圈中磁场所储存的磁场能量转化而来的。因此，对自感系数为L的线圈回路来说，当其电流为I时，其磁场能量为

$$W_\mathrm{m} = \frac{1}{2}LI^2 \tag{3-15}$$

为了弄清楚磁场能量的分布，并且用描述磁场性质的物理量$\boldsymbol{B}$来表示磁场的能量，我们以一长为l、匝数为N、截面积为S的长直螺线管为例来加以讨论。当长

直螺线管通有电流 I 时，管中磁感应强度和螺线管的自感系数分别为

$$B=\mu\frac{NI}{l},\qquad L=\mu\frac{N^2S}{l} \tag{例 3-7}$$

则螺线管中磁场的能量为

$$W_m=\frac{1}{2}LI^2=\frac{1}{2}\mu\frac{N^2S}{l}\cdot\frac{B^2}{\left(\mu\frac{N}{l}\right)^2}=\frac{1}{2}\cdot\frac{B^2}{\mu}(Sl)=\frac{1}{2}\cdot\frac{B^2}{\mu}V$$

式中 V 为长直螺线管的体积，亦即整个磁场空间，则每单位体积磁场的能量，即磁场能量密度为

$$\mathscr{W}_m=\frac{W_m}{V}=\frac{1}{2}\cdot\frac{B^2}{\mu}=\frac{1}{2}\mu H^2 \tag{3-16}$$

应当指出，式(3-16)虽然是从一特例导出的，但可以证明它适用于任意磁场。磁场的能量密度为 $\mathscr{W}_m=\frac{1}{2}BH$ 与电场的能量密度 $\mathscr{W}_e=\frac{1}{2}ED$ 具有完全类似的形式。

式(3-16)表明，在任何磁场中，某点处的磁场能量密度只与该点处磁感应强度 $\boldsymbol{B}$ 及磁介质(μ)的性质有关，揭示了磁能是定义在磁场中这一客观事实。如果是均匀磁场，且已知磁场所占的整个空间 V 及磁场能量密度，可用上式计算磁场的总能量。如果是非均匀磁场，则可把磁场划分为许许多多的小体积元 dV。在每个小体积元 dV 内，磁场可看成是均匀的，相应的磁场能量密度可视为不变量，于是磁场空间为 dV 的磁场能量为

$$dW_m=\mathscr{W}_m dV=\frac{1}{2}\cdot\frac{B^2}{\mu}dV \tag{3-17}$$

将式(3-17)对整个磁场空间积分，即得磁场的总能量为

$$W_m=\int_V dW_m=\int_V\mathscr{W}_m dV=\frac{1}{2}\int\frac{B^2}{\mu}dV \tag{3-18}$$

比较式(3-15)和式(3-16)可得

$$\frac{1}{2}LI^2=\frac{1}{2}\int_V\frac{B^2}{\mu}dV=\frac{1}{2}\int BH dV$$

因此，如果能求出电流回路的磁场能量，根据此式可求出回路的自感 L。

例 3-9 如本例图所示，一同轴电缆由半径为 R_1 的金属芯线与半径为 R_2 的共轴金属圆筒组成，中间充以磁导率为 μ 的磁介质。金属芯线和圆筒沿轴线方向通以大小相等，流向相反的稳定电流 I，如略去金属芯线内的磁场(因金属芯线较细)，试计算：(1) 长为 l 的一段电缆芯线与圆筒之间的磁场的能量；(2) 该段电缆的自感。

解 (1) 由于略去金属芯线内的磁场，由安培环路定理可知，通电电缆所激发的磁场仅局域在芯线和圆筒之间，且距轴线为 r 处的磁感应强度为 $B=\frac{\mu I}{2\pi r}$。由上式(3-16)可知，该处磁场的能量密度为 $\mathscr{W}_m=\frac{1}{2}\cdot\frac{B^2}{\mu}=\frac{\mu I^2}{8\pi^2r^2}$。由于磁场为非均匀

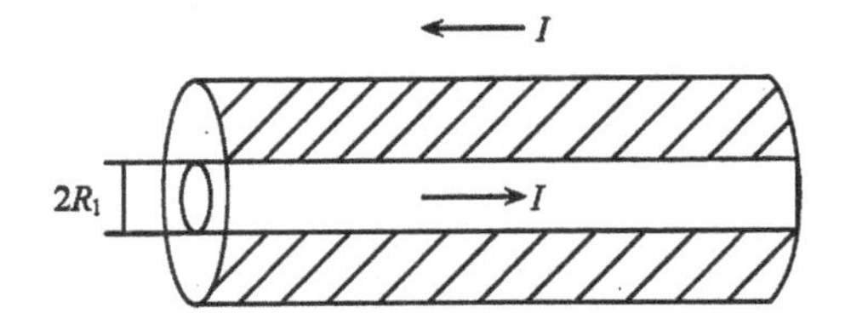

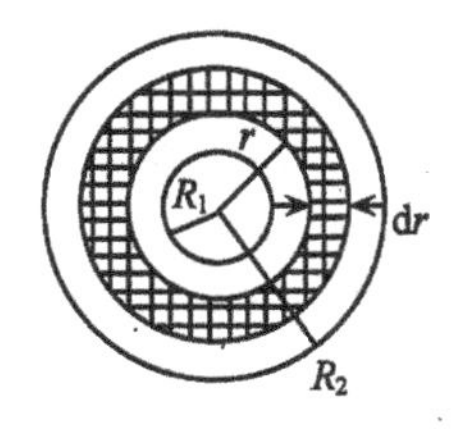

例 3-9 图

磁场，在离轴线 r 处取一同轴圆筒形体积元 $\mathrm{d}V=2\pi r\mathrm{d}rl$（例 3-9 图），则该体积元内的磁场能量为

$$\mathrm{d}W_{\mathrm{m}}=\mathscr{W}_{\mathrm{m}}\mathrm{d}V=\frac{\mu I^2 l}{4\pi}\cdot\frac{\mathrm{d}r}{r}$$

于是芯线与圆筒之间磁场的总能量为

$$W_{\mathrm{m}}=\int\mathrm{d}W_{\mathrm{m}}=\int_V\mathscr{W}_{\mathrm{m}}\mathrm{d}V=\int_{R_1}^{R_2}\frac{\mu I^2 l}{4\pi}\cdot\frac{\mathrm{d}r}{r}\ln\frac{R_2}{R_1}=\frac{\mu I^2 l}{4\pi}\ln\frac{R_2}{R_1}$$

(2) 由磁场能量公式 $W_{\mathrm{m}}=\dfrac{1}{2}LI^2$ 与上式结果联立求解，即得长为 l 的同轴电缆的自感为

$$L=\frac{2W_{\mathrm{m}}}{I^2}=\frac{\mu l}{2\pi}\ln\frac{R_2}{R_1}$$

所得结果与例 3-6 完全相同。

3.5 麦克斯韦方程组

19 世纪上半叶，继奥斯特、安培、法拉第、楞次等许多人在电磁学领域取得一系列重要的研究成果之后，不少物理学家提出如何将这些物理学的新成就应用到实际生产的问题，并从各方面进行了实用性的探索，很快便出现了最原始的电动机和电弧灯的雏形，发明了通讯用的电报等。然而，实际生产中又提出大量的课题，要求人们对电磁学的规律有更完整而系统的认识。当时，社会生产力的发展水平也为这方面的科学研究提供了必要的物质基础。作为全面总结电磁学规律的麦克斯韦电磁理论就是在这样的历史条件下产生的。麦克斯韦系统地总结了从库仑到安培、法拉第等人电磁学的研究成果并在此基础上加以发展，提出了“涡旋电场”和“位移电流”的假说，并由此预言了电磁波的存在，从而于 1862 年归纳总结出体系完整的电磁场理论——麦克斯韦方程组，写出巨著《电磁通论》。

麦克斯韦的“涡旋电场”假说，我们在前面已做了讨论，下面介绍其“位移电流”假说。

3.5.1 位移电流

位移电流是将安培环路定理应用于含有电容器的交变电路中出现矛盾而引出

的。图 3-13(a)、(b)分别表示平板电容器充电和放电时的电路。在充电电容器左极板附近取一闭合回路 L，并以它为边界做两个曲面 S_1 和 S_2，使 S_1 与导线相交，S_2 通过两极板间不与导线相交。

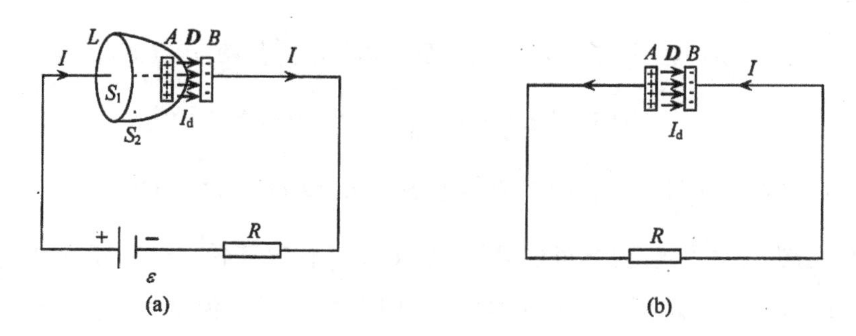

图 3-13

设导线中的传导电流为 I，此电流在电容器极板上中断了。可见，通过 S_1 面的电流为 I，而通过 S_2 面的电流为零，亦即以同一边界 L 所做的不同曲面，应用安培环路定理时出现了两个相矛盾的结果

$$\oint_L \boldsymbol{H} \cdot \mathrm{d}\boldsymbol{l} = \int_{S_1} \boldsymbol{j} \cdot \mathrm{d}\boldsymbol{S} = I$$

$$\oint_L \boldsymbol{H} \cdot \mathrm{d}\boldsymbol{l} = \int_{S_2} \boldsymbol{j} \cdot \mathrm{d}\boldsymbol{S} = 0$$

这说明，在非稳恒电路的情况下，安培环路定理不再适用，失去意义，应代之以新的规律。

上面的讨论不仅揭示了矛盾，同时也提供了解决矛盾的线索。因为穿过曲面 S_1 的电流 I 没有穿过曲面 S_2，那么自由电荷必定在两曲面之间的极板上积累下来了，根据电流的连续性原理(电荷守恒定律)，所积累的自由电荷 q 与传导电流 I 的关系为

$$I = \frac{\mathrm{d}q}{\mathrm{d}t} = \frac{\mathrm{d}(S\sigma)}{\mathrm{d}t} = S\frac{\mathrm{d}\sigma}{\mathrm{d}t}$$

式中 S 为极板面积，σ 为极板上某一时刻的面电荷密度。

在导线中的电流 I 与极板上的电荷 q 随时间变化的同时，两极板间的电场 $\boldsymbol{E}$(或 $\boldsymbol{D}$)也在随时间发生变化。设同一时刻极板上的电荷面密度为 σ，由介质中的高斯定律可求得

$$D = \sigma$$

则该时刻通过极板间面积为 S 的电位移通量为

$$\Phi = \int_S \boldsymbol{D} \cdot \mathrm{d}\boldsymbol{S} = DS = \sigma S$$

代入上面电流 I 的表达式，则

$$I = S\frac{\mathrm{d}\sigma}{\mathrm{d}t} = S\frac{\mathrm{d}D}{\mathrm{d}t} = \frac{\mathrm{d}\Phi}{\mathrm{d}t}$$

上式表明，导线中的电流 I 既等于极板上的电量对时间的变化率$\left(S\frac{\mathrm{d}\sigma}{\mathrm{d}t}\right)$，也等于极板间面积为 S 的电位移通量对时间的变化率$\left(S\frac{\mathrm{d}\boldsymbol{D}}{\mathrm{d}t}\right)$。在方向上，当充电时，电场增强，$\frac{\mathrm{d}\boldsymbol{D}}{\mathrm{d}t}$的方向与场强方向（或 $\boldsymbol{D}$）一致，也与导线中电流 I 的方向一致，见图 3-13(a)；当放电时，电场减弱，$\frac{\mathrm{d}\boldsymbol{D}}{\mathrm{d}t}$的方向与电场方向（或 $\boldsymbol{D}$）相反，但仍与导线中电流方向一致，见图 3-13(b)。由此可以设想，如果以$\frac{\mathrm{d}\boldsymbol{D}}{\mathrm{d}t}$代表某种电流密度，而以$\frac{\mathrm{d}\Phi}{\mathrm{d}t}$代表某种电流，那么它们就可以代替左极板间中断了的传导电流密度和传导电流，从而保持了电流的连续性。于是麦克斯韦便创造性地提出了位移电流假说，认为变化的电场也是一种电流，并令

$$\boldsymbol{j}_{\mathrm{d}} = \frac{\mathrm{d}\boldsymbol{D}}{\mathrm{d}t} \tag{3-19}$$

$$I_{\mathrm{d}} = \frac{\mathrm{d}\Phi}{\mathrm{d}t} \tag{3-20}$$

式中 $\boldsymbol{j}_{\mathrm{d}}$ 和 I_{d} 分别称为位移电流密度和位移电流。上述定义式说明，电场中某点的位移电流密度等于该点电位移 $\boldsymbol{D}$ 对时间的变化率；通过电场中某截面的位移电流等于通过该截面电位移通量对时间的变化率。

引进了位移电流概念后，电容器充电时，极板表面中断的传导电流 I 被位移电流$\frac{\mathrm{d}\Phi}{\mathrm{d}t}$接替下去，二者合在一起保持了电流的连续性。

麦克斯韦还认为，位移电流与传导电流一样，在其周围空间要产生磁场，称之为感生磁场。一给定的位移电流所产生的感生磁场与等值的传导电流所产生的磁场完全相同，这已直接或间接地为无数实验事实所证实。若令 $\boldsymbol{H}_{\mathrm{d}}$ 为位移电流 I_{d} 所产生的感生磁场的磁场强度，仿照安培环路定理，有

$$\oint_L \boldsymbol{H}_{\mathrm{d}} \cdot \mathrm{d}\boldsymbol{l} = I_{\mathrm{d}} = \frac{\mathrm{d}\Phi}{\mathrm{d}t} = \frac{\mathrm{d}}{\mathrm{d}t}\iint_S \boldsymbol{D} \cdot \mathrm{d}\boldsymbol{S} = \iint_S \frac{\partial \boldsymbol{D}}{\partial t} \cdot \mathrm{d}\boldsymbol{S}$$

式中 S 是以 L 为边界的任意曲面，I_{d} 是穿过 L 为边界的任意曲面的位移电流，$\frac{\partial \boldsymbol{D}}{\partial t}$是由$\frac{\mathrm{d}\boldsymbol{D}}{\mathrm{d}t}$改写而成的，因为 $\boldsymbol{D}$ 既是时间的函数，还可能是空间坐标的函数。

上式表明，在位移电流（本质上是变化的电场）所产生的磁场中，$\boldsymbol{H}_{\mathrm{d}}$ 沿任意闭合回路的线积分（$\boldsymbol{H}_{\mathrm{d}}$ 的环流），等于该回路所包围面积的电位移通量对时间的变化率。$\boldsymbol{H}_{\mathrm{d}}$ 与$\frac{\partial \boldsymbol{D}}{\partial t}$在方向上构成右手系，如图 3-14 所示。

在一般情况下，电路中可能同时存在传导电流和位移电流 I_{d}，于是两者之和为

$$I_{\mathrm{s}} = I + I_{\mathrm{d}}$$

式中 I_s 即是麦克斯韦提出的全电流概念。这样，在非稳恒电流情况下，安培环路定理可修正为

$$\oint_L \boldsymbol{H}\cdot \mathrm{d}\boldsymbol{l} = I + I_{\mathrm{d}} = \int_S \boldsymbol{j}\cdot \mathrm{d}\boldsymbol{S} + \int_S \frac{\partial \boldsymbol{D}}{\partial t}\cdot \mathrm{d}\boldsymbol{S} = \int_S \left(\boldsymbol{j} + \frac{\partial \boldsymbol{D}}{\partial t}\right)\cdot \mathrm{d}\boldsymbol{S} \quad (3\text{-}21)$$

式(3-21)表明，磁场强度 $\boldsymbol{H}$ 沿任意闭合回路 L 的环流等于通过以回路 L 为边界的任一曲面 S 的全电流，称之为全电流安培环路定理，简称全电流定理。

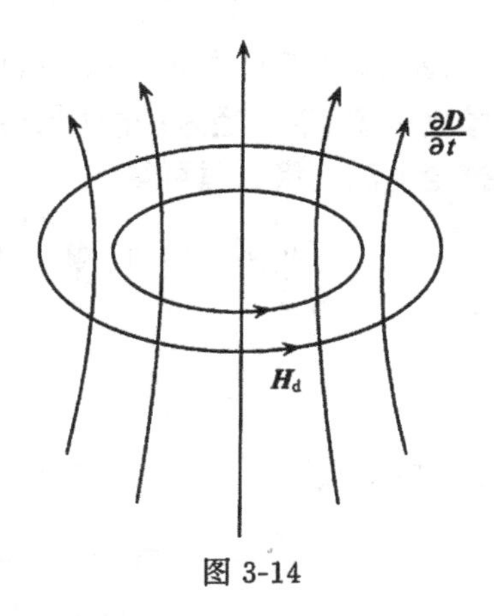

图 3-14

应当指出，位移电流 I_{d} 与传导电流 I，虽然在激发磁场方面两者有相同的效应，但是在其他方面两者有着本质的区别：① 从产生的原因方面看，传导电流 I 为电荷宏观的定向移动所形成，而位移电流 I_{d} 则取决于$\frac{\mathrm{d}\Phi}{\mathrm{d}t}$，与电荷的宏观定向运动无直接联系；② 从可以通过的物质看，传导电流 I 主要存在于导体中，因导体内有足够可自由移动的电荷，而位移电流的实质是变化的电场，哪里有变化的电场，哪里就有位移电流，因此，不仅介质中，而且导体乃至真空中都可以有位移电流存在。③ 从热效应看，传导电流 I 要产生热效应，并遵从焦耳-楞次定律，而位移电流并不引起焦耳热效应。虽然在介质中的位移电流伴随有束缚电荷的微观移动，也可以有热量的放出或吸收，但它并不服从焦耳-楞次定律。

例 3-10 如本例图所示，一平行板电容器，由两极板都是半径为 $R=0.10\mathrm{m}$ 的导体圆板组成。当均匀充电时，极板间的电场强度以$\frac{\mathrm{d}E}{\mathrm{d}t}=10^{12}\mathrm{V\cdot m^{-1}\cdot s^{-1}}$的变化率增加，设两极板间为真空，略去边缘效应，试求：

(1) 两极板间的位移电流 I_{d}；

(2) 距两极板间中心连线为 $r(r<R)$处的磁感应强度 B_r 以及 R 处的电磁感应强度 B_R。

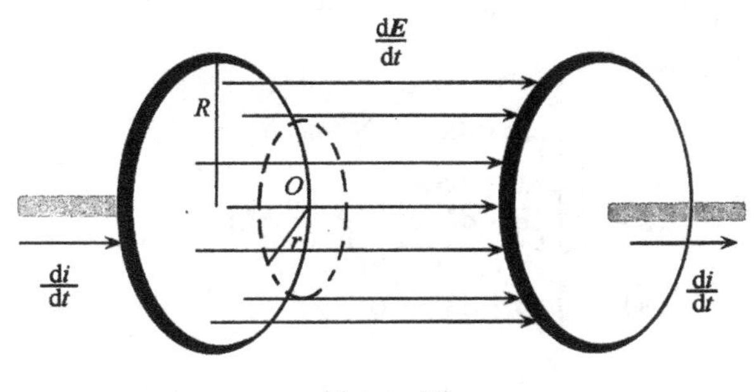

例 3-10 图

解 在忽略边缘效应时，平行板间的电场可视为均匀分布的电场。

(1) 由位移电流的定义式可得

$$I_d = \frac{d\Phi}{dt} = \frac{d(DS)}{dt} = \frac{d(\varepsilon_0 E \pi R^2)}{dt}$$

$$= \varepsilon_0 \frac{dE}{dt}\pi R^2 = 8.85 \times 10^{-12} \times 10^{12} \times \pi(0.1)^2 = 0.28(\mathrm{H})$$

(2) 两极板间的位移电流相当于均匀分布的圆柱电流。它产生具有轴对称性的感生磁场。取半径为 r 的磁场线为闭合的积分路径，由于极板间的传导电流 $I=0$，根据全电流安培定理可得

$$\oint_L \boldsymbol{H} \cdot d\boldsymbol{l} = \oint_L \frac{1}{\mu_0} \boldsymbol{B}_r \cdot d\boldsymbol{l} = \frac{1}{\mu_0} B_r 2\pi r = I_d = \varepsilon_0 \frac{dE}{dt}\pi r^2$$

即得

$$B_r = \frac{\varepsilon_0 \mu_0}{2} r \frac{dE}{dt}$$

当 $r=R$ 时，则

$$B_R = \frac{\varepsilon_0 \mu_0}{2} R \frac{dE}{dt} = \frac{1}{2} \times 8.85 \times 10^{-12} \times 4\pi \times 10^{-7} \times 0.01 \times 10^{12}$$

$$= 5.56 \times 10^{-7}(\mathrm{T})$$

3.5.2 麦克斯韦方程组

麦克斯韦的“涡旋电场”和“位移电流”两个著名假说揭示了电场和磁场的内在联系，即变化的磁场必然激发电场(涡旋电场)。同样，变化的电场必然激发磁场(感生磁场)。这样，变化的磁场和变化的电场永远紧密地联系在一起组成一个统一的不可分割的电磁场整体。这便是麦克斯韦关于电磁场理论的基本概念。麦克斯韦认为，在一般情况下，电场应该包含静止电荷所激发的电场和变化的磁场所激发的涡旋电场。同样，磁场应包含稳恒电流的磁场和变化的电场所激发的感生磁场。在系统总结电磁场(静电场、稳恒磁场、变化的电场、变化的磁场)基本规律的基础上，麦克斯韦认为，静电场的高斯定理和稳恒磁场的高斯定理对变化的电磁场仍然适用，只是静电场的环流定理和稳恒磁场的安培环路定理应分别修正为 $\oint_L \boldsymbol{E} \cdot d\boldsymbol{l} = -\int_S \frac{\partial \boldsymbol{B}}{\partial t} \cdot d\boldsymbol{S}$ 和 $\oint_L \boldsymbol{H} \cdot d\boldsymbol{l} = \int_S \left(j + \frac{\partial \boldsymbol{D}}{\partial t}\right) \cdot d\boldsymbol{S}$，这样就得到了在普遍情况下电磁场必须满足的方程组，即

$$\left.\begin{aligned}
&(1) \quad \oint_S \boldsymbol{D} \cdot d\boldsymbol{S} = \sum q_i \\
&(2) \quad \oint_L \boldsymbol{E} \cdot d\boldsymbol{l} = -\int_S \frac{\partial \boldsymbol{B}}{\partial t} \cdot d\boldsymbol{S} \\
&(3) \quad \oint_S \boldsymbol{B} \cdot d\boldsymbol{S} = 0 \\
&(4) \quad \oint_L \boldsymbol{H} \cdot d\boldsymbol{l} = \int_S \left(j + \frac{\partial \boldsymbol{D}}{\partial t}\right) \cdot d\boldsymbol{S}
\end{aligned}\right\} \qquad (3\text{-}22)$$

必须强调指出，式中所描述的电场既包括静电场也包括涡旋电场，而磁场既包括传

导电流产生的磁场也包括位移电流(变化的电场)产生的磁场。上述四个方程通常称为麦克斯韦方程组的积分形式。

应用矢量分析的知识,很容易将式(3-22)变成如下的微分形式,即

$$\left.\begin{aligned}&(1)\ \nabla\cdot\boldsymbol{D}=\rho\\&(2)\ \nabla\times\boldsymbol{E}=-\frac{\partial\boldsymbol{B}}{\partial t}\\&(3)\ \nabla\cdot\boldsymbol{B}=0\\&(4)\ \nabla\times\boldsymbol{H}=\boldsymbol{j}+\frac{\partial\boldsymbol{D}}{\partial t}\end{aligned}\right\}\tag{3-23}$$

式中 ρ 是自由电荷的体密度,$\boldsymbol{j}$ 是传导电流密度,$\frac{\partial\boldsymbol{D}}{\partial t}$是位移电流密度。式(3-23)称为麦克斯韦方程组的微分形式。通常所说的麦克斯韦方程组,大多是指其微分形式。

在介质中,$\boldsymbol{E}$ 和 $\boldsymbol{B}$ 都与介质有关,因此上述麦克斯韦方程组尚欠完备性,还需补充三个描述介质性质的方程式,即

$$\left.\begin{aligned}&(1)\quad \boldsymbol{D}=\varepsilon\boldsymbol{E}\\&(2)\quad \boldsymbol{B}=\mu\boldsymbol{H}\\&(3)\quad \boldsymbol{j}=\gamma\boldsymbol{E}\end{aligned}\right\}\tag{3-24}$$

式中 ε、μ、γ 分别为介质的介电常数、磁导率和导体的电导率。

微分形式的麦克斯韦方程组加上描述介质性质的三个方程,即式(3-24),全面总结了电磁场的普遍规律,是宏观电动力学的基本方程组,利用它们原则上可以解决各种宏观电磁场问题。以麦克斯韦方程组为核心的电磁场理论还成功地预言了电磁波的存在,后经赫兹用实验得到证实,从而开辟了广阔应用的前景。麦克斯韦的电磁理论在物理学上是一次重大的突破,人们给予了极高的评价。爱因斯坦在一次纪念麦克斯韦诞辰时说:"……这是自牛顿以来物理学上经历的最深刻和最有成果的一次变革。"

思 考 题

3-1 感应电动势与感应电流哪一个更能反映电磁感应现象的本质?

3-2 如图所示,在下列各情况下,是否有电流通过电阻器?如果有,则电流的方向如何?

(1) 开关 K 接通的瞬间;

(2) 开关 K 接通一段时间后;

(3) 开关 K 断开的瞬间;

(4) 当开关 K 保持接通时,线圈的哪一端是磁北极?

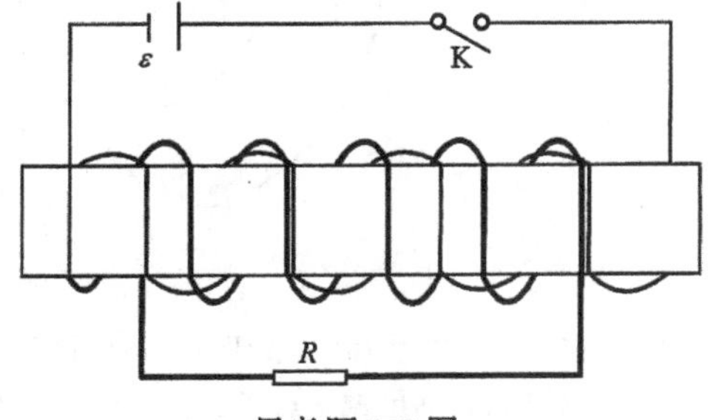

思考题 3-2 图

3-3　一矩形线框垂直落入磁场中，磁场的中央部分是均匀的，线框平面与 $\boldsymbol{B}$ 垂直(见本题图)。试讨论线框进入及穿出磁场时，线框各边的感应电动势方向和线框的受力情况；整个线框在均匀磁场中运动时，线框各边的感应电动势及线框的受力情况又如何？

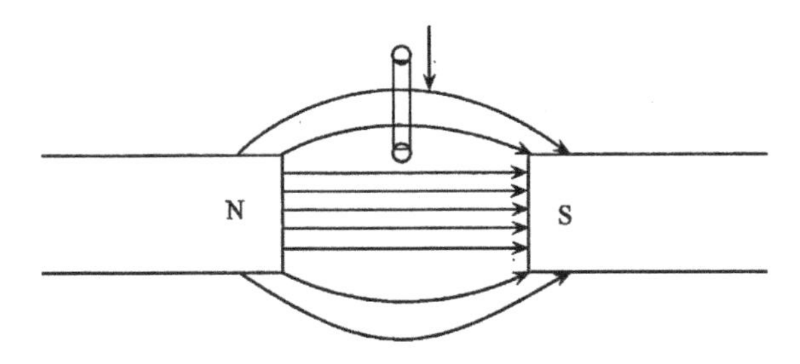

思考题 3-3 图

3-4　有一铜环和一木环，两环的尺寸完全一样，今以两条相同的磁铁用相同的速度插入，问在同一时刻，通过这两个环的磁通量是否相同？

3-5　让一块磁铁顺着一根很长的铅制铜管落下，若空气的阻力可以忽略不计，试描述磁铁的运动情况，并说明理由。

3-6　在制造电灯泡时，为了使灯泡里面更好地排出空气，必须对灯泡加热，有时把灯泡放在迅变的磁场中，在这种情况下，灯泡的玻璃并不发热，为什么这样做能达到加热的目的。

3-7　为了知道钢梁或钢轨的结构是否均匀，采用一种由金属线圈和电流计连接而成的探测仪器。检查时，把线圈套在钢梁或钢轨上，并且沿着它移动，当移动到结构不均匀的地方，则电流计的指针就会摆动，亦即有电流通过，怎样解释这个现象？

3-8　均匀磁场限制在半径为 R 的圆柱内，磁场随时间作线性变化。问图中曲线 L_1 与 L_2 上每一点的 $\frac{\mathrm{d}B}{\mathrm{d}t}$ 是否为零？感应电场 $\boldsymbol{E}_{感}$ 是否为零？$\oint_{L_1}\boldsymbol{E}_{感}\cdot\mathrm{d}\boldsymbol{l}$ 及 $\oint_{L_2}\boldsymbol{E}_{感}\cdot\mathrm{d}\boldsymbol{l}$ 是否为零？若 L_1、L_2 为均匀导线环，问环内是否有感应电流？L_1 环内任意两点的电势差是多少？L_2 环内 a、b、c、d 的电势是否相等？(假定导体环的存在不影响 $\boldsymbol{E}_{感}$ 的分布。)

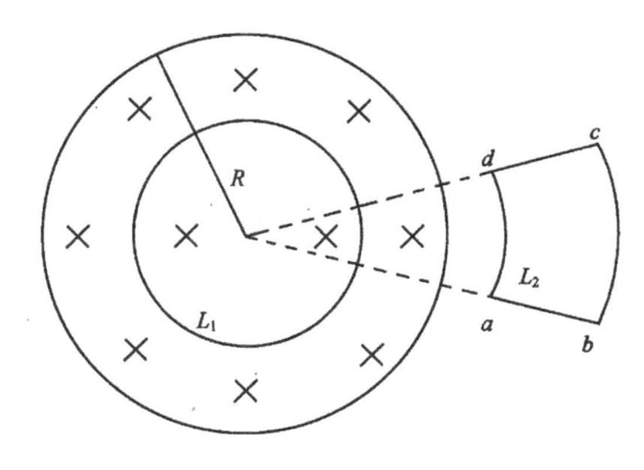

思考题 3-8 图

3-9　在一长直螺线管中，放置 ab、cd 两段导体，一段在直径上，另一段在弦上(图)。当长直螺线管通电瞬间，分别比较 a 点和 b 点，c 点和 d 点哪点电势高？为什么？

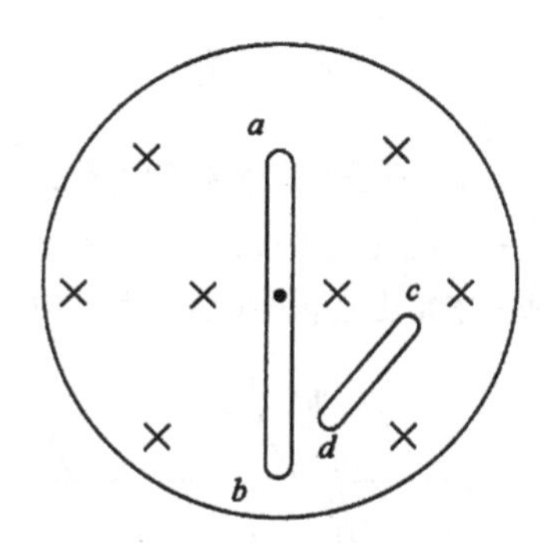

思考题 3-9 图

3-10　长为 L 的单层密绕螺线管，绕有 N 匝导线，问在下列情况下，螺线管的自感变化为多少？

(1) 将螺线管的半径增加一倍；

(2) 换用直径比原来直径大一倍的导线密绕；

(3) 在原来密绕的情况下，用同样直径的导线再顺向密绕一层；

(4) 在原来密绕的情况下，用同样直径的导线再反向密绕一层。

注：(3)、(4)两种情况中假定两层螺线管的截面积相等。

3-11　有两个半径相接近的线圈，问如何放置可使其互感最小？又如何放置可使其互感最大？

3-12　两个环形导体相互垂直放置着，如本题图所示。当它们的电流强度同时发生变化时，是否会产生感应电流？

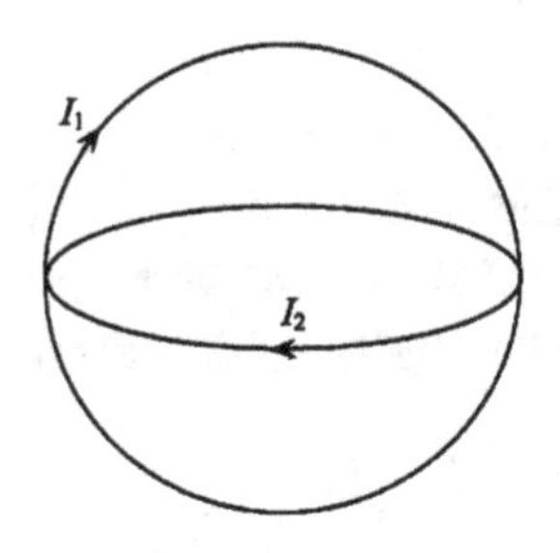

思考题 3-12 图

3-13　如果电路中通有强电流，当突然拉开闸刀时，就会有火花跳过闸刀。试解释这一现象。

3-14　在 3-10 题中所列各种情况下，如接在电压同为 U 的电源中，问稳态情况下线圈的磁能较原来变化了多少？

3-15　变化的电场所产生的磁场，是否一定随时间而变化？变化的磁场所产生的电场，是否一定也随时间而变化？

3-16　试由麦克斯韦方程组的积分形式，定性地说明怎样产生统一的电磁场；并说明静电场和稳恒磁场是统一的电磁场在一定条件下的一种特殊形式。

习　题

3-1　一均匀磁场与矩形导体回路面法线矢量 $\boldsymbol{n}^0$ 间夹角为 $\theta=\frac{\pi}{3}$，如本题图所示，已知磁感应强度 B 随时间线性增加，即 $B=kt(k>0)$，回路的 AB 边长为 l，以速度 $\boldsymbol{v}$ 向右运动。设 $t=0$ 时，AB 边在 $x=0$ 处，求任意时刻回路中感应电动势的大小和方向。

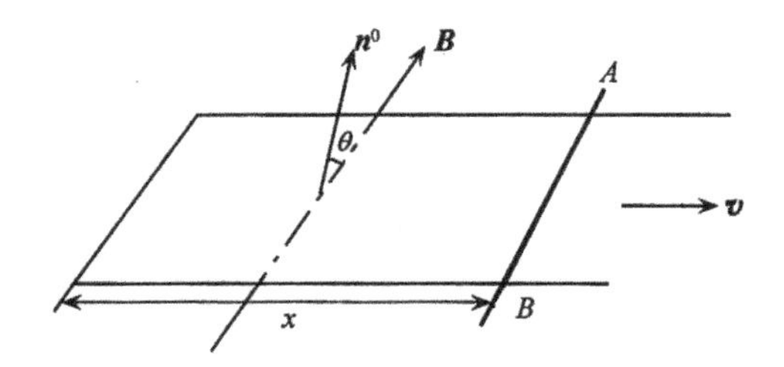

习题 3-1 图

3-2　如题图所示，一长直导线载有 $I=5.0\text{A}$ 的电流，旁边有一矩形线圈 $ABCD$(与此载流长直导线共面)。长 $l_1=0.20\text{m}$ 宽 $l_2=0.10\text{m}$，长边与长直导线平行，AD 边与导线相距 $a=0.10\text{m}$，线圈共 1000 匝。令线圈以速度 $v=3.0\text{ms}^{-1}$ 沿垂直于长直导线的方向向右运动时，求线圈中的感应电动势。

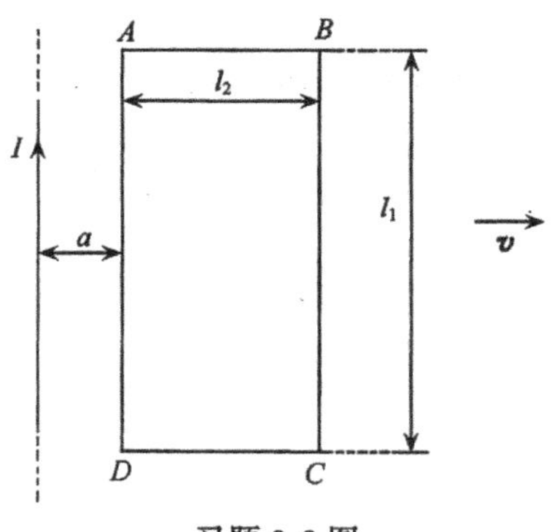

习题 3-2 图

3-3　如果上题图中的线圈保持不动，而在长直导线中通以交变电流 $I=10\sin(100\pi t)\text{A}$，$t$ 以秒计，则线圈中的感应电动势如何？

3-4　一导线 ab 弯成如图形状(其中 cd 是一半圆，半径 $r=0.10\text{m}$，ac 和 db 两段的长度均为 $l=0.10\text{m}$)，在均匀磁场($B=0.5\text{T}$)中绕轴线 ab 转动，转速 $n=60\text{rev}\cdot\text{s}^{-1}$。设电路的总电阻(包括电表 M 的电阻)为 1000Ω，求导线中的感应电动势和感应电流，它们的最大值各是多大？

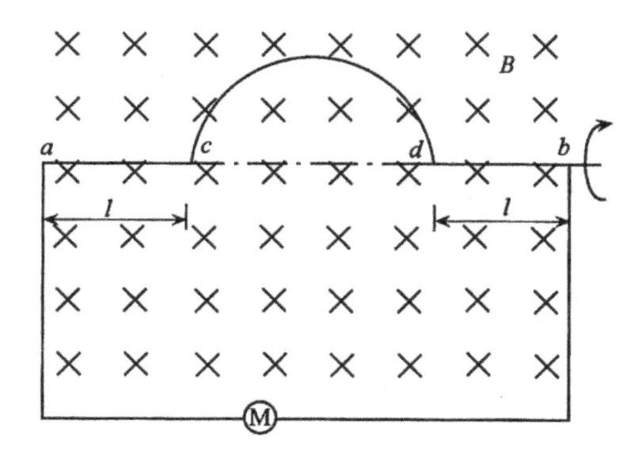

习题 3-4 图

3-5　如图所示，金属杆 AB 以匀速 v 平行于一长直导线移动，此导线通有电流 I。问此杆中的感应电动势为多大？杆的哪一端电势比较高。

3-6　如图所示，质量为 M，长度为 l 的金属棒 ab 从静止开始沿倾斜的绝缘框架下滑，设磁场 $\boldsymbol{B}$ 竖直向上，求棒内的动生电动势与时间的函数关系。假定摩擦力可忽略不计。

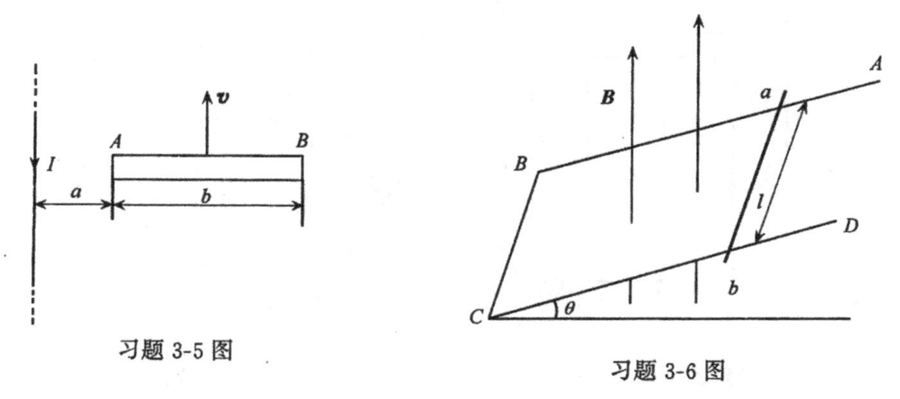

习题 3-5 图　　　　习题 3-6 图

3-7　在如图所示的平面内，无限长直导线通有电流 I，一长为 L 的导体棒，绕其一端 O 在此平面内按顺时针方向匀速转动，角速度为 ω。O 点距导线的垂直距离为 r_0，试求当导体棒转至与长导线垂直，且 O 端靠近导线时，棒内感应电动势的大小和方向。

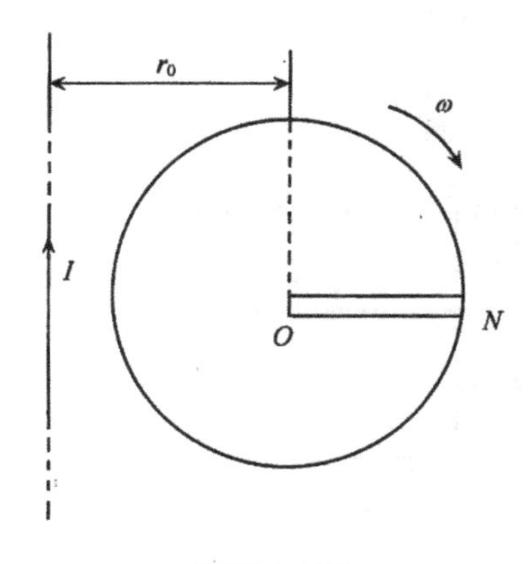

习题 3-7 图

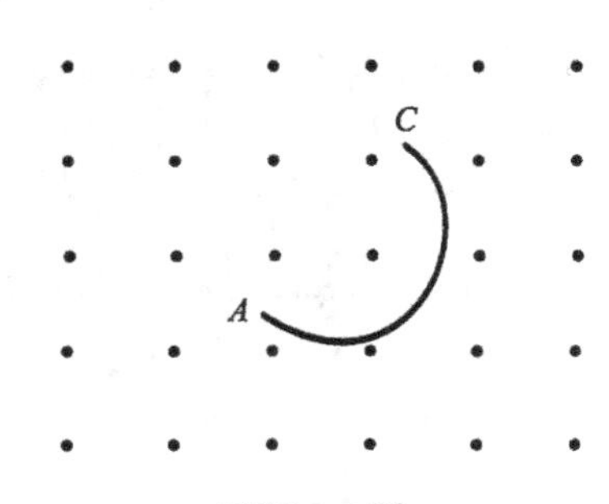

习题 3-8 图

3-8　一细导体线弯成直径为 d 的半圆形状（如图所示），均匀磁场 $\boldsymbol{B}$ 垂直纸面向上通过导体线所在的平面。当导体绕着 A 点垂直于半圆面逆时针以匀角速度 ω 旋转时，求导体 AC 间的电动势 ε_{AC}。

3-9　以电阻为 $R=2.0\Omega$ 闭合的回路处于变化的磁场中（如图所示）。若通过回路的磁通量与时间的关系为 $\Phi_m=(5t^2+8t+2)\times10^{-3}\text{Wb}$，求 $t=2\text{s}$ 时回路中的感应电动势及感应电流。

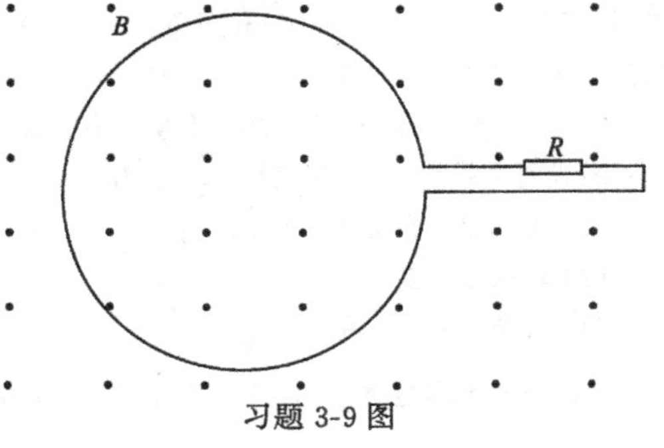

习题 3-9 图

3-10　在两平行导线的平面内，有一矩形线圈，如图所示。如果导线中通有等值反向的电流 I，且 I 随时间变化，试计算线圈中的感生电动势。

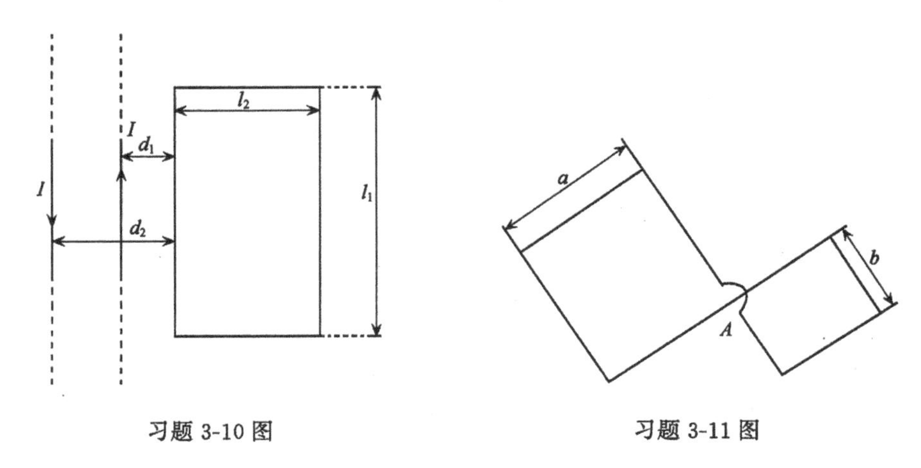

习题 3-10 图　　　　习题 3-11 图

3-11　由两个正方形线圈构成的平面线圈，如图所示。已知 $a=20\text{cm}$，$b=10\text{cm}$，今有磁感应强度按 $B=B_0\sin\omega t$ 规律变化的磁场垂直通过线圈平面。$B_0=1\times10^{-2}\text{T}$，$\omega=100\text{rad}\cdot\text{s}^{-1}$，线圈单位长度的电阻为 $5\times10^{-2}\Omega\cdot\text{m}^{-1}$，求线圈中感生电流的最大值。

3-12　两线圈的自感分别为 L_1 和 L_2，它们之间的互感为 M。

(1) 将两线圈顺串联，如图(a)所示，求 1 和 4 之间的自感。

(2) 将两线圈反串联，如图(b)所示，求 1 和 3 之间的自感。

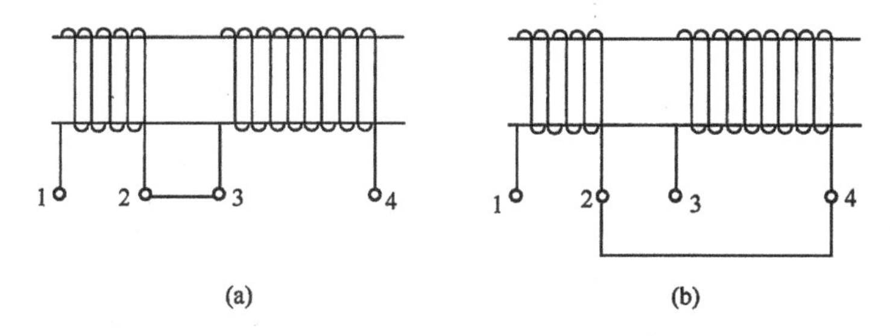

习题 3-12 图

3-13　已知两共轴螺线管，外管线圈半径为 r_1，内管线圈半径为 r_2，线圈匝数分别为 N_1 和 N_2。试证明它们的互感系数为 $M=k\sqrt{L_1L_2}$，式中 L_1 和 L_2 分别为螺线管的自感系数，$k=\frac{r_2}{r_1}\leqslant1$，称为两螺线管的耦合系数。

3-14　一螺绕环，横截面的半径为 a，中心线的半径为 R，$R\gg a$，其上由表面绝缘的导线均匀地密绕成两个线圈，一个 N_1 匝，另一个 N_2 匝。试求：

(1) 两线圈的自感 L_1 和 L_2；

(2) 两线圈的互感 M；

(3) M 与 L_1 和 L_2 的关系。

3-15　自感本是对闭合线圈定义的，但求同轴电缆 l 长度的自感时，按下式定义：$L=\frac{\Psi}{I}$，这

里 Ψ 就是图中 S 面的磁通量。设一同轴电缆由两个同轴长圆筒组成，半径分别为 r_1 和 r_2，电流 I 由内筒流入由外筒流回，求同轴电缆一段长为 l 的自感系数。

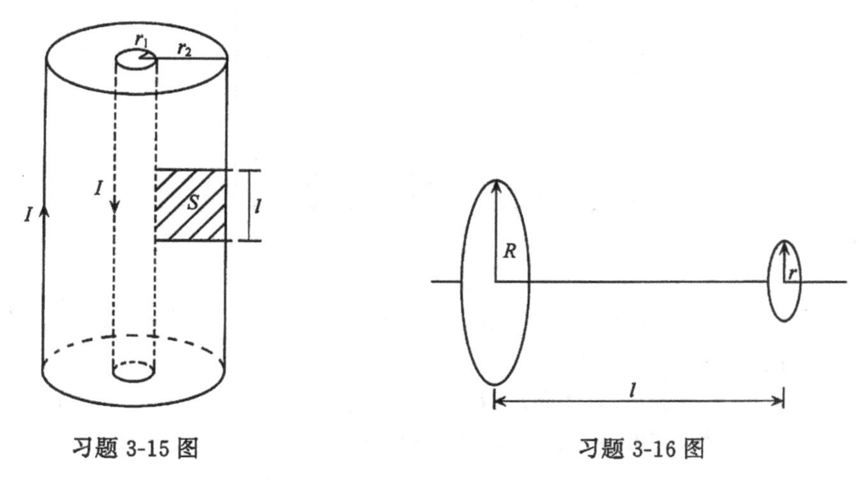

习题 3-15 图　　　　习题 3-16 图

3-16　两个共轴线圈，半径分别为 R 和 r，匝数分别为 N_1 和 N_2，相距为 l(如图所示)。设 r 很小，则小线圈所在处的磁场可以视为均匀磁场，求线圈的互感系数。

3-17　两根平行长直导线，横截面的半径都是 a，中心相距 d，属于同一回路。设两导线内部的磁通量都可略去不计。证明这样一对导线，其长为 l 的一段的自感为

$$L=\frac{\mu_0 l}{\pi}\ln\frac{d-a}{a}$$

3-18　一螺线管的自感系数为 0.010H，通过它的电流为 4A，试求它储藏的磁场能量。

3-19　一无限长直导线，截面各处的电流密度相等，总电流为 I，试证：每单位长度导线内所储藏的磁能为 $\frac{\mu I^2}{16\pi}$。

3-20　在真空中，若一均匀电场中的电场能量密度与一个 0.5T 的均匀磁场中的磁场能量密度相等，该电场的电场强度为多少？

3-21　已知两个共轴的螺线管 A 和 B，并完全耦合，若 A 的自感为 4.0×10^{-3}H，载有电流 3A，B 的自感为 9.0×10^{-3}H，载有电流 5A，试计算此两个线圈内存储的总磁能。

3-22　试证平行板电容器中的位移电流可写为

$$I_{\mathrm{d}}=C\frac{\mathrm{d}U}{\mathrm{d}t}$$

3-23　一平行板电容器，两极板的面积均为 A，极板为圆形金属板，接于一交流电源时，极板上的电荷 q 随时间变化，即 $q=q_{\mathrm{m}}\sin\omega t$。

(1) 试求电容器中的位移电流密度；

(2) 试证两极板间的磁感应强度分布为 $B=\frac{q_{\mathrm{m}} r m \mu_0}{2A}\cos\omega t$，其中 r 为由圆板中心线到该点的距离。

3-24　如图所示，设平行板电容器内各点的交变电场强度 $E=720\sin10^5\pi t\,\mathrm{V\cdot m^{-1}}$，正方向规定如图所示，试求：

(1) 电容器中总的位移电流密度；

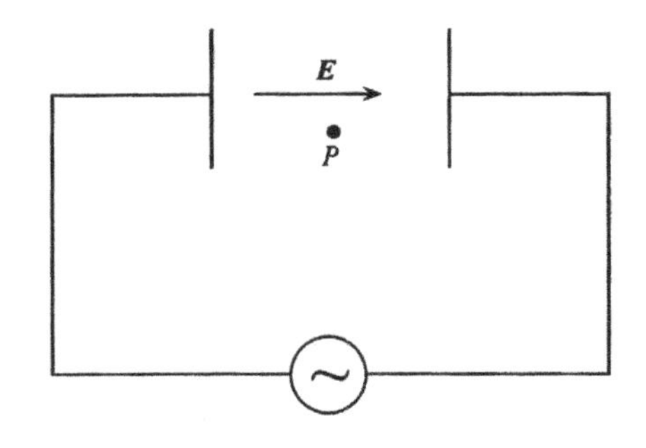

习题 3-24 图

(2) 电容器内距中心连线$r=10^{-2}$m 的一点P,当$t=0$,$t=5.0\times10^{-6}$s 时的磁场强度的大小及方向(不考虑传导电流产生的磁场)。

3-25　如图所示,电荷$+q$以速度$\boldsymbol{v}$向O点运动($+q$到O点距离以x表示)。在O点处作一半径为a的圆,圆面与$\boldsymbol{v}$垂直,试计算通过此圆面的位移电流。

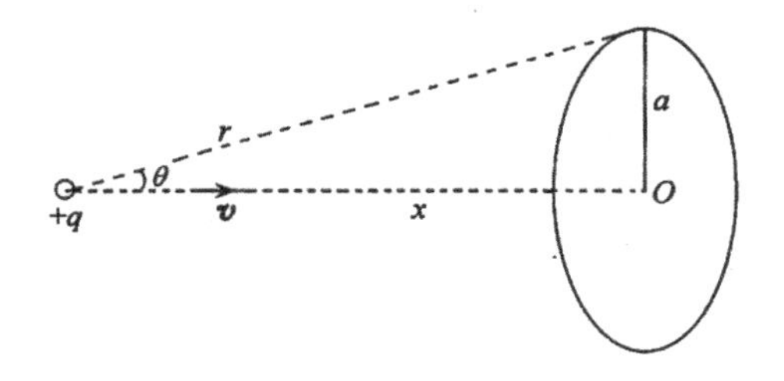

习题 3-25 图

设圆周上各处磁场强度为$\boldsymbol{H}$($\boldsymbol{H}$的方向如何?请思考)试按全电流定律算出$\boldsymbol{H}$,与运动电荷磁场公式是否相同?

第 4 章　电路基本概念与电路定律

本章主要介绍电路的基本概念，电压、电流的参考方向、电功率、电阻元件、电容元件、电感元件、独立源、受控源等电路元件以及欧姆定律和基尔霍夫定律。

4.1 电　　路

将若干个电器件以一定的方式连接起来，形成电流的通路（或电荷流动的通路），便是实际的电路。电路的功能是进行电能（或电信号）的传输、分配以及与其他形式能量（或电信号）的相互转换。

电路理论主要研究电路中的电磁过程，即电压、电流、电荷和磁通（或磁链）所表征的物理过程。这四个物理量是电路的基本变量。通常用 I、U、Q 和 Φ（或 ψ）分别表示。对于随时间变化的电流、电压、电荷等变量，一般用小写字母 i、u、q 表示。电器件的性能可用其端钮处基本变量之间的关系（如电压与电流关系）的代数方程或微分方程来描述。实际上电器件的性能方程比较复杂，为了简化对电器件的数学描述，可略去其次要的物理过程，把它理想化。理想化的数学方程在一定条件下能正确反映实际器件的基本物理现象，通常把理想化电器件的数学模型叫做电路元件。由电路元件连接而成的理想化电路可作为实际电路的模型，简称为电路。

表示电路元件端子变量（如电压、电流）间关系的数学表达式叫做电路元件的约束方程，如果元件的约束方程是线性代数方程或线性微分方程，则称该元件为线性元件。如果元件的约束方程是非线性方程，则称该元件为非线性元件。

在电压与电流等变量之间以及与它们的导数之间相互联系的系数叫做元件的参数。元件参数是常数时，该元件称之为非时变元件，元件参数随时间按一定规律变化时，该元件称为时变元件。

另外，若电路元件的端钮电压、电流不是空间坐标的函数，则称之为集中参数元件。若元件的端钮电压、电流既与时间有关，也与空间坐标有关，即它们是时空函数，则称该元件为分布参数元件。描述这种元件的约束方程是偏微分方程。

电路在信号源或储能元件的作用下而引起的电压、电流等物理量的变化，称为电路的响应，即输出。而把引起响应的输入信号称为激励。电路的响应（输出）与激励（输入）之间的关系决定该电路是否为线性、时变或集中参数电路。一般而言，只含有线性元件的电路为线性电路，而含有一个以上非线性（或时变、或分布参数）元件的电路为非线性（或时变、或分布函数）电路。在后面的章节中我们将予以讨论。

一个给定的电路，如果不考虑元件的特性，可将各元件分别用一条线段表示，由各线段组成的图，称为该电路的拓扑图(或线图)。

4.2 电流和电压的参考方向

在电路分析中，讨论某个元件或部分电路时，由于电流的实际方向往往是未知的，或者是随时间而变化的，而描述电路元件的性质和描述连接方式规律方程的列写都与电流的方向有关，因此，必须事先假定电流的正方向，用实线箭头表示，称为电流的参考方向。这样，电流的实际方向便可由电流的参考方向与电流数值的正、负来表明；电流的大小由电流数值的绝对值来表明。如图 4-1 表示一个电路的一部分，其中的长方框表示一个二端元件。如果电流 i 的实际方向是由 A 到 B，如图(a)中虚线箭头所示，它与参考方向一致，则电流为正值，即 $i>0$；在图(b)中，假定的电流参考方向自 B 到 A，而电流的实际方向是由 A 到 B，两者方向相反，则电流为负值，即 $i<0$。可见，在假定的电流参考方向下，电流的正和负就反映了电流的实际方向。

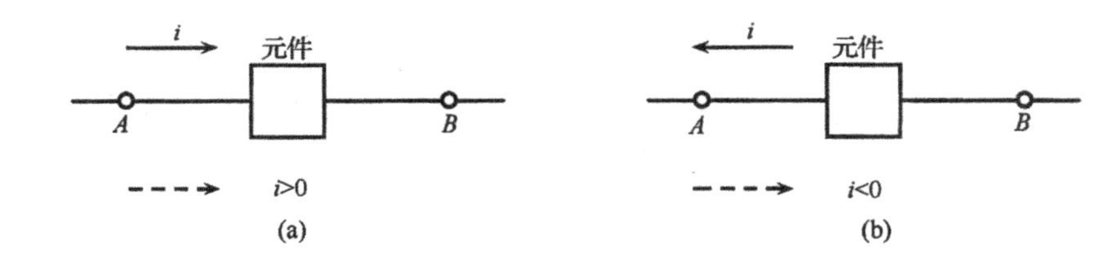

图 4-1

类似上述讨论，对电路中两点之间的电压也可选定参考方向或参考极性。两点之间的电压参考方向可由正(+)、负(−)极性表示，正极指向负极的方向代表电压的参考方向，如图 4-2 所示。图中若 A 点电势(位)高于 B 点电势(位)，即电压的实际方向是由 A 到 B，两者方向一致，则 $u>0$；如果实际的电势是 B 点高于 A 点，两者方向相反，则 $u<0$。电压的参考方向除了用实线箭头表示外，还可用双下标的电压符号表示，如 u_{AB}表示 A、B 之间电压的参考方向由 A 指向 B。

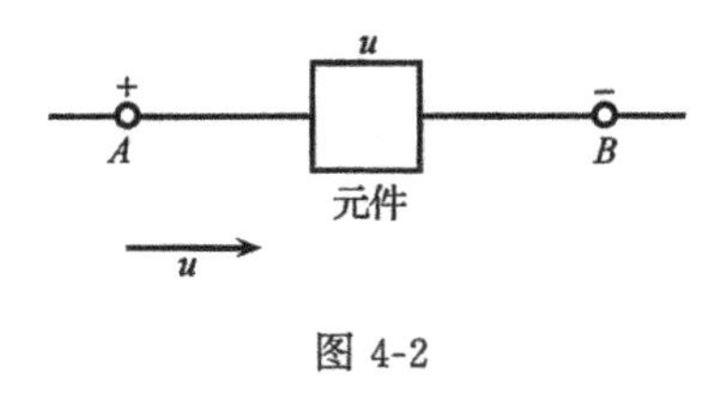

图 4-2

一个元件的电流或电压的参考方向可以独立地任意选定。如果选定流过元件的电流参考方向是从标以电压正极性的一端指向负极性的一端，即电流参考方向与电压参考方向一致，则把两者的这种参考方向称为关联参考方向，如图 4-3(a)、(b)所示；当两者参考方向不一致时，称为非关联参考方向。如图 4-3(c)所示。图中 N 表示电路的一个部分，它有两个端子与外电路相连接。

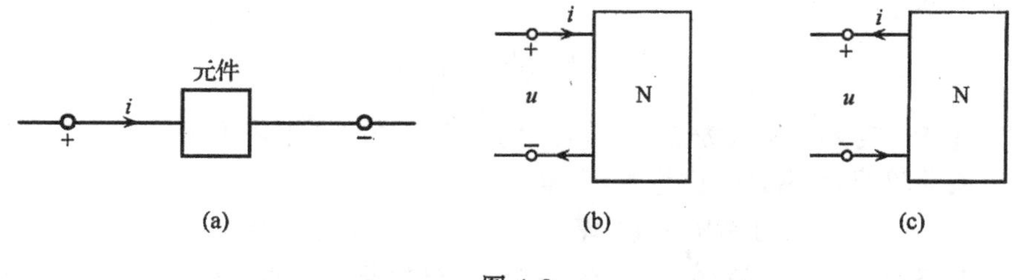

图 4-3

关于电流和电压的参考方向，还需做几点说明：

(1) 电流、电压的参考方向可任意地独立选定。但一经选定，在电路分析计算过程中不应改变；

(2) 在今后电路分析计算中，对电路图中所有已标出方向的电流、电压均可认为是电流、电压的参考方向，而不是指实际方向。

4.3 电功率与电能

当电路工作时，电场力推动正电荷在电路中运动，电场力对电荷做功，同时电路吸收能量。电路在单位时间内吸收的能量称为电路吸收的电功率，简称功率。

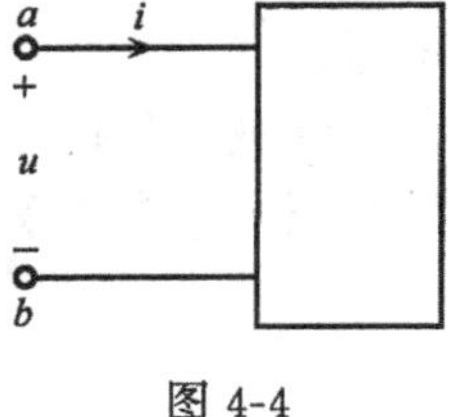

图 4-4

图 4-4 所示的 ab 电路，其电流和电压的参考方向一致，在 $\mathrm{d}t$ 时间内通过该电路的电荷量为 $\mathrm{d}q=i\mathrm{d}t$，它由 a 端移到 b 端，电场力做功为 $\mathrm{d}A=u\cdot\mathrm{d}q$。根据能量转换定律，在此过程中，$ab$ 电路吸收的能量为

$$\mathrm{d}W=\mathrm{d}A=u\cdot\mathrm{d}q$$

即

$$\mathrm{d}W=u\cdot i\cdot\mathrm{d}t \tag{4-1}$$

则电路吸收的功率为

$$P=\frac{\mathrm{d}W}{\mathrm{d}t}=ui \tag{4-2}$$

式(4-2)表明，当电流和电压的方向取关联参考方向时，乘积"ui"表示电路吸收的功率。如果求得 $P>0$，表示该电路确实吸收功率。如果 $P<0$，表示该电路吸收负功率，即实际发出功率；当电流和电压的参考方向为非关联参考方向时，乘积"ui"表示电路发出的功率。此时，若求得 $P>0$，表示该电路确实发出功率；若 $P<0$，则电路实际吸收功率。

在 SI 中，功率的单位是瓦特，符号为 W。工程上常用的功率单位有兆瓦(MW)、千瓦(kW)和毫瓦(mW)等，它们与 W 的换算关系为 $1\mathrm{MW}=10^6\mathrm{W}$，$1\mathrm{kW}=10^3\mathrm{W}$，$1\mathrm{mW}=10^{-3}\mathrm{W}$。

电路中的能量是电功率对时间的积分。由 t_0 到 t 时间内电路(或元件)吸收的

能量由下式表示，即

$$W = \int_{t_0}^{t} P\mathrm{d}t = \int_{t_0}^{t} ui\mathrm{d}t \tag{4-3}$$

在 SI 中，能量的单位为焦耳，符号为 J。工程和生活中还采用千瓦小时(kWh)作为电能的单位，1kWh 也称为 1 度(电)。

$$1\mathrm{kWh} = 10^3\mathrm{W} \times 3600\mathrm{s} = 3.6 \times 10^6\mathrm{J}$$

在电路的分析和计算中，电功率和能量的计算是十分重要的。这是因为电路在工作时总伴有电能与其他形式能量的相互转换；此外，电气设备、电路部件本身还有功率的限制，在使用时应注意其电流值或电压值是否超过额定值。如果过载，会使设备或部件损坏，或是电路不能正常工作。

4.4 电阻元件

一个二端元件，如果在任何时间 t，其端子间电压 u 与端子电流 i 之间的关系可用代数方程 $u=u(i)$ 或 $i=i(u)$ 表示，则称之为电阻元件，简称电阻，其约束方程 $u=u(i)$ 或 $i=i(u)$ 称为电阻的伏安特性，或伏安关系。如果电阻元件的伏安特性是线性的，则称之为线性电阻。如果电阻元件的伏安特性是非线性的，则称之为非线性电阻。

线性电阻是这样的理想元件：当电压和电流取关联方向时，在任何时刻，其两端的电压和电流关系服从欧姆定律，即

$$u = Ri \text{ 或 } i = \frac{u}{R} \tag{4-4}$$

线性电阻元件的图形符号如图 4-5(a)所示。式(4-4)中的 R 称为元件的电阻，它与元件的材料、几何特性、温度等因素有关。对于给定的元件，其电阻 R 是一个正实常数。在 SI 中，R 的单位为欧姆，符号为 Ω。

通常令 $G=\frac{1}{R}$，则式(4-4)变为

$$i = Gu \tag{4-5}$$

式中 G 反映了元件对电流的导通能力，称为电阻元件的电导。在 SI 中，电导的单位是西门子，简称西，符号为 S。R 和 G 都是电阻元件的参数。

实验表明，当温度一定时，横截面积为 S，长为 L 的一段均匀导体的电阻为

$$R = \frac{\rho L}{S} \tag{4-6}$$

式中 ρ 是一个仅仅与导体材料有关的物理量，称为材料的电阻率。电阻率的倒数 $\left(\gamma=\frac{1}{\rho}\right)$ 称为电导率。在 SI 中，电阻率的单位是欧姆·米(Ω·m)。

对于导体，其内部各点的电阻率可以是不同的，但只要电阻率在导体各横截面上各点相同，则该导体的电阻可由下面的积分公式计算，即

$$R = \int \rho \frac{\mathrm{d}l}{s}$$

实验还表明，当导体温度发生变化时，导体的电阻率也随之发生变化。所有的金属导体，其电阻率都随温度升高而增大。在0℃附近，且温度的变化范围不大时，导体的电阻率 ρ 与温度之间近似地有下述线性关系，即

$$\rho_t = \rho_0(1 + \alpha t) \tag{4-7}$$

式中 t 表示温度，ρ_0 是0℃时导体的电阻率，α 是电阻的温度系数。

线性电阻元件的伏安特性如图4-5(b)所示，它是通过以 i-u 为轴的平面直角坐标系原点的一条直线，直线的斜率与元件的 R 有关。

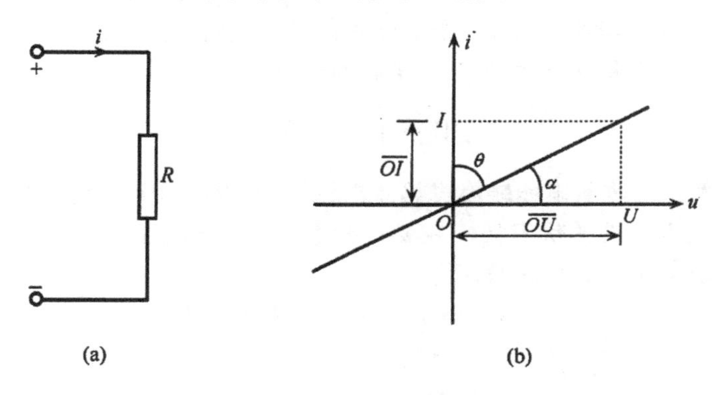

图 4-5

当一个线性电阻元件的端电压不论为何值时，流过它的电流恒为零值，则把它称为"开路"。开路的伏安特性在 u-i 平面上是一条与电压轴重合的直线，它相当于 $R=\infty$ 或 $G=0$，如图4-6(a)所示。当流过一个线性电阻元件的电流不论为何值时，它的端电压恒为零值，则称之为"短路"。其伏安特性在 u-i 平面上是一条与电流轴

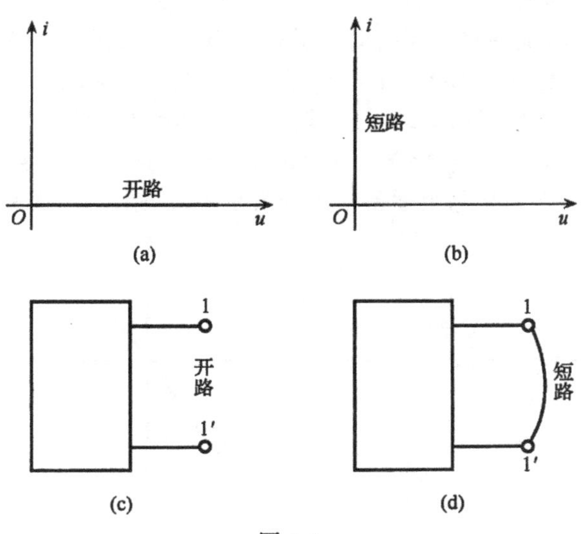

图 4-6

重合的直线，它相当于 $R=0$ 或 $G=\infty$，如图 4-6(b)所示。如果电路中一对端子 1-1′之间呈断开状态，如图 4-6(c)所示，它相当于 1-1′之间接有 $R=\infty$ 的电阻，则称 1-1′处于“开路”状态。如果把端子 1-1′用理想导线(电阻为零)连接起来，则称两端子 1-1′之间被“短路”。如图 4-6(d)所示。

对于线性电阻元件，当其电压 u 和电流 i 为关联参考方向时，其消耗的功率为

$$P=ui=Ri^2=\frac{u^2}{R} \tag{4-8}$$

或

$$P=Gu^2=\frac{i^2}{G}$$

由于 R 和 G 是正实常数，功率 P 恒为非负值，所以线性电阻元件是一种无源元件。

在 t_0 到 t 时间内，线性电阻元件吸收的电能为

$$W=\int_{t_0}^{t}Ri^2(\xi)\mathrm{d}\xi \tag{4-9}$$

电阻元件一般把吸收的电能转换成热能消耗掉，所以电阻元件也是一种耗能元件。

非线性电阻元件的伏安特性在 u-i 平面上不是一条通过原点的直线，而是曲线。其电压与电流的关系一般写为

$$u=f(i)\text{ 或 }i=h(u)$$

如果一个电阻元件具有以下电压电流关系

$$u(t)=R(t)i(t)\text{ 或 }i(t)=G(t)u(t)$$

由于比例系数 R 是随时间变化的，故称之为时变电阻元件。

4.5 电 容 元 件

4.5.1 线性电容元件

一个二端元件，如果在任何时间 t，其端子电压 u 与元件所储存的电荷 q 之间的关系可用代数方程 $q=q(u)$ 或 $u=u(q)$ 来表示，则称之为电容元件，简称电容。在电路图中用两条隔离的平行短线表示，其对应着实际电容器的两个极板。电容的符号为 C，如图 4-7(a)所示。关系式 $q=q(u)$ 或 $u=u(q)$ 称为电容的库伏特性，可用 q-u(或 u-q)为轴的平面直角坐标系中的一条曲线来表示。库伏特性为一通过坐标

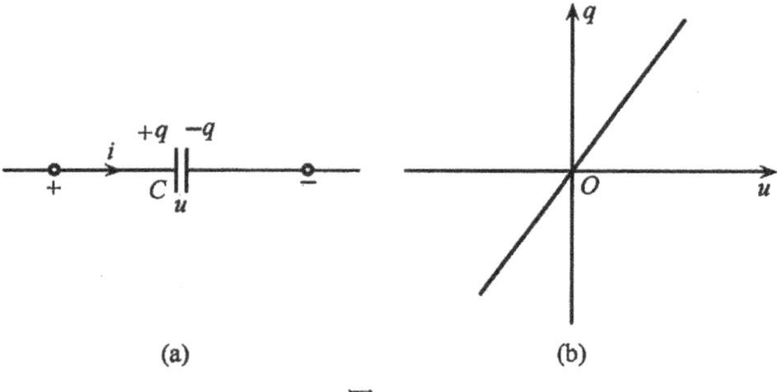

图 4-7

原点直线的电容元件，称为线性电容，如图 4-7(b)所示。

线性电容元件正(或负)极板上所储存电荷量的大小 q 与极板间的电压成正比，即

$$q = Cu \tag{4-10}$$

式中 C 为电容元件的参数，简称电容，对给定的电容元件，它是一个正实常数。在 SI 中，电容的单位是法拉，简称法，符号为 F。工程技术中，电容的单位还有微法(μF)和皮法(pF)，它们与法拉的换算关系为 $1\mu F=10^{-6}F$，$1pF=10^{-12}F$。

4.5.2 电容元件的伏安特性

电容元件的电压 u 随时间发生变化时，储存在电容元件极板上的电荷随之变化，这样便出现充电或放电现象，连接电容元件的导线中就有电流流过。如果电流 i 和电压 u 取关联参考方向，则有

$$i = \frac{\mathrm{d}q}{\mathrm{d}t} = \frac{\mathrm{d}(Cu)}{\mathrm{d}t} = C\frac{\mathrm{d}u}{\mathrm{d}t} \tag{4-11}$$

如果 i、u 取非关联参考方向，则有

$$i = -C\frac{\mathrm{d}u}{\mathrm{d}t} \tag{4-12}$$

现在就式(4-11)做如下讨论。

(1) 式(4-11)表明线性电容元件的伏安特性关系有如下特点：

① 电容元件上任一时刻的电流取决于同一时刻电容电压的变化率，而与该时刻电容电压的数值无关。

② 电容电压变化越快，电流越大。即使某时刻电压为零，也可能有电流。

③ 当电容电压为恒定值时(直流电压)，由于电压不随时间而变，即使恒定电压值较大，但也没有电流，电容元件相当于开路。所以电容元件有隔直流的作用。

以上三点表明，电容元件是一种动态元件。

(2) 式(4-11)还表明，若任一时刻电容电流为有限值时，电容电压不能跃变，如果跃变，则 $i=C\frac{\mathrm{d}u}{\mathrm{d}t}\rightarrow\infty$，则 i 就不是有限值了。所以，一般情况下电容电压是不能跃变的。电容元件的这一特性是分析动态电路的依据。

(3) 如果激励是电流，响应是电压，将式(4-11)等号两边积分后可得

$$u(t) = \frac{q(t)}{C} = \frac{1}{C}\int_{-\infty}^{t} i(t)\mathrm{d}t = \frac{1}{C}\int_{-\infty}^{0_-} i(t)\mathrm{d}t + \frac{1}{C}\int_{0_-}^{t} i(t)\mathrm{d}t = u(0_-) + \frac{1}{C}\int_{0_-}^{t} i(t)\mathrm{d}t \tag{4-13}$$

式中 $u(0_-)$ 是 $t=0_-$ 时刻电容元件上已具有的电压，此电压描述了电容元件过去的状态，称作初始电压。而 $\frac{1}{C}\int_{0_-}^{t} i(t)\mathrm{d}t$ 是 $t=0_-$ 以后在电容元件上形成的电压。式(4-13)说明，任一时刻 t 的电容电压，不仅取决于 t 时刻的电流值，而且取决于 $(-\infty\rightarrow t)$ 所有时刻的电流值，即与电流过去的全部历史状况有关。至于电流在 $t=0_-$ 以前的全部历史，可用 $u(0_-)$ 表达。由此可见，电容元件有记忆电流的作用，所以

电容元件又是一种记忆元件。

由于电容元件的电压与电流间是微分关系，因此 $u(t)$ 与 $i(t)$ 随时间变化的波形不同，两者波形的最大值、最小值一般也不同时出现。

4.5.3 电容元件的储能

当电容元件的电压、电流取关联参考方向时，电容元件吸收的瞬时功率为

$$P = ui = Cu\frac{\mathrm{d}u}{\mathrm{d}t}$$

若 $P>0$，说明电容元件实际上是在吸收能量，即处于充电状态；若 $P<0$，说明电容元件在释放能量，处于放电状态。当电路从初始时刻 t_0 到任意时刻 t 给电容元件充电时，这期间电容元件吸收的能量为

$$W = \int_{t_0}^{t} P(t)\mathrm{d}t = \int_{t_0}^{t} u(t)i(t)\mathrm{d}t = \int_{t_0}^{t} Cu\frac{\mathrm{d}u}{\mathrm{d}t}\mathrm{d}t = \frac{1}{2}Cu^2(t) - \frac{1}{2}Cu^2(t_0)$$

电容元件吸收的能量以电场能量的形式储存在电容元件的电场中。如果在 t_0 时刻电容元件的初始电压 $u(t_0)=0$，其电场能量也为零。这样，电容元件在任何时刻 t 储存的电场能量 $W(t)$ 将等于它所吸收的能量，即

$$W(t) = \frac{1}{2}Cu^2(t) \tag{4-14}$$

于是，在任意的时间间隔（t_1 到 t_2）内，电容元件吸收的能量为

$$W_C = C\int_{t_1}^{t_2} u\mathrm{d}u = \frac{1}{2}Cu^2(t_2) - \frac{1}{2}Cu^2(t_1) = W_C(t_2) - W_C(t_1)$$

电容元件充电时，$|u(t_2)|>|u(t_1)|$，$W_C(t_2)>W_C(t_1)$，故在此时间内元件吸收能量；电容元件放电时，$W_C(t_2)<W_C(t_1)$，元件释放能量。若电容元件原来没有充电，则在充电时它所吸收并储存起来的能量一定会在放电完毕时全部释放出来，并不消耗能量。所以，电容元件是一种储能元件。由于电容元件不会释放出多于它吸收或储存的能量，所以它又是一种无源元件。

如果电容元件的库伏特性在 u-q 平面直角坐标系中不是通过原点的直线，则称之为非线性电容元件。例如，晶体二极管中的变容二极管就是一种非线性电容元件，其电容随所加电压而变。

例 4-1 在本例图(a)所示电路中，已知电容 $C=1\mathrm{F}$，电容电压 $u_C(t)$ 的波形如

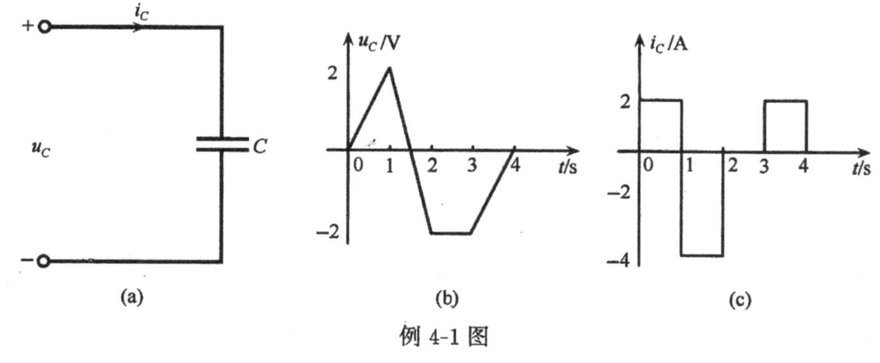

(a)　　(b)　　(c)

例 4-1 图

本例图(b)所示，试求电容电流 i_C。

解 据本例图(b)，可知 $u_C(t)$的表达式为

$$u_C(t)=\begin{cases}2t & 0<t<1\mathrm{s}\\ -4\left(t-\dfrac{3}{2}\right) & 1\mathrm{s}<t<2\mathrm{s}\\ -2 & 2\mathrm{s}<t<3\mathrm{s}\\ 2(t-4) & 3\mathrm{s}<t<4\mathrm{s}\end{cases}$$

根据 $i_C(t)=C\dfrac{\mathrm{d}u_C(t)}{\mathrm{d}t}$，求 $i_C(t)$。

$0<t<1\mathrm{s}$ 时

$$u_C(t)=2t,\qquad i_C=1\times\frac{\mathrm{d}(2t)}{\mathrm{d}t}=2(\mathrm{A})$$

$1\mathrm{s}<t<2\mathrm{s}$ 时

$$u_C(t)=-4t+6,\qquad i_C=1\times\frac{\mathrm{d}}{\mathrm{d}t}(-4t+6)=-4(\mathrm{A})$$

$2\mathrm{s}<t<3\mathrm{s}$ 时

$$u_C=-2,\qquad i_C=0$$

$3\mathrm{s}<t<4\mathrm{s}$ 时

$$u_C=2(t-4)=2t-8,\qquad i_C=1\times\frac{\mathrm{d}}{\mathrm{d}t}(2t-8)=2(\mathrm{A})$$

$i_C(t)$的波形图如本例图(c)所示。

例 4-2 本例图(a)为电容电流 $i_C(t)$的波形，试求电容电压 $u_C(t)$。设 $C=1\mu\mathrm{F}$，$u_C(0)=0$。

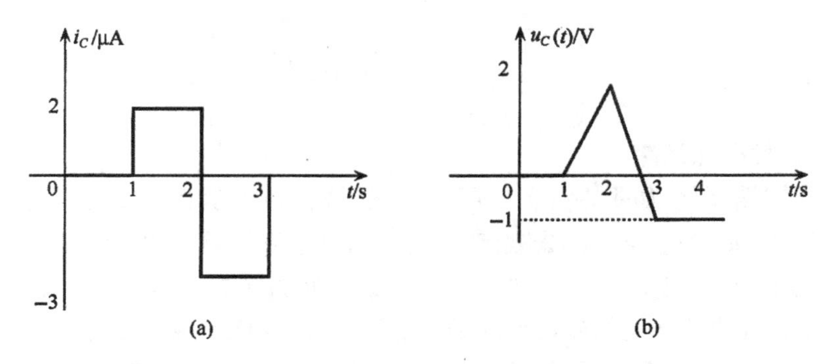

例 4-2 图

解 根据本例图(a)可知 $i_C(t)$的表达式为

$$i_C(t)=\begin{cases}0 & 0<t<1\mathrm{s}\\ 2\mu\mathrm{A} & 1\mathrm{s}<t<2\mathrm{s}\\ -3\mu\mathrm{A} & 2\mathrm{s}<t<3\mathrm{s}\end{cases}$$

根据式(4-13)求 $u_C(t)$。

$0<t<1s$ 时

$$u_C(t)=0, \qquad u_C(1)=0$$

$1s<t<2s$ 时

$$u_C(t)=u_C(1)+\frac{1}{C}\int_1^t i\mathrm{d}t=0+\frac{1}{1\times10^{-6}}\int_1^t 2\times10^{-6}\mathrm{d}t=(2t-2)(\mathrm{V})$$

$$u_C(2)=(2\times2-2)=2(\mathrm{V})$$

$2s<t<3s$ 时

$$u_C(t)=u_C(2)+\frac{1}{C}\int_2^t i\mathrm{d}t=2+(-3t+6)=(-3t+8)(\mathrm{V})$$

$$u_C(3)=(-3\times3+8)=-1(\mathrm{V})$$

$u_C(t)$的波形如本例图(b)所示。

例 4-3 有 2A 的恒定电流源,从 $t=0$ 开始对 $C=0.5\mathrm{F}$ 的电容器充电,求 20s 后电容器所储存的能量是多少?设电容器的初始电压为 $u_C(0)=0$。

解

$$u_C(t)=u_C(0)+\frac{1}{C}\int_0^t i\mathrm{d}t=0+\frac{1}{0.5}\int_0^t 2\mathrm{d}t=4t$$

$t=20s$ 时

$$u_C=4\times20=80(\mathrm{V})$$

则

$$W_C=\frac{1}{2}Cu_C^2=\frac{1}{2}\times0.5\times80^2=1600(\mathrm{J})$$

4.6 电感元件

4.6.1 线性电感元件

一个二端元件,如果在任何时间 t,其端子电流 i 与其磁链 ψ 之间的关系可用代数方程 $\psi=\psi(i)$或 $i=i(\psi)$来表示,则称之为电感元件,简称电感。其图形符号如图 4-8(a)所示。电感元件是电路中实际导线绕制的螺旋线圈的一种理想化模型。它反映了所通电流产生的磁通和磁场能量储存这一物理现象。磁链 ψ 与电流 i 之间的关系可用 ψ-i 为轴的平面直角坐标系中的一条曲线表示,若 ψ-i 曲线(称为韦安曲线)是一条通过坐标原点的直线,见图 4-8(b),则此电感元件称为线性电感元件。电磁学理论指出,线性电感元件的 ψ、i 满足以下关系,即

$$\psi=Li \tag{4-15}$$

式中 L 称为该元件的自感(比例系数)或电感,通常所指的电感元件就是这种线性电感元件(今后为叙述方便,去掉“线性”二字)。L 是一个正实常数,在 SI 中,L 的

单位是亨利(H)。常用单位是毫亨(mH)和微亨(μH),他们和亨利的换算关系为 $1\text{mH}=10^{-3}\text{H}$,$1\mu\text{H}=10^{-6}\text{H}$。

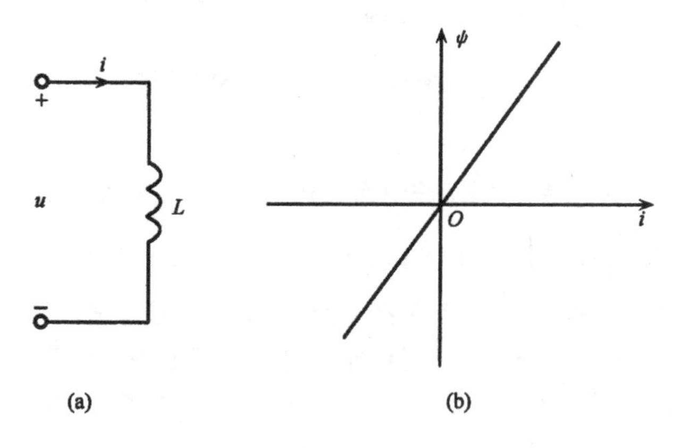

图 4-8

4.6.2 电感元件的伏安特性

当变化的电流 i 通过电感线圈时,在线圈中将会产生变化的磁通或磁链,变化的磁链在线圈两端必然引起感应电压 u,当 u 与 i 为关联参考方向时(图 4-9),根据楞次定律,则

$$u = L\frac{\mathrm{d}i}{\mathrm{d}t} \tag{4-16}$$

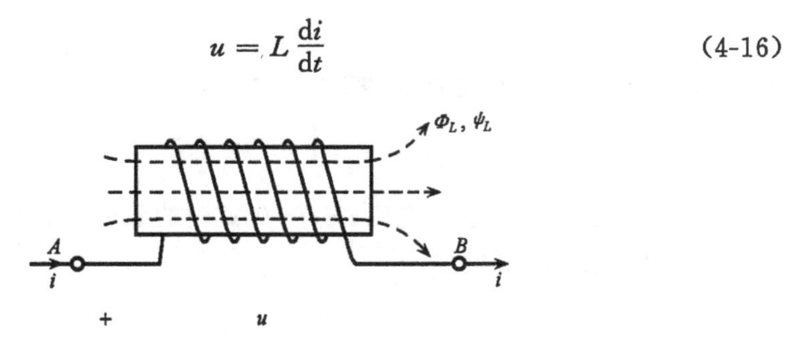

图 4-9

式(4-16)表明电感元件的伏安关系有如下特点:

(1) 电感元件任一时刻的电感电压 u 取决于同一时刻电感电流 i 的变化率,而与该时刻电感电流的数值无关。

(2) 电感电流 i 变化越快$\left(\frac{\mathrm{d}i}{\mathrm{d}t}\text{越大}\right)$,$u$ 也越大。即使某时刻 $i=0$,也可能有电压 u 存在。

(3) 当电流 i 为恒定值时,由于电流不随时间变化$\left(\frac{\mathrm{d}i}{\mathrm{d}t}=0\right)$,则电感电压 $u=0$,电感相当于短路。

以上几点说明,电感元件是一种动态元件。

式(4-16)还表明,若任一时刻电感电压 u 为有限值时,电感电流 i 不能跃变。

如 i 跃变，则 $u=L\frac{\mathrm{d}i}{\mathrm{d}t}\to\infty$。电感元件的这一特性，是分析动态电路的重要依据。

如果给定激励电压 u，响应为 i 时，式(4-16)可写为

$$i=\frac{1}{L}\int_{-\infty}^{t}u(t)\mathrm{d}t=\frac{1}{L}\int_{-\infty}^{0_-}u(t)\mathrm{d}t+\frac{1}{L}\int_{0_-}^{t}u(t)\mathrm{d}t=i(0_-)+\frac{1}{L}\int_{0_-}^{t}u(t)\mathrm{d}t \tag{4-17}$$

式中 $i(0_-)$ 是 $t=0_-$ 时刻电感元件中已积累的电流，它总结了电感元件过去的历史状况，称为初始电流。$\frac{1}{L}\int_{0_-}^{t}u(t)\mathrm{d}t$ 是 $t=0_-$ 以后在电感元件中形成的电流。式(4-17)说明，任一时刻电感元件的电感电流不仅取决于 t 时刻的电压值，且取决于($-\infty\to t$)所有时刻的电压值，即与电感电压过去的全部历史有关。电感电压在 $t=0_-$ 以前的全部历史，可用 $i(0_-)$ 表示。可见，电感元件有记忆电压的功能，所以它也是一种记忆元件。

由于电感电压与电流之间是微分关系，所以二者随时间变化的波形不一定相同。

4.6.3 电感元件的储能

当电感电压与电感电流取关联参考方向时，电感元件所吸收的瞬时功率为

$$P=ui=Li\frac{\mathrm{d}i}{\mathrm{d}t} \tag{4-18}$$

那么从初始时刻 t_0 到任意时刻 t 期间内，电感吸收的能量为

$$W_L(t)=\int_{t_0}^{t}P\mathrm{d}t=L\int_{t_0}^{t}i\mathrm{d}i=\frac{1}{2}Li^2(t)-\frac{1}{2}Li^2(t_0)$$

如果 t_0 时刻电感的初始电流 $i(t_0)=0$，此时的磁场能量为零，则电感元件在任意时刻 t 储存的磁场能量为

$$W_L(t)=\frac{1}{2}Li^2(t) \tag{4-19}$$

则从时间 t_1 到 t_2 期间内，电感元件吸收的能量为

$$W_L(t)=\int_{t_1}^{t_2}P\mathrm{d}t=L\int_{t_1}^{t_2}i\mathrm{d}i=\frac{1}{2}Li^2(t_2)-\frac{1}{2}Li^2(t_1)=W_L(t_2)-W_L(t_1)$$

由此可知，当 $|i|$ 增加时，$W_L>0$，电感元件吸收能量；当 $|i|$ 减小时，$W_L<0$，电感元件释放能量。可见电感元件不会把吸收的能量消耗掉，而是以磁场能量的形式储存在磁场中。所以电感元件也是一种储能元件。同时，由于电感元件不会释放出多于它吸收(或储存)的能量，所以它又是一种无源元件。

式(4-19)还表明，电感元件在某一时刻 t 的储能仅取决于该时刻的电流值 $i(t)$，而与电压值无关。

如果电感元件的韦安特性不是 ψ-i 坐标平面上过原点的一条直线，则为非线性电感元件。非线性电感元件的韦安特性可表示为

$$\psi = f(i) \text{ 或 } i = h(\psi)$$

为了叙述方便，通常把线性电感元件简称为电感。本书中“电感”以及与它相应的符号 L 一方面表示一个具体的电感元件，另一方面表示这个元件的参数。

例 4-4 在本例图(a)中，已知 $L=2H$，$i_L(t)$的波形如本例图(b)所示，试计算 $t>0$ 时的电感电压 $u_L(t)$、瞬时功率 $P(t)$，并绘出它们的波形。

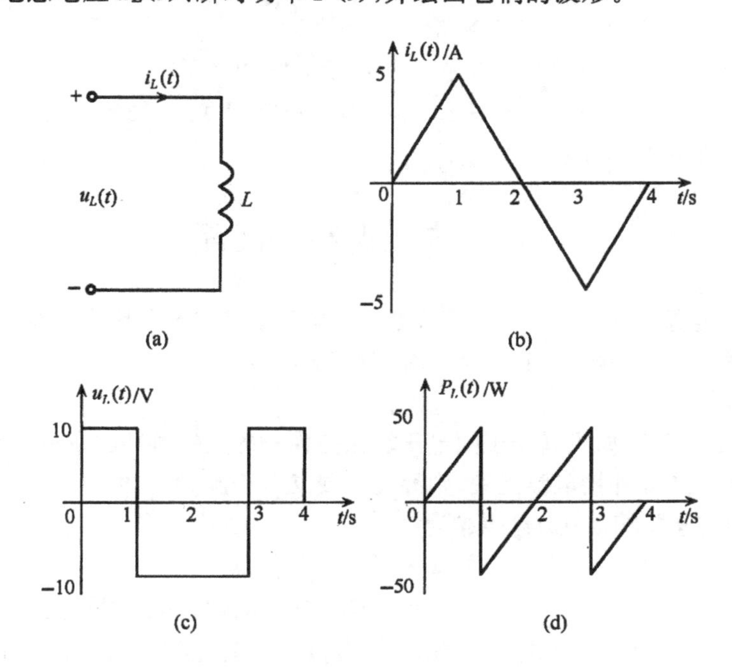

例 4-4 图

解 由本例图(b)可知 $i(t)$的表达式为

$$i(t)=\begin{cases} 5t & 0\leqslant t\leqslant 1 \\ -5t+10 & 1<t\leqslant 3 \\ 5t-20 & 3<t\leqslant 4 \end{cases}$$

根据 $u_L=L\dfrac{\mathrm{d}i}{\mathrm{d}t}$求 $u_L(t)$。

$0\leqslant t\leqslant 1$

$$i=5t(\mathrm{A})$$

$$u_L=L\frac{\mathrm{d}i}{\mathrm{d}t}=2\times\frac{\mathrm{d}}{\mathrm{d}t}(5t)=2\times 5=10(\mathrm{V})$$

$1<t\leqslant 3$

$$i=(-5t+10)(\mathrm{A})$$

$$u_L=2\times\frac{\mathrm{d}}{\mathrm{d}t}(-5t+10)=2\times(-5)=-10(\mathrm{V})$$

$3<t\leqslant 4$

$$i = (5t - 20)(\mathrm{A})$$

$$u_L = 2 \times \frac{\mathrm{d}}{\mathrm{d}t}(5t - 20) = 2 \times 5 = 10(\mathrm{V})$$

电压 u_L的波形图如本例图(c)所示。

根据 $P=u_L i$ 求 P

$$P = \begin{cases} 10 \times 5t = 50t(\mathrm{W}) & 0 \leqslant t \leqslant 1 \\ -10 \times (-5t + 10) = 50(t-2)(\mathrm{W}) & 1 < t \leqslant 3 \\ 10 \times (5t - 20) = 50(t-4)(\mathrm{W}) & 3 < t \leqslant 4 \end{cases}$$

功率 P 的波形图如本例图(d)所示。

4.7 电压源和电流源

实际的电源有发电机、电池、信号源等。电压源和电流源则是从实际电源抽象得到的一种电路元件模型，它们是二端有源元件。

4.7.1 电压源

一个二端元件，如果其端子间电压能保持为一确定的时间函数或一确定值，而与通过它的电流和外接电路无关，则称之为独立电压源，简称电压源。它是一个理想电路元件，其端电压 $u(t)$可表述为

$$u(t) = u_s(t)$$

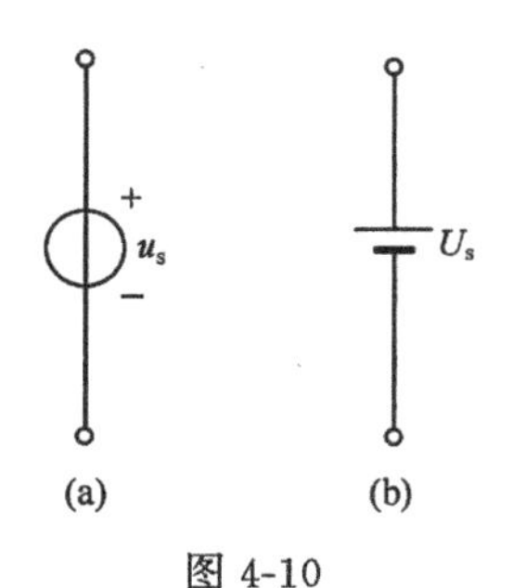

图 4-10

式中 $u_s(t)$为给定的时间函数。电压源的图形符号见图 4-10(a)。当 $u_s(t)$为恒定值时，这种电压源称为恒定电压源或直流电压源，其图形符号见图 4-10(b)，其中长划线表示电源“+”极，短划线表示电源“−”极，U_s表示恒定电压值。

图 4-11(a)给出的是电压源与外电路相连接的情况。其端子 1、2 之间的电压 $u(t)$等于 $u_s(t)$，它不受外电路的影响。图 4-11(b)给出了电压源在 t_1 时刻的伏安特性，它是一条不通过原点且与电流轴平行的直线。当 $u_s(t)$随时间改变时，这条平行于电

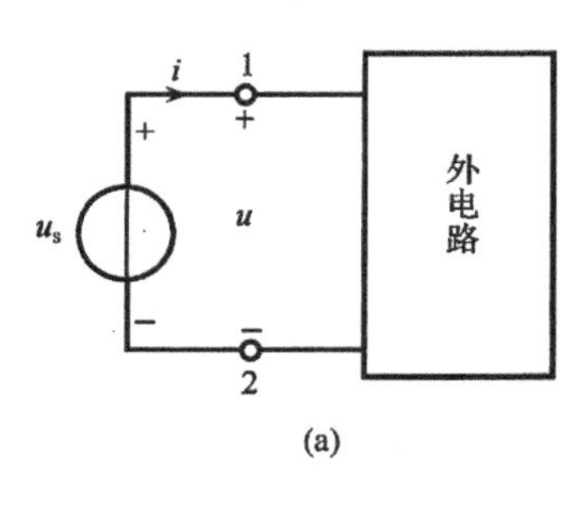

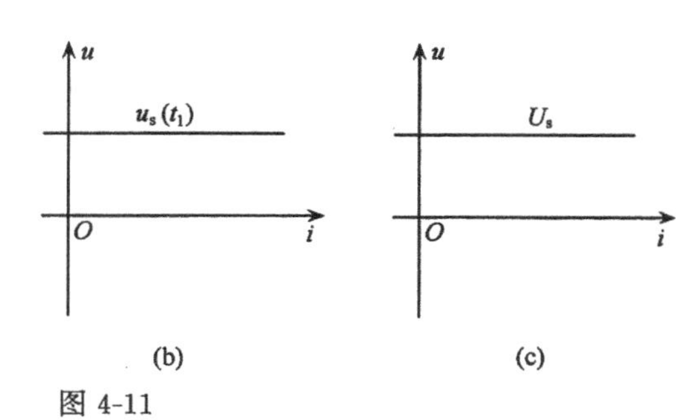

图 4-11

流轴的直线将随之改变位置，即 $u(t)=u_s(t)$ 的伏安特性是一族与电流轴（i 轴）平行的直线。图 4-11(c)给出的是直流电压源的伏安特性，它是一条不随时间改变且平行于电流轴的固定直线。

当电压源不接外电路时，其电流 $i=0$，则称“电压源处于开路”状态。如果使得一个电压源的电压 $u_s=0$，则此电压源的伏安特性在 i-u 平面上是一条与 i 轴重合的直线，它相当于其正极和负极间用理想导线短路。把电压源短路是没有意义的，因为短路时其端电压 $u=0$，这与电压源的特性不相容。

电压源的电压和通过电压源的电流的参考方向通常取非关联方向（图 4-11(a)），则电压源发出的功率为

$$P(t)=u_s(t)i(t)$$

此功率也是外电路吸收的功率。

电压源在电路中一般起提供能量的作用，是一个激励源。

4.7.2 电流源

一个二端元件，如果提供的电流为一个确定的时间函数或常量，而与元件的端电压和外接电路无关，则称为独立电流源，简称电流源。即

$$i(t)=i_s(t)$$

式中 $i_s(t)$ 为给定的时间函数，与元件的端电压和外接电路无关。而电流源的端电压则由外电路决定。电流源的图形符号于图 4-12(a)所示。当 $i_s(t)$ 为常量（恒定值）时，这种电流源称为直流电流源。

图 4-12(b)给出了电流源与外电路相连接的情况。图 4-12(c)为一给定电流源在 t_1 时刻的伏安特性，它是一条不通过原点且与电压轴平行的直线。当 $i_s(t)$ 随时间改变时，这条平行于电压轴的直线也将随之改变位置，即 $i(t)=i_s(t)$ 的伏安特性是一族与电压轴平行的直线。图 4-12(d)为直流电流源的伏安特性，它是一条不随时间改变且平行于电压轴的固定直线。

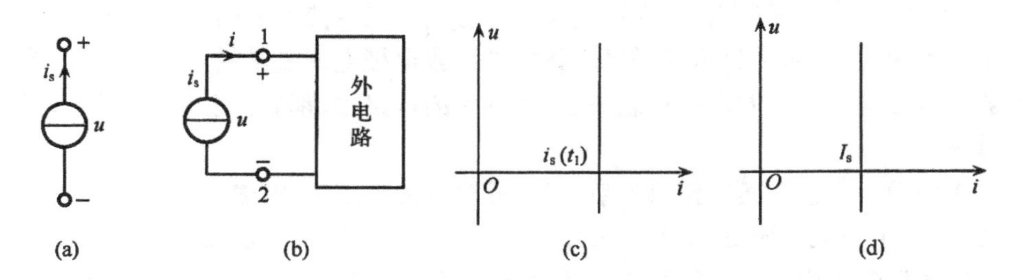

图 4-12

当电流源两端短路时，其端电压 $u=0$，而 $i=i_s$，电流源的电流即为短路电流。如果使得一个电流源发出的电流 $i_s=0$，则此电流源的伏安特性为 i-u 平面上与电压轴重合的直线，它相当于开路。电流源“开路”是没有意义的，因为开路时元件发

出的电流 i 必为零，这与电流源本身的特性不相容。

电流源的电流和电压的参考方向通常取非关联参考方向(图 4-12(b))，则电流源发出的功率为

$$P(t)=u(t)i_s(t)$$

此功率也是外电路吸收的功率。

当电压源的电压 $u_s(t)$ 或电流源的 $i_s(t)$ 随时间作正弦(或余弦)规律变化时，则称为正弦电压源或正弦电流源。以正弦电压源为例，有

$$u_s(t)=U_m[\cos(\omega t+\psi_u)]$$

式中 U_m 为正弦电压的峰值，ω 为正弦(或余弦)函数的角频率。ψ_u 为初相位。(详细内容见第 9 章)

常见的实际电源，如实际的蓄电池、干电池、发电机及电子稳压器等器件的工作机理与电压源比较接近，故其电路模型可看作是电压源与电阻的串联组合；诸如实际的光电池、电子稳流器等器件，它们的工作特性与电流源相近，故其电路模型可看作是电流源与电阻的并联组合。另外，在电子技术中，专门设计的“电子电路”也可作为实际的电流源应用。

上述电压源和电流源统称为独立电源，“独立”二字是相对下一节要讨论的“受控”电源而言的。

4.8 受控电源

前面讨论了独立电源(电压源和电流源)，它们通常作为电路的输入，代表外界对电路的作用，或对电路的激励，其变化规律由独立电源本身决定，不受其他支路的控制。而接下来要讨论的非独立电源，其电压或电流是电路中其他部分的电压或电流的函数，或者说非独立电源的电压或电流受电路中其他部分的电压或电流的控制，因此，称之为受控电源。受控电源是随着电子技术的发展引入电路理论的。在电子线路中，其应用十分广泛。例如，晶体管的集电极电流受基极电流控制，运算放大器的输出电压受输入电压控制，在这类器件的电路中，都要用受控源模型进行分析讨论。

受控源一般由两条支路对外引出两个端口(四个端子)构成。其中一个为输入端口，另一个为输出端口。加在输入端的是控制量，它可以是电压也可以是电流，而在输出端得到的则是被控制的电压或电流。因此，受控电源(模型)可分为四种：

(1) 电压控制电压源(VCVS)；

(2) 电压控制电流源(VCCS)；

(3) 电流控制电压源(CCVS)；

(4) 电流控制电流源(CCCS)。

这四种受控电源的图形符号见图 4-13。

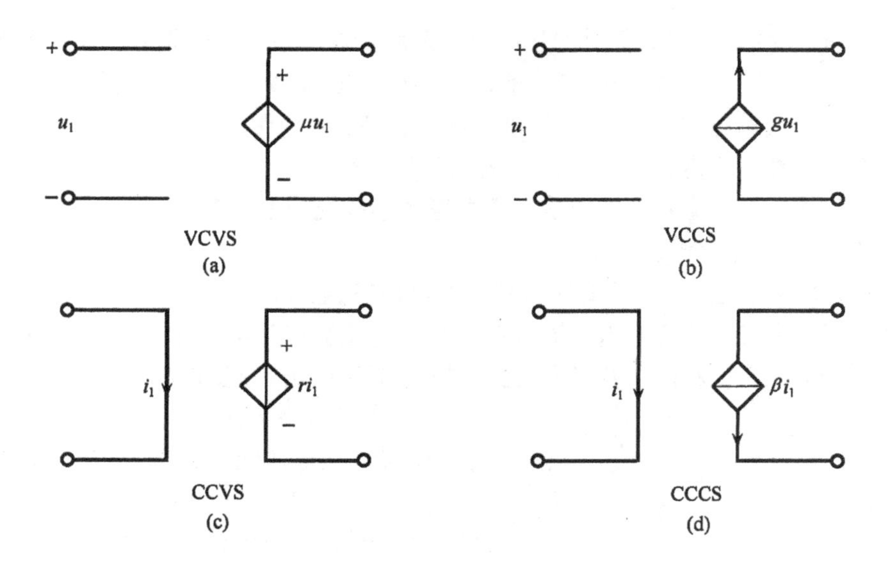

图 4-13

为了与独立源相区别，用菱形符号表示其电源部分。图中控制端的 u_1 和 i_1 分别表示控制电压和控制电流，受控端的 μ、r、g、β 分别是相关的控制系数。其中，μ 为受控端电压(u_2)与控制端电压(u_1)之比，即

$$\mu = \frac{u_2}{u_1}$$

它是一个无量纲的纯数，称为电压控制电压源的转移电压比(或电压放大系数)。r 为受控端电压 u_2 与控制电流 i_1 之比，即

$$r = \frac{u_2}{i_1}$$

它具有电阻的量纲，称为电流控制电压源的转移电阻。g 为受控电流 i_2 与控制端电压 u_1 之比，即

$$g = \frac{i_2}{u_1}$$

它具有电导的量纲，称为电压控制电流源的转移电导。β 为受控电流 i_2 与控制电流 i_1 之比，即

$$\beta = \frac{i_2}{i_1}$$

它是一个无量纲的纯数，称为电流控制电流源的转移电流比(或称电流放大系数)。

如果控制系数为常数，被控制量和控制量成正比，这种受控源称为线性受控源，否则称为非线性控制源。本书只讨论线性控制源。为表述简明，一般略去“线性”二字，称为受控源。

图 4-13 把受控源表示为具有四个端子的电路模型，其中受控电压源或受控电

流源具有一对端子，而另一对端子则成为开路，或为短路，其分别对应于控制量是开路电压或短路电流。在一般情况下，不一定要在图中专门标出控制量所在处的端子，但控制量(电压或电流)和受控量(电压或电流)必须明确标出。

在求解具有受控源的电路时，应注意以下几点：

(1) 首先要弄清楚受控源是受控电压源还是受控电流源，每个受控源的控制量在哪里，控制量是电压还是电流。

(2) 要注意受控电压源是否有串联电阻，受控电流源是否有并联电阻。凡是有串联电阻的受控电压源和有并联电阻的受控电流源称为实际受控源，而没有串联电阻的受控电压源和没有并联电阻的受控电流源称为理想受控源。

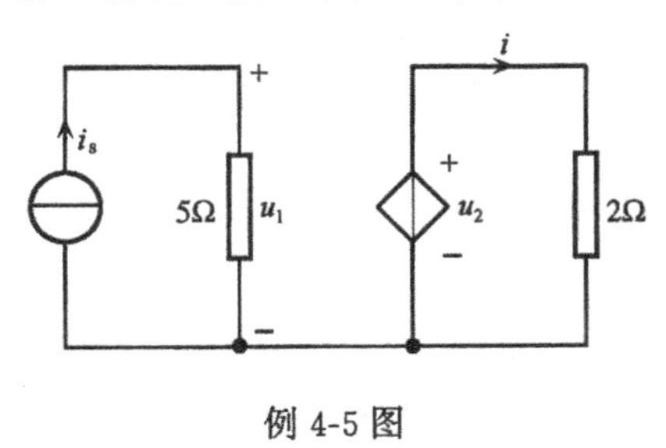

例 4-5 图

(3) 在建立电路方程的过程中对受控源的处理与独立电源无原则区别，唯一要注意的是：受控源的电压(或电流)是取决于控制量的，不要把受控源的控制量消除掉。

例 4-5 求本例图所示电路中的电流 i，其中 VCVS 的电压为 $u_2=0.5u_1$，电流源的 $i_s=2\text{A}$。

解 从图中左方电路可知控制电压 u_1 为

$$u_1 = i_s \times 5 = 2 \times 5 = 10(\text{V})$$

则

$$i = \frac{u_2}{2} = \frac{0.5u_1}{2} = \frac{0.5 \times 10}{2} = 2.5(\text{A})$$

4.9 含源电路的欧姆定律

我们知道电流通过一段均匀电路时的欧姆定律为 $I=\frac{U}{R}$，那是一种很简单的情况。实际上经常会遇到包含电源在内的各种非均匀电路(或称含源电路)，其规律如何呢？

4.9.1 闭合电路的欧姆定律

图 4-14 所示为一闭合电路。电源的电动势为 ε，内阻为 r，外电阻为 R，电流 I 的方向为顺时针方向。设从 A 点出发，沿电流方向绕电路一周回到 A 点。经过外电阻 R 时，电势降落为 IR，经过电源时，电势升高了 ε，换言之，从负极经电源内部到正极时，电势降落为 $(-\varepsilon)$。同样，沿电流方向经电源内阻 r 时，其电势降落为 Ir，最后回到 A 点。这样把闭合回路上所有的“电势降落”相加，其总和应为零，即

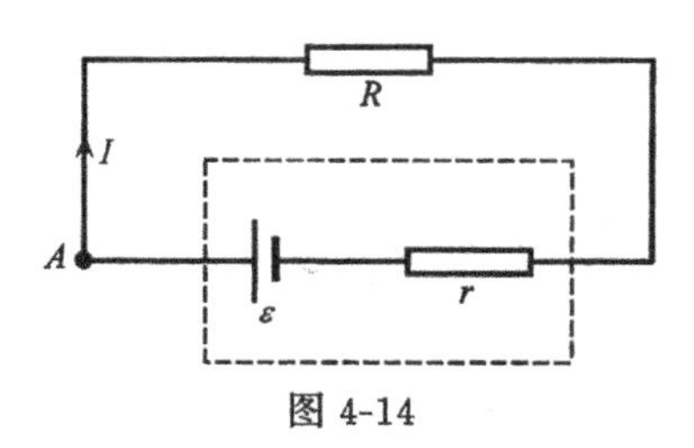

图 4-14

$$IR - \varepsilon + Ir = 0$$

则

$$I = \frac{\varepsilon}{R + r}$$

如果闭合电路中有多个电源，则上式可改写为

$$I = \frac{\sum \varepsilon_i}{\sum R_i + \sum r_i} \tag{4-20}$$

这便是闭合电路欧姆定律的数学表达式。式中$\sum R_i$和$\sum r_i$为所有外电阻与所有电源内阻之和，$\sum \varepsilon_i$为电源电动势之和，其正负号可这样确定：当ε_i的方向与回路绕行方向一致时取正值，反之取负值。

应注意，这里“电势降落”的含义是指沿回路绕行时，沿途电势所经历的从高到低或从低到高的过程，统称为“电势降落”。

4.9.2 一段含源电路的欧姆定律

图 4-15 所示的一段含源电路，如何来计算其两端A、B间的电势差呢？

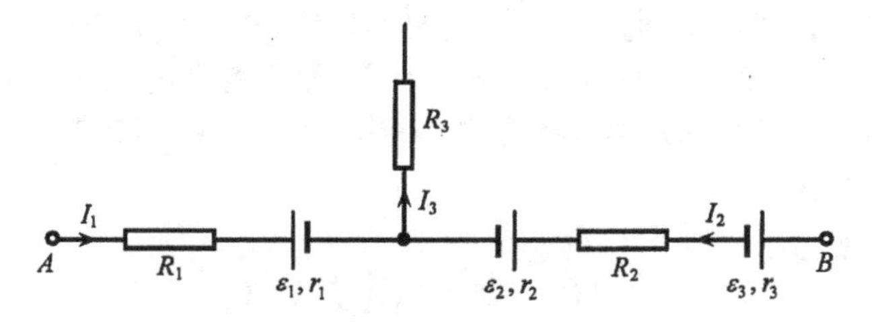

图 4-15

我们同样可用“电势降落”的方法来解决这类问题。因为电势差和电动势都是代数量，在列出电路方程时，为了确定电路中I_iR_i(或I_ir_i)及ε_i的正负号，特作如下约定：

(1) 任意选定一个沿电路的循行方向为标定参考方向；

(2) 若电路中电流方向与电路循行方向一致时，IR_i(或Ir_i)为正，反之为负；

(3) 电路中ε_i的方向与电路循行方向相同，ε_i取负，反之取正；

(4) 如果电流I_i和电动势ε_i的方向事先不知道，则可对其假定一个方向。计算结果为正，说明假定方向与实际方向相同；计算结果为负，说明假定方向与实际方向相反。

按照上述约定，对图 4-15 所示的电路可列出如下方程(电路的循行方向为由A到B)

$$U_{AB} = I_1R_1 + \varepsilon_1 + I_1r_1 - \varepsilon_2 - I_2r_2 - I_2R_2 - \varepsilon_3 - I_2r_3$$

即

$$U_{AB} = \sum \varepsilon_i + \sum I_ir_i + \sum I_iR_i \tag{4-21}$$

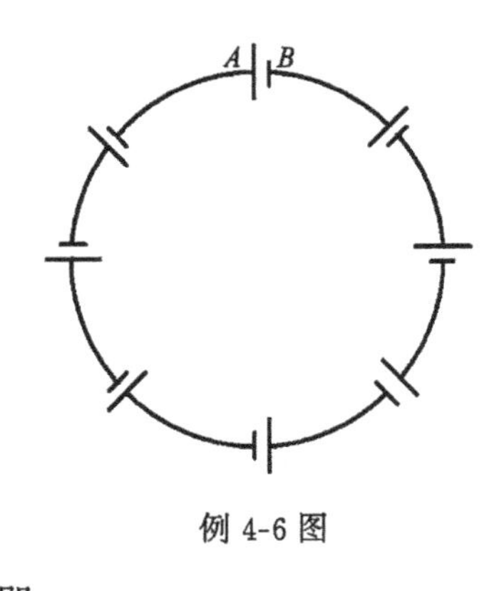

例 4-6 图

式(4-21)便是一段含源电路的欧姆定律的数学表达式。若$U_{AB}>0$,说明A点电势高于B点电势($U_A>U_B$);若$U_{AB}<0$,说明A点电势低于B点电势($U_A<U_B$)。

例 4-6 用导线将八个完全相同的电源顺次连接为一闭合电路,如例 4-6 图所示。设每个电源的电动势为ε,内阻为r,求每个电源两端的电压。

解 由闭合电路的欧姆定律可得

$$I=\frac{8\varepsilon}{8r}=\frac{\varepsilon}{r}$$

即

$$\varepsilon=Ir$$

设电路的绕行方向为顺时针方向,电流I的方向为逆时针方向,由一段含源电路的欧姆定律可知

$$U_{AB}=\varepsilon-Ir=\varepsilon-\varepsilon=0$$

结果表明,任意电源两端的电势差为零,亦即该闭合电路中各点的电势相等。

我们知道,对于不含电源的均匀电路而言,如果各点的电势相等,则不会有电流产生。但是对于含源电路,尽管各点电势相同,但电路中仍有电流产生,这正是含源电路的性质所在。

4.10 基尔霍夫定律

电路分为简单电路和复杂电路。凡是可以用串联或并联方法进行单一简化的电路,称为简单电路。然而有些电路仅凭串联或并联方法并不能完全进行简化,这样的电路称为复杂电路,求解复杂电路的问题要应用基尔霍夫定律。

这里先介绍几个相关的概念。

(1) 支路:在复杂电路中,通常把通有同一个电流的一段电路称为一条支路;

(2) 节点:三条或三条以上的支路的连接点称为节点;

(3) 回路:由支路构成的闭合路径称为回路;

(4) 网孔:复杂电路又称为网络。一个网络画在平面上,除节点以外没有任何支路相交叠,则称为平面网络或平面电路,平面网络自然形成的互不重叠的回路称为内网孔,简称网孔,它是一个自然的"孔",在其所限定的孔区内部不存在支路。

图 4-16 所示的平面网络共有三条支路,即ab、acb、adb;两个节点,即a、b;三个回路,即$abca$、$abda$、$adbca$;两个网孔,即$abca$、$abda$。

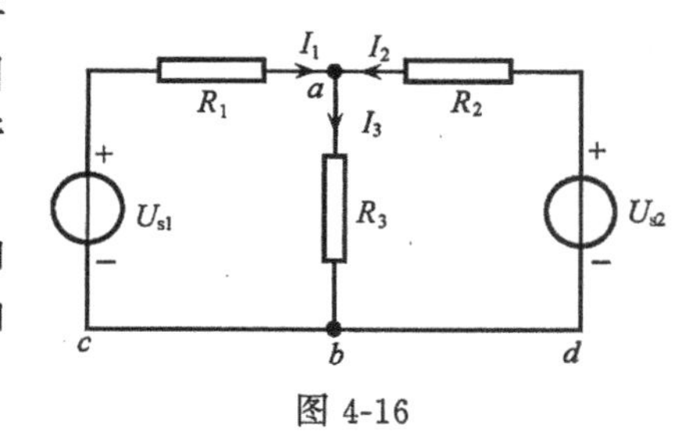

图 4-16

复杂电路一般都是由集中参数元件相互连接而成，电路中各支路的电流和各支路的电压(简称支路电流和支路电压)受到两类约束。一类是受元件本身特性造成的约束。例如，线性电阻元件的电压和电流必须满足 $u=iR$ 的关系，这种关系称为元件的电压电流关系，简写为(VCR)。另一类约束是元件的相互连接给支路电流之间和支路电压之间带来的约束，有时称之为“拓扑”约束。基尔霍夫在总结了这类约束的基本规律后，于 1848 年提出了基尔霍夫电流定律(简写为 KCL)和电压定律(简写为 KVL)，也分别称为基尔霍夫第一定律和第二定律。

4.10.1 基尔霍夫第一定律

基尔霍夫第一定律(KCL)是用来研究节点电流规律的，其文字表述为：对于电路中任一节点，在任何时刻，流入该节点的电流恒等于流出该节点的电流。写成数学表达式，即

$$\sum I_{i入} = \sum I_{i出}$$

基尔霍夫第一定律的实质是电荷守恒定律在电路理论中的具体表述，它揭示了电路中电流的连续性。电荷在电路中流动，在任一点(包括节点在内)它既不会消失，也不会堆积。如有电荷堆积，将改变电路中电荷的分布和电场状态，从而改变电路的电压。然而，在电路条件未改变时，电流不能改变，电压也不能改变。因此，每一时刻流入节点的电荷等于同一时刻流出节点的电荷，也就是流入节点的电流等于流出节点的电流。如果规定参考方向是流出节点的电流为正，则流入节点的电流为负，于是基尔霍夫第一定律还可表述为

$$\sum I_i = 0$$

即电路中任一节点，在任何时刻流入(或流出)该节点电流的代数和恒等于零。此处的“代数和”是根据电流是流出节点还是流入节点来判断的。

KCL 不仅适用于电路中任一节点，也适用于电路中任一闭合面。如图 4-17 所示的电路，取虚线表示的闭合面 S(也叫电路的广义节点)，其内有三个节点①、②、③，对这些节点分别有

$$i_1 + i_4 - i_6 = 0, \qquad -i_2 - i_4 + i_5 = 0, \qquad i_3 - i_5 + i_6 = 0$$

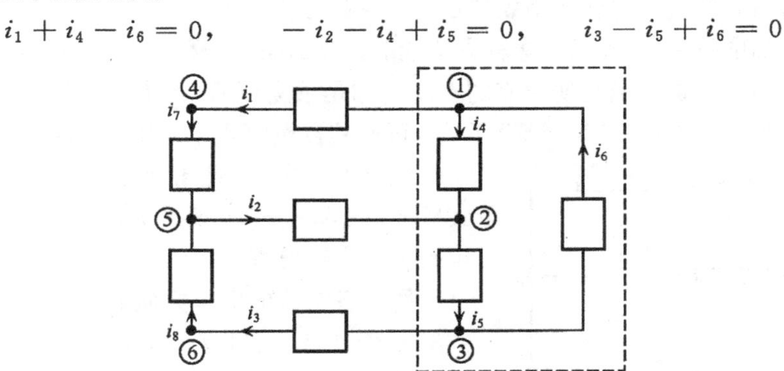

图 4-17

将上面三个式子相加，即可求得对闭合面 S 的电流代数和为

$$i_1 - i_2 + i_3 = 0$$

其中 i_1 和 i_3 流出闭合面，i_2 流入闭合面。

可见，通过电路中任一闭合面的电流代数和等于零；或者说流出闭合面的电流等于流入同一闭合面的电流。

4.10.2 基尔霍夫第二定律

基尔霍夫第二定律(KVL)是用来研究电路中电压规律的，其理论基础是稳恒电场的环路定理。根据环路定理，沿回路一周回到出发点，电势数值不变。因此，基尔霍夫第二定律指出：对电路中任一回路，在任一时刻，沿闭合回路电势降落(电压降)的代数和恒等于零。写成数学表达式，即

$$\sum U_i = 0$$

按上式列出电压方程时，必须选定回路的循行(或称绕行)方向(可选定为回路的顺时针转向，也可选定为逆时针转向)，当回路中所含支路电压 U_i 的参考方向与回路循行方向一致时，U_i 取正号；反之，U_i 取负号。

应指出，KCL 是对支路电流之间施加线性约束关系；KVL 是对支路电压之间施加线性约束关系。这两个定律仅与元件的相互连接有关，而与元件的性质无关。不论元件是线性的还是非线性的，时变的还是非时变的，KCL 和 KVL 总是成立的。

4.10.3 电路方程的独立性

应用 KCL 和 KVL 求解复杂电路时，并非对所有节点和所有回路列出的方程都是独立的。那么怎样来确定方程的独立性呢？可以证明，对于具有 n 个节点，b 条支路的电路，其独立的 KCL 方程数为 $(n-1)$，独立的 KVL 方程数为 $b-(n-1)$。能够列写出彼此独立的 KCL 方程的节点称为独立节点。不难看出，电路的独立节点数比电路的总节点数少 1，去掉任意一个节点，其余的节点便为独立节点。与独立节点概念相似，能够列写出彼此独立的 KVL 方程的回路称为电路的独立回路。其独立回路数为电路的总支路数与独立节点数之差。

在已知电路中，可用以下两种方法选取独立回路。一种方法是，所选回路至少含有一条为其他被选回路所没有的新支路则是独立回路(此法为充分条件而非必要条件)；另一种方法是，对于平面网络，可选其自然网孔作为独立回路。

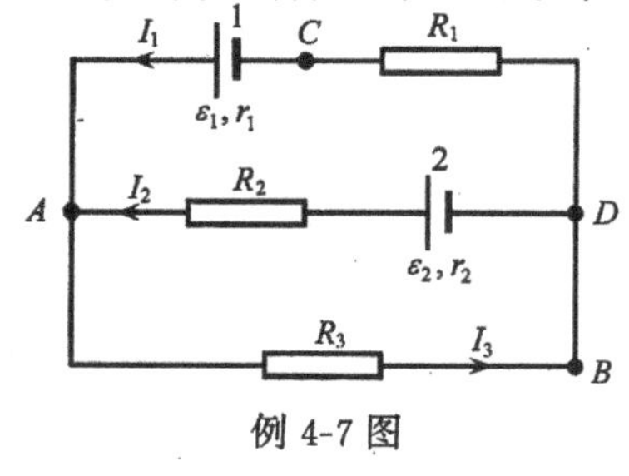

例 4-7 图

例 4-7 如本例图所示的电路中，$\varepsilon_1 = 12\text{V}$，$\varepsilon_2 = 6\text{V}$，$r_1 = r_2 = R_1 = R_2 = 1\Omega$，$R_3 = 2\Omega$，求电路中各支路电流及 U_{AD}。

解 各支路的电流方向如图所示。该电路共有两个节点，则只有一个独立节点。对节点 A，由 KCL 可得

$$-I_1-I_2+I_3=0 \tag{1}$$

因该电路的总节点数为2，总支路数为3，则其独立的回路数为

$$3-(2-1)=2$$

取回路 $ADCA$，沿逆时针方向为绕行方向，由KVL可得该回路电压方程为

$$-\varepsilon_1+\varepsilon_2+I_1(r_1+R_1)-I_2(r_2+R_2)=0 \tag{2}$$

取回路 $ADBA$，沿顺时针方向为绕行方向，由KVL可得该回路的电压方程为

$$\varepsilon_2-I_2(r_2+R_2)-I_3R_3=0 \tag{3}$$

联立式(1)、(2)、(3)，解得

$$I_1=3\text{A},\qquad I_2=0,\qquad I_3=3\text{A}$$

对 ABD 支路，由VCR(欧姆定律)可得

$$U_{AD}=I_3R_3=3\times2=6(\text{V})$$

例 4-8 惠斯通电桥是用来测量电阻的仪器，其电路图如例4-8图所示。求电流计的电流 I_G 与电源电动势及各电阻之间的关系(忽略电源的内阻)。

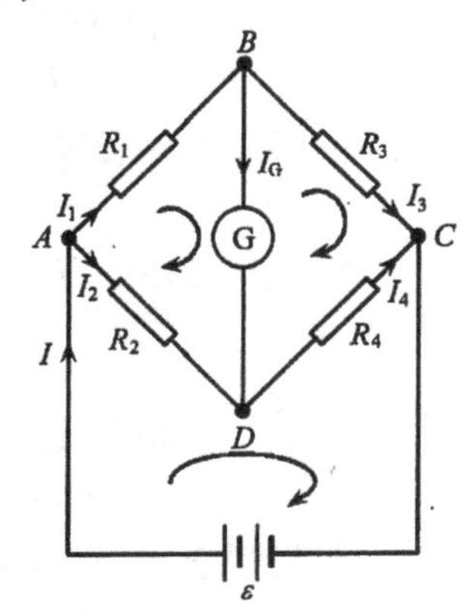

例 4-8 图

解 各支路的电流方向如图所示。该电路共有4个节点，6条支路，则可列写出3个独立的节点电流方程和3个独立的回路电压方程。由KCL，对节点 A、B、C 可得

$$-I+I_1+I_2=0 \tag{1}$$

$$-I_1+I_3+I_G=0 \tag{2}$$

$$-I_3-I_4+I=0 \tag{3}$$

选三个独立回路 $ABDA$、$BCDB$、$ADCA$，并且各回路的绕行方向都为顺时针方向，则由KVL可得

$$I_1R_1+I_GR_G-I_2R_2=0 \tag{1}$$

$$I_3R_3-I_4R_4-I_GR_G=0 \tag{2}$$

$$I_2R_2+I_4R_4-\varepsilon=0 \tag{3}$$

对于上述节点电流方程和回路电压方程联立求解即得

$$I_G=\frac{(R_2R_3-R_1R_4)\varepsilon}{R_1R_3(R_2+R_4)+R_2R_4(R_1+R_3)+R_G(R_1+R_3)(R_2+R_4)}$$

由上式可知，当 $\frac{R_1}{R_2}=\frac{R_3}{R_4}$ 时，$I_G=0$；反过来，当 $I_G=0$ 时，必有

$$\frac{R_1}{R_2}=\frac{R_3}{R_4}$$

此结果即为电桥平衡的充要条件。

例 4-9 在本例图所示的电路中，已知 $R_1=0.5\text{k}\Omega$，$R_2=1\text{k}\Omega$，$R_3=2\text{k}\Omega$，$u_s=10\text{V}$，控制电流源的电流 $i_C=50i_1$。求电阻 R_3 两端的电压 u_3。

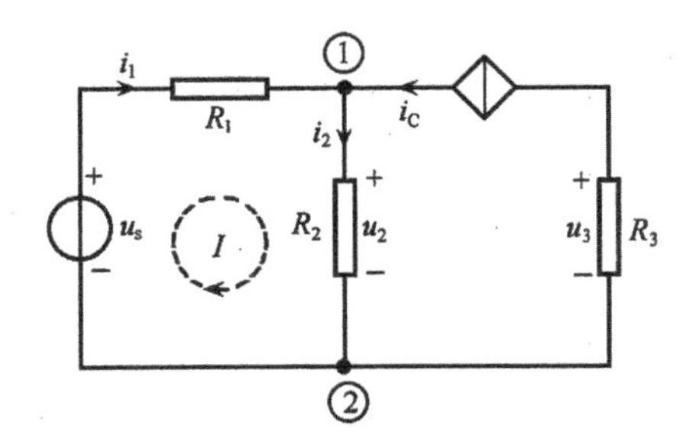

例 4-9 图

解 这是一个含受控源的电路。宜选控制量 i_1 作为未知量，求得 i_1 后再求 u_3。可按以下步骤求解：

(1) 对节点①，由 KCL 可求得流经 R_2 的电流 i_2 为

$$i_2 = i_1 + i_C = i_1 + 50i_1 = 51i_1$$

(2) 对回路 I(绕行方向为顺时针方向)，由 KVL 可得

$$-u_s + i_1R_1 + i_2R_2 = 0$$

代入 u_s、R_1、R_2 的数值及 i_2 的表达式，解得

$$i_1 = \frac{10}{51.5 \times 10^3}(\mathrm{A})$$

(3) R_3 两端的电压 u_3 为

$$u_3 = -i_CR_3 = -50i_1 \times 2 \times 10^3 = -19.4(\mathrm{V})$$

由以上例题可以看出，应用基尔霍夫定律解题的一般步骤为：

(1) 任意标定各支路电流的方向；

(2) 确定电路的总节点数 n，任选 $n-1$ 个节点，由 KCL 列出相应的 $n-1$ 个节点电流方程；

(3) 确定电路的总支路数 b，选定 $b-n+1$ 个独立的回路，并标定每个回路的绕行方向，由 KVL 列出 $b-n+1$ 个回路电压方程；

(4) 对所列出的节点电流方程和回路电压方程联立求解；

(5) 根据电流的正负号判断电路中各支路电流的实际方向。

基尔霍夫定律是最基本的定律，读者要熟练掌握。

思 考 题

4-1 电流、电压的参考方向有何意义？如果在某支路中只说 $I=5\mathrm{A}$，不给它的参考方向，行不行？

4-2 一电阻 R 上电压 U 和电流 I 的参考方向一致，$P=IU=RI^2=GU^2$ 为正值，是消耗功率。如果 U、I 参考方向不一致时，这些式子是否还成立？

4-3 为什么内阻远比负载电阻大的实际电压源可以看作电流源？

4-4 在某些情况下，受控源发出功率；另一些情况下，受控源吸收功率。试举例说明(仅讨

论 VCCS)。

4-5 列写 KCL 方程时,如果假定流入节点的电流为正,对所列方程有何影响?列写 KVL 方程时,如果改变回路绕向,对所列方程有何影响?

4-6 基尔霍夫定律能否用于时变电路或非线性电路。

4-7 在支路电流法(支流法)中,如何列写独立的 KCL 和 KVL 方程,各有几个方程,遇到电流源如何处理?

4-8 判断下列说法是否正确,并说明理由。

(1) 沿着电流线的方向,电势必降低;

(2) 不含源支路中电流必从高电势到低电势;

(3) 含源支路中电流必从低电势到高电势;

(4) 支路两端电压为零时,支路电流必为零;

(5) 支路电流为零时,支路两端电压必为零;

(6) 支路电流为零时,该支路吸收的电功率必为零;

(7) 支路两端电压为零时,该支路吸收的功率必为零。

4-9 已知复杂电路中一段电路的几种情况如附图所示,分别写出这段电路的 $U_{AB}=U_A-U_B$。

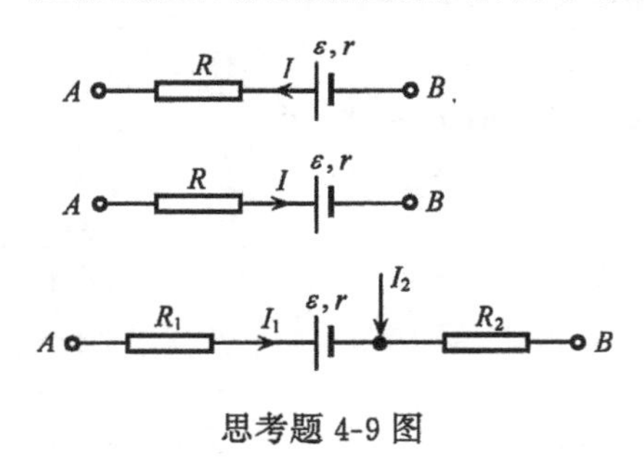

思考题 4-9 图

习　　题

4-1 某一电路元件的电流和电压分别为 $i(t)=\cos(1000t)$ 和 $u(t)=\sin(1000t)$,当电流电压的参考方向相同时,试确定在电流的一个周期内,电流、电压实际方向相同的区间和相反的区间。

4-2 如本题图所示,在指定的电压和电流 i 的参考方向下,写出各元件 u 和 i 的约束方程。

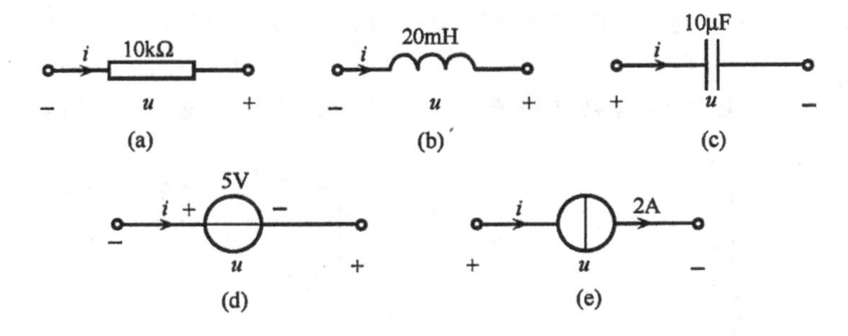

习题 4-2 图

4-3 本题图(a)所示电容中电流 i 的波形如图(b)所示,已知 $u_C(0)=0$,试求 $t=1\text{s}$,$t=2\text{s}$ 和

$t=4\text{s}$ 时电容电压 u_C。

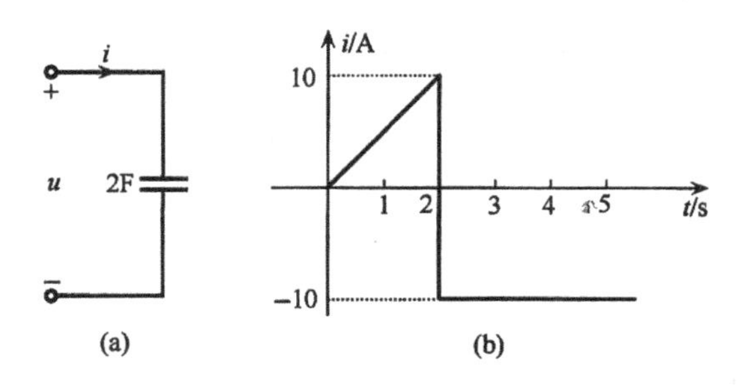

习题 4-3 图

4-4　已知显像管偏转线圈中的周期性扫描电流波形如本题图所示，现已知线圈电感为 0.01H，电阻忽略不计，试求电感线圈所加电压 $u(t)$ 的函数值。

4-5　电路如本题图所示，其中 $R=2\Omega$，$L=1\text{H}$，$C=0.01\text{F}$，$u_C(0)=0$，若电路的输入电流为：

(1) $i=2\sin\left(2t+\dfrac{\pi}{3}\right)\text{A}$

(2) $i=\text{e}^{-t}\text{A}$

试求这两种情况下，当 $t>0$ 时的 u_R、u_L 和 u_C 值。

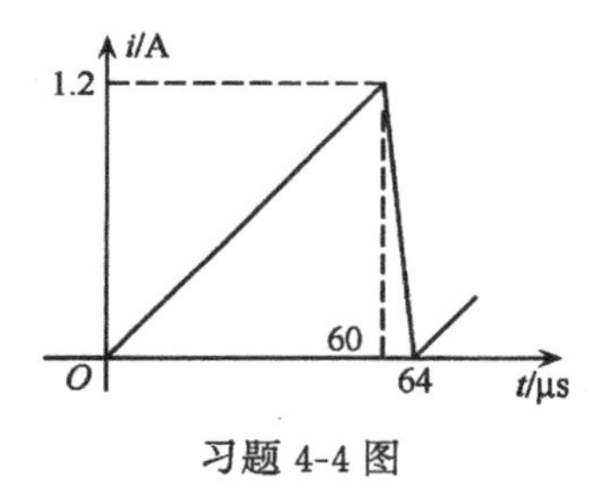

习题 4-4 图

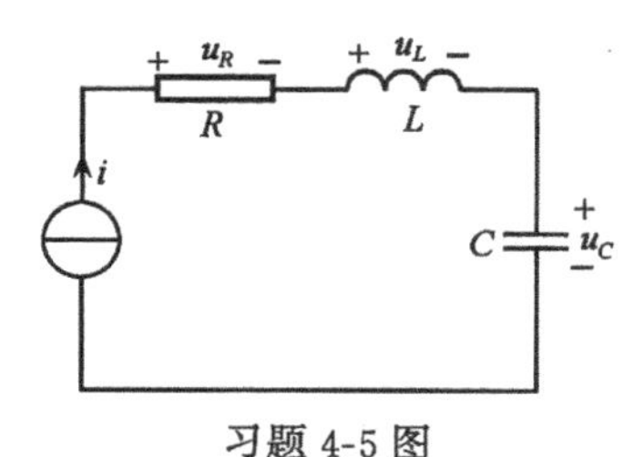

习题 4-5 图

4-6　电路如本题图所示，其中电流源的电流为 $i_s=2\text{A}$，电压源的电压 $u_s=10\text{V}$。

(1) 求 2A 电流源和 10V 电压源的功率；

(2) 如果要使 2A 电流源的功率为零，在 AB 段内应插入何种元件？分析此时各元件的功率。

(3) 如果要使 10V 电压源的功率为零，则应在 BC 间并联何种元件？并分析此时各元件的功率。

4-7　在如本题图所示的电路中，各元件参数为已知量，试求电流 I 和电压 U 。

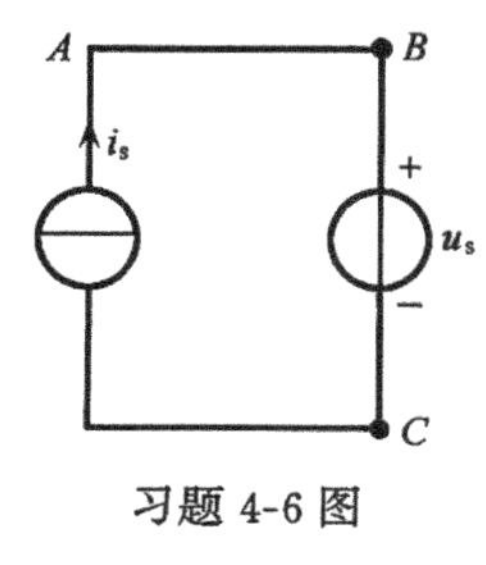

习题 4-6 图

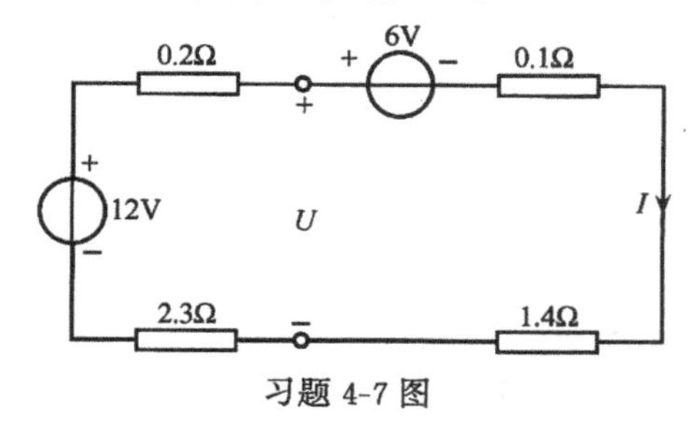

习题 4-7 图

4-8 如本题图所示，已知 1A 电流源提供的功率为 50W，求元件 A 吸收的功率。

4-9 电路如本题图所示，按指定的电流参考方向，列出所有可能的回路的 KVL 方程。这些方程都独立吗？

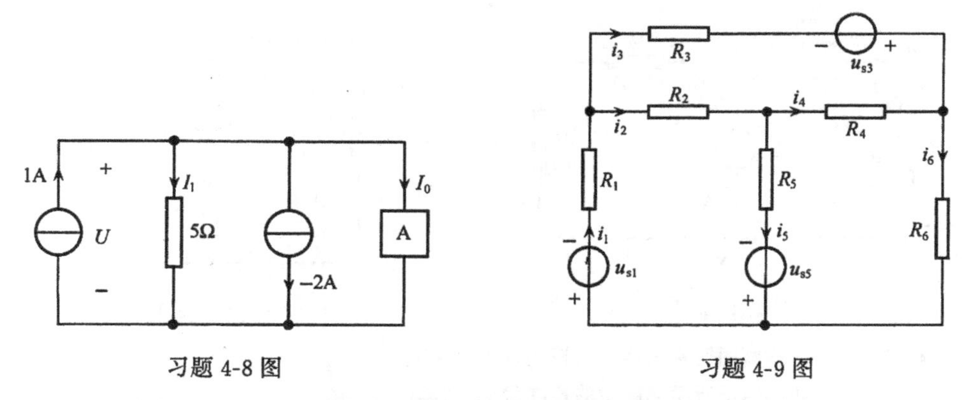

习题 4-8 图　　　　习题 4-9 图

4-10 利用 KCL 和 KVL 求解本题图(a)、(b)所示电路中的电压 u。

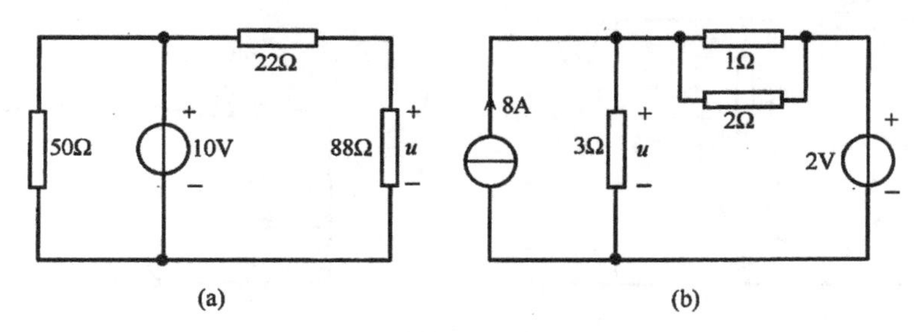

习题 4-10 图

4-11 在如本题图所示的电路中，

(1) 求 a、b 两点间的电势差；

(2) 如果把 a、b 两点接上，求 12V 电源中流过的电流。

4-12 在如本题图所示的电路中，已知 $\varepsilon=24\text{V}$，$R_1=80\Omega$，$R_2=120\Omega$，$R_3=240\Omega$，$R_5=120\Omega$，问 R_4 等于多大时，才能使流过它的电流 I_4 为 0.125A。

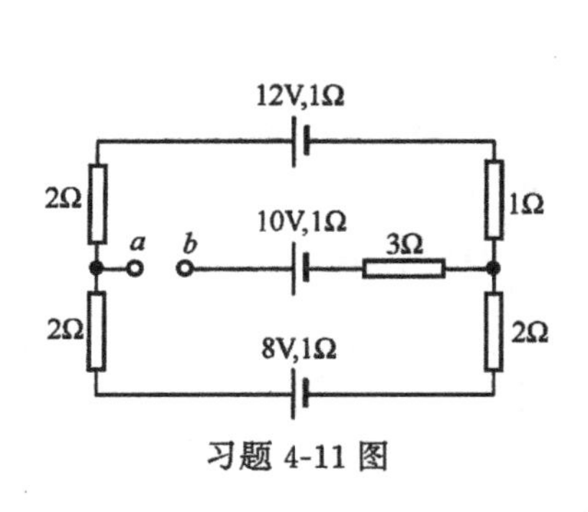

习题 4-11 图

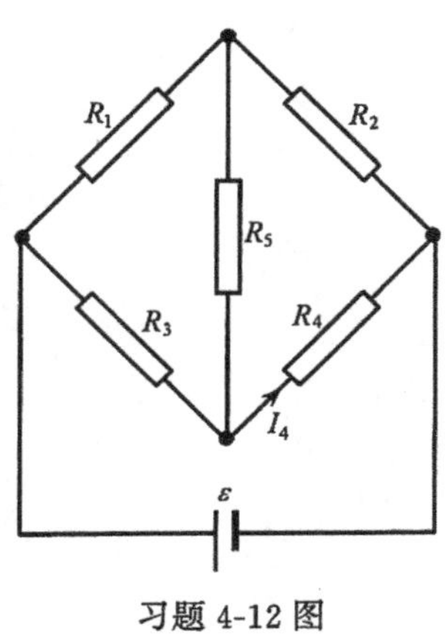

习题 4-12 图

4-13　如本题图所示为一直流电路，试求各支路电流 I_1、I_2、I_3。并以 d 点为电势参考点，求 a、b、c 三点的电势 U_a、U_b、U_c。

4-14　如本题图所示为一直流电路，试求电流 I_1、I_2 和 I_3。

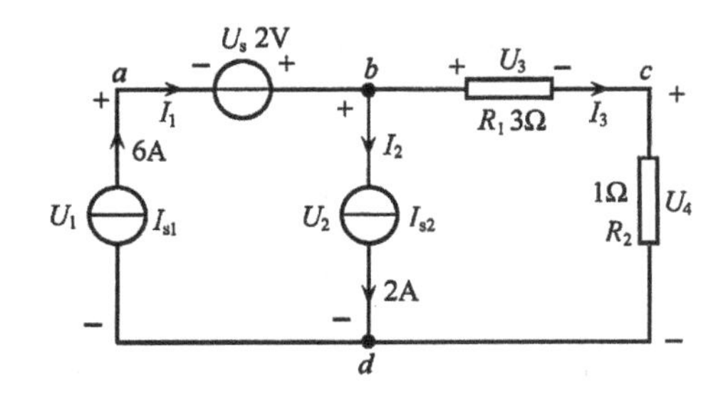

习题 4-13 图

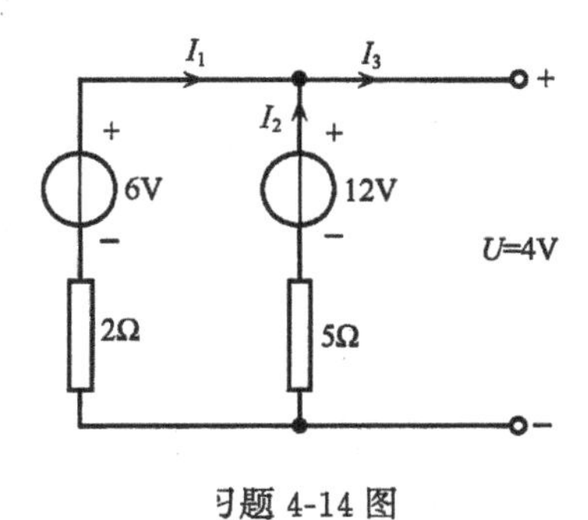

习题 4-14 图

4-15　试求如本题图所示电路中的控制量 I_1 及 U_0。

4-16　试求如本题图所示电路中的控制量 u_1 及 u。

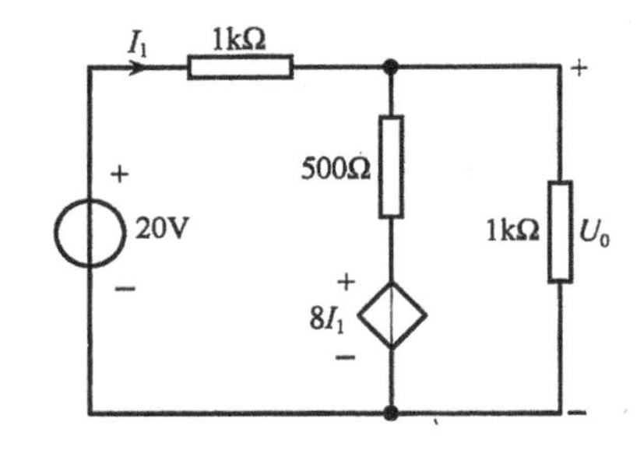

习题 4-15 图

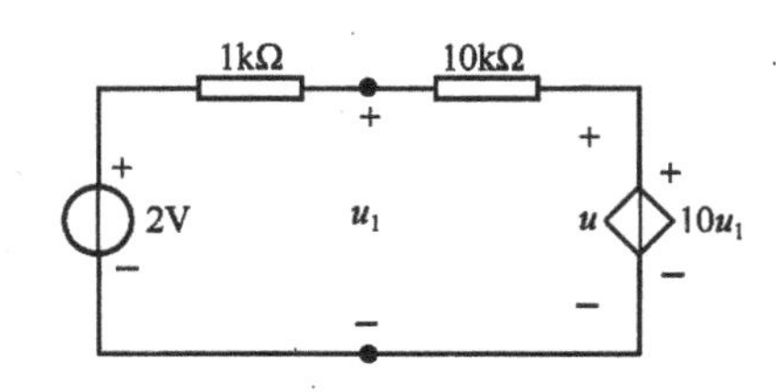

习题 4-16 图

第5章　电路的等效变换

本章主要介绍电路的等效变换概念，内容包括：电阻的串、并联等效变换，电阻的Y形连接和△形连接等效变换，电源的串、并联等效变换，实际电源的两种模型及其等效变换以及输入电阻的计算等。

在电路分析中，常把某一部分电路作为一个整体看待。如果这个整体只有两个端钮与电路其他部分相连接，则称这个整体为二端网络(或一端口网络)。二端网络的整体作用相当于一条支路。二端网络外部端子的电压与端电流之间的伏安关系称为外特性。

如果两个二端网络 N_1 和 N_2 的外部特性完全相同，则称这两个二端网络 N_1 和 N_2 相互等效。在电路分析中，为了使电路得到简化，常用等效支路来代替结构比较复杂的二端网络。

应强调指出，等效的意义是对网络外部电路而言的，两相互等效的网络内部并不等同。更通俗地讲，当电路中某一部分用其等效电路替代后，未被替代部分的电压和电流均应保持不变。这未被替代的部分仅限于等效电路以外，即“外部电路”。

5.1　电阻的串联和并联

5.1.1　电阻的串联

图5-1(a)所示的电路为 n 个电阻 $R_1,R_2,\cdots,R_n$ 的串联组合。

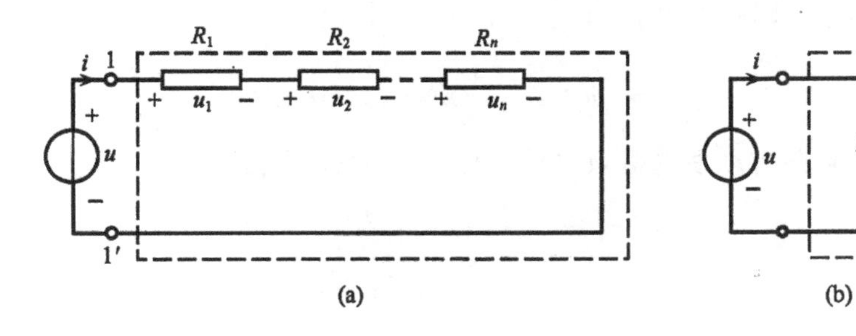

图5-1

由KVL可知

$$u = u_1 + u_2 + \cdots + u_n$$

因电阻串联时流经每个电阻的电流为同一电流 i，则 $u_1=R_1i,u_2=R_2i,\cdots,u_n=R_ni$，代入上式，即得

$$u = (R_1 + R_2 + \cdots + R_n)i = Ri$$

式中

$$R=\frac{u}{i}=R_1+R_2+\cdots+R_n=\sum_{k=1}^{n}R_k \tag{5-1}$$

此处的 R 便是这几个电阻串联时的等效电阻，它大于其中任一个串联电阻。

电阻串联时，各个电阻上的电压为

$$u_k=R_k i=\frac{u}{R}\cdot R_k=\frac{R_k}{R}u,\qquad (k=1,2,\cdots,n) \tag{5-2}$$

可见，串联电阻的电压与其电阻值成正比，上式称为电压分配律公式，或称分压公式。

5.1.2 电阻的并联

图 5-2(a)所示的电路为 n 个电阻的并联组合。

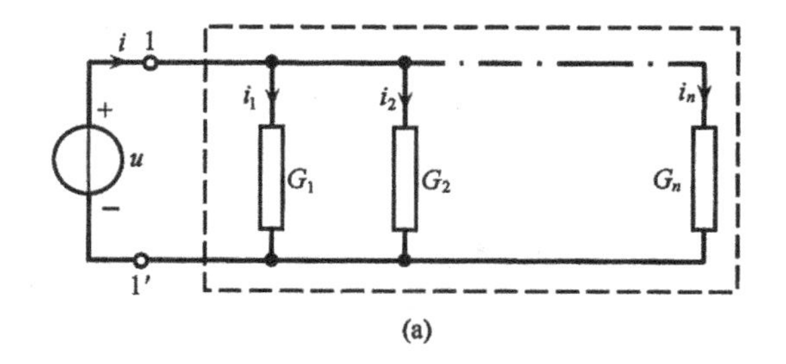

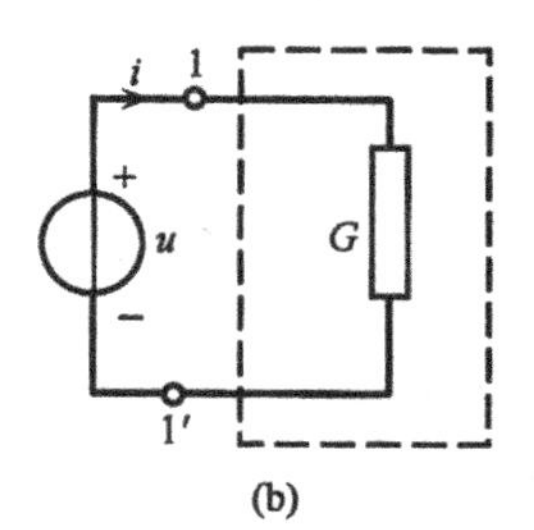

图 5-2

电阻并联时，各个电阻两端的电压为同一电压。由 KCL 可知，电阻并联电路的端电流为

$$\begin{aligned}i&=i_1+i_2+\cdots+i_n=G_1u+G_2u+\cdots+G_nu\\&=(G_1+G_2+\cdots+G_n)u=Gu\end{aligned} \tag{5-3}$$

式中 $G_1,G_2,\cdots,G_n$ 分别为电阻 $R_1,R_2,\cdots,R_n$ 的电导。而

$$G=\frac{i}{u}=\sum_{k=1}^{n}G_k\qquad (k=1,2,\cdots,n) \tag{5-4}$$

这里的 G 是 n 个电阻并联后的等效电导。相应的等效电阻 R 为

$$R=\frac{1}{G}=\frac{1}{\sum\limits_{k=1}^{n}G_k}=\frac{1}{\sum\limits_{k=1}^{n}\frac{1}{R_k}}$$

或

$$\frac{1}{R}=\sum_{k=1}^{n}\frac{1}{R_k} \tag{5-5}$$

电阻并联时，各电阻中的电流为

$$i_k=G_k u=\frac{G_k}{G}i\qquad (k=1,2,\cdots,n) \tag{5-6}$$

可见，各个并联电阻中的电流与各自的电导值成正比。式(5-6)称为电流分配

律公式，或称分流公式。

例 5-1 如本例图所示的电路中，$I_s=16.5\text{mA}$，$R_s=2\text{k}\Omega$，$R_1=40\text{k}\Omega$，$R_2=10\text{k}\Omega$，$R_3=25\text{k}\Omega$，求 I_1、I_2 和 I_3。

解 由于电流源为恒流源，R_s 并不影响 R_1、R_2、R_3 中的电流分配。由题给条件，可知

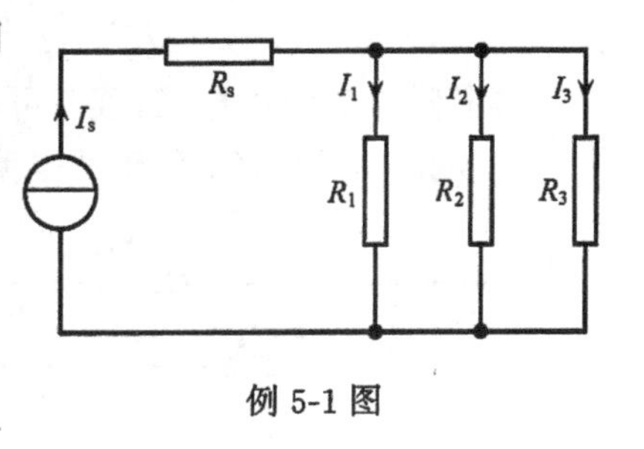

例 5-1 图

$$G_1=\frac{1}{R_1}=\frac{1}{40\times10^3}=2.5\times10^{-5}(\text{S})$$

$$G_2=\frac{1}{R_2}=\frac{1}{10\times10^3}=1.0\times10^{-4}(\text{S})$$

$$G_3=\frac{1}{R_3}=\frac{1}{25\times10^3}=4.0\times10^{-5}(\text{S})$$

根据电流分配公式，则得

$$I_1=\frac{G_1}{G_1+G_2+G_3}\cdot I_s=\frac{2.5\times10^{-5}\times16.5\times10^{-3}}{2.5\times10^{-5}+1.0\times10^{-4}+4.0\times10^{-5}}$$
$$=2.5\times10^{-3}(\text{A})$$

$$I_2=\frac{G_2}{G_1+G_2+G_3}\cdot I_s=\frac{1.0\times10^{-5}\times16.5\times10^{-3}}{2.5\times10^{-5}+1.0\times10^{-4}+4.0\times10^{-5}}$$
$$=1.0\times10^{-2}(\text{A})$$

$$I_3=\frac{G_3}{G_1+G_2+G_3}\cdot I_s=\frac{4.0\times10^{-5}\times16.5\times10^{-3}}{2.5\times10^{-5}+1.0\times10^{-4}+4.0\times10^{-5}}$$
$$=4\times10^{-3}(\text{A})$$

5.1.3 电阻的混联

一个电阻性二端网络，其内部若干个电阻既有串联又有并联时，则称为电阻的串并联，或简称电阻的混联。就其端口特性而言，此二端网络可等效为一个电阻，简化的方法是将串联部分求出其等效电阻，并联部分求出其等效电阻，再看上述简化后得到的这些电阻之间的连接关系是串联还是并联，进而继续用电阻串联和并联规律做等效简化，直到简化为一个等效电阻元件构成的二端网络为止。

例 5-2 本例图(a)、(b)所示电路均为混联电路，试求其等效电阻(图中各电阻的单位均为 Ω)。

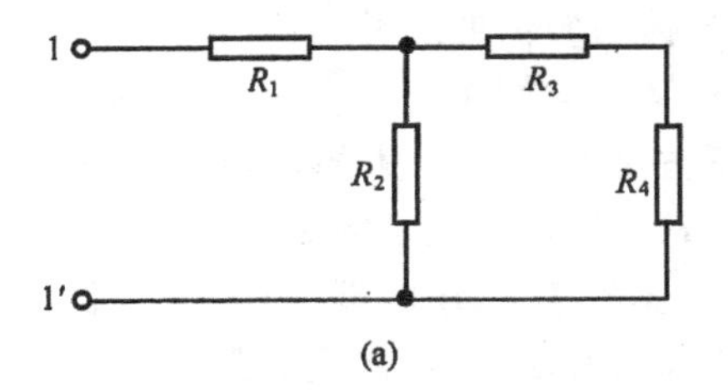

(a)

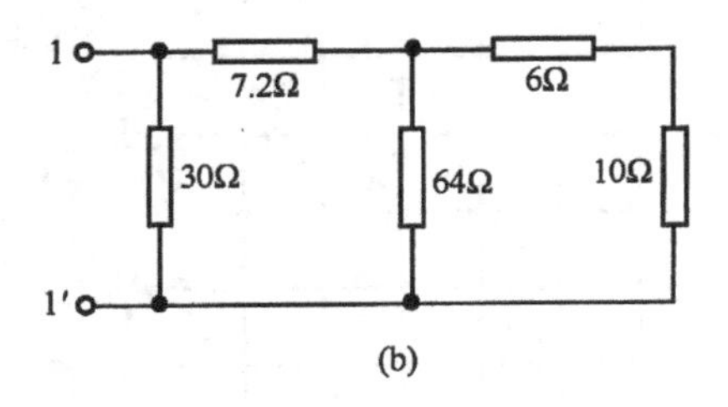

(b)

例 5-2 图

解 在例 5-2 图(a)中,R_3 与 R_4 串联后与 R_2 并联,再与 R_1 串联。则其等效电阻为

$$R = R_1 + \frac{R_2(R_3 + R_4)}{R_2 + (R_3 + R_4)}$$

对图例 5-2(b)的电路,读者可自行求得其等效电阻 $R=12\Omega$。

例 5-3 本例图(a)所示的电路,各电阻值均已给出,求 ab 间的等效电阻。

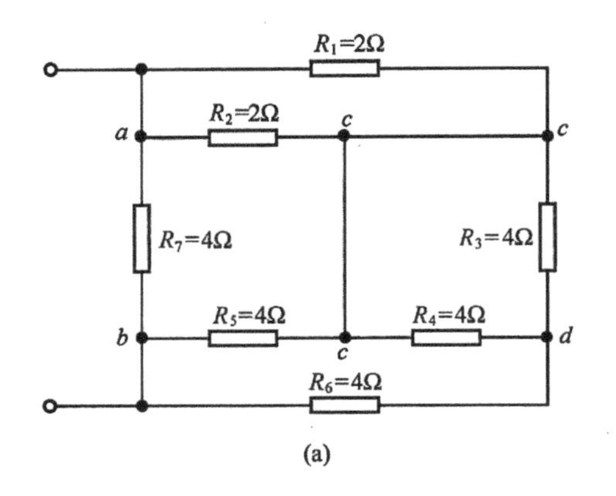

(a)

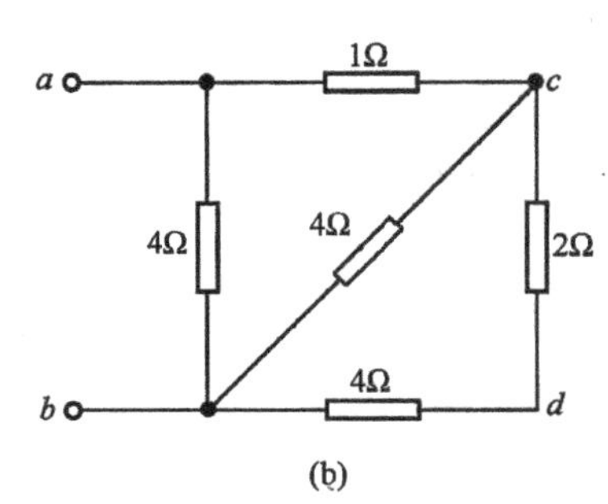

(b)

例 5-3 图

解 为了判断电阻的串、并联关系,应将电路中的节点标出。本例中对各电阻的连接而言,可标出 4 个节点 a、b、c、d。先求得 a、c 节点间 R_1 与 R_2 并联的等效电阻为 1Ω,c、d 节点间 R_3 与 R_4 并联的等效电阻为 2Ω,其余未被等效的电阻保留,并画出相应的等效电路图如例 5-3 图(b),进一步的简化由此图末端向端口继而用电阻串并联规律计算可得

$$R_{cb} = \frac{4 \times (4 + 2)}{4 + (4 + 2)} = 2.4(\Omega)$$

$$R_{ab} = \frac{4 \times (2.4 + 1)}{4 + (2.4 + 1)} = 1.84(\Omega)$$

5.1.4 几类特殊网络等效电阻举例

求网络等效电阻的问题在工程技术中有着重要的应用,它关系到电路的简化和设计。下面通过具体的实例加以讨论。

例 5-4 本例图所示为一无穷大电阻网络,各正方形网孔每一边的电阻都相同,均为 R,求 A、B 之间的等效电阻。

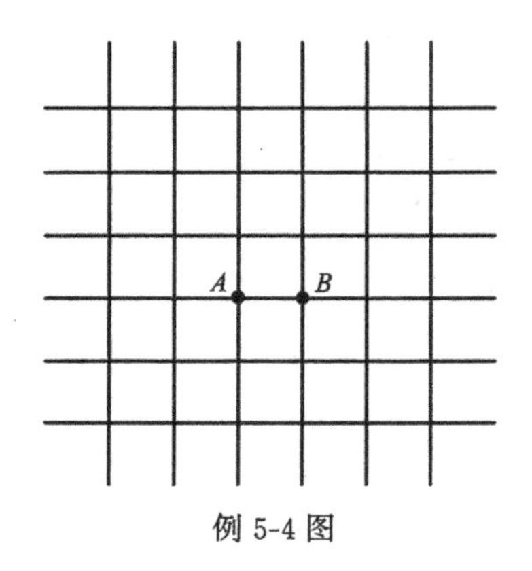

例 5-4 图

解 设想在 A、B 两端点接入(并联)一个电源,其电压为 U,并设 A 端点为高电势。接通电源后,自 A 点馈入网络的电流大小为 I,而从 B 点流出网络的电流大小也为 I。即馈入网络

的电流从 A 点流向无穷远，再由无穷远流回 B 点，继而由 B 点流出网络。

对于 A 点而言，从 A 点出发的 4 个支路，相对无穷远的地位都是一样的，则每一个支路的电流大小为$\frac{I}{4}$，那么从 A 点流向无穷远的电流在 AB 支路上的大小为$\frac{I}{4}$，其方向由 A 指向 B。

同样，对于 B 点而言，电流从无穷远流回 B 点，在电流流回 B 点的 4 个支路中，其地位都是一样的。因此，经 AB 支路流回 B 的电流大小亦为$\frac{I}{4}$，且方向由 A 指向 B。

所以，AB 支路的总电流为

$$I_{AB} = \frac{I}{4} + \frac{I}{4} = \frac{I}{2}$$

对于 AB 支路，有以下电压、电流关系，即

$$U_{AB} = U = I_{AB}R$$

所以

$$R = \frac{U}{I_{AB}} = \frac{U}{\frac{I}{2}}$$

即

$$\frac{U}{I} = \frac{R}{2}$$

而$\frac{U}{I}$就是 AB 之间的等效电阻，其大小为$\frac{R}{2}$。由此题可以看出，网络支路中的电流具有叠加性质，这种求网络等效电阻的方法称为叠加法。

例 5-5 本例图(a)所示为一无穷大电阻网络，网络中各电阻的大小相同，均为 R ，试求 A、B 之间的等效电阻。

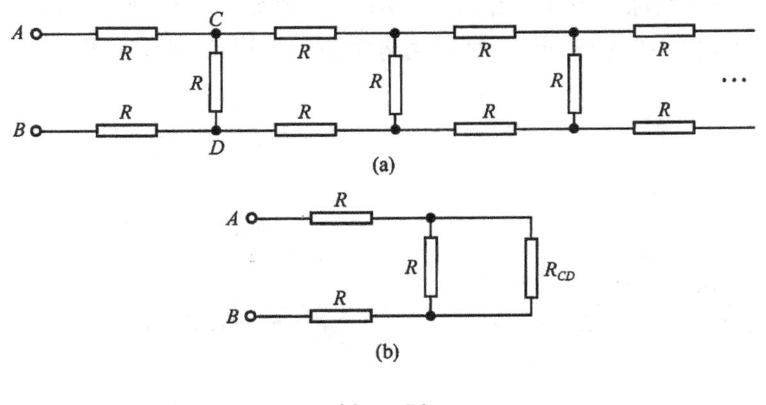

例 5-5 图

解 由于网络是无限大的电阻网络，因而 AB 之间的等效电阻与 CD 两点向右看过去的等效电阻可以认为相等，若用 R_{CD}代表 CD 两点向右看过去的等效电阻，则该无穷大的电阻网络可简化为例 5-5 图(b)的形式。

由此可得到以下关系式

$$R_{AB} = 2R + \frac{R \cdot R_{CD}}{R + R_{CD}}$$

因为 $R_{AB}=R_{CD}$，代入上式即可求得 AB 之间的等效电阻为

$$R_{AB} = (1 \pm \sqrt{3})R$$

由于 R_{AB}必须为正数，所以 AB 之间的等效电阻为

$$R_{AB} = (1 + \sqrt{3})R$$

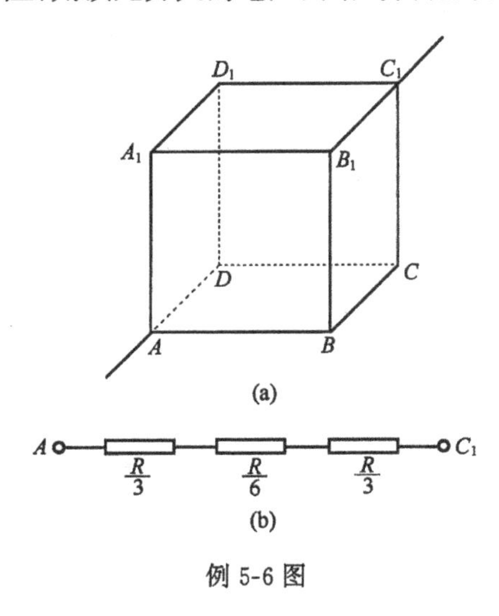

例 5-6 图

例 5-6 本例图(a)所示为一正方体形状的金属框，其各边的电阻均为 R，试求 AC_1 两点之间的等效电阻。

解 若在 A、C_1 之间接上电源，设 A 点的电势高于 C_1 点的电势，由对称性可知，A_1、B、D 为等势点，B_1、C、D_1 也为等势点，则本例图(a)的电路可简化为图(b)，由此即得 A、C_1 两点间的等效电阻为

$$R_{AC_1} = \frac{R}{3} + \frac{R}{3} + \frac{R}{6} = \frac{5}{6}R$$

5.2 电阻的星形连接与三角形连接的等效变换

在网络中把三个电阻元件连接成图 5-3(a)的形式，称为电阻的 Y 形连接(或星形连接)，该网络称为 Y 形网络或星形网络(有时亦称 T 形网络)；如果把三个电阻元件连接成图 5-3(b)的形式，则称为电阻的△形连接(或三角形连接)，该网络

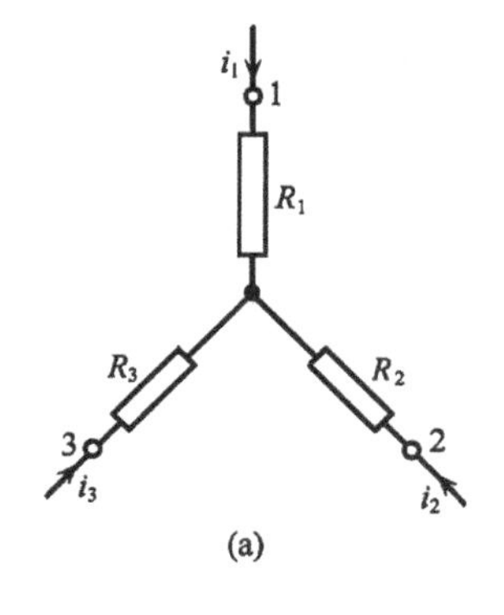

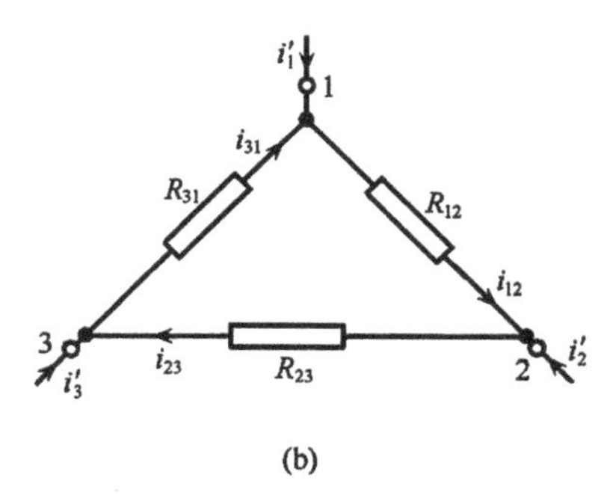

图 5-3

称为△网络或三角形网络(有时亦称 π 形网络)。

在网络分析中,往往需要将上述两种电阻网络做等效变换。而在这两种电阻网络进行等效变换时,必须遵循对外部电路等效的原则。即要求它们对应的三个端子1、2、3之间具有相同的电压 U_{12}、U_{23}、U_{31},同时,流入对应端子的电流应分别相等,即 $i_1=i_1'$,$i_2=i_2'$,$i_3=i_3'$,这便是 Y-△电阻网络等效变换的条件。

由 KCL 和 KVL 可以证明,从电阻的 Y 形连接变换成△形连接,各电阻之间的变换关系为

$$\left.\begin{aligned} R_{12} &= \frac{R_1R_2 + R_2R_3 + R_3R_1}{R_3} \\ R_{23} &= \frac{R_1R_2 + R_2R_3 + R_3R_1}{R_1} \\ R_{31} &= \frac{R_1R_2 + R_2R_3 + R_3R_1}{R_2} \end{aligned}\right\} \tag{5-7}$$

从电阻的△形连接变换成电阻的 Y 形连接,各电阻之间的变换关系为

$$\left.\begin{aligned} R_1 &= \frac{R_{12}R_{31}}{R_{12} + R_{23} + R_{31}} \\ R_2 &= \frac{R_{23}R_{12}}{R_{12} + R_{23} + R_{31}} \\ R_3 &= \frac{R_{31}R_{23}}{R_{12} + R_{23} + R_{31}} \end{aligned}\right\} \tag{5-8}$$

如果电路对称,即当

$$R_1 = R_2 = R_3 = R_{\text{Y}}$$

$$R_{12} = R_{23} = R_{31} = R_{\triangle}$$

则它们之间的变换关系为

$$R_{\triangle} = 3R_{\text{Y}}$$

$$R_{\text{Y}} = \frac{1}{3}R_{\triangle}$$

例 5-7 本例图(a)所示为一桥式电路,已知 $R_1=50\Omega$,$R_2=40\Omega$,$R_3=15\Omega$,$R_4=26\Omega$,$R_5=10\Omega$,试求此桥式电路的等效电阻。

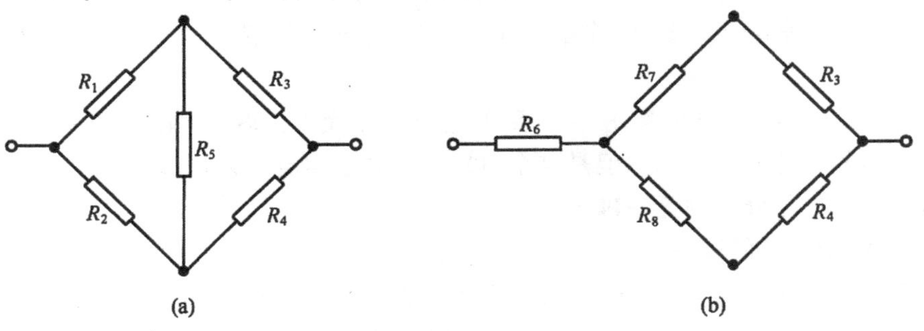

例 5-7 图

解　将 R_1、R_5、R_2 组成的△形连接替换成由 R_6、R_7、R_8 组成的 Y 形连接，如本例图(b)，由电阻△-Y 之间的变换公式，可知

$$R_6 = \frac{R_1R_2}{R_1 + R_5 + R_2} = \frac{50 \times 40}{50 + 10 + 40} = 20(\Omega)$$

$$R_7 = \frac{R_5R_1}{R_1 + R_5 + R_2} = \frac{10 \times 50}{50 + 10 + 40} = 5(\Omega)$$

$$R_8 = \frac{R_2R_5}{R_1 + R_5 + R_2} = \frac{40 \times 10}{50 + 10 + 40} = 4(\Omega)$$

应用电阻串并公式，可求得整个电路的等效电阻为

$$R = R_6 + \frac{(R_7 + R_3)(R_8 + R_4)}{(R_7 + R_3) + (R_8 + R_4)} = 20 + \frac{(5 + 15)(4 + 26)}{(5 + 15) + (4 + 26)} = 32(\Omega)$$

5.3　电源的串联和并联

在电路分析中除了电阻的串并联外，还经常遇到电源的串联和并联，现分别予以介绍。

5.3.1　电压源的串联

图 5-4(a)为 n 个电压源的串联，根据 KVL 很容易证明这一电压源的串联组合可以用一个等效电压源来替代，如图 5-4(b)所示，这个等效电压源的电压为

$$u_s = u_{s1} + u_{s2} + \cdots + u_{sn} = \sum_{k=1}^{n} u_{sk} \tag{5-9}$$

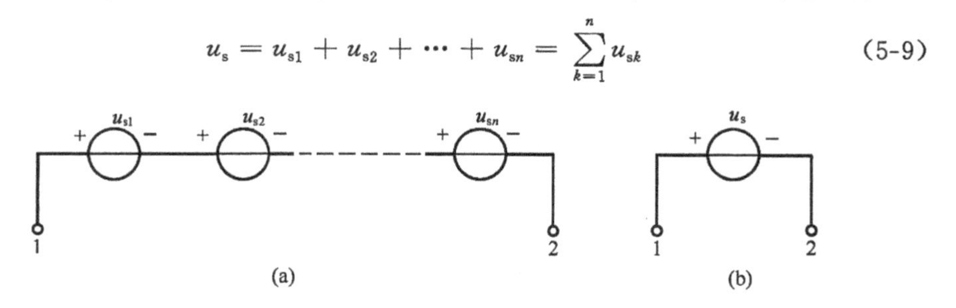

图 5-4

式中 u_{sk}的参考方向与图(b)中的 u_s的参考方向一致时取“+”号，不一致时则取“−”号。

应指出，只有电压相等，极性一致的电压源才允许并联，否则违背 KVL，其等效电路为其中任一电压源。但是这个电压源的并联组合向外部提供的电流在各个电压源之间如何分配则无法确定。

5.3.2　电流源的并联

图 5-5(a)为 n 个电流源的并联，根据 KCL，这一电流源的并联组合可以用一个等效电流源来替代，如图 5-5(b)所示，这个等效电流源的电流为

$$i_s = i_{s1} + i_{s2} + \cdots + i_{sn} = \sum_{k=1}^{n} i_{sk} \tag{5-10}$$

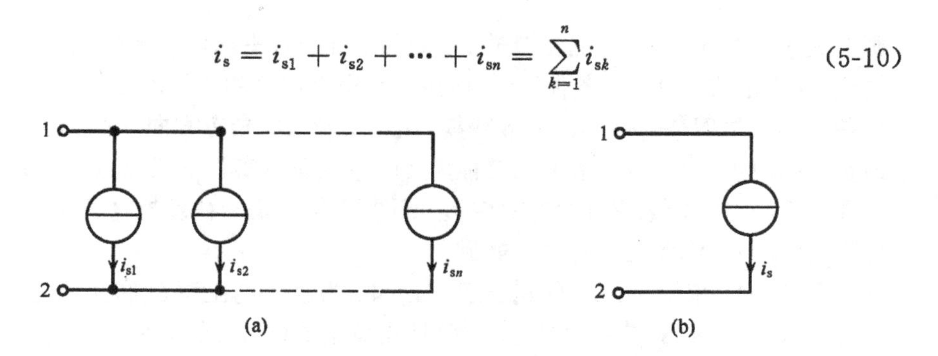

图 5-5

式中 i_{sk}的参考方向与图(b)中 i_s的参考方向一致时取"+"号,不一致时取"-"号。

应指出,只有电流相等且方向一致的电流源才允许串联,否则违背 KCL。其等效电路为其中任一电流源,但是这个电流源的串联组合的总电压如何在各个电流源之间分配却无法确定。

5.4 含源二端网络的等效变换

图 5-6(a)所示为电压源 u_s与电阻 R 相串联的二端网络,在其端子 1-1′处的电压 u 与(输出)电流 i(其外部电路在图中没有画出)的关系为

$$u = u_s - Ri \tag{5-11}$$

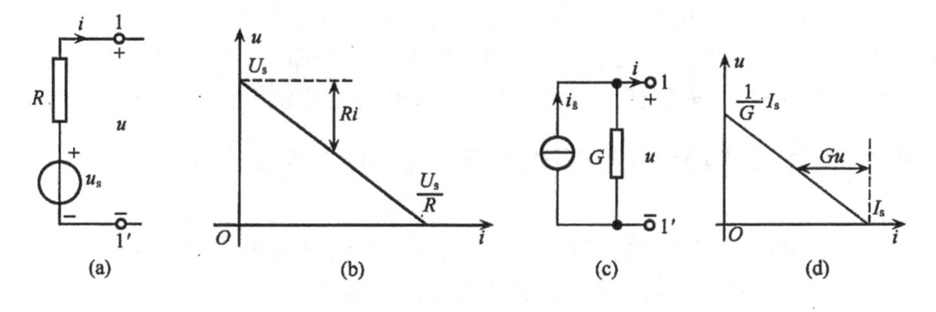

图 5-6

图 5-6(c)所示为电流源 i_s与一电导为 G 的电阻相并联的二端网络,在其端子 1-1′处的电压 u 与(输出)电流 i 的关系为

$$i = i_s - Gu \tag{5-12}$$

比较式(5-11)和(5-12)可知,若满足下列条件

$$\left.\begin{aligned} G &= \frac{1}{R} \\ i_s &= Gu_s \end{aligned}\right\} \tag{5-13}$$

则两式完全等同，也就是说在端子 1-1 处的 u 和 i 的关系完全一样。由此可以得出结论，在满足式(5-13)的条件下，一电压源和电阻串联的二端网络与一电流源和电导并联的二端网络可以相互等效变换(注意 u_s和 i_s的参考方向，i_s的参考方向由 u_s 的负极指向正极)。有的书上把它称为实际电压源与实际电流源的等效变换，或称有伴电压源与有伴电流源的等效变换。所谓“有伴”，是指在理想电压源上伴有串联电阻，在理想电流源上伴有并联电阻。

图 5-6(b)和图 5-6(d)分别表示当 u_s和 i_s为直流电压源 U_s和直流电流源 I_s时的外特性伏安曲线，它们都是直线，而且在满足式(5-13)的条件下，它们是同一条直线。

从图 5-6(b)所示的外特性曲线可以看出，直线在电压坐标轴上的截距是开路($i=0$)电压 U_s，在电流坐标轴上的截距是短路($u=0$)电流 $I_s=\frac{U_s}{R}$，从图 5-6(d)外特性曲线可以看出，直线在电流坐标轴上的截距是短路($u=0$)电流 I_s，在电压坐标轴上的截距为开路($i=0$)电压$\frac{I_s}{G}$。如果两直线的电压截距相等$\left(U_s=\frac{I_s}{G}\right)$，电流截距也相等$\left(\frac{U_s}{R}=I_s\right)$，即满足式(5-13)的条件，则两直线重合，完全等效。由此可见，任意线性二端网络，如果能测出(或算出)它的开路电压和短路电流，就可用一电压源与电阻串联的支路如图 5-6(a)或一电流源与电阻并联的分支电路如图 5-6(c)进行等效替换。

应强调指出，上述含源二端网络的等效变换仅限于在保证端子 1-1′外部电路的电压、电流和功率相同时的等效变换(只对网络外部等效)，对内部并无等效可言。例如，图 5-6 中端子 1-1′开路时，两含源网络对外部均不发出功率。但此时，含电压源网络的内部，电压源发出的功率为零；而含电流源网络的内部，电流发出的功率为$\frac{{i_s}^2}{G}$。反之，端子 1-1′短路时，电压源发出的功率为$\frac{{U_s}^2}{R}$，电流源发出的功率为零。

对受控电压源与电阻的串联组合以及受控电流源与电导的并联组合，同样可用上述方法进行等效变换，此时只需把受控电源当作独立电源处理并注意在变换过程中务必保存控制量所在支路，而不要把它消除掉就行了。

例 5-8 求本例图(a)所示电路中电流 i 的大小。

解 这是一个“综合等效”题，应用含源二端网络的等效变换，电流源并联，电压源串联，电阻的串、并联知识，可将图(a)相继作图(b)→(c)→(d)的等效变换，如例 5-8 图所示，对最终的等效简化电路(d)由 KVL 可求得

$$i=\frac{9-4}{1+2+7}=0.5(\mathrm{A})$$

例 5-9 本例图(a)所示电路中，已知 $u_s=12\mathrm{V}$，$R=2\Omega$，VCCS 的电流 i_C受电阻 R 上的电压 u_R控制，且 $i_C=gu_R$，$g=2\mathrm{S}$，求 u_R。

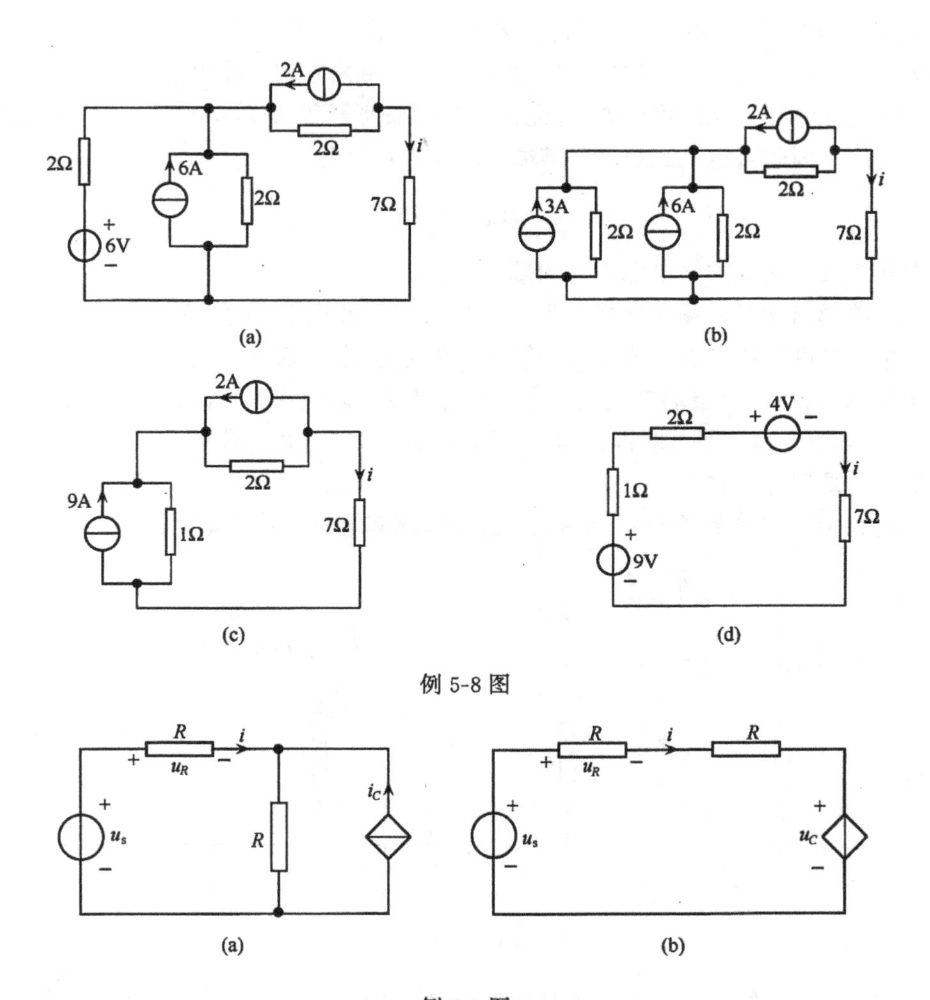

例 5-8 图

例 5-9 图

解 应用含源二端网络的等效变换,把电压控制电流源(VCCS)和电导的并联组合变换为电压控制电压源(VCVS)与电阻的串联组合,如例 5-9 图(b),则

$$u_C = Ri_C = 2 \times 2u_R = 4u_R \tag{1}$$

由 KVL,注意到 $u_R = Ri$,可得

$$Ri + Ri + u_C = u_s \tag{2}$$

联立式(1)、(2)解得

$$u_R = \frac{u_s}{6} = \frac{12}{6} = 2(\text{V})$$

5.5 网络的输入电阻

一个二端网络,对其端口来说,从它的一个端子流入的电流一定等于从另一个

端子流出的电流。如果一个二端网络内部仅含电阻，应用电阻的串、并联和 Y-Δ 变换等方式，可以求得它的等效电阻。如果一个二端网络内部除电阻外，还含有受控源，但不含任何独立源，可以证明，无论其内部如何复杂，其端口电压与端口电流总是成正比。因此可定义二端网络其端口的输入电阻为

$$R_{in} = \frac{u}{i} \tag{5-14}$$

式中 u 为二端网络的端口电压，i 为端口电流。

二端网络端口的输入电阻也等于其端口的等效电阻，但两者的含义是有区别的。求二端网络端口等效电阻的一般方法称为电压、电流法，即在二端网络端口加以电压源 u_s，然后求出端口电流 i 或者在其端口加以电流源 i_s，然后求出端口电压 u，再根据式(5-14)，即可求得其输入电阻的大小。在电路技术中，测量一个电阻器的电阻常采用这种方法。

例 5-10 如本例图(a)所示的二端网络，求其端口的输入电阻。

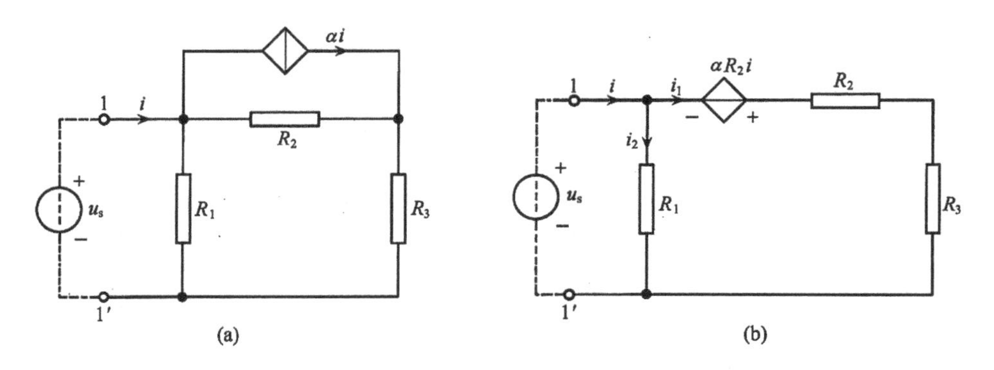

例 5-10 图

解 先在该网络端口 1-1′处加电压 u_s，将 CCCS(电流控制电流源)与 R_2 的并联组合等效变换为 CCVS(电流控制电压源)与等效电阻的串联组合，如图(b)所示。由 KVL 和 VCR 可得

$$u_s = -R_2\alpha i + (R_2 + R_3)i_1 \tag{1}$$

$$u_s = R_1 i_2 \tag{2}$$

再由 KCL，有

$$i = i_1 + i_2 \tag{3}$$

联立式(1)、(2)、(3)求得

$$u_s = \frac{R_1R_3 + (1-\alpha)R_1R_2}{R_1 + R_2 + R_3} \cdot i$$

则得该网络端口的输入电阻为

$$R_{in} = \frac{u_s}{i} = \frac{R_1R_3 + (1-\alpha)R_1R_2}{R_1 + R_2 + R_3}$$

上式右边分子中有负号出现，说明在一定的参数条件下，R_{in}的值有可能大于零、等于零或小于零(取负值)。例如，当 $R_1=R_2=1\Omega$，$R_3=2\Omega$，$\alpha=5$ 时，$R_{in}=-0.5\Omega$。由前面有关功率的讨论可知，“负电阻”元件实际上是一个发出功率的元件。若本例中输入电阻为负，端口 1-1′向外发出功率，则是由于受控源在发出功率。

思 考 题

5-1　一电路如本题图所示。(1)由于接触电阻不稳定，使得 AB 间的电压不稳定。为什么对一定的电源电动势，在大电流的情况下这种不稳定性更为严重？(2)由于电源电阻 r 不稳定，也会使得 AB 间的电压不稳定。如果这时并联一个相同的电源，是否能将情况改善。为什么？

5-2　如本题图所示的这种变阻器接法有什么不妥之处？

思考题 5-1 图　　　　思考题 5-2 图

5-3　实验室或仪器中常用可变电阻(电位器)作为调节电阻串在电路中构成制流电路，用以调节电路的电流。有时用一个可变电阻调节不便，须用两个阻值不同的可变电阻，一个作粗调(改变电流大)，一个作细调(改变电流小)，这两个变阻器可以如本题图(a)串联起来或如本题图(b)并联起来，再串入电路。已知 R_1 较大，R_2 较小，问在这两种连接中哪一个电阻是粗调，哪一个是细调？

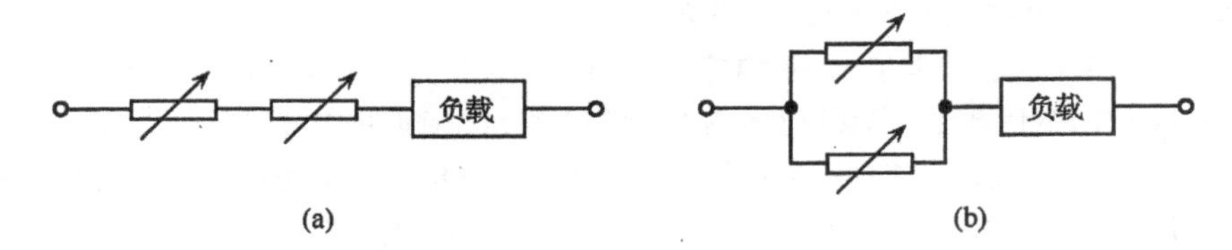

思考题 5-3 图

5-4　为了测量电路两点之间的电压，必须把伏特计并联在电路上所要测量的两点，如本题图所示。伏特计有内阻，问：

(1) 将伏特计并入电路后，是否会改变原来电路中的电流和电压分配？

(2) 这样读出的电压值是不是原来要测量的值？

(3) 在什么条件下测量较为准确？

5-5　为了测量电路中的电流强度，必须把电路断开，将安培计接入。如本题图所示。安培计有一定的内阻。问：

(1) 将安培计接入电路后，是否会改变原来电路中的电流？

(2) 这样读出的电流数值是不是要测量的值？

(3) 在什么条件下测量较为准确？

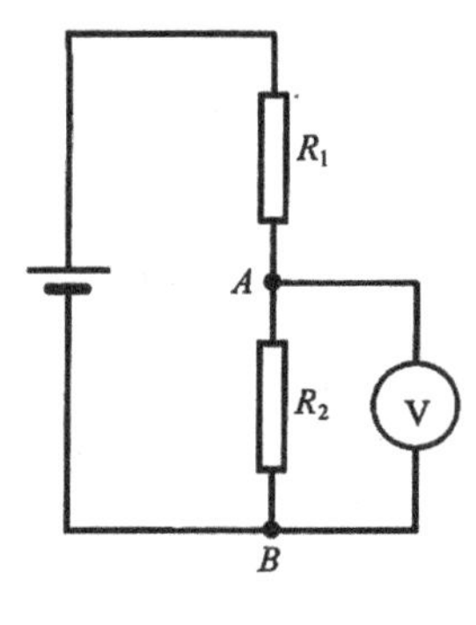

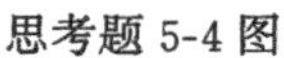
思考题 5-4 图

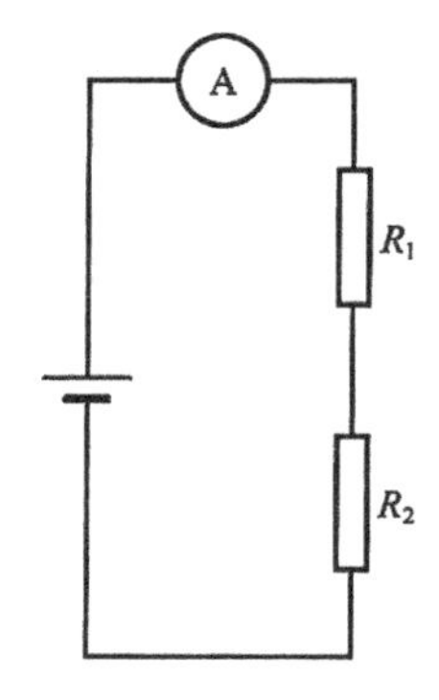

思考题 5-5 图

5-6　用电位差计测量电路中两点之间的电压应如何进行？

5-7　理想电压源的内阻是多大？理想电流源的内阻是多大？理想电压源和理想电流源可以等效吗？

5-8　惠斯通电桥平衡时，对角线的电阻可否看作开路或短路？

5-9　无源一端口网络化简有几种方法？怎样化简含受控源(无独立源)的一端口网络？

习　　题

5-1　四个电阻均为 6.0Ω 的灯泡，工作电压为 12V，把它们并联起来接到一个电动势为 12V、内阻为 0.20Ω 的电源上，问：

(1) 开一盏灯时，此灯两端的电压为多大？

(2) 四盏灯全开时，此灯两端的电压为多大？

5-2　无轨电车速度的调节，是依靠在直流电动机的回路中串入不同数值的电阻，从而改变通过电动机的电流，使电动机的转速发生变化。例如，可以在回路中串接四个电阻 R_1、R_2、R_3 和 R_4，再利用一些开关 K_1、K_2、K_3、K_4 和 K_5，使电阻分别串联或并联，以改变总电阻的数值，如附图中所示。设 $R_1=R_2=R_3=R_4=1.0\Omega$，试求下列四种情况下的等效电阻 R_{ab}：

(1) K_1、K_5 合上，K_2、K_3、K_4 断开；

(2) K_2、K_3、K_5 合上，K_1、K_4 断开；

(3) K_1、K_3、K_4 合上，K_2、K_5 断开；

(4) K_1、K_2、K_3、K_4 合上，K_5 断开。

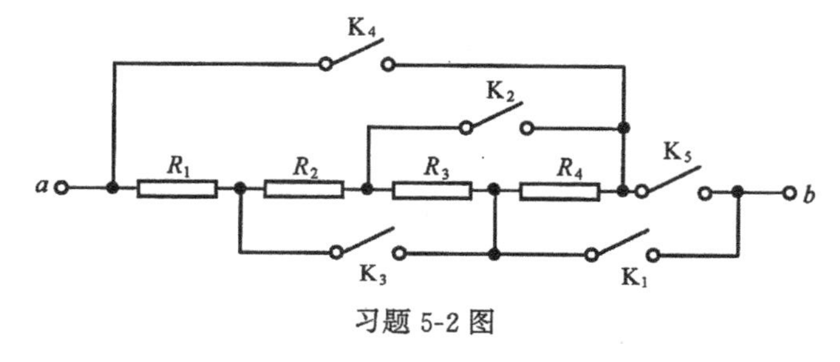

习题 5-2 图

5-3　如附图所示的电路中，已知 a、b 两端的电压为 9V，试求：

(1) 通过每个电阻的电流强度；

(2) 每个电阻两端的电压。

5-4　有两个电阻，并联时总电阻是 2.4Ω，串联时总电阻是 10Ω。问这两个电阻的阻值各是多少？

5-5　如附图所示的电路中，$R_1=10\text{k}\Omega$，$R_2=5.0\text{k}\Omega$，$R_3=2.0\text{k}\Omega$，$R_4=1.0\text{k}\Omega$，$U=6.0\text{V}$，求通过 R_3 的电流。

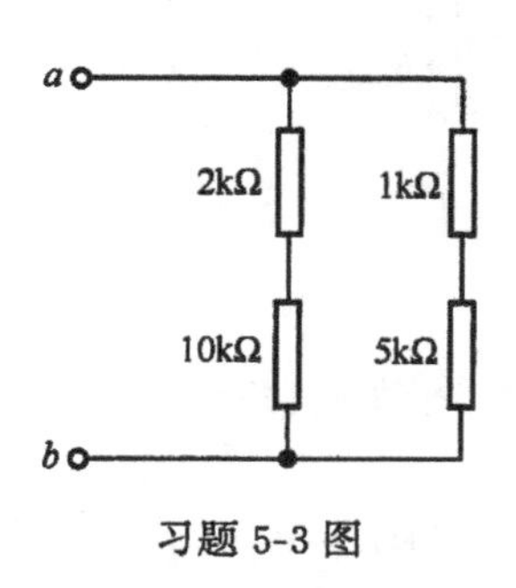

习题 5-3 图

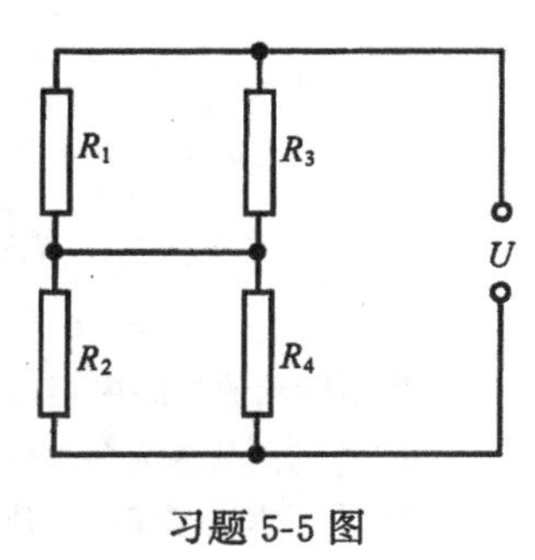

习题 5-5 图

5-6　电阻的分布如附图所示。

(1) 求 R_{ab}(即 a、b 间的电阻)；

(2) 若 4Ω 电阻中的电流为 1A，求 U_{ab}(即 a、b 间的电压)。

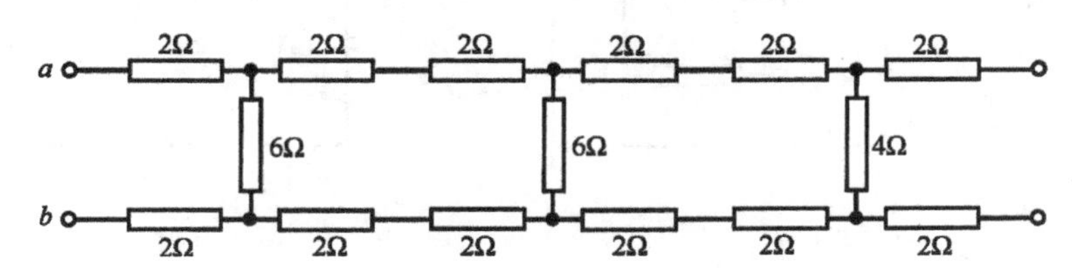

习题 5-6 图

5-7　在附图所示的四个电路中，试分别求各电路中的以下量值：

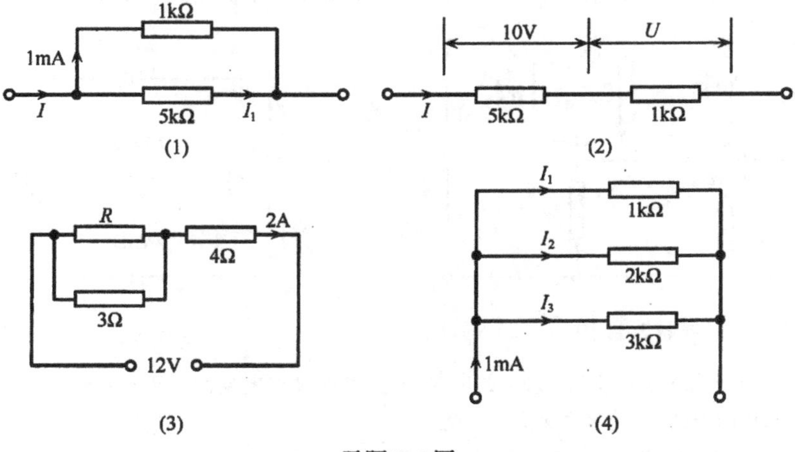

习题 5-7 图

(1) 求 I、I_1；(2) 求 I、U；(3) 求 R；(4) 求 I_1、I_2、I_3。

5-8 在附图所示的电路中，已知 $U=3.0\text{V}$，$R_1=R_2$。试求下列情况下 a、b 两点间的电压：(1) $R_3=R_4$；(2) $R_3=2R_4$；(3) $R_3=\frac{1}{2}R_4$。

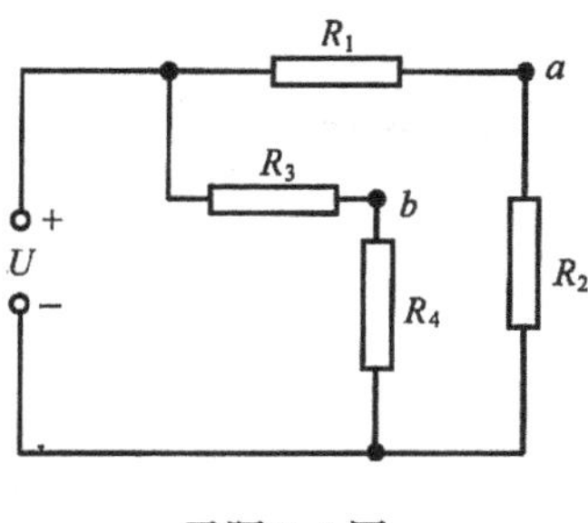

习题 5-8 图

5-9 在附图所示的电路中，当开关 K 断开时，通过 R_1、R_2 的电流各为多少？当开关 K 接通时，通过 R_1、R_2 的电流又各为多少？

5-10 试求附图所示电路，在开关 K 断开和接通的两种情况下，a、b 之间的等效电阻 R_{ab} 和 c、d 之间的电压 U_{cd} 各为多少？

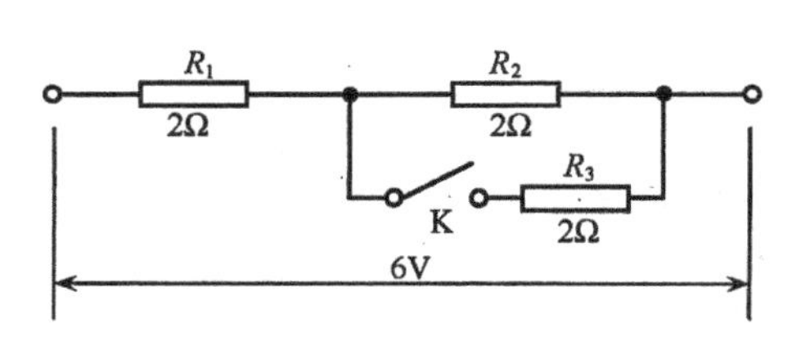

习题 5-9 图

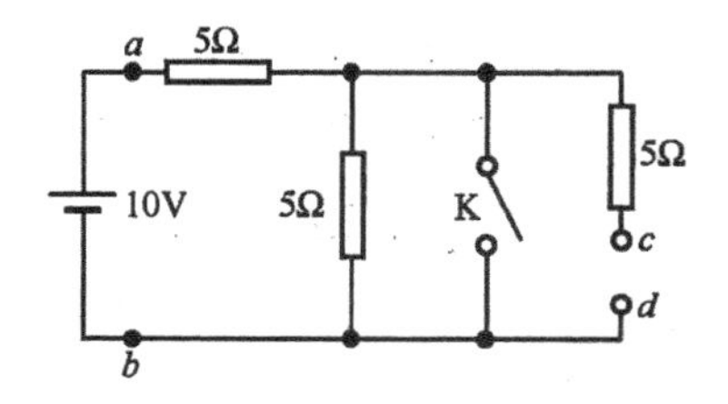

习题 5-10 图

5-11 在附图所示的电路中，已知 $U=12\text{V}$，$R_1=30\text{k}\Omega$，$R_2=6\text{k}\Omega$，$R_3=100\text{k}\Omega$，$R_4=10\text{k}\Omega$，$R_5=100\text{k}\Omega$，$R_6=1\text{k}\Omega$，$R_7=2\text{k}\Omega$，求电压 U_{ab}、U_{ac}、U_{ad}。

5-12 一电路如附图所示，求：(1) a、b 两点间的电势差 U_{ab}；(2) c、d 两点间的电势差 U_{cd}。

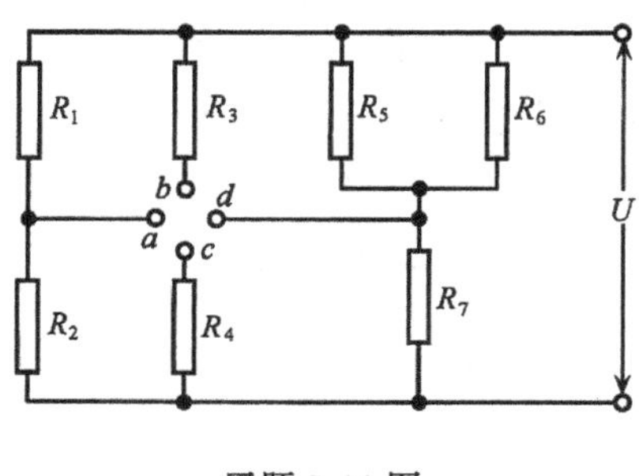

习题 5-11 图

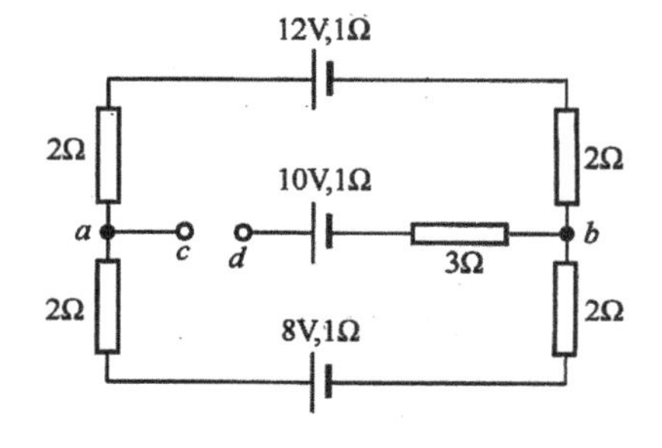

习题 5-12 图

5-13 有一适用于电压为 110V 的电烙铁，允许通过的电流为 0.7A，如果将该电烙铁接入电压为 220V 的电路，问应串联多大的电阻？

5-14 一简单电路中的电流为 5A，当把另外一个 2Ω 的电阻插入时，电流减小为 4A，问原来电路中的电阻是多少？

5-15　在附图所示的电路中，已知 $\varepsilon_1=12.0\text{V}$，$\varepsilon_2=\varepsilon_3=6.0\text{V}$，$R_1=R_2=R_3=3.0\Omega$，电源的内阻都可略去不计，求：(1) U_{ab}；(2) U_{ac}；(3) U_{bc}。

5-16　电路如本题图所示，其中电阻、电压源和电流源均为已知，且为正值，求：(1) 电压 u_2 和电流 i_2；(2) 若电阻 R_1 增大，对哪些元件的电压、电流有影响？

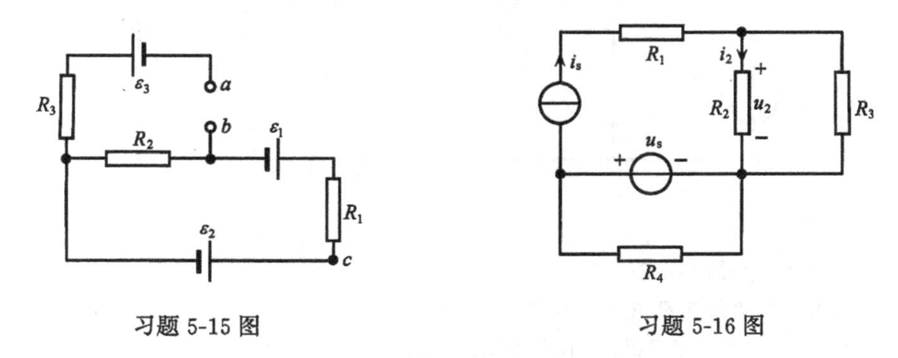

习题 5-15 图　　　　习题 5-16 图

5-17　求附图所示各电路的等效电阻 R_{ab}，其中，$R_1=R_2=1\Omega$，$R_3=R_4=2\Omega$，$R_5=4\Omega$，$G_1=G_2=1\text{S}$，$R=2\Omega$。

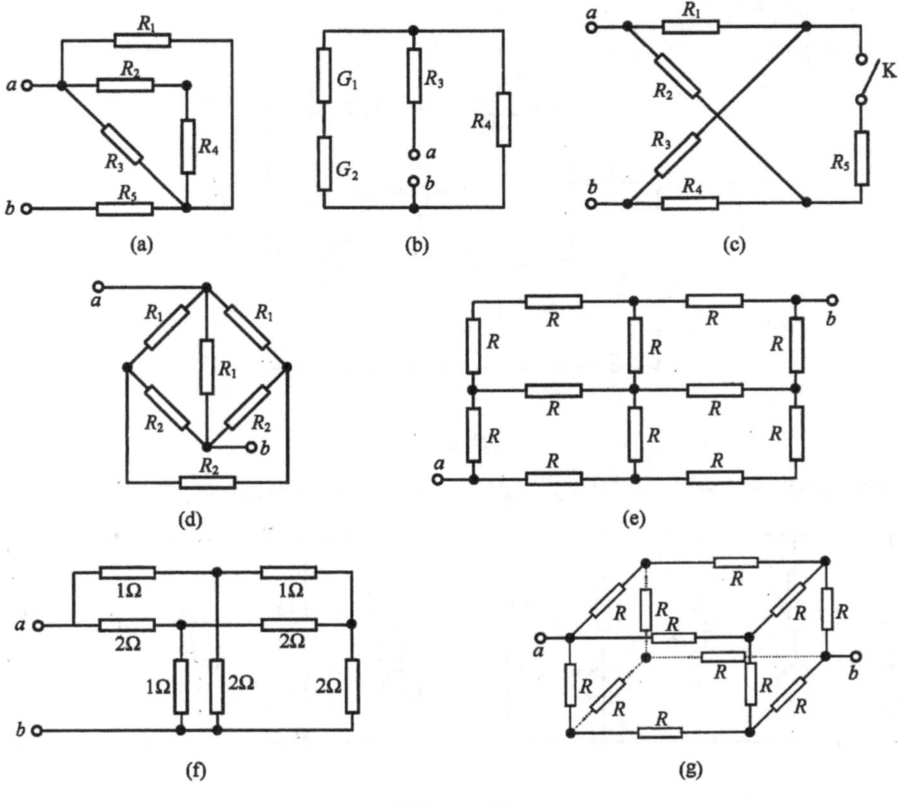

习题 5-17 图

5-18　在附图(a)所示电路中，$u_{s1}=24\text{V}$，$u_{s2}=6\text{V}$，$R_1=12\Omega$，$R_2=6\Omega$，$R_3=2\Omega$。图(b)为经过电源变换后的等效电路。

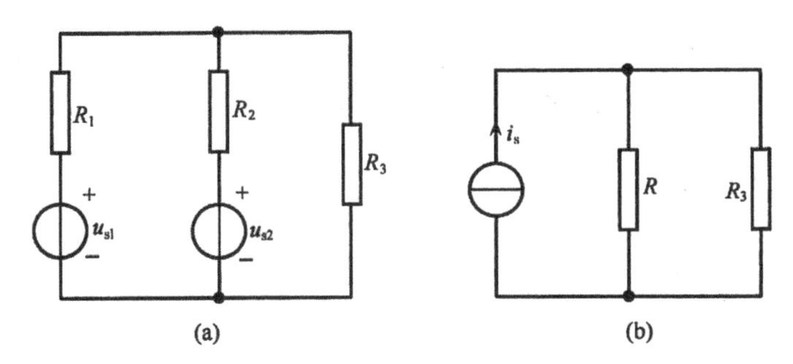

习题 5-18 图

(1) 求等效电路的 i_s和 R；

(2) 根据等效电路求 R_3 中电流和消耗的功率；

(3) 分别在图(a)、(b)中求出 R_1、R_2 及 R_3 消耗的功率；

(4) 试问 u_{s1}、u_{s2}发出的功率是否等于 i_s发出的功率？R_1、R_2 消耗的功率是否等于 R 消耗的功率？为什么？

5-19　对附图所示的电桥电路，应用 Y-△等效变换求：

(1) 对角线电压 U；

(2) 电压 U_{ab}。

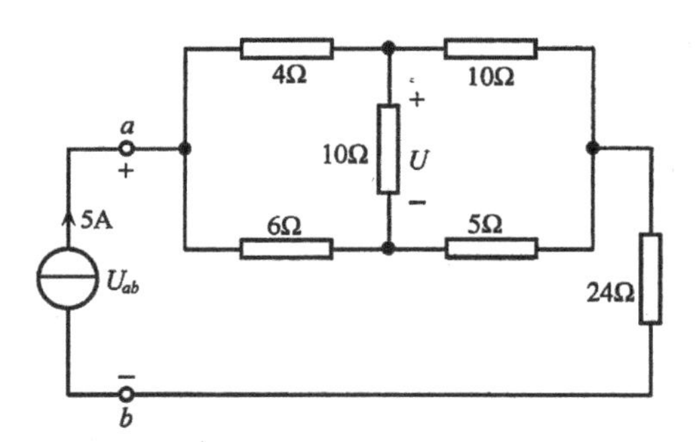

习题 5-19 图

5-20　在附图(a)中，$u_{s1}=45\text{V}$，$u_{s2}=20\text{V}$，$u_{s4}=20\text{V}$，$u_{s5}=50\text{V}$；$R_1=R_3=15\Omega$，$R_2=20\Omega$，$R_4=$

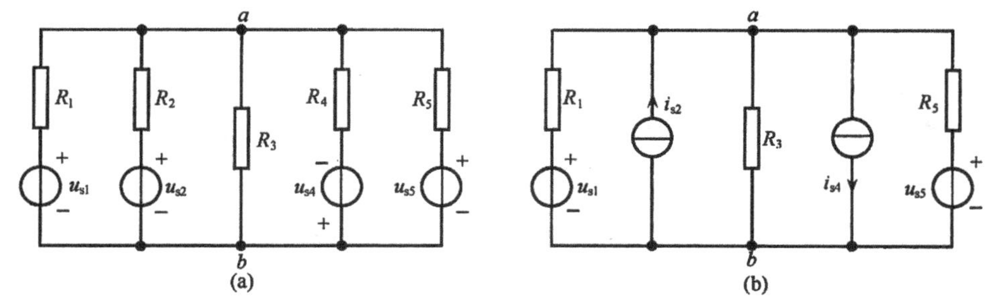

习题 5-20 图

50Ω，$R_5=8\Omega$；在附图(b)中，$u_{s1}=20V$，$u_{s5}=30V$，$i_{s2}=8A$，$i_{s4}=17A$，$R_1=5\Omega$，$R_3=10\Omega$，$R_5=10\Omega$。试利用电源的等效变换求图(a)和(b)中的电压u_{ab}。

5-21 利用电源的等效变换，求附图所示电路的电流i。

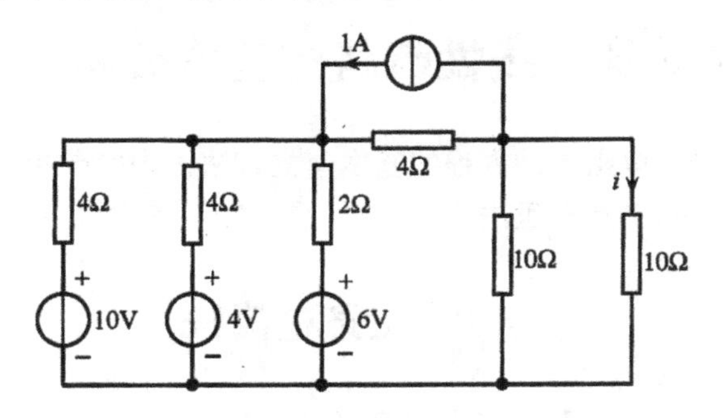

习题 5-21 图

5-22 求附图(a)和(b)所示电路的输入电阻R_{ab}。

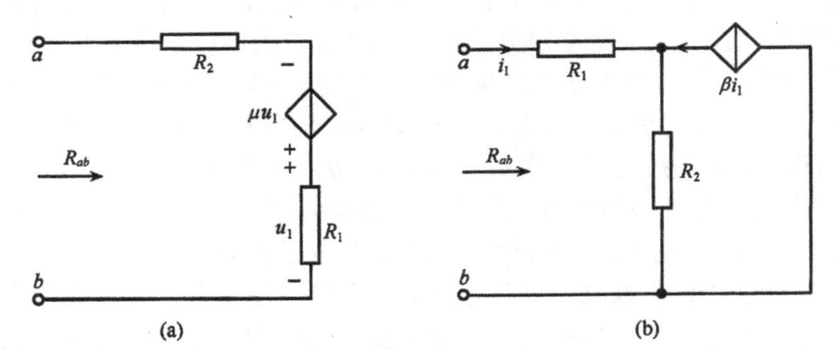

习题 5-22 图

第6章　线性电路的基本分析方法

本章将介绍线性电阻电路方程的基本建立方法。内容包括：支路电流法，网孔电流法，回路电流法，节点电压法。

6.1　支路电流法

电路（网络）分析计算的主要内容是：给定网络的结构、电源及元件的参数，求解网络各支路的电流及电压。

对于一个具有 b 条支路和 n 个节点的电路，当以支路电流和支路电压为变量列写方程时，总计有 $2b$ 个未知量。即根据 KCL 可列出 $(n-1)$ 个独立方程，根据 KVL 可列出 $(b-n+1)$ 个独立方程，根据各支路的 VCR（电压电流关系）可列出 b 个独立方程，总计方程数正好为 $2b$，与待求未知量数相等，则可由 $2b$ 个方程解出 $2b$ 个支路电流和支路电压，通常把这种求解方法称为 $2b$ 法。

然而，直接应用 $2b$ 法求解较为繁琐。在实际应用中，所求的电路响应往往只是某些支路的电流或电压。即使既需要求电压又需要求电流时，当求出支路电流（或电压）后，应用支路的 VCR 很容易得出其电压和电流。尤其对线性电阻而言，其电压和电流之间的关系只相差一个比例系数 R。因此，可应用 VCR 将各支路电压以支路电流来表示。然后代入 KVL 方程，这样，就将 $2b$ 个方程数减少了一半，得到了以 b 个支路电流为未知量的 b 个 KCL 和 KVL 方程，继而求解。这种方法称为支路电流法。

如果是将支路电流用支路电压表示，然后代入 KCL 方程，连同支路电压的 KVL 方程，便得到一组以支路电压为变量的 b 个方程，再进行求解。这种方法称为支路电压法。

事实上我们在前面讨论基尔霍夫定律的应用时，已经自然地用到了支路电流法，这里将进一步举例加以说明。

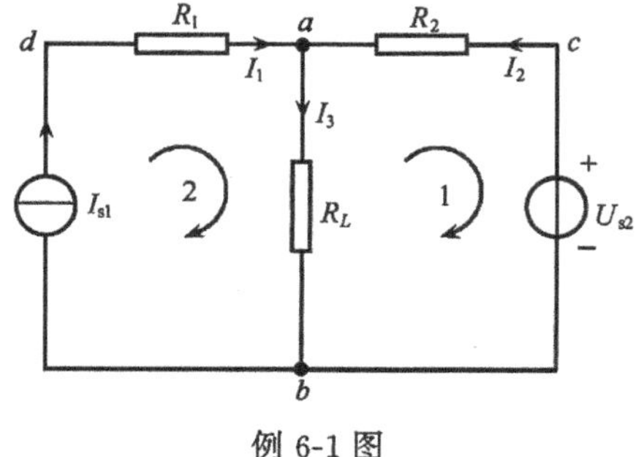

例 6-1 图

例 6 -1　如本例图所示，已知电流源 $I_{s1}=1\text{A}$，电压源 $U_{s2}=10\text{V}$，电阻 $R_L=20\Omega$，$R_1=R_2=2\Omega$，求各支路电流和电路中功率平衡的关系。

解　该电路共有 3 条支路 2 个节点 $(a、b)$，各支路电流的参考方向如图所示，其中有一条支路含已知的电流源 I_{s1}，故只要解出另外两条支路电流 I_2 和 I_3 以及电流源 I_{s1}两端的电压 U_{db}，而 U_{db}取决于电流源 I_{s1}的外部电路。由 KCL 和 KVL 可列写如下方程组：

节点 a

$$-I_1 - I_2 + I_3 = 0$$

回路 1

$$-I_2R_2 - I_3R_L + U_{s2} = 0$$

回路 2

$$I_1R_1 + I_3R_L - U_{db} = 0$$

代入已知数据和 $I_1 = I_{s1} = 1A$，将上述方程组整理成线性方程组的一般形式

$$\begin{cases} -I_2 + I_3 + 0 = 1 \\ I_2 + 10I_3 + 0 = 5 \\ 0 + 20I_3 - U_{db} = -2 \end{cases}$$

解方程组即得

$$I_2 = -0.455A$$

$$I_3 = 0.545A$$

$$U_{db} = 12.9V$$

I_2 为负值，表明其实际方向与参考方向相反。

电路中的功率平衡关系：

电流源的功率

$$P_{I_{s1}} = -I_{s1}U_{db} = -1 \times 12.9 = -12.9(W)$$

负号的物理意义表明电流源输出功率。

电压源的功率

$$P_{U_s} = -I_2U_{s2} = -(-0.455) \times 10 = 4.55(W)$$

电阻 R_1 的功率

$$P_{R_1} = I_1^2R_1 = 1^2 \times 2 = 2(W)$$

电阻 R_2 的功率

$$P_{R_2} = I_2^2R_2 = (-0.455)^2 \times 2 = 0.41(W)$$

电阻 R_L 的功率

$$P_{R_L} = I_3^2R_L = (0.545)^2 \times 20 = 5.94(W)$$

负载消耗的功率为

$$P_{U_s} + P_{R_1} + P_{R_2} + P_{R_L} = 4.55 + 2 + 0.41 + 5.94 = 12.9(W)$$

电流源输出的功率 $P_{I_{s1}} = 12.9W$，可见电路中输出功率和消耗功率相等。即功率平衡。

6.2 网孔电流法

首先定义几个相关概念。

(1) 网孔电流:一种假想的沿着网孔流动的电流叫网孔电流。如图 6-1 中的 i_{m1}、i_{m2}。

(2) 自电阻:一给定网孔中所有电阻之和称为该网孔的自电阻,简称自阻。用标有双同序号下标的 R_{ii}表示(i 为某一给定网孔的序号)。例如图 6-1 中网孔 1 的自阻为 $R_{11}=R_1+R_2$,网孔 2 的自阻为 $R_{22}=R_2+R_3$。

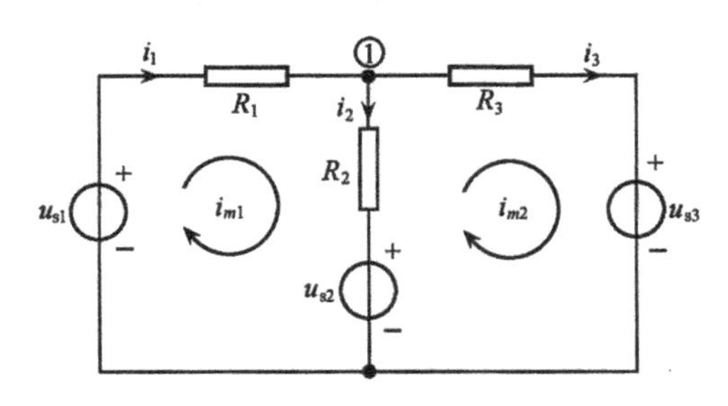

图 6-1

(3) 互电阻:两相邻网孔彼此都共有的电阻称为互电阻,简称互阻。用标有非双同序号下标的 R_{ij}(或 R_{ji})表示(i、j 为相邻网孔各自的序号)。

网孔电流一经选定,各支路电流都可用网孔电流来表示。例如图 6-1 中支路 1 只有网孔电流 i_{m1}流过,则该支路电流 $i_1=i_{m1}$,同理,支路电流 $i_3=i_{m2}$。但是支路 2 有两个网孔电流同时流过,则该支路电流是 i_{m1}与 i_{m2}的代数和,即 $i_2=i_{m1}-i_{m2}$。可见,各支路电流等于流经各自支路网孔电流的代数和。

由于假想的网孔电流是沿闭合回路流动的,所以它一定从网孔中某一节点流入,同时又从这个节点流出,因此网孔电流在各节点自动满足 KCL,如对图 6-1 中节点①,流入和流出该节点的网孔电流均为 i_{m1}和 i_{m2}。这样就不必要对节点列写 KCL 方程了。因此,用网孔电流为未知量,根据 KVL 列写全部的网孔方程(数目为 $b-n+1$),即可求解电路。这种方法称为网孔电流法。

现在以图 6-1 所示电路为例,根据 KVL 分别对网孔 1 和网孔 2 列写方程并整理得:

网孔 1

$$(R_1+R_2)i_{m1}-R_2i_{m2}=u_{s1}-u_{s2}$$

网孔 2

$$-R_2i_{m1}+(R_2+R_3)i_{m2}=u_{s2}-u_{s3}$$

分析可知,上述两方程左边,(R_1+R_2)即为网孔 1 的自阻,可用 R_{11}表示,(R_2+R_3)

为网孔 2 的自阻，用 R_{22}表示。而 R_2 为两网孔互阻的大小。可令$R_{12}=R_{21}=(-R_2)$。两方程右边为各自网孔中电压源的电压之和，分别用 u_{s11}和 u_{s22}表示。这样上述方程组可归纳为下述形式

$$R_{11}i_{m1}+R_{12}i_{m2}=u_{s11}$$
$$R_{21}i_{m1}+R_{22}i_{m2}=u_{s22}$$

对具有 m 个网孔的平面电路，网孔方程的一般形式可由此方程组推广而得，即

$$\left.\begin{aligned}R_{11}i_{m1}+R_{12}i_{m2}+R_{13}i_{m3}+\cdots+R_{1m}i_{mm}&=u_{s11}\\R_{21}i_{m1}+R_{22}i_{m2}+R_{23}i_{m3}+\cdots+R_{2m}i_{mm}&=u_{s22}\\&\vdots\\R_{m1}i_{m1}+R_{m2}i_{m2}+R_{m3}i_{m3}+\cdots+R_{mm}i_{mm}&=u_{smm}\end{aligned}\right\}\tag{6-1}$$

式中下标相同的 R_{ii}是网孔$(i=1,2,\cdots,m)$的自阻；下标不同的 $R_{ij}(i\neq j)$是网孔 $i(i=1,2,\cdots,m)$与网孔 $j(j=1,2,\cdots,m)$之间的互阻；u_{sii}是网孔 $i(i=1,2,\cdots,m)$内所有电压源(包括由电流源等效变换而成的电压源)电压的代数和。式(6-1)方程左边自阻和互阻上电压降的正负号可这样确定：

对一给定的网孔，当网孔的绕行方向与网孔电流的参考方向一致时，其电压降取正号(这时自阻上的电压降必为正)；反之取负号。对式(6-1)方程右边电压源电压正负号的确定为：当电压源电压的参考方向(由正极指向负极)与网孔电流的参考方向一致时取负号，反之取正号。

由式(6-1)可以看出，等式左边为 $m\times m$ 阶系数行列式，其主对角线元素为自阻，非主对角线元素为互阻。一般情况下，该行列式为对称行列式，即在无受控源的情况下，满足 $R_{ij}=R_{ji}$。

例 6-2 在本例图所示直流电路中，各电阻和电压源均为已知，试用网孔电流法求各支路电流和电压。

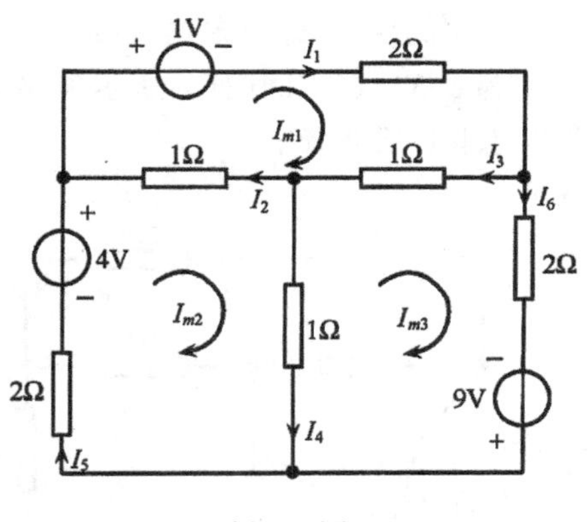

例 6-2 图

解 电路为平面电路，共有 3 个网孔。选取网孔电流 I_{m1}、I_{m2}、I_{m3}和各支路电流的参考方向如本例图所示，并假定各支路电压与相应的支路电流取关联参考方向。由 KVL 列写网孔方程并整理得

$$4I_{m1}-I_{m2}-I_{m3}=-1\tag{1}$$
$$-I_{m1}+4I_{m2}-I_{m3}=4\tag{2}$$
$$-I_{m1}-I_{m2}+4I_{m3}=9\tag{3}$$

联立式(1)、(2)、(3)解得

$$I_{m1}=1\text{A}\qquad I_{m2}=2\text{A}\qquad I_{m3}=3\text{A}$$

因为各支路电流等于流经各自支路网孔电流的代数和，则得

$$I_1 = I_{m1} = 1\text{A}$$
$$I_2 = I_{m1} - I_{m2} = 1 - 2 = -1(\text{A})$$
$$I_3 = I_{m1} - I_{m3} = 1 - 3 = -2(\text{A})$$
$$I_4 = I_{m2} - I_{m3} = 2 - 3 = -1(\text{A})$$
$$I_5 = I_{m2} = 2\text{A}$$
$$I_6 = I_{m3} = 3\text{A}$$

各支路电压为

$$U_1 = 1 + 2I_1 = 1 + 2 \times 1 = 3(\text{V})$$
$$U_2 = 1I_2 = -1\text{V}$$
$$U_3 = 1I_3 = -2\text{V}$$
$$U_4 = 1I_4 = -1\text{V}$$
$$U_5 = 2I_5 - 4 = 2 \times 2 - 4 = 0(\text{V})$$
$$U_6 = 2I_6 - 9 = 2 \times 3 - 9 = -3(\text{V})$$

在式(6-1)所示网孔方程的结构中并没有说明若电路中含有电流源和受控源时的情况。当电路中含有电流源或受控源时，网孔方程的列写方法如何呢？下面可分几种情况讨论。

(1) 电路中所含的电流源两端并联有一电阻，形成所谓的有伴电流源。则此有伴电流源可用一个电压源与电阻串联的等效电路来替换。这样，便使电路变成了只含电压源的电路，即可根据式(6-1)由 KVL 列写网孔方程了。

例 6-3 在本例图(a)所示电路中，各电阻和电源均为已知，试列写其网孔方程并求其网孔电流。

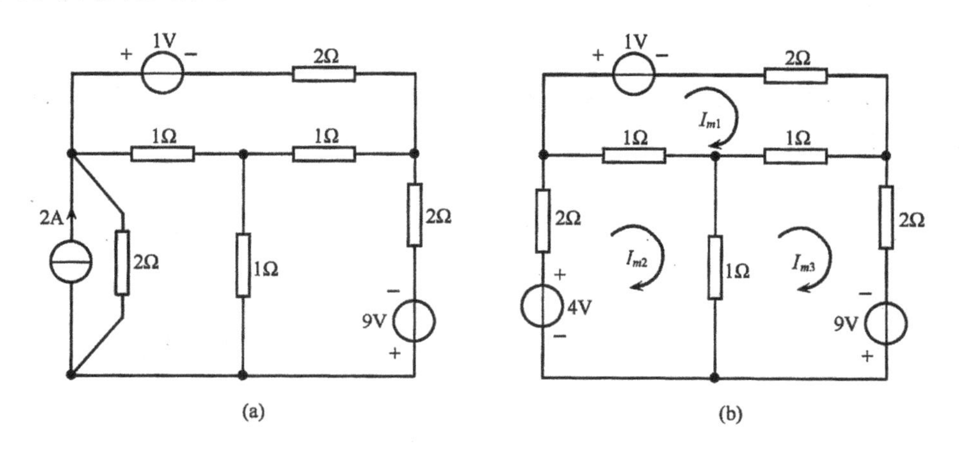

例 6-3 图

解 电路中含有一电流源 $I_s = 2\text{A}$。首先将例 6-3 图(a)等效变换为例 6-3 图(b)。在例 6-3 图(b)中只含电压源，标定各网孔电流 I_{m1}、I_{m2}、I_{m3}，则由 KVL 可列写

其网孔方程为

$$4I_{m1} - I_{m2} - I_{m3} = -1 \tag{1}$$

$$-I_{m1} + 4I_{m2} - I_{m3} = 4 \tag{2}$$

$$-I_{m1} - I_{m2} + 4I_{m3} = 9 \tag{3}$$

联立式(1)、(2)、(3)解得

$$I_{m1} = 1\text{A}, \qquad I_{m2} = 2\text{A}, \qquad I_{m3} = 3\text{A}$$

(2) 若电路中所含电流源两端没有并联电阻，又可分为两种情况讨论：

① 电流源处在电路中边界支路的位置上。这时此电流源所在网孔的网孔电流就等于此电流源的电流，是已知的了。因此，可以少列写一个网孔方程。而电路中有几个这样的电流源就可相应地减少几个网孔方程。

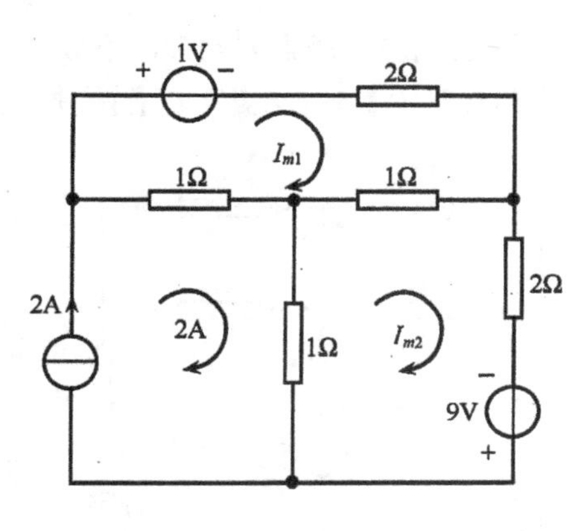

例 6-4 图

例 6-4 在本例图所示电路中，各电阻和各电源均为已知，试列写其网孔方程并求其网孔电流。

解 如本例图可知，$I_s=2\text{A}$ 的电流源位于电路中一边界支路上，则该电流源所在网孔的网孔电流就等于 2A。现标定另外两网孔电流 I_{m1}和 I_{m2}。如图所示，由 KVL 可得

$$4I_{m1} - I_{m2} - 1 \times 2 = -1 \tag{1}$$

$$-I_{m1} + 4I_{m2} - 1 \times 2 = 9 \tag{2}$$

联立式(1)、(2)解得

$$I_{m1} = 1\text{A}, \qquad I_{m2} = 3\text{A}$$

例 6-5 在本例图所示的电路中，各电阻和各电源均为已知，试列写其网孔方程并求其网孔电流。

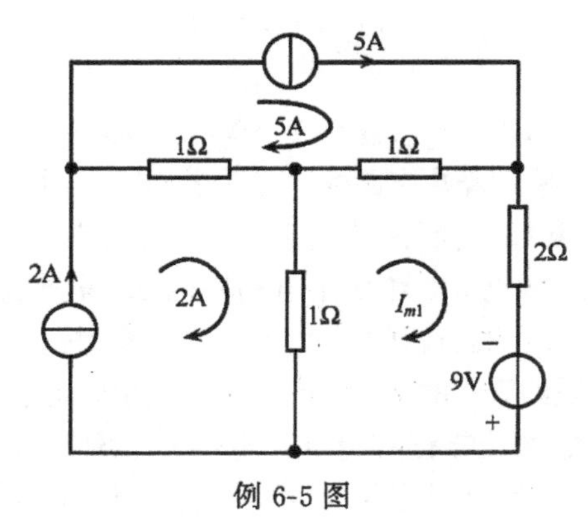

例 6-5 图

解 如本例图可知，有电流分别为5A和2A的已知电流源位于电路的两边界支路上，则它们所在网孔的网孔电流分别为5A和2A，不需再列其网孔方程。现标定剩下一个网孔的网孔电流为I_{m1}(例6-5图)，由KVL可知该网孔方程为

$$4I_{m1}-1\times 2-1\times 5=9$$

即得

$$I_{m1}=4\text{A}$$

② 当电路中所含的电流源不处于电路的边界支路位置，而是处于某两个网孔的公共支路位置时，此类问题有两种处理方法：

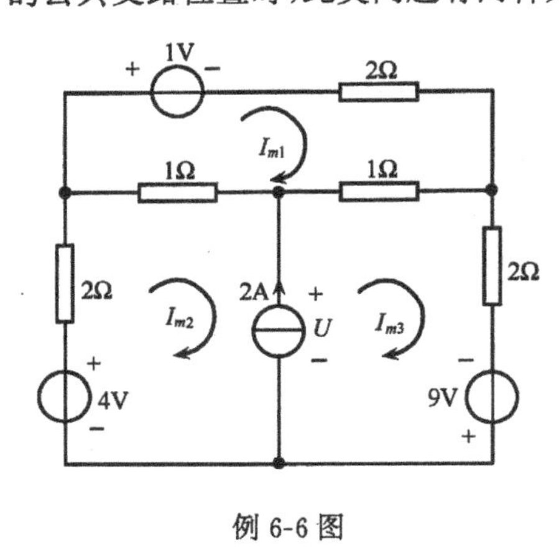

例6-6图

方法一 在电流源两端假定一个电压，并把这个“假定电压”作为电压源看待，再按式(6-1)列写网孔方程。这样所列写的方程中便多出来一个未知量，即电流源两端的“假定电压”。由于电流源的电流即为公共支路的电流，则可用它等于两相邻网孔的网孔电流的代数和来补充一个方程，使总方程数等于总未知量数即可求解。

例6-6 在本例图所示电路中，各电阻和电源均为已知，试列写其网孔方程并求其网孔电流。

解 如本例图可知，电流为2A的电流源在两相邻网孔的公共支路上，可假定其两端的电压为U，并标定各网孔电流I_{m1}、I_{m2}、I_{m3}，如例6-6图所示。由KVL可得下列网孔方程

$$4I_{m1}-I_{m2}-I_{m3}=-1 \tag{1}$$

$$-I_{m1}+3I_{m2}=4-U \tag{2}$$

$$-I_{m1}+3I_{m3}=9+U \tag{3}$$

附加方程

$$I_{m3}-I_{m2}=2 \tag{4}$$

联立以上方程解得

$$I_{m1}=1\text{A},\qquad I_{m2}=1.5\text{A},\qquad I_{m3}=3.5\text{A}$$

方法二 把以电流源为公共支路的两个网孔作为一个大网孔处理来列写网孔方程。这样的大网孔通常称为“超网孔”。所谓超网孔，就是去掉电流源所在公共支路后形成的网孔。例如，把例6-6图所示电路中的2A电流源所在公共支路去掉后便构成了一个超网孔。超网孔方程的形式为：组成某超网孔的每个自然网孔的网孔电流与其位于超网孔中自阻的乘积的代数和等于超网孔中所有电压源电压的代数和。

显然，这样列写出的网孔方程数将少于电路的总网孔数。有几个超网孔，网孔方程就减少几个。然而，我们可以应用公共支路上电流源的电流等于其相邻网孔电

流的代数和的规律来补足方程，使总方程数等于总未知量数。

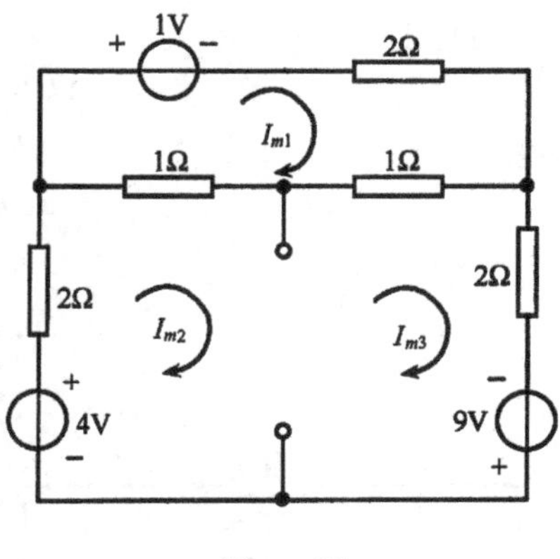

例 6-7 图

例 6-7 应用超网孔的概念求解例 6-6 所示电路的各网孔电流。

解 根据超网孔概念将例 6-6 电路图画成例 6-7 图，对该电路图可选顺时针方向为超网孔的绕行方向，由 KVL 可列写如下方程：

网孔 1

$$4I_{m1}-I_{m2}-I_{m3}=-1$$

超网孔

$$-(1+1)I_{m1}+(1+2)I_{m2}+(1+2)I_{m3}=4+9$$

附加方程

$$I_{m3}-I_{m2}=2$$

联立上述方程，解得

$$I_{m1}=1\text{A},\qquad I_{m2}=1.5\text{A},\qquad I_{m3}=3.5\text{A}$$

可见，所得结果与例 6-6 求得的结果一样。

(3) 电路中含有受控源时网孔方程的列写。含受控源电路的网孔分析方法与只含独立源电路的网孔分析方法完全相同。在应用式(6-1)列写网孔的 KVL 方程时，首先把受控源作为独立源处理，但要将控制变量用待求的网孔电流变量表示，以作为辅助方程。

① 含受控电压源的电路。

例 6-8 如本例图所示的电路中，各电阻和各电源均为已知，试列写其网孔方程并求其网孔电流。

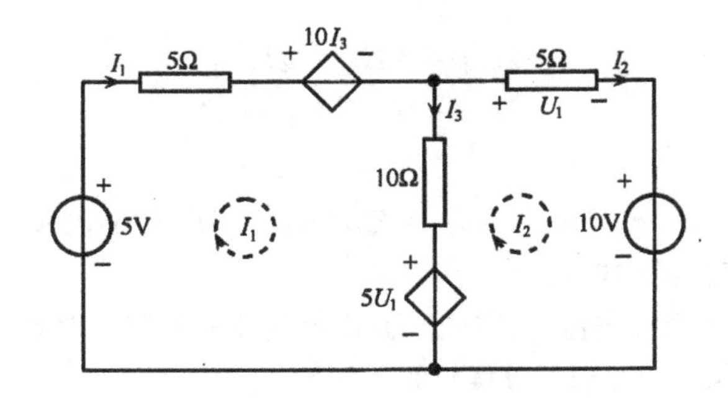

例 6-8 图

解 选网孔电流 I_1、I_2 及其参考方向如例 6-8 图所示，由 KVL 可得网孔方程为：

网孔 1

$$(5+10)I_1-10I_2=5-10I_3-5U_1 \tag{1}$$

网孔 2

$$-10I_1+(5+10)I_2=5U_1-10 \tag{2}$$

附加方程

$$I_3=I_1-I_2 \tag{3}$$

$$U_1=5I_2 \tag{4}$$

联立式 (1)、(2)、(3)、(4)解得

$$I_1=0,\quad I_2=1\text{A}$$

例 6-9 在本例图所示的电路中，各电阻和各电源均为已知，试列写其网孔方程并求其网孔电流。

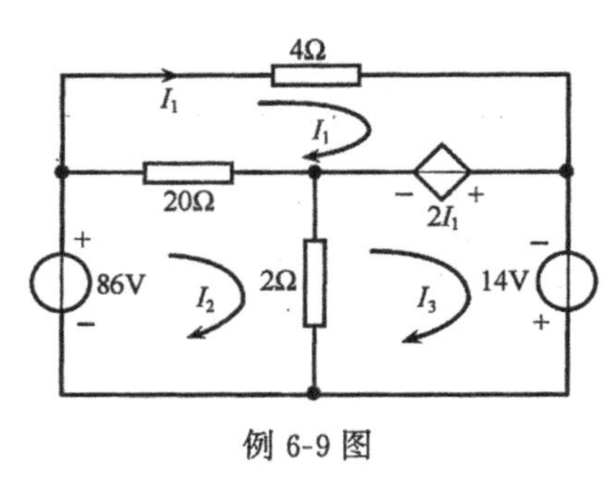

例 6-9 图

解 选定网孔电流 I_1、I_2、I_3 及其参考方向如例 6-9 图所示，由 KVL 可得其网孔方程为：

网孔 1

$$24I_1-20I_2=-2I_1 \tag{1}$$

网孔 2

$$-20I_1+22I_2-2I_3=86 \tag{2}$$

网孔 3

$$-2I_2+2I_3=2I_1+14 \tag{3}$$

因受控源的控制量是 I_1 即为一网孔电流，所以不用再补充方程了，整理上述方程为

$$26I_1-20I_2=0$$
$$-20I_1+22I_2-2I_3=86$$
$$-2I_1-2I_2+2I_3=14$$

联立上述方程解得

$$I_1=25\text{A},\qquad I_2=32.5\text{A},\qquad I_3=64.5\text{A}$$

② 含受控电流源的电路。

如果电路含有受控电流源，首先应假定出受控电流源的端电压，然后列写网孔的 KVL 方程以及有关的辅助方程求解。

例 6-10 如本例图所示的电路中，各电阻和各电源均为已知，试列写其网孔方程并求其网孔电流。

解 选定网孔电流 i_1、i_2、i_3 及其参考方向如例 6-10 图所示。设受控电流源的端电压为 u_1，由 KVL 列写其网孔方程为：

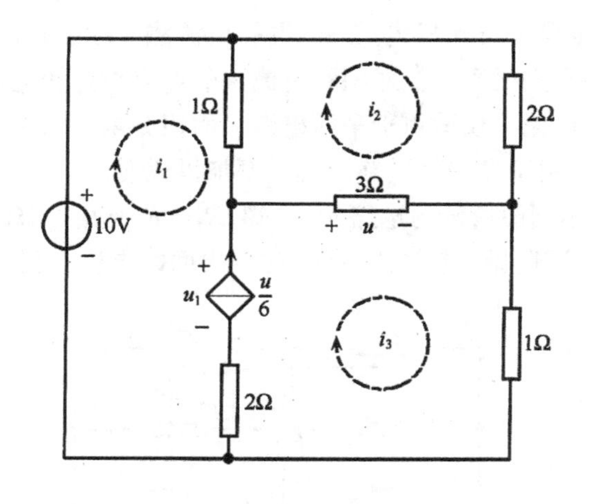

例 6-10 图

网孔 1

$$3i_1 - i_2 - 2i_3 = 10 - u_1 \tag{1}$$

网孔 2

$$-i_1 + 6i_2 - 3i_3 = 0 \tag{2}$$

网孔 3

$$-2i_1 - 3i_2 + 6i_3 = u_1 \tag{3}$$

注意到受控电流源的控制量为 u,电流量为 $\frac{u}{6}$。又有

$$i_3 - i_1 = \frac{u}{6}, \qquad u = 3(i_3 - i_2) \tag{5}$$

将以上方程整理并写成矩阵形式

$$\begin{bmatrix} -1 & 6 & -3 \\ 1 & -4 & 4 \\ -2 & 1 & 1 \end{bmatrix} \begin{bmatrix} i_1 \\ i_2 \\ i_3 \end{bmatrix} = \begin{bmatrix} 0 \\ 10 \\ 0 \end{bmatrix}$$

解之得

$$i_1 = 3.6\text{A}, \qquad i_2 = 2.8\text{A}, \qquad i_3 = 4.4\text{A}$$
$$u = 4.8\text{V}, \qquad u_1 = 11\text{V}$$

读者可进一步求出各支路电流和各支路电压。

6.3 回路电流法

网孔电流法是选网孔为闭合回路,对电路列写出 $(b-n+1)$ 个独立的以网孔电流为变量的 KVL 方程求解。同样,回路电流法是以回路中假想的沿回路连续流动的"回路电流"为未知量,列写出 $(b-n+1)$ 个独立的 KVL 方程求解。只不过所选的独立回路不一定是按网孔来选。因此,网孔电流法实际上是回路电流法的一种特例。前面的自阻和互阻概念以及对网孔电流法的所有讨论和应用,都适用于回路电流法。但是,网孔电流法仅适用于平面电路。而回路电流法则无此限制,它不仅适用于平面电路也适用于非平面电路。现举例加以说明。

例 6-11 在本例图所示的电路中,已知,$R_1=R_2=R_3=1\Omega$,$R_4=R_5=R_6=2\Omega$,$u_{s1}=4V$,$u_{s5}=2V$,试选择一组独立回路,并列出回路电流方程。

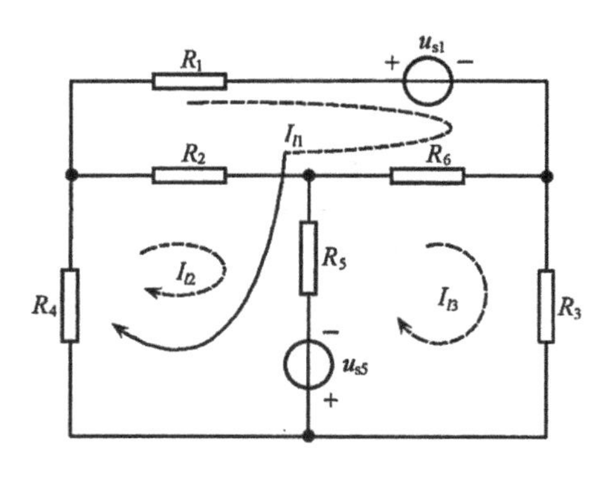

例 6-11 图

解 分析可知,该电路的独立回路数为 6−4+1=3。现任选 3 个独立回路,并选定各独立回路的回路电流分别为 I_{l1}、I_{l2}、I_{l3}以及它们的参考方向,如例 6-11 图所示。

对各回路而言,其自阻和相关的互阻分别为:

回路 1 自阻

$$R_{11}=(R_1+R_6+R_5+R_4)=7\Omega$$

回路 2 自阻

$$R_{22}=(R_2+R_5+R_4)=5\Omega$$

回路 3 自阻

$$R_{33}=(R_3+R_5+R_6)=5\Omega$$

回路 1 与回路 2 的互阻

$$R_{12}=R_{21}=R_4+R_5=4\Omega$$

回路 1 与回路 3 的互阻

$$R_{13}=R_{31}=R_5+R_6=4\Omega$$

回路 2 与回路 3 的互阻

$$R_{23}=R_{32}=R_5=2\Omega$$

由 KVL 可得回路方程为:

回路 1

$$R_{11}I_{l1}+R_{12}I_{l2}-R_{13}I_{l3}=-u_{s1}+u_{s5}$$

回路 2

$$R_{21}I_{l1}+R_{22}I_{l2}-R_{23}I_{l3}=u_{s5}$$

回路 3

$$-R_{31}I_{l1}-R_{32}I_{l2}+R_{33}I_{l3}=-u_{s5}$$

代入数据即得

$$7I_{l1}+4I_{l2}-4I_{l3}=-2$$
$$4I_{l1}+5I_{l2}-2I_{l3}=2$$
$$-4I_{l1}-2I_{l2}+5I_{l3}=-2$$

解出回路电流 I_{l1}、I_{l2}、I_{l3}后，可由下列各式求支路电流：

R_1 所在支路

$$I_1=I_{l1}$$

R_2 所在支路

$$I_2=I_{l2}$$

R_3 所在支路

$$I_3=I_{l3}$$

R_4 所在支路

$$I_4=I_{l1}+I_{l2}$$

R_5 所在支路

$$I_5=I_{l1}+I_{l2}-I_{l3}$$

R_6 所在支路

$$I_6=I_{l3}-I_{l1}$$

6.4 节点电压法

在电路中，任意选取一个节点为参考点，并令其电势为零，其他各节点对此参考节点的电势差称为节点电压。对于有 n 个节点的电路，节点电压数为 $n-1$，与电路的独立节点数相等，也就是说如果用电路的节点电压为变量，对参考点以外的各节点列出的 KCL 方程是彼此独立的，即节点电压是电路中的一组独立变量。将这组变量求出后，可直接应用 KVL 和 VCR 将其变成各支路电压和各支路电流。基于上述思想，对有 n 个节点的电路进行求解时，以节点电压为变量，用 KCL 列出 $n-1$ 个电流平衡方程式（简称节点方程）的计算方法称为节点电压法或节点电位法。此方法已广泛应用于网络的计算机辅助分析和电力系统的计算。下面讨论节点方程及其一般形式。

6.4.1 节点法分析的基本方程

在图 6-2 所示电路中，共有 3 个节点，选定参考点（接地点）后，另外两节点①、②的电压则为 U_1 和 U_2，由 KCL 可列写电流平衡方程式：

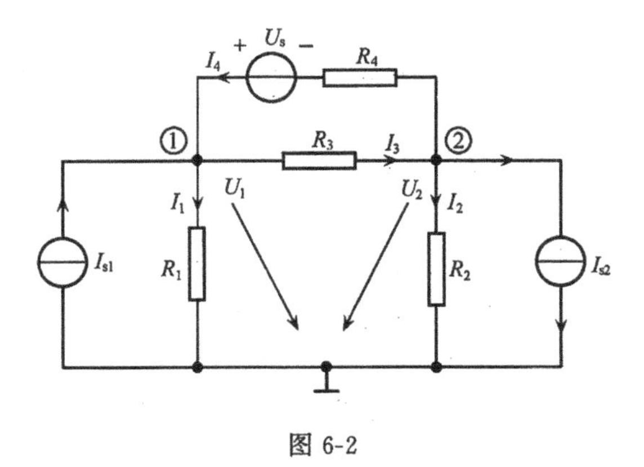

图 6-2

节点①

$$I_1 + I_3 - I_4 - I_{s1} = 0$$

节点②

$$I_2 + I_4 + I_{s2} - I_3 = 0$$

根据 KVL 和 VCR，各支路电流均可用相应的节点电压表示，即

$$I_1 = \frac{U_1}{R_1}, \qquad I_2 = \frac{U_2}{R_2}, \qquad I_3 = \frac{U_1 - U_2}{R_3}, \qquad I_4 = \frac{U_2 - U_1 + U_s}{R_4}$$

将这些关系式代入上述电流平衡方程式并整理得

$$\left(\frac{1}{R_1} + \frac{1}{R_3} + \frac{1}{R_4}\right)U_1 - \left(\frac{1}{R_3} + \frac{1}{R_4}\right)U_2 = I_{s1} + \frac{U_s}{R_4}$$

$$\left(\frac{1}{R_2} + \frac{1}{R_3} + \frac{1}{R_4}\right)U_2 - \left(\frac{1}{R_3} + \frac{1}{R_4}\right)U_1 = - I_{s2} - \frac{U_s}{R_4}$$

若将此式中所有电阻的倒数用电导表示，则变成

$$(G_1 + G_3 + G_4)U_1 - (G_3 + G_4)U_2 = I_{s1} + U_s G_4$$

$$(G_2 + G_3 + G_4)U_2 - (G_3 + G_4)U_1 = - I_{s2} - U_s G_4$$

为了归纳出一般的节点方程，我们把与某独立节点相连支路的电导之和称为该节点的自电导，简称自导。用标有双同序号下标的G_{ii}表示。把两相邻独立节点间相连支路的电导之和的负值称为互电导，简称互导，用标有非双同序号下标的G_{ij}表示($i \neq j$)。可见，节点①与节点②的自导分别为

$$G_{11} = G_1 + G_3 + G_4, \qquad G_{22} = G_2 + G_3 + G_4$$

自导总是为正值。两节点的互导为

$$G_{12} = G_{21} = - (G_3 + G_4)$$

互导总是为负值。

上述电流平衡方程式右边可写为 I_{s11}、I_{s22}，它们分别表示节点①和节点②由电流源和电压源所注入电流的代数和。其中对于电流源产生的电流，流入节点时取正，反之取负。对于电压源产生的电流，电压源正极向着该节点时取正，反之取负。

这样，可将上述方程写成如下形式

$$G_{11}U_1 + G_{12}U_2 = I_{s11}, \qquad G_{21}U_1 + G_{22}U_2 = I_{s22}$$

将此方程组推广到一般情况，即对于一个有 n 个节点的电路，节点电压法的基本方程为

$$\left.\begin{aligned} G_{11}U_1 + G_{12}U_2 + G_{13}U_3 + \cdots + G_{1(n-1)}U_{n-1} &= I_{s11} \\ G_{21}U_1 + G_{22}U_2 + G_{23}U_3 + \cdots + G_{2(n-1)}U_{n-1} &= I_{s22} \\ &\vdots \\ G_{(n-1)1}U_1 + G_{(n-1)2}U_2 + G_{(n-1)3}U_3 + \cdots + G_{(n-1)(n-1)}U_{n-1} &= I_{s(n-1)(n-1)} \end{aligned}\right\} \tag{6-2}$$

应指出，与电流源串联的电阻因对外不起作用，不能列入自导和互导之中，即用节点电压法解题时，不要计及与电流源串联支路电阻的影响。

用节点电压法求解电路的步骤如下：

(1) 选定参考点；

(2) 对参考点以外的各节点，以节点电压为变量，按式(6-2)列出节点方程，注意自导总是正值，互导总是负值。还应注意各节点注入电流前面的“+”，“-”号；

(3) 解线性方程组，求出各节点的电压；

(4) 应用 KVL 和 VCR 求出待求的支路电压和支路电流。

例 6-12 在本例图所示的电路中，已知 $U_{s1}=60\text{V}$，$U_{s2}=55\text{V}$，$I_s=20\text{A}$，$R_1=0.5\Omega$，$R_2=0.8\Omega$，$R_3=1\Omega$，$R_4=1\Omega$，$R_5=2\Omega$，$R_6=3\Omega$，求各支路电流和电流源 I_s 供出的功率。

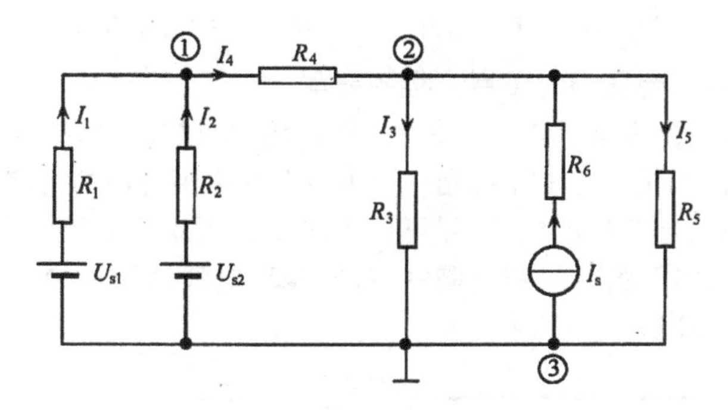

例 6-12 图

解 该电路有 3 个节点①、②、③。选节点③为参考点。注意到与电流源 I_s 相串联的电阻 R_6 不能计入节点②的自导，按式(6-2)可列写出①和②两节点方程为

$$\left(\frac{1}{R_1}+\frac{1}{R_2}+\frac{1}{R_4}\right)U_1-\frac{1}{R_4}U_2=\frac{U_{s1}}{R_1}+\frac{U_{s2}}{R_2}$$

$$\left(\frac{1}{R_3}+\frac{1}{R_4}+\frac{1}{R_5}\right)U_2-\frac{1}{R_4}U_1=I_s$$

代入已知数据后即为

$$\left(\frac{1}{0.5}+\frac{1}{0.8}+1\right)U_1-U_2=\frac{60}{0.5}+\frac{55}{0.8}$$

$$\left(1+1+\frac{1}{2}\right)U_2 - U_1 = 20$$

联立上述方程解得

$$U_1 = 51.1\text{V}, \qquad U_2 = 28.44\text{V}$$

设各支路电流的参考方向如例 6-12 图所示，由 KVL 和 VCR 求得各支路电流分别为

$$I_1 = \frac{U_{s1} - U_1}{R_1} = \frac{60 - 51.1}{0.5} = 17.8(\text{A})$$

$$I_2 = \frac{U_{s2} - U_1}{R_2} = \frac{55 - 51.1}{0.8} = 4.87(\text{A})$$

$$I_3 = \frac{U_2}{R_3} = \frac{28.44}{1} = 28.44(\text{A})$$

$$I_4 = \frac{U_1 - U_2}{R_4} = \frac{51.1 - 28.44}{1} = 22.7(\text{A})$$

$$I_5 = \frac{U_2}{R_5} = \frac{28.44}{2} = 14.2(\text{A})$$

设电流源 I_s 两端的电压为 U_{I_s}，其极性如图所示。

$$U_{I_s} = I_s R_6 + U_2 = 20 \times 3 + 28.44 = 88.44(\text{V})$$

则电流源 I_s 供出的功率为

$$P_{I_s} = U_{I_s} I_s = 88.44 \times 20 = 1768.8(\text{W})$$

6.4.2 电路中含有电压源时节点方程的列写

(1) 若电路所含的电压源同时串联一个电阻，形成所谓的有伴电压源。则可根据等效变换的规律，把有伴电压源用一个电流源与电阻并联的电路来替换，这样就使电路变成了只含电流源的电路，即可按式(6-2)列写节点方程求解。

例 6-13 在本例图所示的电路中，各电阻和电源均为已知，试列写其节点方程，并求各节点电压。

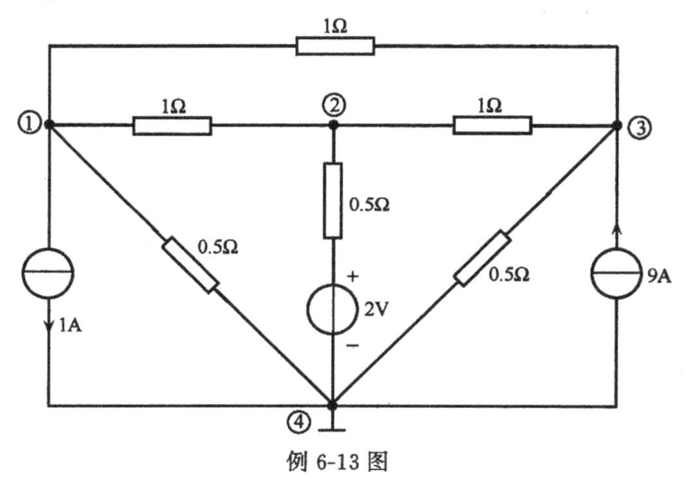

例 6-13 图

解 该电路有 4 个节点，选节点④为参考点，其他各节点编号如例 6-13 图所示。把 2V 的电压源与 0.5Ω 电阻串联支路用 4A 电流源和 0.5Ω 电阻并联支路作等效代换。则节点方程为：

节点①

$$\left(1+1+\frac{1}{0.5}\right)U_1-U_2-U_3=-1$$

节点②

$$-U_1+\left(1+1+\frac{1}{0.5}\right)U_2-U_3=4$$

节点③

$$-U_1-U_2+\left(1+1+\frac{1}{0.5}\right)U_3=9$$

联立上述方程解得

$$U_1=1\text{V},\quad U_2=2\text{V},\quad U_3=3\text{V}$$

(2) 若电路中所含电压源没有串联电阻，即电路含无伴电压源。对此种电路又分两种情况求解。

① 若电路中无伴电压源的一端与参考点相连接，则与该无伴电压源另一端相连的节点电压即为该电压源的电压，变为已知量。这样，该电路的节点方程数可以减少一个。显然，电路中有几个这样的无伴电压源，就可减少几个节点方程。

例 6-14 在本例图所示的电路中，各电阻和各电源均为已知，试列写节点方程并求各节点电压。

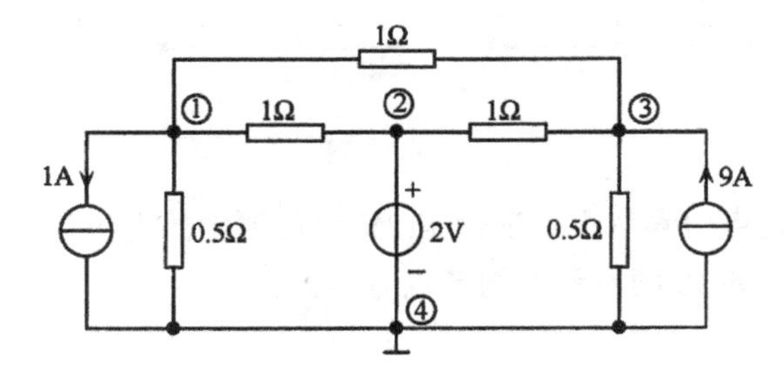

例 6-14 图

解 该电路有 4 个节点，选节点④为参考点，其他各节点编号如例 6-14 图所示。则节点方程为：

节点①

$$\left(1+1+\frac{1}{0.5}\right)U_1-1\times U_2-1\times U_3=-1$$

节点②

$$U_2=2$$

节点③

$$-1\times U_1-1\times U_2+\left(1+1+\frac{1}{0.5}\right)U_3=9$$

联立上述方程解得

$$U_1=1\text{V},\qquad U_2=2\text{V},\qquad U_3=3\text{V}$$

② 若电路中无伴电压源的两端都不与参考点相连接时,节点方程的列写可用两种方法处理。

方法一 在无伴电压源中假定一个电流 I,并把这个电流作为电流源对待,再按式(6-2)列写节点方程,这样,所列写的节点方程中必然会多出一个未知量,即无伴电压源中假定的电流 I。这时可以应用无伴电压源的电压等于它所跨接的两个节点的节点电压之差来补充一个方程,使总的方程数等于总的未知量数,即可求解。

例 6-15 在本例图所示电路中,各电阻和各电源均为已知,试列写其节点方程并求各节点电压。

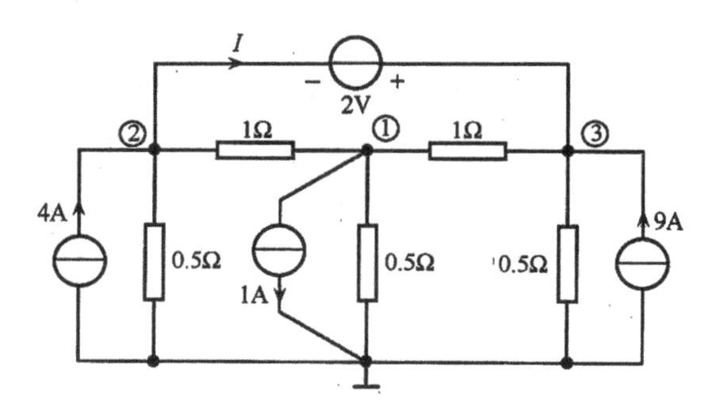

例 6-15 图

解 选取接地点为参考点。现假定 2V 电压源中的电流为 I,其参考方向以及各节点的编号如例 6-15 图所示。则节点方程为:

节点①

$$\left(1+1+\frac{1}{0.5}\right)U_1-1\times U_2-1\times U_3=-1$$

节点②

$$-1\times U_1+\left(1+\frac{1}{0.5}\right)U_2=4-I$$

节点③

$$-1\times U_1+\left(1+\frac{1}{0.5}\right)U_3=I+9$$

附加方程

$$U_3-U_2=2$$

联立上述方程解得

$$U_1 = 1\text{V}, \quad U_2 = 1.5\text{V}, \quad U_3 = 3.5\text{V}$$

方法二 把无伴电压源两端的两个节点“合并”成为一个大节点看待，这个大节点通常称为“超节点”。列写这个超节点的节点方程时，其自导乘以本超节点电压项为组成该超节点的每个节点的电压与其相应自导的乘积之和。这样列写出的节点方程必然少了一个，这时可应用该无伴电压源的电压等于与其两端相连接的两个节点的节点电压之差来补充一个方程，使方程总数与总未知量数相等，即可求解电路。

例 6-16 电路仍如上题例 6-15 图所示。试用超节点概念列写节点方程并求各节点电压。

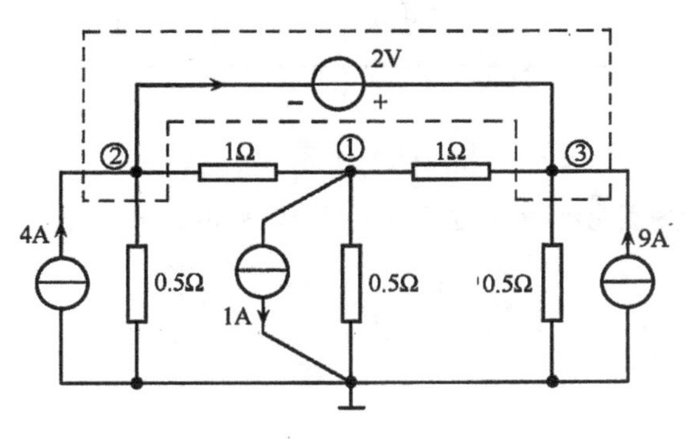

例 6-16 图

解 选接地点为参考点，将电压为 2V 的无伴电压源两端的节点②、③“合并”为一个超节点，如例 6-16 图中虚环线所示。则该超节点方程为

$$-(1+1)U_1 + \left(1+\frac{1}{0.5}\right)U_2 + \left(1+\frac{1}{0.5}\right)U_3 = 4+9$$

节点①

$$\left(1+1+\frac{1}{0.5}\right)U_1 - 1\times U_2 - 1\times U_3 = -1$$

补充方程

$$U_3 - U_2 = 2$$

联立上述方程解得

$$U_1 = 1\text{V}, \quad U_2 = 1.5\text{V}, \quad U_3 = 3.5\text{V}$$

6.4.3 含受控源电路节点方程的列写

含受控源电路的节点分析方法及步骤，与只含独立源电路的节点分析方法及步骤完全相同。在列写节点的 KCL 方程时，把受控源当作独立源处理，但控制变量一定要用待求的节点电压变量表示，以作为辅助方程。

1. *含受控电流源的电路*

若电路中受控电流源的控制量不是某个节点电压，列写节点方程时需再补充一个反映控制量与某节点电压关系的方程式。若受控电流源的控制量是某一节点电压，就不用再补充方程了。

例 6-17 在本例图所示的电路中，各电阻和各电流源以及受控电流源均为已知，试列写此电路的节点方程并求其节点电压。

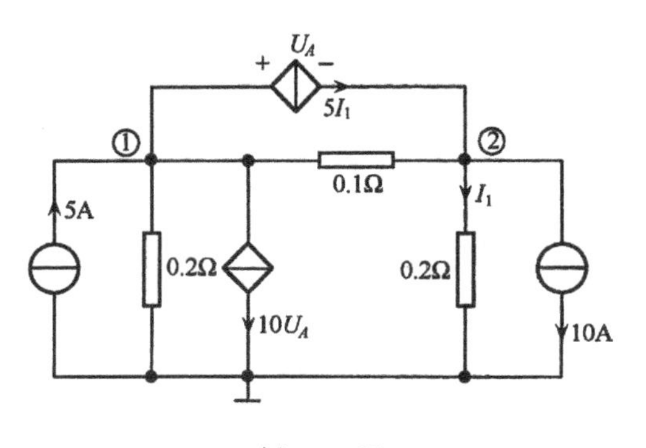

例 6-17 图

解 参考点(选为接地点)和其他各节点编号如例 6-17 图所示。则节点方程为：

节点①

$$\left(\frac{1}{0.2}+\frac{1}{0.1}\right)U_1-\frac{1}{0.1}U_2=5-10U_A-5I_1$$

节点②

$$-\frac{1}{0.1}U_1+\left(\frac{1}{0.2}+\frac{1}{0.1}\right)U_2=-10+5I_1$$

附加方程

$$I_1=\frac{U_2}{0.2},\qquad U_A=U_1-U_2$$

联立上述方程解得

$$U_1=0,\qquad U_2=1\mathrm{V}$$

例 6-18 在本例图所示的电路中，各电阻和电流源以及受控电流源均为已知，试列写其节点方程并求其节点电压。

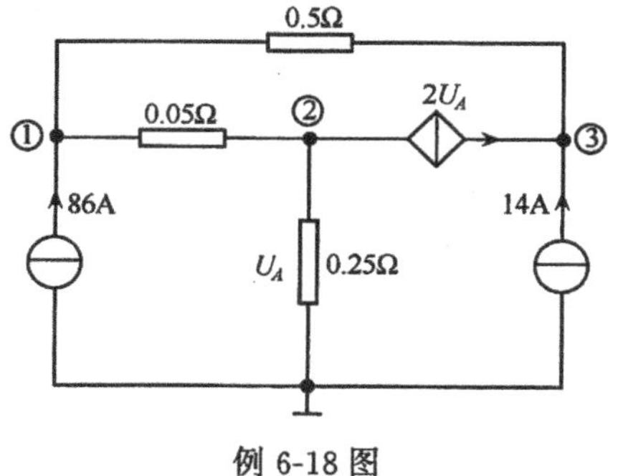

例 6-18 图

解　参考点(选为接地点)及其他各节点编号如例 6-18 图所示，则节点方程为：

节点①

$$\left(\frac{1}{0.5}+\frac{1}{0.05}\right)U_1-\frac{1}{0.05}U_2-\frac{1}{0.5}U_3=86$$

节点②

$$-\frac{1}{0.05}U_1+\left(\frac{1}{0.05}+\frac{1}{0.25}\right)U_2=-2U_A$$

节点③

$$-\frac{1}{0.5}U_1+\frac{1}{0.5}U_3=2U_A+14$$

由于受控源的控制量 U_A 即为节点②的节点电压 U_2，即 $U_A=U_2$，所以不必再补充方程。整理上述方程即得

$$22U_1-20U_2-2U_3=86$$
$$-20U_1+26U_2=0$$
$$-2U_1-2U_2+2U_3=14$$

联立各式解得

$$U_1=3.25\text{V},\qquad U_2=25\text{V},\qquad U_3=64.5\text{V}$$

2. 含受控电压源的电路

例 6-19　如本例图所示电路，各电导和各电源及受控电压源均为已知，试列写其节点方程并求各节点电压。

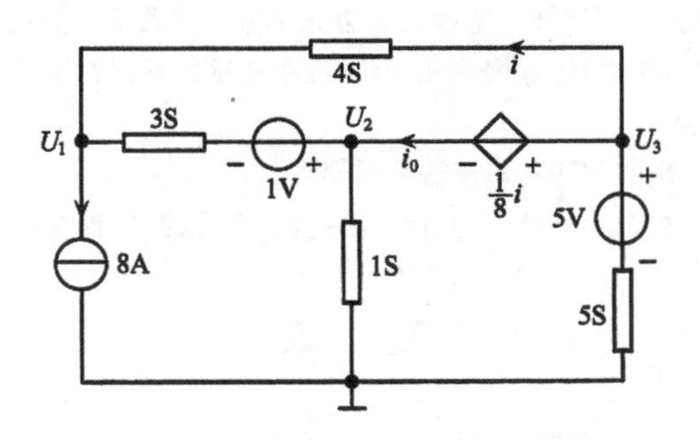

例 6-19 图

解　参考点(选为接地点)和各节点电压 U_1、U_2、U_3 如例 6-19 图所示。由于此电路中受控电压源 $\frac{1}{8}i$ 支路中无串联电阻，因此设定此理想受控电压源中的电流为 i_0，如本例图所示。则节点方程：

节点①

$$(3+4)U_1-3U_2-4U_3=-8-3\times1$$

节点②

$$-3U_1+(3+1)U_2=i_0+3\times 1$$

节点③

$$-4U_1+(5+4)U_3=-i_0+5\times 5$$

附加方程

$$U_3-U_2=\frac{i}{8},\qquad i=4\times(U_3-U_1)$$

整理上述方程得

$$7U_1-3U_2-4U_3=-11$$

$$-7U_1+4U_2+9U_3=28$$

$$-\frac{1}{2}U_1+U_2-\frac{1}{2}U_3=0$$

解之得

$$U_1=1\text{V},\qquad U_2=2\text{V},\qquad U_3=3\text{V}$$

$$i=8\text{A},\qquad \frac{i}{8}=\frac{1}{8}\times 8=1(\text{V})$$

思　考　题

6-1　如何用网孔电流法(网孔法)列写电路方程,为什么通常将网孔的绕向取为顺时针方向,遇到电流源如何处理,在列写孔方程时可否不假定支路电流方向?

6-2　节点电压法(节点法)的方程有几个,方程中各项的意义?如何决定各项的正负号?遇到无伴电压源如何处理?在列写节点方程时可否先不假定支路电流方向?

6-3　回路电流法(回路法)的方程有几个,方程中各项的意义?如何决定各项的正负号?对于电流源支路如何处理?

6-4　试比较回路电流法与网孔电流法的异同点。

6-5　在讨论含有受控源的电路中,如何用网孔法、节点法、回路法列写方程。

习　题

6-1　用支路电流法求附图所示电路的各支路电流。

6-2　列出本题图所示电路的支路电流方程,并求 I_1、I_2、I_3。

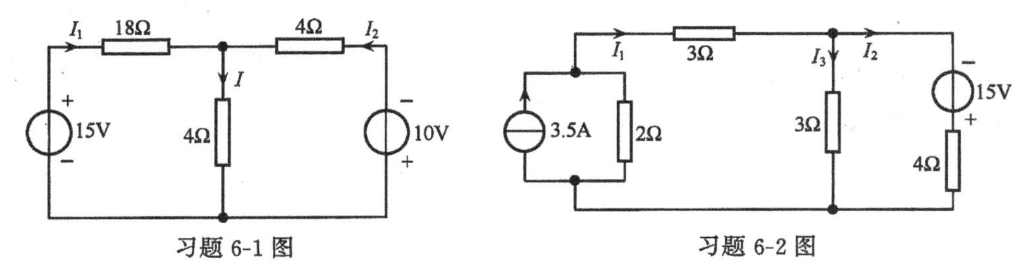

习题 6-1 图　　　　习题 6-2 图

6-3　如本题图所示电路中，$R_1=R_2=10\Omega, R_3=4\Omega, R_4=R_5=8\Omega, R_6=2\Omega, U_{s3}=20V, U_{s6}=40V$，用支路电流法求解电流 i_5。

6-4　如本题图所示电路中，已知 $u_s=10\sin(100t)V, i_s=2\sin(100t)A$，试用支路电流法求各支路电流。

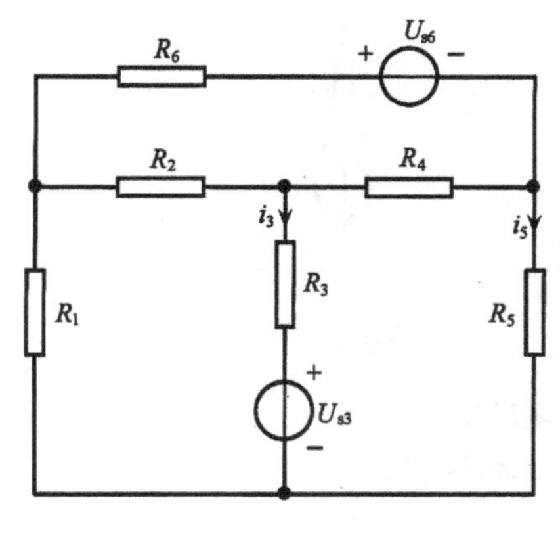

习题 6-3 图

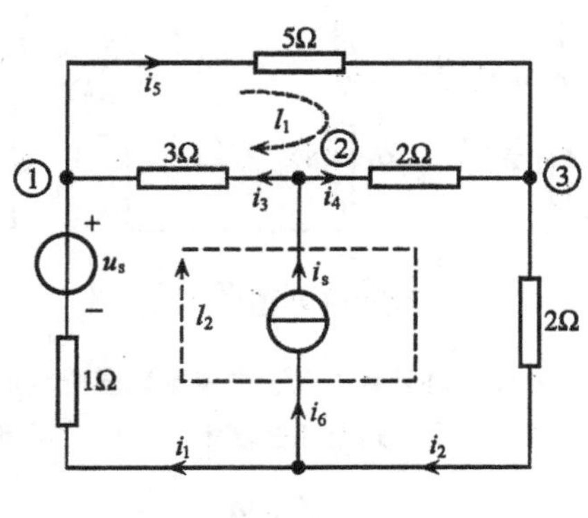

习题 6-4 图

6-5　用支路电流法求解如图所示的电压 U_3。

6-6　用网孔法求解习题 6-3 图所示电路中的电流 i_5。

6-7　用网孔法求解如图所示电路中 4V 电压源提供的功率。

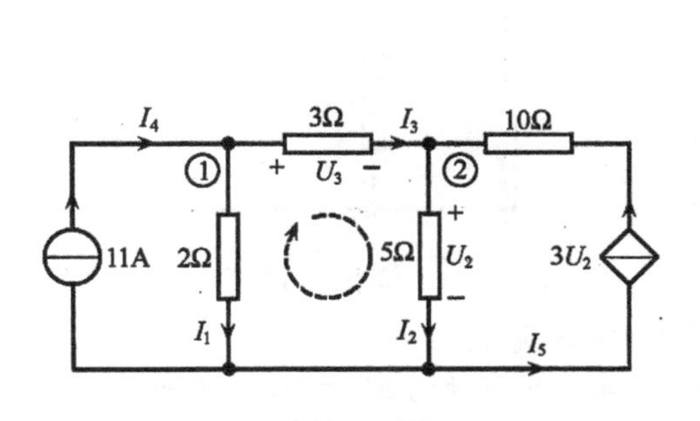

习题 6-5 图

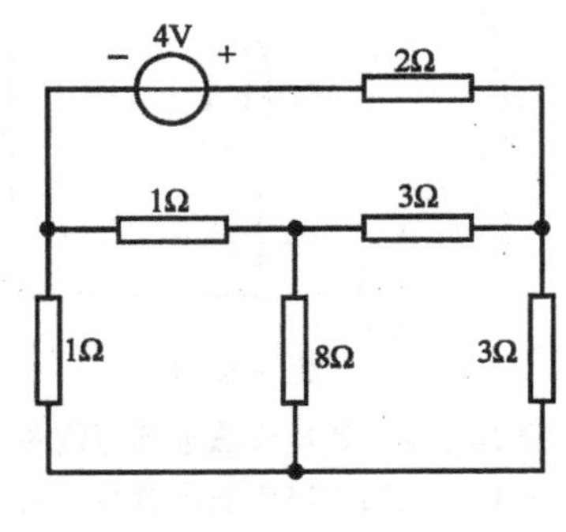

习题 6-7 图

6-8　电路如图所示，试用网孔法求解电流 I_0 有多大。

6-9　电路如图所示，试用网孔法求解电流 I_1、I_2、I_3。

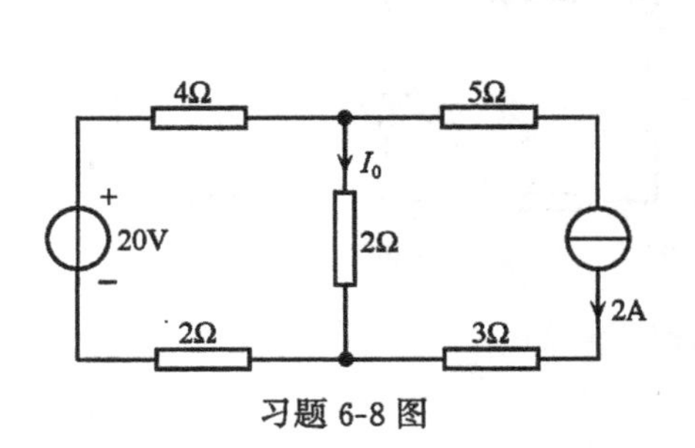

习题 6-8 图

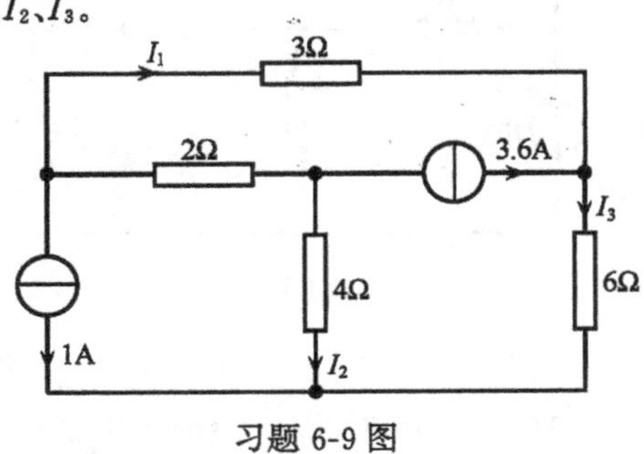

习题 6-9 图

6-10　电路如图所示，试用网孔法求解电压 U_1。

6-11　用回路电流法求解本题图所示电路中 5Ω 电阻的电流 i。

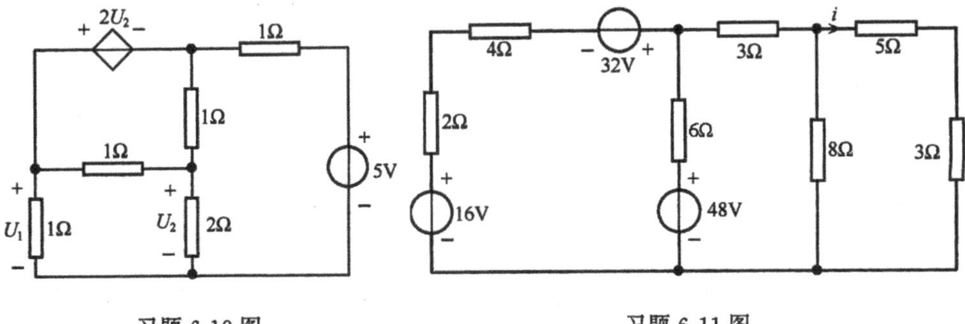

习题 6-10 图　　　　习题 6-11 图

6-12　用回路电流法求解本题图所示电路中的电压 U_0。

6-13　用回路电流法求解本题图所示电路中的电压 U。

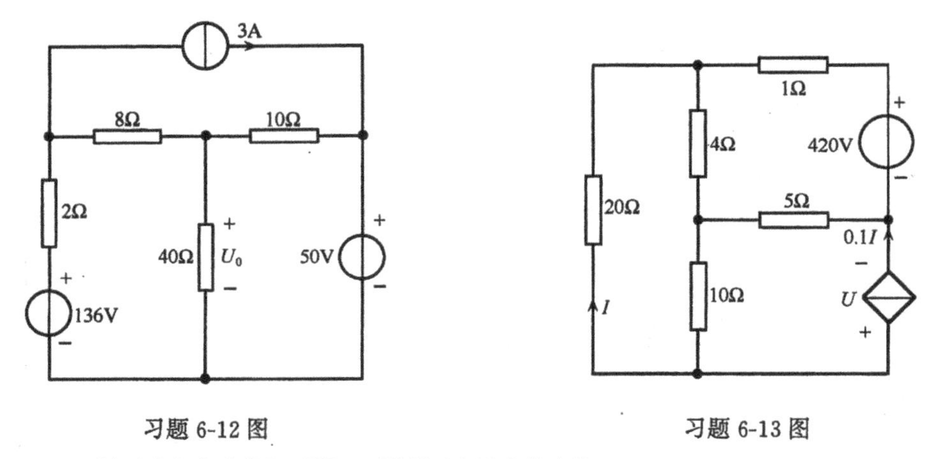

习题 6-12 图　　　　习题 6-13 图

6-14　用回路电流法求解习题 6-3 图所示电路中的电流 i_3。

6-15　用回路电流法求解本题图(a)、(b)两电路中每个元件的功率，并做功率平衡检验。

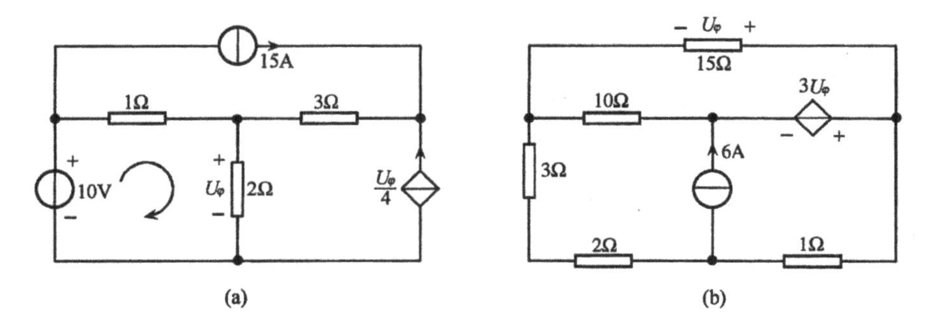

习题 6-15 图

6-16　试列出本题图(a)、(b)所示电路的节点方程。

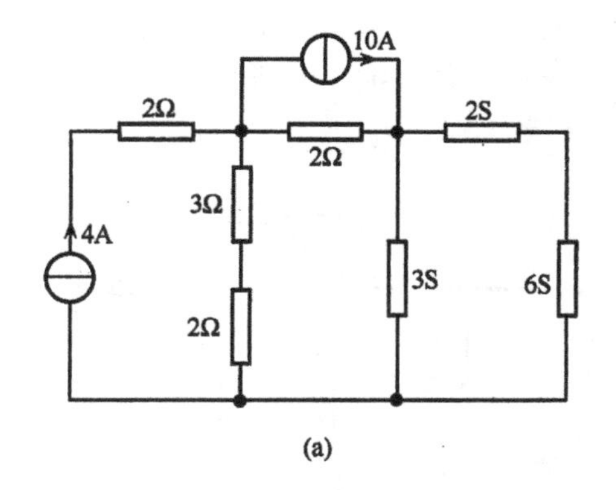

(a)

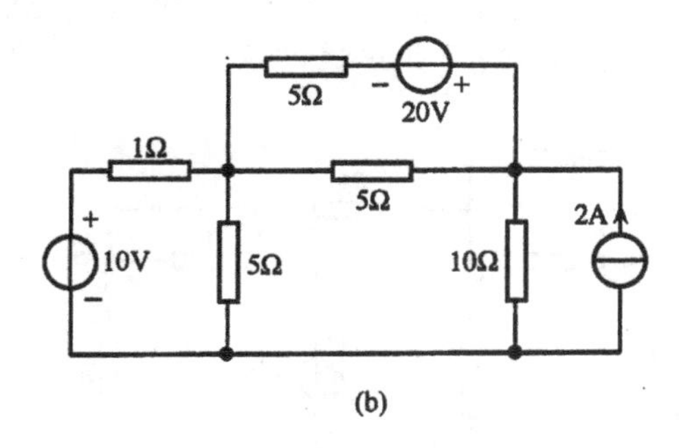

(b)

习题 6-16 图

6-17　本题图所示电路只有一个独立节点，试用节点法证明其节点电压为

$$u_{n1}=\frac{\sum G_k u_{sk}}{\sum G_k}$$

此式为弥尔曼定理。

6-18　试用节点法求解本题图所示电路的各支路电流，各电阻均以电导形式给出参数。

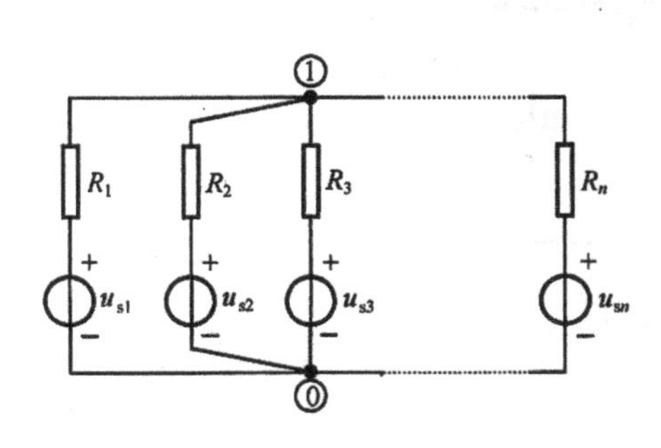

习题 6-17 图

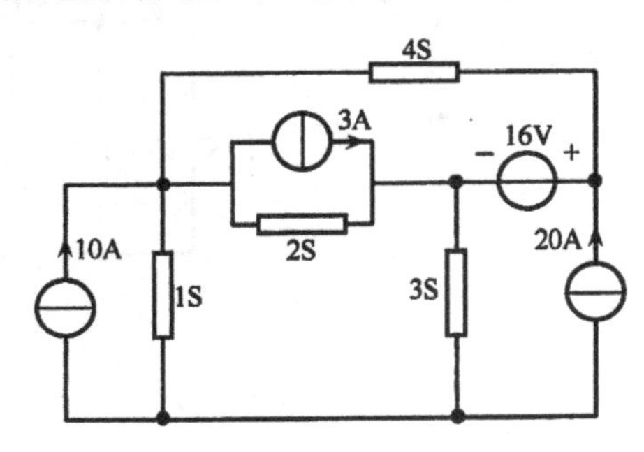

习题 6-18 图

6-19　本题图所示电路中电源为无伴电压源，试用节点法求解电流 I_s、I_0。

6-20　试用节点法求解本题图所示电路中的电压 U。

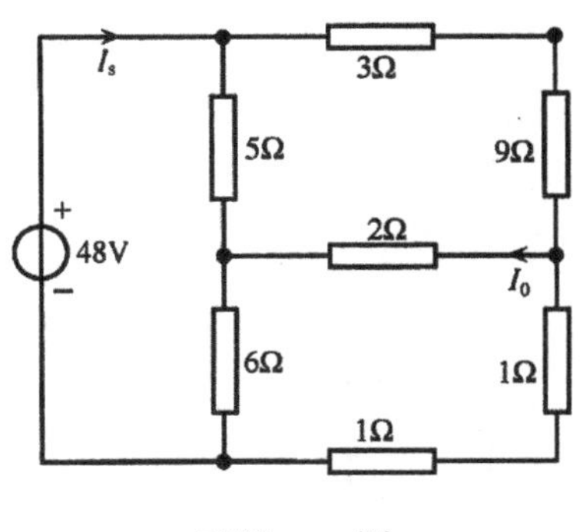

习题 6-19 图

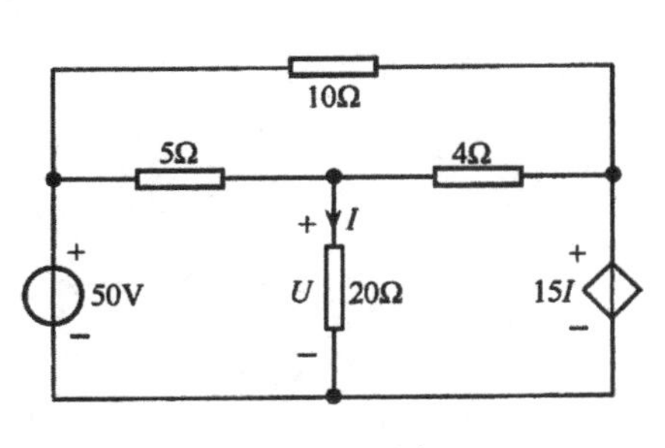

习题 6-20 图

6-21　本题图(a)所示电路是电子电路中的一种习惯画法，其中未画出电压源，只标出与电压源相连各点对参考节点(或地)的电压，即电位值，如图(a)中的 u_a、u_b。对于图(a)可等效地画为图(b)，试用节点法求解电压 u。(对参考节点，即接地点)。

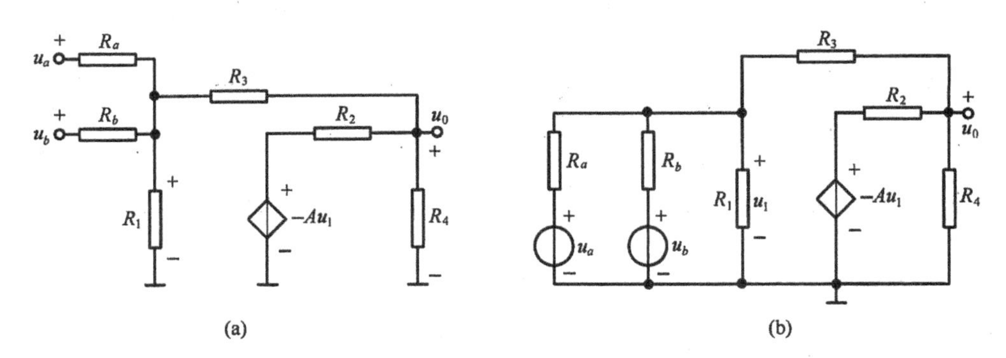

习题 6-21 图

6-22　本题图所示电路中，已知受控源的 $g=2$s，试用节点法求各独立源提供的功率。

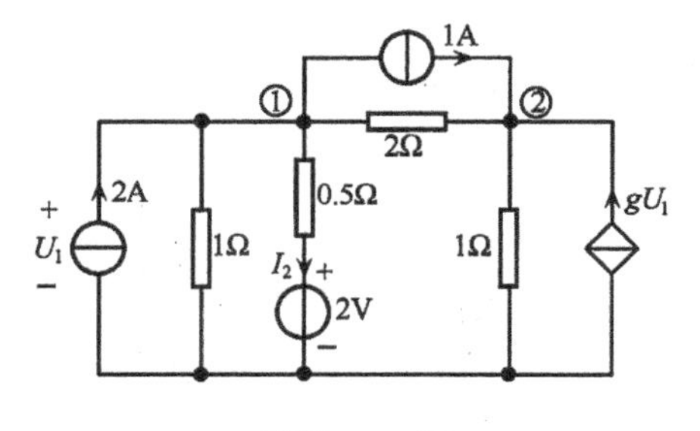

习题 6-22 图

第7章　网络定理

线性网络的分析方法概括来说分为两大类。一类是前面我们已经讨论过的建立网络方程的方法，它是网络分析的基本方法，通常称为网络方程法。另一类是根据线性网络性质总结出来的一些网络定理求解网络的方法，称为网络定理法。

本章将要介绍的网络定理主要有叠加定理、替代定理、戴维南定理、诺顿定理、互易定理、对偶定理、特勒根定理等。

7.1　叠加定理

叠加定理是线性网络的一个重要定理。它所表达的是线性网络的一种基本性质，这种基本性质表现为线性网络的激励与响应之间存在线性关系。下面以图7-1(a)所示的电路为例来导出叠加定理。

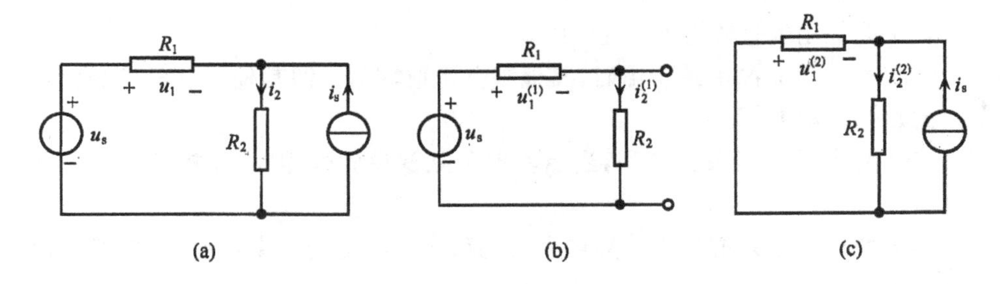

图 7-1

图7-1(a)所示电路中有两个已知的独立源 u_s和 i_s(激励)，现在要求解电路中 R_2 所在支路电流 i_2(响应)和 R_1 所在支路电压 u_1(响应)。根据KCL和KVL列方程即可求得

$$i_2 = \frac{u_s}{R_1 + R_2} + \frac{R_1}{R_1 + R_2}i_s$$

$$u_1 = \frac{R_1}{R_1 + R_2}u_s - \frac{R_1R_2}{R_1 + R_2}i_s$$

由上述式子可以看出，i_2 和 u_1 分别都是 u_s和 i_s的线性组合。设

$$i_2^{(1)} = \frac{u_s}{R_1 + R_2}, \qquad i_2^{(2)} = \frac{R_1}{R_1 + R_2}i_s$$

$$u_1^{(1)} = \frac{R_1}{R_1 + R_2}u_s, \qquad u_1^{(2)} = -\frac{R_1R_2}{R_1 + R_2}i_s$$

显然，$i_2^{(1)}$是电压源u_s单独作用时在R_2支路产生的电流，如图7-1(b)所示。$i_2^{(2)}$是电流源i_s单独作用时在R_2支路产生的电流，如图7-1(c)所示。同样，$u_1^{(1)}$和$u_1^{(2)}$分别是电压源u_s与电流源i_s单独作用时在R_1支路产生的电压，其中$u_1^{(2)}$表达式右边的负号表明$u_1^{(2)}$与u_1的参考方向相反。由上述分析可见

$$i_2 = i_2^{(1)} + i_2^{(2)}, \qquad u_1 = u_1^{(1)} + u_1^{(2)}$$

上式表明，i_2等于两独立源单独作用时在R_2支路所产生电流的代数和。u_1等于两独立源单独作用时在R_1支路所产生电压的代数和。

对于含有多个独立源的线性网络，根据KCL和KVL同样可以证明出上述结论，即叠加定理，其表述为：

在任何一个具有唯一解的含若干个独立源的线性网络中，任一支路的电流或者电压等于网络中各个独立源单独作用时，在该支路产生的电流或电压的代数和。

当网络中含有受控源时，叠加定理依然适用。受控源的作用反映在回路电流或节点电压方程中的自阻与互阻或自导与互导中，因为受控源不是激励，且具有电阻性。所以含受控源网络中任一处的电流和电压仍旧可以按照各独立源单独作用在该处产生的电流或电压的叠加计算，但应把受控源保留在各分电路之中。

应用叠加定理时应注意以下几点：

(1) 叠加定理只适用于线性网络；

(2) 某个独立源单独作用时，其他独立源取零值。即其他独立电压源两端短路，独立电流源两端开路；

(3) 受控源不能单独作用，当令其他独立源单独作用时，受控源应保留在电路中；

(4) 叠加定理只适用于计算电压、电流，求电阻上的功率不能叠加，必须用合成电流、合成电压计算；

(5) 叠加计算时，应注意电流、电压的参考方向。

例 7-1 在本题图(a)所示电路中，各电阻和各独立源均为已知，试用叠加定理求电阻为4Ω支路的电压U。

解 (1) 当5V电压源单独作用时，这时电流源应开路，见例7-1图(b)，此时求出的4Ω上的电压用U'表示。应用(b)图中1Ω与4Ω的分压关系可求得

$$U' = \frac{5}{1+4} \times 4 = 4(\text{V})$$

(2) 当6A电流源单独作用时，此时电压源应短路。见例7-1图(c)，这时4Ω上的电压U''可利用1Ω与4Ω的分流关系求得，即

$$U'' = 6 \times \frac{1}{1+4} \times 4 = 4.8(\text{V})$$

(3) 当5V电压源与6A电流源共同作用时，则

$$U = U' + U'' = 4 + 4.8 = 8.8(\text{V})$$

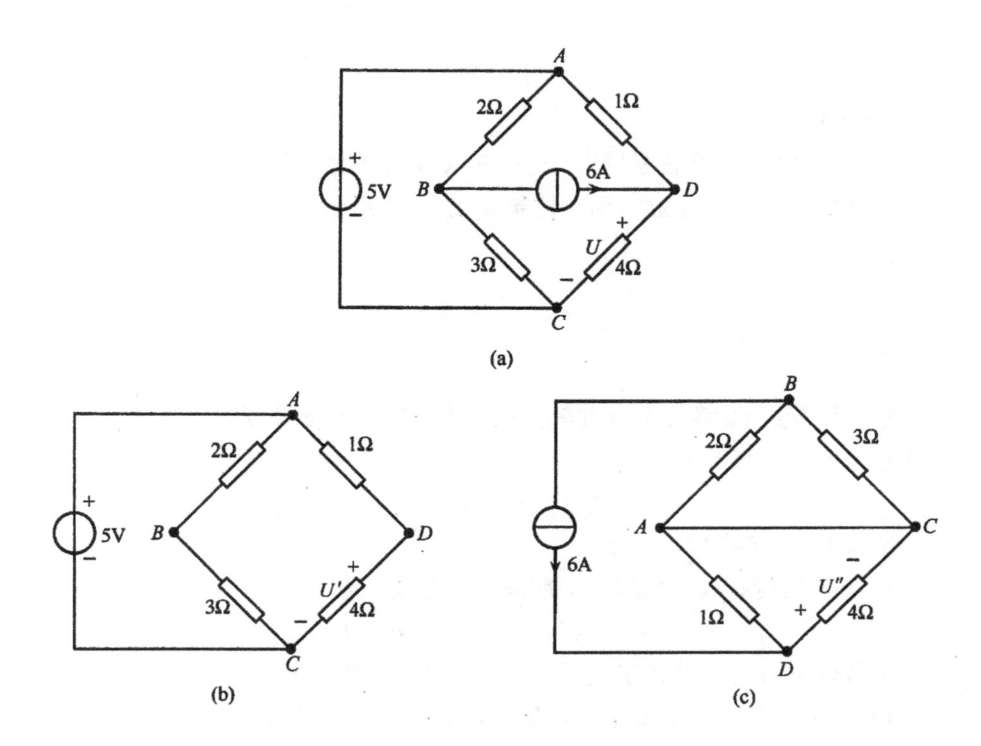

例 7-1 图

可见，应用叠加定理可以把一个复杂电路转换成相应的简单电路来处理，从而免去了解联立方程的麻烦。

例 7-2 在本例图(a)所示的电路中，各电阻和各独立源以及受控源均为已知，试用叠加定理求 20V 电压源所在支路的电流 I。

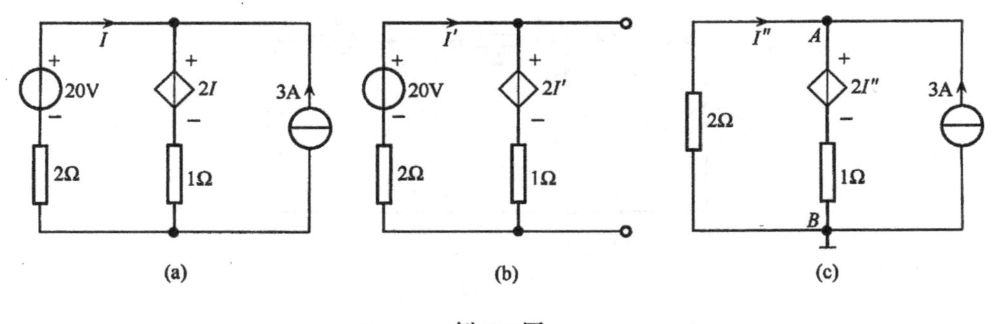

例 7-2 图

解 这是一个含受控源的电路。应用叠加定理分析某一独立源单独作用时受控源仍应保留在电路中，且受控源不能单独作用。所以：

(1) 当 20V 电压源单独激励时，3A 电流源应该开路，受控源仍保留，见例 7-2 图(b)。因控制量是 I(待求支路电流)改用 I' 表示，所以受控源的电压相应地用 $2I'$

表示。由 KVL 即得

$$(1+2)I'+2I'=20$$

解得　$I'=4\text{A}$。

(2) 当 3A 电流源单独激励时,20V 电压源短路,受控源仍保留,见例 7-2 图(c)。图中受控源的电压为 $2I''$,因为控制量现为 I''。用节点法求解,选 B 为参考点,令 $U_B=0$,则

$$\left(\frac{1}{2}+1\right)U_A=3+\frac{2I''}{1}$$

$$U_A=-2I''$$

式中负号表示 U_A 的参考方向与此时受控源支路电流的参考方向相反。

联立上述方程解得

$$I''=-0.6\text{A}$$

负号表示与 I''的实际方向相反。

(3) 当两独立源同时激励时,则所求支路电流 I 为

$$I=I'+I''=4-0.6=3.4(\text{A})$$

由于线性电阻元件的伏安关系为一条通过 u-i 平面上坐标原点的直线,因此在线性电路中,当所有激励(独立电压源与独立电流源)都同时增加或缩小 K(K 为实常数)倍时,其响应(电压和电流)也将同样增大或缩小 K 倍。此结论称为线性电路的齐性(或齐次)定理。显然,当电路中只有一个激励时,其产生的响应与该激励成正比。应用齐性定理求解 T 形电路很方便。

例 7-3　在本例图所示 T 形电路中,电压源 $u_s=120\text{V}$,各电阻均为已知,求此 T 形电路中各支路电流。

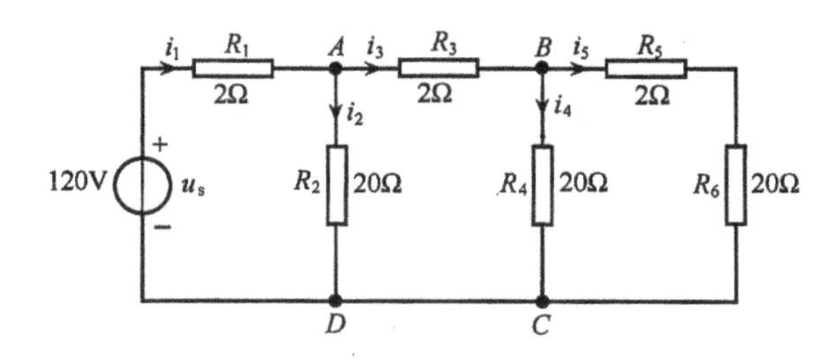

例 7-3 图

解　各支路电流编号及参考方向如例 7-3 图所示。

现设 R_5 电阻支路电流 $i_5'=1\text{A}$,则

$$u_{BC}'=(R_5+R_6)i_5'=(2+20)\times 1=22(\text{V})$$

$$i_4'=\frac{u_{BC}'}{R_4}=\frac{22}{20}=1.1(\text{A})$$

$$i_3' = i_4' + i_5' = 1.1 + 1 = 2.1(\text{A})$$
$$u_{AD}' = R_3 i_3' + u_{BC}' = 2 \times 2.1 + 22 = 26.2(\text{V})$$
$$i_2' = \frac{u_{AD}'}{R_2} = \frac{26.2}{20} = 1.31(\text{A})$$
$$i_1' = i_2' + i_3' = 1.31 + 2.1 = 3.41(\text{A})$$
$$u_s' = R_1 i_1' + u_{AD}' = 2 \times 3.41 + 26.2 = 33.02(\text{V})$$

现给定 $u_s = 120\text{V}$，则

$$\frac{u_s}{u_s'} = \frac{120}{33.02} = 3.63$$

相当于将激励 u_s' 增大为 3.63 倍，即 $K=3.63$。由齐性定理，各支路电流应同时增大为 3.63 倍，即

$$i_1 = K i_1' = 12.38\text{A}$$
$$i_2 = K i_2' = 4.76\text{A}$$
$$i_3 = K i_3' = 7.62\text{A}$$
$$i_4 = K i_4' = 3.99\text{A}$$
$$i_5 = K i_5' = 3.63\text{A}$$

本例计算是先从 T 形电路最远离电源的一端开始，对该处的电压或电流假设为一便于计算的值（如本例设 $i_5'=1\text{A}$），再依次倒推至激励处，最后由齐性定理修正结果从而求得正确的解。这种计算方法通常称为“倒推法”。

7.2 替代定理

替代定理具有广泛的应用性，无论是线性网络还是非线性网络都适用。其内容可表述如下：一个具有唯一解的任意网络（电路），若某支路的电压和电流分别为 u_k 和 i_k，则无论该支路由什么元件组成，只要此支路与其他支路无耦合关系，则此支路可以用一个端电压等于 u_k 的电压源（极性与原支路的电压极性相同）或者用一个电流等于 i_k 的电流源（极性与原支路的电流方向相同）替代，而不影响原电路的工作状态（替代后电路中所有的电压和电流均保持原值）。

替代定理可以用如下实例证明。图 7-2(a)是一个具有唯一解的网络。可求得各支路的电流分别为 $i_1=2\text{A}$，$i_2=1\text{A}$，$i_3=1\text{A}$，$u_3=8\text{V}$。现将该网络中通有电流 i_3 的支路 3 分别用 $u_s=u_3=8\text{V}$ 的电压源或 $i_s=i_3=1\text{A}$ 的电流源替代，替代后的电路如图 7-2(b)或(c)所示。对于图(b)、(c)所示电路，很容易求得原电路中未被替代部分的电压和电流均保持不变，仍然有 $i_1=2\text{A}$，$i_2=1\text{A}$，说明原电路的工作状态没有改变。

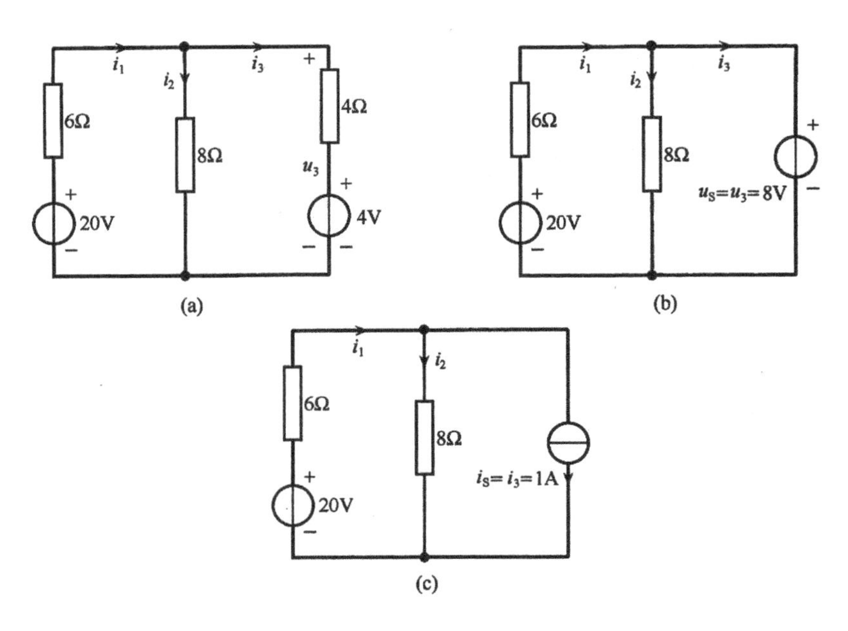

图 7-2

例 7-4 求本例图(a)所示电路中电阻 R 的值。

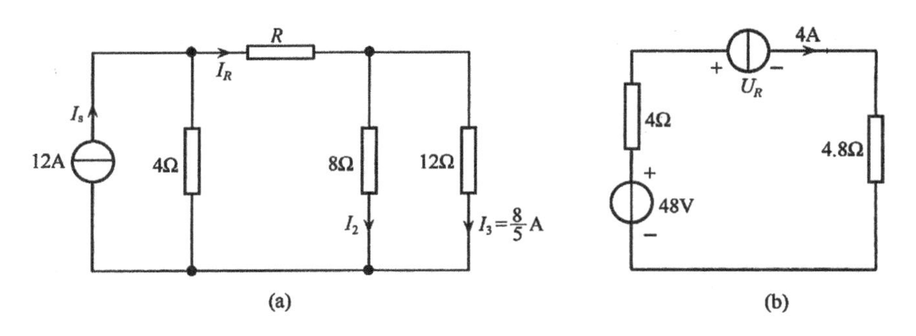

例 7-4 图

解 由电流的分流关系和 KCL 可求得

$$I_2=\frac{12}{8}I_3=\frac{12}{8}\times\frac{8}{5}=\frac{12}{5}(\mathrm{A})$$

$$I_R=I_2+I_3=\frac{12}{5}+\frac{8}{5}=4(\mathrm{A})$$

将 $I_s=12\mathrm{A}$ 的电流源与 4Ω 电阻的并联组合用相应的 48V 电压源与 4Ω 电阻的串联组合替代。电流 $I_R=4\mathrm{A}$ 的支路用电流为 4A 的理想电流源代替。8Ω 与 12Ω 电阻的并联等效电阻为 4.8Ω，则得替代后的电路如例 7-4 图(b)所示。由此电路，根据 KVL 和 VCR 即可求得

$$U_R=48-(4+4.8)\times 4=12.8(\mathrm{V})$$

$$R=\frac{U_R}{4}=\frac{12.8}{4}=3.2(\Omega)$$

7.3 戴维南定理和诺顿定理

这两个定理是网络计算的有力工具，其应用很广。下面分别予以介绍。

7.3.1 戴维南定理

戴维南定理指出：任何一个线性有源二端电阻性网络，对外部电路而言，它可以用一个独立电压源U_{oc}和一个电阻R_{eq}的串联组合来等效代替(图 7-3(a)、(b))。这种等效电压源串联电阻支路称为戴维南等效电路。其中，等效电压源的电压等于原网络的开路电压U_0(图 7-3(c))，串联等效电阻等于将原网络内所有独立源置零后相应无源二端网络的输入电阻R_0(图 7-3(d))。这里所说的“独立源置零”是指独立电压源短路，独立电流源开路(此定理可应用替代定理和叠加定理证明)。

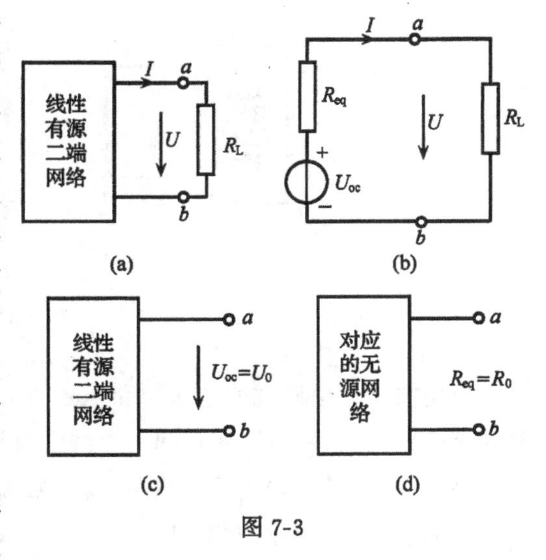

图 7-3

显然，求得有源二端网络的戴维南等效电路以后，要计算负载中的电流就非常方便了。如图 7-3(b)可知，负载电阻R_L的电流为

$$I=\frac{U_{oc}}{R_{eq}+R_L}$$

式中U_{oc}为等效电压源的电压，R_{eq}为戴维南等效电阻，R_L为有源二端网络外部的负载电阻。

7.3.2 诺顿定理

诺顿定理可表述如下：任何一个线性有源二端电阻性网络，对外部电路而言，其可以用一个独立电流源I_{sc}和电导G_{eq}的并联组合来等效替代(图 7-4(a)、(b))，这种等效电流源并联电导的电路称为诺顿等效电路。其中，等效电流源的电流I_{sc}等于原网络的短路电流I_0，即原网络的负载为短路时流过两个端点的电流(图 7-4(c))。等效电导G_{eq}等于原网络内所有独立源置零后相应无源二端网络从端口看进去的等效电导G_0(图 7-4(d))。(诺顿定理的证明与戴维南定理的证明相似，从略)。

显然，求得一个有源二端网络的诺顿等效电路以后，要计算其负载中的电流就非常容易了。如图 7-4(b)可知，负载电阻R_L中的电流

$$I = \frac{I_{sc}}{G_{eq} + G_L} G_L$$

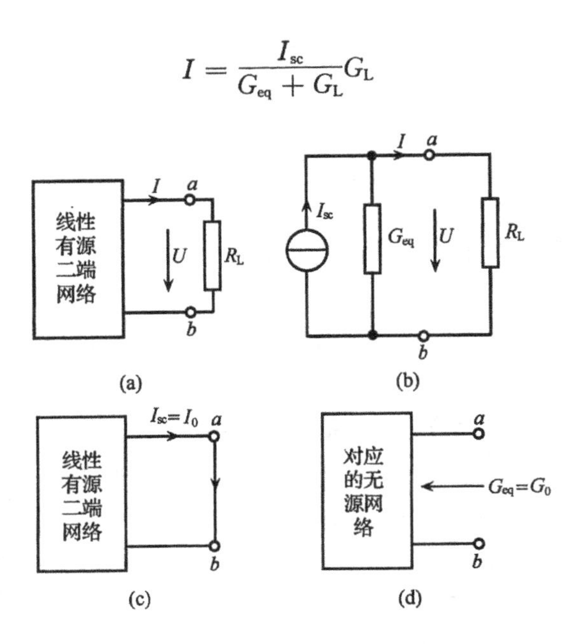

图 7-4

应用前面已讨论过的电压源和电阻的串联组合与电流源和电导的并联组合之间的等效变换关系，可以将任何一个线性有源二端电阻性网络，既可用戴维南等效电路替代，也可以用诺顿等效电路替代。通常把戴维南等效电路和诺顿等效电路统称为一端口网络的等效发电机，相应的两个定理也统称为等效发电机原理。

应用戴维南定理和诺顿定理时，应注意以下几点：

(1) 戴维南定理和诺顿定理只适用于线性有源二端网络(包括含受控源的线性网络)；

(2) 计算网络 N 中某一支路电压(或电流)时，应断开该待求支路，画出相应的电路，并标示出开路电压 U_o的极性或短路电流 I_o的方向，见图 7-5(a)、(b)；

(3) 计算网络 N 的输入端电阻 R_0 时，应画出相应的无源网络，如图 7-5(c)。输入端电阻 R_0 的求法有多种方法，如串并联法、端口加电源法和短路电流法等。前两

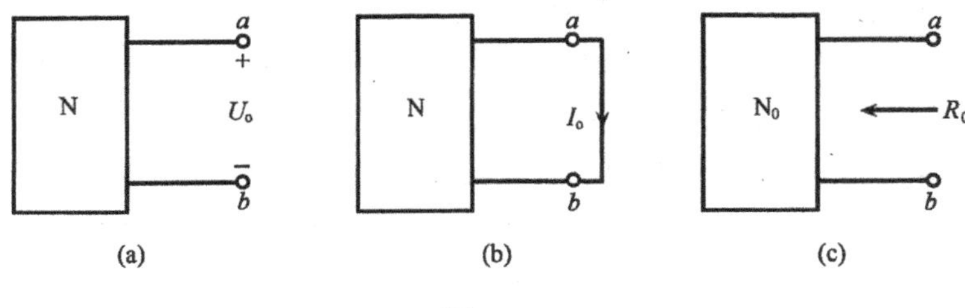

图 7-5

种方法已做过介绍。所谓短路电流法就是用图 7-5(a)求得开路电压 U_o以后,再由7-5(b)求得短路电流 I_o,则网络 a、b 端的输入电阻 $R_0=\dfrac{U_o}{I_o}$。

对于含受控源的线性网络,求等效电阻时只能用外加电压法和短路电流法,而不能用电阻串并联法。并且要区别独立源和受控源,不能令受控源为零值,受控源应保留在电路中。

例 7-5 在本例图所示的电路中,电流源 $I_{s1}=1A$,电压源 $U_{s2}=10V$,$R_1=R_2=2\Omega$,负载电阻 $R_L=20\Omega$。试用戴维南定理求负载电流 I_L。

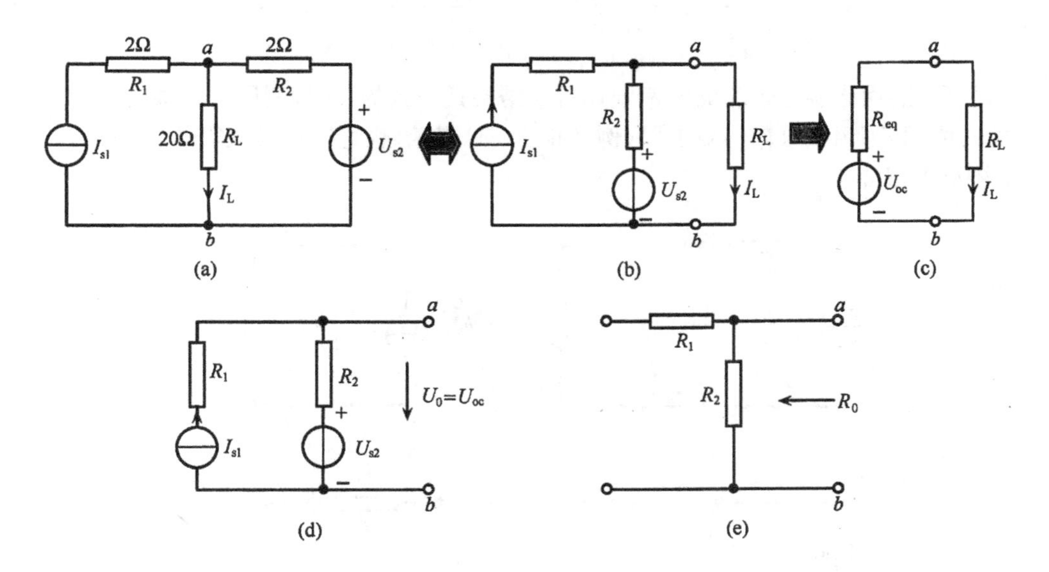

例 7-5 图

解 为便于求解,可以将负载 R_L 分离后的有源二端网络改画成例 7-5 图(b),例 7-5 图(a)和(b)是完全一样的电路。由戴维南定理,可得例 7-5 图(c)。接着用例 7-5 图(d)可求得二端网络的等效电压源为

$$U_{oc}=U_0=U_{s2}+I_{s1}R_2=10+1\times 2=12(V)$$

由例 7-5 图(e) 可求得等效电压源的串联电阻为

$$R_{eq}=R_0=R_2=2\Omega$$

由例 7-5 图(c)可求得负载电流为

$$I_L=\frac{U_{oc}}{R_{eq}+R_L}=\frac{12}{2+20}=0.545(A)$$

例 7-6 试用诺顿定理求例 7-5 图(a)所示电路的负载电流 I_L。

解 为便于求解,依然将负载 R_L 分离后的有源二端网络改画成例 7-6 图(a)。

由诺顿定理可得等效电路图(b)。接着由例 7-6 图(c)可求得等效电流源的 I_{sc} 为

$$I_{sc} = I_0 = I_{s1} + \frac{U_{s2}}{R_2} = 1 + \frac{10}{2} = 6(\mathrm{A})$$

注意:I_{sc}是电流,其方向指向节点 a。接着由例 7-6 图(d)可求得等效电导为

$$G_{eq} = G_0 = \frac{1}{R_2} = \frac{1}{2} = 0.5(\mathrm{s})$$

于是,由例 7-6 图(b)可求得

$$I_L = \frac{\frac{1}{G_{eq}}}{R_L + \frac{1}{G_{eq}}} I_{sc} = \frac{I_{sc}}{R_L G_{eq} + 1} = \frac{6}{20 \times \frac{1}{2} + 1} = 0.545(\mathrm{A})$$

可见,用诺顿定理和戴维南定理所求结果是一致的,这表明同一个线性有源二端网络,既可用戴维南等效电路(例 7-5 图(c))表示,也可以用诺顿等效电路(例 7-6 图(b))表示。

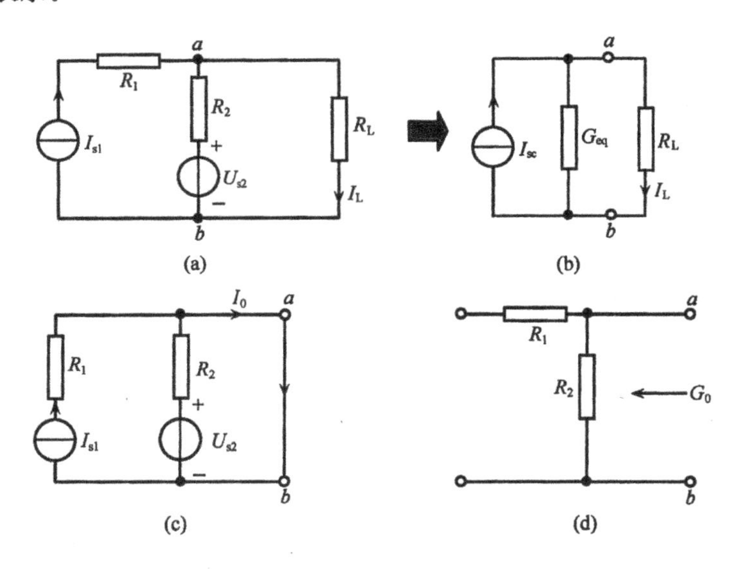

例 7-6 图

例 7-7 求本例图所示一端口网络的等效发电机。

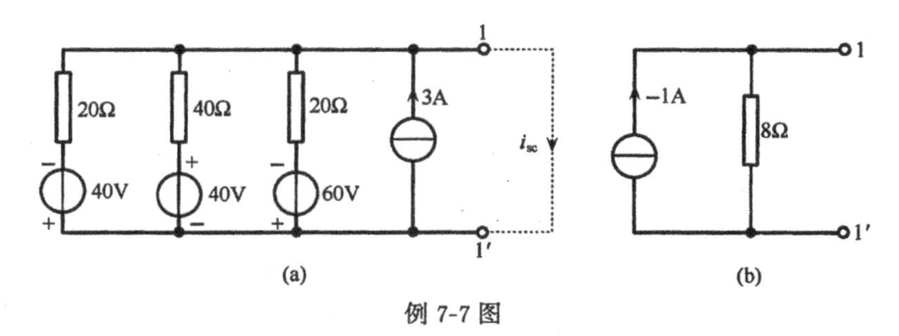

例 7-7 图

解 此题由诺顿定理求解非常容易。将例 7-7 图(a)中的 1-1′短路，则得等效电流源的电流为

$$i_{sc} = \left(3 - \frac{60}{20} + \frac{40}{40} - \frac{40}{20}\right) = -1(\text{A})$$

负号表示 i_{sc}的实际方向与参考方向相反。

将此一端口线性网络内部所有独立源置零后，可求得诺顿等效电路的电导 G_{eq}，它等于网络内三个电导之和，即

$$G_{eq} = \frac{1}{20} + \frac{1}{40} + \frac{1}{20} = 0.125(\text{s})$$

则相应的等效电阻为

$$R_{eq} = \frac{1}{G_{eq}} = \frac{1}{0.125} = 8(\Omega)$$

于是可得诺顿等效电路如例 7-7 图(b)所示。

例 7-8 在本例图所示的含源一端口网络内部，有一电流控制电流源 $i_c = 0.75i_1$，试求该一端口网络的戴维南等效电路和诺顿等效电路。

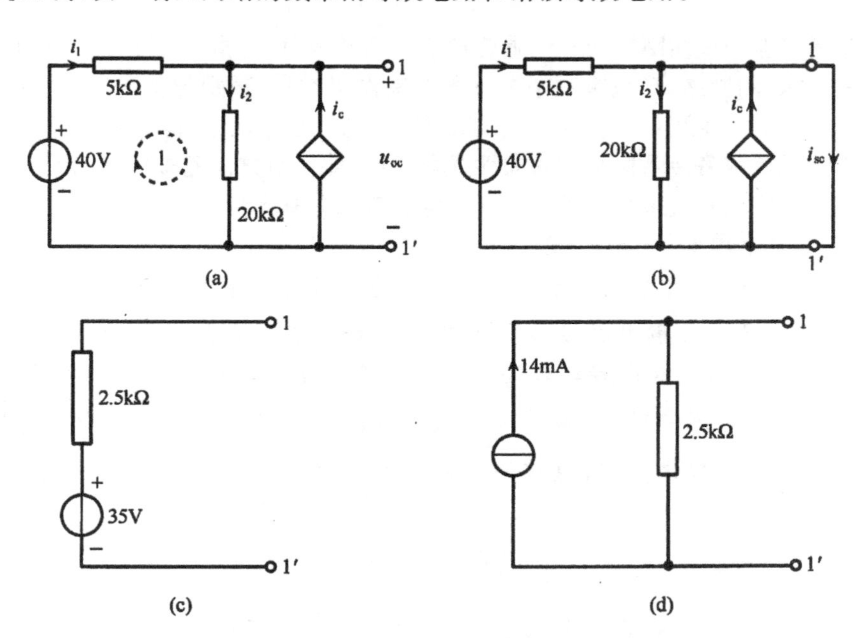

例 7-8 图

解 (1) 先求开路电压 u_{oc}。当端口 1-1′开路时见例 7-8 图(a)，由 KCL 有

$$i_2 = i_1 + i_c = i_1 + 0.75i_1 = 1.75i_1$$

对网孔 1 列 KVL 方程，得

$$5 \times 10^3 \times i_1 + 20 \times 10^3 \times i_2 = 40$$

代入 $i_2 = 1.75i_1$，可求得

$$i_1 = 1.0\text{mA}, \qquad i_2 = 1.75\text{mA}$$

则开路电压(戴维南等效电压源电压)为

$$u_{oc} = 20 \times 10^3 \times i_2 = 35(\text{V})$$

(2) 求短路电流(诺顿等效电流源的电流)。当端口 1-1′短路时见例 7-8 图(b)。此时

$$i_1 = \frac{40}{5 \times 10^3} = 8(\text{mA})$$

由 KCL,且注意到 20kΩ 电阻支路两端亦为短路,可求得短路电流为

$$i_{sc} = i_1 + i_c = 1.75 i_1 = 1.75 \times 8 = 14(\text{mA})$$

则戴维南等效电路电阻为

$$R_{eq} = \frac{u_{oc}}{i_{sc}} = \frac{35}{14 \times 10^{-3}} = 2.5 \times 10^3(\Omega) = 2.5(\text{k}\Omega)$$

于是得戴维南等效电路和诺顿等效电路分别如例 7-8 图(c)和(d)所示。

7.4 互易定理

互易定理是线性网络的一个重要定理。概括地说,是指线性无任何电源(独立源和受控源)的网络,当只有一个激励源对其作用时,该激励与其在另一支路中引起的响应可以等值地相互易换位置。此结论称之为互易定理,也称为互易性。它说明了线性无源网络传输信号的双向性或可逆性,即从甲方向乙方传输的效果,与从乙方向甲方传输的效果完全相同。互易定理有三种基本形式。

7.4.1 互易定理 1

在图 7-6(a)所示的线性无任何电源的电阻性网络 N 的输入端①①′之间接入电压源 $u_s(t)$,并测出输出端②②′之间短路导线中产生的电流响应 $i_2(t)$。然后把相同的电压源 $u_s(t)$ 易换位置接入输出端口②②′之间,用 $\hat{u}_s(t)$ 表示,并测出其在①①′之间短路导线中产生的电流响应 $\hat{i}_1(t)$,见图 7-6(b)。可以证明,不管该网络的内部结构和元件参数如何,总有如下关系成立,即 $i_2(t)/u_s(t) = \hat{i}_1(t)/\hat{u}_s(t)$,因 $u_s(t) = \hat{u}_s(t)$,则

$$i_2(t) = \hat{i}_1(t)$$

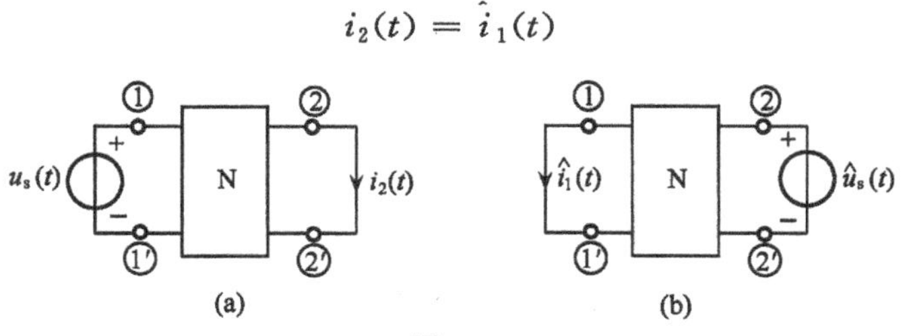

图 7-6

7.4.2 互易定理 2

在图 7-7(a)所示的线性无任何电源的电阻性网络 N 的输入端①①′之间接入电流源 $i_s(t)$,并测出输出端②②′之间开路电压响应 $u_2(t)$。然后把相同的电流源

$i_s(t)$易换位置接入输出端口②②′之间，用$\hat{i}_s(t)$表示，并测出其在①①′之间产生的开路电压响应$\hat{u}_1(t)$，见图7-7(b)。可以证明，不管该网络的内部结构和元件参数如何，总有如下关系成立，即$u_2(t)/i_s(t)=\hat{u}_1(t)/\hat{i}_s(t)$，因$i_s(t)=\hat{i}_s(t)$，则

$$u_2(t) = \hat{u}_1(t)$$

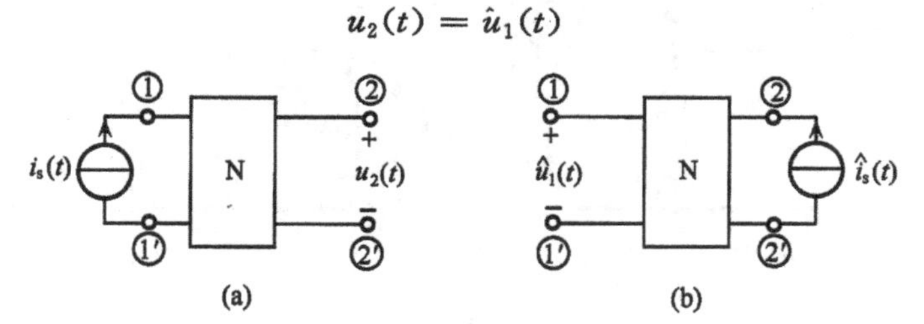

图 7-7

7.4.3 互易定理 3

在图7-8(a)所示的线性无任何电源的电阻性网络N的输入端①①′之间接入电流源$i_s(t)$，并测出输出端②②′短路导线中的电流响应$i_2(t)$。然后在②②′之间接入电压源$u_s(t)$，并测出①①′之间的开路电压响应$\hat{u}_1(t)$，见图7-8(b)。可以证明，不管该网络的内部结构和元件参数如何，总有$i_2/i_s(t)=u_1(t)/u_s(t)$成立。如果$i_s(t)$和$u_s(t)$在数值上相等，即

$$i_s(t) = u_s(t)$$

则$i_2(t)$和$\hat{u}_1(t)$在数值上也必然相等，即

$$i_2(t) = \hat{u}_1(t)$$

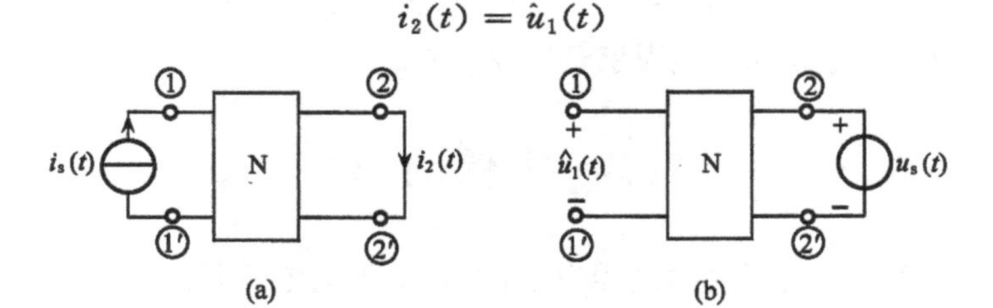

图 7-8

关于互易定理的证明，读者可参阅有关专著。

应指出，互易定理的应用是有条件的，即要求网络的回路电流方程组(或节点电压方程组)中的系数行列式为对称行列式。此条件决定于电路的结构和参数，称为互易条件，满足互易定理的网络称为互易网络(或双向网络)。

应用互易定理求解电路时，首先应分析电路是否满足互易条件。直接应用互易定理求解电路的方法，仅限于只有一个独立源激励的情况。并且要注意网络的激励与响应位置互换时，两者的方向关系。

例 7-9 在本例图(a)所示的电路中，试求标定的支路电流I。

解 此题电路为互易网络，由互易定理1，可将36V的激励电压源移至待求电流I的支路中，即把电流I支路的导线剪断形成一个端口接入36V的激励电压源，它在其原支路两端产生的短路电流为I'，如例7-9图(b)。由互易定理1可知$I=I'$。

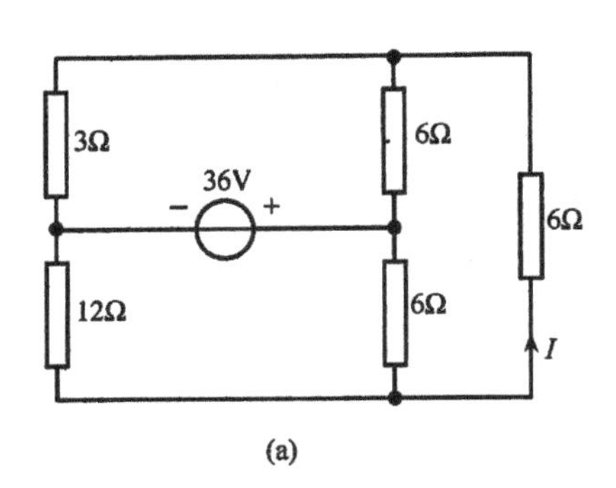

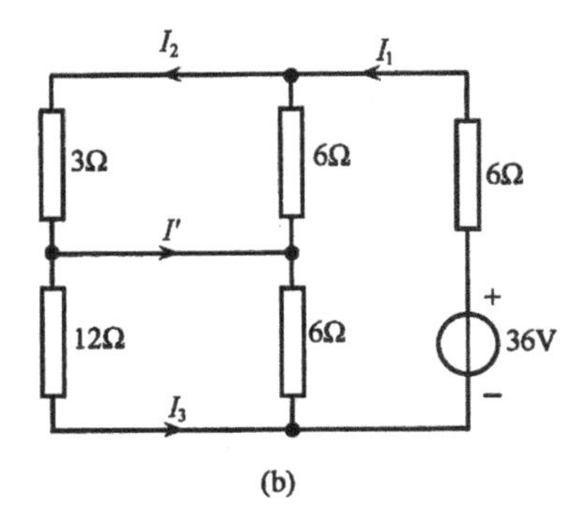

例 7-9 图

现在对图(b)求短路电流 I'。应用电阻串并联关系和电流分流原理可求得

$$I_1 = \frac{36}{6 + \frac{3 \times 6}{3 + 6} + \frac{6 \times 12}{6 + 12}} = 3(\text{A})$$

$$I_2 = 3 \times \frac{6}{3 + 6} = 2(\text{A})$$

$$I_3 = 3 \times \frac{6}{6 + 12} = 1(\text{A})$$

由 KCL 可知

$$I' = I_2 - I_3 = 1\text{A}, \qquad I = I' = 1\text{A}$$

可见此类电路应用互易定理求解比较方便。

7.5 对偶原理

在对电路进行分析研究的过程中,可以看出某些电路元件、参数、结构、变量、定律和定理等都存在成对出现的一一对应关系。

如图 7-9(a)为 n 个电阻的串联电路,图 7-9(b)为 n 个电导的并联电路。

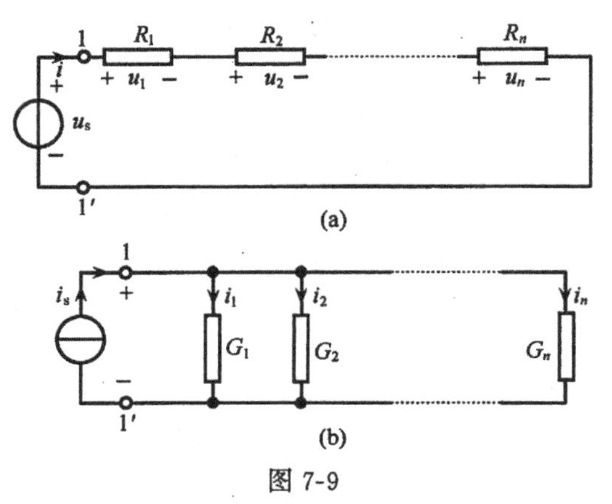

图 7-9

对图(a)有

$$\left.\begin{aligned}R &= \sum_{k=1}^{n} R_k \\ i &= \frac{u}{R} \\ u_k &= \frac{R_k}{R} u\end{aligned}\right\}$$

对图(b)有

$$\left.\begin{aligned}G &= \sum_{k=1}^{n} G_k \\ u &= \frac{i}{G} \\ i_k &= \frac{G_k}{G} i\end{aligned}\right\}$$

在上述两组关系式中，若将对应的参数、变量和相应的电路结构进行互换，即 R 与 G 互换，u 与 i 互换，串联与并联互换，则上述两组关系式可以彼此互换。即在两组关系式中，其数学表达式的形式完全相同，所不同的仅仅是式中的文字和符号，并且两组关系中的各元素都属于电路系统。这样两个通过对应元素互换能够彼此转换的关系式称为对偶关系式。关系式中能互换的对应元素称为对偶元素。符合对偶关系式的两个电路相互称为对偶电路。由此可归纳出电路的对偶原理，其表述为：

如果将一个网络 N 的关系式中各元素用它的对偶元素对应地置换后，所得到的新关系式一定满足与该网络相对偶的网络 $\overline{\mathrm{N}}$，或者说，若两个电路对偶且对偶元件参数的数值相等，则两者对偶变量的关系式(方程)及对偶变量的值(响应)一定完全相同。

为了加深对对偶原理的理解，我们来分析如图 7-10(a)和(b)所示的两个平面电路 N 和 $\overline{\mathrm{N}}$。根据元件和电路的结构特点可以看出，两电路为对偶电路。对网络 N，标定各网孔电流为顺时针方向，则其网孔电流方程为

$$(R_1 + R_2)i_{m1} - R_2 i_{m2} = u_{s1}$$
$$-R_2 i_{m1} + (R_2 + R_3)i_{m2} = u_{s2}$$

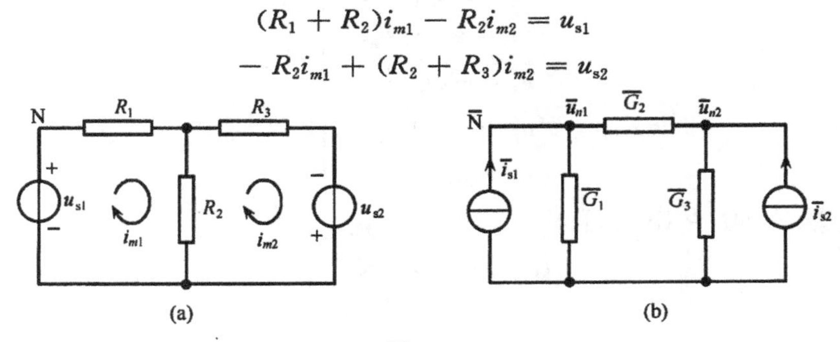

图 7-10

若将上述方程中的各元素变成与其对偶的相应元素后，即得下面一组方程式

$$(\overline{G_1}+\overline{G_2})\overline{u_{n1}}-\overline{G_2}\,\overline{u_{n2}}=\overline{i_{s1}}$$

$$-\overline{G_2}\,\overline{u_{n1}}+(\overline{G_2}+\overline{G_3})\overline{u_{n2}}=\overline{i_{s2}}$$

显然，此方程组恰好是对偶网络 $\overline{\mathrm{N}}$ 的节点电压方程式。这说明对偶原理的正确性。

对偶原理的内容十分丰富。其应用价值在于，若已知原网络的电路方程及其解答，则可根据对偶关系直接写出其对偶网络的电路方程及其解答，收到了事半功倍的效果。此外，电路理论中的许多原理和结论，可以利用对偶原理予以分析、证明和掌握。例如，只要证明了戴维南定理的正确性，应用对偶原理即可证明诺顿定理的正确性。因此，对偶原理在电路理论中应用非常广泛。

7.6 特勒根定理

特勒根定理是电路理论中一个基本定理，它有两种形式。

7.6.1 特勒根定理 1

一个具有 n 个节点和 b 条支路的网络电路，假设各支路电流、电压的参考方向一致，则各支路电压、电流的乘积的代数和为零，即

$$\sum_{k=1}^{b}u_k i_k=0$$

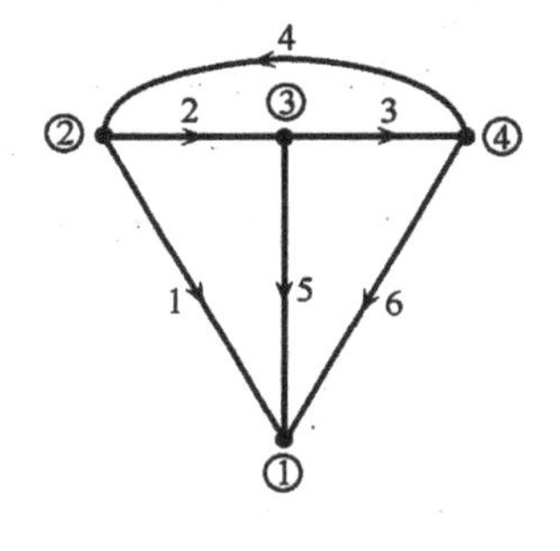

图 7-11

此定理可通过图 7-11 所示电路的拓扑图证明如下：

证明 选图中①为参考节点，u_{n1}、u_{n2}、u_{n3}分别为节点②、③、④的节点电压。i_1、i_2、i_3、i_4、i_5、i_6 分别表示各支路电流。u_1、u_2、u_3、u_4、u_5、u_6 分别表示各支路电压。

根据 KVL 可得出各支路电压和节点电压的关系为

$$\left.\begin{aligned}u_1&=u_{n1}\\u_2&=u_{n1}-u_{n2}\\u_3&=u_{n2}-u_{n3}\\u_4&=-u_{n1}+u_{n3}\\u_5&=u_{n2}\\u_6&=u_{n3}\end{aligned}\right\}\qquad(1)$$

对节点②、③、④，由 KCL 可得

$$\left.\begin{aligned}i_1+i_2-i_4&=0\\-i_2+i_3+i_5&=0\\-i_3+i_4+i_6&=0\end{aligned}\right\}\qquad(2)$$

而各支路电压电流乘积的代数和为

$$\sum_{k=1}^{6} u_k i_k = u_1 i_1 + u_2 i_2 + u_3 i_3 + u_4 i_4 + u_5 i_5 + u_6 i_6$$

把支路电压用节点电压表示后，代入此式整理可得

$$\sum_{k=1}^{6} u_k i_k = u_{n1} i_1 + (u_{n1} - u_{n2}) i_2 + (u_{n2} - u_{n3}) i_3 + (-u_{n1} + u_{n3}) i_4 + u_{n2} i_5 + u_{n3} i_6$$

即

$$\sum_{k=1}^{6} u_k i_k = u_{n1}(i_1 + i_2 - i_4) + u_{n2}(-i_2 + i_3 + i_5) + u_{n3}(-i_3 + i_4 + i_6)$$

上式右边括号内的电流分别为节点②、③、④处电流的代数和。代入式(2)，故得

$$\sum_{k=1}^{6} u_k i_k = 0$$

上述证明可推广到具有 n 个节点和 b 条支路的电路，即有

$$\sum_{k=1}^{b} u_k i_k = 0$$

应当指出，上述证明过程中，只根据电路的拓扑性质应用了基尔霍夫定律(KCL 和 KVL)，并没有涉及支路的具体内容。因此，特勒根定理对任何具有线性、非线性、时不变、时变元件的电路都适用。这个定理实质上是电路功率守恒的数学表达式，它说明任何一个电路的全部支路吸收的功率之和恒等于零。

7.6.2 特勒根定理 2

当甲、乙两个电路具有相同的拓扑图、相同的支路编号、相同的支路方向时，甲电路的各支路电压(电流)乘以相应的乙支路电流(电压)的代数和为零。设甲、乙两电路各支路电流、支路电压分别为$(i_1, i_2, \cdots, i_b)$、$(u_1, u_2, \cdots, u_b)$和$(\hat{i}_1, \hat{i}_2, \cdots, \hat{i}_b)$、$(\hat{u}_1, \hat{u}_2, \cdots, \hat{u}_b)$，则特勒根定理 2 的数学表达式为

$$\left.\begin{aligned} \sum_{k=1}^{b} u_k \hat{i}_k = 0 \\ \sum_{k=1}^{b} \hat{u}_k i_k = 0 \end{aligned}\right\}$$

特勒根定理 2 的证明同样可以根据基尔霍夫定律(KCL 和 KVL)导出，此处从略。

思 考 题

7-1 应用叠加定理时，对于“其他电源为零值”的确切理解是重要的。在等效电源定理中要计算除源电路的电阻，“除源”也就是使电源为零值。零值电压源的端点间电压恒为零，这相当于短路情况。那么零值电流源相当于什么情况？

7-2　试用回路法证明叠加定理，叠加定理为什么不适用于功率计算，举例说明。

7-3　在含受控源的电路中如何用叠加定理分析电路？

7-4　在几个电源共同作用的电路中，当只有一个电源改变，其他电源保持不变时，各支路电流、电压按什么规律变化？支路功率按什么规律变化？

7-5　戴维南定理是如何证明的，能否用戴维南定理求含源一端口网络内部各支路电流、电压？

7-6　如何用实验方法求含源一端口网络的等效电压源和等效内阻，再求其等效电流源和等效电导（诺顿等效电路）？

7-7　在电路中有一电阻发生变化，定性地绘出其端电压和电流的关系曲线（伏安特性），再绘制电流与电阻的关系曲线。

7-8　利用特勒根定理证明互易定理的各种形式，再证明由线性电阻组成的一端口网络的等值电阻恒为正值。

7-9　什么叫等值替换，有何意义？

7-10　含受控源的一端口网络（不含独立源）为什么可以看成是一个电阻，举例说明这个等值电阻有时会是负值。

7-11　电流源与电阻串联时如何化简？电压源与电阻并联时如何化简？电压源与电流源串联或并联呢？

习　题

7-1　用叠加定理求本题图所示电路中的电流 I，如果要使 $I=0$，问 U_s 应取何值。

7-2　用叠加定理求本题图所示电路中的电压 U_x。

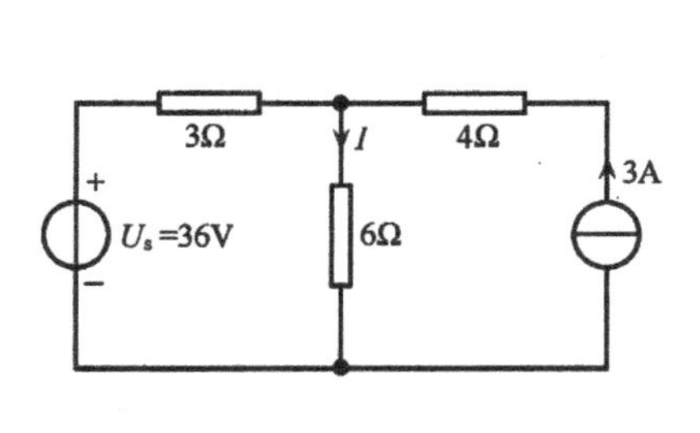

习题 7-1 图

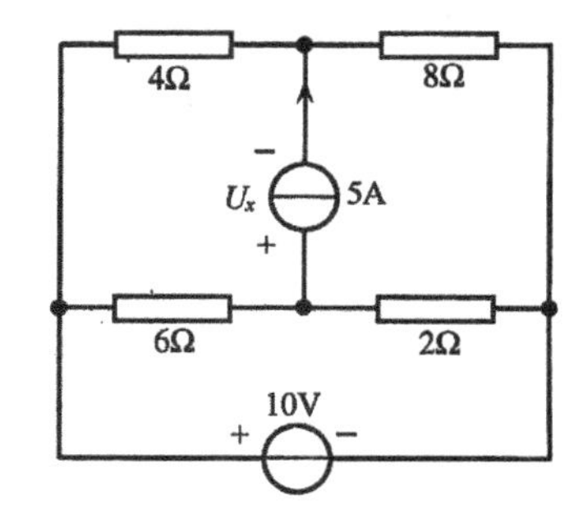

习题 7-2 图

7-3　应用叠加定理求本题图所示电路中的电压 u_{ab}。

7-4　利用叠加定理求本题图所示电路中的电压 u。

7-5　应用叠加定理求本题图所示电路中的电压 u_2。

7-6　应用叠加定理求本题图所示电路中的电压 U。

7-7　应用叠加定理求本题图所示电路中的电流 I_0。

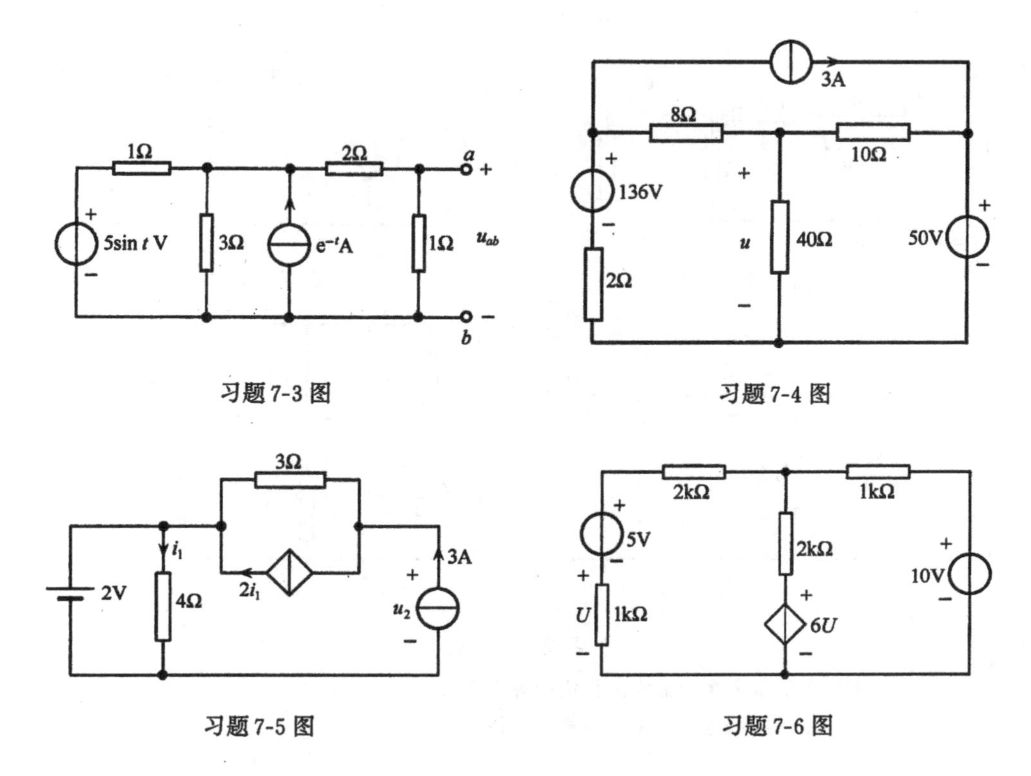

习题 7-3 图　　　　习题 7-4 图

习题 7-5 图　　　　习题 7-6 图

7-8　在本题图所示电路中，已知$I_0=\frac{1}{8}I$，试用替代定理求电阻R。

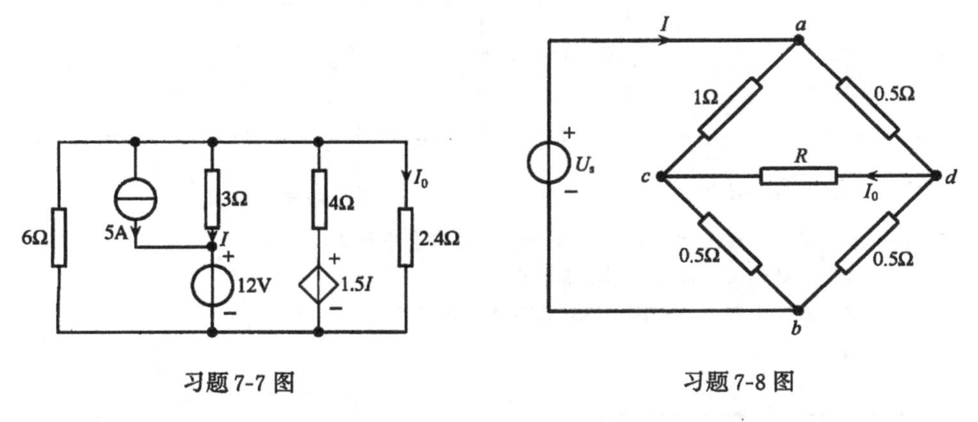

习题 7-7 图　　　　习题 7-8 图

7-9　本题图所示电路中，含源二端网络N通过Π型衰减电路连接负载R_L，现欲使输出电流为N网络端口电流的$\frac{1}{3}$，负载R_L应为多少？

（提示：用电流源I替代N网络，用电流源$\frac{I}{3}$替代R_2支路，画出等效电路图，再根据叠加定理求解。）

7-10　应用替代定理求本题图所示电路中的电流I。

7-11　试求本题图所示电路的戴维南等效电路。

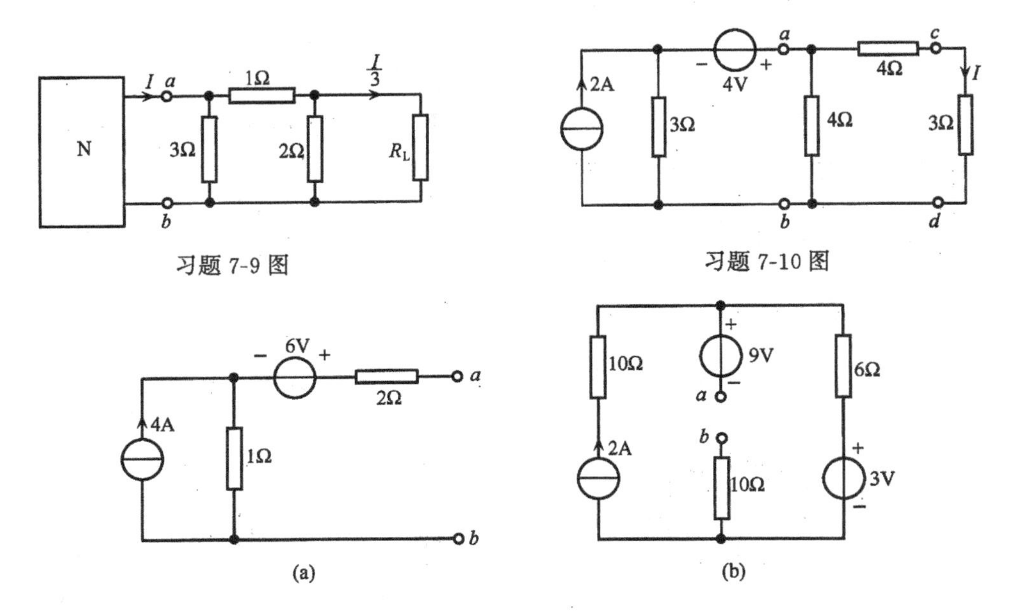

习题 7-9 图

习题 7-10 图

(a)

(b)

习题 7-11 图

7-12　求本题图所示电路的戴维南和诺顿等效电路。

7-13　试求本题图所示电路的戴维南等效电路。

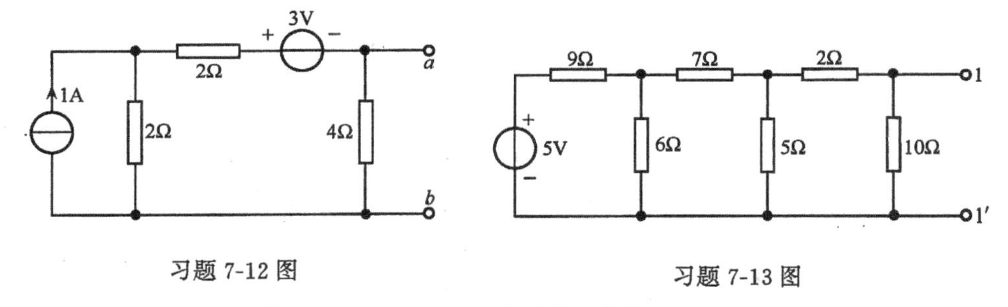

习题 7-12 图

习题 7-13 图

7-14　用戴维南定理求解习题 7-10 图所示电路中的电流 I。

7-15　试求本题图所示电路的诺顿等效电路。

7-16　应用诺顿定理求解本题图所示电路中的电流 I。

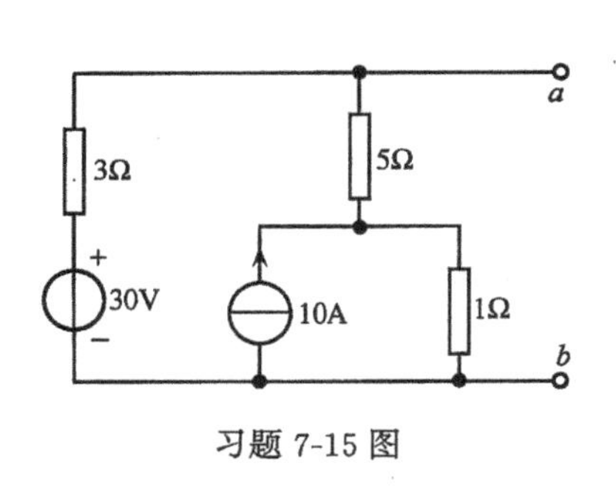

习题 7-15 图

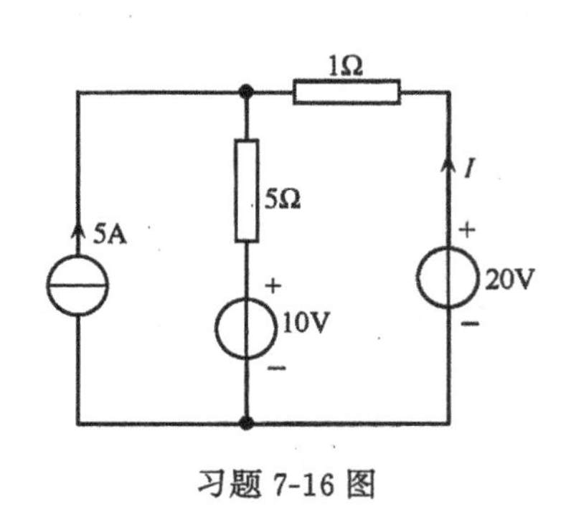

习题 7-16 图

7-17　用戴维南定理和诺顿定理分别求出本题图所示电路的等效电路。

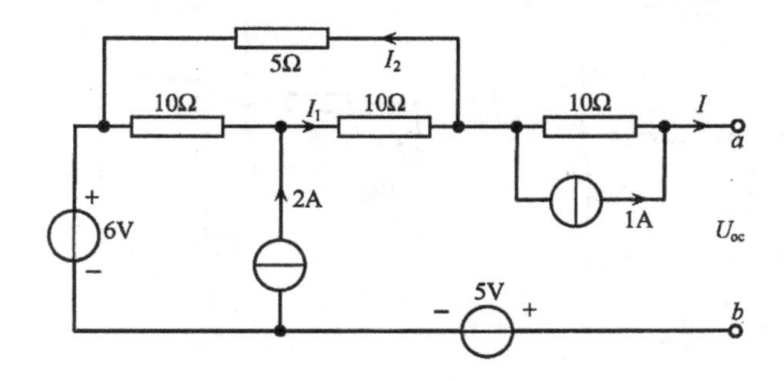

习题 7-17 图

7-18　在本题图所示电路中，当 R 值分别为 1Ω、2Ω、4Ω 时，求对应的电流 I。

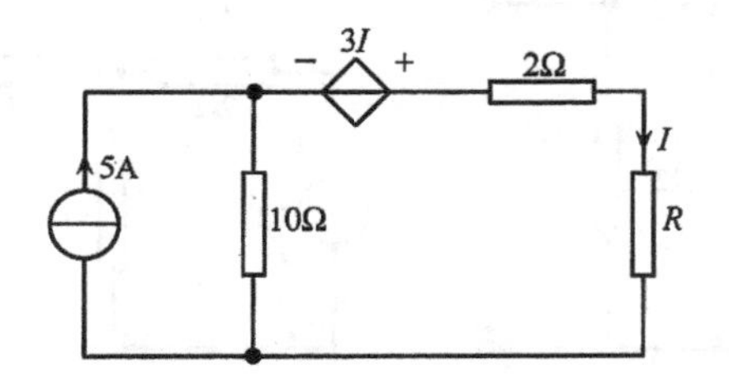

习题 7-18 图

7-19　试求本题图所示的两个一端口电路的戴维南或诺顿等效电路，并解释所得结果。

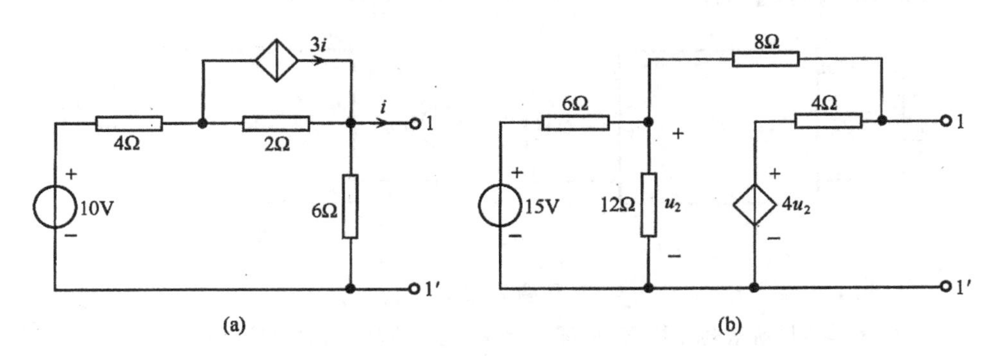

习题 7-19 图

7-20　用戴维南定理求习题 7-7 图所示电路中的电流 I_0。

7-21　试用互易定理求本题图所示电路的电流 I_2。已知 $U_s=12V$。

7-22　本题图所示电路中，N 为无源线性电阻网络，$R_1=2\Omega$，$R_2=2\Omega$，$R_3=3\Omega$。当 $U_{s1}=18V$，且 U_{s2}不作用时，$U_1=9V$，$U_2=4V$；当 U_{s1}和 U_{s2}共同作用时，$U_3=-30V$。求 U_{s2}的值(用到互易定理)。

7-23　在本题图所示的电路中，各电阻的单位为 Ω，应用互易定理求电压 U(注意 2、3、4、6 四个电阻满足桥臂平衡条件)。

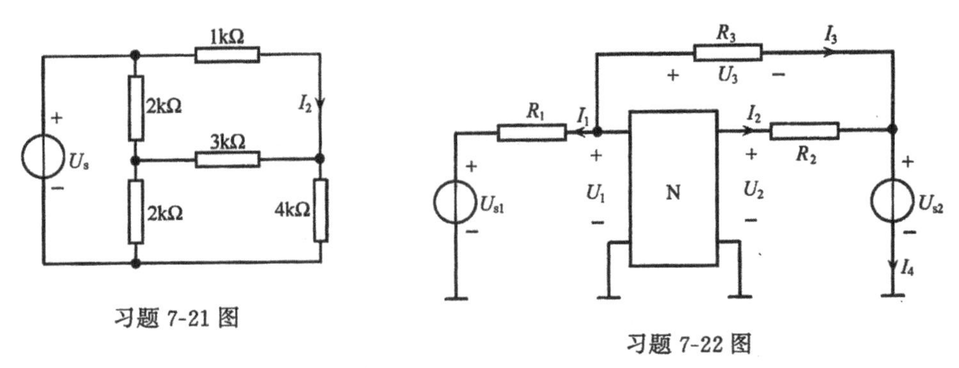

习题 7-21 图　　习题 7-22 图

7-24　应用叠加定理和互易定理求本题图所示电路中的电流 I。(此题可由戴维南定理简便求解。)

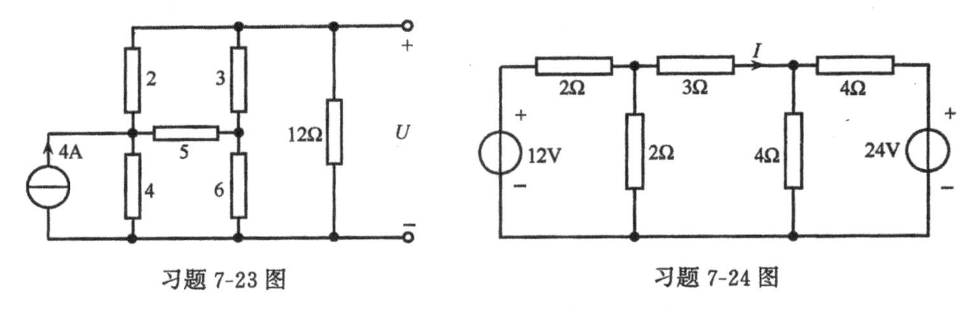

习题 7-23 图　　习题 7-24 图

7-25　在本题图所示电路中,N 为无源线性电阻网络。已知图(a)中电压 $U_1=1\text{V}$,电流 $I_2=0.5\text{A}$,求图(b)中的电流 I_1。

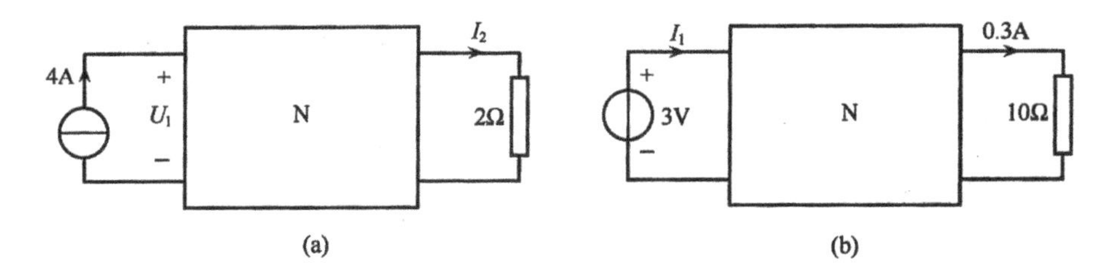

习题 7-25 图

7-26　在本题图所示电路中,若 R_L 可变,问 R_L 为何值时才能从电路中吸收最大功率?并求此功率。

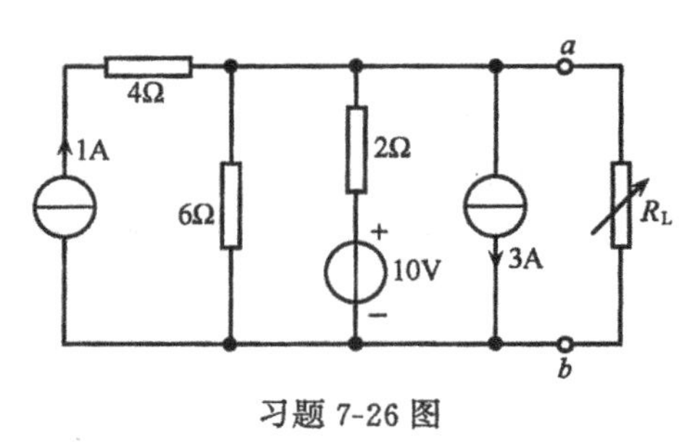

习题 7-26 图

第 8 章　一阶电路与二阶电路

本章将介绍一阶电路和二阶电路的基本概念、电路方程的经典解法。主要内容有零输入响应、零状态响应、全响应、瞬态分量、稳态分量、阶跃响应、冲激响应等重要概念。

在电阻电路的分析中，电路的激励与响应之间存在欧姆定律的关系，故列写的电路方程(回路方程、节点方程等)均为代数方程，其特点是激励出现时响应也随即出现。当电路接有电容、电感这类储能元件(又称动态元件)时，电路的响应与电源的接入方式以及电路的历史状态有关，而且由于储能元件的电压和电流的约束关系是对时间变量 t 的微分或积分，因此，含储能元件电路的 KCL 和 KVL 方程都是微分方程。当电路元件都是线性、非时变元件时，电路方程是线性常系数微分方程。若电路仅含一个储能元件(电感或电容)，得到的微分方程是一阶线性常微分方程，相应的电路称为一阶动态电路，简称一阶电路。若电路同时含有电容和电感两种不同的储能元件，得到的微分方程是二阶线性常微分方程，相应的电路称为二阶动态电路，简称二阶电路。

动态电路的一个特征是在一般情况下，当电路的结构或元件的参数发生变化时(例如电路中电源或无源元件的接入或断开，短路以及信号的突然注入等)，电路将改变原来的工作状态，转变到另一个工作状态，这种转变需要经历一个过程，此过程称为瞬态过程或过渡过程。

电路理论中，把上述电路结构或参数变化而引起的电路变化统称为“换路”，并认为换路是在时间 $t=0$ 时进行的。为叙述方便，通常把换路前的最终时刻记为 $t=0_-$，把换路后的最初时刻记为 $t=0_+$，换路所经历的时间为 0_- 到 0_+。

8.1　换路定律及电路初始值的确定

描述动态电路的方程是微分方程，求解微分方程时，需根据电路的初始条件确定积分常数，这个初始条件就是待求电压、电流变量的初始值，而初始值的确定需要应用换路定律。

8.1.1　换路定律

1) 换路定律 1

若电容电流 i_C为有限值，则在换路瞬间电容电压 u_C不会跃变。即换路后的一瞬间，电容电压值与换路前一瞬间的电容电压值相等。其数学表达式为

$$u_C(0_+) = u_C(0_-) \tag{8-1}$$

2) 换路定律 2

若电感电压 u_L 为有限值，则在换路瞬间电感电流 i_L 不会跃变。即换路后的一瞬间，电感电流值与换路前一瞬间的电感电流值相等。写成数学表达式，即

$$i_L(0_+) = i_L(0_-) \tag{8-2}$$

上述换路定律的依据是电容元件和电感元件自身的伏安特性。根据电容元件的伏安关系 $i_C=C\dfrac{du_C}{dt}$ 可知，当 i_C 为有限值时，u_C 不能跃变（例如 $\Delta t\to 0$ 时，u_C 不能由 0V 跃变到 1V），否则 $\dfrac{du_C}{dt}\to\infty$，必然要求 $i_C\to\infty$，这与 i_C 为有限值相悖。同样，根据电感元件的伏安关系 $u_L=L\dfrac{di_L}{dt}$ 可知，当 u_L 为有限值时，i_L 不能跃变。否则 $\dfrac{di_L}{dt}\to\infty$，则 $u_L\to\infty$，这与 u_L 为有限值相悖。

应指出，电路在换路时，仅电容电压 u_C 和电感电流 i_L 受换路定律的约束不能跃变，而电容电流 i_C 和电感电压 u_L 以及电路中其他的电压、电流是可以跃变的，还须指出，电路在特定的理想情况下，电容电压 u_C 和电感电流 i_L 也可能跃变。例如，将一电容元件与理想电压源 u_s 接通，u_C 可跃变为 u_s。

8.1.2 电路初始值的计算

电路换路后瞬间的电压、电流值称为电路的初始值（即电路微分方程的初始条件）。其中，将电容电压和电感电流的初始值 $u_C(0_+)$ 和 $i_L(0_+)$ 称为电路的初始状态。根据换路定律 $u_C(0_+)=u_C(0_-)$ 和 $i_L(0_+)=i_L(0_-)$，因此，初始状态的确定只需知道 $u_C(0_-)$ 和 $i_L(0_-)$。应用 $t=0_-$ 电路，即由换路前（$t<0$）原来电路的稳定工作状态便可确定 $u_C(0_-)$ 和 $i_L(0_-)$。

电路中的其他变量，如 i_C、u_L 以及电阻 R 上的电流、电压（i_R、u_R）的初始值不存在 $t=0_+$ 与 $t=0_-$ 时的等值规律性。它们的初始值 $i_C(0_+)$、$u_L(0_+)$、$i_R(0_+)$、$u_R(0_+)$ 需由电路的初始状态及 $t=0_+$ 时刻的激励信号而定。

例 8-1 在本例图(a)所示的电路中，试求开关 K 闭合后电容电压的初始值和

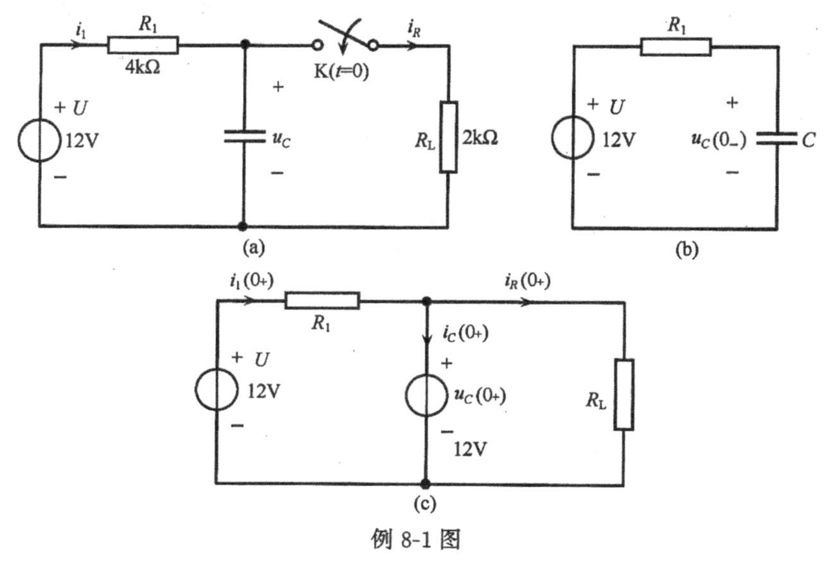

例 8-1 图

各支路电流的初始值。

解　由换路定律可求出开关 K 闭合后电容电压的初始值 $u_C(0_+)$。为此，需根据开关闭合前一瞬间的电路如例 8-1 图(b)，求出 $t=0_-$时的电容电压 $u_C(0_-)$。开关闭合前一瞬间，电路是 RC 串联电路，它在直流电压源作用下处于稳定工作状态，这时电容相当于开路，电阻上没有电压降，因此

$$u_C(0_-) = U = 12\text{V}$$

由换路定律即得

$$u_C(0_+) = u_C(0_-) = 12\text{V}$$

为了计算开关闭合后各支路电压、电流的初始值，可画出换路后相应初始状态的等效电路，见例 8-1 图(c)。图中将电容电压的初始值用大小相等极性相同的电压源予以替代，然后由 KVL、KCL 及 VCR 可求得

$$i_1(0_+) = \frac{U - u_C(0_+)}{R_1} = \frac{12 - 12}{4 \times 10^3} = 0$$

$$i_R(0_+) = \frac{u_C(0_+)}{R_\text{L}} = \frac{12}{2 \times 10^3} = 6 \times 10^{-3}(\text{A})$$

$$i_C(0_+) = i_1(0_+) - i_R(0_+) = -6 \times 10^{-3}(\text{A})$$

例 8-2　在本例图所示的电路中，直流电压源电压为 U_0，当电路中的电压和电流恒定不变时打开开关 K，试求初始值 $u_C(0_+)$、$i_L(0_+)$、$i_C(0_+)$、$u_L(0_+)$和 $u_{R_2}(0_+)$。

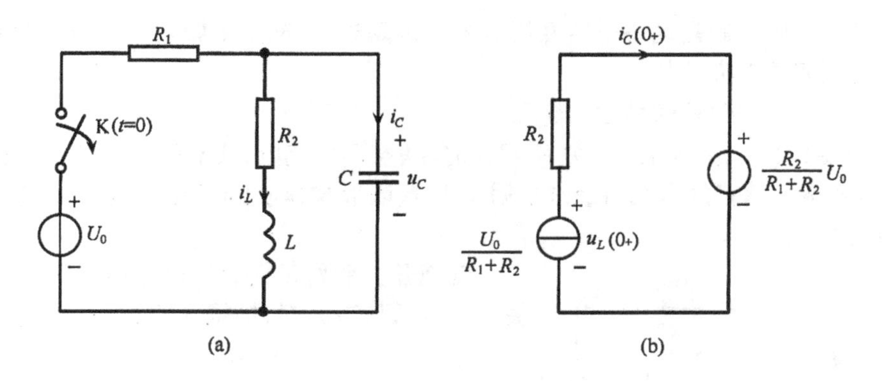

例 8-2 图

解　可以先根据 $t=0_-$时刻的电路状态计算 $u_C(0_-)$和 $u_L(0_-)$。由于开关打开前，电路中的电压和电流为稳态不变值，故有

$$\left.\frac{\mathrm{d}u_C}{\mathrm{d}t}\right|_{0_-} = 0, \qquad \left.\frac{\mathrm{d}i_L}{\mathrm{d}t}\right|_{0_-} = 0$$

因此，开关打开前，电容电流和电感电压均为零$\left(\text{因为 } i_C=C\dfrac{\mathrm{d}u_C}{\mathrm{d}t}, u_L=L\dfrac{\mathrm{d}i_L}{\mathrm{d}t}\right)$，即此时刻的电容相当于开路，电感相当于短路，故得

$$u_C(0_-) = \frac{U_0R_2}{R_1+R_2}, \qquad i_L(0_-) = \frac{U_0}{R_1+R_2}$$

当开关打开，电路换路时，由换路定律即得

$$u_C(0_+) = u_C(0_-) = \frac{U_0R_2}{R_1+R_2}$$

$$i_L(0_+) = i_L(0_-) = \frac{U_0}{R_1+R_2}$$

为了求得 $t=0_+$时其他的初始值，可以把已求得的 $u_C(0_+)$和 $i_L(0_+)$分别用电压源和电流源替代，可得电路换路后初始状态的等效电路如例 8-2 图(b)所示，即可求得

$$i_C(0_+) = -\frac{U_0}{R_1+R_2} = -i_L(0_+)$$

$$u_{R_2} = -R_2 i_C(0_+) = -\frac{U_0R_2}{R_1+R_2}$$

而

$$u_L(0_+) = 0$$

8.2 一阶电路的零输入响应

零输入响应就是动态电路在没有外施激励时，由电路中储能元件的初始储能释放而引起的响应。

8.2.1 *RC* 串联电路的零输入响应

图 8-1 为一 RC 电路，开关 K 闭合前，电容 C 已充电，其电压 $u_C=U_0$。开关闭合后，电容 C 储存的电能将通过电阻 R 以热能形式释放出来，由此而引起的响应如何呢？

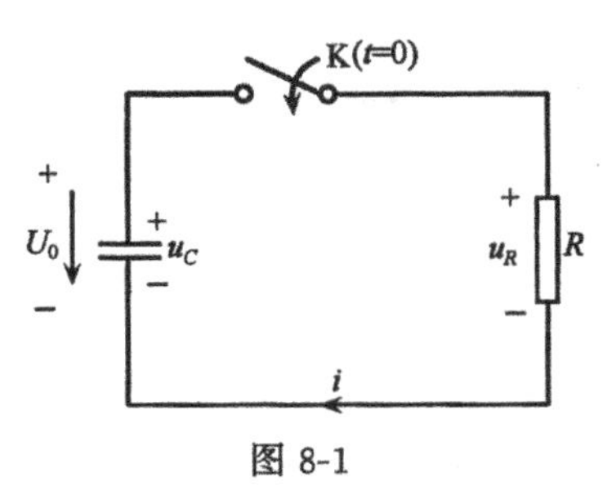

图 8-1

现把开关动作时刻取为计时起点($t=0$)，开关闭合后，即 $t\geqslant 0_+$时，根据 KVL 可得

$$u_R - u_C = 0$$

而 $u_R=Ri$，$i=-C\dfrac{\mathrm{d}u_C}{\mathrm{d}t}$，代入上述方程即得

$$RC\frac{\mathrm{d}u_C}{\mathrm{d}t} + u_C = 0 \tag{8-3}$$

这是一阶齐次微分方程，其初始条件为 $u_C(0_+)=u_C(0_-)=U_0$，令此方程的通解为 $u_C=A\mathrm{e}^{Pt}$，并代入此方程后可得

$$(RCP+1)A\mathrm{e}^{Pt} = 0$$

相应的特征方程为

$$RCP + 1 = 0$$

特征根为

$$P = -\frac{1}{RC}$$

将初始条件 $u_C(0_+)=u_C(0_-)=U_0$ 代入 $u_C=Ae^{Pt}$，即可求得积分常数 $A=u_C(0_+)=U_0$。于是满足初始条件的微分方程的解为

$$u_C = U_0 e^{-\frac{1}{RC}t} \tag{8-4}$$

这就是电能释放(俗称放电)过程中电容电压 u_C 的表达式。

电路中的电流 i 为

$$i = -C\frac{du_C}{dt} = \frac{U_0}{R}e^{-\frac{1}{RC}t} \tag{8-5}$$

电阻上的电压为

$$u_R = u_C = U_0 e^{-\frac{1}{RC}t} \tag{8-6}$$

由上述表达式可以看出，RC 电路的零输入响应 u_C、i 及 u_R 都是按同样的指数规律随时间衰减的，它们衰减的快慢取决于 RC 的大小。令

$$\tau = RC$$

式中 R 的单位为欧姆(Ω)，电容 C 的单位为法拉(F)，则乘积 RC 的单位为秒(s)，说明 τ 具有时间的量纲，故称 τ 为电路的时间常数，它反映了电路的固有性质。τ 越大，u_C 和 i 随时间衰减得越慢，过渡过程相对就长。τ 越小，u_C 和 i 随时间衰减得越快，过渡过程相对较短暂。引入时间常数 τ 后，电容电压 u_C 和电流 i 可分别表示为

$$u_C = U_0 e^{-\frac{t}{\tau}} \tag{8-7}$$

$$i = \frac{U_0}{R}e^{-\frac{t}{\tau}} \tag{8-8}$$

以电容电压为例，计算可得：

$t=0$ 时

$$u_C(0) = U_0$$

$t=\tau$ 时

$$u_C(\tau) = U_0 e^{-1} = 0.368U_0$$

$t=2\tau$ 时

$$u_C(2\tau) = U_0 e^{-2} = 0.135U_0$$

$t=3\tau$ 时

$$u_C(3\tau) = U_0 e^{-3} = 0.05U_0$$

$t=4\tau$ 时

$$u_C(4\tau) = U_0 e^{-4} = 0.018U_0$$

$t=5\tau$ 时

$$u_C(5\tau) = U_0 e^{-5} = 0.0067U_0$$

余下略去。从理论上讲，要经过无限长的时间 u_C 才能衰减为零值，过渡过程得以结束。但电路理论中，一般认为换路后经过 $3\tau\sim5\tau$ 的时间，过渡过程即告结束。

图 8-2(a)、(b)分别给出了 u_C、u_R和 i 随时间变化的曲线。

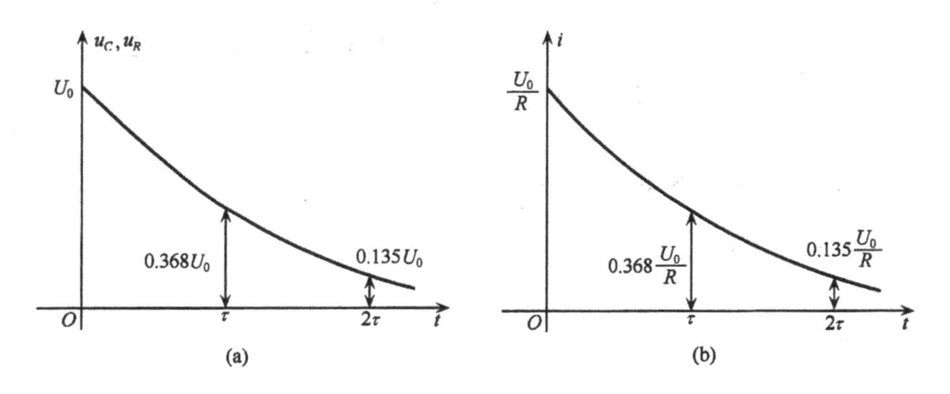

图 8-2

在 RC 电路的放电过程中，电容不断释放出能量为电阻所消耗。最终，原来储存在电容中的初始储能$\frac{1}{2}CU_0^2$全部为电阻吸收而转换成热能。即

$$W_R=\int_0^{\infty}i^2(t)R\mathrm{d}t=\int_0^{\infty}\left(\frac{U_0}{R}\mathrm{e}^{-\frac{1}{RC}t}\right)^2R\mathrm{d}t=\frac{U_0^2}{R}\int_0^{\infty}\mathrm{e}^{-\frac{2t}{RC}}\cdot\mathrm{d}t=\frac{1}{2}CU_0^2$$

例 8-3 电路如本例图(a)所示。开关 K 闭合前电路已达稳态，电容电压为 2V。在 $t=0$ 时，开关闭合，试求 $t\geqslant 0$ 时的电流 i。

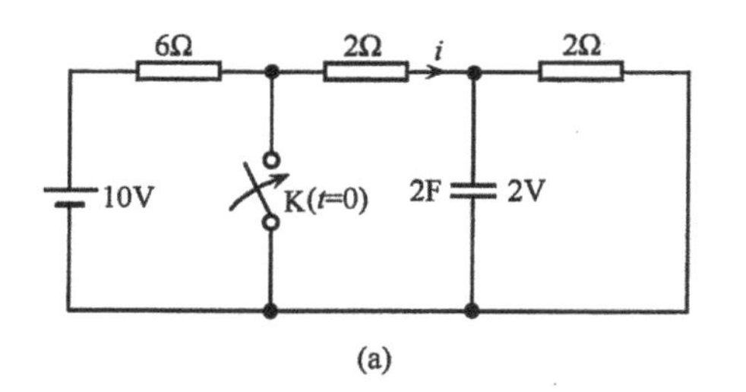

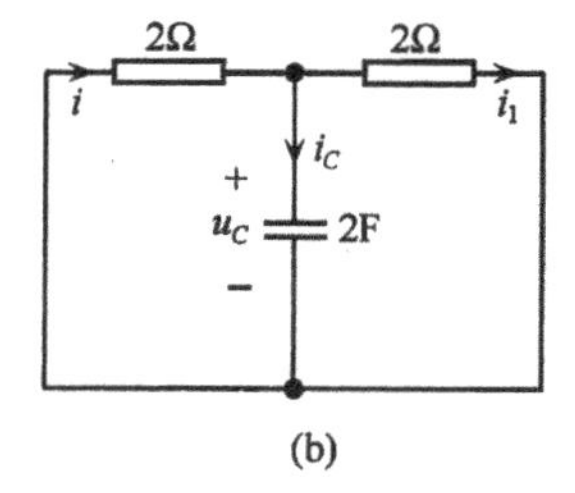

例 8-3 图

解 换路时的电容电压为

$$u_C(0_-)=\frac{10}{6+2+2}\times 2=2(\mathrm{V})$$

由换路定律可知换路后的电容电压为

$$u_C(0_+)=u_C(0_-)=2(\mathrm{V})$$

换路后，10V 电压源和 6Ω 电阻的串联支路被开关 K 短路从而对右边电路不起作用，故得换路后的电路如例 8-3 图(b)所示。

由(b)图中的电容两端看，电路的等效电阻 R 为两个 2Ω 电阻的并联，即

$$R=\frac{2\times 2}{2+2}=1(\Omega)$$

则电路的时间常数为

$$\tau = RC = 2 \times 1 = 2(\mathrm{s})$$

故得

$$u_C = u_C(0_+)\mathrm{e}^{-\frac{t}{\tau}} = 2\mathrm{e}^{-\frac{t}{2}}$$

由 u_C可分别求得

$$i_C = C\frac{\mathrm{d}u_C}{\mathrm{d}t} = -2\mathrm{e}^{-\frac{t}{2}}, \qquad i_1 = \frac{u_C}{2} = \mathrm{e}^{-\frac{t}{2}}$$

所以

$$i = i_1 + i_C = -\mathrm{e}^{-\frac{t}{2}} = -\mathrm{e}^{-0.5t}$$

8.2.2 *RL* 电路的零输入响应

图 8-3(a)所示的电路，在开关 K 拨动之前电路电压和电流处于稳态不变，电感 L 中有电流 $I_0=\dfrac{U_0}{R_0}=i(0_-)$。在 $t=0$ 时，开关由触点 1 拨到触点 2，使具有初始电流 I_0(具有初始磁场能)的电感 L 与电阻 R 相连接，构成一闭合回路，如图 8-3(b)所示。因回路无电源，故其响应为零输入响应。

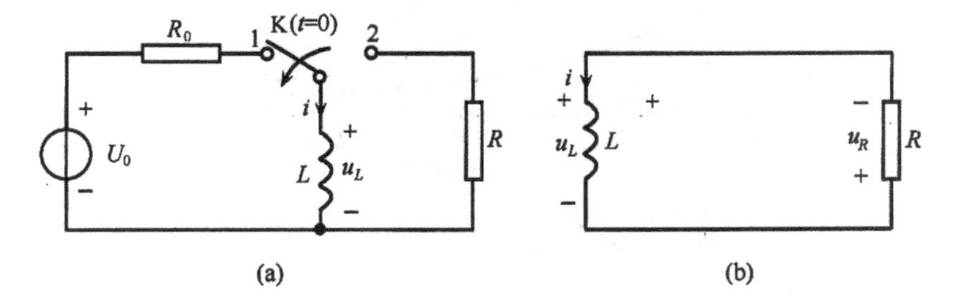

图 8-3

根据 KVL 有

$$u_R + u_L = 0$$

因 $u_R=Ri$，$u_L=L\dfrac{\mathrm{d}i}{\mathrm{d}t}$，可得电路的微分方程为

$$L\frac{\mathrm{d}i}{\mathrm{d}t} + Ri = 0 \tag{8-9}$$

令 $i=A\mathrm{e}^{Pt}$，并代入式(8-9)即得相应的特征方程为

$$LP + R = 0$$

其特征根为

$$P = -\frac{R}{L}$$

故电路电流为

$$i = A\mathrm{e}^{-\frac{R}{L}t}$$

由换路定律，$i(0_+)=i(0_-)=I_0$，代入上式可求得 $A=i(0_+)=I_0$，则

$$i = i(0_+)\mathrm{e}^{-\frac{R}{L}t} = I_0\mathrm{e}^{-\frac{R}{L}t} \tag{8-10}$$

电阻和电感上的电压分别为

$$u_R = Ri = RI_0 e^{-\frac{R}{L}t} \tag{8-11}$$

$$u_L = L\frac{di}{dt} = -RI_0 e^{-\frac{R}{L}t} \tag{8-12}$$

与 RC 电路类似，令 $\tau=\dfrac{L}{R}$，称为 RL 电路的时间常数。则上述各式可以写成

$$i = I_0 e^{-\frac{t}{\tau}} \tag{8-13}$$

$$u_R = RI_0 e^{-\frac{t}{\tau}} \tag{8-14}$$

$$u_L = -RI_0 e^{-\frac{t}{\tau}} \tag{8-15}$$

图 8-4 所示曲线分别为 i、u_L、u_R随时间的变化曲线。

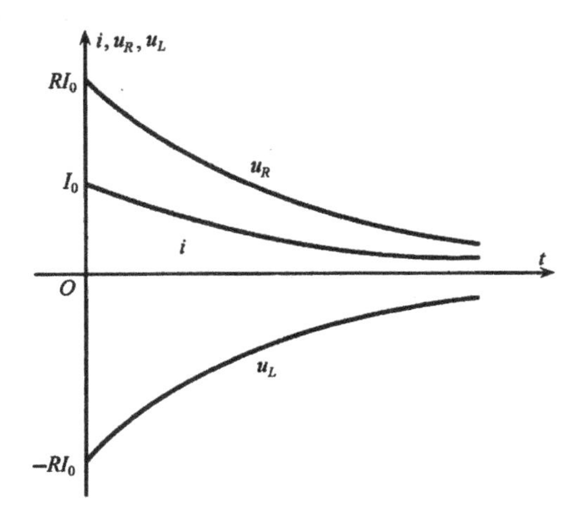

图 8-4

例 8-4 如本例图(a)所示的电路，开关 K 合在“1”时电路处于稳态。在 $t=0$ 时，将开关 K 倒至“2”，试求 $t\geqslant 0$ 时的电感电流和电感电压。

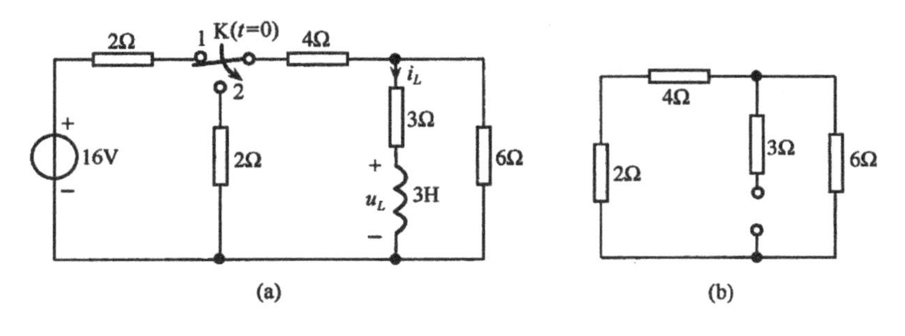

例 8-4 图

解 因 $t=0_-$ 时电路已处于稳态，所以电感相当于短路，由电流分流规律可求

得

$$i_L(0_-)=\frac{16}{2+4+\frac{3\times 6}{3+6}}\times\frac{6}{3+6}=\frac{4}{3}(\mathrm{A})$$

因 $t=0$ 时，i_L不能跃变，由换路定律可知

$$i_L(0_+)=i_L(0_-)=\frac{4}{3}\mathrm{A}$$

当 $t\geqslant 0$ 时，换路后的电路如例 8-4(b)图所示。该电路从电感 L 两端看进去的等效电阻为

$$R=3+\frac{(2+4)\times 6}{(2+4)+6}=6(\Omega)$$

则该电路的时间常数为

$$\tau=\frac{L}{R}=\frac{3}{6}=0.5(\mathrm{s})$$

故根据式(8-10)可得

$$i_L(t)=i_L(0_+)\mathrm{e}^{-\frac{t}{\tau}}=\frac{4}{3}\mathrm{e}^{-2t}(\mathrm{A})$$

而

$$u_L(t)=L\frac{\mathrm{d}i_L(t)}{\mathrm{d}t}=3\times\frac{4}{3}\times(-2)\mathrm{e}^{-2t}=-8\mathrm{e}^{-2t}(\mathrm{V})$$

8.3　一阶电路的零状态响应

若电路中储能元件的初始条件为零(初始储能为零)，即电容 C 的初始电压和电感 L 中的初始电流均为零，则称此电路处于零状态，电路在零状态下仅由外加激励引起的响应称为零状态响应。

8.3.1　*RC* 串联电路的零状态响应

RC 电路的零状态响应过程就是通常所说的 *RC* 电路的充电过程。

图 8-5 所示的 *RC* 串联电路，开关 K 闭合前电路处于零初始状态，$u_C(0_-)=0$。在$t=0$ 时开关闭合，直流电压源 U_s接入电路。由 KVL，有

$$u_R+u_C=U_s$$

因 $u_R=Ri$，$i=C\frac{\mathrm{d}u_C}{\mathrm{d}t}$，代入上式可得电路的微分方程为

$$RC\frac{\mathrm{d}u_C}{\mathrm{d}t}+u_C=U_s \qquad (8\text{-}16)$$

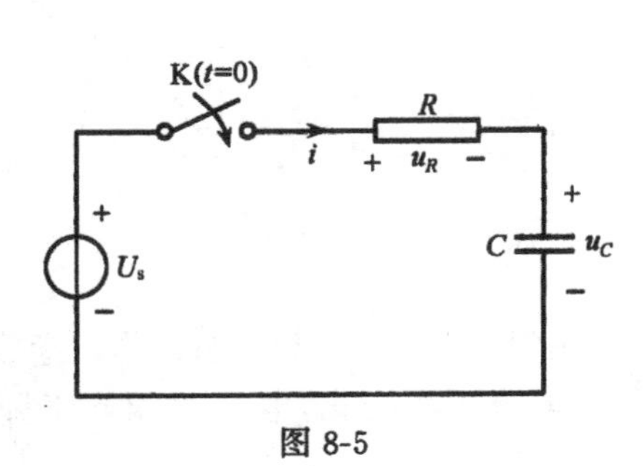

图 8-5

此方程是一阶线性非齐次方程。方程的解由两个分量组成，为非齐次方程的特解 u_C'和对

应的齐次方程的通解 u_C''相加，即

$$u_C = u_C' + u_C''$$

由微分方程的数学知识，不难求得其特解为

$$u_C' = U_s$$

相应的齐次方程为

$$RC\frac{\mathrm{d}u_C}{\mathrm{d}t} + u_C = 0$$

其通解为

$$u_C'' = A\mathrm{e}^{-\frac{t}{\tau}}$$

式中 $\tau = RC$，称为该电路的时间常数，因此

$$u_C = U_s + A\mathrm{e}^{-\frac{t}{\tau}}$$

代入初始值，可求得

$$A = -U_s$$

将 A 代入上式即得

$$u_C = U_s - U_s\mathrm{e}^{-\frac{t}{\tau}} = U_s\left(1 - \mathrm{e}^{-\frac{t}{\tau}}\right) \tag{8-17}$$

于是

$$i = C\frac{\mathrm{d}u_C}{\mathrm{d}t} = \frac{U_s}{R}\mathrm{e}^{-\frac{t}{\tau}} \tag{8-18}$$

u_C和 i 随时间的变化曲线以及电压 u_C的两个分量 u_C'和 u_C''如图 8-6 所示。

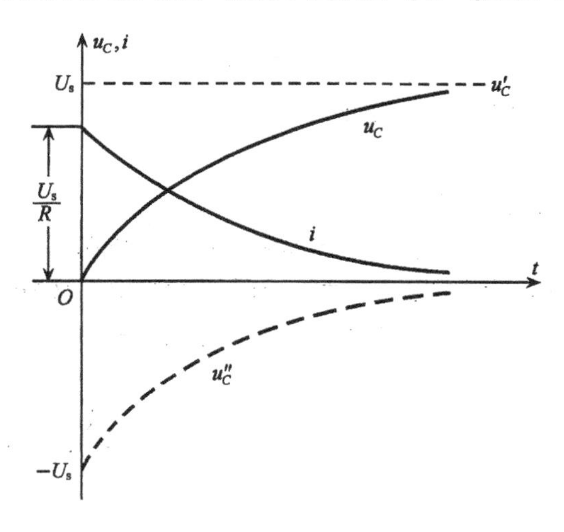

图 8-6

由上述讨论可以看出，u_C是以指数形式最终趋于稳定值 U_s。到达稳定值后，电压和电流不再变化，电容 C 相当于开路，电流为零。此时电路达到稳定状态（稳

态)。故特解 $u_C'(=U_s)$ 称为稳态分量。由于 u_C' 与外加激励的变化规律有关，所以又称之为强制分量。非齐次方程的通解 u_C'' 由于其变化规律取决于特征根而与外加激励无关，即无论外加激励形式如何，它都按指数规律衰减最终趋于零，所以称之为自由分量或者瞬态分量。相应地，对电流 i 也可作类似的阐释。

上述求解零状态响应的方法数学上叫做待定系数法(经典法)。

8.3.2 *RL* 串联电路的零状态响应

图 8-7 所示为 RL 串联电路，直流电压源的电压为 U，在开关 K 闭合前电感 L 中的电流为零。在 $t=0$ 时开关闭合，恒定电压 U 接入 RL 电路。由 KVL 可知

$$u_R + u_L = U$$

因 $u_R=Ri, u_L=L\dfrac{di}{dt}$，代入上式即得

$$L\frac{di}{dt} + Ri = U \qquad (8\text{-}19)$$

这就是电路中变化着的瞬时电流 i 所满足的一阶线性非齐次微分方程，可用分离变量法求解，即

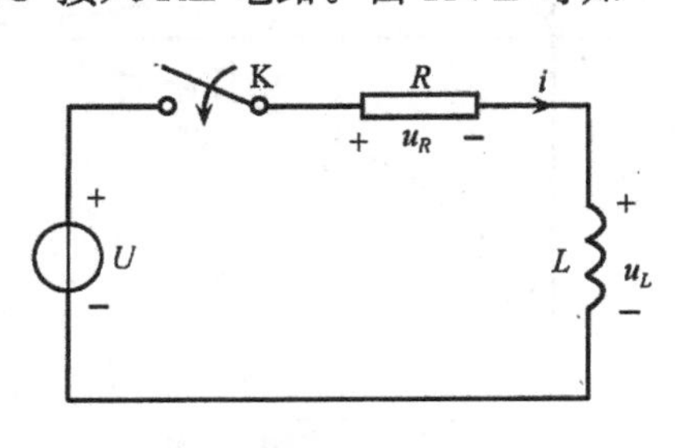

图 8-7

$$\frac{di}{i-\dfrac{U}{R}} = -\frac{R}{L}dt$$

对上式求积分

$$\ln\left(i-\frac{U}{R}\right) = -\frac{R}{L}t + k$$

则得

$$i = \frac{U}{R} + e^k e^{-\frac{R}{L}t}$$

这便是上述微分方程的通解。

由换路定律可知 $i(0_+)=i(0_-)=0$，代入通解表达式即可求得

$$e^k = -\frac{U}{R}$$

将 e^k 值代入上式，则得

$$i = \frac{U}{R}\left(1-e^{-\frac{R}{L}t}\right) = \frac{U}{R}\left(1-e^{-\frac{t}{\tau}}\right) \qquad (8\text{-}20)$$

式中 $\tau=\dfrac{L}{R}$ 为 RL 电路的时间常数，而

$$u_L = L\frac{di}{dt} = Ue^{-\frac{t}{\tau}} \qquad (8\text{-}21)$$

i 和 u_L 随时间的变化曲线如图 8-8 所示。图中虚线表示的 i' 和 i'' 分别为稳态分量和瞬态分量。

例 8-5 本例图所示电路，开关 K 闭合前电路处于零状态，$u_C(0_-)=0$。在 $t=0$

开关闭合，用示波器观测电流波形，测得电流的初始值为 10mA，并且电流在 s 时接近于零，试求该电路中电阻 R、电容 C、电流 i 各为何值。

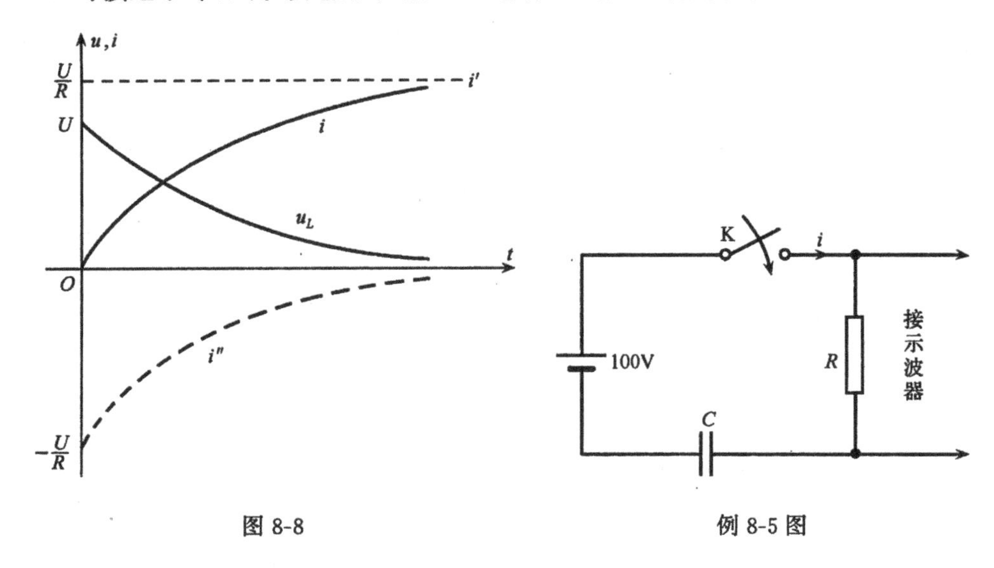

图 8-8　　例 8-5 图

解　由换路定律可知，电容电压为

$$u_C(0_+) = u_C(0_-) = 0$$

根据 KVL，在 $t=0_+$时，电阻 R 上的电压为 100V，因电流的初始值为 10mA，故得

$$\frac{100}{R} = 10 \times 10^{-3}$$

即

$$R = 10^4\Omega$$

一般认为 $t=4\tau$ 时，电流已经衰减到零，则

$$4\tau = 0.1$$

$$\tau = 0.025\text{s}$$

由 $RC=\tau$ 可得

$$C = \frac{\tau}{R} = \frac{0.025}{10^4} = 2.5 \times 10^{-6}(\text{F}) = 2.5(\mu\text{F})$$

由 RC 串联电路零状态电流响应方程

$$i = \frac{U_s}{R}e^{-\frac{t}{\tau}}$$

即得

$$i = \frac{100}{R}e^{-\frac{t}{0.025}} = 10 \times 10^{-3}e^{-40t}(\text{A}) = 10e^{-40t}(\text{mA})$$

例 8-6　本例图(a)所示电路，含有电流为 $4i_1$ 的受控源，试求该电路零状态响应 i_L。

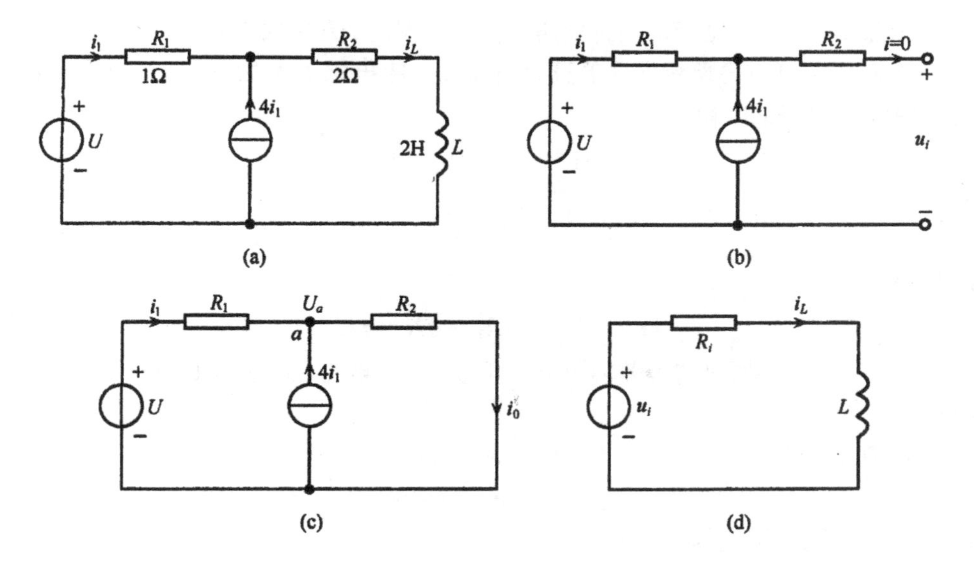

例 8-6 图

解　方法一　根据 KCL 和 KVL 建立方程求解。如图可知，电路零状态响应时($t\geqslant 0$)有

$$i_1 + 4i_1 = i_L$$

$$i_L R_2 + L\frac{\mathrm{d}i_L}{\mathrm{d}t} + i_1 R_1 = U$$

联立上述二式可得

$$L\frac{\mathrm{d}i_L}{\mathrm{d}t} + \left(R_2 + \frac{1}{5}R_1\right)i_L = U$$

将元件参数代入上式，得

$$2\frac{\mathrm{d}i_L}{\mathrm{d}t} + 2.2i_L = U$$

由换路定律可知，该一阶线性非齐次方程的初始条件为

$$i_L(0_+) = i_L(0_-) = 0$$

应用微分方程的数学知识即可求得

$$i_L = \frac{U}{2.2}\left(1 - \mathrm{e}^{-\frac{t}{\tau}}\right)$$

式中时间常数 τ 为

$$\tau = \frac{L}{R} = \frac{2}{2.2} = 0.91(\mathrm{s})$$

则得

$$i_L = \frac{U}{2.2}\left(1 - \mathrm{e}^{-\frac{t}{0.91}}\right) = \frac{U}{2.2}(1 - \mathrm{e}^{-1.1t})$$

方法二　应用戴维南定理将电路化简成典型的 RL 电路求解。

先求例 8-6 图(a)所示电路的开路电压 u_i。将电感 L 移去，得电路如图例 8-6 图(b)所示。由 KCL 有

$$i_1 + 4i_1 = i = 0$$

即

$$i_1 = 0$$

由 KVL 可得

$$u_i = U - i_1R_1 - iR_2 = U$$

求该有源二端网络的等效内阻 R_i。可先用短路电流法由例 8-6 图(c)求出网络的短路电流 i_0。

由 KCL 可知

$$i_0 = i_1 + 4i_1 = 5i_1$$

设节点 a 的电压为 U_a，则

$$\frac{U_a}{R_2} = i_0 = 5i_1 = 5 \times \left(\frac{U - U_a}{R_1}\right)$$

将电路元件参数代入，可得

$$U_a = \frac{10}{11}U, \qquad i_0 = \frac{U_a}{R_2} = \frac{5}{11}U$$

于是，等效电阻 R_i 的值为

$$R_i = \frac{u_i}{i_0} = \frac{11}{5} = 2.2(\Omega)$$

这样，可以将例 8-6 图(a)所示电路用戴维南等效电路代替部分有源二端网络后，得到例 8-6 图(d)，这便是典型的 RL 电路的零状态响应问题，直接应用 RL 串联电路零状态电流响应的结论式可得

$$i_L = \frac{u_i}{R_i}\left(1 - e^{-\frac{t}{\tau}}\right) = \frac{U}{R_i}\left(1 - e^{-\frac{t}{\tau}}\right)$$

其中时间常数

$$\tau = \frac{L}{R_i} = \frac{2}{2.2} = 0.91(s)$$

则

$$i_L = \frac{U}{2.2}\left(1 - e^{-\frac{t}{0.91}}\right) = \frac{U}{2.2}(1 - e^{-1.1t})$$

可见与第一种方法计算的结果相同。

8.4　一阶电路的全响应

当一个非零初始状态的一阶电路受到激励时，电路的响应称为一阶电路的全

响应。求解全响应的问题仍然需要解非齐次微分方程。因此，前面求解一阶电路零状态响应的方法(经典法)同样适用于求解电路的全响应，只是初始条件不同而已。下面以 RC 串联电路与直流电压源接通为例，讨论全响应的计算问题。

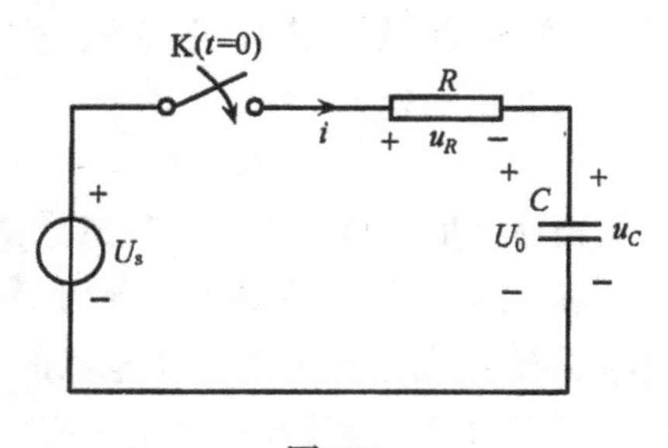

图 8-9

图 8-9 所示的 RC 串联电路，在开关 K 闭合之前电容 C 已充电，其电压为 U_0，开关闭合后，直流电压源 U_s 接入电路，根据 KVL 有

$$RC\frac{\mathrm{d}u_C}{\mathrm{d}t}+u_C=U_s \tag{8-22}$$

由换路定律可知初始条件为

$$u_C(0_+)=u_C(0_-)=U_0$$

方程的通解为

$$u_C=u_C'+u_C''$$

取换路后电路达到稳定状态的电容电压为上述非齐次方程的特解，即

$$u_C'=U_s$$

而 u_C''则为非齐次方程的通解，其形式为

$$u_C''=A\mathrm{e}^{-\frac{t}{\tau}}$$

式中 $\tau=RC$ 为电路的时间常数，所以有

$$u_C=U_s+A\mathrm{e}^{-\frac{t}{\tau}}$$

将初始条件 $u_C(0_+)=u_C(0_-)=U_0$ 代入上式即可求得积分常数为

$$A=U_0-U_s$$

故得电容电压为

$$u_C=U_s+(U_0-U_s)\mathrm{e}^{-\frac{t}{\tau}} \tag{8-23}$$

这就是电容电压在 $t\geqslant 0$ 时全响应的表达式。

如果把上式改写成

$$u_C=U_0\mathrm{e}^{-\frac{t}{\tau}}+U_s\left(1-\mathrm{e}^{-\frac{t}{\tau}}\right)$$

可以看出，上式右边的第一项正是电路的零输入响应。因为如果把直流电压源置零，电路的响应恰好是 $U_0\mathrm{e}^{-\frac{t}{\tau}}$；上式右边的第二项则是电路的零状态响应，因为它即为电路 $u_C(0_+)=0$ 时的响应。这说明一阶电路中，全响应等于零输入响应和零状态响应的叠加，这也是线性电路叠加性质的体现。因此，一般情况下，一阶电路的全响应可表示为

$$全响应=(零输入响应)+(零状态响应)$$

从式(8-23)又可看出，等式右边的第一项是稳态分量，它等于外施的直流电压，而第二项则是瞬态分量，它随时间的增长按指数规律逐渐衰减为零。所以，全响应又可以表示为

$$全响应 = (稳态分量) + (瞬态分量)$$

无论是把全响应分解为稳态分量与瞬态分量之叠加或是分解为零输入响应与零状态响应之叠加，都是人为地为了分析方便所做的分解。把全响应分解为稳态分量与瞬态分量之和，是着眼于电路的工作状态；把全响应分解为零输入响应与零状态响应之和则是着眼于电路的因果关系。而电路真实显现出来的只是全响应。

由上面的讨论可以看出，全响应是由初始值、稳态值(稳态分量)、时间常数这三个要素决定的。在直流电流激励下，若用 $f(t)$ 表示电路的响应(电压或电流)，用 $f(0_+)$ 表示该响应(电压或电流)的初始值，$f(\infty)$ 表示相应的稳态值，τ 表示电路的时间常数，则电路的响应可表示为

$$f(t) = f(\infty) + [f(0_+) - f(\infty)]e^{-\frac{t}{\tau}} \tag{8-24}$$

或

$$f(t) = f(0_+) + [f(\infty) - f(0_+)](1 - e^{-\frac{t}{\tau}}) \tag{8-25}$$

式(8-24)和式(8-25)为在恒定输入(直流源激励)下，计算一阶电路中任意变量全响应的一般公式，称为三要素公式。不论一阶电路的形式如何，只要知道电路的 $f(0_+)$、$f(\infty)$ 和 τ 这三个“要素”，就可根据三要素公式直接写出电路动态过程中的电流或电压。这种方法称为一阶电路的三要素法。

应指出，三要素法只适用于仅含一个储能元件或经简化后只剩下一个独立储能元件的一阶线性电路，对二阶或二阶以上的电路不适用。

应用三要素法求解电路中任一响应的关键是如何确定该响应的三要素。现以直流源输入为例将确定三要素的方法归纳如下：

1. *初始值 $f(0_+)$ 的确定*

为了确定 $f(0_+)$，应先确定电路的初始状态 $u_C(0_-)$ 或 $i_L(0_-)$。若 $u_C(0_+) = u_C(0_-)$，可将该电容用电压源 $u_C(0_+)$ 替代；若 $i_L(0_+) = i_L(0_-)$，可将电感用电流源 $i_L(0_+)$ 替代，电路的其余部分保留不变，所得电路即为 $t=0_+$ 时的等效电路。显然，该等效电路为一电阻性网络，可以用分析电阻网络的任一方便的方法求解任一 $f(0_+)$ 值。

2. *稳态值 $f(\infty)$ 的确定*

对于直流源输入，当电路达到稳态时，电容相当于开路，可用开路替代；电感相当于短路，可用短路替代，电路的其余部分保持不变，按上述方法得到的电路称为 $t=\infty$ 时的等效电路。该等效电路仍为一电阻性网络，可用分析电阻网络的任何一种方便的方法求电路的任一 $f(\infty)$ 值。

3. 时间常数 τ 的确定

对于 RC 电路，$\tau=R_0C$；对于 RL 电路，$\tau=\dfrac{L}{R_0}$，其中 R_0 为将一阶电路中所有独立电源置零后（电压源用短路替代，电流源用开路替代），由储能元件（电容 C 或电感 L）两端看进去的入端电阻（戴维南等效电阻）。

解得三要素 $f(0_+)$、$f(\infty)$和 τ 后，直接代入三要素法公式即可求得相应的响应 $f(t)$。

如果一阶电路是受正弦电源激励，由于相应电路方程的特解 $f'(t)$是时间的正弦函数，则上述三要素公式可写为

$$f(t)=f'(t)+[f(0_+)-f'(0_+)]e^{-\frac{t}{\tau}} \tag{8-26}$$

式中特解 $f'(t)$为电路的稳态响应（稳态解），$f'(0_+)$是 $t=0_+$时稳态响应的初始值，$f(0_+)$与 τ 的含义与前述相同。

例 8-7 本例图(a)所示电路，开关 K 闭合前，电容 C_1 和 C_2 上的电压为零，即 $u_{C1}(0_-)=u_{C2}(0_-)=0$，在 $t=0$ 时，开关 K 闭合，电路接入 $U=10\text{V}$ 的电源。试求电路电流 i 和电容 C_2 上的电压 u_{C2}。

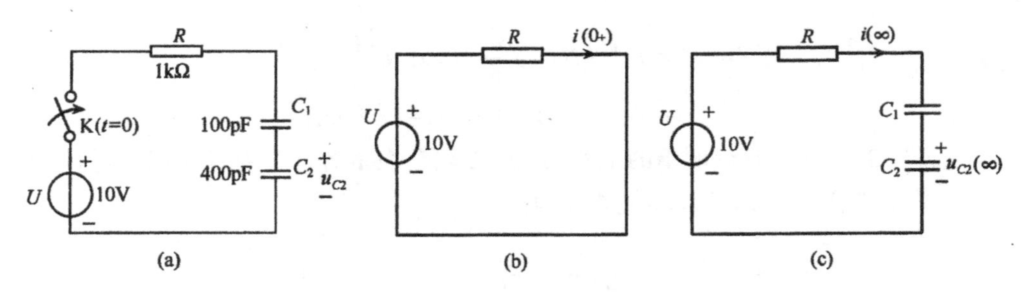

例 8-7 图

解 (1) 求时间常数 τ。

C_1 和 C_2 相串联的等效电容为

$$C=\frac{C_1C_2}{C_1+C_2}$$

则

$$\tau=RC=1\times10^3\times\frac{100\times400}{100+400}\times10^{-12}=0.08(\mu\text{s})$$

(2) 求初始值。

由换路定律可知

$$u_{C2}(0_+)=u_{C2}(0_-)=0$$

$$u_{C1}(0_+)=u_{C1}(0_-)=0$$

换路瞬间($t=0_+$)的等效电路如例 8-7 图(b)，电容 C_1 和 C_2 的初始电压为零，相当

于短接，故得

$$i(0_+) = \frac{U}{R} = \frac{10}{1 \times 10^3} = 10^{-2}(\mathrm{A}) = 10(\mathrm{mA})$$

(3) 求稳态值。

由 $t=\infty$ 时的稳态电路，如例 8-7 图(c)所示，可知电容充电结束后，电路电流为零，即

$$i(\infty) = 0$$

此时，电源电压加在串联电容 C_1 和 C_2 上。根据公式 $U=\frac{q}{C}$ 和串联电容充电时各极板电量相等的特点，可求得

$$u_{C2}(\infty) = \frac{UC_1}{C_1 + C_2} = \frac{10 \times 100 \times 10^{-12}}{(100 + 400) \times 10^{-12}} = 2(\mathrm{V})$$

由三要素公式可得

$$\begin{aligned} u_{C2} &= u_{C2}(\infty) + [u_{C2}(0_+) - u_{C2}(\infty)]\mathrm{e}^{-\frac{t}{\tau}} = 2 + (0 - 2)\mathrm{e}^{-\frac{t}{\tau}} \\ &= 2\left(1 - \mathrm{e}^{-\frac{t}{0.08}}\right)(\mathrm{V}) \end{aligned}$$

$$\begin{aligned} i &= i(\infty) + [i(0_+) - i(\infty)]\mathrm{e}^{-\frac{t}{\tau}} \\ &= 0 + (10 - 0)\mathrm{e}^{-\frac{t}{\tau}} = 10\mathrm{e}^{-\frac{t}{0.08}}(\mathrm{mA}) \end{aligned}$$

例 8-8 本例图(a)所示的电路，开关 K 闭合在 1 时已达稳定状态。在 $t=0$ 时，开关由 1 合向 2，试求 $t \geqslant 0$ 的电感电压 u_L。

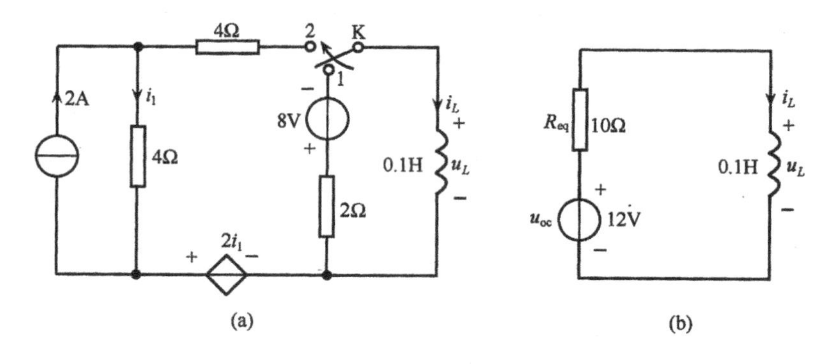

例 8-8 图

解 换路前，电感电流为

$$i_L(0_-) = -\frac{8}{2} = -4(\mathrm{A})$$

换路后，因电路含 $2i_1$ 的受控电压源，可以应用戴维南定理把移去电感后的余下部分网络进行等效变换。当开关 K 由 1 合向 2 后，从电感两端向左看网络的开路电压为

$$u_{oc} = 4i_1 + 2i_1 = 4 \times 2 + 2 \times 2 = 12(\text{V})$$

由 KCL 求得网络的短路电流为

$$i_0 = 1.2\text{A}$$

则网络的入端电阻(戴维南等效电阻)为

$$R_{eq} = \frac{u_{oc}}{i_0} = \frac{12}{1.2} = 10(\Omega)$$

于是,换路后的电路可等效变换为本例图(b)所示的电路,当电路换路后达到稳态时,电感电流为

$$i_L(\infty) = 1.2\text{A}$$

由换路定律可知

$$i_L(0_+) = i_L(0_-) = -4\text{A}$$

图(b)等效电路的时间常数为

$$\tau = \frac{L}{R_0} = \frac{0.1}{10} = 0.01(\text{s})$$

根据三要素公式可得

$$\begin{aligned} i_L &= i_L(\infty) + [i_L(0_+) - i_L(\infty)]\text{e}^{-\frac{t}{\tau}} = 1.2 + [-4 - 1.2]\text{e}^{-\frac{t}{0.01}} \\ &= (1.2 - 5.2\text{e}^{-100t})(\text{A}) \\ u_L &= L\frac{\text{d}i_L}{\text{d}t} = 0.1 \times 520\text{e}^{-100t} = 52\text{e}^{-100t}(\text{V}) \end{aligned}$$

8.5 一阶电路的阶跃响应

电路对于单位阶跃函数输入的零状态响应称为单位阶跃响应,其求解方法与一般零状态响应的求解方法相同,只需令输入为阶跃函数即可求得单位阶跃响应。

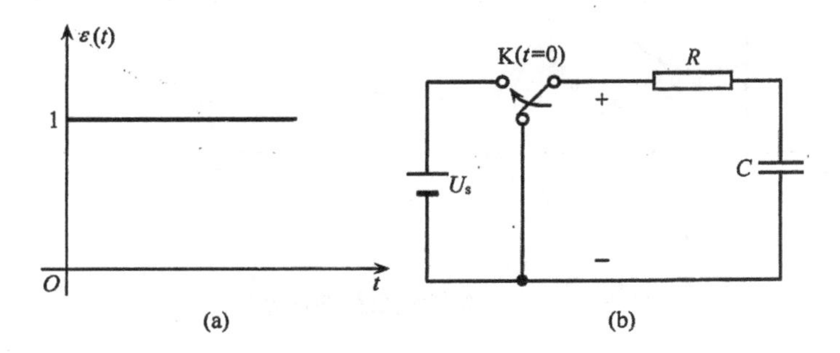

图 8-10

单位阶跃函数是一种奇异函数,也称赫维赛德阶梯函数,它是研究动态电路的一种重要函数波形,如图 8-10(a)所示,其可定义为

$$\varepsilon(t)=\begin{cases}0 & t\leqslant 0_-\\ 1 & t\geqslant 0_+\end{cases} \tag{8-27}$$

此函数在$(0_-,0_+)$时域内发生了单位阶跃，$t=0$瞬时不连续（$t=0$处为间断点），可以认为$\varepsilon(0_-)=0$，$\varepsilon(0_+)=1$，即该函数在$t=0$点的左极限为0，右极限为1。

阶跃函数$\varepsilon(t)$可以用来描述图8-10(b)所示的开关动作，它表示在$t=0$时把电路接到电压为1V的单位直流电压源U_s上。可见，阶跃函数具有开关的功能，可以作为一种开关的数学模型，故有时也称之为开关函数。

如果单位阶跃函数是在任一时刻t_0附近时域(t_{0_-},t_{0_+})发生单位阶跃，则可定义任一时刻t_0起始的阶跃函数为

$$\varepsilon(t-t_0)=\begin{cases}0 & t\leqslant t_{0_-}\\ 1 & t\geqslant t_{0_+}\end{cases} \tag{8-28a}$$

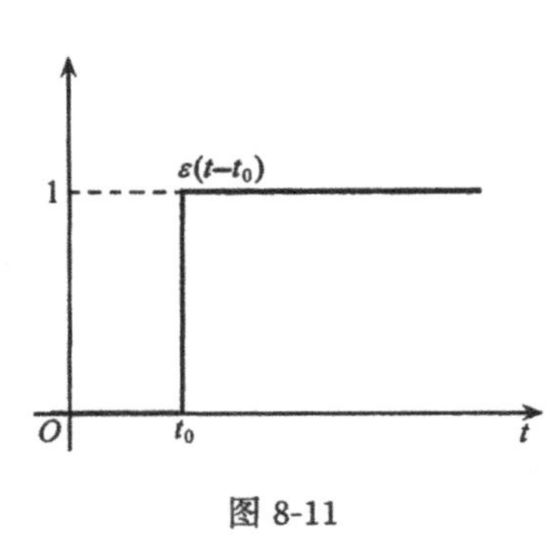

图 8-11

$\varepsilon(t-t_0)$可以看作是把阶跃函数$\varepsilon(t)$在时间轴上向右移动t_0后的结果，如图8-11所示。所以它是延迟的单位阶跃函数。

单位阶跃函数还可以用来“起始”一个任意的时间函数$f(t)$。设$f(t)$对所有的时间t都有定义，如果要在t_0时刻“起始”它，则可以表述为

$$f(t)\varepsilon(t-t_0)=\begin{cases}0 & t\leqslant t_{0_-}\\ f(t) & t\geqslant t_{0_+}\end{cases} \tag{8-28b}$$

其波形如图8-12所示。

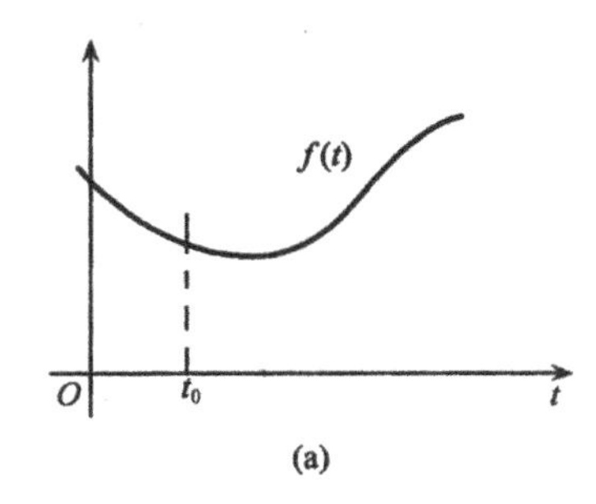

(a)

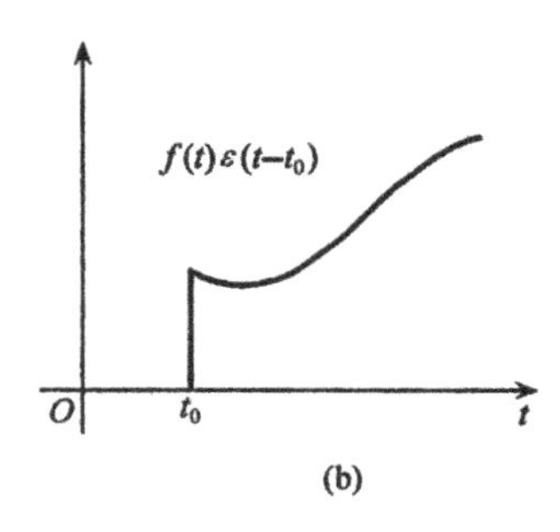

(b)

图 8-12　单位阶跃函数的起始作用

对于一个如图8-13(a)所示幅度为1的矩形脉冲，可以把它看作由两个阶跃函数组成的，如图8-13(b)所示，即

$$f(t)=\varepsilon(t)-\varepsilon(t-t_0)$$

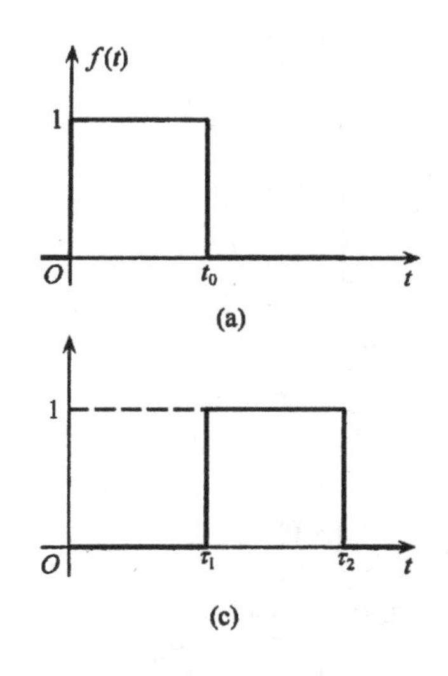

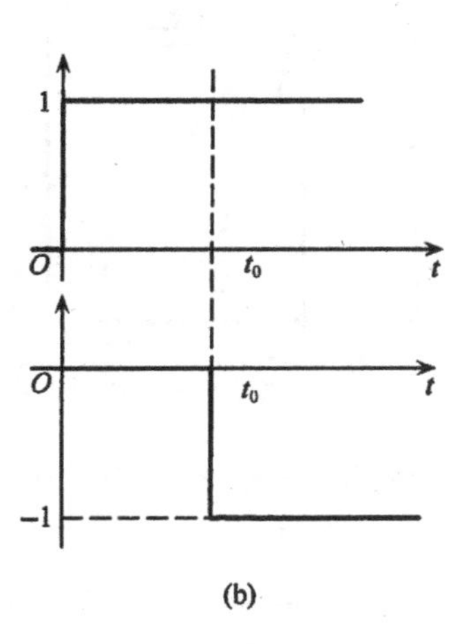

图 8-13

同样，对于图 8-13(c)所示幅度为 1 的矩形脉冲，则可写为

$$f(t) = \varepsilon(t - \tau_1) - \varepsilon(t - \tau_2)$$

由上述分析可知，当电路的激励为单位电压阶跃 $\varepsilon(t)$V 或单位电流阶跃 $\varepsilon(t)$A 时，相当于将电路在 $t=0$ 时接通电压值为 1V 的直流电压源或者电流为 1A 的直流电流源。因此电路由单位阶跃激励而引起的单位阶跃响应则与直流激励的响应相同，通常用 $S(t)$表示单位阶跃响应。

已知电路的单位阶跃响应 $S(t)$，如果该电路的恒定激励为 $u_s(t)=U_0\varepsilon(t)$（或 $i_s(t)=I_0\varepsilon(t)$），则电路的零状态响应为 $U_0S(t)$（或 $I_0S(t)$）。

幅度为 A 的阶跃函数可用单位阶跃函数表述为 $A\varepsilon(t)$，泛称阶跃函数。

对于线性非时变动态电路，若单位阶跃函数 $\varepsilon(t)$激励下的响应是 $S(t)$，则在单位延迟阶跃函数 $\varepsilon(t-t_0)$激励下的响应是 $S(t-t_0)$；在延迟阶跃函数 $A\varepsilon(t-t_0)$激励下的响应是 $AS(t-t_0)$。

例 8-9 本例图(a)所示的电路，开关 K 合在 1 时电路已达稳定状态。$t=0$ 时，开关由 1 合向 2，在 $t=\tau=RC$ 时，开关又由 2 合向 1，试求 $t\geqslant 0$ 的电容电压 $u_C(t)$。

解 方法一 将电路的工作过程分段求解。

在 $0\leqslant t\leqslant \tau$ 区间，为 RC 电路的零状态响应。由换路定律可知

$$u_C(0_+) = u_C(0_-) = 0$$

由 RC 电路零状态响应公式即得

$$u_C(t) = U_s\left(1 - e^{-\frac{t}{\tau}}\right), \qquad \tau = RC$$

在 $\tau\leqslant t\leqslant \infty$ 区间，为 RC 电路的零输入响应

$$u(\tau) = U_s\left(1 - e^{-\frac{t}{\tau}}\right) = 0.632U_s$$

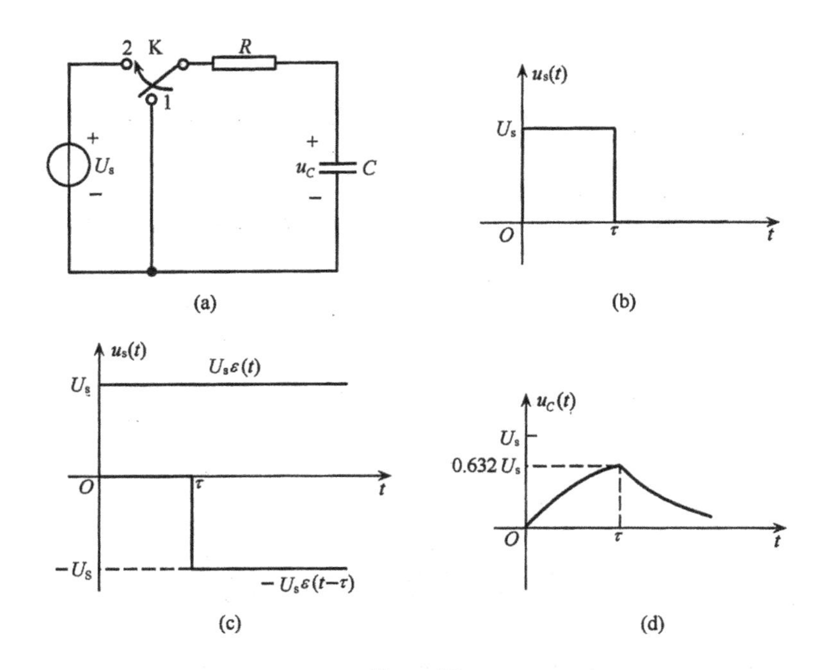

例 8-9 图

由 RC 电路零输入响应公式可得

$$u_C(t) = u_\tau e^{-\frac{t-\tau}{\tau}} = 0.632U_s e^{-\frac{t-\tau}{\tau}}$$

方法二 用阶跃函数表示激励，求阶跃响应。

根据开关的动作，电路激励 $u_s(t)$ 可以用例 8-9 图(b)的矩形脉冲表示，则 $u_s(t)$ 又可看成是由图(c)中的两个阶跃函数 $U_s\varepsilon(t)$ 和 $-U_s\varepsilon(t-\tau)$ 的叠加，即

$$u_s(t) = U_s\varepsilon(t) - U_s\varepsilon(t-\tau)$$

因为 RC 电路的单位阶跃响应为

$$S(t) = \left(1 - e^{-\frac{t}{\tau}}\right)\varepsilon(t)$$

所以

$$u_C(t) = U_s\left(1 - e^{-\frac{t}{\tau}}\right)\varepsilon(t) - U_s\left(1 - e^{-\frac{t-\tau}{\tau}}\right)\varepsilon(t-\tau)$$

其中第一项为阶跃响应，第二项为延迟的阶跃响应。$u_C(t)$ 的波形如例 8-9 图(d)所示。

8.6 一阶电路的冲激响应

电路对于单位冲激函数输入的零状态响应称为单位冲激响应。

单位冲激函数又称为狄拉克函数，也是一种奇异函数，其定义为

$$\delta(t) = 0 \quad \begin{cases} t \geqslant 0_+ \\ t \leqslant 0_- \end{cases}$$

$$\int_{-\infty}^{+\infty} \delta(t) \mathrm{d}t = 1$$

习惯上把单位冲激函数称为 δ 函数。它在 $t \neq 0$ 处为零，但在 $t=0$ 处是奇异的。

单位冲激函数 $\delta(t)$ 可以看作是单位脉冲函数的极限情况。图 8-14(a)所示为一个单位矩形脉冲函数 $p(t)$ 的波形。它的高为 $\frac{1}{\Delta}$，宽为 Δ，在保持矩形面积 $\Delta \cdot \frac{1}{\Delta} = 1$ 不变的情况下，它的宽度越来越窄时，相应的高度则越来越大。当脉冲宽度 $\Delta \to 0$ 时，脉冲高度 $\frac{1}{\Delta} \to \infty$，在此极限情况下，可以得到一个宽度趋于零，幅度趋于无限大但面积仍为 1 的尖脉冲，这就是单位冲激函数 $\delta(t)$，可记为

$$\lim_{\Delta \to 0} p(t) = \delta(t)$$

$\delta(t)$ 通常用一个在 $t=0$ 处旁边注明“1”的粗体箭头表示，如图 8-14(b)。若强度为 K 的冲激函数，可以用图 8-14(c)表示，此时箭头旁边应注明 K。

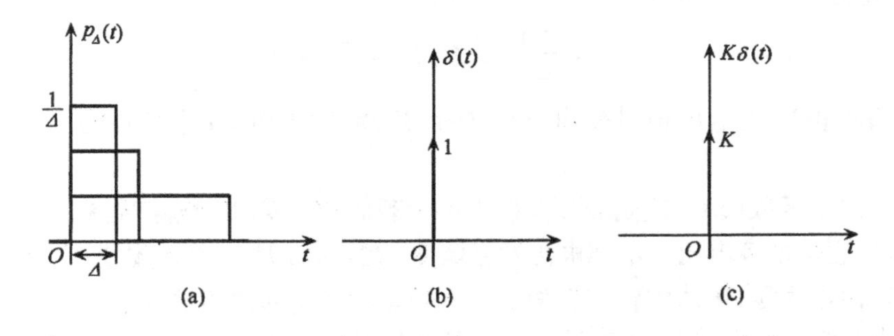

图 8-14

与前面所述在时间上延迟出现的单位阶跃函数一样，可以把发生在 $t=t_0$ 时的单位冲激函数写成 $\delta(t-t_0)$，还可以用 $K\delta(t-t_0)$ 表示一个强度为 K，发生在 t_0 时刻的冲激函数。

单位冲激函数有如下两个重要性质：

(1) 单位冲激函数 $\delta(t)$ 对时间的积分等于单位阶跃函数 $\varepsilon(t)$，即

$$\int_{-\infty}^{t} \delta(t') \mathrm{d}t' = \varepsilon(t)$$

反之，阶跃函数 $\varepsilon(t)$ 对时间的一阶导数等于冲激函数 $\delta(t)$，即

$$\frac{\mathrm{d}\varepsilon(t)}{\mathrm{d}t} = \delta(t) \tag{8-29}$$

(2) 单位冲激函数的“筛分”性。

因为 $t \neq 0$ 时，$\delta(t)=0$，所以对 $t=0$ 时连续的任意函数 $f(t)$，将有

$$f(t)\delta(t) = f(0)\delta(t)$$

于是

$$\int_{-\infty}^{\infty} f(t)\delta(t)\mathrm{d}t = f(0)\int_{-\infty}^{\infty}\delta(t)\mathrm{d}t = f(0)$$

同理，对于任意一个在 $t=t_0$ 时连续的函数 $f(t)$，有

$$\int_{-\infty}^{\infty} f(t)\delta(t-t_0)\mathrm{d}t = f(t_0)$$

可见冲激函数具有把一个连续函数 $f(t)$ 在某一时刻的值“筛”出来的本领，故称之为单位冲激函数的“筛分”性质，或取样性质。

有了冲激函数的概念，下面来具体讨论一阶电路的冲激响应。

现在把一个单位冲激电流 $\delta_i(t)$（其单位为 A）加到一个电容 $C=1\mathrm{F}$，且初始电压为零的电容上，则电容电压为

$$u_C = \frac{1}{C}\int_{0_-}^{0_+}\delta_i(t)\mathrm{d}t = \frac{1}{C} = 1\mathrm{V}$$

这相当于单位冲激电流瞬时把电荷转移到电容上，使电容电压从零跃变到 1V。

同样，把一个单位冲激电压 $\delta_u(t)$（其单位为 V）加到一个初始电流为零，$L=1\mathrm{H}$ 的电感上，则电感电流为

$$i_L = \frac{1}{L}\int_{0_-}^{0_+}\delta_u(t)\mathrm{d}t = \frac{1}{L} = 1\mathrm{A}$$

这表明单位冲激电压瞬时使电感内产生了 1A 的电流，即电感电流从零跃变到 1A。

当冲激函数（$\delta_i(t)$ 或 $\delta_u(t)$）作用于零状态的 RC 或 RL 电路时，在 $t=0_-$ 到 0_+ 时域内，它使电容电压或电感电流发生跃变。在 $t\geqslant 0_+$ 时，冲激函数为零，但 $u_C(0_+)$ 或 $i_L(0_+)$ 不为零，电路中将产生相当于由初始状态引起的零输入响应。因此，一阶电路冲激响应的求解，在于计算冲激函数作用下的 $u_C(0_+)$ 或 $i_L(0_+)$ 的值。

1. *RC 并联电路的冲激响应*

图 8-15(a)为一个在单位冲击电流 $\delta_i(t)$ 激励下的 RC 并联电路，可按下述方法求得该电路的零状态响应。

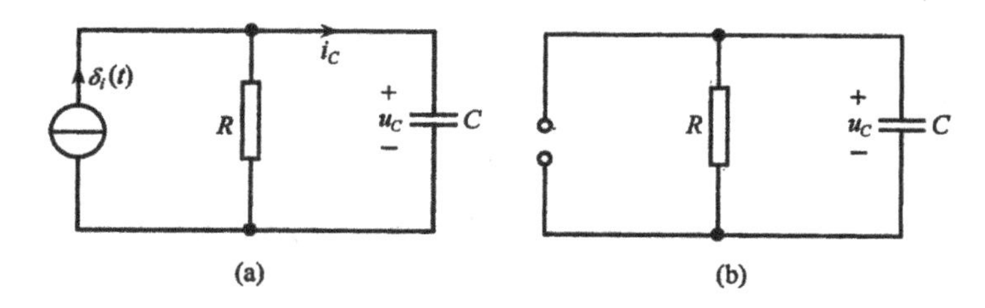

图 8-15

由 KCL 可得其电流微分方程为

$$C\frac{\mathrm{d}u_C}{\mathrm{d}t}+\frac{u_C}{R}=\delta_i(t),\quad t\geqslant 0_-$$

为求 $u_C(0_+)$的值，把上式在 0_-到 0_+的时域内积分，即

$$\int_{0_-}^{0_+}C\frac{\mathrm{d}u_C}{\mathrm{d}t}\mathrm{d}t+\int_{0_-}^{0_+}\frac{u_C}{R}\mathrm{d}t=\int_{0_-}^{0_+}\delta_i(t)\mathrm{d}t$$

上式左方第二个积分只有在 u_C为冲激函数时才不为零，但是如果 u_C是冲激函数，则 i_R亦为冲激函数$\left(i_R=\frac{u_R}{R}\right)$，而 $i_C=C\frac{\mathrm{d}u_C}{\mathrm{d}t}$将为冲激函数的一阶导数，这样就不能满足 KCL，即上式将不能成立。因此，u_C不可能是冲激函数。于是方程左边的第二个积分必定为零，从而可得

$$C[u_C(0_+)-u_C(0_-)]=1$$

因 $u_C(0_-)=0$，即得

$$u_C(0_+)=\frac{1}{C}$$

当 $t\geqslant 0_+$时，$\delta_i(t)=0$，冲激电流源相当于开路，则可用图 8-15(b)的等效电路求得 $t\geqslant 0_+$时电容电压为

$$u_C=u_C(0_+)\mathrm{e}^{-\frac{t}{\tau}}=\frac{1}{C}\mathrm{e}^{-\frac{t}{\tau}}\tag{8-30}$$

式中 $\tau=RC$，为给定 RC 电路的时间常数。

2. *RL* 电路的冲激响应

用与上述求 RC 电路冲激响应相同的分析方法，可求得图 8-16 所示 RL 电路在单位冲激电压 $\delta_u(t)$激励下的零状态响应 i_L为

$$i_L=\frac{1}{L}\mathrm{e}^{-\frac{t}{\tau}}\tag{8-31}$$

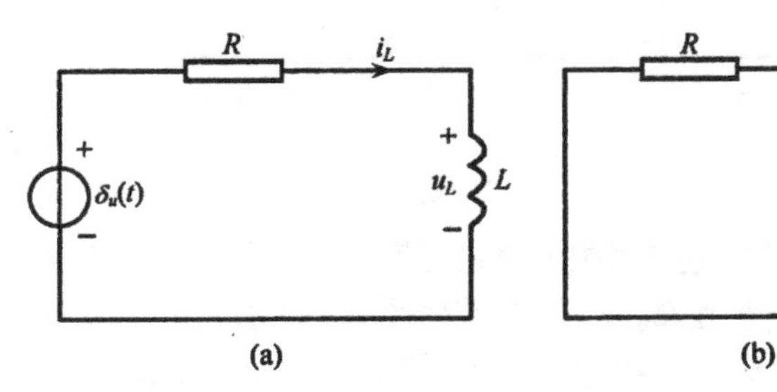

图 8-16

式中 $\tau=\frac{L}{R}$为给定 RL 电路的时间常数。

因电感电流发生了跃变，可知电感电压 u_L为

$$u_L=\delta_u(t)-\frac{R}{L}\mathrm{e}^{-\frac{t}{\tau}}$$

i_L、u_L的波形见图 8-17(a)、(b)。

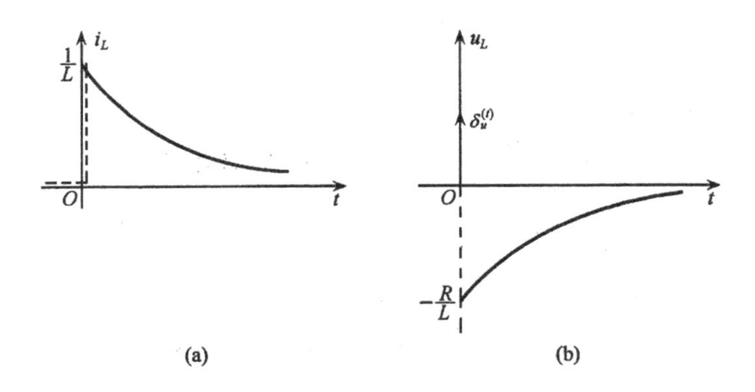

图 8-17

由于阶跃函数和冲激函数之间满足微积分关系,见式(8-29),因此,线性电路中的阶跃响应与冲激响应之间也存在这样的重要关系。如果用 $s(t)$表示某一线性电路的阶跃响应,而 $h(t)$为同一电路的冲激响应,则两者之间存在下述微积分关系(证明从略),即

$$h(t)=\frac{\mathrm{d}s(t)}{\mathrm{d}t},\qquad s(t)=\int h(t)\mathrm{d}t$$

例 8-10 本例图(a)所示电路中,$R_1=6\Omega$,$R_2=4\Omega$,$L=100\mathrm{mH}$,$i_L(0_-)=0$,冲激电压为 $10\delta(t)\mathrm{V}$。求冲激响应 i_L和 u_L。

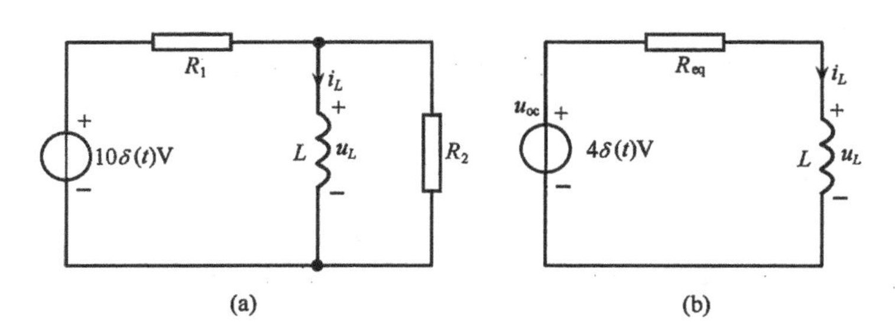

例 8-10 图

解 先将电感 L 以外的电路用戴维南定理等效变换为例 8-10 图(b)所示的典型 RL 电路,其中戴维南等效电阻 $R_{eq}=2.4\Omega$,等效冲激电压源的电压为 $u_{oc}=4\delta(t)\mathrm{V}$,进而求激励电压 $4\delta(t)$在电感 L 中引起的初始电流 $i_L(0_+)$。由 KVL 有

$$L\frac{\mathrm{d}i_L}{\mathrm{d}t}+Ri_L=4\delta(t)$$

将上述方程两边在时域 0_-到 0_+积分得

$$\int_{0_-}^{0_+}L\frac{\mathrm{d}i_L}{\mathrm{d}t}\mathrm{d}t+\int_{0_-}^{0_+}Ri_L\mathrm{d}t=\int_{0_-}^{0_+}4\delta(t)\mathrm{d}t$$

由于电感电流 i_L不可能为冲激函数,所以上式左边第二项的积分为零,即得

$$L[i_L(0_+)-i_L(0_-)]=4$$

因 $i_L(0_-)=0$，故

$$i_L(0_+)=\frac{4}{L}=\frac{4}{100\times10^{-3}}=40(\mathrm{A})$$

$$i_L=i_L(0_+)\mathrm{e}^{-\frac{t}{\tau}}=40\mathrm{e}^{-\frac{2.4}{100\times10^{-3}}t}=40\mathrm{e}^{-24t}(\mathrm{A})$$

由于上式适用于 $t\geqslant0_+$，所以又可以写为

$$i_L=40\mathrm{e}^{-24t}\varepsilon(t)(\mathrm{A})$$

$$u_L=L\frac{\mathrm{d}i_L}{\mathrm{d}t}=-96\mathrm{e}^{-24t}\varepsilon(t)(\mathrm{V})$$

8.7 二阶电路的零输入响应

前面已经指出，同时含有电容和电感两个储能元件，用二阶微分方程描述的动态电路称为二阶电路。在二阶电路中，给定的初始条件应有两个，它们分别由各储能元件的初始值确定，*RLC* 串联电路和 *GLC* 并联电路是两种最典型的二阶电路。

下面以 *RLC* 串联电路为例来讨论二阶电路的零输入响应。

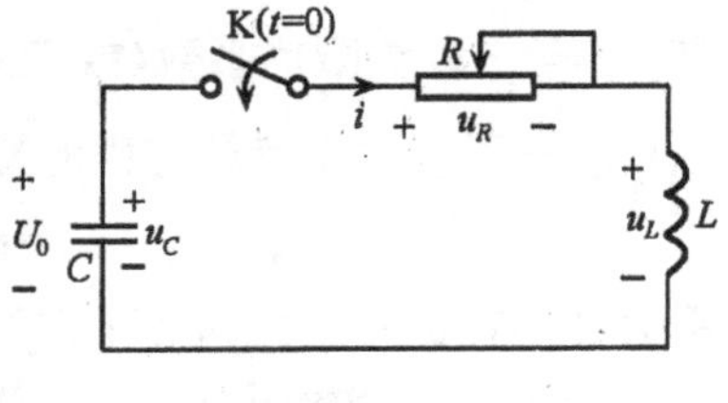

图 8-18

图 8-18 所示的 *RLC* 串联电路，设电容 *C* 原已充电处于稳态，有 $u_C(0_-)=U_0$，$i(0_-)=0$。当 $t=0$ 时开关 K 闭合，电容器开始放电，此电路的放电过程即是二阶电路的零输入响应。在标定的电压、电流参考方向下，由 KVL 可得

$$-u_C+u_R+u_L=0$$

因 $i=-C\frac{\mathrm{d}u_C}{\mathrm{d}t}$，$u_R=Ri=-RC\frac{\mathrm{d}u_C}{\mathrm{d}t}$，$u_L=L\frac{\mathrm{d}i}{\mathrm{d}t}=-LC\frac{\mathrm{d}^2u_C}{\mathrm{d}t^2}$，把它们代入上式，得

$$LC\frac{\mathrm{d}^2u_C}{\mathrm{d}t^2}+RC\frac{\mathrm{d}u_C}{\mathrm{d}t}+u_C=0$$

即

$$\frac{\mathrm{d}^2u_C}{\mathrm{d}t^2}+\frac{R}{L}\cdot\frac{\mathrm{d}u_C}{\mathrm{d}t}+\frac{1}{LC}u_C=0 \tag{8-32}$$

该方程是一个以 u_C 为变量的二阶常系数线性齐次方程，其通解为

$$u_C(t)=A\mathrm{e}^{pt}$$

式中 A 和 p 均为待定常数。将通解 $u_C(t)=A\mathrm{e}^{pt}$ 代入上式微分方程，则有

$$\left(p^2+\frac{R}{L}p+\frac{1}{LC}\right)A\mathrm{e}^{pt}=0$$

故得电路的特征方程为

$$p^2+\frac{R}{L}p+\frac{1}{LC}=0$$

为简便起见，令

$$\beta=\frac{R}{2L},\qquad \omega_0=\sqrt{\frac{1}{LC}}$$

则

$$p^2+2\beta p+\omega_0^2=0$$

解出特征根为

$$\left.\begin{aligned}p_1&=-\beta+\sqrt{\beta^2-\omega_0^2}\\ p_2&=-\beta-\sqrt{\beta^2-\omega_0^2}\end{aligned}\right\}\tag{8-33}$$

可以看出特征根 p_1、p_2 之值是由电路元件 R、L 和 C 决定的，称之为电路的固有频率。$\beta=\dfrac{R}{2L}$称为阻尼系数(或衰减常数)。

求出了该电路特征方程的特征根 p_1 和 p_2，则电路微分方程的通解可表述为

$$u_C=A_1e^{p_1t}+A_2e^{p_2t}\tag{8-34}$$

式中 A_1 和 A_2 可以由初始条件解出。式(8-34)表明 RLC 二阶电路的零输入响应取决于 β 和 ω_0 的相对大小，下面分三种情况进行分析。

1. 过阻尼情况($\beta^2>\omega_0^2$)

当 $\beta^2>\omega_0^2$，即 $R>2\sqrt{\dfrac{L}{C}}$，由(8-33)可知，p_1 和 p_2 为不相等的两个负实数，则响应为两个衰减指数函数之和，即

$$u_C(t)=A_1e^{p_1t}+A_2e^{p_2t}$$

将下列初始条件

$$u_C(0_+)=u_C(0_-)=U_0$$

$$i_C(0_+)=-C\frac{du_C}{dt}\bigg|_{t=0_+}=i_C(0_-)=0$$

代入上式，可求得

$$A_1=\frac{p_2}{p_2-p_1}U_0$$

$$A_2=-\frac{p_1}{p_2-p_1}U_0$$

则 $u_C(t)$可表述为

$$u_C=\frac{U_0}{p_2-p_1}(p_2e^{p_1t}-p_1e^{p_2t})\tag{8-35}$$

而

$$i = -C\frac{\mathrm{d}u_C}{\mathrm{d}t} = -\frac{CU_0p_1p_2}{p_2-p_1}(\mathrm{e}^{p_1t}-\mathrm{e}^{p_2t})$$

$$= -\frac{U_0}{L(p_2-p_1)}(\mathrm{e}^{p_1t}-\mathrm{e}^{p_2t}) \tag{8-36}$$

注意式(8-36)中应用了 $p_1p_2=\frac{1}{LC}$的关系。电感电压为

$$u_L = L\frac{\mathrm{d}i}{\mathrm{d}t} = -\frac{U_0}{p_2-p_1}(p_1\mathrm{e}^{p_1t}-p_2\mathrm{e}^{p_2t}) \tag{8-37}$$

图 8-19 描绘出了 u_C、i 和 u_L随时间变化的曲线。从曲线图可以看出,u_C和 i 在电容放电过程中始终不改变方向,而且$u_C\geqslant 0$,$i\geqslant 0$,这表明电容在整个过程中一直在连续释放所存储的电能,因此称为非振荡放电或过阻尼放电。其电压从 U_0 开始连续下降,并趋近于零。又因电感 L 的存在,电路电流 i 不能突变。当 $t=0_+$时,$i(0_+)=0$。当 $t\to\infty$时,放电过程结束,$i(\infty)=0$,因此在整个放电过程中,电流 i 必定要经历从小到大再趋近于零的连续变化。电流达到最大值的时刻 t_m 可由$\frac{\mathrm{d}i}{\mathrm{d}t}=0$ 求极值确定,即

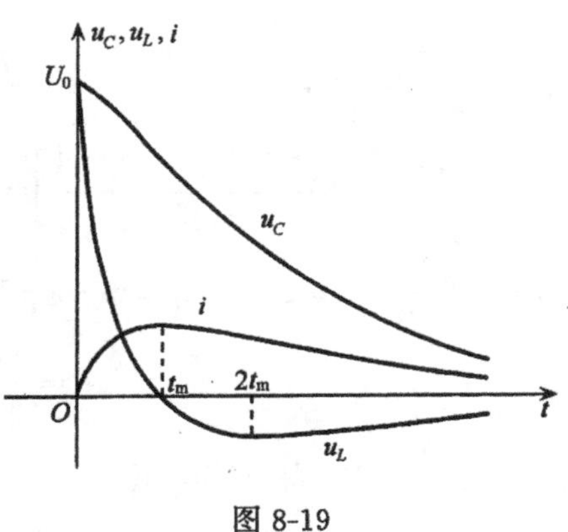

图 8-19

$$t_m = \frac{\ln\left(\frac{p_2}{p_1}\right)}{p_1-p_2} \tag{8-38}$$

当 $t<t_m$ 时,电感吸收能量,建立磁场;$t>t_m$ 时,电感把吸收的能量释放,磁场逐渐减弱趋向消失,当 $t=t_m$ 时,电感电压 u_L为零。

2. 欠阻尼情况($\beta^2<\omega_0^2$)

在 $\beta^2<\omega_0^2$ 的情况下,即 $R<2\sqrt{\frac{L}{C}}$,电路特征方程的特征根 p_1 和 p_2 是一对共轭复数。若令

$$\omega^2 = {\omega_0}^2 - \beta^2$$

或

$$\beta^2 - \omega_0^2 = -\omega^2$$

$$\sqrt{\beta^2-\omega_0^2} = \sqrt{-\omega^2} = \pm \mathrm{j}\omega \qquad (\mathrm{j}^2=-1)$$

则两共轭的特征根分别为

$$p_1 = -\beta + \mathrm{j}\omega, \qquad p_2 = -\beta - \mathrm{j}\omega$$

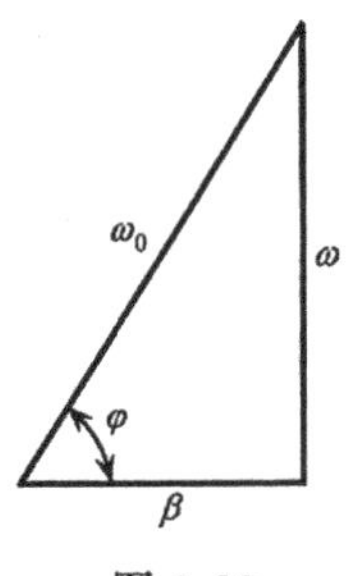

图 8-20

因 $\omega_0=\sqrt{\beta^2+\omega^2}$ 构成直角三角形关系(图 8-20),ω_0 为斜边,设其与直角边 β 之间的夹角为 φ,则 $\beta=\omega_0\cos\varphi$,$\omega=\omega_0\sin\varphi$,$\varphi=\arctan\dfrac{\omega}{\beta}$。根据欧拉公式有

$$\mathrm{e}^{\mathrm{j}\varphi} = \cos\varphi + \mathrm{j}\sin\varphi, \qquad \mathrm{e}^{-\mathrm{j}\varphi} = \cos\varphi - \mathrm{j}\sin\varphi$$

这样可求得

$$p_1 = -\omega_0\mathrm{e}^{-\mathrm{j}\varphi}, \qquad p_2 = -\omega_0\mathrm{e}^{\mathrm{j}\varphi}$$

于是

$$u_C = \frac{U_0}{p_2 - p_1}(p_2\mathrm{e}^{p_1 t} - p_1\mathrm{e}^{p_2 t}) = \frac{U_0}{-\mathrm{j}2\omega}[-\omega_0\mathrm{e}^{\mathrm{j}\varphi}\cdot\mathrm{e}^{(-\beta+\mathrm{j}\omega)t} + \omega_0\mathrm{e}^{-\mathrm{j}\varphi}\cdot\mathrm{e}^{(-\beta-\mathrm{j}\omega)t}]$$

$$= \frac{U_0\omega_0}{\omega}\mathrm{e}^{-\beta t}\left[\frac{\mathrm{e}^{\mathrm{j}(\omega t+\varphi)} - \mathrm{e}^{-\mathrm{j}(\omega t+\varphi)}}{\mathrm{j}2}\right] = \frac{U_0\omega_0}{\omega}\mathrm{e}^{-\beta t}\sin(\omega t + \varphi) \tag{8-39}$$

由 $i=-C\dfrac{\mathrm{d}u_C}{\mathrm{d}t}$,$\omega=\omega_0\sin\varphi$,$\beta=\omega_0\cos\varphi$ 及三角函数知识可求得

$$i = \frac{U_0}{\omega L}\mathrm{e}^{-\beta t}\sin(\omega t) \tag{8-40}$$

由 $u_L=L\dfrac{\mathrm{d}i}{\mathrm{d}t}$,可求得电感电压为

$$u_L = -\frac{U_0\omega_0}{\omega}\mathrm{e}^{-\beta t}\sin(\omega t - \varphi) \tag{8-41}$$

图 8-21 绘出了 u_C、i 和 u_L随时间变化的曲线,即波形图。从图中可以看出,各波形呈衰减振荡的状态。在整个动态过程中,它们将周期性地改变方向,电容和电感两储能元件也将周期性地交换电场能和磁场能。但由于电阻总是以 $p=i^2R$ 的形式不断消耗电路的能量,直到电路的全部能量被电阻消耗完毕,衰减振荡也就

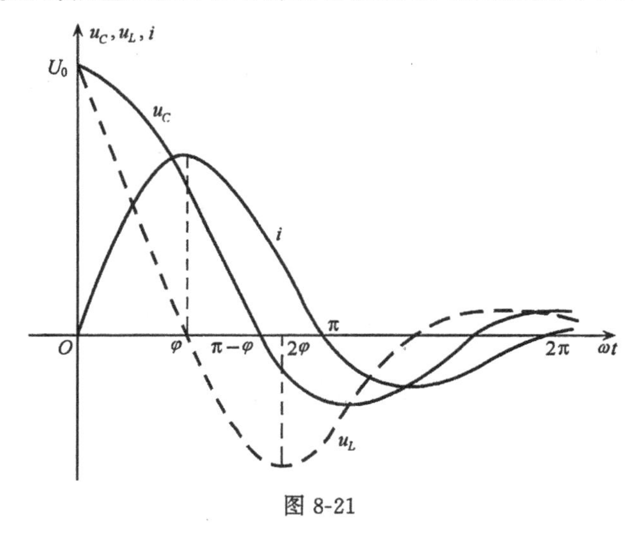

图 8-21

结束。

从上述 u_C、i 和 u_L的表达式还可以看出：

(1) $\omega t=k\pi, k=1,2,3,\cdots$为电流 i 的零点，即 u_C的极值点；

(2) $\omega t=k\pi+\varphi, k=1,2,3,\cdots$为电感电压 u_L的零点，亦即电流 i 的极值点；

(3) $\omega t=k\pi-\varphi, k=1,2,3,\cdots$为电容电压的零点。

例 8-11 在受控热核研究中，需要很强的脉冲磁场，它是靠强大的脉冲电流产生的。而这种强大的脉冲电流可以用 RLC 放电电路产生。若已知 RLC 放电电路的 $R=6\times10^{-4}\Omega, L=6\times10^{-9}\text{H}, C=1700\mu\text{F}, U_0=15\text{kV}$，试问：

(1) 脉冲电流 $i(t)$为多少？

(2) $i(t)$在何时达到极大值？求出 $i_{\max}$。

解 由已知元件参数可得

$$\beta=\frac{R}{2L}=5\times10^{4}\text{s}^{-1}$$

$$\omega=\sqrt{\omega_0{}^2-\beta^2}=\sqrt{\frac{1}{LC}-\left(\frac{R}{2L}\right)^2}=3.09\times10^{5}\text{rad}\cdot\text{s}^{-1}$$

$$\varphi=\arctan\frac{\omega}{\beta}=1.41\text{rad}$$

因 $\beta^2<\omega_0^2$，特征根为共轭复数，属于振荡放电情况，故

(1) 电流 i 为

$$\begin{aligned}i&=\frac{U_0}{\omega L}\mathrm{e}^{-\beta t}\sin(\omega t)\\&=8.09\times10^{6}\mathrm{e}^{-5\times10^{4}t}\sin(3.09\times10^{5}t)(\text{A})\end{aligned}$$

(2) 由电流 i 极值点的条件式 $\omega t=k\pi+\varphi, k=1,2,3,\cdots$令 $k=0$，则得 $\omega t=\varphi$，即

$$t=\frac{\varphi}{\omega}=\frac{1.41}{3.09\times10^{5}}=4.56\times10^{-6}(\text{s})=4.56(\mu\text{s})$$

此时，电流 i 达到极大值

$$\begin{aligned}i_{\max}&=8.09\times10^{6}\mathrm{e}^{-5\times10^{4}\times4.56\times10^{-6}}\cdot\sin(3.09\times10^{5}\times4.56\times10^{-6})\\&=6.36\times10^{6}(\text{A})\end{aligned}$$

可见，最大放电电流可达如此大的强度。

3. 临界阻尼情况($\beta^2=\omega_0^2$)

当 $\beta^2=\omega_0^2$，即电路参数 $R=2\sqrt{\dfrac{L}{C}}$，此时电路特征方程具有重根

$$p_1=p_2=-\frac{R}{2L}=-\beta$$

电路微分方程的通解为

$$u_C=(A_1+A_2t)\mathrm{e}^{-\beta t}$$

由初始条件确定积分常数，可得

$$A_1 = U_0, \qquad A_2 = \beta U_0$$

故

$$u_C = U_0(1 + \beta t)e^{-\beta t}$$

$$i = -C\frac{du_C}{dt} = \frac{U_0}{L}te^{-\beta t}$$

$$u_L = L\frac{di}{dt} = U_0(1 - \beta t)e^{-\beta t}$$

由上述各式可以看出 u_C、i、u_L都不作振荡变化，其变化曲线与非振荡过程相仿。但是，这种过程是振荡与非振荡过程的分界线，所以 $\beta^2=\omega_0^2$ 时的过渡过程称为临界非振荡过程，这时的电阻 $R=2\sqrt{\frac{L}{C}}$之值叫作 RLC 电路的临界电阻值，电路称为临界阻尼电路。并称电阻小于此值的电路为欠阻尼电路（振荡电路），电阻大于临界电阻的电路为过阻尼电路（非振荡电路）。

顺便指出，临界阻尼情况下过渡过程的计算公式，可以通过前两种非临界阻尼情况下的公式取极限求出。

8.8　二阶电路的零状态响应和阶跃响应

若二阶电路的初始储能为零（电容 C 两端的电压和电感 L 中的电流都为零），仅由外施激励引起的响应称为二阶电路的零状态响应。

图 8-22 所示为 GCL 并联电路，开关 K 原已闭合（电流为 i_s的电流源短路），电路处于稳态，$u_C(0_-)=0$，$i_L(0_-)=0$。当 $t=0$ 时，开关打开，电流源作用于 GCL 并联电路，电容 C 被充电，其过程即是此二阶电路的零状态响应。

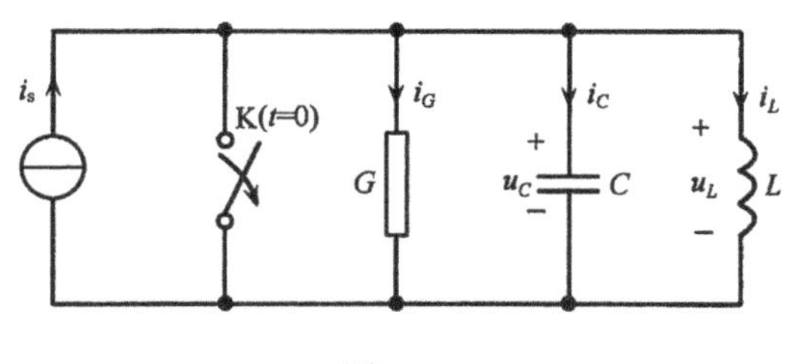

图 8-22

在标定的电流、电压参考方向下，由 KCL 有

$$i_C + i_G + i_L = i_s$$

以 i_L为待求变量，因 $u_L=L\frac{di_L}{dt}$，并且与电感 L 相并联的 G、C 两端的电压亦为 $L\frac{di_L}{dt}$，则

$$i_C = \frac{\mathrm{d}q}{\mathrm{d}t} = \frac{\mathrm{d}(Cu_C)}{\mathrm{d}t} = \frac{\mathrm{d}}{\mathrm{d}t}\left(CL\frac{\mathrm{d}i_L}{\mathrm{d}t}\right) = LC\frac{\mathrm{d}^2 i_L}{\mathrm{d}t^2}$$

$$i_G = GL\frac{\mathrm{d}i_L}{\mathrm{d}t}$$

将它们代入上式，即得

$$LC\frac{\mathrm{d}^2 i_L}{\mathrm{d}t^2} + GL\frac{\mathrm{d}i_L}{\mathrm{d}t} + i_L = i_s \tag{8-42}$$

这就是以 i_L 为变量的 GCL 电路零状态响应的二阶线性非齐次微分方程，它的解由其特解和对应的齐次方程的通解组成，即

$$i_L = i_L' + i_L''$$

取电路稳态时的解为特解 i_L'，而通解 i_L'' 与电路零输入响应的阻尼或欠阻尼或临界阻尼形式相同，再根据初始条件确定积分常数，从而可求得上述非齐次方程的全解。

顺便指出，二阶电路在阶跃激励下的零状态响应称为二阶电路的阶跃响应，其求解方法与零状态响应的求解方法相同。

如果二阶电路的初始储能不为零，并且还接入外施激励，则该电路的响应称为二阶电路的全响应，它是二阶电路零输入响应和零状态响应的叠加，可以通过经典的求解二阶线性非齐次方程的方法求解全响应。

例 8-12 在图 8-22 所示的电路中，已知 $G=2\times10^{-3}\mathrm{s}$，$C=1\mu\mathrm{F}$，$L=1\mathrm{H}$，电流源的电流 $i_s=1\mathrm{A}$。开关 K 打开前电路处于稳态，$u_C(0_-)=0$，$i_L(0_-)=0$。当 $t=0$ 时将开关打开，试求电路的阶跃响应 i_L、u_C 和 i_C。

解 开关 K 的动作使外施激励 i_s 相当于单位阶跃电流，即 $i_s=\varepsilon(t)A$。以 i_L 为变量，可得电路的微分方程为

$$LC\frac{\mathrm{d}^2 i_L}{\mathrm{d}t^2} + GL\frac{\mathrm{d}i_L}{\mathrm{d}t} + i_L = i_s$$

其特征方程为

$$p^2 + \frac{G}{C}p + \frac{1}{LC} = 0$$

代入数据后可求得其特征根为重根，即

$$p_1 = p_2 = p = -10^{-3}$$

因 p_1、p_2 是重根，电路为临界阻尼情况，上述微分方程的解为

$$i_L = i_L' + i_L''$$

式中 i_L' 为特解(强制分量)，由于开关打开前电路处于稳态时，电容 C 相当于开路，电感 L 相当于短路，故特解 i_L' 为

$$i_L' = i_s = 1(\mathrm{A})$$

i_L'' 为对应齐次方程的解，由前面的讨论可知

$$i_L'' = (A_1 + A_2 t)\mathrm{e}^{pt}(\mathrm{A})$$

则

$$i_L = [1 + (A_1 + A_2 t)\mathrm{e}^{pt}] = [1 + (A_1 + A_2 t)\mathrm{e}^{-10^3 t}](\mathrm{A})$$

$t=0_+$时的初始值根据换路定律可知为

$$i_L(0_+) = i_L(0_-) = 0$$

$$\left(L\frac{\mathrm{d}i_L}{\mathrm{d}t}\right)_{0_+} = L\left(\frac{\mathrm{d}i_L}{\mathrm{d}t}\right)_{0_+} = u_L(0_+) = u_C(0_+) = u_C(0_-) = 0$$

即

$$\left(\frac{\mathrm{d}i_L}{\mathrm{d}t}\right)_{0_+} = 0$$

将上述两初始条件代入到 i_L表达式即得

$$A_1 + 0 + 1 = 0$$

$$-10^3 A_1 + A_2 = 0$$

解得

$$A_1 = -1, \qquad A_2 = -10^3$$

于是,求得电路的阶跃响应为

$$i_L = [1 - (1 + 10^3 t)\mathrm{e}^{-10^3 t}]\varepsilon(t)(\mathrm{A})$$

$$u_C = L\frac{\mathrm{d}i_L}{\mathrm{d}t} = 10^6 t\mathrm{e}^{-10^3 t}\varepsilon(t)(\mathrm{V})$$

$$i_C = C\frac{\mathrm{d}u_C}{\mathrm{d}t} = (1 - 10^3 t)\mathrm{e}^{-10^3 t}\varepsilon(t)(\mathrm{A})$$

上述 i_L、i_C、u_C随时间变化的波形如图 8-23 所示。

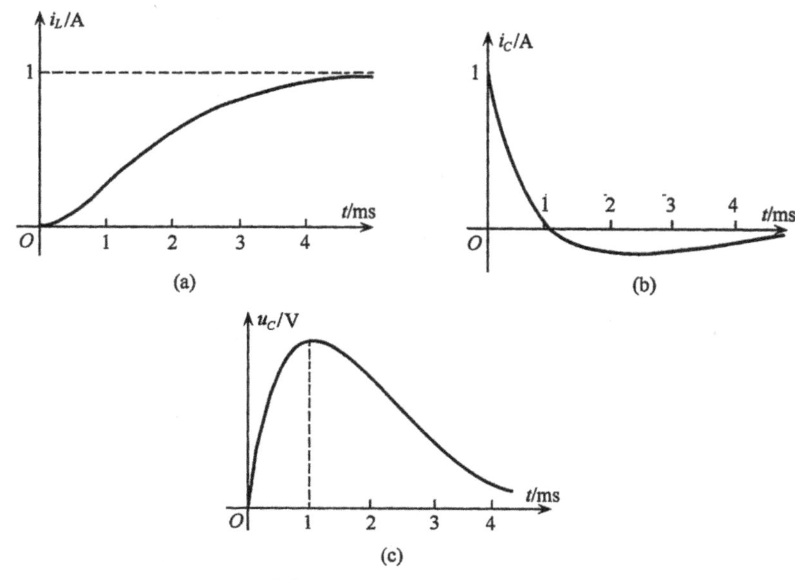

图 8-23 i_L、i_C、u_C的波形

8.9 二阶电路的冲激响应

处于零状态的二阶电路在单位冲激函数(单位冲激电压或单位冲激电流)激励下的响应,称为二阶电路的冲激响应。

图 8-24 是一个典型的零状态 RLC 串联电路,在 $t=0$ 时该电路与冲激电压 $\delta(t)$接通,下面来讨论该电路的冲激响应。

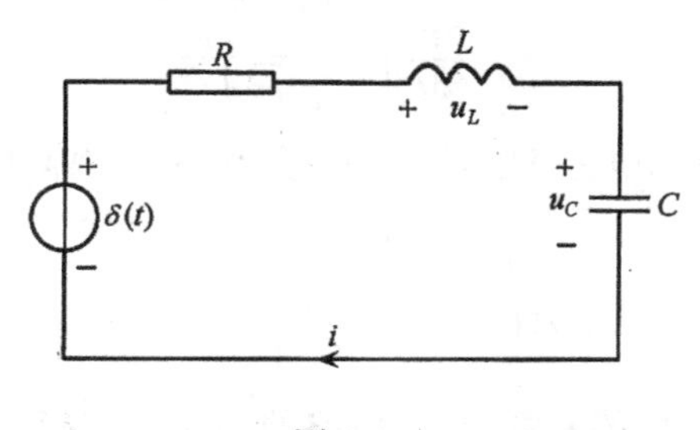

图 8-24

以电容器 C 的端电压 u_C为变量,由 KVL 可得电路的微分方程为

$$\left.\begin{aligned}&LC\frac{\mathrm{d}^2u_C}{\mathrm{d}t^2}+RC\frac{\mathrm{d}u_C}{\mathrm{d}t}+u_C=\delta(t)\\&\text{且}\ u_C(0_-)=0,i_L(0_-)=0\end{aligned}\right\}t\geqslant 0_- \tag{8-43}$$

由于 $t\neq 0$ 时 $\delta(t)=0$,冲激电压源对电路无作用,而在 $t=0$ 时电路受冲激电压的激励获得一定能量,建立了不为零的初始状态,在 $t>0_+$时电路放电,即在 $t>0_+$时,电路的微分方程变为

$$LC\frac{\mathrm{d}^2u_C}{\mathrm{d}t^2}+RC\frac{\mathrm{d}u_C}{\mathrm{d}t}+u_C=0 \tag{8-44}$$

这便是二阶电路的零输入响应方程,可见,电路的冲激响应等效为这个由初始状态 $(u_C(0_+),i(0_+))$所引起的零输入响应。

因此,求二阶电路的冲激响应,关键在于求出与初始能量对应的初始条件 $u_C(0_+)$和 $i(0_+)$。为此,将上述含冲激函数 $\delta(t)$的微分方程在时域 $t=0_-$到 0_+间隔内积分,即得

$$LC\left(\left.\frac{\mathrm{d}u_C}{\mathrm{d}t}\right|_{t=0_+}-\left.\frac{\mathrm{d}u_C}{\mathrm{d}t}\right|_{t=0_-}\right)+RC[u_C(0_+)-u_C(0_-)]+\int_{0_-}^{0_+}u_C\mathrm{d}t=\int_{0_-}^{0_+}\delta(t)\mathrm{d}t=1$$

根据零状态条件,有

$$u_C(0_+)=u_C(0_-)=0,\qquad i(0_-)=0$$

且

$$\left.\frac{\mathrm{d}u_C}{\mathrm{d}t}\right|_{t=0_-}=0$$

由于u_C不可能是阶跃函数或冲激函数，则

$$\int_{0_-}^{0_+} u_C \mathrm{d}t = 0$$

将它们代入上述积分表达式，可得

$$LC\frac{\mathrm{d}u_C}{\mathrm{d}t}\bigg|_{t=0_+} = 1$$

或

$$\frac{\mathrm{d}u_C}{\mathrm{d}t}\bigg|_{t=0_+} = \frac{1}{LC}$$

该式的物理意义是冲激电压$\delta(t)$在$t=0_-$到0_+间隔内使电感电流发生跃变，跃变电流为

$$i(0_+) = C\frac{\mathrm{d}u_C}{\mathrm{d}t}\bigg|_{t=0_+} = \frac{1}{L}$$

这样，电感中就有了相应的磁场能，而电路的冲激响应就是由此磁场能引起的零输入响应。由前面二阶电路零输入响应的讨论可知，$t\geqslant 0$时零输入解为

$$u_C = A_1 \mathrm{e}^{p_1 t} + A_2 \mathrm{e}^{p_2 t}$$

将上述初始条件$u_C(0_+)=0$，$\dfrac{\mathrm{d}u_C}{\mathrm{d}t}\bigg|_{t=0_+}=\dfrac{1}{LC}$代入该式，有

$$u_C(0_+) = A_1 + A_2 = 0$$

$$\frac{\mathrm{d}u_C}{\mathrm{d}t}\bigg|_{t=0_+} = p_1 A_1 + p_2 A_2 = \frac{1}{LC}$$

联立解得

$$A_1 = -A_2 = \frac{\dfrac{1}{LC}}{p_2 - p_1}$$

则

$$u_C = -\frac{1}{LC(p_2 - p_1)}(\mathrm{e}^{p_1 t} - \mathrm{e}^{p_2 t})$$

如果电路参数为$R<2\sqrt{\dfrac{L}{C}}$，电路将振荡放电，冲激响应为

$$u_C = \frac{1}{\omega LC}\mathrm{e}^{-\beta t}\sin(\omega t)$$

式中$\beta=\dfrac{R}{2L}$，$\omega=\sqrt{\dfrac{1}{LC}-\left(\dfrac{R}{2L}\right)^2}$。

上述求二阶电路冲激响应的方法为等效法。

顺便指出，求二阶电路的冲激响应还可按下述方法进行，即先求电路的单位阶跃响应$S(t)$，然后根据线性电路的微分性质，再求单位阶跃响应$S(t)$对时间的一

阶导数$\frac{ds(t)}{dt}$，即得二阶电路的单位冲激响应为

$$u_C(t)=\frac{ds(t)}{dt}$$

若二阶电路冲激函数的强度为 A，将上述单位冲激响应乘以 A，便是冲激强度为 A 的冲激函数激励下产生的冲激响应。

思 考 题

8-1 何谓过渡过程？电路中含有哪些元件才会有过渡过程？

8-2 叙述换路定律，如何利用换路定律决定 $i_L(0_+)$、$i'_L(0_+)$、$u_C(0_+)$、$u'_C(0_+)$？

8-3 略述一阶 RL、RC 电路的时间常数是如何定义的？它有何物理意义？计算时间常数的方法有几种？

8-4 略述一阶 RL、RC 电路的解题步骤。什么是特解、通解、稳态分量、暂态分量？

8-5 写出三要素法的公式，它是否能直接用于求电容电流、电感电压或电阻电压、电流？它适用于二阶电路吗？

8-6 直接写出 RL 短接时电流的变化规律，再写出电感电压的变化规律。

8-7 直接写出 RL 接通直流电压源时电流的变化规律，再写出电感电压的变化规律。

8-8 直接写出 RC 短接时电容电压的变化规律，再写出电容电流的变化规律。

8-9 直接写出 RC 接通直流电压源时电容电压的变化规律，再写出电容电流的变化规律。

8-10 当 RL、RC 电路接通指数电压源 $u=Be^{-at}$时，式中 B、a 为常数，如何求解电路的强制分量（特解）？

8-11 RLC 二阶电路的通解有几种形式？各由什么条件决定？与电源的形式有无关系？电源影响通解吗？

8-12 在 RLC 串联电路中，如何定义衰减系数 b，振荡频率 ω_a，无阻尼振荡角频率 ω_0，在什么条件下定义这些量才有意义？

8-13 在 RLC 并联电路中，选哪一种变量列写二阶微分方程较方便？试写出其形式。

8-14 为什么一阶电路中不论电阻多大，电流只能单调地变化？而在二阶电路中电阻小了就会出现振荡变化？

8-15 一 RLC 串联放电电路原处于临界状态。欲使电路进入振荡状态，试问在调节下列参数之一时，应如何改变它们的量值？

(1) 调节电阻；(2) 调节电容；(3) 调节电感。

8-16 根据特征根的不同，对二阶电路的零输入响应的各种情况分析比较，并说明各种情况下的能量转换过程。

习 题

8-1 本题图所示电路中，$u_C(0_-)=0$，开关 K 原为断开，电路已处于稳态。$t=0$ 时将开关 K

闭合。试求 $i_1(0_+)$、$i_2(0_+)$、$u_L(0_+)$和$\left.\frac{\mathrm{d}u_C}{\mathrm{d}t}\right|_{t=0_+}$。

8-2　本题图所示电路原来已处于稳态，$t=0$ 时将开关 K 闭合。试求 $t\geqslant0$ 时 $u_C(t)$和 $i_1(t)$。(本题可直接用三要素公式求解。)

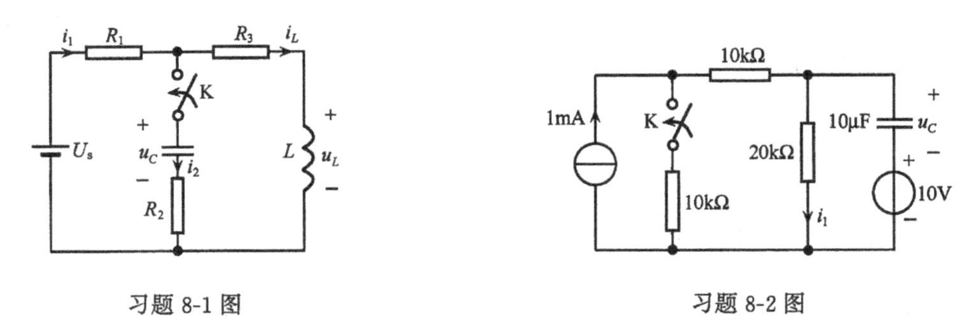

习题 8-1 图　　　　习题 8-2 图

8-3　本题图(a)、(b)所示电路中，开关在 $t=0$ 时动作，试求电路在 $t=0_+$时刻电压、电流的初始值。

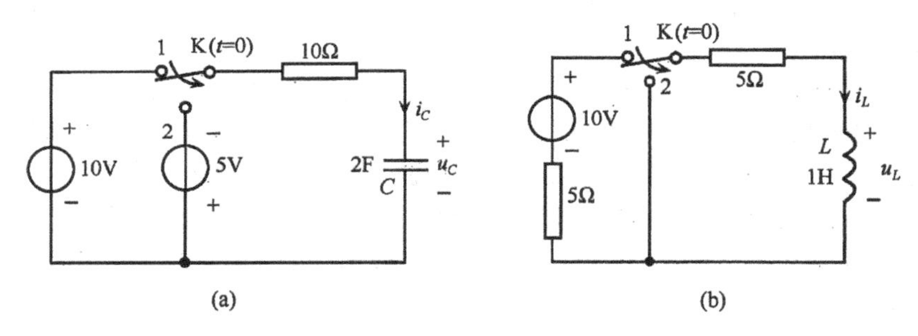

习题 8-3 图

8-4　本题图所示电路，$t<0$ 时已处于稳态。$t=0$ 时将开关由①扳向②，试求各元件电压、电流的初始值及$\left.\frac{\mathrm{d}i_L}{\mathrm{d}t}\right|_{t=0_+}$和$\left.\frac{\mathrm{d}u_C}{\mathrm{d}t}\right|_{t=0_+}$。

8-5　本题图所示电路原已处于稳态，$t=0$ 时开关由位置 1 合向位置 2，求换路后的 $i(t)$和 $u_L(t)$。

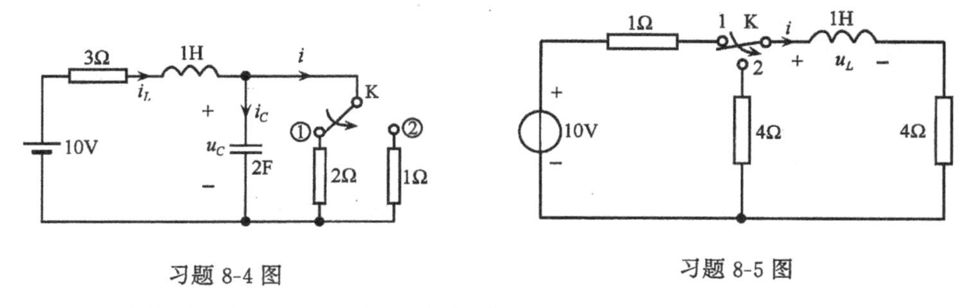

习题 8-4 图　　　　习题 8-5 图

8-6　本题图所示电路在 $t=0$ 时开关闭合，求 $u_C(t)$。

8-7　本题图所示电路中开关 K 原在位置 1 已久，$t=0$ 时将开关合向位置 2，试求 $u_C(t)$和 $i(t)$。

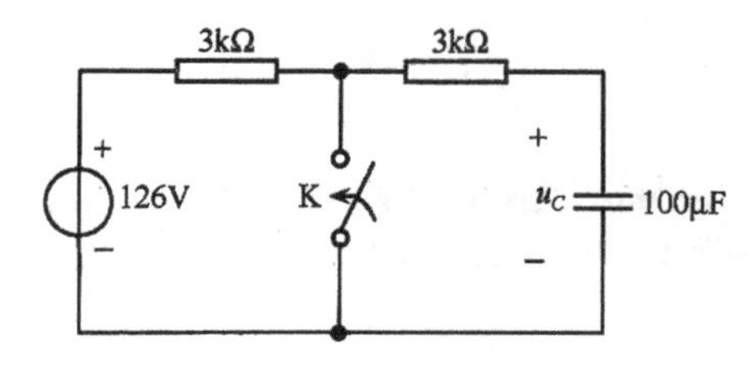

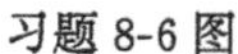

习题 8-6 图

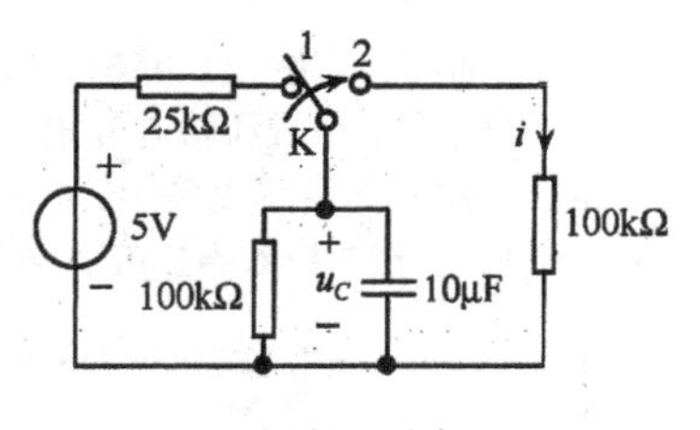

习题 8-7 图

8-8 本例图为测子弹速度的电路原理图。已知 $U_s=100\text{V}$, $R=50\text{k}\Omega$, $C=0.2\mu\text{F}$, $l=3\text{m}$，子弹先撞开开关 K_1，经距离 l 后又撞开开关 K_2，同时将 K_3 关闭，此时 G 测得电容 C 上面的电荷为 $Q_1=7.65\mu\text{C}$。试求子弹的速度 $v=$？

8-9 本题图所示的电路，换路前已处于稳态。$t=0$ 时开关闭合，$u_C(0_-)=10\text{V}$，求 $t\geqslant0$ 时的 $i(t)$。

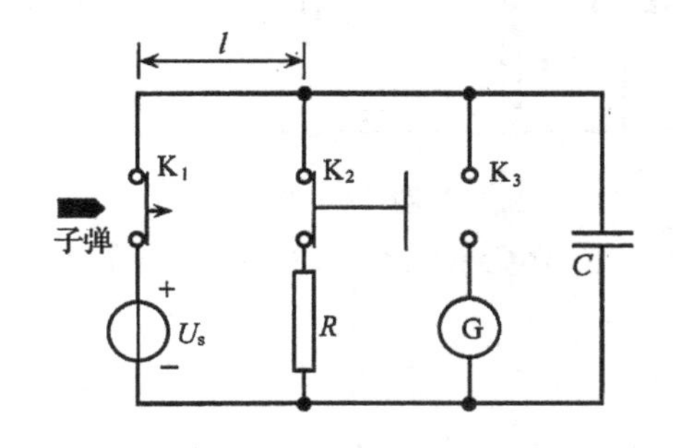

习题 8-8 图

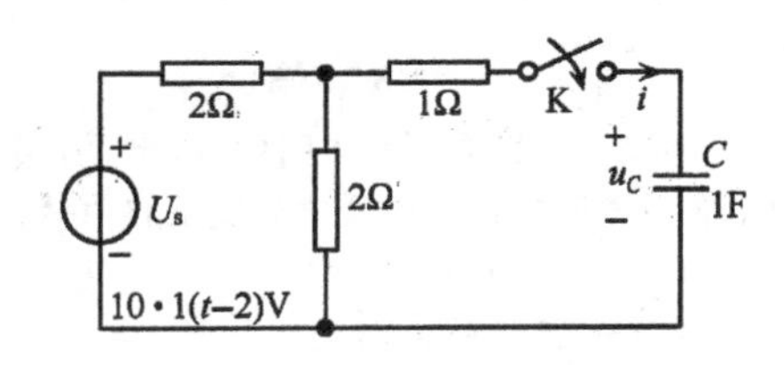

习题 8-9 图

8-10 一个高压电容原先已充电，其电压为 10kV，从电路中断开后，经过 15 分钟它的电压降为 3.2kV。问：

(1) 再过 15 分钟电压降为多少？

(2) 如果电容 $C=15\mu\text{F}$，那么它的绝缘电阻是多少？

(3) 需要经过多长时间，可使电压降至 30V 以下？

(4) 如果以一根电阻为 0.2Ω 的导线将电容接地放电，最大放电电流是多少？若认为在 5τ 时间内放电完毕，那么放电的平均功率是多少？

(5) 如果以 100kΩ 的电阻将其放电，应放电多长时间？并重答(4)中所问。

8-11 本题图所示电路中，开关 K 闭合之前电容电压 u_C 为零。在 $t=0$ 时开关闭合，求 $t>0$ 时的 $u_C(t)$ 和 $i_C(t)$。

8-12 求本题图所示电路的零状态响应 i_L。

8-13 本题图所示电路原已处于稳态，$t=0$ 时开关 K 打开，求：

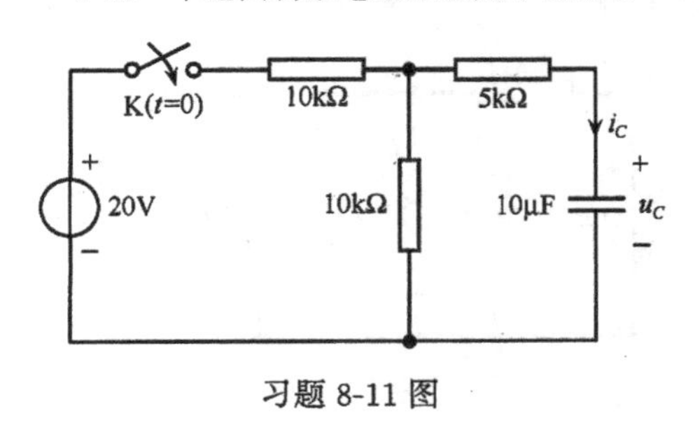

习题 8-11 图

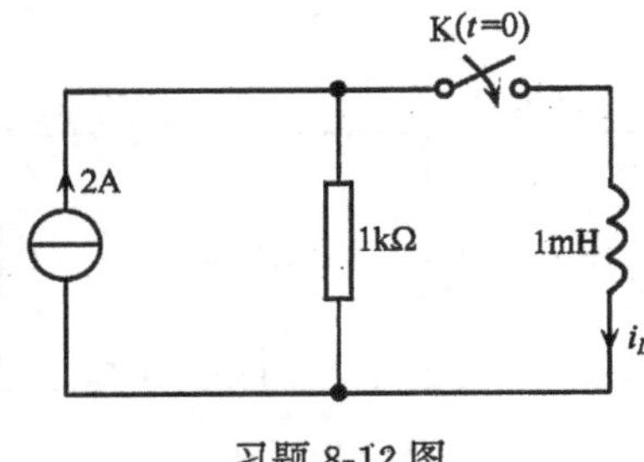

习题 8-12 图

(1) 全响应 i_1、i_2、i_L；

(2) i_L的零状态响应和零输入响应；

(3) i_L的自由分量和强制分量。

8-14　本题图所示电路中，直流电流源的电流 $I_s=1\text{mA}$，直流电压源的电压 $U_s=10\text{V}$，$R_1=R_2=10\text{k}\Omega$，$R_3=20\text{k}\Omega$，$C=10\mu\text{F}$。电路原已处于稳态。试求换路后的 $u(t)$和 $i(t)$。

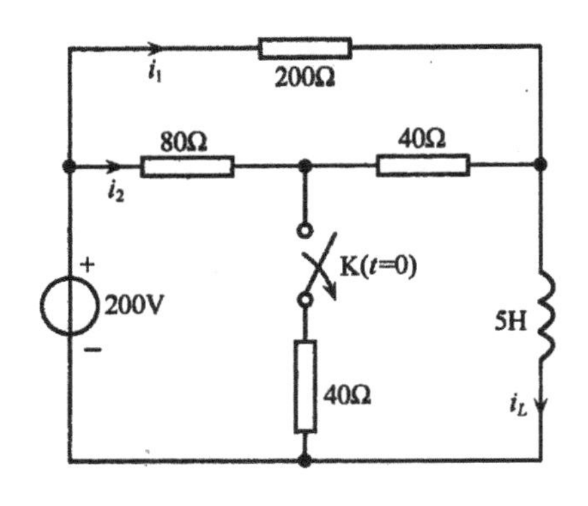

习题 8-13 图

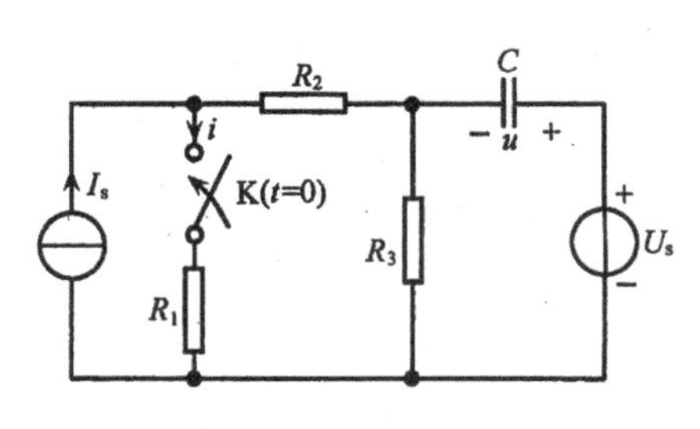

习题 8-14 图

8-15　本题图所示电路中，电流源的电流 $i_s=6\text{A}$，$R=2\Omega$，$C=1\text{F}$。$t=0$ 时闭合开关，在下列两种情况下求 u_C、i_C以及电源发出的功率。

(1) $u_C(0_-)=3\text{V}$；

(2) $u_C(0_-)=15\text{V}$。

8-16　本题图所示电路中，直流电压源的电压为 24V，且电路已达稳态，$t=0$ 时合上开关，求：(1)电感电流 i_L；(2)直流电压源发出的功率。

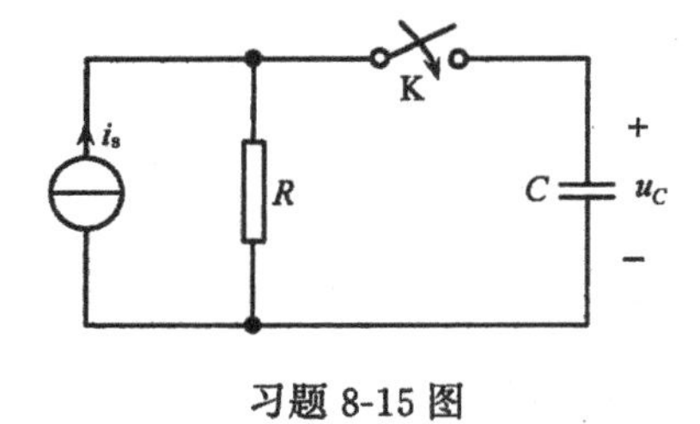

习题 8-15 图

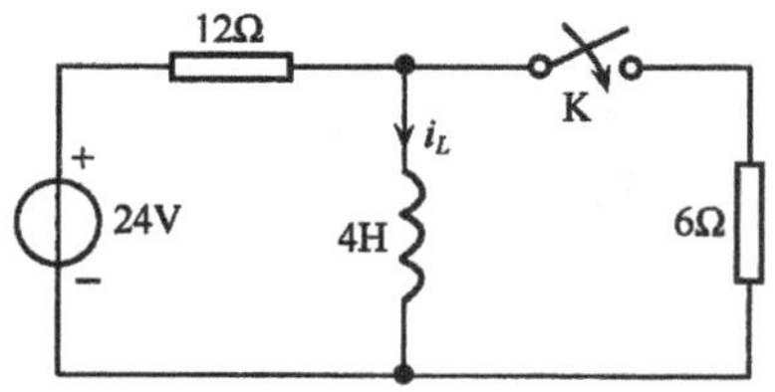

习题 8-16 图

8-17　本题图所示电路原已处于稳态。当 U_s 为何值时才能使开关闭合后电路不出现动态过程？若 $U_s=50\text{V}$，用三要素法求 u_C。

8-18　已知电压源的电压 $u_s(t)=60\cdot 1(t)$，电流源的电流 $I_s=2\text{A}$，求 $i_L(t)$的零状态响应和全响应。

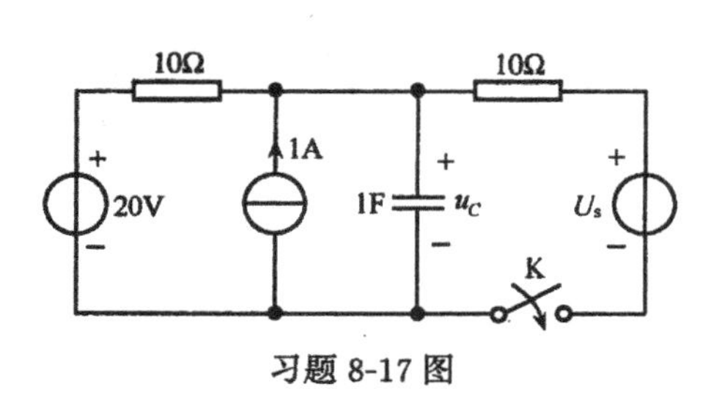

习题 8-17 图

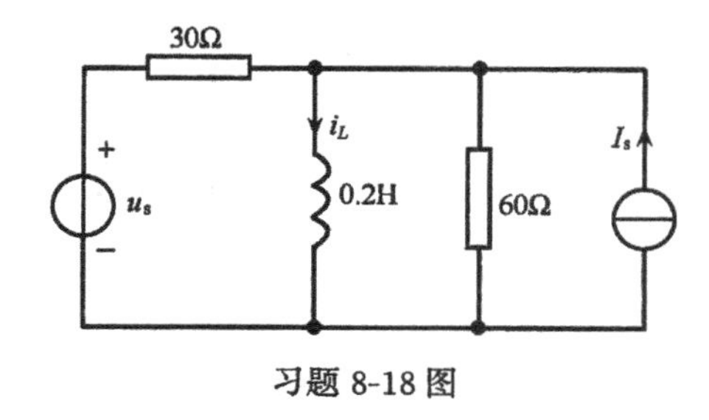

习题 8-18 图

8-19　本题图所示电路中，已知 $i_s=10\varepsilon(t)\mathrm{A}, R_1=1\Omega, R_2=2\Omega, C=1\mu\mathrm{F}, u_C(0_-)=2\mathrm{V}, g=0.25\mathrm{s}$。求全响应 $i_1(t)$、$i_C(t)$、$u_C(t)$。

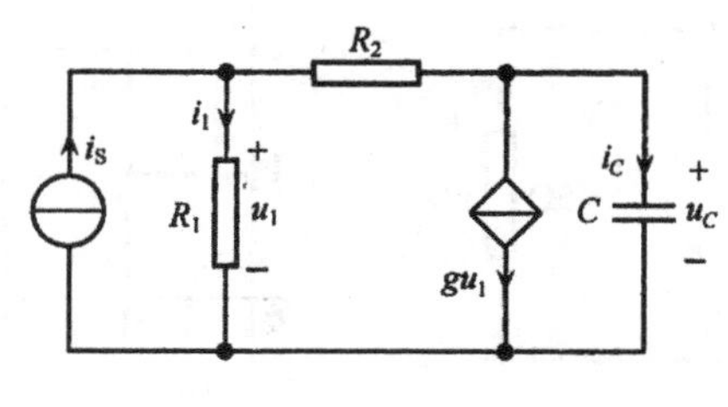

习题 8-19 图

8-20　本题图所示的电路中，电压 $u(t)$ 的波形如图(b)所示，试求电流 $i(t)$。

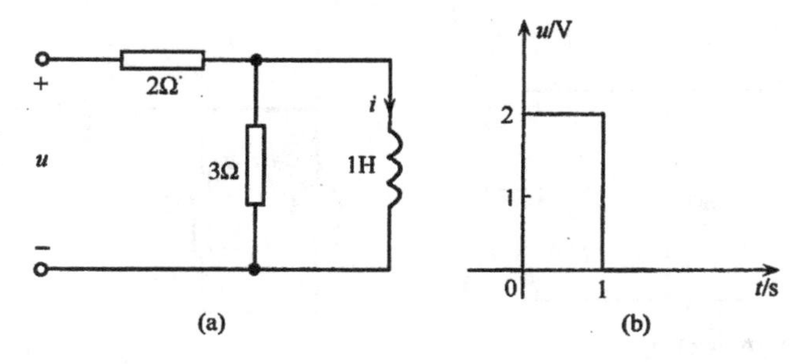

习题 8-20 图

8-21　本题图所示 RC 电路中，电容 C 原未充电，所加电压 $u(t)$ 的波形如图所示。其中 $R=1000\Omega, C=10\mu\mathrm{F}$。求：

(1) 电容电压 u_C；(2) 用分段形式写出 u_C；(3) 用一个表达式写出 u_C。

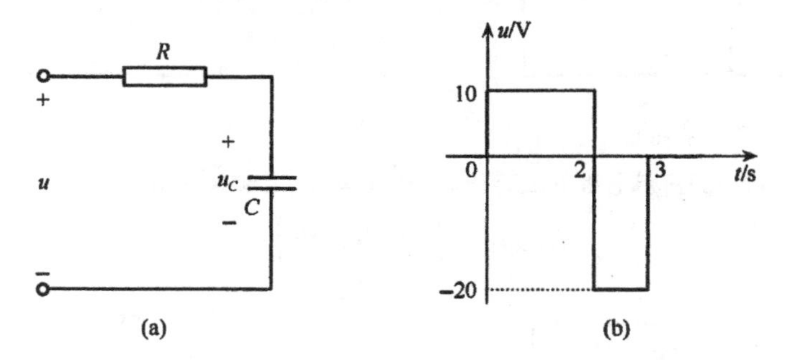

习题 8-21 图

8-22　本题图(a)所示电路中，电压源的波形如图(b)所示，试求零状态响应 $u(t)$，并画出曲线图。

8-23　试求本题图所示电路的零状态响应 u_C。

8-24　试求本题图所示电路的零状态响应 $u(t)$，并画出曲线图。

8-25　电路如本题图所示，当：(1) $i_s=\delta(t)\mathrm{A}, u_C(0_-)=0$；(2) $i_s=\delta(t)\mathrm{A}, u_C(0_-)=1\mathrm{V}$；(3) $i_s=3\delta(t-2)\mathrm{A}, u_C(0_-)=2\mathrm{V}$ 时，试求响应 $u_C(t)$。

8-26　本题图所示电路，电源 $u_s=[50\varepsilon(t)+2\delta(t)]\mathrm{V}$，求 $t>0$ 时电感支路的电流 $i(t)$。

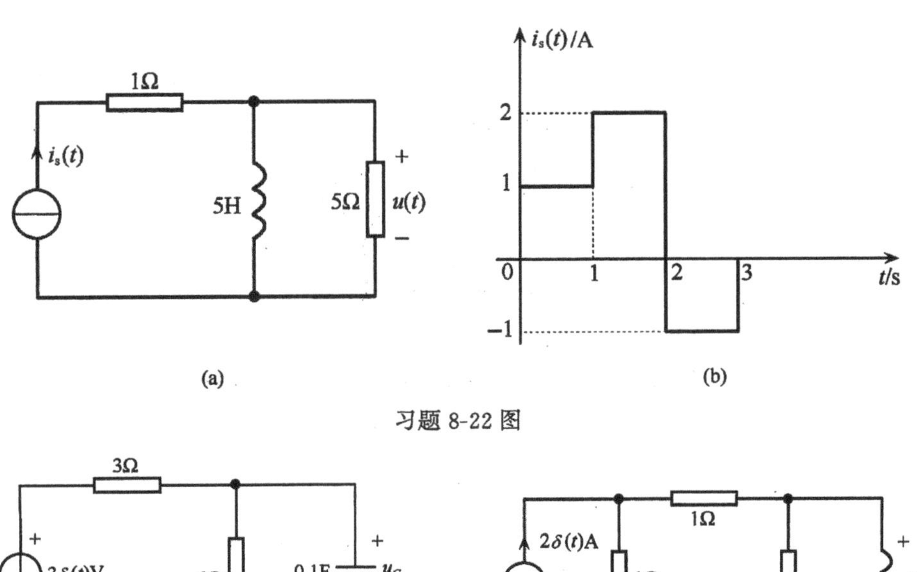

习题 8-22 图

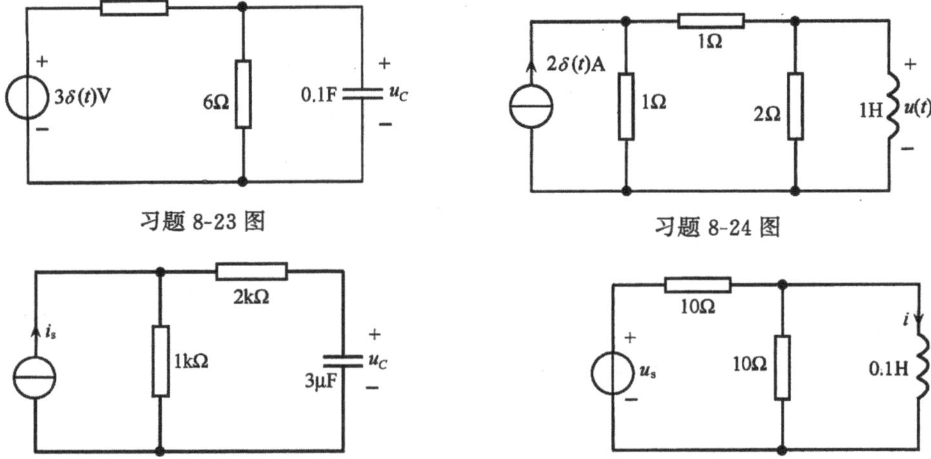

习题 8-23 图

习题 8-24 图

习题 8-25 图

习题 8-26 图

8-27　本题图(a)所示电路中，$u_s(t)=\varepsilon(t)$V，$C=2$F，其零状态响应为

$$u_1(t)=\left(\frac{1}{2}+\frac{1}{3}e^{-0.25t}\right)\varepsilon(t)\text{V}$$

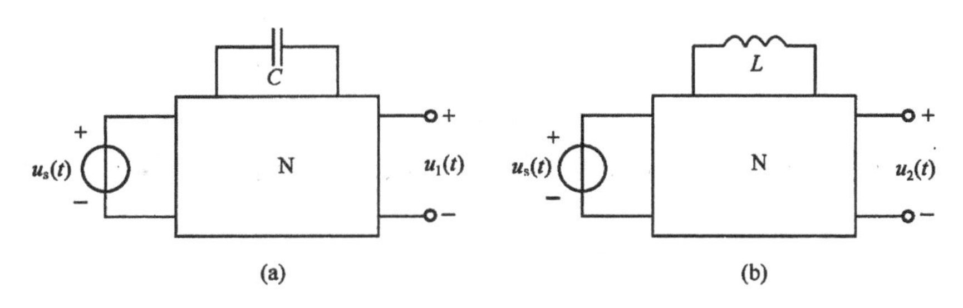

习题 8-27 图

如果用 $L=2$H 的电感代替电容 C，如图(b)所示，试求零状态响应 $u_2(t)$。

8-28　本题图所示电路中，电容原已充电，且 $u_C(0_-)=U_0=6\text{V}$，$R=2.5\Omega$，$L=0.25\text{H}$，$C=0.25\text{F}$。试求：

(1) 开关闭合后的 $u_C(t)$ 和 $i(t)$；

(2) 欲使电路在临界阻尼下放电，当 L 和 C 不变时，电阻 R 应为何值？

8-29　本题图所示电路中，已知 $R=1\text{k}\Omega$，$L=2.5\text{H}$，$C=2\mu\text{F}$。设电容原先已充电，且 $u_C(0_-)=10\text{V}$，在 $t=0$ 时开关闭合。试求 $u_C(t)$、$i(t)$、$u_L(t)$ 以及开关闭合后的 $i_{\max}$。

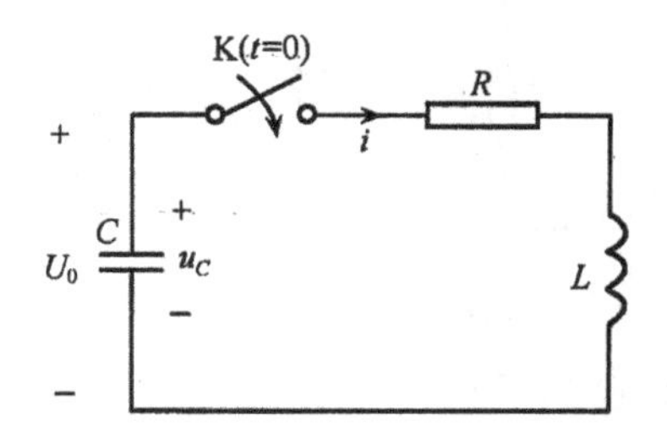

习题 8-28 图

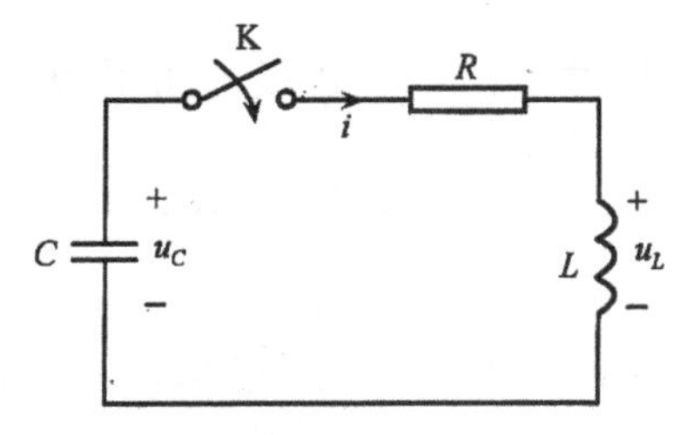

习题 8-29 图

8-30　本题图所示的电路，$t=0$ 时开关闭合，设 $u_C(0_-)=0$，$i(0_-)=0$，$L=1\text{H}$，$C=1\mu\text{F}$，$U=100\text{V}$。若：(1) 电阻 $R=3\text{k}\Omega$；(2) $R=2\text{k}\Omega$；(3) $R=200\Omega$，试分别求在上述电阻值时电路中的电流 i 和电压 u_C。

8-31　本题图所示电路中，已知 $R=3\Omega$，$L=6\text{mH}$，$C=1\mu\text{F}$，$U_0=12\text{V}$。电路原已处于稳态，设开关在 $t=0$ 时打开，试求 $u_L(t)$。

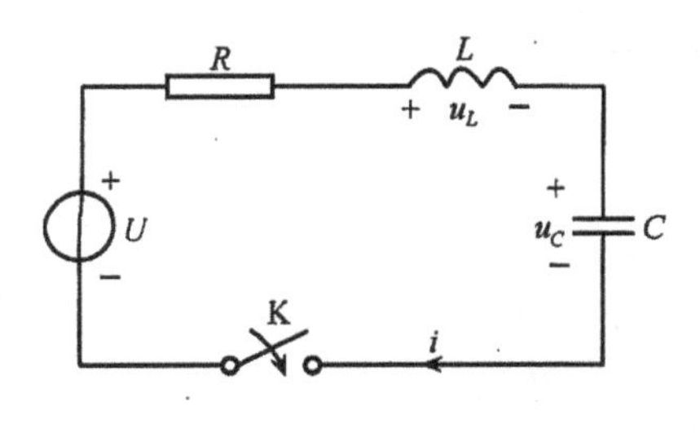

习题 8-30 图

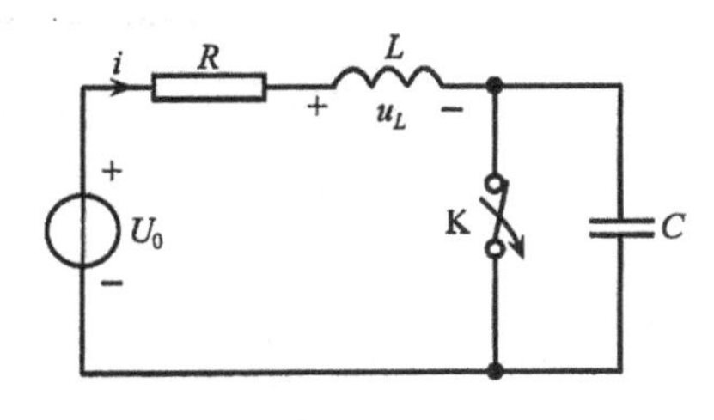

习题 8-31 图

8-32　本题图所示电路在开关打开之前已经处于稳态。$t=0$ 时开关打开，求 $t>0$ 时的 u_C。

8-33　本题图所示电路在开关 K 动作之前已处于稳态；$t=0$ 时开关由 1 接至 2，求 $t>0$ 时的 i_L。

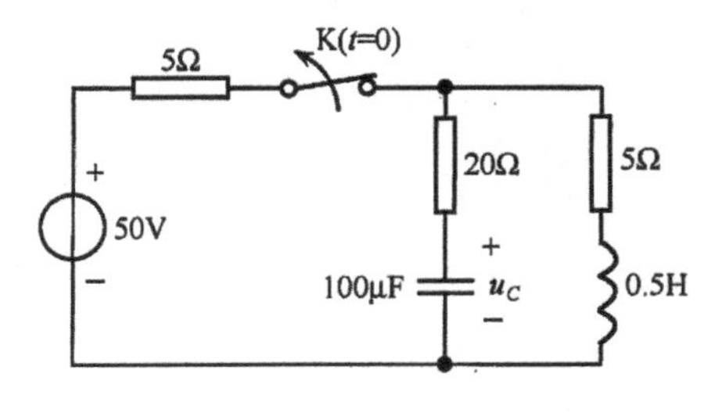

习题 8-32 图

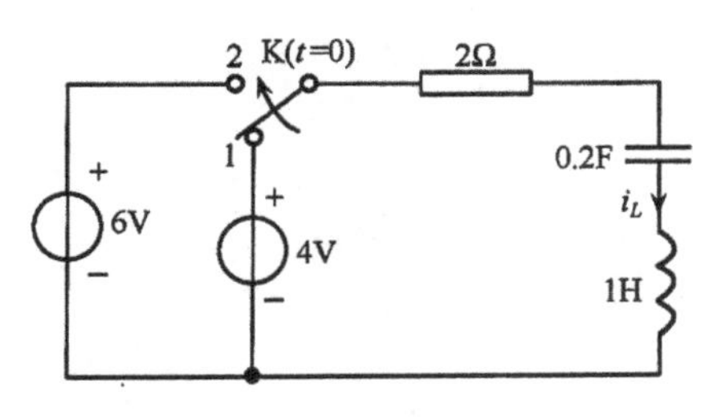

习题 8-33 图

8-34　本题图所示为 GLC 并联电路，已知 $u_C(0_+)=1\text{V}$，$i_L(0_+)=2\text{A}$。试求 $t>0$ 时的 i_L。

8-35　本题图所示电路中，$G=5\text{s}$，$L=0.25\text{H}$，$C=1\text{F}$。试求：

(1) $i_s(t)=\varepsilon(t)\text{A}$ 时，电路的阶跃响应 $i_L(t)$；

(2) $i_s(t)=\delta(t)\text{A}$ 时，电路的冲激响应 $u_C(t)$。

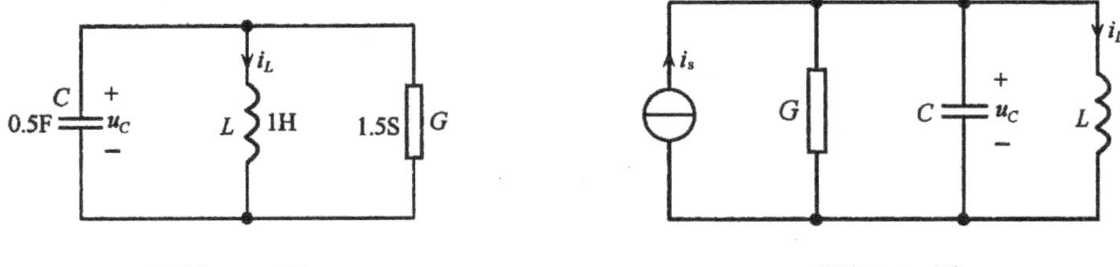

习题 8-34 图　　　　习题 8-35 图

8-36　本题图所示电路中，当 $u_s(t)$ 为下列情况时，求电路的响应 u_C：

(1) $u_s(t)=10\varepsilon(t)\text{V}$ 时；

(2) $u_s(t)=10\delta(t)\text{V}$ 时。

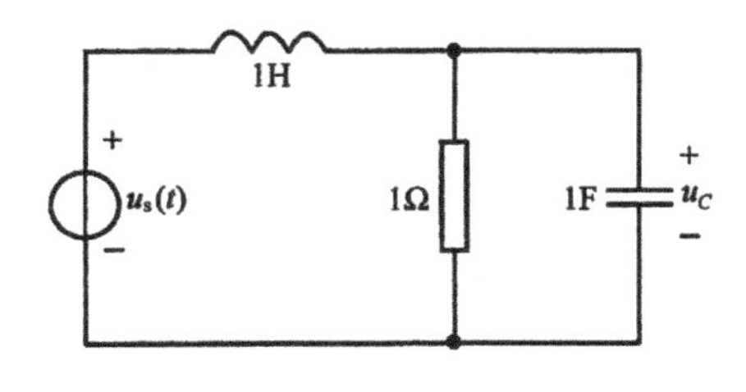

习题 8-36 图

第 9 章　正弦交流电路

本章将研究输入为正弦规律变化的电流或电压时线性电路的特性，从而得出分析正弦交流电路的一般方法。主要内容有：正弦电流、正弦电压的表示法、正弦量的三要素、电路定律的相量形式，并引入阻抗、导纳等重要概念，介绍正弦交流电路的瞬时功率、平均功率、视在功率和复功率，以及电路的谐振现象和频率响应。

9.1　正弦交流电路的基本概念

当线性电路中作用的激励源是按某一频率随时间做正弦规律变化，且电路工作在稳定状态时，电路中的响应（电压、电流、电荷、磁链等）均是与激励源同频率按同样正弦规律变化的物理量，称之为正弦量。电路的这种工作状态称为正弦稳态。该电路称为正弦稳态电路或正弦交流电路。

对正弦量的描述可采用正弦函数或余弦函数。本书采用余弦函数。

9.1.1　正弦量的三要素

现以正弦电流为例来介绍正弦量的三要素。在指定的参考方向下，正弦电流瞬时值的一般形式为

$$i = I_{\mathrm{m}}\cos(\omega t + \psi_i) \tag{9-1}$$

式中 I_{m} 称为正弦量的振幅或幅值（最大值）。$(\omega t+\psi_i)$称为正弦量的相位或相角。ω 称为正弦量的角频率，它是正弦量的相位随时间变换的角速度，即

$$\omega = \frac{\mathrm{d}}{\mathrm{d}t}(\omega t + \psi_i)$$

其单位为 $\mathrm{rad \cdot s^{-1}}$。

ψ_i 是正弦量在 $t=0$ 时刻的相位，称为正弦量的初相位（角），简称初相，即

$$(\omega t + \psi_i)|_{t=0} = \psi_i$$

初相的单位用弧度或度表示，通常在主值范围内取值，即 $|\psi_i| \leqslant 180°$。初相与计时零点的确定有关。对于任一正弦量，其初相是可以任意指定的。但是，对于同一个电路中许多相关联的正弦量，它们必须相对于一个共同的计时零点来确定各自的相位。通常令其中一个正弦量的初相为零的时刻作为它们的计时零点。初相为零的正弦量，称为参考正弦量。参考正弦量的选择是任意的，但是只能选一个。

由上面的分析可以看出，一个正弦量的瞬时值决定于其幅值、角频率和初相角，当这三者确定之后，正弦量随时间的变化过程便可以随之确定。所以幅值、角频率和初相角被称为正弦量的三要素。它是正弦量之间进行比较和区分的依据。

根据正弦量的角频率 ω 可以决定正弦量的周期和频率。设正弦量的周期为 T（单位为秒），由于时间每变化一个周期，正弦量的相角相应地变化 2π 弧度，故

$$\omega = \frac{2\pi}{T}$$

则频率为

$$f = \frac{1}{T}$$

显然，f 与 ω 的关系为

$$\omega = 2\pi f$$

频率 f 的单位为 s^{-1}，称为赫兹(Hz)。我国工业用电的频率为 50Hz。工程技术中还常以频率来区分电路，例如音频电路、高频电路、甚高频电路等。

正弦量随时间变化的曲线图形称为正弦波。图 9-1 是正弦电流 i 的波形图($\psi_i>0$)。图中横轴可用时间 t 表示，也可以用 ωt(rad)表示。

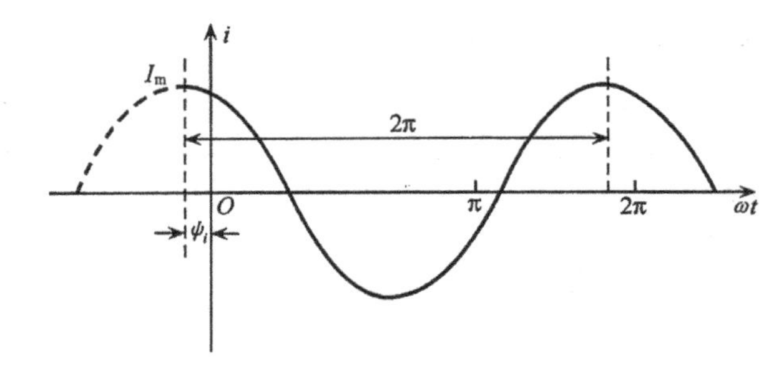

图 9-1

9.1.2 周期信号的有效值

周期信号（包括正弦和非正弦的周期电流和电压）的瞬时值随时间而变化。在电路的分析计算中用瞬时值很不方便，一般也没有必要，故引进有效值的概念。有效值是指在同一电阻 R 中，在同一个周期内通以交流电所产生的焦耳热与通以数值多大的直流电产生的焦耳热相当，即电阻消耗的电能相等。

假定周期电流 i 通过电阻 R，则瞬时功率为 $P=i^2R$，在周期 T 内，所做的功为

$$\int_0^T i^2 R \mathrm{d}t$$

而在相同的时间 T 内，直流电流 I 通过电阻 R 时所做的功为

$$I^2RT$$

若两者相等，即

$$I^2RT = \int_0^T i^2 R \mathrm{d}t$$

则得

$$I=\sqrt{\frac{1}{T}\int_0^T i^2\mathrm{d}t} \tag{9-2}$$

此电流 I 就是周期电流 i 的有效值，也叫方均根值。

周期电压 u 和电动势 e 的有效值也有类似的定义，即

$$U=\sqrt{\frac{1}{T}\int_0^T u^2\mathrm{d}t},\qquad E=\sqrt{\frac{1}{T}\int_0^T e^2\mathrm{d}t}$$

若周期电流是正弦量，可以推导出其有效值与幅值之间的关系。此时有

$$\begin{aligned}I&=\sqrt{\frac{1}{T}\int_0^T I_\mathrm{m}^2\cos^2(\omega t+\psi_i)\mathrm{d}t}=\sqrt{\frac{1}{T}\int_0^T I_\mathrm{m}^2\frac{1+\cos[2(\omega t+\psi_i)]}{2}\mathrm{d}t}\\&=\frac{1}{\sqrt{2}}I_\mathrm{m}=0.707I_\mathrm{m}\end{aligned} \tag{9-3}$$

同理可得正弦电压的有效值为

$$U=\frac{1}{\sqrt{2}}U_\mathrm{m}=0.707U_\mathrm{m} \tag{9-4}$$

由此可将正弦电流和正弦电压改写成如下形式，即

$$i=\sqrt{2}I\cos(\omega t+\psi_i)$$

$$u=\sqrt{2}U\cos(\omega t+\psi_u)$$

在工程上，一般所说正弦电压、电流的大小都是指其有效值的大小。例如工业供电电压为220V就是指的有效值。各种交流电气设备的额定电流、额定电压的数值，交流电压表、电流表测量的数值，均是指有效值。

9.1.3 同频率正弦量的相位差

在正弦交流电路中，常常要分析比较两个同频率正弦量之间的相位关系。例如，同频率的正弦电流 i_1 和正弦电压 u_2 分别为

$$i_1=\sqrt{2}I_1\cos(\omega t+\psi_{i1})$$

$$u_2=\sqrt{2}U_2\cos(\omega t+\psi_{u2})$$

它们的相位角之差，称为相位差。如果用 φ_{12} 表示电流 i_1 与电压 u_2 之间的相位差，则

$$\varphi_{12}=(\omega t+\psi_{i1})-(\omega t+\psi_{u2})=\psi_{i1}-\psi_{u2}$$

上述结果表明，同频率正弦量的相位差等于它们的初相位之差，是一个与时间无关的常数。电路中通常用“超前”和“滞后”来描述两个同频率正弦量相位的比较结果。当 $\varphi_{12}>0$ 时，称 i_1 超前 u_2；当 $\varphi_{12}<0$ 时，称 i_1 滞后 u_2；当 $\varphi_{12}=0$，称 i_1 和 u_2 同相；当 $|\varphi_{12}|=\frac{\pi}{2}$ 时，称 i_1 和 u_2 相互正交；当 $|\varphi_{12}|=\pi$ 时，称 i_1 和 u_2 彼此反相。

应注意，只有对同频率的正弦量，“超前”和“滞后”才有意义。在不同频率的正弦量之间，由于其相位差是随时间而变化的，“超前”和“滞后”的提法失去了意义。

同频率正弦量的相位差可以通过比较正弦量的波形来确定，如图 9-2 所示。在同一个周期内，i_1 和 u_2 两个波形的极大(或极小)值之间的角度值(小于或等于 180°)，即为两者的相位差，先到达极大值点的为超前波。图中所示为 u_2 超前 i_1 或 i_1 比 u_2 滞后。

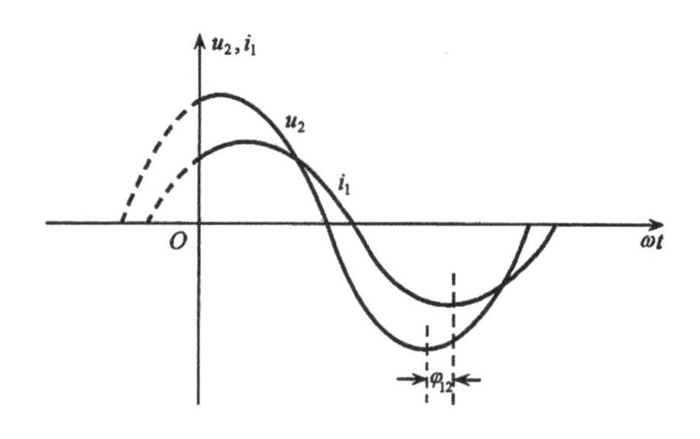

图 9-2

例 9-1 已知 $u=310\cos(314t)\text{V}$，$i=-10\sqrt{2}\cos\left(628t-\frac{\pi}{2}\right)\text{A}$。分别求它们的最大值、有效值、角频率、频率、周期及初相位。

解 (1) 求电压各相关值。

由 $u=310\cos(314t)\text{V}$ 可知：

最大值

$$U_{\text{m}} = 310\text{V}$$

有效值

$$U = \frac{U_{\text{m}}}{\sqrt{2}} = \frac{310}{\sqrt{2}} = 220(\text{V})$$

角频率

$$\omega = 314 \text{ rad} \cdot \text{s}^{-1}$$

频率

$$f = \frac{\omega}{2\pi} = \frac{314}{2\pi} = 50(\text{Hz})$$

周期

$$T = \frac{1}{f} = \frac{1}{50} = 0.02(\text{s})$$

初相位

$$\varphi_u = 0$$

(2) 求电流各相关值。

$$i=-10\sqrt{2}\cos\left(628t-\frac{\pi}{2}\right)=10\sqrt{2}\cos\left(628t+\frac{\pi}{2}\right)$$

则

$$I_m = 10\sqrt{2} = 14.1(\mathrm{A})$$

$$I = \frac{I_m}{\sqrt{2}} = \frac{10\sqrt{2}}{\sqrt{2}} = 10(\mathrm{A})$$

$$\omega = 628\ \mathrm{rad \cdot s^{-1}}$$

$$f = \frac{\omega}{2\pi} = \frac{628}{2\pi} = 100(\mathrm{Hz})$$

$$T = \frac{1}{f} = \frac{1}{100} = 0.01(\mathrm{s})$$

$$\varphi_i = \frac{\pi}{2}\ \mathrm{rad}$$

例 9-2 在一给定电路中，已知电流、电压的表达式分别为 $i=8\cos(\omega t+30°)\mathrm{A}$，$u_1=120\cos(\omega t-180°)\mathrm{V}$，$u_2=90\sin(\omega t+45°)\mathrm{V}$。

(1) 求 i 与 u_1 以及 i 与 u_2 的相位差；

(2) 如果选择 i 为参考正弦量，写出 i、u_1 及 u_2 的瞬时表达式。

解 (1) i 与 u_1 的相位差为

$$\varphi_1 = 30° - (-180°) = 210°$$

取 φ_1 在主值范围内（$-\pi$ 与 π 之间）的值，则

$$\varphi_1 = -150° < 0$$

即 i 滞后 u_1 150°或 u_1 比 i 超前 150°。

求 i 与 u_2 的相位差，必须将它们化成同一种函数形式，这里将 u_2 化成与 i 相同的余弦函数形式，即

$$u_2 = 90\sin(\omega t + 45°) = 90\cos(\omega t - 45°)$$

则 i 与 u_2 的相位差为

$$\varphi_2 = 30° - (-45°) = 75° > 0$$

即 i 比 u_2 超前 75°或 u_2 滞后 i 75°。

(2) 设 i 为参考正弦量，则 $\psi_i=0°$，$\psi_{u_1}=150°$，$\psi_{u_2}=-75°$，则

$$i = 8\cos\omega t(\mathrm{A})$$

$$u_1 = 120\cos(\omega t + 150°)(\mathrm{V})$$

$$u_2 = 90\cos(\omega t - 75°)(\mathrm{V})$$

9.2 正弦量的矢量表示法

一个正弦量是由最大值、角频率和初相位角三个要素来确定的。而一个在 OXY 直角坐标系中绕 O 点旋转的旋转矢量则可以由它的长度（模）、旋转角速度和初始位置来确定。当矢量旋转时，它在横坐标 OX 轴上的投影恰好是时间的余弦

函数。因此，一个正弦量可以用一个旋转矢量来表示。两者的对应关系是：矢量的长度表示正弦量的最大值，矢量的旋转角速度表示正弦量的角频率，矢量的起始位置，也就是当 $t=0$ 时的矢量与 OX 轴的夹角表示正弦量的初相角。

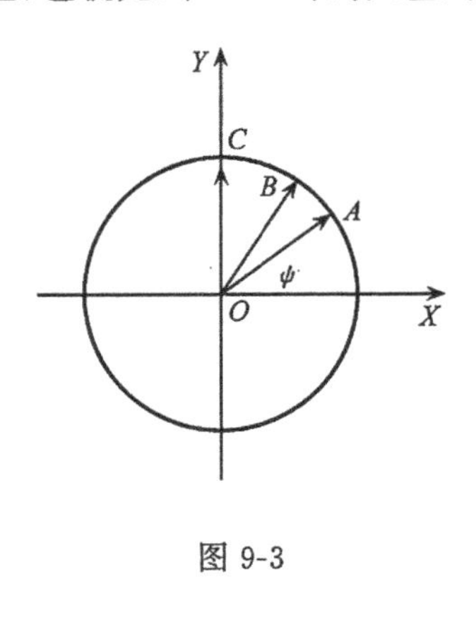

图 9-3

如图 9-3 所示，设一正弦电压为 $u=U_{m}\cos(\omega t+\psi)$。在 XY 平面上取一矢量 $\boldsymbol{OA}$，使其长度为 U_{m}，令其与 OX 轴的夹角为 ψ，当该矢量以角速度 ω 向正方向（逆时针方向）旋转时，在各个时刻，旋转矢量在 OX 轴上的投影就表示该正弦电压在各对应时刻的瞬时值。例如，当 $t=0$ 时，旋转矢量的端点位于 A 点，其在 OX 轴上的投影 $U_{m}\cos\psi$，它就是正弦电压 $u=U_{m}\cos(\omega t+\psi)$ 在 $t=0$ 时的瞬时值，即 $u_0=U_{m}\cos\psi$。当 $t=t_1$ 时旋转矢量的端点位于 B 点，显然 $\boldsymbol{OB}$ 与 OX 轴的夹角为$(\omega t_1+\psi)$，其在 OX 轴上的投影为 $U_{m}\cos(\omega t_1+\psi)$，这就是正弦电压 $u=U_{m}\cos(\omega t+\psi)$ 在$t=t_1$时刻的瞬时值，即 $u_1=U_{m}\cos(\omega t_1+\psi)$。依此类推，可以清楚地看出正弦量在图中各对应时刻的瞬时值。

在图 9-3 中，$t=0$ 时刻的矢量 $\boldsymbol{OA}$ 称为起始矢量。在正弦量的矢量表示法中，起始矢量常用正弦量的最大值上加一横来表示。例如正弦电压的起始矢量为 $\overline{U}_{m}$。应用矢量表示法求几个同频率正弦量的和或差时，显得很方便。例如求下列两正弦电压的和

$$u_1=U_{m1}\cos(\omega t+\psi_1)$$

$$u_2=U_{m2}\cos(\omega t+\psi_2)$$

首先将代表正弦电压 u_1 和 u_2 的起始矢量 $\overline{U}_{m1}$和 $\overline{U}_{m2}$画出，然后用矢量相加的方法得到两矢量之和 $\overline{U}_{m}$，则此矢量和 $\overline{U}_{m}$ 就是所要求的正弦电压的起始矢量。也就是说将 $\overline{U}_{m}$ 按同样频率 ω 旋转后，该旋转矢量在 OX 轴上的投影就是所要求的正弦电压的瞬时值 u。

由此可以看出，求同频率正弦量的和或差时，关键是将代表各不同正弦量的起始矢量进行运算，这时不必考虑时间 t 这个变数，这样就使一个具有时间变数的函数运算问题归结为静止的起始矢量的运算问题，从而使计算大为简化。

频率相同的正弦量矢量的组合，称为矢量图。在分析、计算和解决交流电路中的问题时，画矢量图是一种重要的方法，通过矢量图，可以清楚地看出电路中的电流、电压等正弦量的全貌及相互关系。借助矢量图，还可以定性地思考和解决交流电的相关问题。

应指出，如果频率不同的正弦量相加或相减，得到的是非正弦量，它就不能用

旋转矢量来表示，当然也画不出矢量图，可见矢量图仅对同频率的正弦量才能应用。

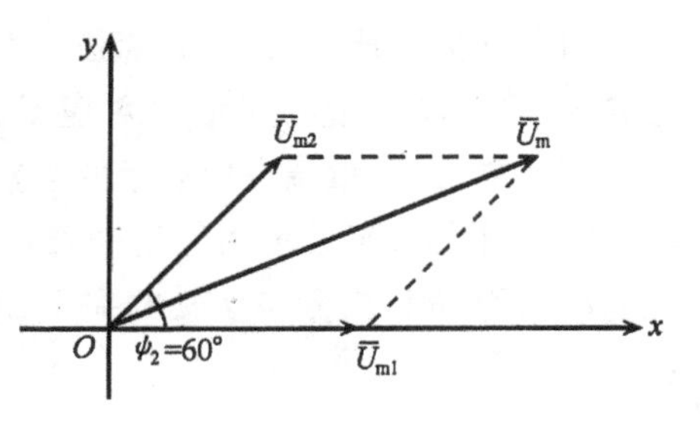

例 9-3 图

例 9-3 已知正弦电压 $u_1=100\cos(\omega t)(\mathrm{V})$，$u_2=100\cos\left(\omega t+\frac{\pi}{3}\right)(\mathrm{V})$，试求其合成电压 u。

解 首先画出矢量图如例 9-3 图所示。

$$
\begin{aligned}
U_m &= \sqrt{U_{m1}^2+U_{m2}^2+2U_{m1}U_{m2}\cos(\psi_2-\psi_1)} \\
&= \sqrt{100^2+100^2+2\times100\times100\cos(60°-0°)}=173(\mathrm{V}) \\
\psi &= \arctan\frac{U_{m1}\sin0°+U_{m2}\sin60°}{U_{m1}\cos0°+U_{m2}\cos60°} \\
&= \arctan\frac{100\times0.86}{100+100\times0.5}=\arctan0.57=30°
\end{aligned}
$$

则合成电压为

$$u=173\cos(\omega t+30°)(\mathrm{V})$$

9.3 正弦量的相量表示法

在交流电路中，广泛采用以复数原理为基础的相量法。应用这种方法不仅使交流电路的计算大为简化，而且能使交流电路和直流电路的计算在方法上得到统一化。两者的主要差别仅在于直流计算用实数理论，交流计算用复数理论。下面首先对复数知识作一简要的介绍。

一个复数有多种表示形式。例如复数 F 的代数形式为

$$F=a+\mathrm{j}b$$

式中 $\mathrm{j}=\sqrt{-1}$ 为单位虚数。j 的基本性质是 $\mathrm{j}^2=-1$，$\mathrm{j}^3=-\mathrm{j}$，$\mathrm{j}^4=1$。a 为复数 F 的实部，b 为复数 F 的虚部。取复数 F 的实部和虚部分别用下列符号表示

$$\mathrm{Re}[F]=a,\qquad \mathrm{Im}[F]=b$$

即 Re[F]是取方括号内复数的实部，Im[F]是取其虚部。

任何复数都可用复数平面简称复平面上的点来表示，这个复平面的横轴是表示复数实部的实数轴(或实轴)，纵轴为表示复数虚部的虚数轴，或称为 j 轴，例如复数 $F=a+\mathrm{j}b$ 可用图 9-4 所示复平面上的点 F 来表示。

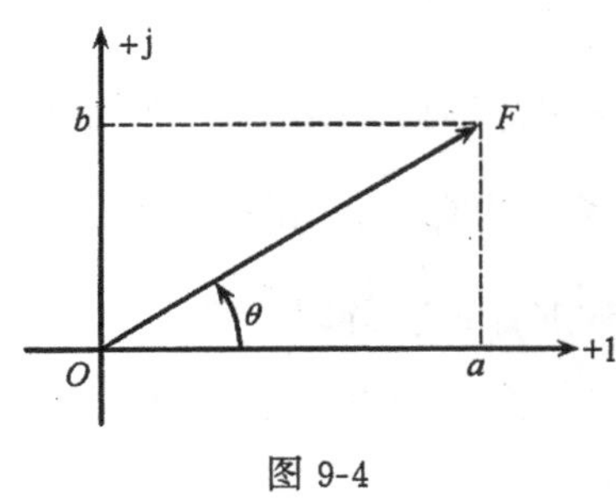

图 9-4

如果从坐标原点 O 向 F 点画一带箭头的有向线段即形成一个矢量 $\boldsymbol{OF}$,简写为 $\boldsymbol{F}$,这样复数 F 就与矢量 $\boldsymbol{F}$ 对应了。换句话说,把一个矢量放在复平面上,则一定会有一复数(矢量端点所表示的复数)与之对应,从而可用它来代表这个矢量,因此,在复平面上,复数可用矢量来表示,同样矢量也可以用复数表示。设矢量 $\boldsymbol{F}$ 的长度(模)为 $|F|$,矢量与实轴的夹角(或称幅角)为 θ,则矢量 $\boldsymbol{F}$ 与复数 F 的对应关系为

$$\boldsymbol{F} = F$$

矢量的模为

$$|F| = \sqrt{a^2 + b^2}$$

矢量的幅角为

$$\theta = \arctan\left(\frac{b}{a}\right)$$

根据图 9-4 可得复数 F 的三角函数形式为

$$F = |F|(\cos\theta + \mathrm{j}\sin\theta)$$

显然

$$a = |F|\cos\theta, \qquad b = |F|\sin\theta$$

根据欧拉公式

$$\mathrm{e}^{\mathrm{j}\theta} = \cos\theta + \mathrm{j}\sin\theta$$

复数 F 的三角函数形式可写成指数形式,即

$$F = |F|\mathrm{e}^{\mathrm{j}\theta}$$

所以复数 F 是其模 $|F|$ 与 $\mathrm{e}^{\mathrm{j}\theta}$ 相乘的结果。上述复数的指数形式有时改写为极坐标形式,即

$$F = |F|\angle\theta$$

式中 $|F|$ 就是复数 F 的模,θ 是复数 F 的幅角。

综合以上分析可得以下关系式

$$F = a + \mathrm{j}b = |F|(\cos\theta + \mathrm{j}\sin\theta) = |F|\mathrm{e}^{\mathrm{j}\theta} = |F|\angle\theta$$

从此式中可以看出,$\mathrm{e}^{\mathrm{j}\theta}=1\angle\theta$ 是一个模等于 1,幅角为 θ 的复数,它表示的是一个旋转符号。任一复数 F 乘以 $\mathrm{e}^{\mathrm{j}\theta}$ 等于把复数 F 逆时针旋转一个角度 θ,而 F 的模值不变,所以 $\mathrm{e}^{\mathrm{j}\theta}$ 称为旋转因子。

根据欧拉公式,不难得出 $\mathrm{e}^{\mathrm{j}\frac{\pi}{2}}=\mathrm{j}$,$\mathrm{e}^{-\mathrm{j}\frac{\pi}{2}}=-\mathrm{j}$,$\mathrm{e}^{\mathrm{j}\pi}=-1$。因此“$\pm\mathrm{j}$”和“$-1$”都可以看成旋转因子。例如复数 F 乘以 j,等于把该复数逆时针旋转 $\frac{\pi}{2}$(在复平面上);复数 F 除以 j,等于把复数 F 乘以“$-\mathrm{j}$”,亦等于把复数 F 顺时针旋转 $\frac{\pi}{2}$ 等。

如果 $F=|F|\mathrm{e}^{\mathrm{j}\theta}$ 中的幅角 $\theta=\omega t+\psi$,则 F 是一个复指数函数,根据欧拉公式 F 可表示为

$$F = |F|e^{j(\omega t+\psi)} = |F|\cos(\omega t + \psi) + j|F|\sin(\omega t + \psi)$$

取其实部

$$\mathrm{Re}[F] = |F|\cos(\omega t + \psi)$$

因此，正弦量可以用复数指数函数表示，使正弦量与其实部一一对应。例如，以正弦电流为例，设i 为

$$i = \sqrt{2}\, I\cos(\omega t + \psi_i)$$

则有

$$i = \mathrm{Re}\left[\sqrt{2}\, I e^{j(\omega t+\psi_i)}\right] = \mathrm{Re}\left[\sqrt{2}\, I e^{j\psi_i} e^{j\omega t}\right]$$

由上式可以看出，复指数函数中的$Ie^{j\psi_i}$是以正弦量的有效值为模，以初相角为幅角的一个复常数，这个复常数定义为该电流正弦量的相量，用符号$\dot{I}$ 表示，即

$$\dot{I} = Ie^{j\psi_i} = I\angle\psi_i \tag{9-5}$$

同理可得电压正弦量的相量为

$$\dot{U} = Ue^{j\psi_u} = U\angle\psi_u \tag{9-6}$$

字母上的小圆点用以表示相量，意在与有效值和一般的复数相区别。按正弦量有效值定义的相量称为“有效值”相量。相量也可以用正弦量的幅值定义。例如，$i = \mathrm{Re}[I_m e^{j\psi_i} e^{j\omega t}]$，则对应的相量记为$\dot{I}_m = I_m e^{j\psi_i} = I_m\angle\psi_i$。

相量是一个复数，但不是一般的复数，它是对应于一正弦时间函数的。在正弦量的极坐标形式中，相量的模即为正弦量的有效值（或幅值），而相量的幅角即为正弦量的初相角。相量在复平面上的几何表示称为相量图，如图 9-5 所示的电流相量。

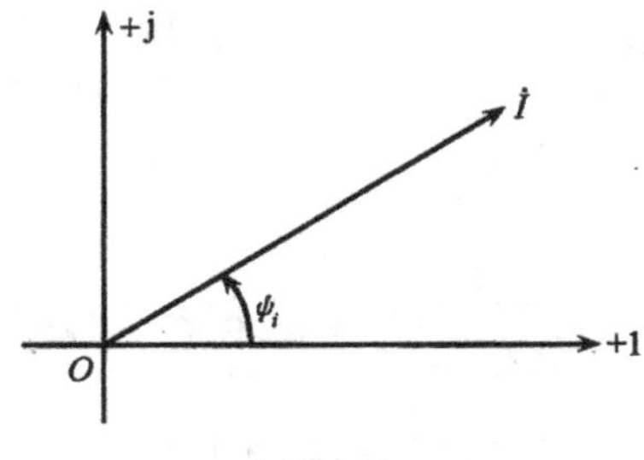

图 9-5

与正弦量相对应的复指数函数还可以在复平面上用旋转相量来表示。以上述电流正弦量为例，其中复常数$\sqrt{2}\, I\angle\psi_i$ 称为旋转相量的复振幅，$e^{j\omega t}$是一个随时间变化而以角速度ω 逆时针旋转的因子，复振幅乘以旋转因子$e^{j\omega t}$即表示复振幅在复平面上不断地逆时针旋转，故称之为旋转相量，这就是复指数函数的几何意义。例如，上述正弦电流复指数函数$i = \mathrm{Re}\left[\sqrt{2}\, Ie^{j\psi_i} e^{j\omega t}\right]$的几何意义为：正弦电流$i$ 的瞬时值等于其对应的旋转相量在实轴上的投影（式中取实部的含义），这一关系和正弦量的波形的对应关系如图 9-6 所示。

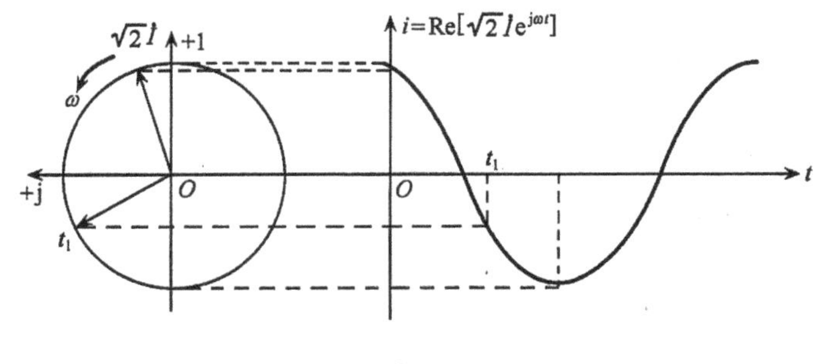

图 9-6

例 9-4 设 $F_1=3-j4$，$F_2=10\angle 135°$。试求 F_1+F_2 和 $\frac{F_1}{F_2}$。

解 求复数的和可用代数形式。

$$F_2=10\angle 135°=10(\cos 135°+j\sin 135°)=-7.07+j7.07$$

则

$$F_1+F_2=(3-j4)+(-7.07+j7.07)=-4.07+j3.07$$

转换为指数形式有

$$\arg(F_1+F_2)=\arctan\left(\frac{3.07}{-4.07}\right)=143°$$

$$|F_1+F_2|=\sqrt{(4.07)^2+(3.07)^2}=5.1$$

即得

$$F_1+F_2=5.1\angle 143°$$

$$\frac{F_1}{F_2}=\frac{3-j4}{-7.07+j7.07}=\frac{(3-j4)(-7.07-j7.07)}{(-7.07+j7.07)(-7.07-j7.07)}$$
$$=-0.495+j0.071$$

或者

$$\frac{F_1}{F_2}=\frac{3-j4}{10\angle 135°}=\frac{5\angle -53.1°}{10\angle 135°}=0.5\angle -188.1°=0.5\angle 171.9°$$

例 9-5 已知两个同频率正弦电流分别为 $i_1=10\sqrt{2}\cos\left(314t+\frac{\pi}{3}\right)\mathrm{A}$，$i_2=22\sqrt{2}\cos\left(314t-\frac{5\pi}{6}\right)\mathrm{A}$，试求：(1)$i_1+i_2$；(2)$\frac{di_1}{dt}$。

解 (1) 设 $i=i_1+i_2=\sqrt{2}I\cos(\omega t+\psi_i)$，其对应的相量为 $I=\dot{I}\angle\psi_i$。依题意

$$\dot{I}=\dot{I}_1+\dot{I}_2=10\angle 60°\mathrm{A}+22\angle -150°$$
$$=(5+j8.66)\mathrm{A}+(-19.05-j11)$$
$$=(-14.05-j2.34)=14.24\angle -170.54°(\mathrm{A})$$

则

$$i=14.24\sqrt{2}\cos(314t-170.54°)(\mathrm{A})$$

(2) 求$\frac{di_1}{dt}$可直接用时域形式求解，也可以用相量求解。

$$\frac{di_1}{dt} = -10\sqrt{2} \times 314\sin(314t + 60°)$$

$$= 3140\sqrt{2}\cos(314t + 60° + 90°)$$

9.4 电路定律的相量形式

9.4.1 KCL 和 KVL 的相量形式

在正弦交流电路中，各支路电流和支路电压都是同频率的正弦量，所以可以用相量法将 KCL 和 KVL 转换成相量的形式。

对于电路中任一节点，由 KCL 有

$$\sum i = 0$$

由于所有支路电流都是同频率的正弦量，故 KCL 的相量形式为

$$\sum \dot{I} = 0 \tag{9-7}$$

同理，对于电路任一回路，由 KVL 有

$$\sum u = 0$$

因所有支路电压都是同频率的正弦量，所以 KVL 的相量形式为

$$\sum \dot{U} = 0 \tag{9-8}$$

9.4.2 电阻、电感和电容元件 VCR 的相量形式

1. 电阻元件 VCR 的相量形式

对于电阻元件 R，其时域形式的电压电流关系为 $u=Ri$。当有正弦交流电流 $i=\sqrt{2}I\cos(\omega t+\psi_i)$通过电阻 R 时，在其两端将产生一个同频率的正弦支流电压 $u=\sqrt{2}U\cos(\omega t+\psi_u)$，如图 9-7(a)所示。将瞬时值表达式代入 $u=Ri$ 中有

$$\sqrt{2}U\cos(\omega t + \psi_u) = \sqrt{2}IR\cos(\omega t + \psi_i)$$

或

$$U\angle\psi_u = IR\angle\psi_i$$

由上式可得电阻元件 VCR 的相量形式为

$$\dot{U} = R\dot{I} \tag{9-9}$$

可见，电阻元件电压电流的大小关系为 $U=RI$ 或 $I=GU\left(G=\frac{1}{R}\right)$，而电压与电流的相位相同，即 $\psi_u=\psi_i$。图 9-7(b)是电阻 R 的电压相量和电流相量形式的示意图；图 9-7(c)是电阻中正弦电流和正弦电压的相量图。

2. 电感元件 VCR 的相量形式

电感元件时域形式的电压电流关系为

$$u_L = L\frac{\mathrm{d}i_L}{\mathrm{d}t}$$

如图 9-8(a)所示，当正弦电流通过电感元件时，其两端将产生同频率的正弦电压，设正弦电流和正弦电压分别为

$$i_L = \sqrt{2}I\cos(\omega t + \psi_i),\qquad u_L = \sqrt{2}U\cos(\omega t + \psi_u)$$

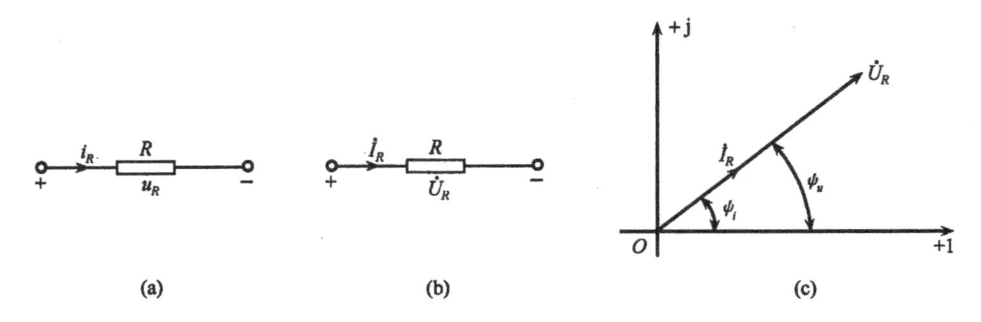

图 9-7

将正弦电流和正弦电压的瞬时值代入时域形式的电压电流关系式，则有

$$\sqrt{2}U\cos(\omega t + \psi_u) = L\frac{\mathrm{d}}{\mathrm{d}t}\left[\sqrt{2}I\cos(\omega t + \psi_i)\right]$$

将上式右边求导后整理得

$$\sqrt{2}U\cos(\omega t + \psi_u) = \sqrt{2}\,\omega LI\cos\left(\omega t + \psi_i + \frac{\pi}{2}\right)$$

即

$$U\angle\psi_u = \omega LI\angle\psi_i + \frac{\pi}{2}$$

因为 $1\angle\frac{\pi}{2}=\mathrm{j}$，所以其电压、电流的相量关系为

$$\dot{U} = \mathrm{j}\omega L\,\dot{I} \tag{9-10}$$

或

$$\dot{I} = \frac{\dot{U}}{\mathrm{j}\omega L}$$

可见，电感元件电压电流的大小关系为

$$U = \omega LI \quad 或 \quad I = \frac{U}{\omega L}$$

而两者的相位关系为

$$\psi_u = \psi_i + \frac{\pi}{2}$$

或

$$\psi_u - \psi_i = \frac{\pi}{2}$$

即电感的正弦电压比对应的正弦电流的相位超前$\frac{\pi}{2}$。

图 9-8(b)是电感 L 及电感的电压相量和电流相量形式的示意图，图 9-8(c)是电感 L 中正弦电压和正弦电流的相量图。

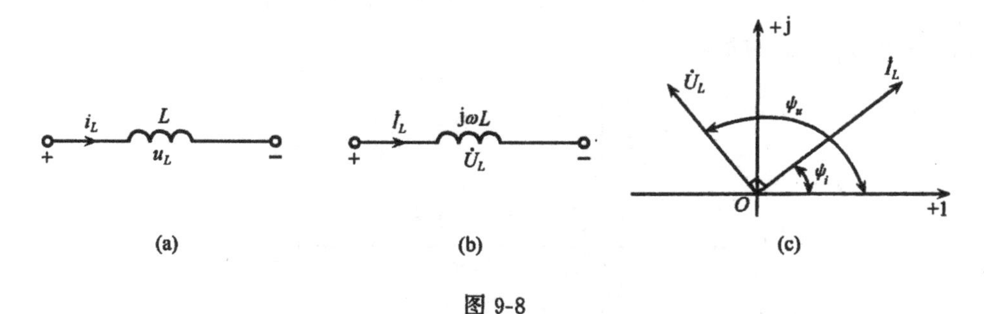

图 9-8

下面讨论 ωL 的含义。由 $I=\frac{U}{\omega L}$可知，当 U 一定时，ωL 越大，I 就越小。可见 ωL 反映了电感对正弦电流的阻碍作用，因此称之为电感电抗，简称感抗，用 X_L 表示，即

$$X_L = \omega L = 2\pi f L \tag{9-11}$$

感抗 X_L 的单位是欧姆(Ω)。从式(9-11)可以看出 X_L 由电感 L 及电路中交流电的频率 ω 决定。当 L 一定时，电感对电流的阻碍作用，即 X_L 的大小由 ω 决定，而 X_L 随频率正比地增加。因此，电感元件对高频电流有较大的阻碍作用，而对低频电流的阻碍作用较小。当 $\omega\to\infty$，$X_L\to\infty$，电感相当于开路；当 $\omega=0$(直流)时，$X_L\to 0$，电感相当于短路。通常说电感元件具有阻高频、通低频的性能，其依据就在于此。电子设备中的扼流圈(镇流器)和滤波电路中的电感线圈，就是利用电感的这一特征来限制交流和稳定直流的。

感抗的倒数称为感纳，用 B_L 表示，即

$$B_L = \frac{1}{X_L} \tag{9-12}$$

感纳的单位为西门子(S)，显然感纳表示电感对正弦电流的导通能力。有了感抗和感纳的概念，电感电压和电流的相量关系可以表述为

$$\dot{I} = -\mathrm{j}B_L\dot{U}, \qquad \dot{U} = \mathrm{j}X_L\dot{I} \tag{9-13}$$

例 9-6 已知电感 $L=0.5\text{H}$，其两端的电压为 $u_L=220\sqrt{2}\cos(314t-30°)\text{V}$，试求 X_L、B_L 和 $\dot{I}_L$，并画出相量图。

解

$$X_L = \omega L = 314 \times 0.5 = 157(\Omega)$$

$$B_L = \frac{1}{X_L} = \frac{1}{157} = 6.4 \times 10^{-3}(\mathrm{S})$$

$$\dot{I}_L = \frac{\dot{U}_L}{\mathrm{j}\omega L} = \frac{\dot{U}_L}{\mathrm{j}X_L} = \frac{220\angle -30^\circ}{\mathrm{j}157} = 1.4\angle -120^\circ(\mathrm{A})$$

则

$$i_L = 1.4\sqrt{2}\cos(314t - 120^\circ)(\mathrm{A})$$

相量图如例 9-6 图所示。

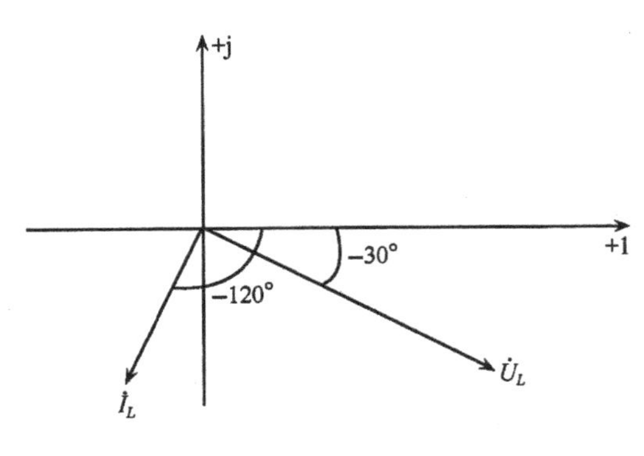

例 9-6 图

3. 电容元件 VCR 的相量形式

电容元件时域形式的电压电流关系式为

$$i_c = C\frac{\mathrm{d}u_c}{\mathrm{d}t}$$

如图 9-9(a)所示，当电容元件两端施加一正弦电压时，该元件中将产生同频率的正弦电流。设正弦电压和正弦电流分别为

$$u_c = \sqrt{2}U\cos(\omega t + \psi_u)$$

$$i_c = \sqrt{2}I\cos(\omega t + \psi_i)$$

将以上二式代入电容时域形式的电压电流关系式，则有

$$\sqrt{2}I\cos(\omega t + \psi_i) = C\frac{\mathrm{d}}{\mathrm{d}t}\left[\sqrt{2}U\cos(\omega t + \psi_u)\right]$$

上式右边对 t 求导后整理得

$$\sqrt{2}I\cos(\omega t + \psi_i) = \sqrt{2}\,\omega CU\cos\left(\omega t + \psi_u + \frac{\pi}{2}\right)$$

等式两边用相量的复数形式表示为

$$I\angle\psi_i = \omega CU\angle\psi_u + \frac{\pi}{2}$$

因为 $1\angle\frac{\pi}{2} = \mathrm{j}$，所以电容元件电压电流的相量关系为

$$\dot{I}=\mathrm{j}\omega C\dot{U}=\frac{\dot{U}}{\frac{1}{\mathrm{j}\omega C}}$$

或

$$\dot{U}=\frac{1}{\mathrm{j}\omega C}\dot{I}=-\mathrm{j}\frac{1}{\omega C}\dot{I} \tag{9-14}$$

可见,电容元件电压电流的大小关系为

$$U=\frac{1}{\omega C}I$$

而两者的相位关系为

$$\psi_i=\psi_u+\frac{\pi}{2}\quad 或\quad \psi_u-\psi_i=-\frac{\pi}{2}$$

即电容的正弦电压比对应的正弦电流的相位滞后$\frac{\pi}{2}$。上式中的$\frac{1}{\omega C}$具有与电阻相同的量纲。

图 9-9(b)是电容 C 及其电压相量和电流相量形式的示意图,图 9-9(c)是电容电压和电流的相量图。

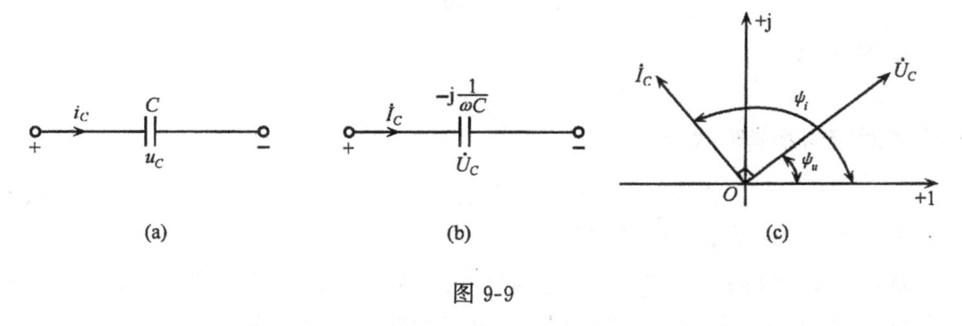

图 9-9

下面来讨论$\frac{1}{\omega C}$的含义。由$U=\frac{1}{\omega C}I$可知,当 U 一定时,$\frac{1}{\omega C}$越大,I 就越小。可见$\frac{1}{\omega C}$反映了电容对正弦电流的阻碍作用,因此将其称为电容的电抗,简称容抗,用 X_C 表示,即

$$X_C=\frac{1}{\omega C}=\frac{1}{2\pi fC} \tag{9-15}$$

容抗 X_C 的单位是欧姆(Ω)。由上式可以看出 X_C 由电容 C 和电路中正弦交流电的频率 ω 决定。当 C 一定时,X_C 与 ω 成反比。即电容元件对低频电流阻碍作用大,对高频电流阻碍作用小。电子线路中的旁路电容就是利用了电容的这一特性。当 $\omega=0$ 时(直流电),$X_C=\frac{1}{\omega C}\to\infty$,电容元件相当于开路。当 $\omega\to\infty$时,$X_C=\frac{1}{\omega C}\to 0$,电容元件相当于短路。通常说电容具有高频短路、直流开路的性质,其根据就在于此。

容抗的倒数称为容纳,用 B_C 表示,即

$$B_C = \frac{1}{X_C} \tag{9-16}$$

容纳的单位是西门子(S)。显然,容纳表示电容对正弦电流的导通能力。

有了容抗和容纳的概念,电容电压和电流的相量关系可以表示为

$$\dot{U} = -\mathrm{j}X_C\dot{I}, \quad \dot{I} = \mathrm{j}B_C\dot{U} \tag{9-17}$$

4. 受控源正弦量的相量形式

如果线性受控源的控制电压或电流是正弦量,则受控源的电压或电流也是同频率的正弦量。下面以图 9-10(a)所示的 VCCS 为例加以说明。

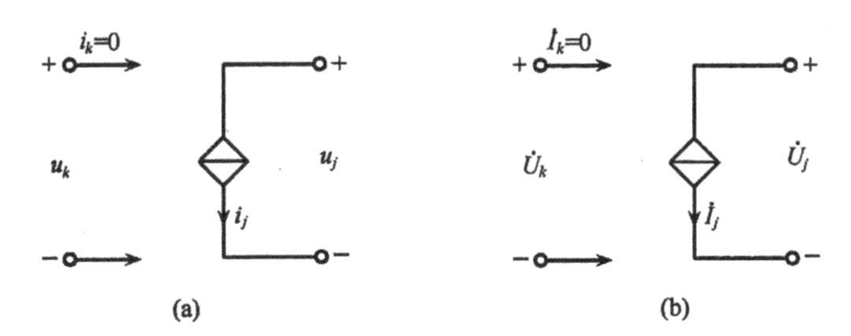

图 9-10

如图有

$$i_j = gu_k$$

那么其对应的相量形式为

$$\dot{I}_j = g\dot{U}_k \tag{9-18}$$

图 9-10(b)为其相量形式的示意图。

从以上介绍的 KCL 和 KVL 的相量形式以及 R、L、C 等元件 VCR 的相量形式可以看出,在表述形式上,它们与直流电路的有关公式完全相似。

例 9-7 在本例图(a)中所示的 RLC 串联电路中,已知 $R=3\Omega$,$L=1\mathrm{H}$,$C=1\mu\mathrm{F}$,正弦电流源的电流为 i_s,其有效值 $I_s=5\mathrm{A}$,角频率 $\omega=10^3\mathrm{rad}\cdot\mathrm{s}^{-1}$,试求电压 u_{ad}和 u_{bd}。

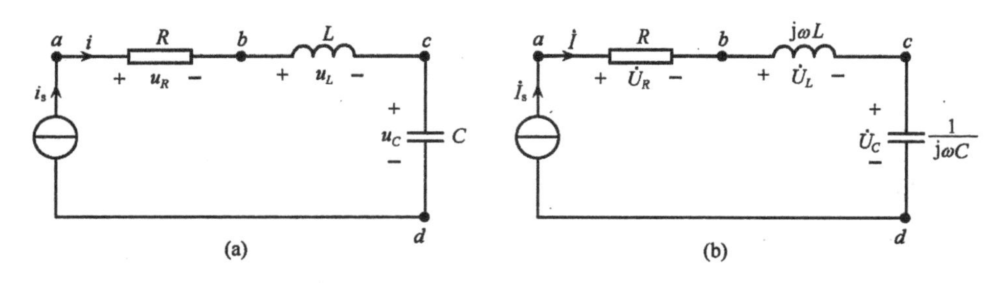

例 9-7 图

解 先画出与本例图(a)所示电路相对应的相量形式表示的电路图,见图(b)。因为在串联电路中,通过各种元件的电流 i_s 是共同的,故设电路的电流相量为参考相量,即令 $\dot{I}=\dot{I}_s=5\angle 0°\text{A}$,根据各元件的 VCR 有

$$\dot{U}_R = R\dot{I} = 3 \times 5\angle 0° = 15\angle 0°(\text{V})$$

$$\dot{U}_L = \text{j}\omega L\dot{I} = 5000\angle 90°(\text{V})$$

$$\dot{U}_C = -\text{j}\frac{1}{\omega C}\dot{I} = 5000\angle -90°(\text{V})$$

根据相量形式的 KVL 有

$$\dot{U}_{bd} = \dot{U}_L + \dot{U}_C = 0$$

$$\dot{U}_{ad} = \dot{U}_R + \dot{U}_{bd} = 15\angle 0°(\text{V})$$

即得

$$u_{bd} = 0$$

$$u_{ad} = 15\sqrt{2}\cos(10^3 t)(\text{V})$$

例 9-8 在本例图所示的 RLC 并联电路中,各仪表为交流电流表,它们所指示的读数均为电流的有效值,其中电流表 A_1 的读数为 5A,电流表 A_2 的读数为 20A,电流表 A_3 的读数为 25A。试求表 A 和表 A_4 的读数。

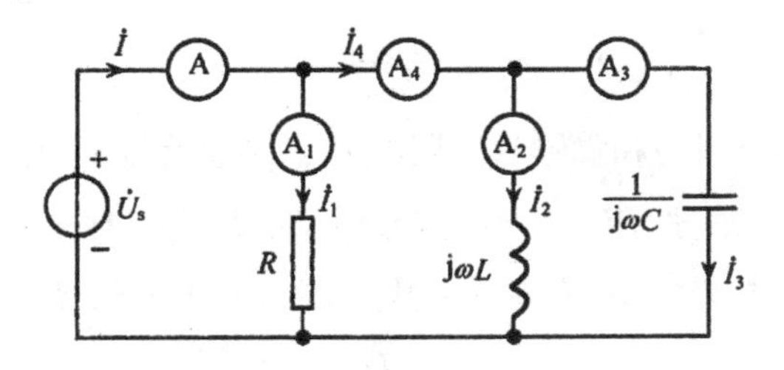

例 9-8 图

解 图中各交流电流表的读数就是仪表所在支路的电流相量的模(有效值),由于并联电路中,各元件上的电压是共同的,故选取电压相量为参考相量,即令 $\dot{U}=U_s\angle 0°$,则根据各元件的 VCR 很容易确定各并联支路中电流的初相位。它们分别为

$$\dot{I}_1 = 5\angle 0°(\text{A}),\qquad \dot{I}_2 = -\text{j}20(\text{A}),\qquad \dot{I}_3 = \text{j}25(\text{A})$$

由 KCL 可得

$$\dot{I} = \dot{I}_1 + \dot{I}_2 + \dot{I}_3 = (5 + \text{j}5) = 7.07\angle 45°(\text{A}),\qquad I = 7.07(\text{A})$$

$$\dot{I}_4 = \dot{I}_2 + \dot{I}_3 = \text{j}5 = 5\angle 90°(\text{A}),\qquad I_4 = 5(\text{A})$$

9.5 阻抗和导纳及其串并联

9.5.1 阻抗和导纳

在正弦稳态电路的分析中，广泛采用阻抗和导纳的概念，下面予以讨论。图9-11(a)所示为一个含线性电阻、电感和电容等元件，但不含独立源的一端口网络N_0，当它在角频率为ω的正弦电压（或正弦电流）激励下处于稳定状态时，其端口的电流（或电压）也是同频率的正弦量。于是，我们把端口的电压相量$\dot{U}$与电流相量$\dot{I}$的比值定义为该一端口网络的阻抗Z，即

$$Z=\frac{\dot{U}}{\dot{I}} \tag{9-19}$$

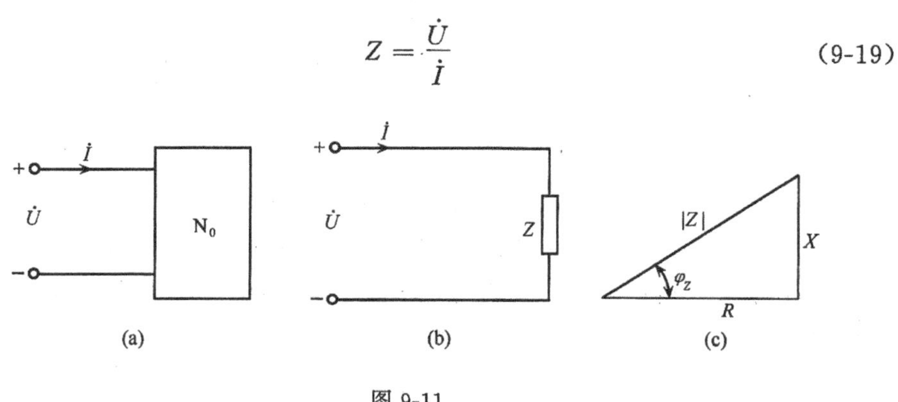

图 9-11

此定义式称为欧姆定律的相量形式。阻抗Z的单位为欧姆(Ω)。式中$\dot{U}=U\angle\psi_u$，$\dot{I}=I\angle\psi_i$。由于Z是复数，所以Z又称为复阻抗，其图形符号见图9-11(b)。Z的模值$|Z|$称为阻抗模，其辐角φ_Z称为阻抗角。由上可知Z的极坐标形式为

$$Z=|Z|\angle\varphi_Z=\frac{\dot{U}}{\dot{I}}=\frac{U}{I}\angle\psi_u-\psi_i \tag{9-20}$$

即

$$|Z|\angle\varphi_Z=\frac{U}{I}\angle\psi_u-\psi_i$$

上式表明

$$|Z|=\frac{U}{I},\qquad \varphi_Z=\psi_u-\psi_i$$

即阻抗的大小$|Z|$是电压有效值除以电流有效值，其阻抗角是电压和电流的相位差。

阻抗Z也可以用代数形式表示，即

$$Z=R+\mathrm{j}X \tag{9-21}$$

其实部$\mathrm{Re}[Z]=|Z|\cos\varphi_Z=R$称为阻抗的电阻分量，简称电阻。虚部$\mathrm{Im}[Z]=$

$|Z|\sin\varphi_Z = X$ 称为阻抗的电抗分量，简称电抗，它们的单位都是欧姆(Ω)。

如果一端口网络 N_0 内部仅含单个元件 R、L 或 C，则对应的阻抗分别为

$$Z_R = R, \qquad Z_L = \mathrm{j}\omega L = \mathrm{j}X_L, \qquad Z_C = -\mathrm{j}\frac{1}{\omega C} = -\mathrm{j}X_C$$

如果一端口网络 N_0 内部为 RCL 串联电路，由 KVL 可得其阻抗 Z 为

$$Z = \frac{\dot{U}}{\dot{I}} = R + \mathrm{j}\omega L + \left(-\mathrm{j}\frac{1}{\omega C}\right) = R + \mathrm{j}\left(\omega L - \frac{1}{\omega C}\right)$$
$$= R + \mathrm{j}X = |Z|\angle\varphi_Z$$

显然，Z 的实部就是电阻 R，而虚部即电抗 X 为

$$X = X_L + X_C = \omega L - \frac{1}{\omega C}$$

Z 的模值和辐角分别为

$$\left.\begin{aligned} |Z| &= \sqrt{R^2 + X^2} \\ \varphi_Z &= \arctan\left(\frac{X}{R}\right) \end{aligned}\right\} \tag{9-22}$$

而

$$\left.\begin{aligned} R &= |Z|\cos\varphi_Z \\ X &= |Z|\sin\varphi_Z \end{aligned}\right\} \tag{9-23}$$

当 $X>0$，即 $\omega L>\frac{1}{\omega C}$时，称 Z 呈感性，相应的电路为感性电路；当 $X<0$，即 $\omega L<\frac{1}{\omega C}$时，称 Z 呈容性，相应的电路为容性电路；当 $X=0$，即 $\omega L=\frac{1}{\omega C}$，称 Z 呈电阻性，相应的电路为电阻性电路或谐振电路。

在一般情况下，按式 $Z=\frac{\dot{U}}{\dot{I}}$定义的阻抗称为一端口网络 N_0 的等效阻抗，即输入阻抗或驱动点阻抗，它的实部和虚部都是外施激励正弦量角频率 ω 的函数，此时 Z 可写为

$$Z(\mathrm{j}\omega) = R(\omega) + \mathrm{j}X(\omega)$$

式中 $Z(\mathrm{j}\omega)$的实部 $R(\omega)$即为其电阻分量，虚部 $X(\omega)$为电抗分量。

根据阻抗 Z 的代数形式，R、X 和 $|Z|$之间的关系可用一个三角形表示，见图 9-11(c)，此三角形称为阻抗三角形。(复数)阻抗 Z 的倒数定义为(复数)导纳，用 Y 表示，即

$$Y = \frac{1}{Z} = \frac{\dot{I}}{\dot{U}} \tag{9-24}$$

导纳的单位是西门子(S)。由导纳的定义式不难得出 Y 的极坐标形式为

$$Y = |Y|\angle\varphi_Y = \frac{\dot{I}}{\dot{U}} = \frac{I}{U}\angle\psi_i - \psi_u$$

即

$$|Y|\angle\varphi_Y = \frac{I}{U}\angle\psi_i - \psi_u \tag{9-25}$$

Y 的模值 $|Y|$ 称为导纳模，其辐角 φ_Y 称为导纳角。显然有

$$|Y| = \frac{I}{U}, \qquad \varphi_Y = \psi_i - \psi_u$$

上式表明导纳的大小是电流有效值除以电压有效值，其导纳角是电流和电压的相位差。

导纳 Y 也可以用代数形式表示，即

$$Y = G + \mathrm{j}B \tag{9-26}$$

Y 的实部 $\mathrm{Re}[Y]=|Y|\cos\varphi_Y=G$ 称为电导；虚部 $\mathrm{Im}[Y]=|Y|\sin\varphi_Y=B$ 称为电纳。它们的单位都是西门子(S)。

由导纳的定义式可推得单一元件 R、L、C 的导纳分别为

$$Y_R = \frac{1}{R} = G, \qquad Y_L = -\mathrm{j}\frac{1}{\omega L} = -\mathrm{j}B_L, \qquad Y_C = \mathrm{j}\omega C = \mathrm{j}B_C$$

如果一端口网络 N_0 内部为 RLC 并联电路，见图 9-12(a)，由 VCR 有

$$\dot{I}_1 = \frac{\dot{U}}{R}, \qquad \dot{I}_2 = \frac{\dot{U}}{\mathrm{j}\omega L}, \qquad \dot{I}_3 = \mathrm{j}\omega C\dot{U}$$

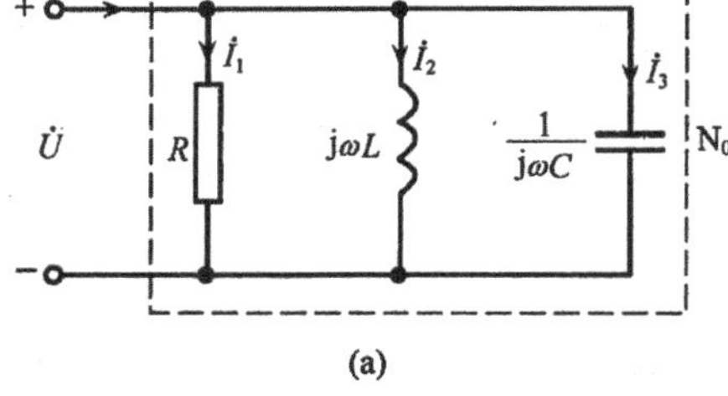

(a)

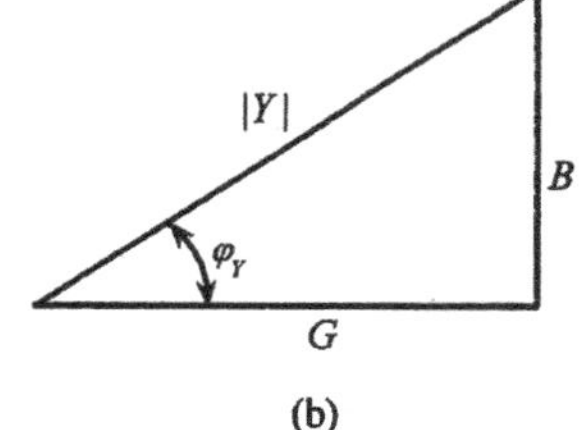

(b)

图 9-12

由导纳的定义式和 KVL 可得该单口无源网络(RLC 并联电路)的导纳为

$$Y = \frac{\dot{I}}{\dot{U}} = \frac{\dot{I}_1}{\dot{U}} + \frac{\dot{I}_2}{\dot{U}} + \frac{\dot{I}_3}{\dot{U}} = \frac{1}{R} + \frac{1}{\mathrm{j}\omega L} + \mathrm{j}\omega C$$

$$= \frac{1}{R} + \mathrm{j}\left(\omega C - \frac{1}{\omega L}\right) = G + \mathrm{j}B = |Y|\angle\varphi_Y$$

显然，Y 的实部就是电导 G，虚部即电纳 B 为

$$B = B_C - B_L = \omega C - \frac{1}{\omega L}$$

Y 的模值和辐角分别为

$$\left.\begin{aligned}|Y| &= \sqrt{G^2 + B^2} \\ \varphi_Y &= \arctan\left(\frac{\omega C - \dfrac{1}{\omega L}}{G}\right)\end{aligned}\right\} \tag{9-27}$$

而

$$\left.\begin{aligned}G &= |Y|\cos\varphi_Y \\ B &= |Y|\sin\varphi_Y\end{aligned}\right\} \tag{9-28}$$

当 $B>0$，即 $\omega C>\frac{1}{\omega L}$ 时，称 Y 呈容性，相应的电路为容性电路；当 $B<0$，即 $\omega C<\frac{1}{\omega L}$ 时，称 Y 呈感性，相应的电路为感性电路；当 $B=0$，即 $\omega C=\frac{1}{\omega L}$ 时，称 Y 为电阻性，相应的电路为电阻性电路或谐振电路。

在一般情况下，按式 $Y=\frac{\dot{I}}{\dot{U}}$ 定义的一端口网络 N_0 的导纳称为 N_0 的等效导纳，其实部和虚部都是外施激励正弦量角频率 ω 的函数。此时，Y 可写为

$$Y(\mathrm{j}\omega) = G(\omega) + \mathrm{j}B(\omega)$$

式中 $Y(\mathrm{j}\omega)$ 的实部 $G(\omega)$ 称为它的电导分量，而虚部 $B(\omega)$ 称为其电纳分量。

根据 Y 的代数形式，G、B、$|Y|$ 三者之间的关系可用一个三角形表示，见图 9-12(b)。此三角形称为导纳三角形。

阻抗和导纳可以等效互换，其条件为

$$Z(\mathrm{j}\omega)Y(\mathrm{j}\omega) = 1$$

即

$$\begin{cases}|Z(\mathrm{j}\omega)|\,|Y(\mathrm{j}\omega)| = 1 \\ \varphi_Z + \varphi_Y = 0\end{cases}$$

用代数形式表示有

$$G(\omega) + \mathrm{j}B(\omega) = \frac{1}{R(\omega) + \mathrm{j}X(\omega)} = \frac{R(\omega)}{|Z(\mathrm{j}\omega)|^2} - \mathrm{j}\,\frac{X(\omega)}{|Z(\mathrm{j}\omega)|^2}$$

所以有

$$G(\omega) = \frac{R(\omega)}{|Z(\mathrm{j}\omega)|^2}, \qquad B(\omega) = -\frac{X(\omega)}{|Z(\mathrm{j}\omega)|^2}$$

或者

$$R(\omega) = \frac{G(\omega)}{|Y(\mathrm{j}\omega)|^2}, \qquad X(\omega) = -\frac{B(\omega)}{|Y(\mathrm{j}\omega)|^2}$$

现以 RLC 串联电路为例，由前面的讨论可直接写出其阻抗，即

$$Z = R + \mathrm{j}\left(\omega L - \frac{1}{\omega C}\right) = R + \mathrm{j}X$$

而其等效导纳则为

$$Y=\frac{R}{R^2+X^2}-\mathrm{j}\,\frac{X}{R^2+X^2}$$

可以看出 Y 的实部和虚部都是 ω 的函数，而且比较复杂。同理，对于 RCL 并联电路，其导纳也可直接写出，即

$$Y=\frac{1}{R}+\mathrm{j}\left(\omega C-\frac{1}{\omega L}\right)=G+\mathrm{j}B$$

则其等效阻抗为

$$Z=\frac{G}{G^2+B^2}-\mathrm{j}\,\frac{B}{G^2+B^2}$$

当一端口网络 N_0 中含有受控源时，可能会出现 $\mathrm{Re}[Z(\mathrm{j}\omega)]<0$ 或 $|\varphi_Z|>\frac{\pi}{2}$ 的情况。如果仅限于 R、L、C 元件的组合，则一定有 $\mathrm{Re}[Z(\mathrm{j}\omega)]\geqslant 0$ 或 $|\varphi_Z|\leqslant\frac{\pi}{2}$。

9.5.2 阻抗、导纳的串联和并联

阻抗的串联和并联电路的计算，在形式上与直流电路中的电阻的串联和并联的计算相似。对于 n 个阻抗串联而成的电路，其等效阻抗为

$$Z=Z_1+Z_2+\cdots+Z_n \tag{9-29}$$

各个阻抗的电压分配为

$$\dot{U}_k=\frac{Z_k}{Z}\dot{U},\qquad k=1,2,\cdots,n \tag{9-30}$$

式中 $\dot{U}$ 为总电压，$\dot{U}_k$ 为第 k 个阻抗的电压。同理，对于 n 个导纳并联而成的电路，其等效导纳为

$$Y=Y_1+Y_2+\cdots+Y_n \tag{9-31}$$

各个导纳的电流分配为

$$\dot{I}_k=\frac{Y_k}{Y}\dot{I},\qquad k=1,2,\cdots,n \tag{9-32}$$

式中 $\dot{I}$ 为总电流，$\dot{I}_k$ 为第 k 个导纳 Y_k 的电流。

例 9-9 在本例图所示的 RLC 串联电路中，已知电阻 $R=15\Omega$，电感 $L=25\mathrm{mH}$，电容 $C=5\mu\mathrm{F}$，端电压 $u=100\sqrt{2}\cos(5000)t\mathrm{V}$，试求电路中的电流 i 和各

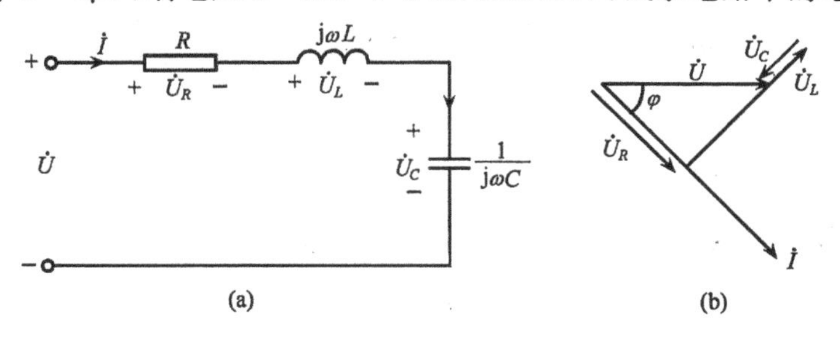

例 9-9 图

元件上电压的瞬时值表达式。并判断电路的性质。

解 可用相量法求解，电路中各正弦量的相量以及电压、电流的参考方向如本例图(a)所示。

$$Z_R = 15\Omega$$

$$Z_L = \mathrm{j}\omega L = \mathrm{j}5000 \times 25 \times 10^{-3} = \mathrm{j}125(\Omega)$$

$$Z_C = -\mathrm{j}\frac{1}{\omega C} = -\mathrm{j}\frac{1}{5000 \times 5 \times 10^{-6}} = -\mathrm{j}40(\Omega)$$

所以

$$Z = Z_R + Z_L + Z_C = 15 + \mathrm{j}85 = 86.31\angle 79.99°(\Omega)$$

电路端电压的相量为

$$\dot{U} = 100\angle 0°\mathrm{V}$$

则电路的电流相量为

$$\dot{I} = \frac{\dot{U}}{Z} = \frac{100\angle 0°}{86.31\angle 79.99°} = 1.16\angle -79.99°(\mathrm{A})$$

各元件上的电压相量分别为

$$\dot{U}_R = R\dot{I} = 15 \times 1.16\angle -79.99° = 17.38\angle -79.99°(\mathrm{V})$$

$$\dot{U}_L = \mathrm{j}\omega L\dot{I} = \mathrm{j}125 \times 1.16\angle -79.99° = 145\angle 10.01°(\mathrm{V})$$

$$\dot{U}_C = -\mathrm{j}\frac{1}{\omega C}\dot{I} = -\mathrm{j}40 \times 1.16\angle -79.99° = 46.4\angle -169.99°(\mathrm{V})$$

它们的瞬时值表达式分别为

$$i = 1.16\sqrt{2}\cos(5000t - 79.99°)(\mathrm{A})$$

$$u_R = 17.38\sqrt{2}\cos(5000t - 79.99°)(\mathrm{V})$$

$$u_L = 145\sqrt{2}\cos(5000t + 10.01°)(\mathrm{V})$$

$$u_C = 46.4\sqrt{2}\cos(5000t - 169.99°)(\mathrm{V})$$

结果表明，本例中电感电压高于电路的端电压。本例图(b)是该电路的相量图。

判断电路的性质，可以由电路总的阻抗角 φ 来判断，也可由阻抗的虚部 X(电抗)来判断，还可直接用 $\psi_u - \psi_i$，即电路总电压与总电流的相位差来判断。在本例中，阻抗角 $\varphi = 79.99° > 0$，而 $\mathrm{Im}[Z] = 85\Omega > 0$，$\psi_u - \psi_i = 0° - (-79.99°) = 79.99° > 0$，都说明该电路为感性电路。

例 9-10 在本例图所示的 RLC 并联电路中，已知 $R = 5\Omega$，$L = 20\mu\mathrm{H}$，$C = 0.3\mu\mathrm{F}$，端口电流 $I = 2\mathrm{A}$，$\omega = 10^6\mathrm{rad/s}$。试求电路的总电压和各元件的电流相量，并判断电路性质。

解 电路中各元件的电流相量以及电流、电压的参考方向如本例图(a)所示。RLC 并联电路的导纳为

$$Y=\frac{\dot{I}}{\dot{U}}=G+\mathrm{j}B=G+\mathrm{j}(B_C-B_L)$$

而

$$G=\frac{1}{R}\qquad B=B_C-B_L=\omega C-\frac{1}{\omega L}$$

代入已知数据可得

$$\begin{aligned}Y&=\frac{1}{5}+\mathrm{j}\left(10^6\times 0.3\times 10^{-6}-\frac{1}{10^6\times 20\times 10^{-6}}\right)\\&=0.2+\mathrm{j}(0.3-0.05)=0.2+\mathrm{j}0.25=0.32\angle 51.34^\circ(\mathrm{S})\end{aligned}$$

令$\dot{I}=2\angle 0^\circ\mathrm{A}$,则

$$\dot{U}=\frac{\dot{I}}{Y}=\frac{2\angle 0^\circ}{0.32\angle 51.34^\circ}=6.25\angle-51.34^\circ(\mathrm{V})$$

通过各元件的电流相量分别为

$$\dot{I}_R=G\dot{U}=0.2\times 6.25\angle-51.34^\circ=1.25\angle-51.34^\circ(\mathrm{A})$$

$$\dot{I}_L=-\mathrm{j}\frac{1}{\omega L}\dot{U}=-\mathrm{j}0.05\times 6.25\angle-51.34^\circ=0.31\angle-141.34^\circ(\mathrm{A})$$

$$\dot{I}_C=\mathrm{j}\omega C\dot{U}=\mathrm{j}0.3\times 6.25\angle-51.34^\circ=1.88\angle 38.66^\circ(\mathrm{A})$$

由导纳角 $\varphi_Y=51.34^\circ>0$ 可知,该电路性质呈容性,其相量图见本例图(b)。

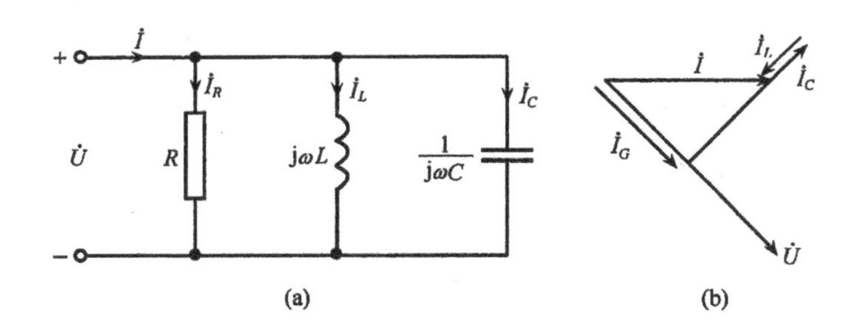

例 9-10 图

9.5.3 正弦交流电路的相量图分析法

相量图可以直观地显示各相量之间的关系,在讨论阻抗或导纳的串、并联电路时,常常利用相关的电压和电流相量在复平面上组成的电路相量图对其进行定性或定量的分析计算。

用相量图求解正弦交流电路的具体做法是:先选定好参考相量,若电路为串联电路,由于电流是共同的,应选电流为参考相量,并根据 VCR 确定有关电压相量与电流相量(参考相量)之间的夹角,再根据回路上的 KVL 方程,用相量平移求和法则,画出回路上各电压相量所组成的多边形;若电路为并联电路,由于电压是共同的,应选电压为参考相量,并根据支路的 VCR 确定各并联支路的电流相量与电

压相量(参考相量)之间的夹角,然后再根据节点上的KCL方程用相量平移求和法则,画出节点各支路电流相量组成的多边形;对于混联电路,参考相量的选择可根据电路的具体条件而定。如可根据已知条件选定电路内部某并联部分电压或某串联部分电流为参考相量。

有了参考相量,相量图中一般不再出现坐标轴,所有的相量都以参考相量为基准,从而使相量图变得非常简洁。例如前面例9-9图(b)给出的是RLC串联电路以电流$\dot{I}$为参考相量的相量图;例9-10图(b)给出的是RLC并联电路以端电压$\dot{U}$为参考相量的相量图。

例9-11 本例图(a)所示电路为RC串联电路,图(b)所示电路为RL并联电路。试根据各电路的已知条件,应用相量图求各电表的读数。

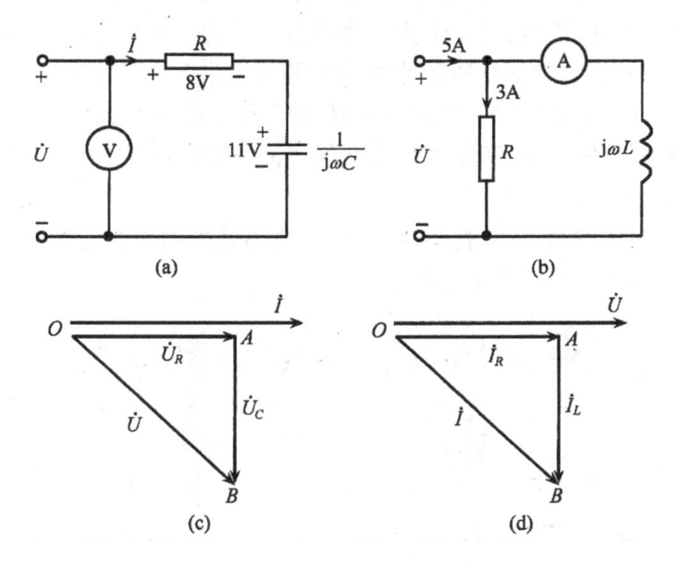

例9-11图

解 (1) 因电路为RC串联电路,电流是共同的,故选电流$\dot{I}$为参考相量,令$\dot{I}=I\angle 0°$。考虑到$\dot{U}_R$与$\dot{I}$同相,$\dot{U}_C$比$\dot{I}$滞后$\frac{\pi}{2}$,而总电压为

$$\dot{U}=\dot{U}_R+\dot{U}_C$$

画出该电路的相量图如本例图(c)所示,由相量图所示的直角三角形OAB即得

$$U=\sqrt{U_R^2+U_C^2}=\sqrt{8^2+11^2}=13.60(\text{V})$$

(2) 因电路为RC并联电路,它们的电压是共同的,故选电压$\dot{U}$为参考相量,令$\dot{U}=U\angle 0°$,考虑到$\dot{I}_R$与$\dot{U}$同相,$\dot{I}_L$较$\dot{U}$滞后$\frac{\pi}{2}$,且由KCL可知电路的总电流为

$$\dot{I}=\dot{I}_R+\dot{I}_L$$

画出该电路的相量图如本例图(d)所示。由相量图所示的直角三角形 OAB 可得

$$I_L = \sqrt{I^2 - I_R^2} = \sqrt{5^2 - 3^2} = 4(\text{A})$$

9.6 正弦稳态电路的相量分析法

由前面的讨论我们知道，对于线性电阻电路的分析，其基本定律有

$$\sum i = 0, \quad \sum u = 0, \quad u = Ri, \quad i = Gu$$

对于正弦交流电路，其基本定律有

$$\sum \dot{I} = 0, \quad \sum \dot{U} = 0, \quad \dot{U} = Z\dot{I}, \quad \dot{I} = Y\dot{U}$$

比较上述两组式子，它们在形式上是完全相同的。因此，线性电阻电路的各种分析方法和电路定理(例如电阻的串并联等效变换，Y-△等效变换，电压源和电流源的等效变换，$2b$ 法、回路法、节点法以及戴维南定理和叠加定理等)都可以直接用于正弦稳态电路的分析。所不同的是线性电阻电路求解方程为实数运算，而正弦稳态电路求解方程为复数运算。

例 9-12 在本例图所示电路中，各独立源都是同频率的正弦量。试列写该电路的节点电压方程和回路电流方程。

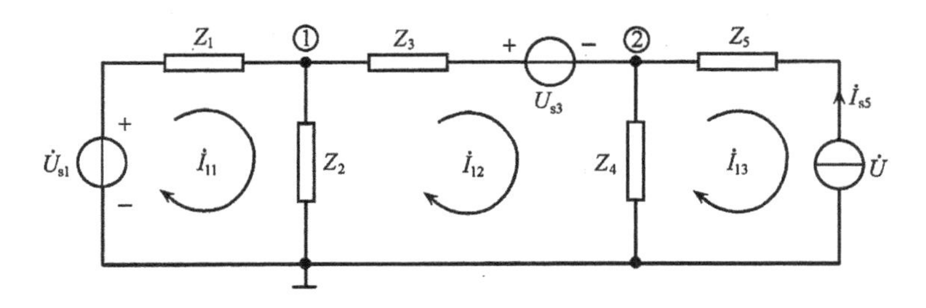

例 9-12 图

解 选接地点为参考节点，节点①和节点②的节点电压分别为 $\dot{U}_{n1}$ 和 $\dot{U}_{n2}$，根据节点法可列写该电路的节点方程为：

节点①

$$(Y_1 + Y_2 + Y_3)\dot{U}_{n1} - Y_3\dot{U}_{n2} = Y_1\dot{U}_{s1} + Y_3\dot{U}_{s3}$$

节点②

$$-Y_3\dot{U}_{n1} + (Y_3 + Y_4)\dot{U}_{n2} = -Y_3\dot{U}_{s3} + \dot{I}_{s5}$$

对于该电路的回路电流方程，如取顺时针的回路电流 $\dot{I}_{11}$、$\dot{I}_{12}$、$\dot{I}_{13}$(本例图)为电路变量，根据回路电流法有

$$(Z_1 + Z_2)\dot{I}_{11} - Z_2\dot{I}_{12} = \dot{U}_{s1}$$

$$-Z_2\dot{I}_{11}+(Z_2+Z_3+Z_4)\dot{I}_{12}-Z_4\dot{I}_{13}=-\dot{U}_{s3}$$

$$-Z_4\dot{I}_{12}+(Z_4+Z_5)\dot{I}_{13}+\dot{U}=0$$

$$\dot{I}_{13}=-\dot{I}_{s5}$$

例 9-13 在本例图(a)所示电路中，已知 $Z_1=(120+\mathrm{j}300)\Omega$，$Z_2=(90+\mathrm{j}60)\Omega$，试求 $\dot{U}_s$ 与 $\dot{I}_1$ 的相位差为 45°时 β 等于多少？

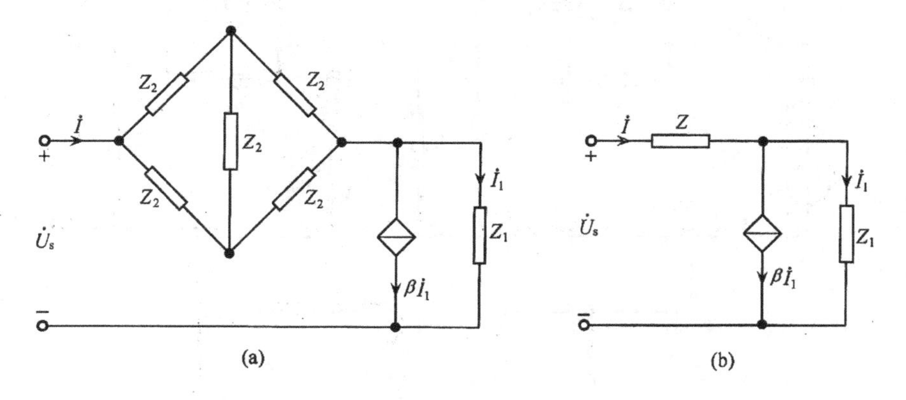

例 9-13 图

解 由于原电路 5 个 Z_2 连成对称电桥，故可将中间的 Z_2 支路断开，将原电路简化成本例图(b)所示的电路，如图可知等效阻抗为

$$Z=\frac{1}{2}(90+\mathrm{j}60+90+\mathrm{j}60)=(90+\mathrm{j}60)(\Omega)=Z_2$$

根据 KCL 和 KVL 可列写本例图(b)所示电路的方程为

$$\dot{I}=\dot{I}_1+\beta\dot{I}_1,\qquad \dot{U}_s=Z\dot{I}+Z_1\dot{I}_1$$

联立上述二式解得

$$\frac{\dot{U}_s}{\dot{I}_1}=Z+\beta Z+Z_1=[90(1+\beta)+120]+\mathrm{j}[60(1+\beta)+300]$$

显然，要使 $\dot{U}_s$ 与 $\dot{I}_1$ 的相位差为 $\psi_1=45°$，则必须有

$$\psi_1=\arctan\frac{\mathrm{Im}(Z+\beta Z+Z_1)}{\mathrm{Re}(Z+\beta Z+Z_1)}=45°$$

即

$$\frac{60+\beta 60+300}{90+\beta 90+120}=1$$

解得

$$\beta=5$$

所以

$$\frac{\dot{U}_s}{\dot{I}_1}=[90(1+5)+120]+\mathrm{j}[60(1+5)+300]=(660+\mathrm{j}660)(\Omega)$$

电流$\dot{I}_1$比电压$\dot{U}_s$的相位滞后45°。

例 9-14 在本例图(a)所示的电路中，已知$R_1=10\Omega, R_2=5\Omega, R_3=10\Omega, R_4=7\Omega, L_1=2\text{H}, C_2=0.025\text{F}, u_s=100\sqrt{2}\cos 10t\text{V}, i_s=2\sqrt{2}\cos\left(10t+\frac{\pi}{2}\right)\text{A}$。求流过$R_4$的电流$i$。

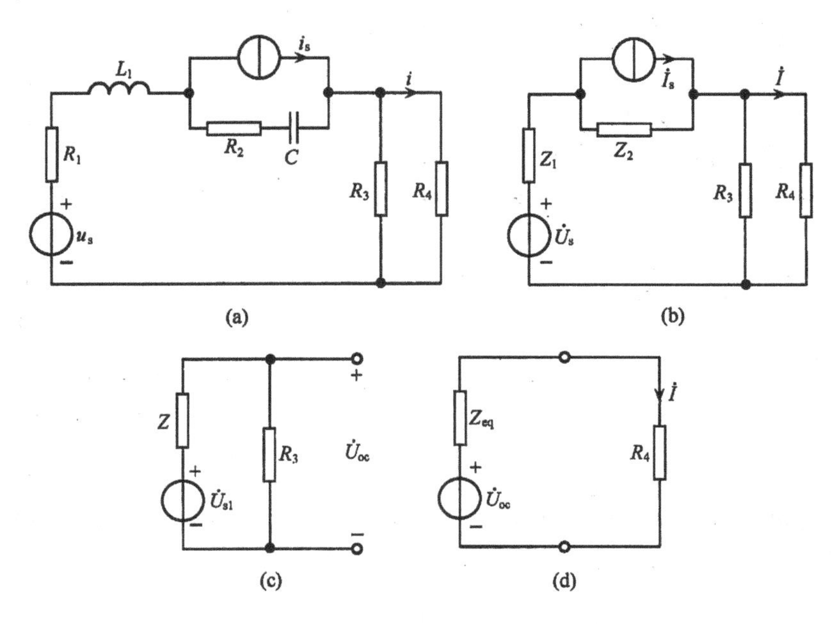

例 9-14 图

解 首先计算各阻抗值，并画出该电路的相量模型如本例图(b)所示。其中

$$Z_1=R_1+\text{j}\omega L_1=10+\text{j}10\times 2=(10+\text{j}20)(\Omega)$$

$$Z_2=R_2-\text{j}\frac{1}{\omega C}=5-\text{j}\frac{1}{10\times 0.025}=(5-\text{j}4)(\Omega)$$

再将本例图(b)的R_4支路断开，应用戴维南定理求出从断开口向左看去有源二端网络的开路电压$\dot{U}_{oc}$和戴维南等效阻抗Z_{eq}。具体做法是将$\dot{I}_s$、Z_2进行电源等效变换并简化电路后得到如本例图(c)所示的等效电路，其中

$$\dot{U}_{s1}=\dot{U}_s+Z_2\dot{I}_s,\qquad Z=Z_1+Z_2$$

将$\dot{U}_s=100\angle 0°\text{V}, \dot{I}_s=2\angle\frac{\pi}{2}\text{A}$，及$Z_1$、$Z_2$代入上式整理后即得

$$\dot{U}_{s1}=(108+\text{j}10)\text{V},\qquad Z=(15+\text{j}16)\Omega$$

由本例图(c)可知

$$\dot{U}_{oc}=\frac{R_3}{R_3+Z}\dot{U}_{s1}=\frac{10}{10+15+\text{j}16}\times(108+\text{j}10)=36.54\angle-27.33°(\text{V})$$

$$Z_{eq}=\frac{R_3Z}{R_3+Z}=\frac{10(15+\text{j}16)}{10+15+\text{j}16}=7.39\angle 14.23°=(7.16+\text{j}1.82)(\Omega)$$

由本例图(d)即得流过 R_4 的电流为

$$\dot{I}=\frac{\dot{U}_{oc}}{Z_{eq}+R_4}=\frac{36.54\angle-27.33^\circ}{7.16+j1.82+7}=2.56\angle-34.65^\circ(\text{A})$$

$$i=2.56\sqrt{2}\cos(10t-34.65^\circ)(\text{A})$$

例 9-15 在本例图(a)所示的电路中，正弦电压 $U_s=380\text{V}$，频率 $f=50\text{Hz}$。电容为可调电容，当 $C=80.95\mu\text{F}$ 时，交流电流表 A 的读数最小，其值为 2.59A。试求图中交流电流表 A_1 的读数以及参数 R_1 和 L_1。

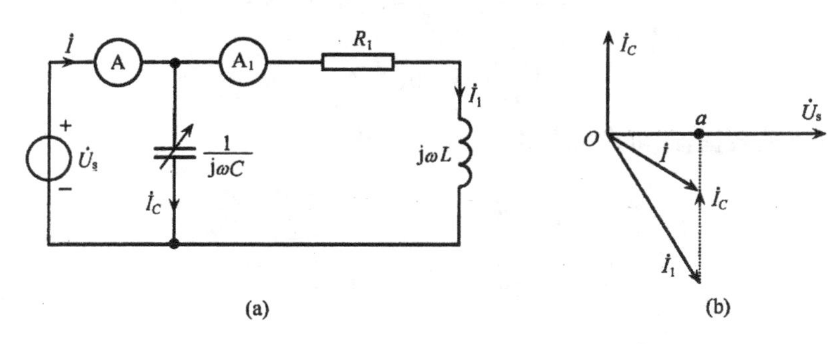

例 9-15 图

解 方法一 当电容 C 变化时，而 $\dot{I}_1$ 始终不变，故可先定性画出该电路的相量图。令 $\dot{U}_s=380\angle0^\circ\text{V}$，可知电感电流 $\dot{I}_1=\dfrac{\dot{U}_s}{R+j\omega L}$，$\dot{I}_1$ 滞后电压 $\dot{U}_s$，而 $\dot{I}_C=j\omega C\dot{U}_s$。表示总电流 $\dot{I}=\dot{I}_1+\dot{I}_C$ 的电流相量所组成的相量三角形如图(b)所示。由于电容 C 变化时，$\dot{I}_C$ 的末端将沿本例图(b)中所示的虚线(垂线)变化。显然，只有当 $\dot{I}_C$ 的末端到达 a 点时，$\dot{I}$ 为最小，即 $I=2.59\text{A}$，而 $I_C=\omega CU_s=9.66\text{A}$，此时，由 $\dot{I}$、$\dot{I}_1$ 和 $\dot{I}_C$ 三者组成的直角三角形即可解得电流表 A_1 的读数为

$$I_1=\sqrt{(9.66)^2+(2.59)^2}=10(\text{A})$$

方法二 当交流电流表 A 的读数最小即总电流 I 取最小值时，表示电路的输入导纳最小(或输入阻抗最大)。由电路的相量图有

$$Y(j\omega)=\frac{1}{Z_C}+\frac{1}{Z_1}=j\omega C+\frac{1}{R_1+j\omega L_1}$$

$$=j\omega C+\frac{R_1}{|Z_1|^2}-j\frac{\omega L_1}{|Z_1|^2}$$

由上式可知，当电容 C 变化时，只改变 $Y(j\omega)$ 的虚部，而导纳最小意味着虚部为零，$\dot{U}_s$ 与 $\dot{I}$ 同相。设 $\dot{U}_s=380\angle0^\circ\text{V}$，则有 $\dot{I}=2.59\angle0^\circ$，而 $\dot{I}_C=j\omega C\dot{U}_s=j9.66\text{A}$，设 $\dot{I}_1=I_1\angle\psi_1$，根据 KCL 有

$$\dot{I}=\dot{I}_C+\dot{I}_1$$

$$2.59\angle 0° = \text{j}9.66 + I_1\angle\psi_1$$

即

$$I_1\angle\psi_1 = 2.59\angle 0° - \text{j}9.66$$

故

$$I_1\sin\psi_1 = -9.66, \qquad I_1\cos\psi_1 = 2.59$$

解得

$$\psi_1 = \arctan\left(\frac{-9.66}{2.59}\right) = -70°$$

$$I_1 = \frac{2.59}{\cos\psi_1} = 10(\text{A})$$

根据以上数据,即可求得参数 R_1 和 L_1。因为

$$Z_1 = R_1 + \text{j}\omega L_1 = \frac{\dot{U}_s}{\dot{I}_1} = \frac{380\angle 0°}{10\angle -70°}$$

$$= 38\angle 70° = (13 + \text{j}35.71)(\Omega)$$

则得

$$R_1 = 13\Omega$$

$$L_1 = \frac{35.71}{\omega} = \frac{35.71}{2\pi f} = \frac{35.71}{314} = 0.1137(\text{H})$$

9.7 正弦稳态电路的功率

在正弦稳态电路中,负载往往是一个不含独立电源,仅含电阻、电感和电容等无源元件的一单口网络,下面对其功率问题进行讨论。

9.7.1 瞬时功率

设图 9-13(a)所示无源单口网络 N 的电压、电流参考方向一致。在正弦稳态情况下,u、i 分别为

$$u = \sqrt{2}U\cos(\omega t + \psi_u), \qquad i = \sqrt{2}I\cos(\omega t + \psi_i)$$

该无源单口网络吸收的瞬时功率为

$$p = ui = 2UI\cos(\omega t + \psi_u)\cos(\omega t + \psi_i)$$

令 $\varphi = \psi_u - \psi_i$,$\varphi$ 为正弦电压与正弦电流的相位差,则

$$p = UI\cos\varphi + UI\cos(2\omega t + \psi_u + \psi_i) \tag{9-33}$$

从式(9-33)可以看出,瞬时功率由两部分组成。一部分为 $UI\cos\varphi$,是与时间无关的恒定分量;另一部分为 $UI\cos(2\omega t + \psi_u + \psi_i)$是随时间按角频率 2ω 变化的正弦量。瞬时功率的波形图见图 9-13(b)。

上述瞬时功率还可以写为

$$p = UI\cos\varphi + UI\cos(2\omega t + 2\psi_u - \varphi)$$

$$= UI\cos\varphi + UI\cos\varphi\cos(2\omega t + 2\psi_u) + UI\sin\varphi\sin(2\omega t + 2\psi_u)$$

$$= UI\cos\varphi\{1 + \cos[2(\omega t + \psi_u)]\} + UI\sin\varphi\sin[2(\omega t + \psi_u)] \qquad (9\text{-}34)$$

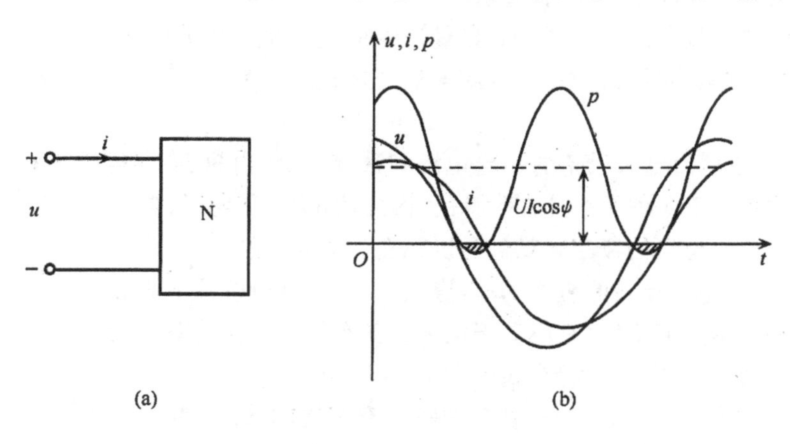

图 9-13

分析可知，式 9.34 中的第一项始终大于或等于零$\left(\varphi \leqslant \frac{\pi}{2}\right)$，它是瞬时功率中的不可逆部分；第二项是瞬时功率的可逆部分，其值以角频率 2ω 按正弦规律正负交替变化，说明了外施电源与单口无源网络之间能量相互交换的情况。

9.7.2 平均功率

在实际中，瞬时功率的意义并不大，且不便于测量。因此引进平均功率的概念。平均功率又称为有功功率。将瞬时功率在一个周期内取平均值即为平均功率，通常用大写字母 P 表示，即

$$P = \frac{1}{T}\int_0^T p\mathrm{d}t = \frac{1}{T}\int_0^T UI[\cos\varphi + \cos(2\omega t + \psi_u + \psi_i)]\mathrm{d}t$$

$$= UI\cos\varphi \qquad (9\text{-}35)$$

平均功率表示的是无源单口网络实际消耗的功率，亦即式(9-33)的恒定分量。由式(9-35)可以看出，平均功率不仅决定于网络端口电压 u 与端口电流 i 的有效值，而且与它们之间的相位差 $\varphi = \psi_u - \psi_i$ 有关。式(9-35)中 $\cos\varphi$ 称为功率因数，用符号 λ 表示，即

$$\lambda = \cos\varphi \qquad (9\text{-}36)$$

式(9-36)表明，功率因数的大小仅决定于网络端口电压 u 与端口电流 i 的相位差角 φ。φ 越小，$\cos\varphi$ 越大。当 $\varphi = 0$ 时，即纯电阻电路，$\cos\varphi = 1$；当 $\varphi = \pm\frac{\pi}{2}$ 时，即纯电抗电路，$\cos\varphi = 0$。

9.7.3 无功功率

在工程中还引进无功功率的概念，用大写字母 Q 表示，其定义为

$$Q = UI\sin\varphi \qquad (9\text{-}37)$$

从式(9-37)可见它是瞬时功率可逆部分正弦量(角频率为 2ω)的幅值,表明了电源与单口网络之间能量交换的规模。

许多电器设备或电力系统的容量是由它们的额定电压和额定电流的乘积决定的,为此引进电力设备视在功率(或容量)的概念,用大写字母 S 表示,其定义为

$$S = UI \tag{9-38}$$

式中 U、I 分别为电力设备的额定电压和额定电流,电机、电器等都是在按其额定电压和额定电流条件下工作而设计的,因此使用时,其电压、电流不得超过额定值。许多交流电机电器的额定容量都是以视在功率表示的。

应指出,电力设备的视在功率(容量)也就是其可以输出的最大功率,它反映了电力设备的最大潜力,但它不等于电力设备实际输出的功率 P,后者还要将视在功率乘以电力设备的功率因数 $\cos\varphi$,即 $P=UI\cos\varphi$。

有功功率,无功功率和视在功率都具有相同的量纲,为了区别起见,有功功率的单位用 W,无功功率的单位用 var(乏,无功伏安),视在功率的单位用 V·A(伏安)。

9.7.4 无源单口网络的功率计算

如果一无源单口网络分别为 R、L、C 单个元件,由式(9-34)可以求得它们的瞬时功率、有功功率和无功功率。

对于电阻 R,因 $\varphi=\psi_u-\psi_i=0$,则其瞬时功率为

$$p = UI\{1 + \cos[2(\omega t + \psi_u)]\}$$

可见始终有 $P\geqslant 0$,其最小值为零。这说明电阻一直吸收能量。电阻的平均功率为

$$p_R = UI = RI^2 = GU^2$$

P_R 亦即电阻所消耗的功率。电阻的无功功率 Q_R 为零。

对于电感 L,因 $\varphi=\psi_u-\psi_i=\frac{\pi}{2}$,则其瞬时功率为

$$p = UI\sin\varphi\sin[2(\omega t + \psi_u)] = UI\sin[2(\omega t + \psi_u)]$$

而电感的平均功率为零$\left(P=UI\cos\frac{\pi}{2}\right)$,所以电感不消耗能量。但是其瞬时功率以 2ω 的角频率正负交替变化,说明电感与外施电源之间有能量的相互交换。电感的无功功率为

$$Q_L = UI\sin\varphi = UI\sin\frac{\pi}{2} = UI = \omega LI^2 = \frac{U^2}{\omega L}$$

对于电容 C,因 $\varphi=\psi_u-\psi_i=-\frac{\pi}{2}$,则其瞬时功率为

$$p = UI\sin\varphi\sin[2(\omega t + \psi_u)] = -UI\sin[2(\omega t + \psi_u)]$$

电容的平均功率为零,所以电容和电感一样也不消耗能量。但是其瞬时功率也是以角频率 2ω 正负交替变化,说明电容与外施电源之间有能量的来回交换。电容的无功功率为

$$Q_C = UI\sin\varphi = UI\sin\left(-\frac{\pi}{2}\right) = -UI = -\frac{1}{\omega C}I^2 = -\omega CU^2$$

如果一无源单口网络 N 为 RLC 串联电路，其有功功率和无功功率分别为

$$P = UI\cos\varphi, \qquad Q = UI\sin\varphi$$

由于该单口网络 N 的阻抗为

$$Z = R + \mathrm{j}\left(\omega L - \frac{1}{\omega C}\right), \qquad \varphi = \arctan\left(\frac{X}{R}\right)$$

且有 $U=|Z|I$，$R=|Z|\cos\varphi$，$X=|Z|\sin\varphi$，所以

$$P = UI\cos\varphi = |Z|I^2\cos\varphi = RI^2$$

$$Q = UI\sin\varphi = |Z|I^2\sin\varphi = XI^2 = \left(\omega L - \frac{1}{\omega C}\right)I^2$$

即

$$Q = Q_L + Q_C$$

由上面的讨论可知，有功功率 P，无功功率 Q 和视在功率 S 三者之间存在下列关系，即

$$P = S\cos\varphi, \qquad Q = S\sin\varphi$$

$$S = \sqrt{P^2 + Q^2}, \qquad \varphi = \arctan\left(\frac{Q}{P}\right) \tag{9-39}$$

在一般情况下，任一无源单口网络 N 可以用它的等效阻抗（或等效导纳）表示，其实部和虚部的各种功率都可以套用上述 RLC 串联电路的讨论。

应指出，对于无源单口网络，其等效阻抗的实部不会是负值，所以 $\cos\varphi \geqslant 0$。

例 9-16 本例图所示电路是测量电感线圈参数 R、L 的实验电路。已知电压表的读数为 50V，电流表的读数为 1A，功率表的读数为 30W，电源的频率 $f=50\text{Hz}$。试求电感线圈参数 R 和 L 之值。

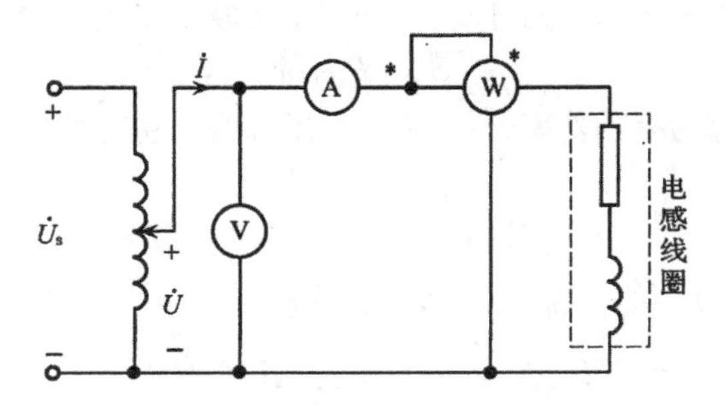

例 9-16 图

解 根据本例图所示电路中 3 个电表的读数，可先求得电感线圈的阻抗为

$$Z = |Z|\angle\varphi = R + \mathrm{j}\omega L$$

$$|Z| = \frac{U}{I} = \frac{50}{1} = 50(\Omega)$$

功率表显示的读数表示线圈吸收的功率为

$$UI\cos\varphi = 30$$

则

$$\varphi = \arccos\left(\frac{30}{UI}\right) = \arccos\left(\frac{30}{50 \times 1}\right) = 53.13°$$

由此解得线圈的阻抗为

$$Z = |Z|\angle\varphi = 50\angle 53.13° = (30 + \mathrm{j}40)(\Omega)$$

所以

$$R = 30\Omega$$

$$L = \frac{40}{\omega} = \frac{40}{2\pi f} = \frac{40}{2\pi \times 50} = 0.127(\mathrm{H}) = 127(\mathrm{mH})$$

此题还可用另一种方法求解：

本例图所示电路中，功率表的读数表示线圈吸收的有功功率亦即电阻吸收的有功功率为

$$I^2R = 30\mathrm{W}$$

则

$$R = 30\Omega$$

因$|Z| = \sqrt{R^2 + (\omega L)^2}$，即可求得

$$\omega L = \sqrt{|Z|^2 - R^2} = \sqrt{50^2 - 30^2} = 40(\Omega)$$

所以

$$L = \frac{40}{\omega} = \frac{40}{2\pi f} = \frac{40}{2\pi \times 50} = 127(\mathrm{mH})$$

9.7.5 复功率

为了将相量法引入功率的计算，有必要引进复功率的概念，其定义为

$$\overline{S} = P + \mathrm{j}Q \tag{9-40}$$

复功率的实部为有功功率$P = UI\cos\varphi$，虚部为无功功率$Q = UI\sin\varphi$。将此二式代入式(9-40)则有

$$\overline{S} = UI\cos\varphi + \mathrm{j}UI\sin\varphi = UI\angle\varphi$$

式中$\varphi = \psi_u - \psi_i$，且$\dot{U} = U\angle\psi_u$，$\dot{I} = I\angle\psi_i$，所以

$$\overline{S} = UI\angle\psi_u - \psi_i = U\angle\psi_u I\angle - \psi_i = \dot{U}\dot{I}^* \tag{9-41}$$

式中$\dot{I}^*$为$\dot{I}$的共轭复数。复功率的单位是伏安(V·A)。

对于单口无源网络，有$\dot{U} = Z\dot{I}$，代入式(9-41)即得

$$\overline{S} = Z\dot{I}\dot{I}^* = ZI^2 \tag{9-42}$$

或者将$\dot{I}^* = (Y\dot{U})^*$代入式(9-41)，可得

$$\overline{S} = \dot{U}(Y\dot{U})^* = U^2Y^* \tag{9-43}$$

R、L、C 元件的复功率分别为

$$\overline{S}_R = \dot{U}_R \dot{I}_R^* = RI_R^2$$

$$\overline{S}_L = \dot{U}_L \dot{I}_L^* = \mathrm{j}\omega LI_L^2$$

$$\overline{S}_C = \dot{U}_C \dot{I}_C^* = -\mathrm{j}\frac{1}{\omega C}I_C^2$$

可见视在功率 S 即为复功率 $\overline{S}$ 的模。

复功率的吸收或发出同样根据无源单口网络的端口电压和端口电流的参考方向来判断。复功率是一个辅助计算功率的复数，它将正弦稳态电路的有功功率、无功功率、视在功率及功率因数统一为一个公式表示，因此，只要计算出电路中的电压相量和电流相量，各种功率即可方便地求出。

可以证明，正弦交流电路中总的有功功率等于电路各部分有功功率之和，总的无功功率亦等于电路各部分无功功率之和，即有功功率和无功功率各自都是守恒的。电路中的复功率也守恒，但电路的视在功率不守恒。

应指出，复功率 $\overline{S}$ 不代表正弦量，乘积 $\dot{U}\dot{I}^*$ 没有实际的物理意义。复功率的概念适用于单个电路元件或任意一段电路。

例 9-17 将 $\dot{U}=200\angle-30°\mathrm{V}$ 的正弦交流电压施于阻抗为 $Z=100\angle30°\Omega$ 的负载，试求其视在功率、有功功率和无功功率。

解 由 VCR 可知电路电流为

$$\dot{I} = \frac{\dot{U}}{Z} = \frac{200\angle-30°}{100\angle30°} = 2\angle-60°$$

则电路的复功率为

$$\begin{aligned}\overline{S} = \dot{U}\dot{I}^* &= 200\angle-30° \times 2\angle60° = 400\angle30° \\ &= 400\cos30° + \mathrm{j}400\sin30° = 346 + \mathrm{j}200\end{aligned}$$

由上述结果可知，电路的视在功率、有功功率和无功功率分别为

$$S = |\overline{S}| = 400\mathrm{V\cdot A}, \qquad P = 346\mathrm{W}, \qquad Q = 200\mathrm{var}$$

9.7.6 功率因数的提高

在电能的传输过程中，电力系统（发电机）在发出有功功率的同时也输出无功功率。二者在总功率中所占的比例大小并不取决于发电机，而是由负载的功率因数来决定。由前面所讨论的电力设备额定容量的概念可知，当负载的功率因数过低时，设备的容量不能得到充分利用。同时在输电线路上将产生较大的电压降落和功率损失。根据式(9-39)，S、P、Q 及 φ 的关系可以用一直角三角形表示，称为功率三角形，如图 9-14(a)所示，当负载要求输送的有功功率 P 一定时，$\cos\varphi$ 越小（φ 角越大），则无功功率 Q 越大，如图 9-14(b)所示。由于输电线路总具有一定的电阻和感抗，较大的无功功率在电路上来回输送所造成的较大的电压损失使得负载端电压降低，用户不能正常工作。同时，较大的无功功率所造成的输电线路的功率损失使

得电能浪费增加，电力系统的经济效益减少。因此必须尽量提高功率因数。我国颁布的电力行政法规中对用户的功率因数做出了明确的规定，由此可见研究功率因数的重要意义。

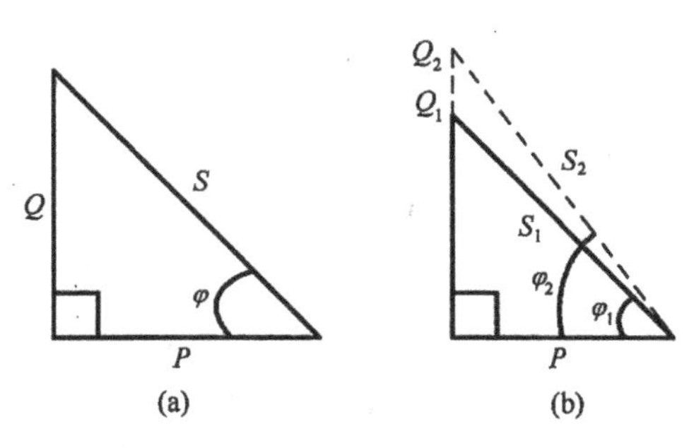

图 9-14

提高功率因数的方法很多，对于用户来讲大多采用电容器并联补偿的方法。现举例说明。

例 9-18 在本例图(a)所示的电路中，外施正弦电压为 380V，其频率为 50Hz。感性负载吸收的功率为 $P_1=20\text{kW}$，功率因数 $\cos\varphi_1=0.6$。如将电路的功率因数提高到 $\cos\varphi=0.9$，试求并联在负载两端电容器的电容值(图中虚线所示)。

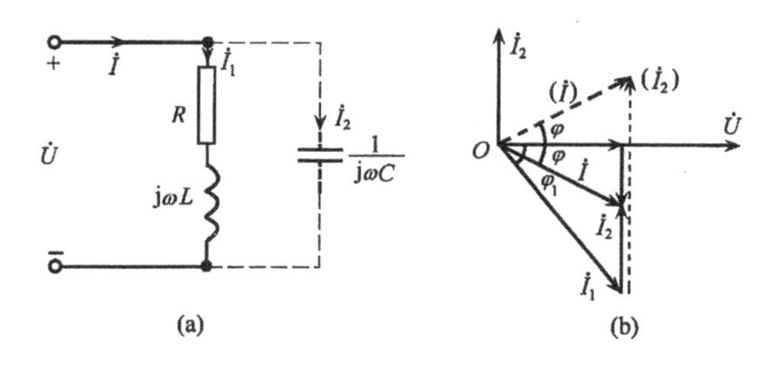

例 9-18 图

解　方法一　并联电容 C 不会影响支路 1 的复功率(设为 $\overline{S}_1$)，这是因为 $\dot{U}$ 和 $\dot{I}_1$ 都没有改变。但是并联电容 C 后，电容 C 的无功功率“补偿”了电感 L 的无功功率，从而减少了电源的无功功率，电路的功率因数随之提高。设并联电容后电路吸收的复功率为 $\overline{S}$，电容吸收的复功率为 $\overline{S}_C$，则有

$$\overline{S}=\overline{S}_1+\overline{S}_C$$

并联电容前

$$\lambda_1=\cos\varphi_1=0.6$$
$$\varphi_1=53.13^\circ$$
$$P_1=20\text{kW}$$
$$Q_1=P_1\tan\varphi_1=26.67\text{kvar}$$

$$\bar{S}_1 = P_1 + \mathrm{j}Q_1 = (20 + \mathrm{j}26.67)\mathrm{kV \cdot A}$$

并联电容后，要使 $\lambda = \cos\varphi = 0.9, \varphi = \pm 25.84°$，而有功功率没有改变，所以有

$$Q = P_1 \tan\varphi = \pm 9.69\mathrm{kvar}$$

$$\bar{S} = P_1 + \mathrm{j}Q = (20 \pm \mathrm{j}9.69)\mathrm{kV \cdot A}$$

则电容的复功率为

$$\bar{S}_C = \bar{S} - \bar{S}_1 = -\mathrm{j}16.98\mathrm{kvar} \quad (\text{或} -\mathrm{j}36.36\mathrm{kvar})$$

$$= -\mathrm{j}16.98 \times 10^3\mathrm{var}$$

显然取较小的电容为宜。根据式(9-43)有

$$\bar{S}_C = U^2 Y_C^*$$

即

$$-\mathrm{j}16.98 \times 10^3 = -380^2 \times \mathrm{j}\omega C$$

所以

$$C = \frac{16.98 \times 10^3}{\omega \times 380^2} = \frac{16.98 \times 10^3}{2\pi \times 50 \times 380^2} = 374.49(\mu\mathrm{F})$$

方法二 可引入电流的有功分量和无功分量的概念求解。将电流相量 $\dot{I}$ 分解为与 $\dot{U}$ 平行和与 $\dot{U}$ 垂直的两个分量，分别用 $\dot{I}_{\parallel}$ 和 $\dot{I}_{\perp}$ 表示。其中 $\dot{I}_{\parallel} = I\cos\varphi$ 称为电流的有功分量，$\dot{I}_{\perp} = I\sin\varphi$ 称为电流的无功分量。

因并联电容后并不会改变原负载的工作状况，所以电路的有功功率没有变化，只是改变了电路的无功功率，从而使电路的功率因数得到提高。

由本例图(a)，并根据 KVL 有

$$\dot{I} = \dot{I}_1 + \dot{I}_2$$

式中 $\dot{I} = I\cos\varphi + \mathrm{j}I\sin\varphi, \dot{I}_1 = I_1\cos\varphi_1 + \mathrm{j}I_1\sin\varphi_1, \dot{I}_2 = \mathrm{j}\omega C\dot{U}$。

令 $\dot{U} = 380\angle 0°$，可画出电容并联前后电路的相量图，见本例图(b)。由相量图可知，电流的有功分量和无功分量分别为

$$I\cos\varphi = I_1\cos\varphi_1, \qquad I\sin\varphi + I_2 = I_1\sin\varphi_1$$

根据给定的负载功率 $P_1 = UI_1\cos\varphi_1 = 20\mathrm{kW}, \cos\varphi_1 = 0.6, \varphi_1 = 53.13°$，可求得

$$I_1 = 87.72\mathrm{A}$$

现在要使 $\cos\varphi = 0.9$，即 $\varphi = \pm 25.84°$，将这些数据代入上述式子，可求得

$$I = 58.48\mathrm{A}, \qquad I_2 = 44.69\mathrm{A}\ (\text{或 } 95.67\mathrm{A})$$

故电容 C 为(取较小值)

$$C = \frac{I_2}{\omega U} = \frac{44.69}{2\pi \times 50 \times 380} = 3.75 \times 10^{-4}(\mathrm{F}) = 375(\mu\mathrm{F})$$

从并联电容后电源供给的电流 I 小于并联前的电流 I_1 可知，电源供给的视在功率也相应地减少了。

通过上述例子可以看出功率因数提高的经济意义。电容并联补偿后减少了电

源的无功“输出”，从而减少了电流的输出，这使得电源设备的利用率得到提高，也减少了传输线路上的损耗。

应指出，在实际生产中，并不将功率因数提高到 1 或使负载并联电容后变为容性电路。因为这样做将加大投入，且从经济角度看，效果并不明显。

9.7.7 功率匹配

图 9-15(a)为含源一端口网络 N_S 向终端负载 Z 传输功率的电路，当电路传输的功率较小(如通讯系统、电子电路等弱电系统)，而不计较传输效率时，往往要研究如何使负载获得最大功率(有功)的条件，即功率匹配的问题。根据戴维南定理，该问题可以用图 9-15(b)所示的等效电路进行研究。

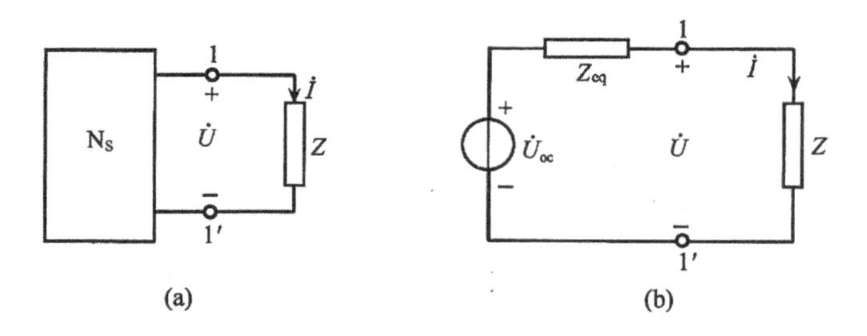

图 9-15

设图 9-15(b)所示含源一端口网络的戴维南等效阻抗为 $Z_{eq}=R_{eq}+jX_{eq}$，其中 R_{eq}和 X_{eq}分别为 Z_{eq}的电阻分量和电抗分量。设负载的阻抗为 $Z=R+jX$，则负载吸收的有功功率为

$$P = RI^2$$

因

$$\dot{I} = \frac{1}{Z_{eq} + Z}\dot{U}_{oc}$$

所以

$$I = \frac{U_{oc}}{|Z_{eq} + Z|} = \frac{U_{oc}}{|R_{eq} + jX_{eq} + R + jX|} = \frac{U_{oc}}{\sqrt{(R + R_{eq})^2 + (X + X_{eq})^2}}$$

将上式代入 $P=RI^2$ 表达式，可得

$$P = \frac{U_{oc}{}^2 R}{(R + R_{eq})^2 + (X + X_{eq})^2}$$

如果 R 和 X 为可变量，而其他参数不变时，负载 Z 获得最大功率必须满足下述条件

$$\begin{cases} X + X_{eq} = 0 \\ \dfrac{dP}{dR} = \dfrac{d}{dR}\left[\dfrac{U_{oc}{}^2 R}{(R + R_{eq})^2}\right] = 0 \end{cases}$$

解得

$$X = -X_{eq}, \qquad R = R_{eq}$$

即

$$Z = R_{eq} - jX_{eq} = Z_{eq}^*$$

此时负载获得的最大功率为

$$P_{max} = \frac{U_{oc}^2}{4R_{eq}} \tag{9-44}$$

式中U_{oc}为电源电压，R_{eq}为戴维南等效阻抗的电阻分量。

如果用诺顿等效电路研究功率匹配，可求得负载获得最大功率的条件式为

$$Y = Y_{eq}^*$$

式中Y为负载的导纳，Y_{eq}^*为图9-15(b)所示含源一端口网络诺顿等效导纳Y_{eq}的复共轭导纳。上述负载获得最大功率的条件称为最佳匹配。

例9-19 在本例图(a)所示电路中，已知电流源的电流$\dot{I}_s = 2\angle 0°\text{A}$，求最佳匹配时负载获得的最大功率。

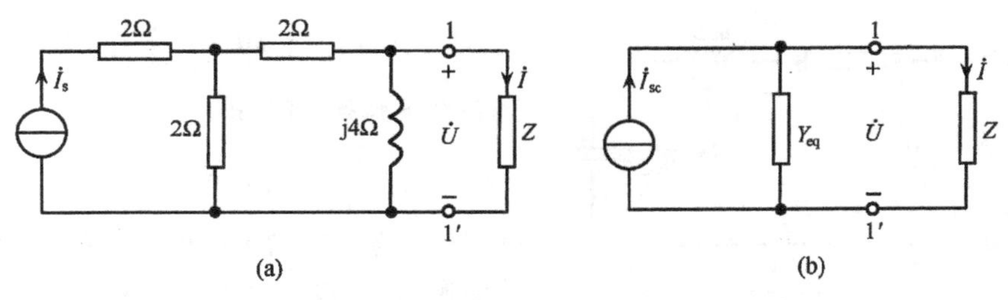

例9-19图

解 首先求得含源一端口网络的诺顿等效电路如本例图(b)所示。其中等效电流源的电流为

$$\dot{I}_{sc} = \dot{I}_s \times \frac{\frac{2\times 2}{2+2}}{2} = \frac{1}{2}\dot{I}_s = 1\angle 0°(\text{A})$$

诺顿等效导纳为

$$Y_{eq} = \frac{1}{Z_{sc}} = \frac{1}{2+2} + \frac{1}{j4} = \frac{j+1}{j4} = \frac{1-j}{4} = (0.25 - j0.25)(\text{S})$$

最佳匹配时有

$$Y = Y_{eq}^* = (0.25 + j0.25)(\text{S})$$

而

$$Z_{eq} = \frac{1}{Y_{eq}} = \frac{1}{0.25 - j0.25} = 2 + 2j$$

可知

$$R_{eq} = 2\Omega$$

又

$$\dot{U}_{oc} = \dot{I}_{sc} \times Z_{eq} = \dot{I}_{sc} \times (2 + 2j)$$

$$U_{oc} = |\dot{I}_{sc}||(2 + 2j)| = 1 \times \sqrt{2^2 + 2^2} = \sqrt{8}\,(V)$$

则最佳匹配时,负载获得的最大功率为

$$P_{max} = \frac{U_{oc}^2}{4R_{eq}} = \frac{(\sqrt{8})^2}{4 \times 2} = 1(W)$$

9.8 谐振电路

在含有电感和电容的正弦稳态电路中,电流和电压的相位一般不相同,但如果电流恰与电压同相位,则称电路发生谐振(或称共振),该电路称为谐振电路。谐振分串联谐振和并联谐振。

9.8.1 串联谐振

在图 9-16 所示的 RLC 串联电路中,其输入阻抗为

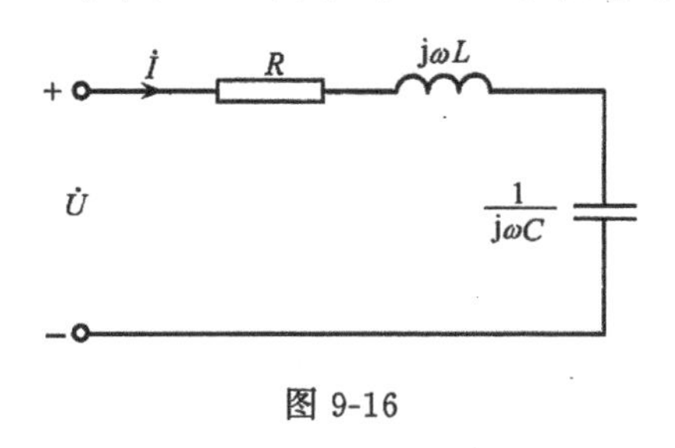

图 9-16

$$Z = R + j\left(\omega L - \frac{1}{\omega C}\right) = Z\angle\varphi$$

当满足下列条件时,即

$$\omega L = \frac{1}{\omega C} \tag{9-45}$$

则阻抗角 $\varphi = 0$,电流与电压同相位,电路出现谐振现象,称之为串联谐振。

式(9-45)是产生串联谐振的充要条件,要满足这一条件,可以通过改变电路参数 L 或 C,或调节外加电源的角频率来实现。而对于 L、C 已经固定的电路,由 $\omega L = \frac{1}{\omega C}$ 可知,发生谐振时外加电源的频率必定满足

$$\omega_0 L = \frac{1}{\omega_0 C}$$

即

$$\omega_0 = \frac{1}{\sqrt{LC}} \tag{9-46}$$

或

$$f_0 = \frac{1}{2\pi\sqrt{LC}} \tag{9-47}$$

式中 f_0 仅由电路本身的参数 L、C 决定,称为电路的固有频率。当电路参数 L 或 C 改变时,电路的谐振频率随之改变。例如,在无线电收音机内,利用改变可调电容器以达到谐振的办法来选择所要接收的讯号。

RLC 串联电路达到谐振时,电路的感抗与容抗相等,即 $X_L = X_C$,其值为

$$\omega_0 L = \frac{1}{\omega_0 C} = \sqrt{\frac{L}{C}} = \rho \tag{9-48}$$

式中 ρ 是一个仅与电路参数有关而与频率无关的量，称为电路的特性阻抗。

由上述讨论可以看出串联谐振有以下特点：

(1) 阻抗角 $\varphi=0$，电流与电压同相位，电路呈电阻性。

(2) 电路的阻抗

$$Z = \sqrt{R^2 + (X_L - X_C)^2} = R$$

即谐振时 LC 串联部分相当于短路，故电路的阻抗最小($Z=R$)，因此在总电压有效值一定时，谐振电流最大，即 $I_0=\dfrac{U}{R}$。

(3) 谐振时电感电压 $U_L=\omega_0 L I_0$ 与电容电压 $U_C=\dfrac{1}{\omega_0 C}I_0$ 大小相等，相位相反，二者相互抵消，这时电源电压全部施加在电阻 R 上，即 $U=U_R=RI_0$，所以串联谐振又称为电压谐振。

如果谐振时感抗($\omega_0 L$)与容抗$\left(\dfrac{1}{\omega_0 C}\right)$远大于电阻($R$)，则电感电压的有效值($U_L=\omega_0 L I_0$)与电容电压有效值$\left(U_C=\dfrac{1}{\omega_0 C}I_0\right)$远大于电源电压的有效值($U=RI_0$)即

$$\omega_0 L \gg R, \qquad U_L \gg U$$

$$\frac{1}{\omega_0 C} \gg R, \qquad U_C \gg U$$

根据这一特点，在电子技术和无线电工程等弱电系统中由于激励信号微弱，为在电感或电容上得到比激励电压高若干倍的响应电压常利用电压谐振。然而在电力工程等强电系统中，串联谐振产生的高压有时会使电容器和电感线圈的绝缘层击穿而造成损坏，因此在强电中要避免谐振或接近谐振的情况出现。

串联谐振时，电感电压或电容电压与外施激励电压的比值用 Q 表示，即

$$Q = \frac{U_L}{U} = \frac{U_C}{U} = \frac{\omega_0 L}{R} = \frac{1}{R\omega_0 C} = \frac{\rho}{R} \tag{9-49}$$

Q 是一个无量纲的纯数，称为谐振电路的品质因数，简称 Q 值。

在实际中，通常用电感线圈和电容器组成串联谐振电路。电感线圈本身的电抗与电阻之比称为线圈的品质因数，用 Q_L 表示，即

$$Q_L = \frac{\omega L}{R}$$

由于电容损耗很小，所以该谐振电路的电阻即是电感线圈的电阻，因此谐振电路的品质因数 Q 也就是在谐振频率下电感线圈的品质因数。质量好的线圈，其品质因数可达 200～300。

(4) 由于谐振时电路呈电阻性，阻抗角 $\varphi=0$，所以电路中总的无功功率 $UI_s\sin\varphi=I^2X_L-I^2X_C=0$，即在谐振状态下电容与电感的无功功率相互抵消，说明电路中仅电场能量与磁场能量相互转换，而与电源无能量互换。电源供出的能量全部转化为电阻的焦耳热而损耗。

可以证明，谐振时电路内部所储电场能与磁场能的总和为一常数，即

$$W(\omega_0)=\frac{L}{R^2}U^2\cos^2(\omega_0 t)+CQ^2U^2\sin^2(\omega_0 t)=CQ^2U^2=\frac{1}{2}CQ^2U_{\mathrm{m}}{}^2=\text{常量}$$

另外还可得出

$$Q=\frac{\omega_0 W(\omega_0)}{P(\omega_0)}=2\pi\frac{W(\omega_0)}{W_T(\omega_0)} \tag{9-50}$$

式中 $P(\omega_0)=UI_0$ 为谐振时电路的有功功率，$W_T(\omega_0)=P(\omega_0)T$ 为谐振时电路在每周期内消耗的能量。

应指出，串联电阻 R 的大小虽然不影响串联谐振电路的固有频率，但是它却能控制和调节谐振时电流和电压的幅度。

9.8.2 串联谐振电路的频率特性

谐振电路中，电流、电压、阻抗及阻抗角等物理量随频率变化的函数关系称为电路的频率特性或频率响应，描述电流、电压随频率变化的曲线称为谐振曲线。

谐振曲线的形状与电路的品质因数即 Q 值有关，下面导出一个与 Q 相联系的通用公式来描述串联谐振电路的频率特性。根据

$$I(\omega)=\frac{U}{\sqrt{R^2+\left(\omega L-\frac{1}{\omega C}\right)^2}}=\frac{U}{\sqrt{R^2+\left(\frac{\omega\omega_0 L}{\omega_0}-\frac{\omega_0}{\omega\omega_0 C}\right)^2}}$$

$$=\frac{U}{\sqrt{R^2+\rho^2\left(\frac{\omega}{\omega_0}-\frac{\omega_0}{\omega}\right)^2}}=\frac{U}{R\sqrt{1+Q^2\left(\frac{\omega}{\omega_0}-\frac{\omega_0}{\omega}\right)^2}}$$

即

$$I(\omega)=\frac{I_0}{\sqrt{1+Q^2\left(\frac{\omega}{\omega_0}-\frac{\omega_0}{\omega}\right)^2}}$$

从而可得

$$\frac{I}{I_0}=\frac{1}{\sqrt{1+Q^2\left(\frac{\omega}{\omega_0}-\frac{\omega_0}{\omega}\right)^2}}=\frac{1}{\sqrt{1+Q^2\left(\eta-\frac{1}{\eta}\right)^2}} \tag{9-51}$$

式中 $\eta=\frac{\omega}{\omega_0}$ 为频率比。

式(9-51)表明了电流比 $\frac{I}{I_0}$ 与频率比 $\frac{\omega}{\omega_0}$ 的函数关系，品质因数 Q 是决定该函数

的参数，电路谐振时，$\frac{\omega}{\omega_0}=1$，$\frac{I}{I_0}=1$，电流达到最大值，在对应的曲线图上出现一个峰值，称为谐振峰，它表明谐振电路对外施交流电的频率具有选择性，这一特性在无线电技术中应用非常广泛。例如收音机的调台就是谐振电路选频特性的一种应用。而当电路失谐时，$\frac{\omega}{\omega_0}\neq 1$，$\frac{I}{I_0}<0$。

图 9-17 绘出了不同 Q 值的谐振曲线，由于曲线的横坐标与纵坐标都是相对量，其适用于一切串联谐振电路，因而称之为通用谐振曲线。由曲线图可以看出，Q 值越高，曲线越尖锐。这是因为 Q 值较高时，ω 稍微偏离 ω_0，电路的电抗就有很大的增加，阻抗 Z 也随之很快增加，因而使得电流从谐振时的最大值急剧下降。所以 Q 值越高，选择性越好。

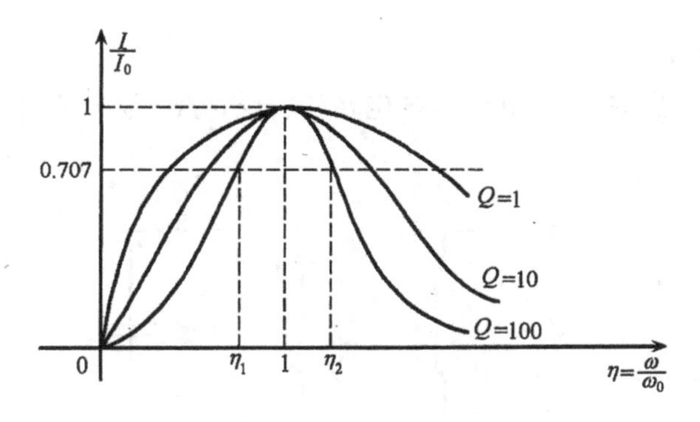

图 9-17

为了定量地衡量选择性，通常用$\frac{I}{I_0}=\frac{1}{\sqrt{2}}=0.707$ 时所对应的两个频率 ω_2 和 ω_1 之差来说明，这个频率差称为带宽（或通频带）。由式(9-51)可知，当$\frac{I}{I_0}=\frac{1}{\sqrt{2}}$时，$\frac{\omega}{\omega_0}-\frac{\omega_0}{\omega}=\pm\frac{1}{Q}$。令

$$\frac{\omega_1}{\omega_0}-\frac{\omega_0}{\omega_1}=-\frac{1}{Q},\qquad \frac{\omega_2}{\omega_0}-\frac{\omega_0}{\omega_2}=\frac{1}{Q}$$

联立以上二式并选用相容根可解得

$$\omega_1=\omega_0\sqrt{1+\left(\frac{1}{2Q}\right)^2}-\frac{\omega_0}{2Q}$$

$$\omega_2=\omega_0\sqrt{1+\left(\frac{1}{2Q}\right)^2}+\frac{\omega_0}{2Q}$$

则带宽为

$$\omega_2-\omega_1=\frac{\omega_0}{Q} \tag{9-52}$$

或

$$\eta_2 - \eta_1 = \frac{1}{Q}$$

由上述讨论可见，带宽与电路的品质因数 Q 成反比，即 Q 值愈高，选择性越好，但通频带越窄，见图 9-17。在实际中，谐振电路所应具有的带宽，是根据信号传输所能容许的失真程度来规定的。因为无线电信号一般是复杂的非正弦信号，它包含着许多不同频率的正弦分量，只有完整地传送信号中各种分量，信号才不会失真，因此要求谐振电路必须有一定的带宽。应指出，以上对串联谐振电路的分析，是以理想电压源形式的激励为依据的。如果信号源的内阻不能忽略，则当它接入 RLC 串联电路后，将增大电路的总电阻，从而降低电路的品质因数和选择性，所以串联谐振电路只适宜连接低内阻的信号源。对高内阻的信号源，应采用下面讨论的并联谐振电路。

9.8.3 并联谐振

图 9-18 为典型的 RLC 并联谐振电路，其分析方法与 RLC 串联谐振电路相同（具有对偶性）。

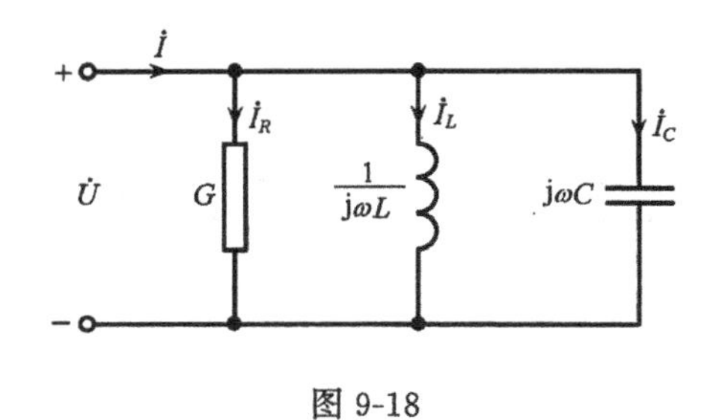

图 9-18

对于 RLC 并联电路，从端口看其输入导纳为

$$Y = G + \mathrm{j}\left(\omega C - \frac{1}{\omega L}\right) = Y\angle\varphi_Y$$

$$\varphi_Y = \arctan\frac{B_C - B_L}{G} = \arctan\left(\frac{\omega C - \frac{1}{\omega L}}{\frac{1}{R}}\right)$$

当 $B_L = B_C$ 时，$\varphi_Y = 0$，电流与电压同相位，电路发生谐振。由于谐振时必须满足

$$\frac{1}{\omega_0 L} = \omega_0 C$$

由此可得电路谐振时的角频率和频率分别为

$$\omega_0 = \frac{1}{\sqrt{LC}}, \qquad f_0 = \frac{1}{2\pi\sqrt{LC}}$$

并联谐振有以下特点：

（1）导纳角 $\varphi_Y = 0$，电流与电压同相位，电路呈电阻性。

（2）谐振时电路的输入导纳最小，即

$$Y=\sqrt{G^2+(B_C-B_L)^2}=G=\frac{1}{R}$$

LC 并联组合相当于开路。当电源电压 U 和电路的电导 G 固定时，谐振电路的电流最小，并等于电导 G 中的电流，即

$$I_0=I_G=GU$$

(3) 谐振时电感支路电流 $\dot{I}_L$ 与电容支路电流 $\dot{I}_C$ 大小相等，相位相反，二者相互抵消，即

$$\dot{I}_L+\dot{I}_C=0$$

式中

$$\dot{I}_L(\omega_0)=-\mathrm{j}\frac{1}{\omega_0 L}\dot{U}=-\mathrm{j}\frac{1}{\omega_0 LG}\dot{I}=-\mathrm{j}Q\dot{I}$$

$$\dot{I}_C(\omega_0)=\mathrm{j}\omega_0 C\dot{U}=\mathrm{j}\frac{\omega_0 C}{G}\dot{I}=\mathrm{j}Q\dot{I}$$

式中 Q 称为并联谐振电路的品质因数

$$Q=\frac{I_L(\omega_0)}{I}=\frac{I_C(\omega_0)}{I}=\frac{1}{\omega_0 LG}=\frac{\omega_0 C}{G}=\frac{1}{G}\sqrt{\frac{C}{L}}$$

这时外施激励电流 I 全部流经电导 G，所以并联谐振又称为电流谐振。当 $B_L=B_C>G$时，I_L 和 I_C 将大于总电流 I。

(4) 由于谐振时电路呈电阻性，阻抗角 $\varphi=0$，则电路中总的无功功率 $UI_s\sin\varphi=I^2X_L-I^2X_C=0$，即在谐振状态下电容与电感的无功功率相互抵消，表明谐振时电路中仅电场能与磁场能相互转换，而与激励电源无能量互换，电源提供出的能量全部被电阻所消耗。电路中电磁场储能的总和为常数，即

$$W(\omega_0)=W_L+W_C=\frac{1}{2}LI_{Lm}^2=\frac{1}{2}CU_m^2=CU^2$$

从能量的角度而言，并联谐振电路的品质因数可表述为

$$\begin{aligned}Q&=\frac{I_L}{I}=\frac{I_C}{I}=\frac{B_L}{G}=\frac{R}{\omega_0 L}=\omega_0 CR\\&=\frac{\omega_0 CRU^2}{U^2}=\frac{\omega_0 CU^2}{\frac{U^2}{R}}=\frac{\omega_0 W(\omega_0)}{P(\omega_0)}=2\pi\frac{W(\omega_0)}{W_T(\omega_0)}\end{aligned}\tag{9-53}$$

式中 $W_T=P(\omega_0)T$ 为并联谐振时电路每个周期内消耗的能量。式(9-53)与串联谐振中从能量角度对 Q 的定义式是一致的。因此，根据能量关系定义品质因数的公式适合于任何谐振电路。

由电流源激励的并联电路如图 9-19 所示，其与图 9-16 所示电压源激励的串联电路互为对偶。根据对偶原理，并联谐振电路在理想电流源激励下的电压频率特性，应与串联谐振电路在理想电压源激励下的电流频率特性相同。即

$$\frac{U}{U_0} = \frac{1}{\sqrt{1 + Q^2\left(\frac{\omega}{\omega_0} - \frac{\omega_0}{\omega}\right)^2}} \tag{9-54}$$

因此，表示串联谐振电路中的$\frac{I}{I_0}$与$\frac{\omega}{\omega_0}$函数关系的通用谐振曲线(图 9-17)完全适用于描述并联谐振电路中$\frac{U}{U_0}$与$\frac{\omega}{\omega_0}$之间的函数关系。

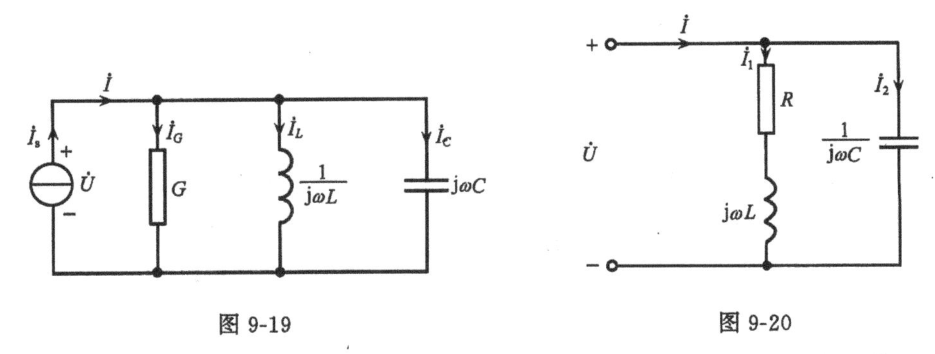

图 9-19　　　　图 9-20

实际的并联谐振电路是由电感线圈与电容器组成的(图 9-20)。由于线圈总有功率损失，所以电感线圈通常是用电阻 R 和电感 L 的串联来表示。故该电路的输入导纳为

$$Y = \frac{1}{R + j\omega L} + j\omega C = \frac{R}{R^2 + \omega^2 L^2} - j\frac{\omega L}{R^2 + \omega^2 L^2} + j\omega C$$

电路谐振时，导纳应为纯电导，即 Y 的虚部为零，则

$$\frac{\omega L}{R^2 + \omega^2 L^2} - \omega C = 0$$

由此解得谐振角频率与电路参数的关系为

$$\omega = \omega_0 = \sqrt{\frac{1}{LC} - \frac{R^2}{L^2}} = \frac{1}{\sqrt{LC}}\sqrt{1 - \frac{CR^2}{L}} \tag{9-55}$$

谐振频率为

$$f_0 = \frac{1}{2\pi\sqrt{LC}}\sqrt{1 - \frac{CR^2}{L}} \tag{9-56}$$

由于 ω_0(或 f_0)只能是实数，显然只有 $1-\frac{CR^2}{L}>0$，即 $R<\sqrt{\frac{L}{C}}$时，ω_0(或 f_0)才是实数，电路才可能发生谐振。否则 $R>\sqrt{\frac{L}{C}}$，电路则不能发生谐振。

电路谐振时的输入导纳为

$$Y(\omega_0) = \frac{R}{R^2 + \omega_0^2 L^2} = \frac{CR}{L} \tag{9-57}$$

可以证明，该电路发生谐振时的输入导纳不是最小值(即输入阻抗不是最大

值)，所以谐振时电路的端电压也不是最大值。该电路只有当 $R\ll\sqrt{\frac{L}{C}}$ 时，它发生谐振时的特点才与图 9-19 所示 GLC 并联谐振特点相近似，$\omega_0\approx\frac{1}{\sqrt{LC}}$。

例 9-20 在本例图所示 RLC 串联谐振电路中，已知 $R=2\Omega$，$L=5\mu H$，C 为可调电容器。该电路欲接收载波频率为 10MHz，$U=0.15mV$ 的某短波电台信号，试求：

(1) 可调电容的值，电路的 Q 值和电流 I_0；

(2) 当载波频率增加 10%，而激励电源电压不变时，电路电流 I 及电容电压 U_C 变为多少？

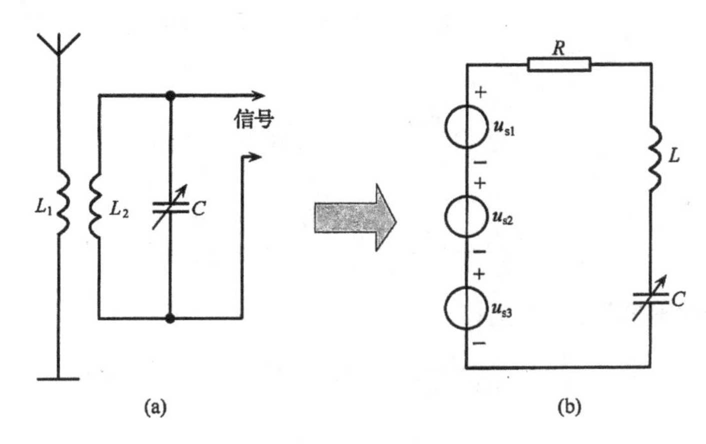

例 9-20 图

解 (1) 设收到短波信号时(即电路发生谐振)可调电容的值为 C_0，有

$$C_0=\frac{1}{\omega_0^2L}=\frac{1}{(2\pi\times10\times10^6)^2\times5\times10^{-6}}=50.7(\mathrm{pF})$$

$$Q=\frac{\rho}{R}=\frac{1}{R}\sqrt{\frac{L}{C}}=\frac{1}{2}\sqrt{\frac{5\times10^{-6}}{50.7\times10^{-12}}}=157$$

$$I_0=\frac{U}{R}=\frac{0.15\times10^{-3}}{2}=0.075(\mathrm{mA})=75(\mu\mathrm{A})$$

$$U_{oc}=QU=157\times0.15=23.55(\mathrm{mV})$$

(2) $f=(1+10\%)f_0=(1+10\%)\times10=11(\mathrm{MHz})$

$$X_C=\frac{1}{2\pi fC_0}=\frac{1}{2\pi\times11\times10^6\times50.7\times10^{-12}}=285.5(\Omega)$$

$$X_L=2\pi fL=2\pi\times11\times10^6\times5\times10^{-6}=345.4(\Omega)$$

$$|Z|=\sqrt{R^2+(X_L-X_C)^2}=\sqrt{2^2+(345.4-285.5)^2}=59.93(\Omega)$$

$$I=\frac{U}{|Z|}=\frac{0.15\times10^{-3}}{59.93}=2.5(\mu\mathrm{A})$$

$$U_C=IX_C=2.5\times10^{-6}\times285.5=0.714(\mathrm{mV})$$

计算结果表明，相对于 f_0 而言，较小的频率偏移量也使得电路的电容电压以及电路电流急剧减少，说明上述接收电路的选择性较好。

例 9-21 一电感线圈的电阻 $R=2\Omega$，电感 $L=40\mu H$，将此线圈与电容器 $C=1nF$ 并联，求此并联电路的谐振频率及谐振时电路的阻抗。

解 根据式(9-55)可得电路的谐振角频率为

$$\omega_0=\sqrt{\frac{1}{LC}-\frac{R^2}{L^2}}=\sqrt{\frac{1}{40\times10^{-6}\times10^{-9}}-\frac{4}{16\times10^{-10}}}$$

$$\approx\sqrt{\frac{1}{40\times10^{-15}}}=5\times10^{6}(\mathrm{rad\cdot s^{-1}})$$

谐振频率为

$$f_0=\frac{\omega_0}{2\pi}=\frac{5\times10^6}{2\pi}=796\times10^3(\mathrm{Hz})$$

谐振时的导纳为

$$Y=\frac{CR}{L}=\frac{2\times10^{-9}}{40\times10^{-6}}=5\times10^{-5}(\mathrm{S})$$

谐振时电路的阻抗为

$$Z=\frac{1}{Y}=\frac{1}{5\times10^{-5}}=20\times10^3(\Omega)=20(\mathrm{k\Omega})$$

思 考 题

9-1 正弦周期电流有效值的物理意义是什么？正弦电流的有效值与初相有关吗？

9-2 如何比较两个正弦量，试举例说明。

9-3 用相量表示正弦量有何优点，如果两正弦量的频率不同，能否用相量相加来表示两正弦量相加？

9-4 注意各正弦量符号的大写，说明 $i\neq I\angle\psi_i\neq I_m, u\neq U\angle\psi_u\neq U_m$ 的理由。

9-5 画出 R、L、C 各元件的电压、电流的相量图。在纯电感(电容)元件中，电压超前(落后)电流 90°的含义是什么？

9-6 一端口无源网络的串联、并联等值电路中，$G=\frac{1}{R}$？$X=\frac{1}{B}$？它们应是什么关系？

9-7 从概念上说明由 R、L、C 组成的混联一端口电路其端口总电压和总电流的相位差总是在 $-\frac{\pi}{2}$ 到 $+\frac{\pi}{2}$ 之间。

9-8 用瓦特表测量一个负载吸收的有功功率，画出接线图；用瓦特表测量一个电源发出的有功功率，画出接线图。

9-9 如何用仪表测量一个无源二端网络的等值阻抗？

9-10 阻抗 $Z=R+jX$，吸收的功率 $P=RI^2$ 对不对？又 $P=\frac{U^2}{R}$ 对吗？导纳 $Y=G-jB$，功率 $P=U^2G$ 对不对？又 $P=\frac{I^2}{G}$ 对吗？

9-11　电感线圈(等值为R、L的串联)和电容C串联谐振,总的等值阻抗是多少?又该线圈与电容C并联谐振时,总的等值阻抗是多少?设此时的谐振频率为ω_0',它是否等于串联谐振的频率?

9-12　在谐振电路中,某一部分的电压(或电流)能否大于外加电压(或外加电流)?试举例说明。对于一般无源交流一端网络呢?对于一般无源直流电路呢?

9-13　推求串联电路电流谐振曲线的式子,用相对单位表示纵、横坐标有何优点?

9-14　何谓品质因数,R、L、C串联电路的Q值与R、L、C并联电路的Q值如何计算?在电力系统和电讯系统中对Q值的要求如何?

9-15　什么叫电路的频率特性,如何求得?

9-16　日光灯中镇流器起什么作用?在一个电感性的电路中串联或并联一个电容器,都可提高其功率因数。为什么在日光灯电路中电容器必须并联而不能串联?

习　　题

9-1　求下列正弦量的周期、频率、初相、振幅、有效值。

(1) $10\cos(628t)$;

(2) $120\sin(4\pi t+16°)$;

(3) $50\cos(10^3t)+30\sin(10^3t)$。

9-2　如果$i=2.5\cos(2\pi t-30°)\text{A}$,求当$u$为下列表达式时,$i$与$u$的相位差,二者超前或滞后的关系如何?

(1) $u=120\cos(2\pi t+10°)\text{V}$;

(2) $u=40\sin\left(2\pi t-\dfrac{\pi}{3}\right)\text{V}$;

(3) $u=-10\cos2\pi t\text{V}$;

(4) $u=-33.8\sin(2\pi t-28.6°)\text{V}$。

9-3　一工频交流电压的有效值为220V,初相为53.13°。(1) 写出此电压的函数表达式;(2) 当$t=0.1\text{s}$时,电压值是多少?(3) 分别以t和ωt为横坐标,绘出电压波形。

9-4　将下列每一个正弦量变换成相量形式,并画出相量图。

(1) $u_1=50\cos(600t-110°)\text{V}$;

(2) $u_2=30\sin(600t+30°)\text{V}$;

(3) $u=u_1+u_2$。

9-5　设$\omega=200\text{rad}\cdot\text{s}^{-1}$,$t=3\text{ms}$。求下列相量给出的电流瞬时值:

(1) $\dot{I}_1=\text{j}10\text{A}$;

(2) $\dot{I}_2=(4+\text{j}2)\text{A}$;

(3) $\dot{I}=\dot{I}_1+\dot{I}_2$。

9-6　在本题图所示电路中,已知$\omega=1200\text{rad}\cdot\text{s}^{-1}$,$\dot{I}_L=4\angle28°\text{A}$,$\dot{I}_C=1.2\angle53°\text{A}$。求$\dot{I}_s$、$\dot{U}_s$及$u_R$。

9-7　在本题图所示电路中,已知$R=23.5\Omega$,$\text{j}\omega L=\text{j}40\Omega$,$\dot{I}_s=2.4\angle0°\text{A}$,求$\dot{U}$。

9-8　求本题图(a)、(b)所示电路中的电压$\dot{U}$,并画出电路的相量图。

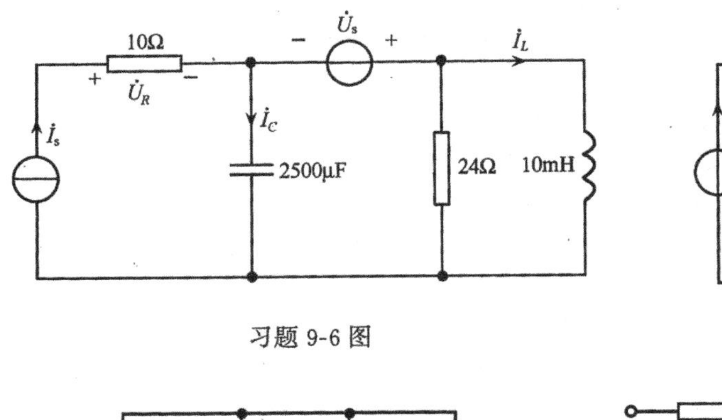

习题 9-6 图

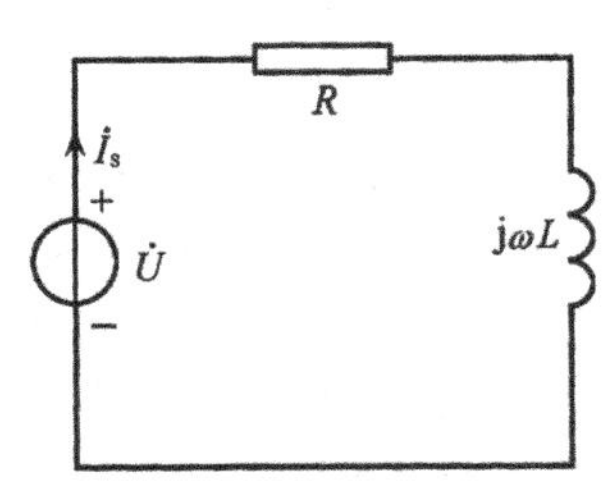

习题 9-7 图

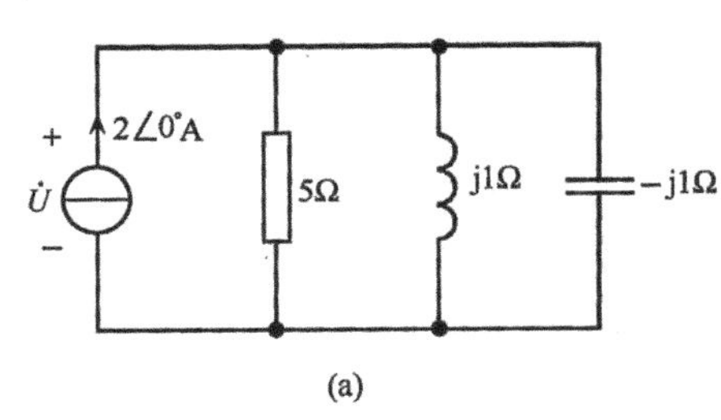

(a)

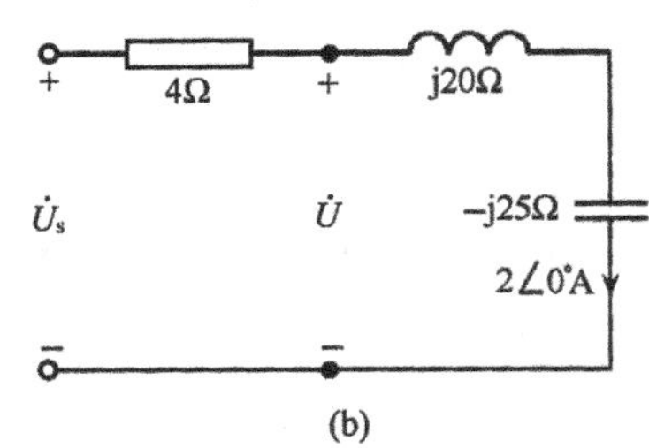

(b)

习题 9-8 图

9-9　本题图所示电路中，已知 $G=0.32\mathrm{s}$，$\mathrm{j}\omega C=\mathrm{j}0.24\mathrm{S}$，$\dot{U}_s=50\angle 0°\mathrm{V}$，求 $\dot{I}$。

9-10　本题图所示为一单口无源网络，其端口电压 u 及电流 i 分别如下列各式所示，试求每一种情况下的输入阻抗 Z 和导纳 Y，并画出等效电路图（包括元件的参数值）。

(1) $u=200\cos(314t)\mathrm{V}$，$i=10\cos(314t)\mathrm{A}$；

(2) $u=10\cos(10t+45°)\mathrm{V}$，$i=2\cos(10t-90°)\mathrm{A}$；

(3) $u=100\cos(2t+60°)\mathrm{V}$，$i=5\cos(2t-30°)\mathrm{A}$；

(4) $u=40\cos(100t+17°)\mathrm{V}$，$i=8\sin(100t+90°)\mathrm{A}$。

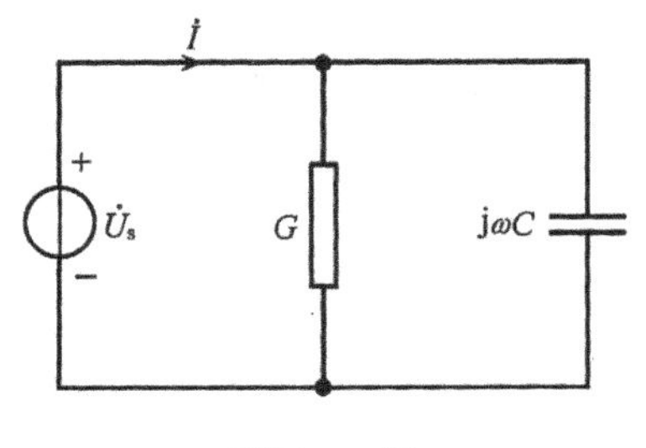

习题 9-9 图

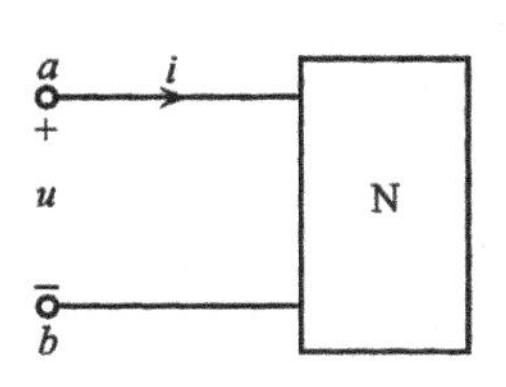

习题 9-10 图

9-11　试求本题图(a)、(b)所示二端网络的输入阻抗，图(a)中 $\omega=10^6\mathrm{rad}\cdot\mathrm{s}^{-1}$，图(b)中 $\omega=0.5\mathrm{rad}\cdot\mathrm{s}^{-1}$。

9-12　本题图所示电路中，已知 $\dot{I}=2\angle 0°\mathrm{A}$，试求电压 $\dot{U}_s$，并画出电路的相量图。

9-13　本题图所示电路中，已知 $I_2=10\mathrm{A}$，$U_s=\frac{10}{\sqrt{2}}\mathrm{V}$，求电流 $\dot{I}$ 和电压 $\dot{U}_s$，并画出此电路的相量图。

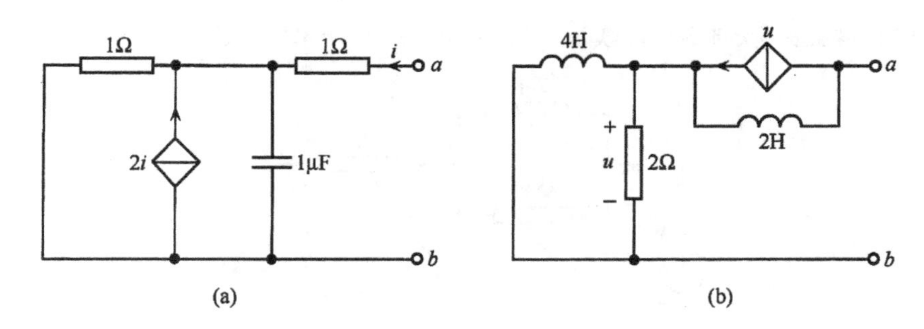

习题 9-11 图

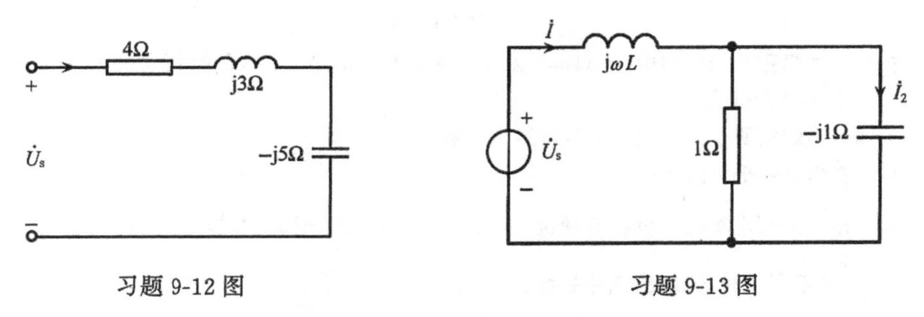

习题 9-12 图　　　　习题 9-13 图

9-14　本题图所示电路中，已知 $u=220\sqrt{2}\cos(250t+20°)\text{V}$，$R=110\Omega$，$C_1=20\mu\text{F}$，$C_2=80\mu\text{F}$，$L=1\text{H}$。求电路中各电流表的读数和电路的输入阻抗，并画出电路的相量图。

9-15　本题图所示电路中，已知 $U=100\text{V}$，$U_C=100\sqrt{3}\text{V}$，$X_C=-100\sqrt{3}\Omega$，阻抗 Z_X 的阻抗角 $|\varphi_X|=60°$，求 Z_X 和电路的输入阻抗。

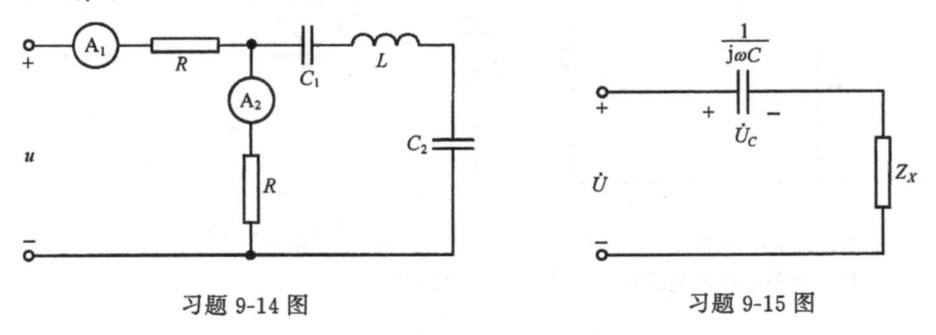

习题 9-14 图　　　　习题 9-15 图

9-16　本题图所示电路中，已知 $\omega=1000\text{rad}\cdot\text{s}^{-1}$，求 $\dot{I}_1$、$\dot{I}_2$ 和 $\dot{I}_3$。

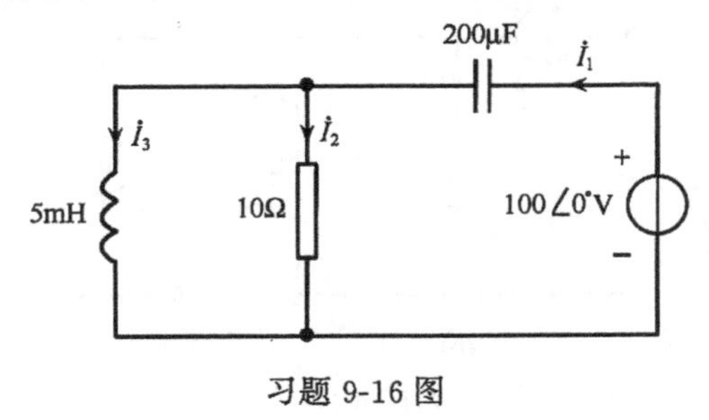

习题 9-16 图

9-17　本题图所示电路中，已知 $u_s=480\sqrt{2}\cos(800t-30°)\text{V}$，求 $\dot{U}_1$、$\dot{U}_2$ 和 $\dot{U}_3$。

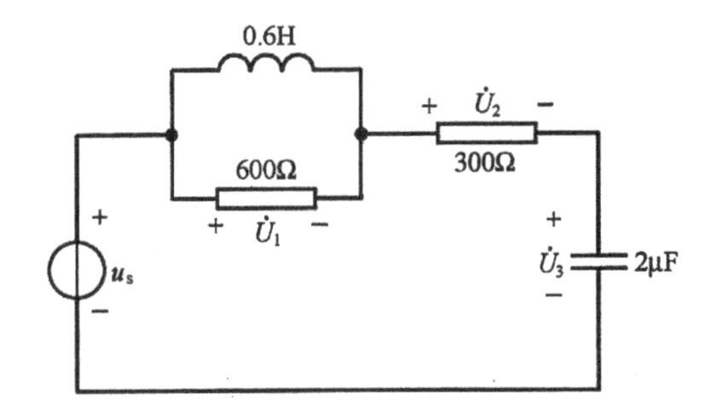

习题 9-17 图

9-18　本题图所示电路中，已知 $\omega=5000\text{rad}\cdot\text{s}^{-1}$，求从端口看入的等效导纳 Y，并确定其等效电路中的元件参数值。

9-19　本题图所示为一交流电桥电路。试求：

(1) 交流电桥平衡的条件；

(2) 作为交流电桥的一种特殊情况，有 $Z_1=R_1$，$Z_2=R_X+\text{j}\omega L_X$（被测阻抗），$Z_3=\frac{2}{\text{j}\omega C_3}$，$Z_4=R_4+\frac{2}{\text{j}\omega C_4}$，电桥平衡时，试解出未知参数 R_X 和 L_X；

(3) 试解释用电桥测元件参数时，与频率无关，且只靠调节电阻来达到平衡。

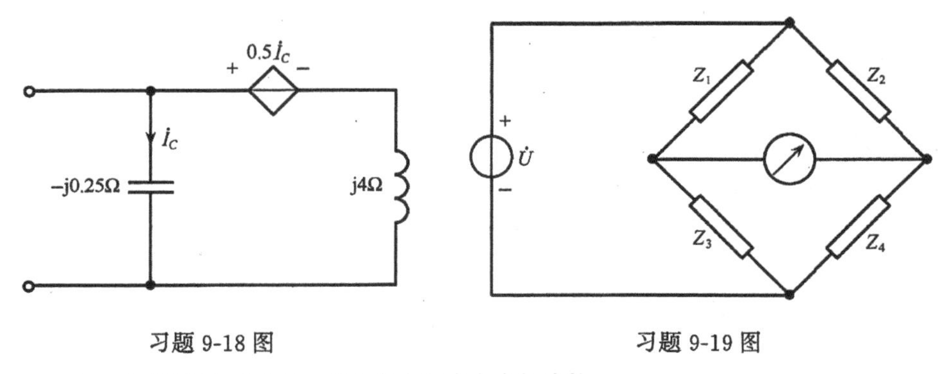

习题 9-18 图　　　　习题 9-19 图

9-20　用相量图求出本题图所示各电路中电表的读数。

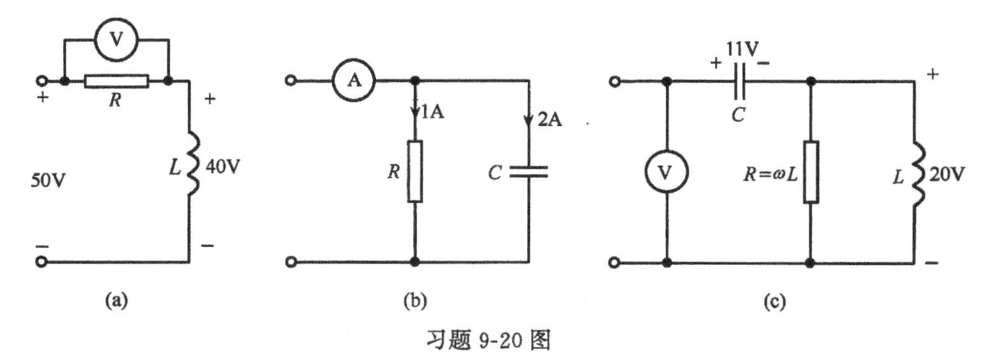

习题 9-20 图

9-21 本题图所示电路是阻容移相装置原理图。

(1) 如果要求图(a)中的电压 $\dot{U}_C$ 滞后电压 $\dot{U}_s$ 的角度为 $\frac{\pi}{3}$，参数 R、C 应如何选择？

(2) 如果要求图(b)中的电压 $\dot{U}_C$ 滞后电压 $\dot{U}_s$ 的角度为 π，参数 R、C 应如何选择？

(3) 如果图(b)中 R 和 C 的位置互换，又如何选择 R、C？

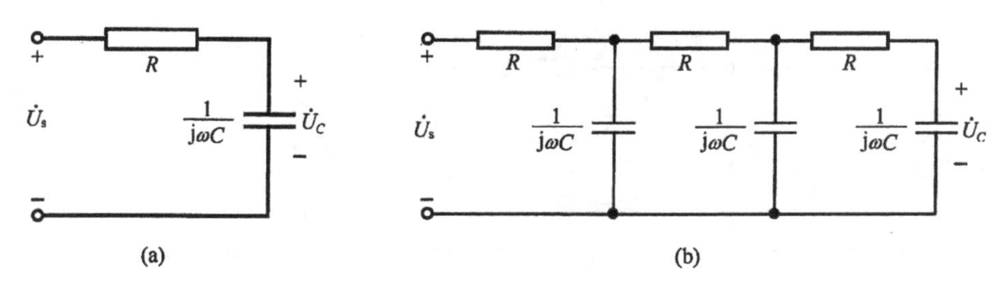

习题 9-21 图

9-22 列写出本题图所示电路的节点电压方程和网孔电流方程。已知

$u_{s1}=18.3\sqrt{2}\cos(4t)\text{V}$，$i_s=2.1\sqrt{2}\cos(4t-35°)\text{A}$，$u_{s2}=25.2\sqrt{2}\cos(4t+10°)\text{V}$。

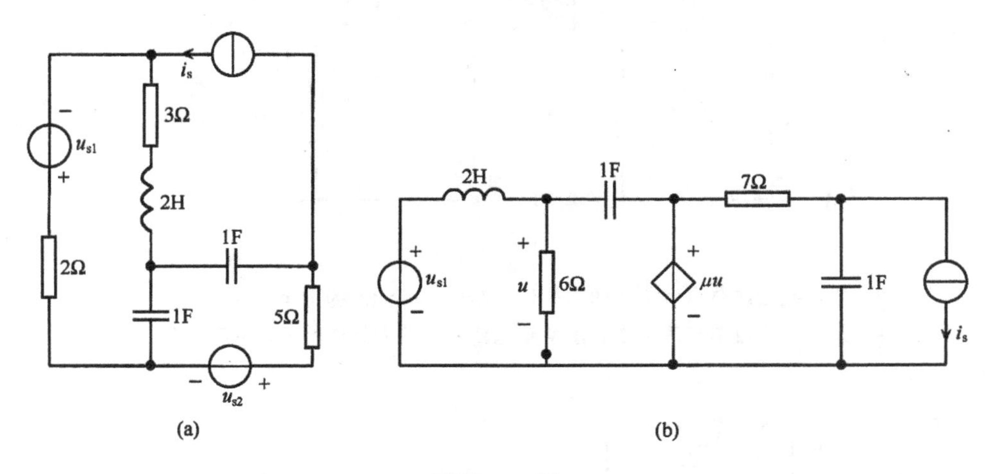

习题 9-22 图

9-23 试求本题图所示电路的戴维南或诺顿等效电路。

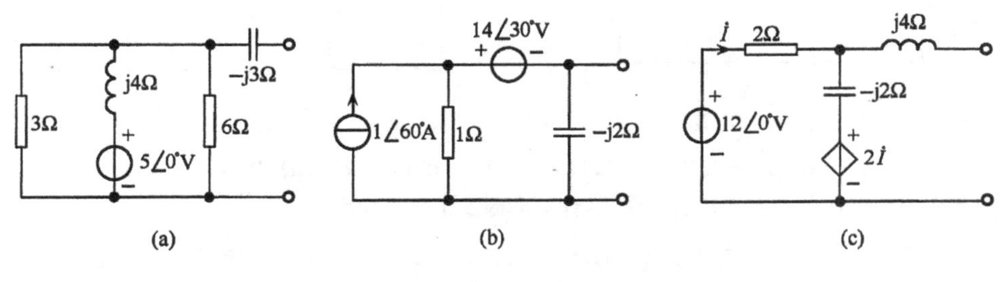

习题 9-23 图

9-24　本题图所示电路中的独立电源为同频率的正弦量，当开关打开时，电压表的读数为25V。电路中的阻抗为 $Z_1=(6+\mathrm{j}12)\Omega$，$Z_2=2Z_1$。求开关闭合后电压表的读数。

9-25　本题图所示电路，调节 R 可使电流 $\dot{I}_2$ 与电压 $\dot{U}_s$ 的相位差为 90°，已知 $Z_1=(5+\mathrm{j}12)\Omega$，$Z_2=(10+\mathrm{j}18)\Omega$，求 R 之值。

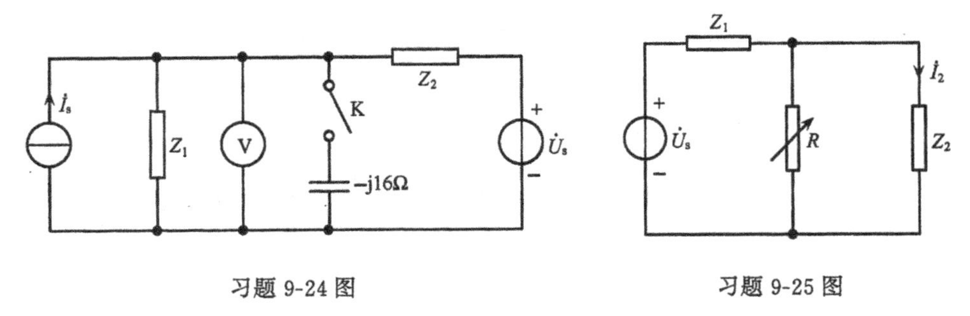

习题 9-24 图　　　　习题 9-25 图

9-26　应用戴维南等效定理及其他方法求本题图中电路的电流 i，已知 $\omega=1000\mathrm{rad}\cdot\mathrm{s}^{-1}$。

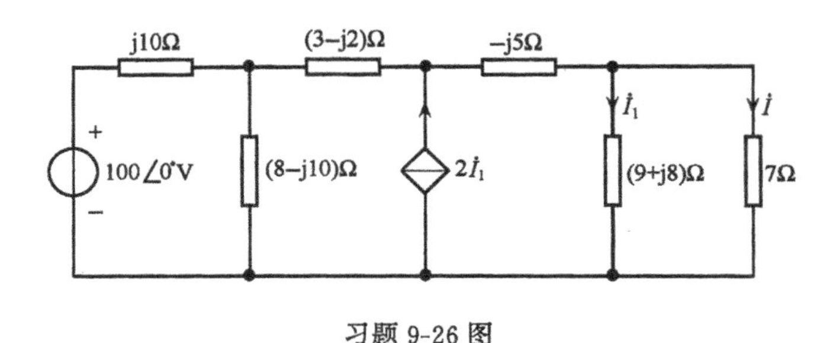

习题 9-26 图

9-27　用网孔法或节点法求本题图所示电路各无源元件的 P 和 Q。

9-28　用网孔法或节点法求本题图所示电路中受控源提供的平均功率。

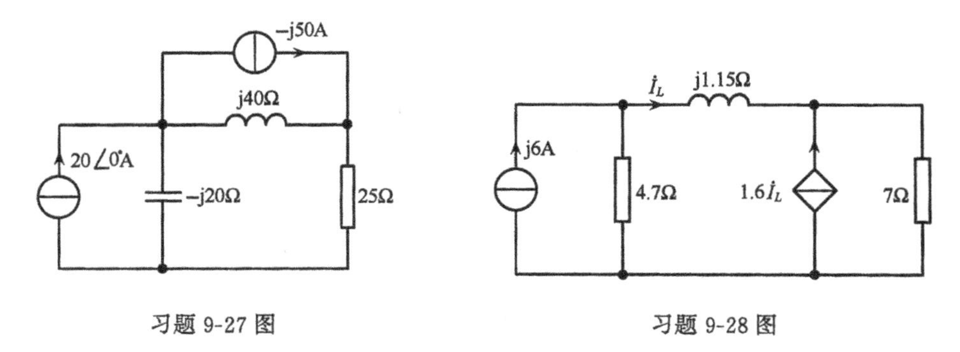

习题 9-27 图　　　　习题 9-28 图

9-29　本题图所示电路中，$u_s=141.1\cos(314-30^\circ t)\mathrm{V}$，$R_1=3\Omega$，$R_2=2\Omega$，$L=9.55\mathrm{mH}$。试求各元件的端电压并画出电路的相量图，计算电源发出的复功率。

9-30　本题图所示电路中，已知 $i_s=\sqrt{2}\cos(10^4 t)\mathrm{A}$，$Z_1=(10+\mathrm{j}50)\Omega$，$Z_2=-\mathrm{j}50\Omega$。求 Z_1、Z_2 吸收的复功率，并验证整个电路的复功率守恒，即有 $\sum \bar{S}=0$。

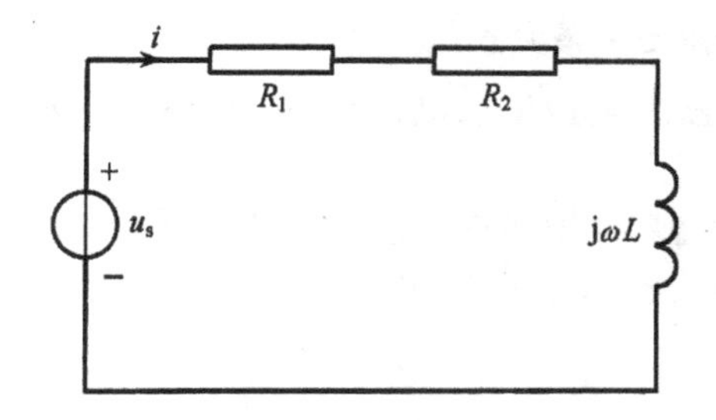

习题 9-29 图

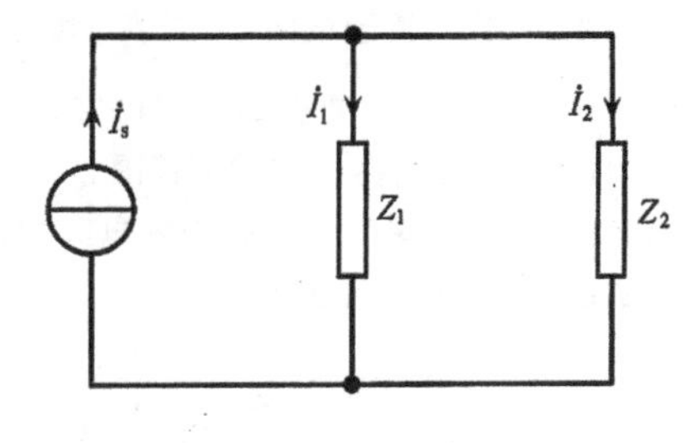

习题 9-30 图

9-31　本题图所示电路中，已知 $I_s=10\text{A}$，$\omega=1000\text{rad}\cdot\text{s}^{-1}$，$R_1=10\Omega$，$\text{j}\omega L_1=\text{j}25\Omega$，$R_2=5\Omega$，$-\text{j}\dfrac{1}{\omega C_2}=-\text{j}15\Omega$。求各支路吸收的复功率和电路的功率因数。

9-32　本题图所示电路中，$R=2\Omega$，$\omega L=3\Omega$，$\omega C=2\text{s}$，$\dot{U}_C=10\angle45°\text{V}$。求各元件的电压、电流和电源发出的复功率。

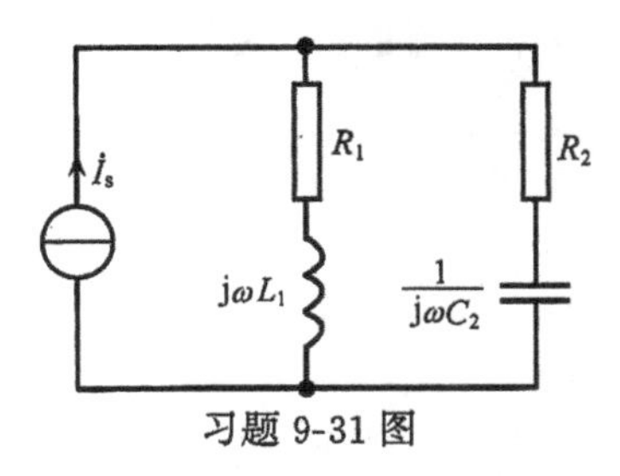

习题 9-31 图

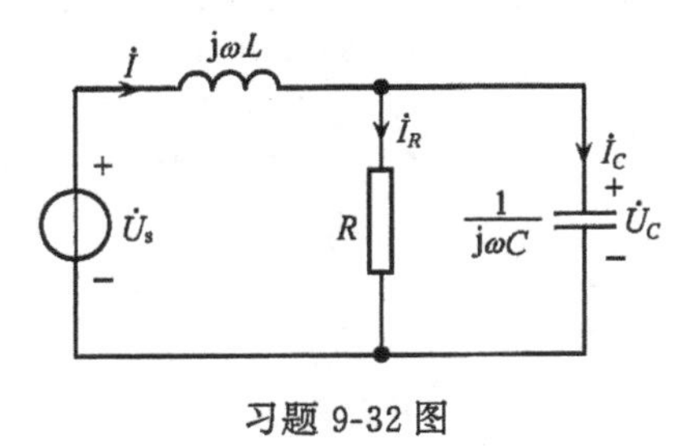

习题 9-32 图

9-33　本题图所示电路中，$R_1=1\Omega$，$C_1=10^3\mu\text{F}$，$L_1=0.4\text{mH}$，$R_2=2\Omega$，$\dot{U}_s=10\angle-45°\text{V}$，$\omega=10^3\text{rad}\cdot\text{s}^{-1}$。求 Z_L(可任意变动)能获得的最大功率。

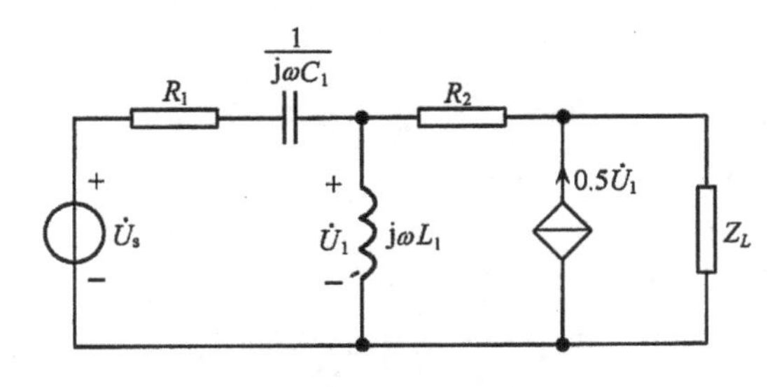

习题 9-33 图

9-34　功率为 60W，功率因数为 0.5 的日光灯(感性)负载与功率为 100W 的白炽灯各 50 只并联在 220V 的正弦电源上($f=50\text{Hz}$)。如果要把电路的功率因数提高到 0.92，应并联多大电容？

9-35　当 $\omega=5000\text{rad}\cdot\text{s}^{-1}$ 时，RLC 串联电路发生谐振，已知 $R=5\Omega$，$L=400\text{mH}$，端电压 $U=1\text{V}$。求电容 C 的值及电路中的电流和各元件电压的瞬时表达式。

9-36　RLC 串联电路的端电压 $u=10\sqrt{2}\cos(2500t+10°)$，当 $C=8\mu\text{F}$ 时，电路中吸收的功率为最大，$P_{\max}=100\text{W}$。试求：(1)电感 L 和 Q 值；(2)作出电路的相量图。

9-37　RLC 串联电路中，$R=10\Omega$，$L=1\text{H}$，端电压为 100V，电流为 10A。如果把 R、L、C 改成并联接到同一电源上，求并联各支路的电流。电源的频率为 50Hz。

9-38　本题图所示电路中，调节电容 C 使得电流达到最大值 $I_{max}=0.5\text{A}$，电压 $U_L=200\text{V}$。已知 $u_s=2\sqrt{2}\cos(10^4t+20^\circ)$。(1) 求 R、L、C 和品质因数 Q；(2) 若使电路的谐振频率范围为 6～15kHz，求可变电容 C 的调节范围。

9-39　在本题图所示正弦交流电路中，调节电源频率，使电压 u 达到最大值，此时 $i_s=1\text{A}$，$R=5\Omega$，$L=2\mu\text{H}$，$C=5\text{mF}$。求 i_s、u、i_R、i_L、i_C 及品质因数 Q，并画出相量图。

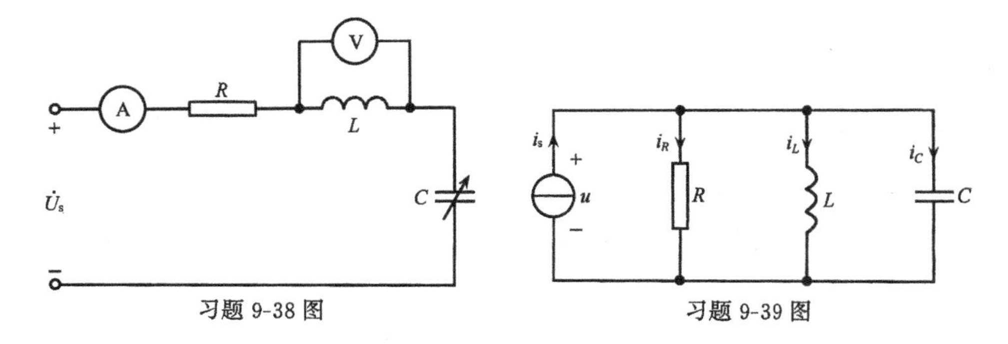

习题 9-38 图　　　　习题 9-39 图

第 10 章　三相电路与互感电路

本章三相电路部分主要介绍三相电源、三相负载和三相电路的结构，相电压与线电压之间的关系，对称三相电路的分析计算以及不对称三相电路的特点等基本知识。

本章互感电路部分主要介绍耦合电感元件及其伏安关系，含耦合电感电路的分析计算，空心变压器和理想变压器的基本概念。

10.1　三相电源与三相电路

10.1.1　三相电源

若三个正弦电压源的电压 u_A、u_B、u_C 的最大值相等，频率相同，相位差互为 120°，则此三个电压源的组合称为对称三相电压源，简称三相电源。由三相电源同时供电的网络系统称为三相电路。由于三相电路在发电、输电等方面比用一个交流电源供电的单相电路具有很多优点，所以至今电力系统中仍广泛采用三相制供电系统。

三相电源的电源符号如图 10-1 所示。其正极性端标记为 A、B、C，负极性端标记为 X、Y、Z。每一个电压源称为一相，依次为 A 相、B 相、C 相。

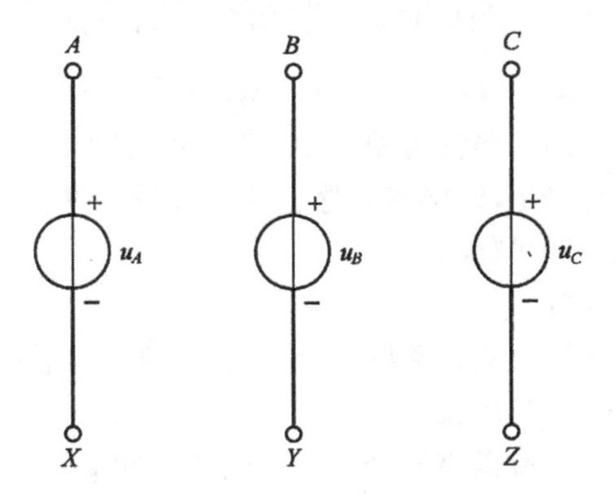

图 10-1

若选 u_A 为参考正弦量，其瞬时值表达式为

$$\left.\begin{aligned} u_A &= \sqrt{2}U\cos(\omega t) \\ u_B &= \sqrt{2}U\cos(\omega t - 120°) \\ u_C &= \sqrt{2}U\cos(\omega t + 120°) \end{aligned}\right\} \tag{10-1}$$

其相量表达式为

$$\left.\begin{aligned}\dot{U}_A &= U\angle 0° \\ \dot{U}_B &= U\angle -120° = a^2\dot{U}_A \\ \dot{U}_C &= U\angle +120° = a\dot{U}_A\end{aligned}\right\} \tag{10-2}$$

式中 $a=1\angle 120°=-\dfrac{1}{2}+\mathrm{j}\dfrac{\sqrt{3}}{2}$，它是工程上为了方便而引入的单位相量算子。

对称三相电压各相的波形和相量图如图 10-2(a)、(b)所示。对称三相电压是由三相交流发电机提供的。

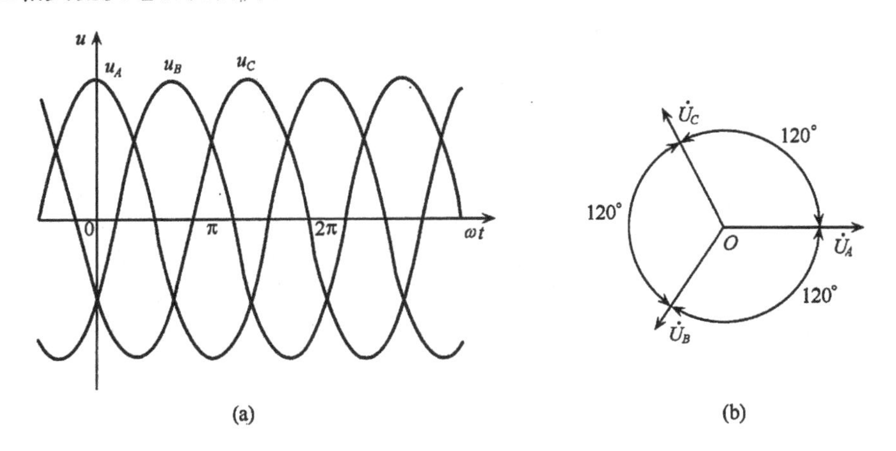

图 10-2

由式(10-1)和式(10-2)并注意到 $1+a+a^2=0$ 可分别证得对称三相电压满足

$$u_A+u_B+u_C=0 \quad 或 \quad \dot{U}_A+\dot{U}_B+\dot{U}_C=0$$

上述三相电压相位的次序称为相序。A、B、C 称为顺序或正序。与此相反，若 u_B 超前 u_A120°，u_C 超前 u_B120°，这样的相序称为反序或负序。电力系统一般采用正序，本章将着重讨论正序的情况。

10.1.2 三相电源的连接

对称三相电源的连接方式有两种，即星形连接和三角形连接。

1. 三相电源的星形(Y)连接

三相电源的星形连接就是将三个电压源的负极性端 X、Y、Z 连接在一起而形成一个节点，称为中性点，用 N 表示；而从三个电压源的正极性端 A、B、C 向外引出三条输送线，称为端线(俗称火线)，如图 10-3 所示。有时从中性点 N 还引出一根线 NN' 称为中线，也称“地线”。上述星形连接方式的电源又称为星形电源。

在星形电源中，每一根端线与中性点 N 之间的电压称为每一相的相电压。由图 10-3(b)可知

$$\dot{U}_{AN}=\dot{U}_A, \qquad \dot{U}_{BN}=\dot{U}_B, \qquad \dot{U}_{CN}=\dot{U}_C$$

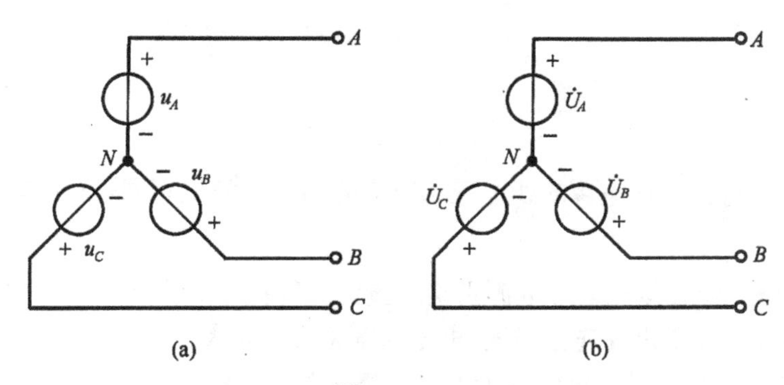

图 10-3

对称的三个相电压的有效值通常用 U_p 表示。

端线 A、B、C 之间的电压称为线电压，分别记为 $\dot{U}_{AB}$、$\dot{U}_{BC}$、$\dot{U}_{CA}$。对线电压而言，习惯上采用的参考方向为 A 端指向 B，B 指向 C，C 指向 A。对称三相线电压的有效值通常用 U_l 表示。由上述讨论可知星形电源的线电压与相电压的关系为

$$\left.\begin{aligned}\dot{U}_{AB}&=\dot{U}_A-\dot{U}_B=U\angle 0^\circ-U\angle 120^\circ=\sqrt{3}\dot{U}_A\angle 30^\circ\\\dot{U}_{BC}&=\dot{U}_B-\dot{U}_C=U\angle-120^\circ-U\angle 120^\circ=\sqrt{3}\dot{U}_B\angle 30^\circ\\\dot{U}_{CA}&=\dot{U}_C-\dot{U}_A=U\angle 120^\circ-U\angle 0^\circ=\sqrt{3}\dot{U}_C\angle 30^\circ\end{aligned}\right\}\qquad(10\text{-}3)$$

另有 $\dot{U}_{AB}+\dot{U}_{BC}+\dot{U}_{CA}=0$，所以式(10-3)中只有两个方程是独立的。对称 Y 形三相电源的线电压与相电压之间的关系，可以用电压相量表示，如图 10-4。

式(10-3)表明，对称三相电源 Y 形连接时，线电压和相电压有效值之间的关系为$U_l=\sqrt{3}U_p$，其相位关系为：线电压超前相应的相电压 30°。

2. 三相电源的三角形(△)连接

如果将对称三相电压源依次连接成一个回路，即 X 与 B 连接在一起，Y 与 C 连接在一起，Z 与 A 连接在一起，再从端子 A、B、C 引出三条端线，如图 10-5 所示，即构成三相电源的三角形连接，这种连接方式的电源称为三角形(△)电源。

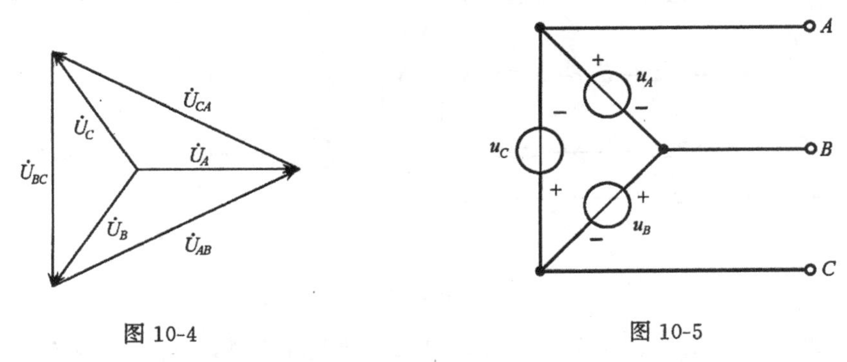

图 10-4　　　　图 10-5

如图 10-5 可以得出△形电源的线电压和相电压之间的关系为

$$\left.\begin{aligned}\dot{U}_{AB}&=\dot{U}_A\\\dot{U}_{BC}&=\dot{U}_B\\\dot{U}_{CA}&=\dot{U}_C\end{aligned}\right\}\tag{10-4}$$

由式(10-4)可知△形电源的线电压和对应的相电压相位相同，两者有效值相等，即$U_l=U_p$。

应指出，当对称三角形电源正确连接时，$\dot{U}_A+\dot{U}_B+\dot{U}_C=0$，所以电源内部不会产生环电流。如果出现连接错误，电源内部将形成很大的环流，造成事故。因此，在大容量的三相交流发电机中很少采用三相电源的三角形连接。

10.1.3 三相负载及其连接

由三相电源供电的负载可视为无源网络，即可以用阻抗表示负载。于是，三组负载可分别用三个阻抗等效代替。当三个阻抗相等时，称为对称三相负载。否则为不对称三相负载。三相负载的连接也分星形(Y)和三角形(△)连接两种方式。

1. 三相负载的星形(Y)连接

如图 10-6(a)所示为在星形电源供电情况下三相负载的星形连接。其中 Z_l 为线路阻抗，N' 点为三相负载的中性点。星形电源的中性点 N 和负载中性点 N' 的连接线称为中性线，简称中线(或零线)。三相电源和三相负载之间用四根导线连接的电路系统称为三相四线制。

在三相电路中，端线中的电流称为线电流，其参考方向规定从电源指向负载，分别用$\dot{I}_A$、$\dot{I}_B$、$\dot{I}_C$ 表示；流过中线的电流称为中线电流。中线电流的参考方向为由负载的中性点 N' 指向电源的中性点 N。负载相电压和相电流的参考方向为由负载端头指向负载的中性点。对于图 10-6 星形连接的三相负载中，其线电流和相电流为同一个电流，即线电流等于相电流。三相四线制中的中性电流由 KCL 可知为

$$\dot{I}_N=\dot{I}_A+\dot{I}_B+\dot{I}_C$$

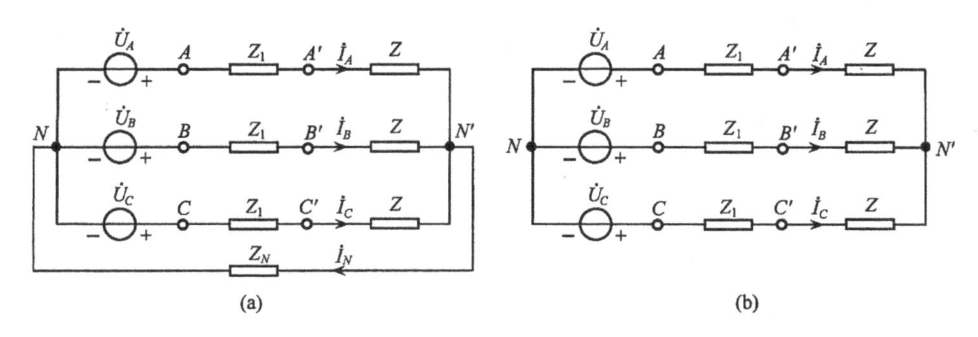

图 10-6

如果三相电流$\dot{I}_A$、$\dot{I}_B$、$\dot{I}_C$ 对称，则中线电流$\dot{I}_N=0$，此时可省去中线，得到图 10-6(b)所示的电路，该电路由三根导线将三相电源和三相负载相连接，称为三相

三线制。

对称三相负载星形连接时，线、相电压的关系与对称三相电源星形连接时相同。

2. 三相负载的三角形(△)连接

图 10-7(a)所示为三相负载的三角形连接。图中负载相电流的参考方向是按习惯选定的。

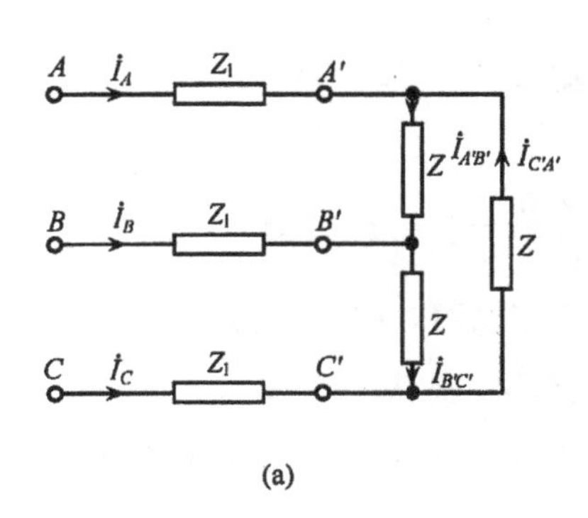

(a)

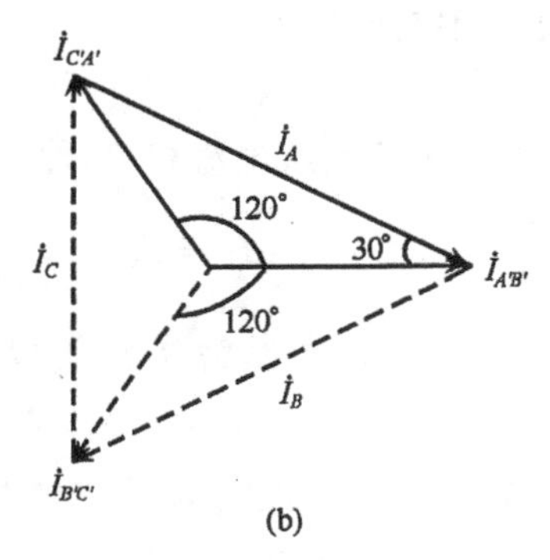

(b)

图 10-7

由该电路可以看出，负载端的线电压和相电压相等，线电流和相电流的关系可根据 KCL 求得。即

$$\left.\begin{aligned}\dot{I}_A &= \dot{I}_{A'B'} - \dot{I}_{C'A'}\\ \dot{I}_B &= \dot{I}_{B'C'} - \dot{I}_{A'B'}\\ \dot{I}_C &= \dot{I}_{C'A'} - \dot{I}_{B'C'}\end{aligned}\right\}\tag{10-5}$$

如果三个相电流为对称相电流，且设

$$\dot{I}_{A'B'} = I_{\mathrm{p}}\angle 0°,\qquad \dot{I}_{B'C'} = I_{\mathrm{p}}\angle -120°,\qquad \dot{I}_{C'A'} = I_{\mathrm{p}}\angle 120°$$

将上述关系式代入式(10-5)可得

$$\left.\begin{aligned}\dot{I}_A &= I_{\mathrm{p}}\angle 0° - I_{\mathrm{p}}\angle 120° = \sqrt{3}\,\dot{I}_{A'B'}\angle -30°\\ \dot{I}_B &= I_{\mathrm{p}}\angle -120° - I_{\mathrm{p}}\angle 0° = \sqrt{3}\,\dot{I}_{B'C'}\angle -30°\\ \dot{I}_C &= I_{\mathrm{p}}\angle 120° - I_{\mathrm{p}}\angle -120° = \sqrt{3}\,\dot{I}_{C'A'}\angle -30°\end{aligned}\right\}\tag{10-6}$$

式(10-6)表明，三相负载为三角形连接时，如果相电流对称，则线电流也是对称的。且线电流的有效值是相电流有效值的$\sqrt{3}$倍，即$I_{\mathrm{l}}=\sqrt{3}\,I_{\mathrm{p}}$。线电流在相位上比相应的相电流滞后 30°。另有$\dot{I}_A+\dot{I}_B+\dot{I}_C=0$，即上述三个方程中，只有 2 个方程是独立的。线电流与相电流的相量关系如图 10-7(b)所示。

应指出，对称三相电路系统是由对称三相电源和对称三相负载按不同的连接方式组成的。其中有 Y-Y 形连接(图 10-6 所示)、Y-△连接、△-Y 连接和△-△连接。对于不同的连接方式，其线电压与相电压以及线电流与相电流之间存在着与连接方式有关的特定关系。

例 10-1 三相电源的相电压为 220V，三相负载中每个阻抗为(45+j90)Ω，线路阻抗不计。试求三相电源和三相负载按 Y-Y 连接(带中线)、Y-△连接、△-Y 连接、△-△连接时，负载的相电流和线电流。

解 (1) 当三相电路为 Y-Y 连接带中线时，由于不计线路阻抗 Z_l，因此三个负载的相电压均为

$$U_p = 220\text{V}$$

负载的相电流和线电流相等，即

$$I_l = I_p = \frac{U_p}{|Z|} = \frac{220}{\sqrt{45^2+90^2}} = 2.19(\text{A})$$

(2) 当三相电路为 Y-△连接时，由于三相电源对称，电源侧线电压为

$$U_l = \sqrt{3} \times 220 = 380(\text{V})$$

在实际中，三相电源星形连接时对称相电压为 220V，其线电压通常用 380V 表示，此时负载的相电压为

$$U_p' = U_l = 380\text{V}$$

负载的相电流和线电流分别为

$$I_p = \frac{U_p'}{|Z|} = \frac{380}{\sqrt{45^2+90^2}} = 3.78(\text{A})$$

$$I_l = \sqrt{3}\, I_p = 6.55\text{A}$$

(3) 三相电路为△-Y 连接时，电源的线电压等于相电压，即

$$U_l = U_p = 220\text{V}$$

负载的线电压为

$$U_l' = U_l = 220\text{V}$$

由于负载对称，且为 Y 形连接，则负载的相电压为

$$U_p' = \frac{U_l'}{\sqrt{3}} = \frac{220}{\sqrt{3}} = 127(\text{V})$$

负载的线电流和相电流相等，且为

$$I_l = I_p = \frac{U_p'}{|Z|} = \frac{127}{\sqrt{45^2+90^2}} = 1.26(\text{A})$$

(4) 三相电路为△-△连接时，负载线电压与△-Y 连接相同，亦为

$$U_l' = 220\text{V}$$

由于负载对称，且为△形连接，则有

$$U_p' = U_l' = 220\text{V}$$

负载相电流和线电流分别为

$$I_p = \frac{U'_p}{|Z|} = \frac{220}{\sqrt{45^2 + 90^2}} = 2.19(\text{A})$$

$$I_l = \sqrt{3} I_p = \sqrt{3} \times 2.19 = 3.79(\text{A})$$

10.2 三相电路的功率

10.2.1 复功率

在三相电路中，三相负载吸收的复功率等于各相复功率之和，即

$$\overline{S} = \overline{S_A} + \overline{S_B} + \overline{S_C} \tag{10-7}$$

式中$\overline{S_A}=P_A+\text{j}Q_A$，$\overline{S_B}=P_B+\text{j}Q_B$，$\overline{S_C}=P_C+\text{j}Q_C$，如图 10-8 所示的电路有

$$\overline{S} = \dot{U}_{AN'} \dot{I}_A^* + \dot{U}_{BN'} \dot{I}_B^* + \dot{U}_{CN'} \dot{I}_C^*$$

在对称三相电路中，显然有$\overline{S_A}=\overline{S_B}=\overline{S_C}$，因此 $\overline{S}=3\,\overline{S_A}$。

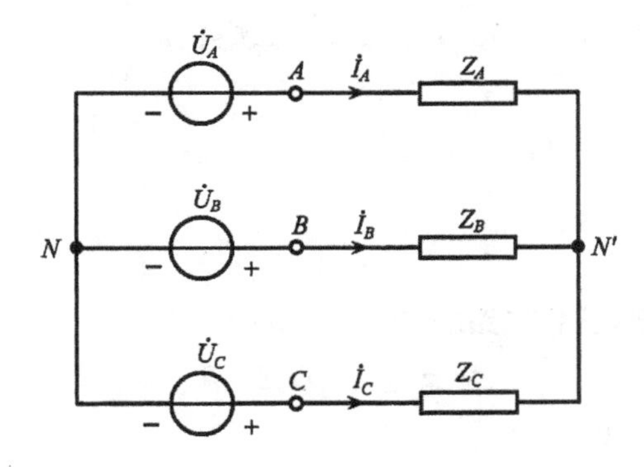

图 10-8

10.2.2 有功功率

由式(10-7)可知，三相负载所吸收的总的有功功率等于各相有功功率之和，即

$$P = P_A + P_B + P_C \tag{10-8}$$

对于图 10-8 所示的三相电路有

$$P = U_{AN'} I_A \cos\varphi_A + U_{BN'} I_B \cos\varphi_B + U_{CN'} I_C \cos\varphi_C$$

式中 $U_{AN'}$、$U_{BN'}$、$U_{CN'}$ 分别为 A、B、C 各相负载的相电压，I_A、I_B、I_C 分别为 A、B、C 各负载的相电流，φ_A、φ_B、φ_C 分别为 A、B、C 各相负载的阻抗角。

在对称三相电路中，因 $P_A=P_B=P_C=P_p$，所以三相负载吸收的总有功功率为

$$P = 3P_A = 3P_p$$

即

$$P = 3U_p I_p \cos\varphi_p \tag{10-9}$$

式中 U_p 为相电压，φ_p为相电压与相电流的相位差，即每相负载的阻抗角，并非线电压和线电流的相位差。

由于对称三相电路中，无论负载采用何种连接方式，总有以下关系，即

$$3U_{\mathrm{p}}I_{\mathrm{p}} = \sqrt{3}U_{\mathrm{l}}I_{\mathrm{l}} \tag{10-10}$$

故

$$P = \sqrt{3}U_{\mathrm{l}}I_{\mathrm{l}}\cos\varphi \tag{10-11}$$

式中 $\varphi=\varphi_{\mathrm{p}}$。

10.2.3 无功功率

与三相电路的有功功率一样，三相负载的总的无功功率为各相负载的无功功率之和，即

$$Q = Q_A + Q_B + Q_C \tag{10-12}$$

对于图 10-8 所示电路有

$$Q = U_{AN'}I_A\sin\varphi_A + U_{BN'}I_B\sin\varphi_B + U_{CN'}I_C\sin\varphi_C$$

在对称三相电路中，其总无功功率为

$$Q = 3Q_{\mathrm{p}} = 3U_{\mathrm{p}}I_{\mathrm{p}}\sin\varphi_{\mathrm{p}} \tag{10-13}$$

由式(10-10)有

$$Q = \sqrt{3}U_{\mathrm{l}}I_{\mathrm{l}}\sin\varphi \tag{10-14}$$

式中 $\varphi=\varphi_{\mathrm{p}}$。

10.2.4 视在功率

由上述讨论可知，三相电路的总视在功率为

$$S = \sqrt{P^2 + Q^2} \tag{10-15}$$

在对称三相电路中

$$S = 3U_{\mathrm{p}}I_{\mathrm{p}} = \sqrt{3}U_{\mathrm{l}}I_{\mathrm{l}} \tag{10-16}$$

三相负载的功率因数仍定义为

$$\lambda = \frac{P}{S}$$

在对称三相电路中，可求得 $\lambda=\cos\varphi$，即为三相负载的功率因数，其 φ 角为每相负载的阻抗角，具有实际意义。

10.2.5 对称三相电路的瞬时功率

对称三相电路的瞬时功率为各相负载瞬时功率之和，以图 10-8 所示电路为例，设

$$u_{AN} = \sqrt{2}U_{AN}\cos(\omega t), \qquad i_A = \sqrt{2}I_A\cos(\omega t - \varphi)$$

则有

$$\begin{aligned} p_A &= u_{AN}i_A = \sqrt{2}U_{AN}\cos(\omega t) \times \sqrt{2}I_A\cos(\omega t - \varphi) \\ &= U_{AN}I_A[\cos\varphi + \cos(2\omega t - \varphi)] \end{aligned}$$

$$p_B = u_{BN}i_B = \sqrt{2}U_{BN}\cos(\omega t - 120°) \times \sqrt{2}I_B\cos(\omega t - \varphi - 120°)$$

$$= U_{BN}I_B[\cos\varphi + \cos(2\omega t - \varphi - 240°)]$$

$$p_C = u_{CN}i_C = \sqrt{2}U_{CN}\cos(\omega t + 120°) \times \sqrt{2}I_C\cos(\omega t - \varphi + 120°)$$

$$= U_{CN}I_C[\cos\varphi + \cos(2\omega t - \varphi + 240°)]$$

因为

$$\cos(2\omega t - \varphi) + \cos(2\omega t - \varphi - 240°) + \cos(2\omega t - \varphi + 240°) = 0$$

且

$$U_{AN} = U_{BN} = U_{CN} = U_{\mathrm{p}}, \qquad I_A = I_B = I_C = I_{\mathrm{p}}$$

所以

$$p = p_A + p_B + p_C = 3U_{\mathrm{p}}I_{\mathrm{p}}\cos\varphi \tag{10-17}$$

式(10-17)表明,对称三相电路中,负载的三相总瞬时功率不随时间变化,为一恒定值。其值等于三相电路的平均功率 P。这一结论同样适用于对称三相电源,通常称为瞬时功率平衡。这是三相电路的一个优越性能。瞬时功率平衡可使三相旋转电机受到恒定的转矩,从而运行平稳。

下面以三相三线制电路为例简要介绍三相电路的功率测量。在三相三线制电路中,不论其对称与否,三相负载采用何种连接方式,都可以使用两个功率表来测量三相电路的功率。其测量方式如图 10-9 所示。将两个功率表的电流线圈分别串入两端线(图示为 A、B 两端线)中,两功率表电压线圈的非电源端(无 * 端)共同接到非电流线圈所在的第 3 条端线上(图示为 C 端线)。可以看出,这种测量方法中功率表的接线只触及端线而与负载和电源的连接方式无关,通常把这种功率测量方法称为二瓦计法。

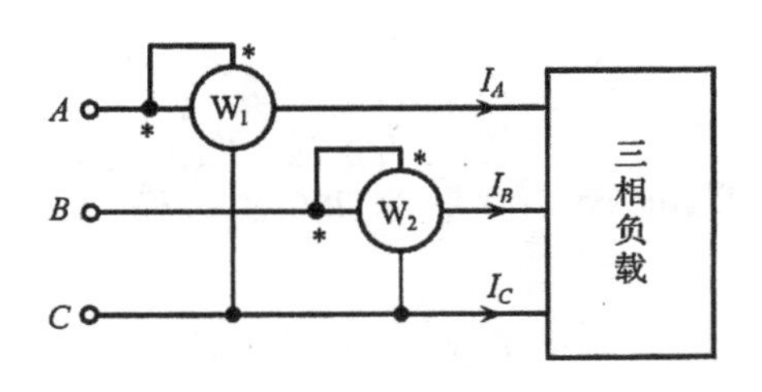

图 10-9

可以证明,图中两个功率表读数的代数和为三相三线制电路中右侧电路吸收的平均功率。设两个功率表的读数分别为 P_1 和 P_2,根据功率表的工作原理有

$$P_1 = \mathrm{Re}[\dot{U}_{AC}\dot{I}_A^*], \qquad P_2 = \mathrm{Re}[\dot{U}_{BC}\dot{I}_B^*]$$

则

$$P_1 + P_2 = \mathrm{Re}[\dot{U}_{AC}\dot{I}_A^*] + \mathrm{Re}[\dot{U}_{BC}\dot{I}_B^*] = \mathrm{Re}[\dot{U}_{AC}\dot{I}_A^* + \dot{U}_{BC}\dot{I}_B^*]$$

因为

$$\dot{U}_{AC} = \dot{U}_A - \dot{U}_C$$

$$\dot{U}_{BC}=\dot{U}_B-\dot{U}_C,\qquad \dot{I}_A^*+\dot{I}_B^*=-\dot{I}_C^*$$

将这组关系式代入上式即得

$$P_1+P_2=\mathrm{Re}[\dot{U}_A\dot{I}_A^*+\dot{U}_B\dot{I}_B^*+\dot{U}_C\dot{I}_C^*]=\mathrm{Re}[\overline{S_A}+\overline{S_B}+\overline{S_C}]=\mathrm{Re}[\overline{S}]$$

式中 $\mathrm{Re}[\overline{S}]$表示右侧三相负载的有功功率。

同时还可以证明在对称三相三线制电路中有

$$\left.\begin{aligned}P_1&=\mathrm{Re}[\dot{U}_{AC}\dot{I}_A^*]=U_{AC}I_A\cos(\varphi-30^\circ)\\P_2&=\mathrm{Re}[\dot{U}_{BC}\dot{I}_B^*]=U_{BC}I_B\cos(\varphi+30^\circ)\end{aligned}\right\}\tag{10-18}$$

式中 φ 为负载的阻抗角。

应指出，在一定的条件下(例如 $\varphi>60^\circ$)，两个功率表之一的读数可能为负值，求两功率之和时该读数则应取负值。一般而言，单独一个功率表的读数是没有实际意义的。

在三相四线制电路中，因为一般情况下，$\dot{I}_A+\dot{I}_B+\dot{I}_C\neq0$，所以不能用二瓦计法测量其三相功率，而要用三瓦计法进行测量。读者可参阅有关书籍。

例 10-2 图 10-9 所示电路若为对称三相电路，且已知对称三相负载吸收的功率为 2.5kW，功率因数 $\lambda=\cos\varphi=0.866$(呈感性)，线电压为 380V。试求图中两个功率表的读数。

解 对称三相负载吸收的功率是一相负载所吸收功率的 3 倍，即

$$P=3U_AI_A\cos\varphi=\sqrt{3}U_{AB}I_A\cos\varphi$$

则可求得电流 I_A 为

$$I_A=\frac{P}{\sqrt{3}U_{AB}\cos\varphi}=\frac{2.5\times10^3}{\sqrt{3}\times380\times0.866}=4.386(\mathrm{A})$$

而

$$\varphi=\arccos\lambda=30^\circ$$

令 $\dot{U}_A=220\angle0^\circ\mathrm{V}$($A$ 相电源)为参考相量，则图中功率表相关的电压、电流相量为

$$\dot{I}_A=4.386\angle-30^\circ\mathrm{A},\qquad \dot{U}_{AC}=380\angle-30^\circ\mathrm{V}$$

$$\dot{I}_B=4.386\angle-150^\circ\mathrm{A},\qquad \dot{U}_{BC}=380\angle-90^\circ\mathrm{V}$$

由此可得两功率表的读数分别为

$$P_1=\mathrm{Re}[\dot{U}_{AC}\dot{I}_A^*]=\mathrm{Re}[380\times4.386\angle0^\circ]=1666.68(\mathrm{W})$$

$$P_2=\mathrm{Re}[\dot{U}_{BC}\dot{I}_A^*]=\mathrm{Re}[380\times4.386\angle60^\circ]=833.34(\mathrm{W})$$

其实，该题只要求得两个功率表之一的读数，另一功率表的读数即为负载的功率 P 减去该表的读数。例如，求得 P_1 后，则 $P_2=P-P_1$。

10.3 对称三相电路的计算

三相电路实际上是正弦交流电路的一种特殊类型，因此前面对正弦交流电路的分析计算方法对三相电路完全适用。对于对称的三相电路，由于对称的电源加在对称的负载上，无论它们的连接方式如何，其各处的相电压、相电流和线电压、线电流都具有对称性，而且各相功率相同。因此，利用对称性这一特点可以简化对称三相电路的分析计算。

下面以图 10-10(a)所示对称三相四线制 Y-Y 连接电路为例讨论对称三相电路的计算方法。图中 Z_l 为端线阻抗，Z_N 为中线阻抗，Z 为各项负载的阻抗。设 N 为参考点，利用节点法可列写出 N' 点的节点电压方程为

$$\left(\frac{1}{Z_N}+\frac{3}{Z+Z_l}\right)\dot{U}_{N'N}=\frac{1}{Z+Z_l}(\dot{U}_A+\dot{U}_B+\dot{U}_C)$$

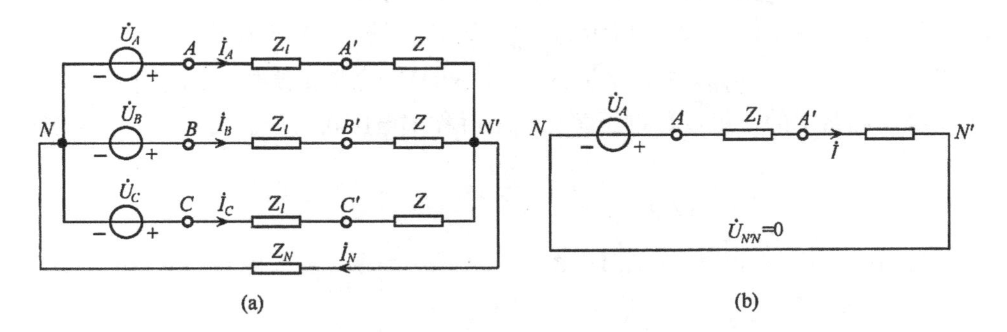

图 10-10

因为 $\dot{U}_A+\dot{U}_B+\dot{U}_C=0$，由上述方程可得 $\dot{U}_{N'N}=0$，即 N' 点与 N 点等电位。所以各相电源和负载中的电流等于线电流，它们分别为

$$\dot{I}_A=\frac{\dot{U}_A-\dot{U}_{N'N}}{Z+Z_l}=\frac{\dot{U}_A}{Z+Z_l}$$

$$\dot{I}_B=\frac{\dot{U}_B-\dot{U}_{N'N}}{Z+Z_l}=\frac{\dot{U}_B}{Z+Z_l}=a^2\dot{I}_A$$

$$\dot{I}_C=\frac{\dot{U}_C-\dot{U}_{N'N}}{Z+Z_l}=\frac{\dot{U}_C}{Z+Z_l}=a\dot{I}_A$$

由以上三式可以看出，由于 $\dot{U}_{N'N}=0$，使得各相电流彼此独立，且构成对称组。因此，只要分析计算三相中的任一相，而其他两相的电压、电流就可直接按对称顺序写出。这就是将对称三相电路归结为一相的计算方法。图 10-10(b)为一相计算电路(A 相)。应注意，在一相计算电路中，连接 N、N' 的是短路线，与中线阻抗无关，中线电流

$$\dot{I}_N = \dot{I}_A + \dot{I}_B + \dot{I}_C = 0$$

负载端相电压、线电压分别为

$$\begin{cases} \dot{U}_{A'N'} = Z\dot{I}_A \\ \dot{U}_{B'N'} = Z\dot{I}_B = a^2\dot{U}_{A'N'} \\ \dot{U}_{C'N'} = Z\dot{I}_C = a\dot{U}_{A'N'} \end{cases}$$

$$\begin{cases} \dot{U}_{A'B'} = \dot{U}_{A'N'} - \dot{U}_{B'N'} = \sqrt{3}\,\dot{U}_{A'N'}\angle 30^\circ \\ \dot{U}_{B'C'} = \dot{U}_{B'N'} - \dot{U}_{C'N'} = \sqrt{3}\,\dot{U}_{B'N'}\angle 30^\circ \\ \dot{U}_{C'A'} = \dot{U}_{C'N'} - \dot{U}_{A'N'} = \sqrt{3}\,\dot{U}_{C'N'}\angle 30^\circ \end{cases}$$

它们也构成正弦量对称组。

对于其他连接方式的对称三相电路，可以根据星形和三角形的等效互换，化成对称的 Y-Y 三相电路，然后用归结为一相的计算方法进行分析计算。

例 10-3 在图 10-10(a)所示的对称三相四线制 Y-Y 电路中，已知 $Z_1=(1+\mathrm{j}2)\Omega$，$Z=(5+\mathrm{j}6)\Omega$，$u_{AB}=380\sqrt{2}\cos(\omega t+30^\circ)\mathrm{V}$，试求负载中各电流相量。

解 电路中的一组对称电压源与该组对称线电压相对应。由式(10-3)可求得

$$\dot{U}_A = \frac{\dot{U}_{AB}}{\sqrt{3}\angle 30^\circ} = \frac{380\angle 30^\circ}{\sqrt{3}\angle 30^\circ} = 220\angle 0^\circ(\mathrm{V})$$

由此可画出一相(A 相)计算电路如图 10-10(b)。计算 $\dot{I}_A$，求得

$$\dot{I}_A = \frac{\dot{U}_A}{Z+Z_1} = \frac{220\angle 0^\circ}{6+\mathrm{j}8} = \frac{220\angle 0^\circ}{10\angle 53.1^\circ} = 22\angle -53.1^\circ(\mathrm{A})$$

根据对称性可知

$$\dot{I}_B = a^2\dot{I}_A = 22\angle -173.1^\circ\mathrm{A}, \qquad \dot{I}_C = a\dot{I}_A = 22\angle 66.9^\circ\mathrm{A}$$

例 10-4 在一对称的 Y-△三相电路中，已知对称三角形连接的负载每相阻抗为 $Z=(19.2+\mathrm{j}14.4)\Omega$，线路阻抗 $Z_1=(3+\mathrm{j}4)\Omega$，对称线电压 $U_{AB}=380\mathrm{V}$。试求负载端的线电压和线电流。

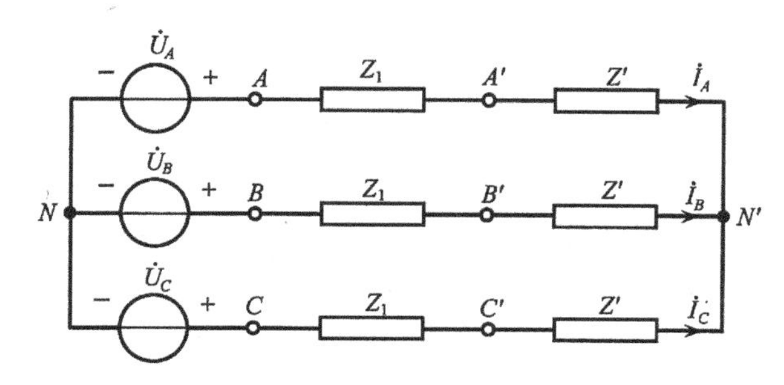

例 10-4 图

解 将该电路变换为对称的Y-Y三相电路，如本例图所示。由阻抗的△-Y三相变换关系可求得等效电路中的Z'为

$$Z' = \frac{Z}{3} = \frac{19.2 + j14.4}{3} = (6.4 + j4.8)\Omega = 8\angle 36.9°(\Omega)$$

令$\dot{U}_A = 220\angle 0°\text{V}$为参考相量，根据一相计算电路有

$$\dot{I}_A = \frac{\dot{U}_A}{Z' + Z_1} = \frac{220\angle 0°}{9.4 + j8.8} = 17.1\angle -43.2°(\text{A})$$

由对称性可知

$$\dot{I}_B = a^2 \dot{I}_A = 17.1\angle -163.2°\text{A}$$

$$\dot{I}_C = a\dot{I}_A = 17.1\angle 76.8°\text{A}$$

以上电流即为负载端的线电流。

由此可求出负载端的相电压，并利用线电压与相电压的关系即可求得负载端的线电压。可知$\dot{U}_{A'N'}$为

$$\dot{U}_{A'N'} = \dot{I}_A Z' = 17.1\angle -43.2° \times 8\angle 36.9° = 136.8\angle -6.3°(\text{V})$$

根据前面式(10-3)可得

$$\dot{U}_{A'B'} = \sqrt{3}\dot{U}_{A'N'}\angle 30° = 236.9\angle 23.7°(\text{V})$$

由对称性可知

$$\dot{U}_{B'C'} = a^2\dot{U}_{A'B'} = 236.9\angle -96.3°\text{V}$$

$$\dot{U}_{C'A'} = a\dot{U}_{A'B'} = 236.9\angle 143.7°\text{V}$$

再根据负载端的线电压可求得负载中的相电流为

$$\dot{I}_{A'B'} = \frac{\dot{U}_{A'B'}}{Z} = \frac{236.9\angle 23.7°}{19.2 + j14.4} = \frac{236.9\angle 23.7°}{24\angle 36.9°} = 9.9\angle -13.2°(\text{A})$$

$$\dot{I}_{B'C'} = a^2 \dot{I}_{A'B'} = 9.9\angle -133.2°\text{A}$$

$$\dot{I}_{C'A'} = a\dot{I}_{A'B'} = 9.9\angle -106.8°\text{A}$$

负载的相电流也可由式(10-6)求解。

10.4 不对称三相电路的计算

在三相电路中，只要三相电源、三相负载和三条传输线上的复阻抗有任何一部分不对称，该电路就称为不对称三相电路。实际工作中的三相电路大多是不对称的。例如对称三相电路的某一条端线断开，或某一相负载发生短路或开路，整个电路便失去对称性，成为不对称三相电路。另外有一些电气设备本来就是利用不对称三相电路的特性工作的。因此不对称三相电路的计算有着重要的实际意义。

下面以图10-11(a)所示Y-Y不对称三相电路为例来讨论不对称三相电路的

特点及分析方法。

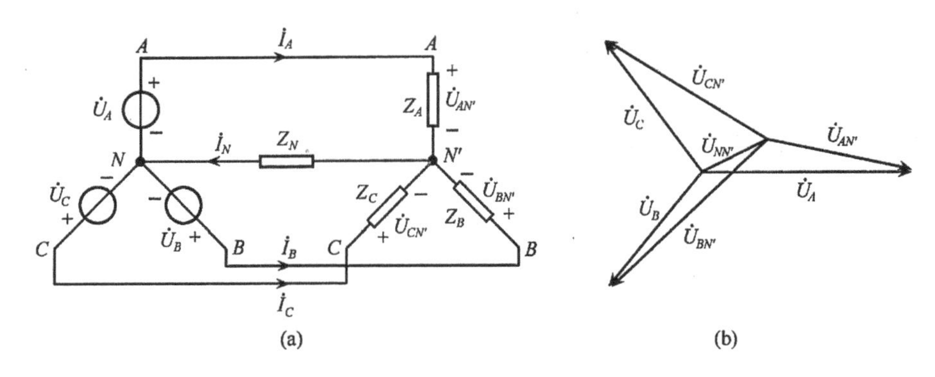

图 10-11

电路中三相电源是对称的，但负载不对称，即 $Z_A \neq Z_B \neq Z_C$。根据节点电压法可求得两个中性点间的电压为

$$\dot{U}_{N'N} = \frac{\dot{U}_A Y_A + \dot{U}_B Y_B + \dot{U}_C Y_C}{Y_A + Y_B + Y_C + Y_N}$$

由于负载不对称，则 $\dot{U}_{N'N} \neq 0$。若电源电压不对称，也有 $\dot{U}_{N'N} \neq 0$。这种现象称为中性点位移。此时负载各相电压为

$$\left.\begin{aligned} \dot{U}_{AN'} &= \dot{U}_A - \dot{U}_{N'N} \\ \dot{U}_{BN'} &= \dot{U}_B - \dot{U}_{N'N} \\ \dot{U}_{CN'} &= \dot{U}_C - \dot{U}_{N'N} \end{aligned}\right\} \tag{10-19}$$

根据电源电压的对称性及式(10-19)可以定性画出该电路的电压相量图，如图 10-11(b)所示。从相量图中可以看出，在电源对称的情况下，中性点位移越大，负载相电压的不对称情况越严重，从而造成负载不能正常工作，甚至损坏电气设备。另外，如果负载变动时，由于各相的工作相互关联，因此彼此互有影响。为了使负载得到对称的电压，可以人为地使 $\dot{U}_{N'N}=0$，即用 $Z_N=0$ 的导线将 N 与 N' 点相连接。这样使得各相的工作相互独立，如果负载变动，彼此也互无影响。因而各相可以分别独立计算。应注意，虽然负载相电压达到对称，但由于负载不对称，所以各相电流不对称，中线电流

$$\dot{I}_N = \dot{I}_A + \dot{I}_B + \dot{I}_C \neq 0$$

此时中线的存在是非常重要的。

由于不对称三相电路是一种复杂的交流电路，因此将三相归结为一相的计算方法已不适用，一般情况下是应用网络分析理论中复杂电路的解法来对电路分析计算。不过，在一些特殊情况下，不对称三相电路中某一部分是对称的，例如图 10-11(a)所示电路中电源一侧是对称的，其线电压和相电压仍满足式(10-3)，且电

源相电压和线电压仍分别为相应的正弦量对称组。这样也给计算带来一定的简便。

例 10-5 本例图所示的右侧部分，由一个电容和两个相同的灯泡（用 R 表示）组成，可以用来确定三根端线的相序，称为相序指示器。现使电容的容抗等于灯泡的电阻，即 $\frac{1}{\omega C}=R=\frac{1}{G}$，试说明在相电压对称的情况下，如何根据两个灯泡的亮度来确定电源的相序。

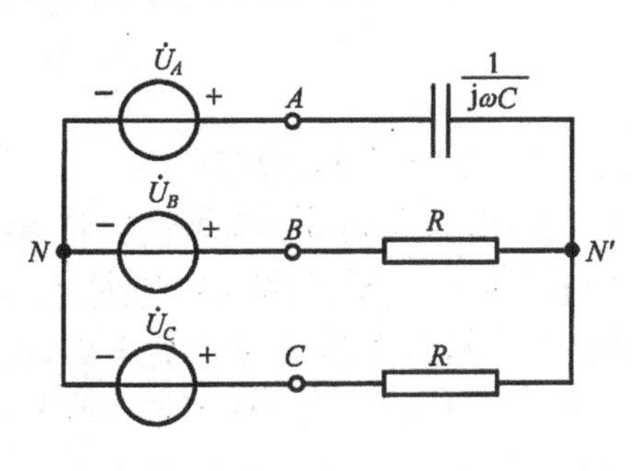

例 10-5 图

解 因为相电压对称，属对称星形连接的电源向不对称三相负载供电的电路。令 $\dot{U}_A=U\angle 0°\text{V}$ 为参考相量，以 N 点为参考节点，由节点电压法可得电路中点电压为

$$\dot{U}_{N'N}=\frac{\mathrm{j}\omega C\dot{U}_A+\frac{1}{R}(\dot{U}_B+\dot{U}_C)}{\mathrm{j}\omega C+\frac{1}{R}+\frac{1}{R}}$$

因 $\frac{1}{\omega C}=R$，并注意到 $U_A=U_B=U_C=U$，则有

$$\begin{aligned}\dot{U}_{N'N}&=\frac{\mathrm{j}U_A\angle 0°+U_A\angle-120°+U_A\angle-240°}{\mathrm{j}+2}\\&=(-0.2+\mathrm{j}0.6)U_A=0.63U_A\angle 108.4°\end{aligned}$$

B 相灯泡所承受的电压为

$$\begin{aligned}\dot{U}_{BN'}&=\dot{U}_{BN}-\dot{U}_{N'N}=U_A\angle-120°-(-0.2+\mathrm{j}0.6)U_A\\&=(-0.3-\mathrm{j}1.466)U_A=1.496\angle 258.4°U_A\end{aligned}$$

则有

$$U_{BN'}=1.496U_A$$

C 相灯泡所承受的电压为

$$\begin{aligned}\dot{U}_{CN'}&=\dot{U}_{CN}-\dot{U}_{N'N}=U_A\angle-240°-(-0.2+\mathrm{j}0.6)U_A\\&=(-0.3+\mathrm{j}0.266)U_A=0.401\angle 138.4°U_A\end{aligned}$$

即

$$U_{CN'}=0.401U_A$$

由以上结果可知 $U_{BN'}>U_{CN'}$，若电容所在的那一相设为 A 相，则灯泡较亮的一相为 B 相，灯泡较暗的一相为 C 相。由此可确定端线的相序为：接电容相线→灯泡较亮相线→灯泡较暗相线。

10.5 互感电路

10.5.1 互感与耦合系数

如图 10-12 所示，两个彼此相邻的载流线圈，匝数分别为 N_1 和 N_2，当各自载有电流 i_1 和 i_2 时，将分别产生磁通 Φ_{11}和 Φ_{22}，这两个磁通不仅各自与本线圈交链构成自感磁链 $\psi_{11}=N_1\Phi_{11}$，$\psi_{22}=N_2\Phi_{22}$，而且还将交链相邻的线圈构成相应的互感磁链，这种载流线圈之间通过彼此的磁场相互联系的物理现象称为磁耦合。两耦合线圈分别用各自的电感 L_1 和 L_2 标记，称为耦合电感，含耦合电感的电路简称为互感电路。

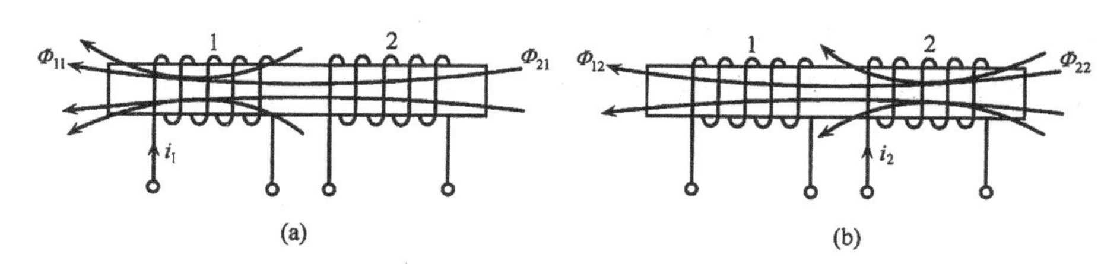

图 10-12

为清楚起见，将两载流线圈的耦合情况分开图示。图 10-12(a)是第一个载流线圈的电流 i_1 产生的磁通 Φ_{11}的一部分 Φ_{21}交链第二个载流线圈；图 10-12(b)是第二个线圈的电流 i_2 产生的 Φ_{22}的一部分 Φ_{12}交链第一个线圈。相应的 $\psi_{21}=N_2\Phi_{21}$称为线圈 1 对线圈 2 的互感磁链，$\psi_{12}=N_1\Phi_{12}$称为线圈 2 对线圈 1 的互感磁链。两图中的电流与其产生的磁通之间满足右手螺旋定则。

各耦合线圈中的总磁链等于各自感磁链和互感磁链两部分的代数和，若线圈 1 和线圈 2 中的总磁链分别为 ψ_1 和 ψ_2，则

$$\psi_1 = \psi_{11} \pm \psi_{12}, \qquad \psi_2 = \psi_{22} \pm \psi_{21}$$

当两耦合线圈处于均匀且各向同性的线性磁介质中时，每一种磁链都与产生它的施感电流成正比，即自感磁链为

$$\psi_{11} = L_1 i_1, \qquad \psi_{22} = L_2 i_2$$

互感磁链为

$$\psi_{12} = M_{12} i_2, \qquad \psi_{21} = M_{21} i_1$$

上式中的 M_{12}和 M_{21}称为耦合线圈的互感系数，亦称互感，单位为亨利(H)。理论和实践证明，$M_{12}=M_{21}=M$，且恒为正值。

这样，两个耦合线圈的磁链可表述为

$$\psi_1 = L_1 i_1 \pm M i_2, \qquad \psi_2 = L_2 i_2 \pm M i_1 \tag{10-20}$$

互感 M 的量值反映了一线圈在另一线圈中产生磁通的能力。在一般情况下，两个耦合线圈中的电流所产生的磁通只有一部分磁通相互交链，还有一部分磁通

不交链，称为漏磁通。为了定量地描述两个线圈耦合的紧疏程度，把两线圈互感磁链与自感磁链比值的几何平均值定义为耦合系数，用 k 来表示，即

$$k=\sqrt{\frac{|\psi_{12}|}{\psi_{11}}\cdot\frac{|\psi_{21}|}{\psi_{22}}}$$

因为 $\psi_{11}=L_1i_1$，$|\psi_{12}|=Mi_2$，$\psi_{22}=L_2i_2$，$|\psi_{21}|=Mi_1$，代入上式后有

$$k=\frac{M}{\sqrt{L_1L_2}} \tag{10-21}$$

式中 L_1 和 L_2 分别为两线圈的自感。由上式可知 k 的取值范围为 $0\leqslant k\leqslant 1$。k 的大小与线圈的结构、相对位置以及周围的磁介质有关。当 $k=1$ 时，说明无漏磁通，两线圈为全耦合。

10.5.2 互感线圈的同名端

当两线圈中同时分别通以电流 i_1、i_2 时，此两电流产生的自磁通（或自磁链）与互磁通（或互磁链）可能相互增强，也可能相互减弱，这要由两个线圈所通电流的参考方向和两个线圈的缠绕方向共同决定。式(10-20)中互感 M 前的“±”号正是说明磁耦合中，互感作用的两种可能性。“+”号表示互感磁链与自感磁链方向一致，称为互感的“增助”作用；“－”号表示互感磁链与自感磁链方向相反，称为互感的“削弱”作用。为了便于反映这种“增助”或“削弱”作用以及简化电路图形的表示，通常采用两线圈的同名端标记方法。所谓同名端是指耦合线圈的这样两个端钮：当两个线圈的电流 i_1 和 i_2 同时分别流进或流出这两个端钮时，它们所产生的磁通是互相增助的，那么这两个端钮就称为耦合线圈的同名端，并用小圆点“・”或“*”符号标记。例如图 10-13(a)中端钮 A、B 或 X、Y 为同名端。而在图 10-13(b)中，线圈 1 的 A 端与线圈 2 的 B 端不满足同名端的定义，但 A 端与 Y 端可用“・”标记为同名端，即把线圈 1 中的电流 i_1 反向或者把线圈 2 中的电流 i_2 反向，便可看出 A、Y 端或 X、B 端符合同名端的定义。

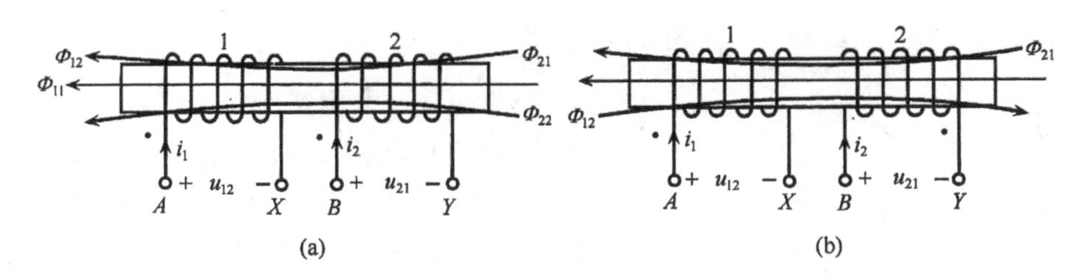

图 10-13

引入同名端的概念后，在电路分析中，两个耦合线圈便可用带有同名端标记的电感 L_1 和 L_2 简洁表示，如图 10-14 所示，其中 M 表示互感。

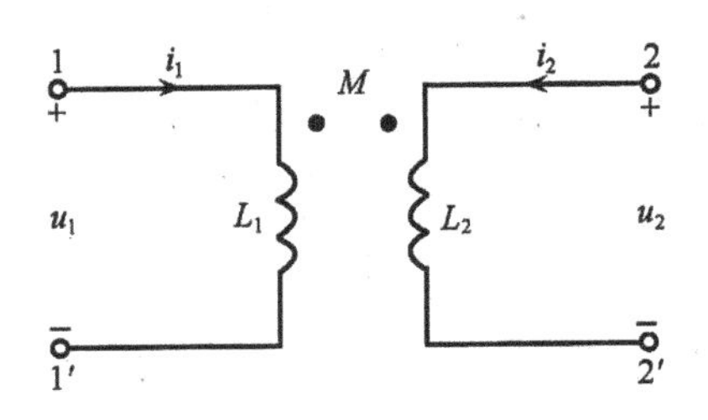

图 10-14

10.5.3 耦合电感的电压电流关系

如果两个耦合的电感线圈 L_1 和 L_2 中同时存在变动的电流，则各电感中的磁链将随电流变动而变动。设 L_1 和 L_2 的电压与电流分别为 u_1、i_1 和 u_2、i_2，且都取关联参考方向，互感为 M，则有

$$\left.\begin{aligned} u_1 &= \frac{\mathrm{d}\psi_1}{\mathrm{d}t} = L_1\frac{\mathrm{d}i_1}{\mathrm{d}t} \pm M\frac{\mathrm{d}i_2}{\mathrm{d}t} \\ u_2 &= \frac{\mathrm{d}\psi_2}{\mathrm{d}t} = L_2\frac{\mathrm{d}i_2}{\mathrm{d}t} \pm M\frac{\mathrm{d}i_1}{\mathrm{d}t} \end{aligned}\right\} \tag{10-22}$$

式(10-22)即为两耦合电感的电压电流关系式。其中令 $u_{11}=L_1\dfrac{\mathrm{d}i_1}{\mathrm{d}t}$为线圈 1 的自感电压，$u_{22}=L_2\dfrac{\mathrm{d}i_2}{\mathrm{d}t}$为线圈 2 的自感电压；$u_{12}=M\dfrac{\mathrm{d}i_2}{\mathrm{d}t}$是变化的电流 i_2 在 L_1 中产生的互感电压，$u_{21}=M\dfrac{\mathrm{d}i_1}{\mathrm{d}t}$是变化的电流 i_1 在 L_2 中产生的互感电压。可见耦合电感的端电压是自感电压和互感电压叠加的结果。因此互感电压前的“+”或“−”号的正确选取是求解耦合电感端电压的关键，选取原则可简明地表述如下：如果一线圈中互感电压“+”极性端子与产生它的另一线圈中变化电流流进的端子为一对同名端，则该互感电压前应取“+”号；反之则取“−”号。例如图 10-14 所示电路中，$u_1(u_{12})$的“+”极性在 L_1 的“1”端，变化的电流 i_2 从 L_2 的“2”端流入，而这两个端子是同名端，所以 $u_{12}=M\dfrac{\mathrm{d}i_2}{\mathrm{d}t}$，同理 $u_{21}=M\dfrac{\mathrm{d}i_1}{\mathrm{d}t}$。

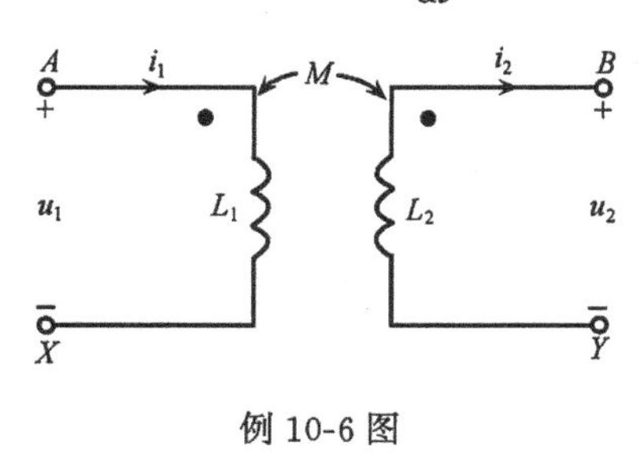

例 10-6 图

例 10-6 本例图所示为两电感线圈构成的耦合电感电路。(1) 试写出每一电感线圈上的电压电流关系式；(2) 若电感 $M=18\mathrm{mH}$，$i_1=2\sqrt{2}\sin(2000t)\mathrm{A}$，在 B、Y 两端接入一电磁式电压表，求其读数为多少？

解 (1) 设互感电压 u_{12}与 u_1 参考方向一致，u_{21}与 u_2 参考方向一致。在电感 L_1 上，因 u_1 与 i_1 参考方向一致，所以其自感电压为

$$u_{11} = L_1 \frac{\mathrm{d}i_1}{\mathrm{d}t}$$

在电感 L_2 上,因 u_2 与 i_2 参考方向相反,所以其自感电压为

$$u_{22} = -L_2 \frac{\mathrm{d}i_2}{\mathrm{d}t}$$

根据互感电压正负号的选取原则可知

$$u_{12} = -M \frac{\mathrm{d}i_2}{\mathrm{d}t}$$

$$u_{21} = M \frac{\mathrm{d}i_1}{\mathrm{d}t}$$

则得两耦合电感线圈的电压电流关系式分别为

$$u_1 = u_{11} + u_{12} = L_1 \frac{\mathrm{d}i_1}{\mathrm{d}t} - M \frac{\mathrm{d}i_2}{\mathrm{d}t}$$

$$u_2 = u_{22} + u_{21} = -L_2 \frac{\mathrm{d}i_2}{\mathrm{d}t} + M \frac{\mathrm{d}i_1}{\mathrm{d}t}$$

(2) 在电感线圈 L_2 的两端 B、Y 接入电压表时,可认为 B、Y 两端开路,此时有

$$u_2 = M \frac{\mathrm{d}i_1}{\mathrm{d}t} = 18 \times 10^{-3} \frac{\mathrm{d}}{\mathrm{d}t}[2\sqrt{2}\sin(2000t)]$$

$$= 18 \times 10^{-3} \times 2 \times 10^3 \times 2\sqrt{2}\cos(2000t) = 72\sqrt{2}\cos(2000t)(\mathrm{V})$$

由于电磁式电压表测得的电压为有效值,因此电压表的读数为 72V。

10.5.4 耦合电感电压电流关系式的相量形式

如果两个耦合电感线圈中的施感电流 i_1、i_2 为同频率的正弦量,且在正弦稳态下工作时,其电压电流关系式可用相量形式表示,即

$$\begin{aligned} \dot{U}_1 &= \mathrm{j}\omega L_1 \dot{I}_1 \pm \mathrm{j}\omega M \dot{I}_2 = \mathrm{j}\omega L_1 \dot{I}_1 \pm Z_M \dot{I}_2 \\ \dot{U}_2 &= \mathrm{j}\omega L_2 \dot{I}_2 \pm \mathrm{j}\omega M \dot{I}_1 = \mathrm{j}\omega L_2 \dot{I}_2 \pm Z_M \dot{I}_1 \end{aligned} \qquad (10\text{-}23)$$

式中 $Z_M = \mathrm{j}\omega M$,ωM 称为互感抗。

当电流 $\dot{I}_1$、$\dot{I}_2$ 的参考方向符合同名端时(即符合上述互感电压正、负号的选取原则),式(10-23)中 $\mathrm{j}\omega M$ 前取"+"号,否则取"−"号。例如图 10-14 所示电路中有

$$\dot{U}_1 = \mathrm{j}\omega L_1 \dot{I}_1 + \mathrm{j}\omega M \dot{I}_2, \qquad \dot{U}_2 = \mathrm{j}\omega L_2 \dot{I}_2 + \mathrm{j}\omega M \dot{I}_1$$

与图 10-14 电路对应的相量图如图 10-15 所示,图中 $\dot{U}_{M1} = \mathrm{j}\omega M \dot{I}_2$,$\dot{U}_{M2} = \mathrm{j}\omega M \dot{I}_1$。

另外,还可以用电流控制电压源(CCVS)来表示互感电压的作用。例如对图 10-15 所示的电路,根据上述该电路相量形式的电压电流方程,可画出其等效受控源电路,如图 10-16(相量形式)所示。

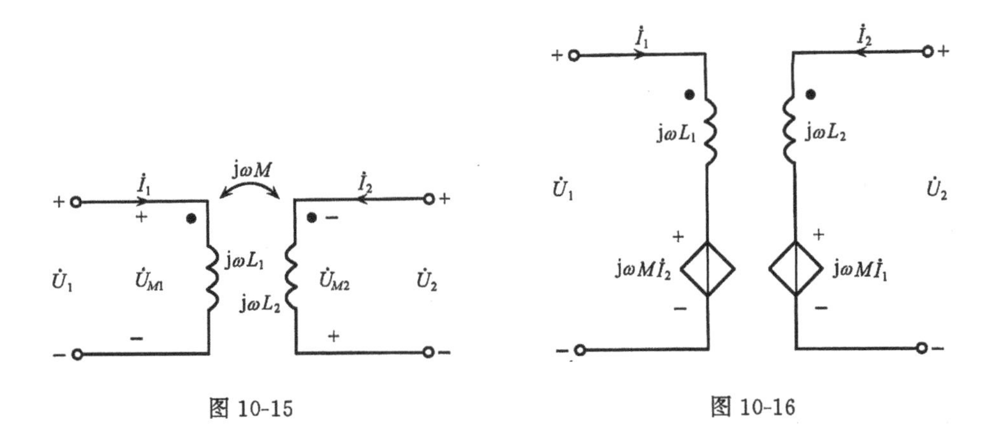

图 10-15　　　　图 10-16

10.6　互感电路的计算

当互感电路处于正弦稳态时，可用相量法对其进行分析计算。常见的互感电路有两耦合电感组成的串联电路和两耦合电感组成的并联电路。

10.6.1　两耦合电感的串联电路

两耦合电感的串联有两种方式。使得互感起"增助"作用的串联称为耦合电感的顺向串联，使得互感起"削弱"作用的串联称为耦合电感的反向串联。例如图 10-17(a)所示的电路就是耦合电感的反向串联电路。按图中所示电压电流的参考方向，可列写出以下 KVL 方程

$$u_1 = R_1 i + \left(L_1 \frac{\mathrm{d}i}{\mathrm{d}t} - M \frac{\mathrm{d}i}{\mathrm{d}t}\right) = R_1 i + (L_1 - M) \frac{\mathrm{d}i}{\mathrm{d}t}$$

$$u_2 = R_2 i + \left(L_2 \frac{\mathrm{d}i}{\mathrm{d}t} - M \frac{\mathrm{d}i}{\mathrm{d}t}\right) = R_2 i + (L_2 - M) \frac{\mathrm{d}i}{\mathrm{d}t}$$

根据以上方程可画出一个无互感的等效电路，如图 10-17(b)所示，其电路方程为

$$u = u_1 + u_2 = (R_1 + R_2)i + (L_1 + L_2 - 2M) \frac{\mathrm{d}i}{\mathrm{d}t}$$

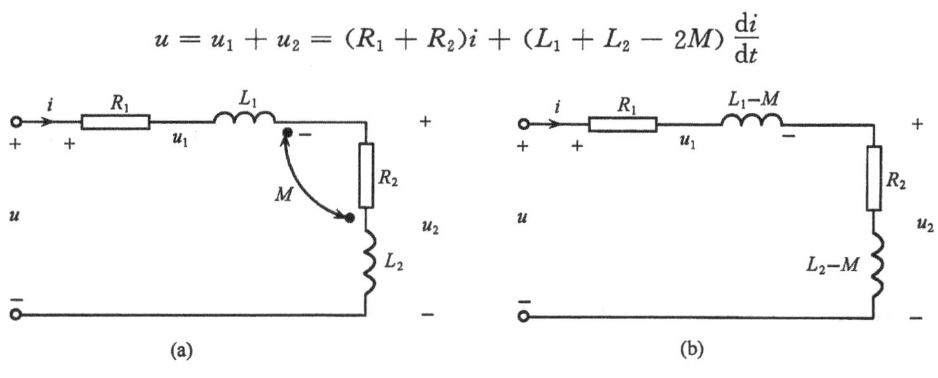

图 10-17

等效电路可视为由电阻 R_1、R_2 和电感 $L=L_1+L_2-2M$ 组成的串联电路。

如果上述电路是一种正弦稳态电路，可用相量形式表示为

$$\dot{U}_1=[R_1+\mathrm{j}\omega(L_1-M)]\dot{I}$$

$$\dot{U}_2=[R_2+\mathrm{j}\omega(L_2-M)]\dot{I}$$

$$\dot{U}=[R_1+R_2+\mathrm{j}\omega(L_1+L_2-2M)]\dot{I}$$

则电流 $\dot{I}$ 为

$$\dot{I}=\frac{\dot{U}}{R_1+R_2+\mathrm{j}\omega(L_1+L_2-2M)} \tag{10-24}$$

每一条耦合电感支路的阻抗以及整个电路的输入阻抗可分别表述为

$$Z_1=R_1+\mathrm{j}\omega(L_1-M)$$

$$Z_2=R_2+\mathrm{j}\omega(L_2-M)$$

$$Z=Z_1+Z_2=R_1+R_2+\mathrm{j}\omega(L_1+L_2-2M)$$

由上面的讨论可以看出，两耦合电感 L_1、L_2 反向串联时，使得每一条耦合电感支路的阻抗和整个电路的输入阻抗都比无互感时的阻抗要小一些（电抗变小）。其原因是由于互感的削弱作用，它与电容串联时电容值变小的效应相似，故称为互感的“容性”效应。应指出，每一耦合电感支路的等效电感分别为 (L_1-M) 和 (L_2-M)，其中之一有可能为负值，但不可能都为负值，整个电路仍然呈感性。因为耦合系数 $\frac{M}{\sqrt{L_1L_2}}\leqslant 1$，必有 $L_1+L_2-2M\geqslant 0$。

对于两耦合电感顺向串联的电路，类似于上述讨论，可得出每一条耦合电感支路的阻抗以及整个电路的输入阻抗分别为

$$Z_1=R_1+\mathrm{j}\omega(L_1+M)$$

$$Z_2=R_2+\mathrm{j}\omega(L_2+M)$$

$$Z=Z_1+Z_2=R_1+R_2+\mathrm{j}\omega(L_1+L_2+2M)$$

而电流 $\dot{I}$ 为

$$\dot{I}=\frac{\dot{U}}{R_1+R_2+\mathrm{j}\omega(L_1+L_2+2M)} \tag{10-25}$$

10.6.2 两耦合电感的并联电路

两耦合电感的并联也有两种方式。当两耦合电感的同名端并联在同一个节点上时，称为同侧并联电路，如图 10-18(a)。当两耦合电感的异名端并联在同一个节点上时，则称为异侧并联电路，如图 10-18(b)。在正弦稳态情况下，对同侧并联电路，由于互感起“增助”作用，按图中所示各电压电流参考方向，可列写出以下 KVL 方程

支路 1 $\quad \dot{U}=(R_1+\mathrm{j}\omega L_1)\dot{I}_1+\mathrm{j}\omega M\dot{I}_2=Z_1\dot{I}_1+Z_M\dot{I}_2$

支路 2 $\quad \dot{U}=(R_2+\mathrm{j}\omega L_2)\dot{I}_2+\mathrm{j}\omega M\dot{I}_1=Z_2\dot{I}_2+Z_M\dot{I}_1$ $\qquad$ (10-26)

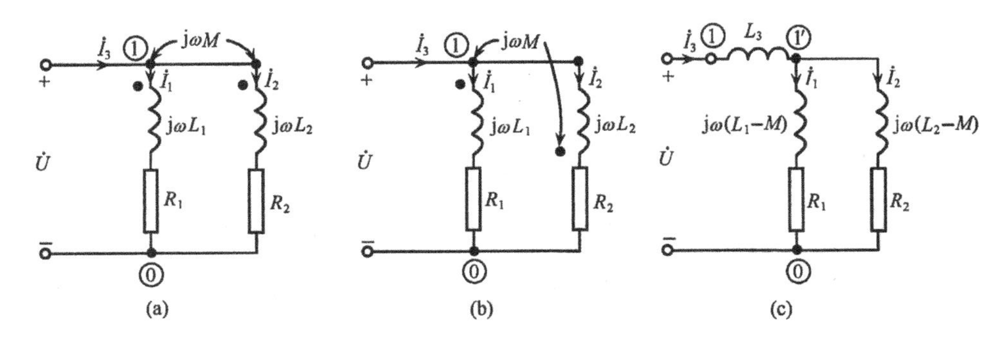

图 10-18

求解式(10-26)可得

$$\left.\begin{aligned}\dot{I}_1&=\frac{Z_2-Z_M}{Z_1Z_2-Z_M^2}\dot{U}\\ \dot{I}_2&=\frac{Z_1-Z_M}{Z_1Z_2-Z_M^2}\dot{U}\end{aligned}\right\}\tag{10-27}$$

由 KCL 可求得

$$\dot{I}_3=\dot{I}_1+\dot{I}_2=\frac{Z_1+Z_2-2Z_M}{Z_1Z_2-Z_M^2}\dot{U}\tag{10-28}$$

由式(10-28)可求出此电路从端口看进去的等效阻抗为

$$Z_{\mathrm{eq}}=\frac{\dot{U}_3}{\dot{I}_3}=\frac{Z_1Z_2-Z_M^2}{Z_1+Z_2-2Z_M}\tag{10-29}$$

用$\dot{I}_2=\dot{I}_3-\dot{I}_1$ 消去支路 1 方程中的$\dot{I}_2$,用$\dot{I}_1=\dot{I}_3-\dot{I}_2$ 消去支路 2 中的$\dot{I}_1$,则有

$$\left.\begin{aligned}\dot{U}&=\mathrm{j}\omega M\dot{I}_3+[R_1+\mathrm{j}\omega(L_1-M)]\dot{I}_1\\ \dot{U}&=\mathrm{j}\omega M\dot{I}_3+[R_2+\mathrm{j}\omega(L_2-M)]\dot{I}_2\end{aligned}\right\}\tag{10-30}$$

根据式(10-30)可画出两耦合电感同侧并联时的无互感等效电路,如图 10-18(c)所示。无互感等效电路又称为去耦等效电路。

同上讨论,可得出两耦合电感异侧并联电路的各对应方程以及相应的去耦等效电路,其差别仅在于互感 M 前的"+"、"−"号。由此可以归纳出如下的去耦等效法:如果两耦合电感所在的支路各有一端与第 3 条支路形成一个仅含 3 条支路的共同节点,则可用 3 条无耦合的电感支路等效代替,此 3 条支路的等效电感分别为

$$L_3=\pm M \qquad (\text{同侧并联取“+”,异侧并联取“−”})$$

$$\left.\begin{aligned}L_1'&=L_1\mp M\\ L_2'&=L_2\mp M\end{aligned}\right\}\qquad (M\text{ 前所取符号与 }L_3\text{ 中相反})$$

等效电感与电流的参考方向无关，这 3 条等效支路中的其他元件不变。应注意，去耦等效电路中的节点（图 10-18(c)中的点①'）不是原电路的节点①，原电路的节点①移至等效电感 L_3 的前面。

例 10-7 在本例图(a)所示电路中，已知 $C=0.5\mu F$，$L_1=2H$，$L_2=1H$，$M=0.5H$，$R=1000\Omega$，$U_s=150\cos(1000t+60°)V$。求电容支路的电流 i_C。

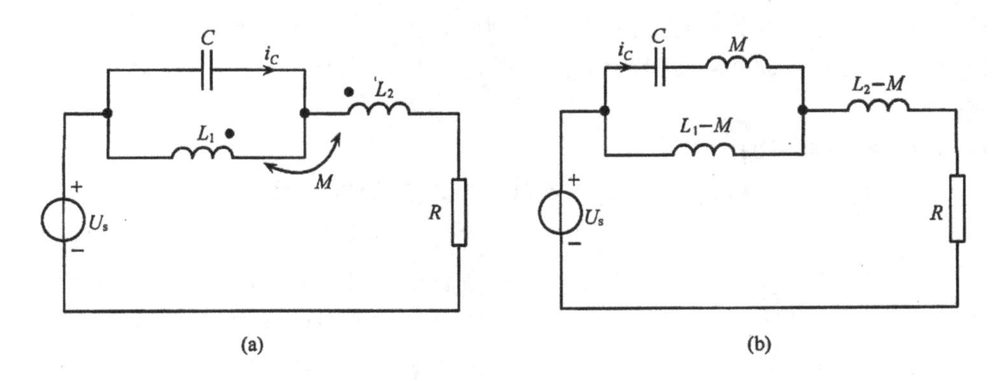

例 10-7 图

解 用去耦等效法求解。耦合电感 L_1 与 L_2 为同侧并联，将电路化为无互感的等效电路如本例图(b)所示，有

$$\frac{1}{\omega C}=\frac{1}{1000\times 0.5\times 10^{-6}}=2000(\Omega)$$

$$\omega M=1000\times 0.5=500(\Omega)$$

$$\omega(L_1-M)=1000(2-0.5)=1500(\Omega)$$

$$\omega(L_2-M)=1000(1-0.5)=500(\Omega)$$

由阻抗的串、并联公式可得此电路的复阻抗为

$$Z=\frac{\left(-\mathrm{j}\frac{1}{\omega C}+\mathrm{j}\omega M\right)\mathrm{j}\omega(L_1-M)}{\left(-\mathrm{j}\frac{1}{\omega C}+\mathrm{j}\omega M\right)+\mathrm{j}\omega(L_1-M)}+\mathrm{j}\omega(L_2-M)+R$$

$$=\frac{(-\mathrm{j}2000+\mathrm{j}500)\mathrm{j}1500}{-\mathrm{j}2000+\mathrm{j}500+\mathrm{j}1500}+\mathrm{j}500+1000=\infty$$

由此可知电容 C 和电感 L_1 并联部分对电源频率发生并联谐振，故阻抗为无穷大。因此，i_C 支路的电压即为电源电压，则

$$\dot{I}_C=\frac{\dot{U}_s}{-\mathrm{j}\frac{1}{\omega C}+\mathrm{j}\omega M}=\frac{150\angle 60°}{-\mathrm{j}2000+\mathrm{j}500}=\frac{150\angle 60°}{-\mathrm{j}1500}$$

$$=0.1\angle 150°$$

所以

$$i_C=0.1\cos(1000t+150°)$$

10.7　空心变压器与理想变压器

变压器是电工、电子技术中利用互感来实现电能传递的一种电器设备，它是由两个耦合线圈绕在一个共同的心子上制成的。其中，一个线圈作为输入，接入电源后构成一个回路，称为原边回路(或初级回路)；另一个线圈作为输出，接入负载后构成另一个回路，称为副边回路(或次级回路)。下面简要介绍空心变压器和理想变压器。

10.7.1　空心变压器

空心变压器大多用在无线电技术和某些测量系统中，其心子是非铁磁材料制成的，电路模型如图 10-19 所示，图中的负载用电阻和电感的串联组合来表示。通过互感耦合作用，变压器将原边的输入传递到副边输出。当图 10-19 所示电路处在正弦稳态下时，按图中各电压、电流的参考方向，可以列写出原、副边的 KVL 方程为

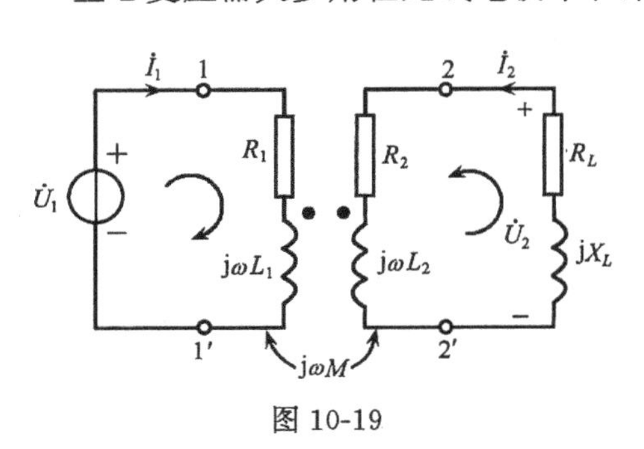

图 10-19

$$\left.\begin{aligned}&(\text{原边})\qquad (R_1+\mathrm{j}\omega L_1)\dot{I}_1+\mathrm{j}\omega M\dot{I}_2=\dot{U}_1\\&(\text{副边})\qquad (R_2+\mathrm{j}\omega L_2+R_L+\mathrm{j}X_L)\dot{I}_2+\mathrm{j}\omega M\dot{I}_1=0\end{aligned}\right\}\tag{10-31}$$

令 $Z_{11}=R_1+\mathrm{j}\omega L_1$，称为原边回路阻抗；$Z_{22}=R_2+\mathrm{j}\omega L_2+R_L+\mathrm{j}X_L$，称为副边回路阻抗；$Z_M=\mathrm{j}\omega M$。于是，由上述方程可求得

$$(\text{原边})\qquad \dot{I}_1=\frac{\dot{U}_1}{Z_{11}-Z_M^2Y_{22}}=\frac{\dot{U}_1}{Z_{11}+(\omega M)^2Y_{22}}\tag{10-32a}$$

$$(\text{副边})\qquad \dot{I}_2=\frac{-Z_MY_{11}\dot{U}_1}{Z_{22}-Z_M^2Y_{11}}=\frac{-\mathrm{j}\omega MY_{11}\dot{U}_1}{R_2+\mathrm{j}\omega L_2+R_L+\mathrm{j}X_L+(\omega M)^2Y_{11}}\tag{10-32b}$$

式中 $Y_{11}=\dfrac{1}{Z_{11}}$，$Y_{22}=\dfrac{1}{Z_{22}}$。式(10-32a)中的分母 $Z_{11}+(\omega M)^2Y_{22}$ 是原边的输入阻抗，其中 $(\omega M)^2Y_{22}$ 称为引入阻抗(或反映阻抗)，它是副边的回路阻抗通过互感耦合的作用反映到原边的等效阻抗。引入阻抗的性质恰好与 Z_{22} 相反，即感性(容性)变为容性(感性)。对于式(10-32a)所描述的原边回路，可以用图 10-20(a)所示的等效电路表示。

应用同样的分析方法，可得出由式(10-32b)所描述的副边回路的等效电路，如图 10-20(b)所示，它是从副边看进去的含源一端口等效电路。如果令 $\dot{I}_2=0$，可得此含源一端口电路在端子 2-2′间的开路电压 $\mathrm{j}\omega MY_{11}\dot{U}_1$ 以及戴维南等效阻抗 $Z_{\mathrm{eq}}=$

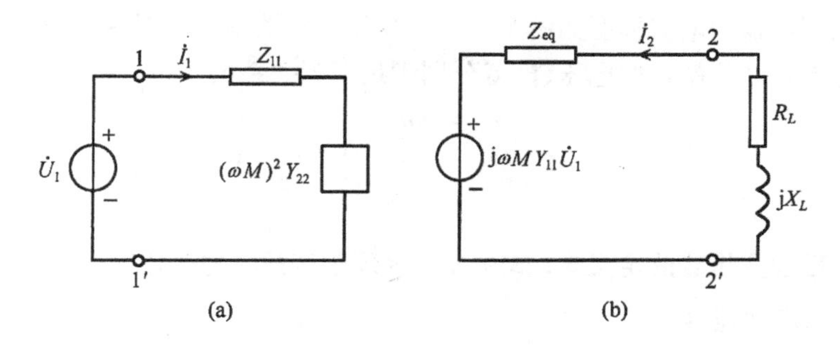

图 10-20

$R_2+j\omega L_2+(\omega M)^2Y_{11}$。

例 10-8 在图 10-19 所示空心变压器电路中，已知 $R_1=R_2=0$，$L_1=5\text{H}$，$L_2=1.2\text{H}$，$M=2\text{H}$，原边电源电压 $u_1=100\cos(10t)\text{V}$，副边负载阻抗为 $Z_L=R_L+jX_L=3\Omega$，试求原副边的电流 i_1 和 i_2。

解 首先用图 10-20(a)所示原边等效回路求电流 $\dot{I}_1$。由题给条件，原边回路阻抗和引入阻抗为

$$Z_{11}=R_1+j\omega L_1=j50\ \Omega$$

$$(\omega M)^2Y_{22}=(\omega M)^2\cdot\frac{1}{Z_{22}}=\frac{(10\times 2)^2}{3+j\times 10\times 1.2}=\frac{400}{3+j\times 12}$$

$$=(7.84-j31.37)(\Omega)$$

令 $\dot{U}_1=\frac{100}{\sqrt{2}}\angle 0°\text{V}$ 为参考相量，由式(10-32a)可得电流 $\dot{I}_1$ 为

$$\dot{I}_1=\frac{\dot{U}_1}{Z_{11}+(\omega M)^2Y_{22}}=\frac{\frac{100}{\sqrt{2}}}{j50+7.84-j31.37}=3.50\angle-67.2°(\text{A})$$

由式(10-31)第二式可得

$$\dot{I}_2=\frac{-j\omega M\dot{I}_1}{Z_{22}}=\frac{-j10\times 2\times 3.5\angle-67.2°}{3+j12}=5.66\angle 126.84°(\text{A})$$

即

$$i_1=3.50\sqrt{2}\cos(10t-67.2°)\ \text{A}$$

$$i_2=5.66\sqrt{2}\cos(10t+126.84°)\ \text{A}$$

10.7.2 理想变压器

理想变压器是在实际变压器的基础上提出的一种“理想化”和“极限化”电路元件，这主要体现在它应同时满足以下三个条件：(1) 变压器本身无功率损耗，即原、副边绕组的电阻 R_1 和 R_2 均为零($R_1=R_2=0$)；(2) 完全耦合，无漏磁通，即耦合系数 $k=1$；(3) 变压器中导磁材料的磁导率 μ 很大，以至微小的电流通过电感线圈时也能产生很大的磁通，即自感 L_1、L_2 和互感 M 都很大，理想地讲可认为无限大。

理想变压器的电路模型如图 10-21(a)所示。按图中所示同名端和各电压电流的参考方向，其原、副边的电压、电流分别满足下列关系式

$$\left.\begin{aligned} u_1 &= nu_2 \\ i_1 &= -\frac{1}{n}i_2 \end{aligned}\right\} \tag{10-33}$$

此式即为理想变压器的定义式。式中 n 称为理想变压器的变比，$n=\dfrac{N_1}{N_2}$，N_1 为原边匝数，N_2 为副边匝数。

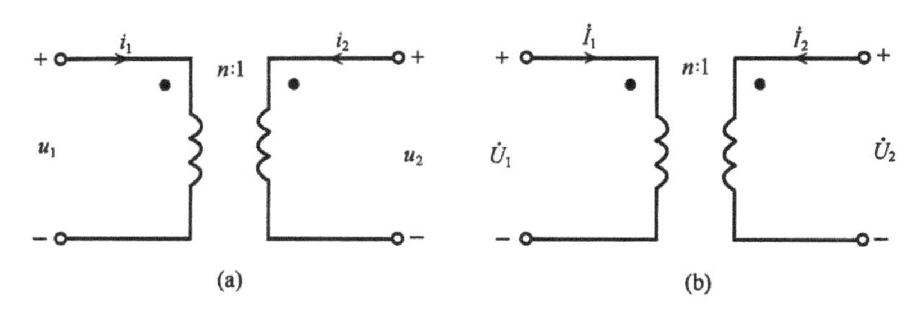

图 10-21

如果理想变压器工作在正弦稳态下，与式(10-33)对应的电压、电流关系的相量形式为

$$\left.\begin{aligned} \dot{U}_1 &= n\dot{U}_2 \\ \dot{I}_1 &= -\frac{1}{n}\dot{I}_2 \end{aligned}\right\} \tag{10-34}$$

其电路元件的相量模型如图 10-21(b)所示。

应指出，式(10-33)和式(10-34)是与图 10-21 所示电压、电流的参考方向即同名端的位置相对应的。如果改变电压电流的参考方向或同名端的位置，上述理想变压器定义式中的符号应做相应的改变。例如图 10-22 所示，则理想变压器的电压、电流关系式为

$$\left.\begin{aligned} u_1 &= -nu_2 \\ i_1 &= +\frac{1}{n}i_2 \end{aligned}\right\}$$

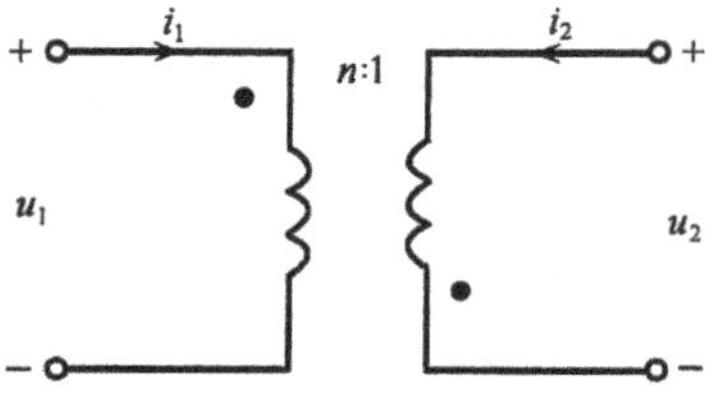

图 10-22

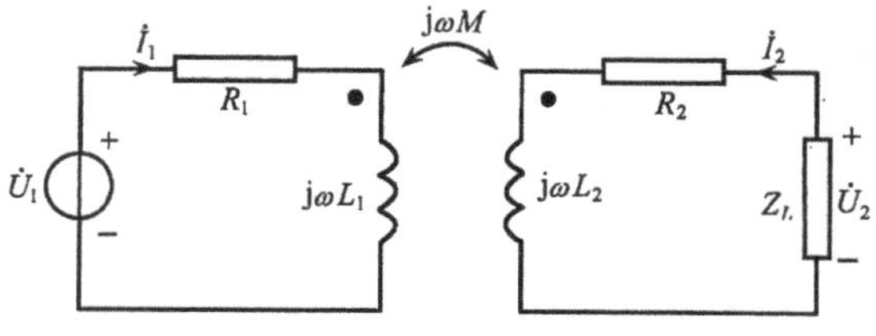

图 10-23

下面以图 10-23 所示实际变压器模型图为例，当它满足理想变压器的三个条件时，可由此导出理想变压器的电压、电流关系式及阻抗变换式。

按照图 10-23 所示同名端和各电压电流的参考方向，可列写出变压器电路原边和副边的 KVL 方程分别为

$$\left.\begin{aligned}(R_1 + j\omega L_1)\dot{I}_1 + j\omega M\dot{I}_2 = \dot{U}_1\\(R_2 + j\omega L_2)\dot{I}_2 + j\omega M\dot{I}_1 = \dot{U}_2\end{aligned}\right\}\qquad(\text{Ⅰ})$$

因变压器满足理想变压器的三个条件，有

$$R_1 = R_2 = 0$$

$$k = \frac{M}{\sqrt{L_1L_2}} = 1 \quad 或 \quad \sqrt{L_1L_2} = M$$

这样上式可简化为

$$\left.\begin{aligned}j\omega L_1\dot{I}_1 + j\omega\sqrt{L_1L_2}\,\dot{I}_2 = \dot{U}_1\\j\omega L_2\dot{I}_2 + j\omega\sqrt{L_1L_2}\,\dot{I}_1 = \dot{U}_2\end{aligned}\right\}\qquad(\text{Ⅱ})$$

因为全耦合时，$\Phi_{21}=\Phi_{11}$，$\Phi_{12}=\Phi_{22}$，则有

$$M = M_{12} = \frac{N_1\Phi_{12}}{i_2} = \frac{N_1\Phi_{22}}{i_2}\cdot\frac{N_2}{N_2} = \frac{N_1}{N_2}L_2 = nL_2$$

同理

$$M = M_{21} = \frac{N_2\Phi_{21}}{i_1} = \frac{N_2\Phi_{11}}{i_1}\cdot\frac{N_1}{N_1} = \frac{N_2}{N_1}L_1 = \frac{L_1}{n}$$

比较此二式可得

$$\sqrt{\frac{L_1}{L_2}} = n = \frac{N_1}{N_2}$$

将上述简化后的原、副边 KVL 方程组(Ⅱ)中的两式相除，整理后可得

$$\frac{\dot{U}_1}{\dot{U}_2} = \sqrt{\frac{L_1}{L_2}} = \frac{N_1}{N_2} = n$$

即

$$\dot{U}_1 = n\dot{U}_2$$

如图 10-23 可知 $\dot{U}_2 = -Z_L\dot{I}_2$，将它代入式(Ⅱ)中的第二式，有

$$j\omega\sqrt{L_1L_2}\,\dot{I}_1 + (j\omega L_2 + Z_L)\dot{I}_2 = 0$$

考虑到变压器满足理想变压器的第三个条件，即 $j\omega L_2$ 远远大于 Z_L，可略去 Z_L，则得

$$\frac{\dot{I}_1}{\dot{I}_2} = -\sqrt{\frac{L_2}{L_1}} = -\frac{N_2}{N_1} = -\frac{1}{n}$$

即

$$\dot{I}_1 = -\frac{1}{n}\dot{I}_2$$

对应地可写出

$$u_1 = nu_2, \qquad i_1 = -\frac{1}{n}i_2$$

由以上二式可得

$$u_1 i_1 = -u_2 i_2$$

即

$$u_1 i_1 + u_2 i_2 = 0$$

这说明理想变压器从两边吸收的功率在任何时刻都等于零，即理想变压器既不耗能也不储能，它将能量由原边全部传输到副边输出，在传输过程中，仅仅将电压、电流按变比 $n=\frac{N_1}{N_2}$ 作数值变换。

理想变压器还具有变换阻抗的作用。在正弦稳态情况下，当理想变压器的副边终端 2-2′ 接入阻抗 Z_L 时，见图 10-24(a)，则变压器原边 1-1′ 的输入阻抗为

$$Z_{11'} = \frac{\dot{U}_1}{\dot{I}_1} = \frac{n\dot{U}_2}{-\frac{1}{n}\dot{I}_2} = n^2\left[-\frac{\dot{U}_2}{\dot{I}_2}\right] = n^2 Z_L \tag{10-35}$$

n^2Z_L 即为副边折合至原边的等效阻抗。如副边分别接入 R、L、C 时，折合至原边将分别为 n^2R、n^2L、$\frac{C}{n^2}$，也就是变换了元件的参数。对原边电路而言，图 10-24(a)可等效为图 10-24(b)所示电路。

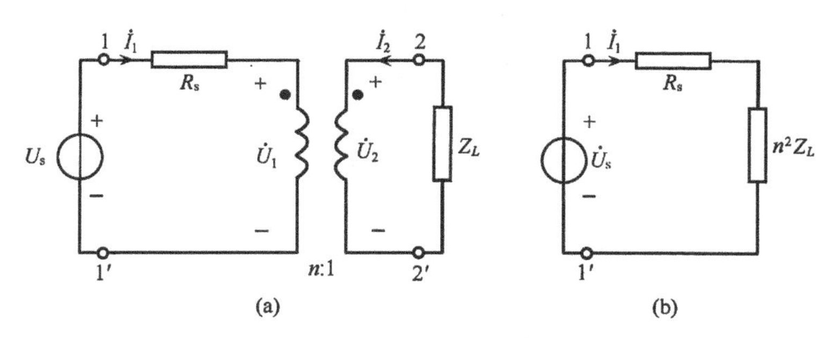

图 10-24

由理想变压器的定义式，还可以将理想变压器用图 10-25 所示的含受控源电路模型来等效表示。

例 10-9 收音机常用变压器变换阻抗以达到阻抗匹配。设其变压器的原边输入可看作内阻为 2700Ω，电动势为 2.7V 的正弦电压源，副边负载是 300Ω 的电阻，

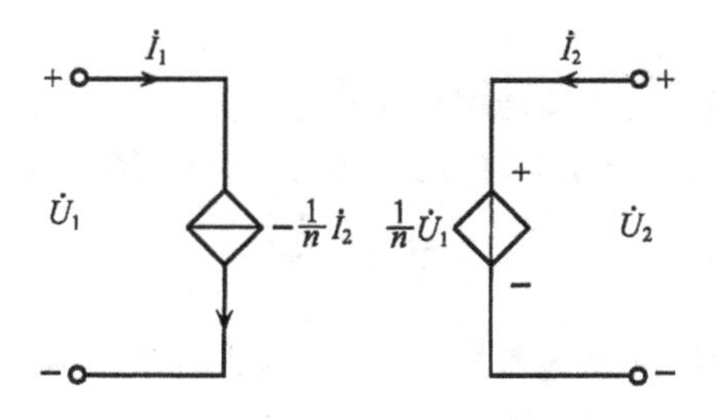

图 10-25

近似分析可以把变压器看作理想变压器。试求变压器的变比 n 分别等于 2、3、4 时，负载获得的功率各为多少？

解 当变比 n 为 2、3、4 时，变换到原边的阻抗分别为

$$Z_1 = 2^2 \times 300 = 1200(\Omega)$$

$$Z_2 = 3^2 \times 300 = 2700(\Omega)$$

$$Z_3 = 4^2 \times 300 = 4800(\Omega)$$

因为理想变压器无功率损耗，所以负载所获得的功率即为变压器从电源获取的功率。在三种变比情况下，其功率分别为

$$P_1 = \left(\frac{2.7}{2700 + 1200}\right)^2 \times 1200 = 0.579(\mathrm{mW})$$

$$P_2 = \left(\frac{2.7}{2700 + 2700}\right)^2 \times 2700 = 0.675(\mathrm{mW})$$

$$P_3 = \left(\frac{2.7}{2700 + 4800}\right)^2 \times 4800 = 0.621(\mathrm{mW})$$

计算结果，变比 $n=3$ 时，阻抗匹配，负载获得的功率最大。

思 考 题

10-1 对称三相电路中，推求 Y 接法（△接法）的线电压（线电流）与相电压（相电流）的关系。

10-2 对称线电压加在不对称三相 Y 形负载上，利用节点法推求各负载电压的公式，再求负载中点与电源中点之间的电压，并画出相量图。

10-3 用瓦特计测量对称三相电路的功率，可得到哪些量？

10-4 举例说明两互感线圈的同名端与其相互位置和绕向有关。

10-5 互感压降的参考方向怎样确定，设第一线圈的电流参考方向为从星号流向非星号，怎样确定第二线圈互感压降的方向？写出互感压降的瞬时值方程和复数方程。

10-6 当两耦合线圈的绕向无法确定时，如何用实验方法决定同名端？

10-7 耦合系数 $k=\dfrac{M}{\sqrt{L_1L_2}}$，证明 $k\leqslant 1$；再证明 $L_1+L_2-2M\geqslant 0$。

10-8 画出两耦合线圈的去耦等值电路，利用此去耦电路推求两并联耦合线圈的等值

阻抗。

10-9 利用互感耦合能否传递有功功率，如何计算？

10-10 理想变压器的定义？如何将副边的电压源和电流源折合至原方？

习　题

10-1 已知某星形连接的三相电源的 B 相电压为 $u_{BN}=240\cos(\omega t-165°)$V，求其他两相的电压及线电压瞬时值表达式，并作相量图。

10-2 已知对称三相电路的星形负载阻抗 $Z_l=(165+\mathrm{j}84)\Omega$，端线阻抗 $Z_l=(2+\mathrm{j}1)\Omega$，中线阻抗 $Z_N=(1+\mathrm{j}1)\Omega$，线电压 $U_l=380$V。求负载端的电流和线电压，并作电路的相量图。

10-3 一对称三相三线制系统中，Y 负载 $Z=(12+\mathrm{j}3)\Omega$，线路阻抗 $Z_l=(2+\mathrm{j}1)\Omega$，电源线电压 $U_l=380$V，求负载端的电流和线电压，并作电路相量图。若加一中线，且中线阻抗 $Z_l=(2+\mathrm{j}1)\Omega$，以上所求各量为多少？

10-4 已知三角形连接的对称三相负载，$Z=(10+\mathrm{j}10)\Omega$，其对称线电压 $\dot{U}_{A'B'}=450\angle 30°$V，求其他两相线电压、相电压、线电流、相电流相量，并作相量图。

10-5 已知对称三相线电压 $U_l=380$V(电源端)，三角形负载阻抗$Z=(4.5+\mathrm{j}14)\Omega$，端线阻抗 $Z_l=(1.5+\mathrm{j}2)\Omega$。求线电流和负载的相电流，并作相量图。

10-6 一对称三相三线制系统中，电源$U_l=450$V，频率为 60Hz，三角形负载每相由一个 10μF 电容、一个 100Ω 电阻及一个 0.5H 电感串联组成，线路阻抗$Z_l=(2+\mathrm{j}1.5)\Omega$，求负载线路电源及相电流。

10-7 对称三相电路的线电压 $U_l=230$V，负载阻抗 $Z=(12+\mathrm{j}16)\Omega$。试求：

(1) 星形连接负载时的线电流及吸收的总功率；(2) 三角形连接负载时的线电流、相电流和吸收的总功率；(3) 比较(1)和(2)的结果能得到什么结论？

10-8 本题图示对称 Y-Y 三相电路中，电压表的读数为 1143.16V，$Z=(12+\mathrm{j}15\sqrt{3})\Omega$，$Z_l=(1+\mathrm{j}2)\Omega$，求图示电路电流表的读数和线电压 U_{AB}。

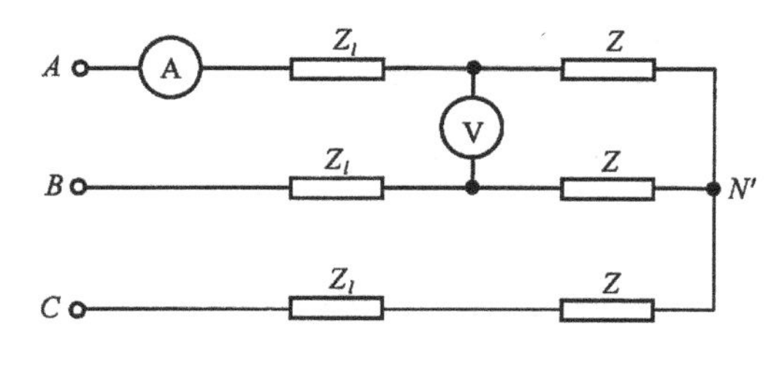

习题 10-8 图

10-9 三相电动机△连接，输入功率为 6kW，功率因数为 0.88，Y 连接的电阻加热负载，输入功率为 50kW，负载线电压为 460V，线路阻抗 $Z_l=(2+\mathrm{j}2)\Omega$，求电源侧线电压。

10-10 本题图示为对称的 Y-Y 三相电路，电源相电压为 220V，负载阻抗$Z=(30+\mathrm{j}20)\Omega$，求：(1) 图中电流表的读数；(2) 三相负载吸收的功率；(3) 如果 A 相的负载阻抗等于零(其他不变)，再求(1)、(2)；(4) 如果 A 相开路，再求(1)、(2)。

10-11 本题所示电路，电源对称。(1) 线路阻抗 $Z_l=0$；(2) 线路阻抗 $Z_l=\mathrm{j}2\Omega$，求线电流。

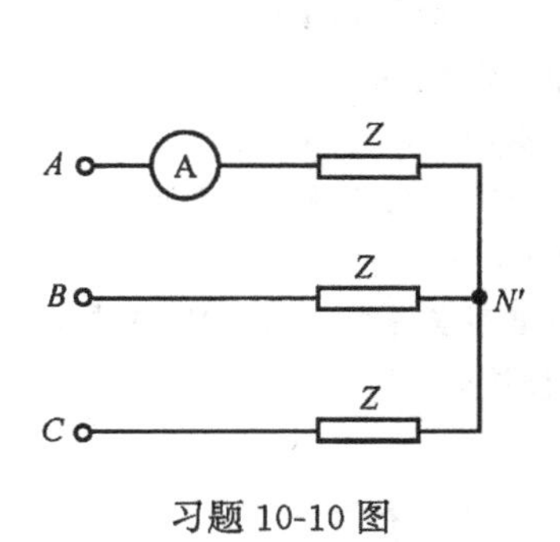

习题 10-10 图

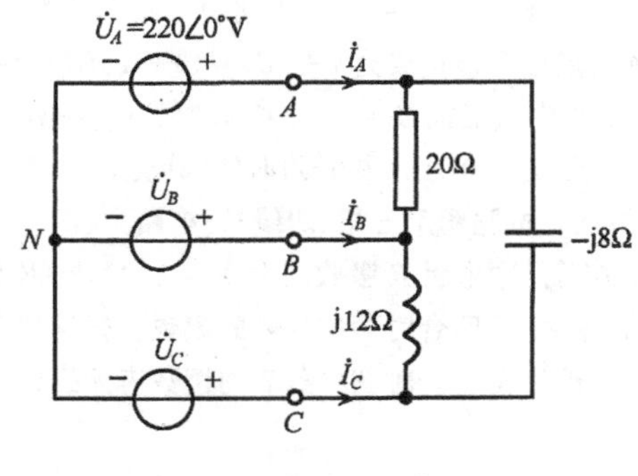

习题 10-11 图

10-12　电路如图所示。求电路中的电流 $\dot{I}_A$。其中电源 $U_l=380\text{V}$，$Z_1=10\angle 50°\Omega$，$Z_2=40\angle 10°\Omega$，$Z_3=13\angle 0°\Omega$。

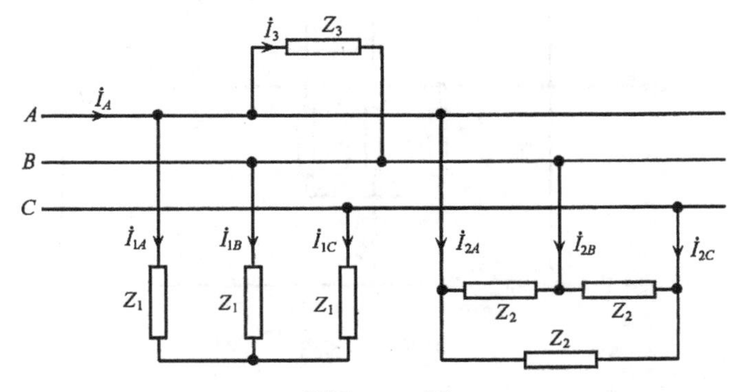

习题 10-12 图

10-13　本题图示为对称的 Y-△三相电路，$U_{AB}=380\text{V}$，$Z=(27.5+\text{j}47.64)\Omega$，求：(1) 图中功率表的读数及其代数和有无意义？(2) 若开关 K 打开，再求(1)。

10-14　本题图示电路中，对称三相电源端的线电压 $U_l=380\text{V}$，$Z=(50+\text{j}50)\Omega$，$Z_1=(100+\text{j}100)\Omega$，$Z_A$ 为 R、L、C 串联组成，$R=50\Omega$，$X_L=314\Omega$，$X_C=-264\Omega$，试求：

(1) 开关 K 打开时的线电流；

(2) 若用二瓦计法测量电源端三相功率，试画出接线图，并求两功率表的读数(K 闭合时)。

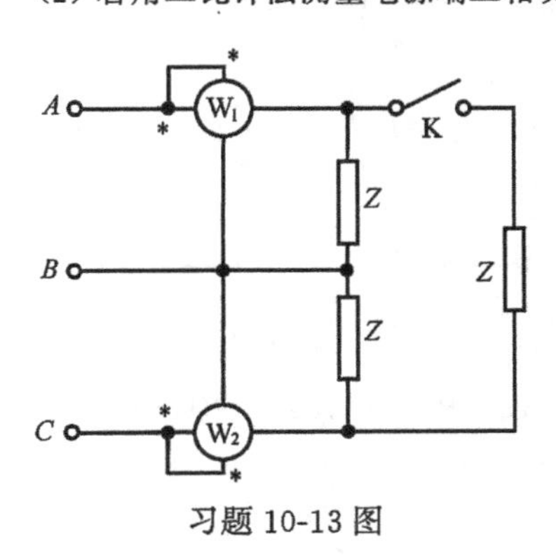

习题 10-13 图

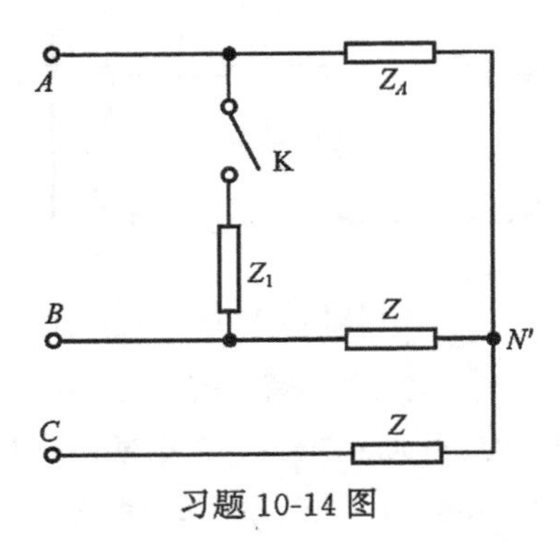

习题 10-14 图

10-15　已知不对称三相四线制电路中的端线阻抗为零，对称电源端的线电压 $U_l=380\text{V}$，不对称的星形连接负载分别是 $Z_A=(3+\text{j}2)\Omega$，$Z_B=(4+\text{j}4)\Omega$，$Z_C=(2+\text{j}1)\Omega$，试求：

(1) 当中线阻抗 $Z_N=(4+\text{j}3)\Omega$ 时的中点电压、线电流和负载吸收的总功率；

(2) 当 $Z_N=0$ 且 A 相开路时的线电流。如果无中线(即 $Z_N=\infty$)又会怎样？

10-16　本题图示三相(四线)制电路中，$Z_1=-\text{j}10\Omega$，$Z_2=(5+\text{j}12)\Omega$，对称三相电源的线电压为 380V，图中电阻 R 吸收的功率为 24200W(K 闭合时)试求：

(1) 开关 K 闭合时图中各表的读数。根据功率表的读数能否求得整个负载吸收的总功率；

(2) 开关 K 打开时图中各表的读数有无变化，功率表的读数有无意义？

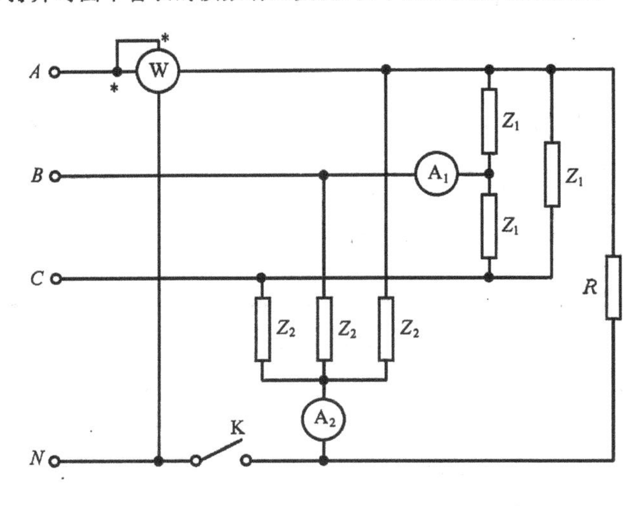

习题 10-16 图

10-17　本题图示电路中的 $\dot{U}_s$ 是频率为 $f=50\text{Hz}$ 的正弦电压源。若要使 $\dot{U}_{ao}$、$\dot{U}_{bo}$、$\dot{U}_{co}$ 构成对称三相电压，试求 R、L、C 之间应当满足什么关系。设 $R=20\Omega$，求 L 和 C 的值。

10-18　在本题图示电路中，已知 $L_1=0.4\text{H}$，$L_2=2.5\text{H}$，$k=0.8$，且 $i_1=2i_2=10\cos500t\text{mA}$，利用时域和相量形式的电路方程求 u 值，并画出其等效受控电路模型。

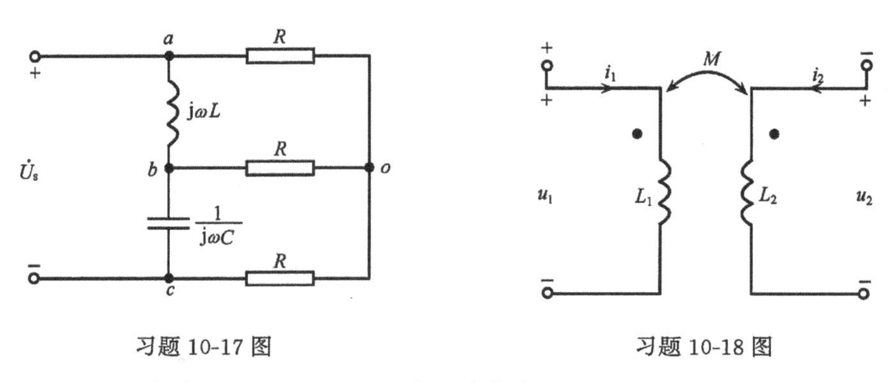

习题 10-17 图　　习题 10-18 图

10-19　电路如本题图所示，已知两个线圈参数为 $R_1=R_2=200\Omega$，$L_1=9\text{H}$，$L_2=7\text{H}$，$M=7.5\text{H}$，而 $R=100\Omega$，$C=100\mu\text{F}$，电源电压 $U=250\text{V}$，$\omega=1000\text{rad}\cdot\text{s}^{-1}$。

(1) 求各元件电压，并画出相量图；

(2) 画出该电路的去耦等效电路。

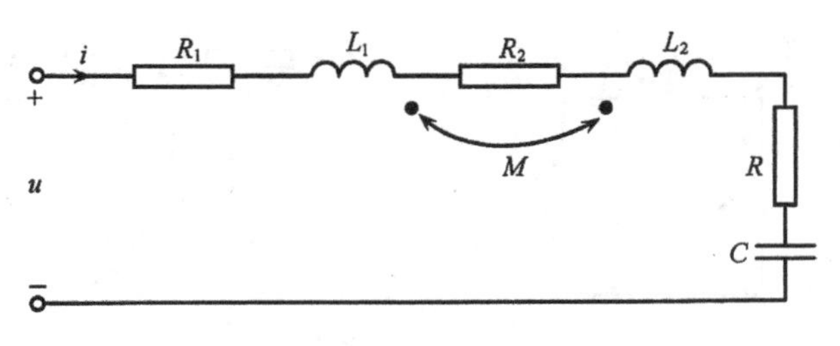

习题 10-19 图

10-20　电路如图所示，已知 $u_s = 220\sqrt{2}\cos 100t\,\mathrm{V}$，求 i_1、i_2 及端口看入的等效阻抗 Z。若使电路谐振，应将 C 改变为多少？

10-21　电路如图所示，已知 $u_s = 5\cos 200t\,\mathrm{V}$，用去耦等效法求 u_2。

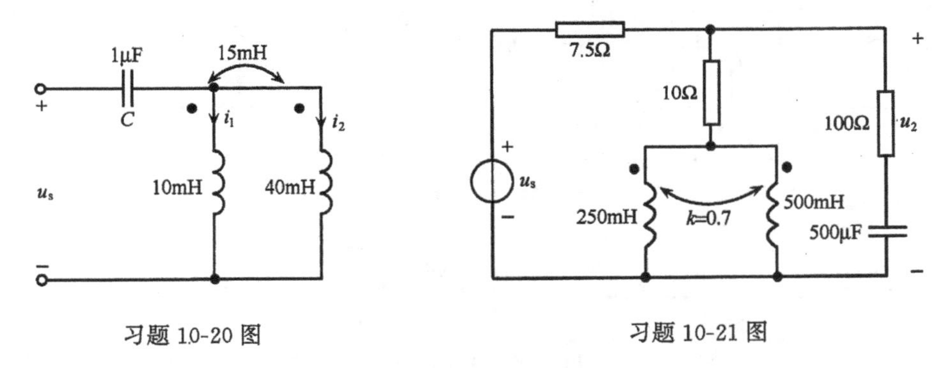

习题 10-20 图　　　习题 10-21 图

10-22　求本题图所示电路中的 $\dot{I}$。已知 $\omega = 10\mathrm{rad \cdot s^{-1}}$。

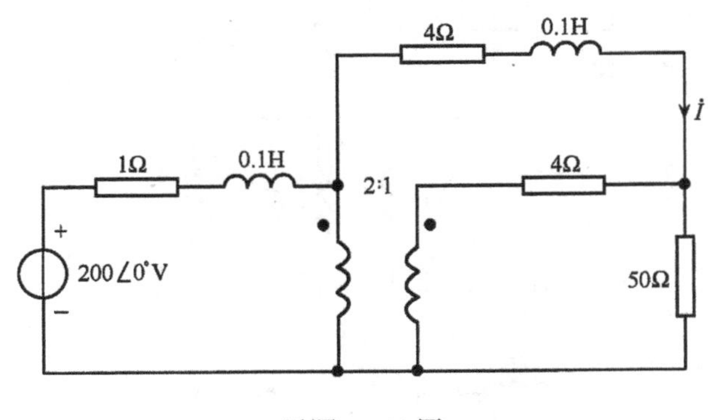

习题 10-22 图

10-23　求本题图示各电路的输入阻抗。

10-24　用戴维南等效定理求 $\dot{I}_2$，电路如本题图所示。

10-25　求本题图所示电路中的 $\dot{U}_2$。

10-26　求本题图所示电路中的每个电阻消耗的功率。

10-27　求本题图所示电路中的输入阻抗 $Z(\omega = 1\mathrm{rad \cdot s^{-1}})$。

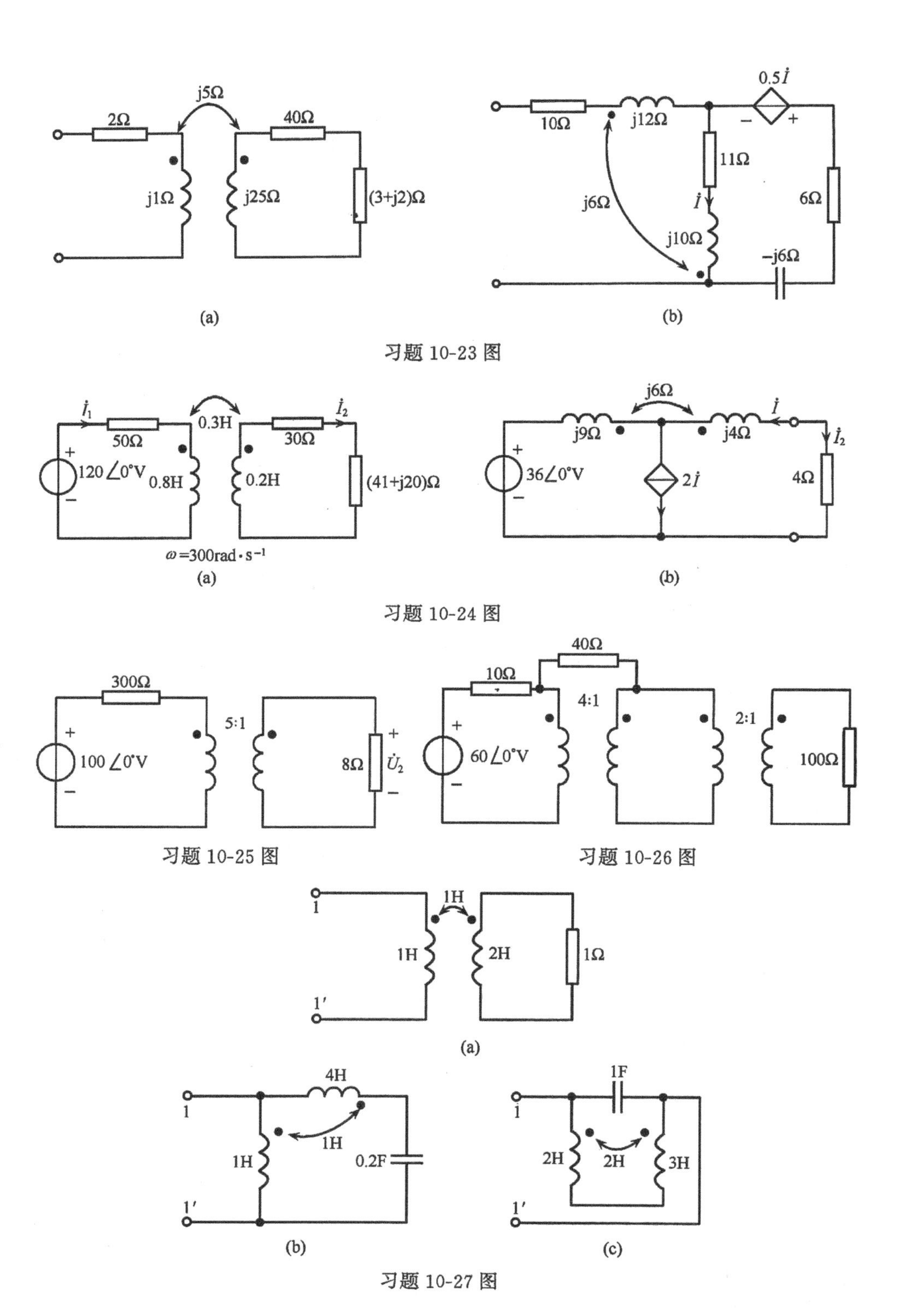

习题 10-23 图

习题 10-24 图

习题 10-25 图

习题 10-26 图

习题 10-27 图

10-28　本题图所示电路中 $R_1=50\Omega$，$L_1=70\text{mH}$，$L_2=25\text{mH}$，$M=25\text{mH}$，$C=1\mu\text{F}$，正弦电源 $\dot{U}=500\angle 0°$，$\omega=10^4\text{rad}\cdot\text{s}^{-1}$。求各支路电流。

10-29　列出本题图所示电路中的回路电流方程。

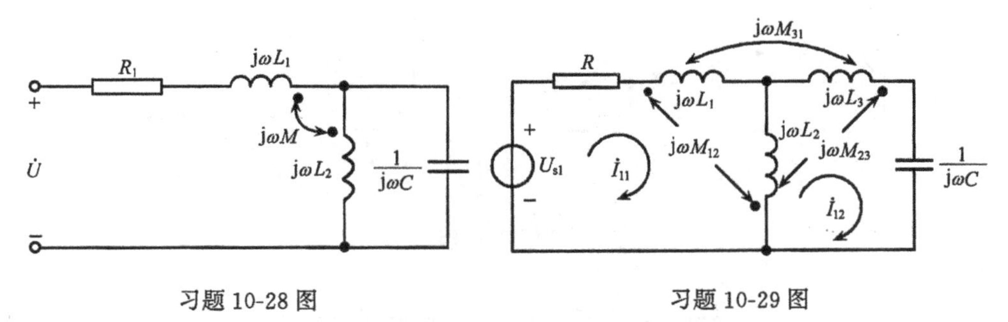

习题 10-28 图　　　　习题 10-29 图

10-30　本题图示电路中 $M=0.04\text{H}$，求此串联电路的谐振频率。

10-31　求本题图示一端口电路的戴维南等效电路。已知 $\omega L_1=\omega L_2=10\Omega$，$\omega M=5\Omega$，$R_1=R_2=6\Omega$，$U_1=60\text{V}$（正弦）。

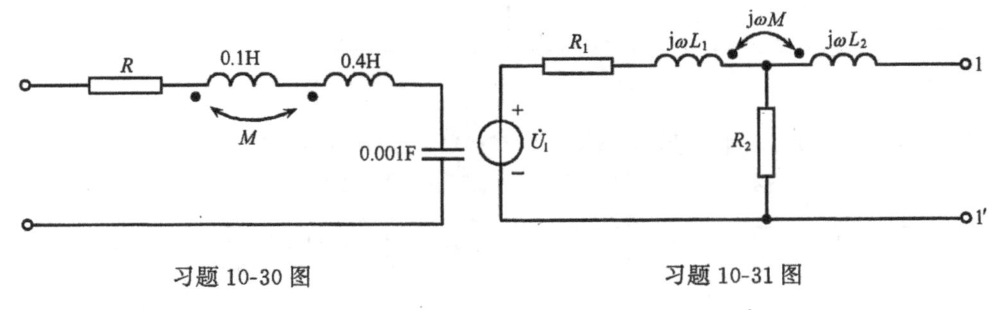

习题 10-30 图　　　　习题 10-31 图

10-32　本题图示电路中 $R_1=1\Omega$，$\omega L_1=2\Omega$，$\omega L_2=32\Omega$，$\omega M=8\Omega$，$\dfrac{1}{\omega C}=32\Omega$，求电流 $\dot{I}_1$ 和电压 $\dot{U}_2$。

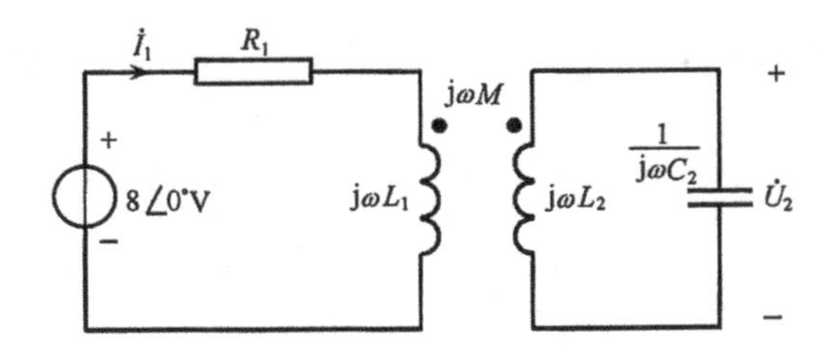

习题 10-32 图

10-33　已知空心变压器如本题图(a)所示，原边的周期性电流源波形如图(b)所示（一个周期），副边的电压表读数（有效值）为 25V。

(1) 画出原、副边端电压的波形，并计算互感 M；

(2) 给出它的等效受控源(CCVS)电路；

(3) 如果同名端弄错，对(1)、(2)的结果有无影响？

10-34　本题图示电路中的理想变压器的变比为 10∶1。求电压 $\dot{U}_2$。

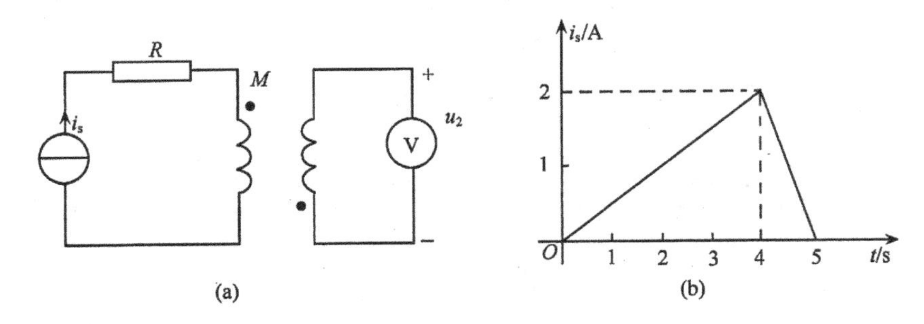

习题 10-33 图

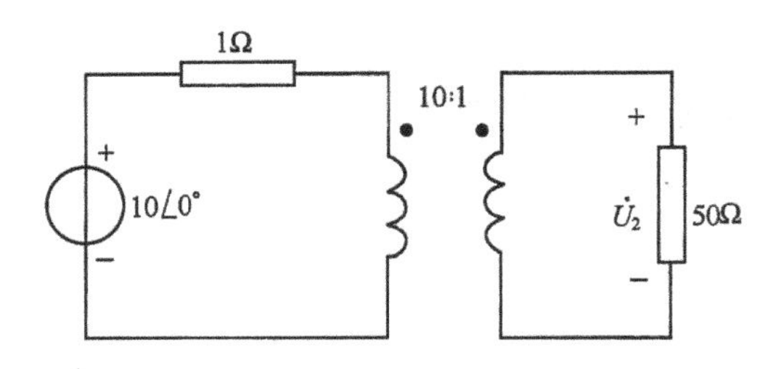

习题 10-34 图

10-35　如果使 10Ω 电阻能获得最大功率，试确定本题图示电路中理想变压器的变比 n。

10-36　求本题图示电路中的阻抗 Z。已知电流表的读数为 10A，正弦电压$U=10\text{V}$。

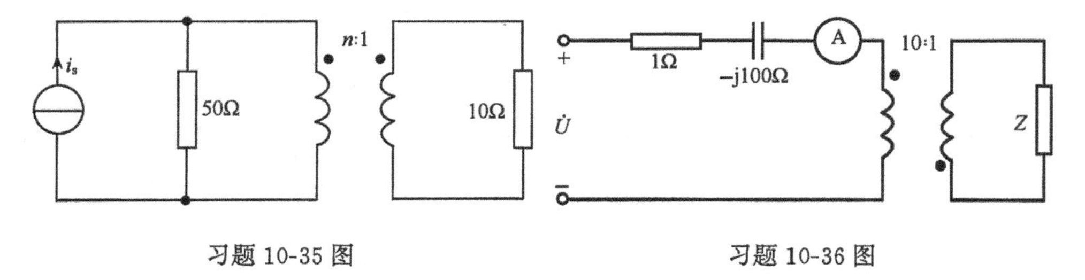

习题 10-35 图　　　　习题 10-36 图

第 11 章　非正弦周期电流电路

本章主要介绍非正弦周期电流电路的分析方法，它是正弦电流电路分析方法的推广。主要内容有：非正弦周期函数的傅里叶级数展开和信号的频谱，周期电压和周期电流的有效值、平均值，非正弦周期电路的功率以及非正弦周期电路的计算。

11.1　非正弦周期信号的谐波分析

11.1.1　非正弦周期信号

前面讨论了正弦激励和正弦响应以及相应的正弦波。但是，在生产和科学实践中我们经常会遇到按非正弦周期性变化的电压、电流和信号以及相应的非正弦波。例如，实际的交流发电机发出的电压其波形与正弦波是有差异的，严格地讲是一种非正弦周期波。通信工程方面传输的各种信号，如收音机、电视机收到的信号电压或电流，它们的波形都是非正弦波。在无线电工程和其他电子工程中，由语言、音乐、图像等转换过来的电信号也都是非正弦信号。在自动控制、电子计算机等技术领域中用到的各种脉冲信号也是非正弦波。工程中常见的非正弦波如图 11-1 所示。

此外，如果电路中含有非线性元件，如半导体二极管、三极管、晶体管、铁芯线圈等，即使在正弦电源激励下，电路中也将产生非正弦周期变化的电压和电流。

非正弦量（如电压电流等）可分为周期性和非周期性两种。本章只讨论非正弦周期电压、电流或信号作用下，线性电路的稳态分析和计算方法。

11.1.2　傅里叶级数展开和谐波分析

周期电流、电压、信号等都可以用一个周期函数 $f(t)$ 表示。如果周期函数 $f(t)$ 满足狄利克雷条件（函数在一个周期内只有有限个第一类不连续点及有限个极大值和极小值，且在一个周期内函数绝对值的积分为有限值），那么它就能展开成一个收敛的傅里叶级数，即

$$f(t) = a_0 + \sum_{k=1}^{\infty}[a_k\cos(k\omega t) + b_k\sin(k\omega t)] \tag{11-1}$$

式中第一项 a_0 称为周期函数 $f(t)$ 的恒定分量（或直流分量）；$a_k\cos(k\omega t)$ 为 $f(t)$ 的余弦项；$b_k\sin(k\omega t)$ 为 $f(t)$ 的正弦项。a_0、a_k、b_k 统称为傅里叶系数，其计算公式如下

$$a_0 = \frac{1}{T}\int_0^T f(t)\mathrm{d}t = \frac{1}{T}\int_{-\frac{T}{2}}^{\frac{T}{2}} f(t)\mathrm{d}t$$

$$a_k = \frac{2}{T}\int_0^T f(t)\cos(k\omega t)\mathrm{d}t = \frac{2}{T}\int_{-\frac{T}{2}}^{\frac{T}{2}} f(t)\cos(k\omega t)\mathrm{d}t$$

$$= \frac{1}{\pi}\int_0^{2\pi} f(t)\cos(k\omega t)\mathrm{d}(\omega t) = \frac{1}{\pi}\int_{-\pi}^{\pi} f(t)\cos(k\omega t)\mathrm{d}(\omega t)$$

$$b_k = \frac{2}{T}\int_0^T f(t)\sin(k\omega t)\mathrm{d}t = \frac{2}{T}\int_{-\frac{T}{2}}^{\frac{T}{2}} f(t)\sin(k\omega t)\mathrm{d}t$$

$$= \frac{1}{\pi}\int_0^{2\pi} f(t)\sin(k\omega t)\mathrm{d}(\omega t) = \frac{1}{\pi}\int_{-\pi}^{\pi} f(t)\sin(k\omega t)\mathrm{d}(\omega t) \tag{11-2}$$

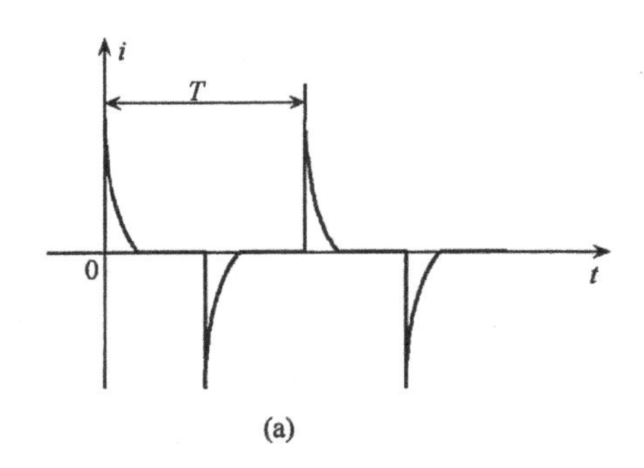

(a)

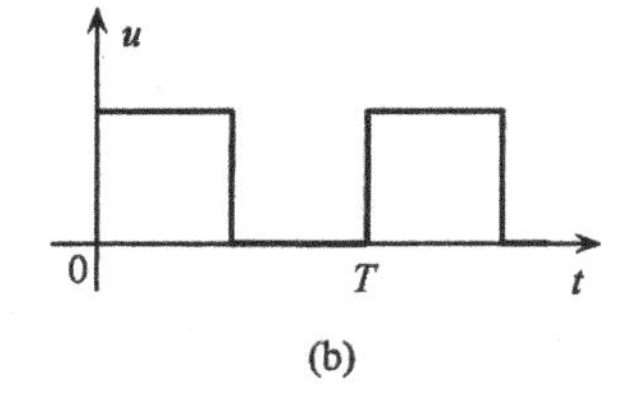

(b)

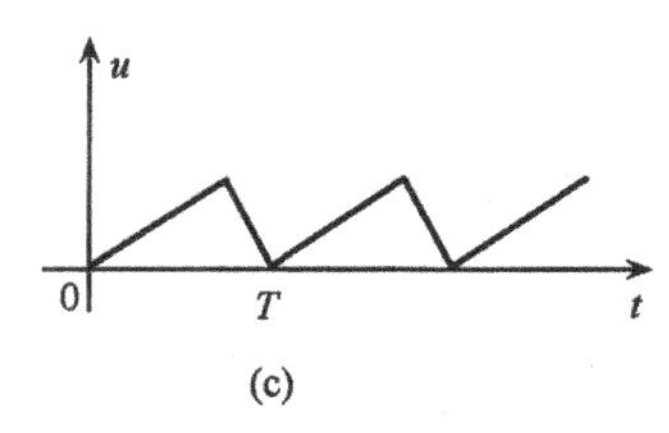

(c)

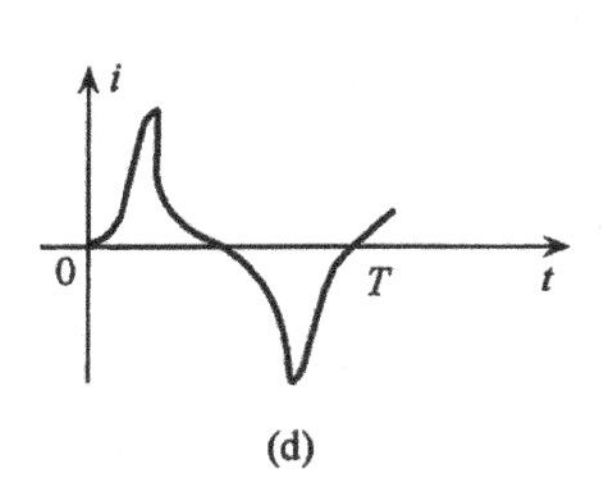

(d)

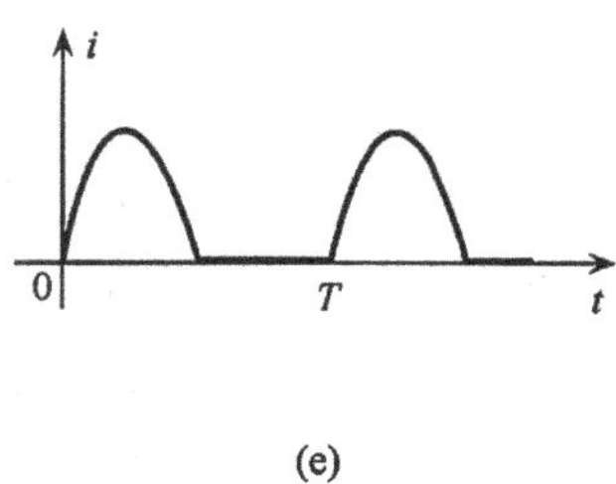

(e)

图 11-1

上述计算公式中，$k=1,2,3,\cdots$。

利用三角函数的知识，把式(11-1)中同频率的正弦项和余弦项合并，则可得到周期函数 $f(t)$傅里叶级数的另一种表达式，即

$$f(t) = A_0 + \sum_{k=1}^{\infty} A_{km}\cos(k\omega t + \psi_k) \tag{11-3}$$

式中 A_0、A_{km}为傅里叶系数。

不难得出式(11-1)和(11-3)两表达式的傅里叶系数之间有如下关系，即

$$\left.\begin{aligned}A_0&=a_0\\A_{km}&=\sqrt{a_k^2+b_k^2}\\a_k&=A_{km}\cos\psi_k\\b_k&=-A_{km}\sin\psi_k\\\psi_k&=\arctan\left(-\frac{b_k}{a_k}\right)\end{aligned}\right\}\tag{11-4}$$

傅里叶级数是一个无穷三角级数。式(11-3)中第一项 A_0 即为非正弦周期函数 $f(t)$ 的直流分量，它是 $f(t)$ 在一个周期内的平均值。而 $A_{km}\cos(k\omega t+\psi_k)$ 称为第 k 次谐波。第二项 $A_{1m}\cos(\omega t+\psi_1)$ 称为一次谐波(或基波分量)，其周期或频率与原周期函数 $f(t)$ 的周期或频率相同。$k>1$ 的其他各项统称为高次谐波。由于高次谐波的频率是基波频率的整数倍，故 $k=2,3,4,\cdots$，各高次谐波又分别称为二次谐波，三次谐波，四次谐波，……。A_{km} 及 ψ_k 为第 k 次谐波分量的振幅及初相位。

上述这种把一个非正弦周期函数 $f(t)$ 展开为一系列谐波之和的傅里叶级数称为谐波分析。式(11-1)～式(11-4)是进行谐波分析的计算公式，但实际工程中很少采用这种计算方法，而是采用直接查表法。即对照给定的函数波形，在已绘制好的函数表中(表 11-1)直接查出其相应的傅里叶级数展开式。

表 11-1

$f(t)$ 的波形图	$f(t)$ 分解为傅里叶级数	A(有效值)	A_{av}(平均值)
$f(t)$, A_m, 0, $\frac{T}{2}$, T, t	$f(t)=A_m\cos(\omega_1 t)$	$\frac{A_m}{\sqrt{2}}$	$\frac{2A_m}{\pi}$
$f(t)$, A_{max}, $\frac{T}{2}$, T, 0, d, d, t	$f(t)=\frac{4A_{ma}}{\alpha\pi}\Big[\sin\alpha\sin(\omega_1 t)+$ $\frac{1}{9}\sin(3\alpha)\sin(3\omega_1 t)+\frac{1}{25}\sin(5\alpha)\sin(5\omega_1 t)$ $+\cdots+\frac{1}{\kappa^2}\alpha\sin(\kappa\alpha)\sin(\kappa\omega_1 t)+\cdots\Big]$ (式中 $\alpha=\frac{2\pi d}{T}$，κ 为奇数)	$A_{max}\sqrt{1-\frac{4\alpha}{3\pi}}$	$A_{max}\left(1-\frac{\alpha}{\pi}\right)$
$f(t)$, A_{max}, 0, T, $2T$, t	$f(t)=A_{max}\Big\{\frac{1}{2}-\frac{1}{\pi}\Big[\sin(\omega_1 t)$ $+\frac{1}{2}\sin(2\omega_1 t)+\frac{1}{3}\sin(3\omega_1 t)+\cdots\Big]\Big\}$	$\frac{A_{max}}{\sqrt{3}}$	$\frac{A_{max}}{2}$

续表

$f(t)$的波形图	$f(t)$分解为傅里叶级数	A(有效值)	A_{av}(平均值)
$f(t)$, T, A_{max}, 0, t, αT	$f(t)=A_{max}\left\{\alpha+\frac{2}{\pi}\left[-\sin(\alpha\pi)\cdot\cos(\omega_1 t)+\frac{1}{2}\sin(2\alpha\pi)\cdot\cos(2\omega_1 t)+\frac{1}{2}\sin(3\alpha\pi)\cdot\cos(3\omega_1 t)+\cdots\right]\right\}$	$\sqrt{\alpha}\,A_{max}$	αA_{max}
$f(t)$, A_{max}, 0, $\frac{T}{2}$, T, t	$f(t)=\frac{8A_{max}}{\pi^2}\left[\sin(\omega_1 t)-\frac{1}{9}\sin(3\omega_1 t)+\frac{1}{25}\sin(5\omega_1 t)-\cdots+\frac{(-1)^{\frac{\kappa-1}{2}}}{\kappa^2}\sin(\kappa\omega_1 t)+\cdots\right]$($\kappa$为奇数)	$\frac{A_{max}}{\sqrt{3}}$	$\frac{A_{max}}{2}$
$f(t)$, A_{max}, 0, $\frac{T}{2}$, T, t	$f(t)=\frac{4A_{max}}{\pi}\left[\sin(\omega_1 t)+\frac{1}{3}\sin(3\omega_1 t)+\frac{1}{5}\sin(5\omega_1 t)+\cdots+\frac{1}{\kappa}\sin(\kappa\omega_1 t)+\cdots\right]$($\kappa$为奇数)	A_{max}	A_{max}
$f(t)$, A_m, 0, $\frac{T}{4}$, $\frac{T}{2}$, T, t	$f(t)=\frac{4A_m}{\pi}\left[\frac{1}{2}+\frac{1}{1\times3}\cdot\cos(2\omega_1 t)-\frac{1}{3\times5}\cos(4\omega_1 t)+\frac{1}{5\times7}\cos(6\omega_1 t)-\cdots\right]$	$\frac{A_m}{\sqrt{2}}$	$\frac{2A_m}{\pi}$

傅里叶级数是一个无穷级数，因此把一个非正弦周期函数 $f(t)$展开成傅里叶级数后，从理论上讲必须取无穷多项才能准确地代表原有函数 $f(t)$。但是，由于傅里叶级数通常收敛很快，只取级数的前面几项就能满足其准确度的要求。具体问题中，傅里叶级数所取项数的多少，应根据函数波形的情况和所需要计算的精确度来决定。一般而言，函数 $f(t)$的波形越光滑和越接近于正弦波形，其傅里叶级数就收敛得越快，所取的级数项就越少(从前面第一项开始取起)。

11.1.3 频谱

为了直观地描述一个非正弦周期函数 $f(t)$展开为傅里叶级数后所包含的各种频率分量以及各频率分量所占的“比重”，可以用长度与各次谐波振幅 A_{km}的大小相对应的线段，按频率的高低顺序把它们依次排列起来，这样就得到图 11-2 所示的图形，称为 $f(t)$的频谱图。由于这种频谱只表示各谐波分量的振幅值，所以称为幅度频谱。同样，如果把各次谐波的初相位 ψ_k 用相应长度的线段依次排列就可得到相位频谱。如无特别说明，通常所说的频谱是指幅度频谱。由于各次谐波的角

频率 $k\omega$ 是 ω 的整数倍，因此这种频谱是离散的。

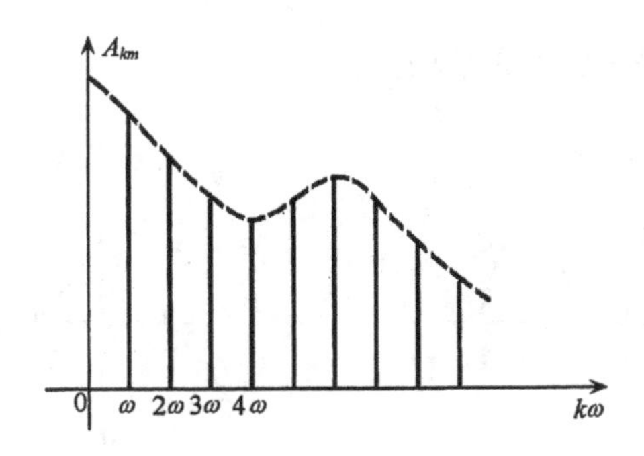

图 11-2

11.1.4 非正弦周期函数的对称性

在电工技术中遇到的一些非正弦周期函数 $f(t)$ 往往具有某种对称性。在进行谐波分析时，可以利用 $f(t)$ 的对称性使其傅里叶级数展开式中的系数 a_0、a_k、b_k 的确定简化。下面研究几种常见的对称函数。

1. 奇函数——原点对称

由数学知识可知，满足 $f(t)=-f(-t)$ 的周期函数称为奇函数。图 11-3(a)、(b)所示的两种非正弦周期函数具有这样的特点，其波形关于原点对称，或以原点为中心将原波形旋转 180°得到的波形图与原波形图完全重合。将奇函数 $f(t)$ 展开为傅里叶级数，其中系数 $a_0=a_k=0$，即无直流分量和余弦谐波分量，所以有

$$f(t) = \sum_{k=1}^{\infty} b_k \sin(k\omega t) \tag{11-5}$$

与表 11-1 中的矩形波、梯形波、三角波对应的函数都是奇函数。

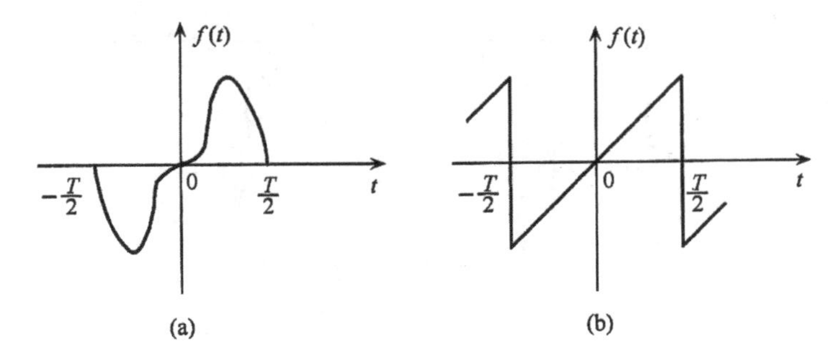

图 11-3

2. 偶函数——纵轴对称

满足 $f(t)=f(-t)$ 的周期函数称为偶函数。图 11-4(a)、(b)所示的两种非正弦周期函数具有这样的特点，其波形对称于纵轴。将偶函数 $f(t)$ 展开为傅里叶级数，其中系数 $b_k=0$，即无正弦谐波分量，故有

$$f(t) = a_0 + \sum_{k=1}^{\infty} a_k \cos(k\omega t) \tag{11-6}$$

表 11-1 中半波整流波的函数是偶函数。

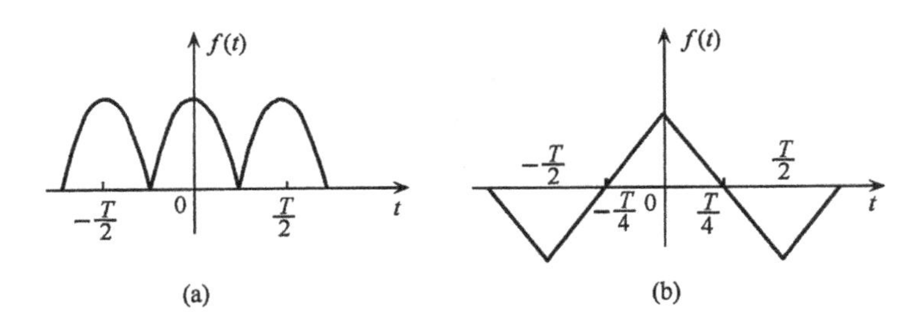

图 11-4

3．奇谐波函数——横轴对称

满足 $f(t)=-f\left(t\pm\frac{T}{2}\right)$ 的周期函数称为奇谐波函数。图 11-5(a)、(b)所示的两种非正弦周期函数即为奇谐波函数。其波形特点是将函数 $f(t)$ 的波形平移半个周期后(图中虚线所示)，与原函数波形对称于横轴，即镜像对称。将奇谐波函数展开为傅里叶级数，无直流分量和偶次谐波分量，只含奇次谐波分量，故

$$f(t) = \sum_{k=1}^{\infty} [a_k \cos(k\omega t) + b_k \sin(k\omega t)] \qquad (k = 1,3,5,\cdots) \tag{11-7}$$

在表 11-1 中，与矩形波、梯形波、三角波对应的函数也是奇谐波函数。

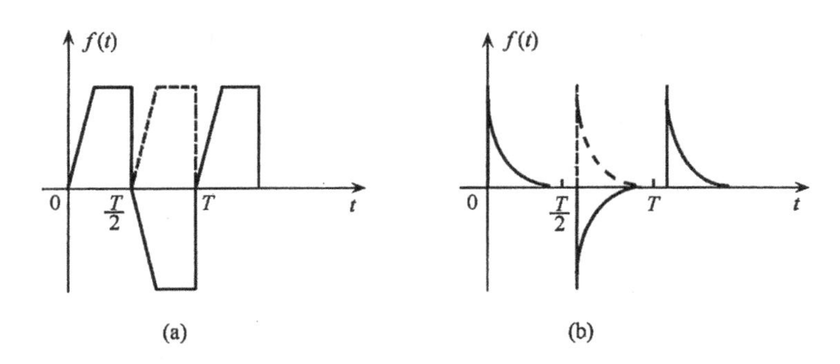

图 11-5

4．偶谐波函数

满足 $f(t)=f\left(t\pm\frac{T}{2}\right)$ 的周期函数称为偶谐波函数。图 11-6(a)、(b)所示的两种非正弦周期函数 $f(t)$ 即为偶谐波函数。其波形特点是将后半个周期的波形前移半个周期则与前半周期的波形相重合。偶谐波函数的傅里叶级数展开式中，只含有直流分量和偶次谐波分量，而没有奇次谐波分量，故有

$$f(t)=a_0+\sum_{k=2}^{\infty}[a_k\cos(k\omega t)+b_k\sin(k\omega t)] \qquad (k=2,4,6,\cdots) \quad (11\text{-}8)$$

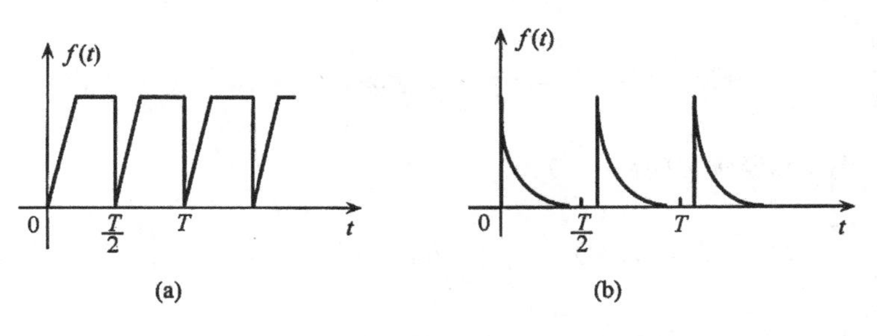

图 11-6

例 11-1 求本例图(a)所示周期性矩形信号 $f(t)$的傅里叶级数展开式及其频谱。

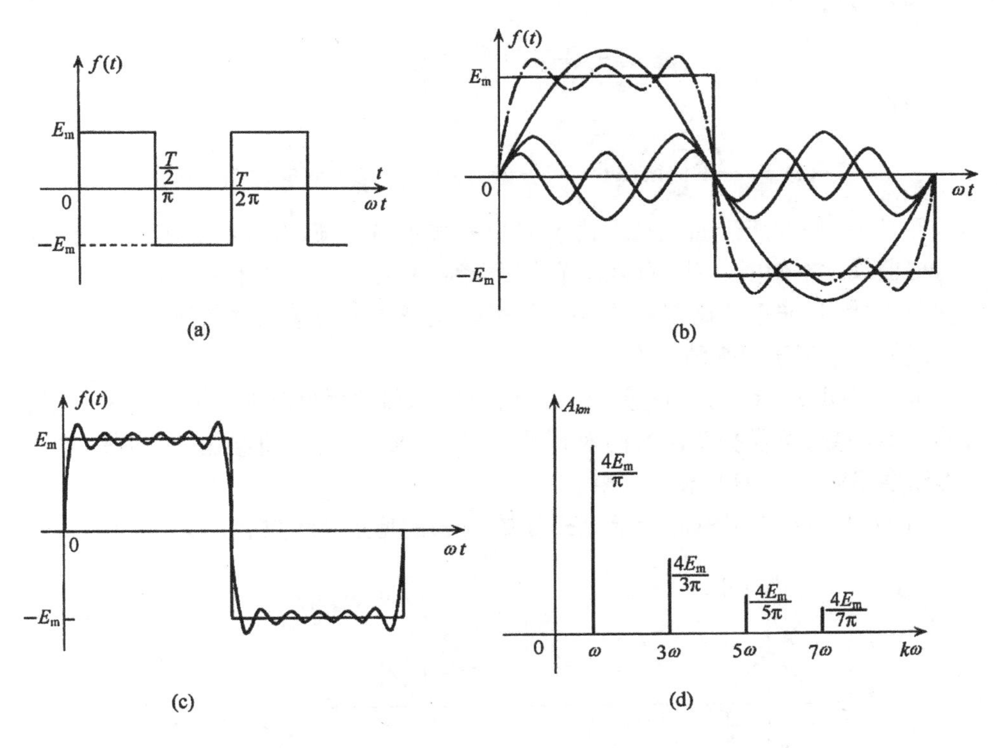

例 11-1 图

解 如图可知 $f(t)$在第一个周期内的表达式为

$$f(t)=E_m \qquad 0\leqslant t\leqslant \frac{T}{2}$$

$$f(t)=-E_m \qquad \frac{T}{2}\leqslant t\leqslant T$$

根据式(11-2)可求得此周期性矩形信号 $f(t)$ 的傅里叶系数为

$$a_0 = \frac{1}{T}\int_0^T f(t)\mathrm{d}t = 0$$

$$a_k = \frac{1}{\pi}\int_0^{2\pi} f(t)\cos(k\omega t)\mathrm{d}(\omega t) = \frac{1}{\pi}\left[\int_0^{\pi} E_\mathrm{m}\cos(k\omega t)\mathrm{d}(\omega t) - \int_{\pi}^{2\pi} E_\mathrm{m}\cos(k\omega t)\mathrm{d}(\omega t)\right]$$

$$= \frac{2E_\mathrm{m}}{\pi}\int_0^{\pi}\cos(k\omega t)\mathrm{d}(\omega t) = 0$$

$$b_k = \frac{1}{\pi}\int_0^{2\pi} f(t)\sin(k\omega t)\mathrm{d}(\omega t) = \frac{1}{\pi}\left[\int_0^{\pi} E_\mathrm{m}\sin(k\omega t)\mathrm{d}(\omega t) - \int_{\pi}^{2\pi} E_\mathrm{m}\sin(k\omega t)\mathrm{d}(\omega t)\right]$$

$$= \frac{2E_\mathrm{m}}{\pi}\int_0^{\pi}\sin(k\omega t)\mathrm{d}(\omega t) = \frac{2E_\mathrm{m}}{k\pi}[1 - \cos(k\pi)]$$

结果表明，当 k 为偶数时

$$\cos(k\pi) = 1, \qquad b_k = 0$$

当 k 为奇数时

$$\cos(k\pi) = -1, \qquad b_k = \frac{4E_\mathrm{m}}{k\pi}$$

由此可得

$$f(t) = \frac{4E_\mathrm{m}}{\pi}\left[\sin(\omega t) + \frac{1}{3}\sin(3\omega t) + \frac{1}{5}\sin(5\omega t) + \cdots\right]$$

本例图(b)中虚线所示曲线是上述 $f(t)$ 展开式中前三项，即取到 5 次谐波时画出的合成曲线。本例图(c)是 $f(t)$ 展开式中取到 11 次谐波时的合成曲线。比较这两个图可以看出，非正弦周期函数 $f(t)$ 傅里叶展开式中的谐波项数取得越多，合成波曲线就越接近于原来的波形。

本例图(d)所示为 $f(t)$ 的频谱。事实上，本例周期性矩形信号 $f(t)$ 是关于原点对称的奇函数，可根据奇函数的对称特性，只需求出 b_k 后，直接由式(11-5)求解，还可以根据表 11-1 直接查表求解。

例 11-2 求本例图(a)所示的三角波 $f_1(t)$ 的傅里叶级数展开式。

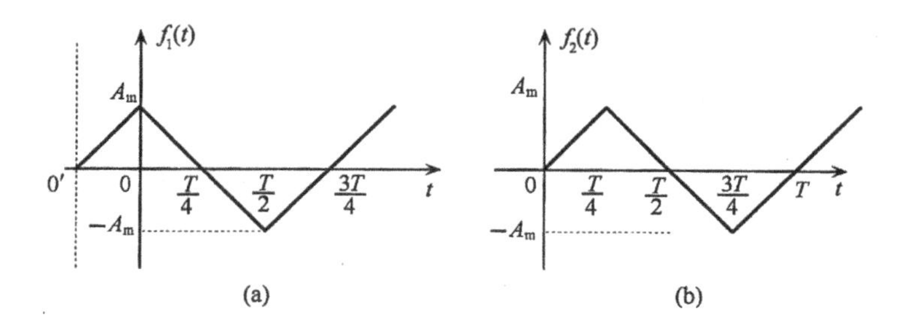

例 11-2 图

解 此题可直接用查表法求解。由表 11-1 不能直接查得 $f_1(t)$ 的傅里叶级数展开式，但可以直接查表得本例图(b)三角波 $f_2(t)$ 的傅里叶级数展开式为

$$f_2(t)=\frac{8A_m}{\pi^2}\left(\sin\omega t-\frac{1}{9}\sin3\omega t+\frac{1}{25}\sin5\omega t-\cdots\right)$$

$f_2(t)$是一个关于坐标原点对称的奇函数，比较 $f_2(t)$和 $f_1(t)$的波形可以看出，两者只是计时的起点相差$\frac{T}{4}$，即 $f_1\left(-\frac{T}{4}\right)=f_2(0)=0$。如果将本例图(a)中的纵轴向左平移$\frac{T}{4}$，坐标原点随之向左平移到 O' 点，则三角波 $f_1(t)$便化成关于坐标原点 O' 对称的奇函数了。此时，将 $f_1(t)$中的 t 用$\left(t+\frac{T}{4}\right)$代入即可，故得

$$\begin{aligned}f_1(t)&=\frac{8A_m}{\pi^2}\left[\sin\omega\left(t+\frac{T}{4}\right)-\frac{1}{9}\sin3\omega\left(t+\frac{T}{4}\right)+\frac{1}{25}\sin5\omega\left(t+\frac{T}{4}\right)-\cdots\right]\\&=\frac{8A_m}{\pi^2}\left(\cos\omega t+\frac{1}{9}\cos3\omega t+\frac{1}{25}\cos5\omega t+\cdots\right)\end{aligned}$$

由 $f_1(t)$的波形特点(关于纵轴对称)及其傅里叶级数展开式可见，$f_1(t)$是偶函数。而当它的计时起点变动时，它又可以化为奇函数。因此，一个周期函数是否为奇函数或偶函数，不仅与该函数的波形有关，还与计时起点的选择(即坐标系、原点的位置)有关。因为时间起点选择的不同，各次谐波的初相位 ψ_k 将随之改变。但是，一个周期函数是奇谐波函数或偶谐波函数，则仅与该函数的具体波形有关，而与计时起点的选择无关。

由以上分析可知，适当选择计时起点有时会使函数的分解简化。

11.2 非正弦周期电流(电压)的有效值、平均值和平均功率

11.2.1 有效值

根据周期量的有效值等于其方均根值的定义，非正弦周期电流 $i(t)$的有效值为

$$I=\sqrt{\frac{1}{T}\int_0^T[i(t)]^2\mathrm{d}t}$$

非正弦周期电压 $u(t)$的有效值为

$$U=\sqrt{\frac{1}{T}\int_0^T[u(t)]^2\mathrm{d}t}$$

下面以非正弦周期电流为例来讨论周期量的有效值与各次谐波有效值之间的关系。设一非正弦周期电流 i 可以展开为傅里叶级数，即

$$i=I_0+\sum_{k=1}^{\infty}I_{km}\cos(k\omega t+\psi_k)$$

将 i 代入其有效值公式则得此电流的有效值为

$$I=\sqrt{\frac{1}{T}\int_0^T\left[I_0+\sum_{k=1}^{\infty}I_{km}\cos(k\omega t+\psi_k)\right]^2\mathrm{d}t}$$

上式右边 i 的展开式平方后含有下列各项，即

(1) $\frac{1}{T}\int_0^T I_0{}^2 \mathrm{d}t = I_0{}^2$;

(2) $\frac{1}{T}\int_0^T I_{km}{}^2 \cos^2(k\omega t + \psi_k)\mathrm{d}t = \frac{I_{km}{}^2}{2} = I_k{}^2$;

(3) $\frac{1}{T}\int_0^T 2I_0 I_{km}\cos(k\omega t + \psi_k)\mathrm{d}t = 0$;

(4) $\frac{1}{T}\int_0^T 2I_{km}\cos(k\omega t + \psi_k) I_{qm}\cos(q\omega t + \psi_q)\mathrm{d}t = 0(k \neq q)$。

其中(3)、(4)两项积分结果为零是由于三角函数的正交性所致。因此可以求得 i 的有效值为

$$I = \sqrt{I_0^2 + I_1^2 + I_2^2 + I_3^2 + \cdots} = \sqrt{I_0^2 + \sum_{k=1}^{\infty} I_k^2} \tag{11-9}$$

同理可得

$$U = \sqrt{U_0^2 + U_1^2 + U_2^2 + U_3^2 + \cdots} = \sqrt{U_0^2 + \sum_{k=1}^{\infty} U_k^2} \tag{11-10}$$

结果表明非正弦周期电流（电压）的有效值等于其直流分量的平方与各次谐波有效值的平方之和的平方根。

例 11-3 有一非正弦周期电压 u，其傅里叶级数展开式为 $u=10+141.4\cos(\omega t+30°)+70.7\cos(3\omega t-90°)\mathrm{V}$，求此电压的有效值。

解 由式(11-10)可求得

$$U = \sqrt{U_0^2 + U_1^2 + U_3^2} = \sqrt{10^2 + \left(\frac{141.4}{\sqrt{2}}\right)^2 + \left(\frac{70.7}{\sqrt{2}}\right)^2}$$
$$= \sqrt{10^2 + 100^2 + 50^2} = 112.2(\mathrm{V})$$

11.2.2 平均值

在实际工程中还经常用到平均值概念。以电流 i 为例，其平均值的定义式为

$$I_{\mathrm{av}} = \frac{1}{T}\int_0^T |i| \mathrm{d}t \tag{11-11}$$

即非正弦周期电流的平均值等于此电流绝对值的平均值。按上式可求得正弦电流的平均值为

$$I_{\mathrm{av}} = \frac{1}{T}\int_0^T |I_{\mathrm{m}}\cos(\omega t)| \mathrm{d}t = \frac{4I_{\mathrm{m}}}{T}\int_0^{\frac{T}{4}} \cos(\omega t)\mathrm{d}t$$
$$= \frac{4I_{\mathrm{m}}}{\omega T}[\sin(\omega t)]_0^{\frac{T}{4}} = 0.637 I_{\mathrm{m}} = 0.898 I$$

根据平均值的定义可以看出，它相当于正弦电流经全波整流后的平均值。这是因为取电流的绝对值相当于把负半周的各个值变为对应的正值，如图 11-7 所示。

在表 11-1 中给出了几种典型非正弦周期函数的有效值及平均值。

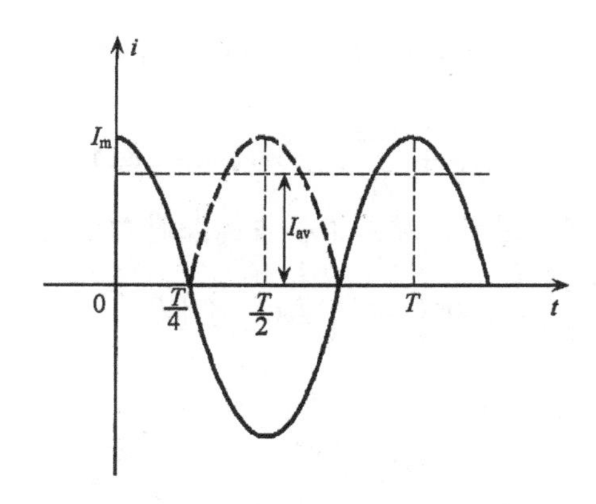

图 11-7

对于同一个非正弦周期电流，当用不同类型的仪表进行测量时，所得到的结果是不同的。例如，用磁电系仪表(直流仪表)测量，所测得的结果是电流的直流分量，这是因为磁电系仪表的偏转角 α 正比于 $\frac{1}{T}\int_0^T i\mathrm{d}t$。如果用电磁式或电动式仪表进行测量，所得结果是电流的有效值，因为这两种仪表的偏转角正比于 $\frac{1}{T}\int_0^T i^2\mathrm{d}t$。如果用全波整流磁电系仪表测量时，所测得的结果为电流的平均值，因为这种仪表的偏转角与电流的平均值成正比。因此，在测量非正弦周期电流(或电压)时，应注意选择合适的仪表，并注意不同类型仪表读数所表示的含义。

为了反映具有不同波形的非正弦周期电压电流的特征，通常将其有效值与平均值的比值称为波形因数，用符号 k_f 表示，即

$$k_f = \frac{I}{I_{av}}$$

将其最大值与有效值之比称为波项因数，用 k_p 表示，即

$$k_p = \frac{I_m}{I}$$

对于正弦波，其波形因数和波项因数分别为

$$k_f = \frac{\frac{I_m}{\sqrt{2}}}{\frac{2}{\pi}I_m} = 1.11, \qquad k_p = \frac{I_m}{\frac{I_m}{\sqrt{2}}} = \sqrt{2} = 1.414$$

对于 $k_f > 1.11$ 和 $k_p > 1.414$ 的非正弦波，其波形一般都是比正弦波更尖锐的波形，反之就是比正弦波更平坦的波形。工程上常用上述两种参数来反映波形的特征。

11.2.3 平均功率

非正弦周期电流电路的平均功率，仍然定义为其瞬时功率在一个周期内的平均值。现假定一个负载或一个二端网络的电压电流为

$$u = U_0 + \sum_{k=1}^{\infty} U_{km}\cos(k\omega t + \psi_{uk})$$

$$i = I_0 + \sum_{k=1}^{\infty} I_{km}\cos(k\omega t + \psi_{ik})$$

u、i 取关联参考方向，则负载或二端网络吸收的瞬时功率为

$$p = ui = \left[U_0 + \sum_{k=1}^{\infty} U_{km}\cos(k\omega t + \psi_{uk})\right] \times \left[I_0 + \sum_{k=1}^{\infty} I_{km}\cos(k\omega t + \psi_{ik})\right]$$

按平均功率的定义

$$P = \frac{1}{T}\int_0^T P\mathrm{d}t = \frac{1}{T}\int_0^T ui\mathrm{d}t$$

与求非正弦周期电流有效值时的积分类似，上述 P 的积分式中，不同频率正弦电压与正弦电流乘积的积分为零(不产生平均功率)；而同频率正弦电压与正弦电流乘积的积分不为零，即可求得

$$P = U_0I_0 + U_1I_1\cos\varphi_1 + U_2I_2\cos\varphi_2 + \cdots + U_kI_k\cos\varphi_k + \cdots \qquad (11\text{-}12)$$

式中

$$U_k = \frac{U_{km}}{\sqrt{2}}, \qquad I_k = \frac{I_{km}}{\sqrt{2}}, \qquad \varphi_k = \psi_{uk} - \psi_{ik}, \qquad k = 1,2,\cdots$$

即非正弦周期电流电路的平均功率等于直流分量构成的功率 U_0I_0 与各次谐波平均功率的代数和。

如果非正弦周期电流流过一电阻 R，根据式(11-12)，其平均功率为

$$P = I_0^2R + I_1^2R + I_2^2R + \cdots + I_k^2R + \cdots = I^2R$$

例 11-4 一无源二端网络的电压电流分别为

$$u = [50 + 84.6\cos(\omega t + 30°) + 56.6\cos(2\omega t + 10°)]\mathrm{V}$$

$$i = [1 + 0.707\cos(\omega t - 30°) + 0.424\cos(2\omega t + 70°)]\mathrm{A}$$

u,i 为关联参考方向，求此二端网络吸收的功率。

解 根据式(11-12)可得

$$P = 50 \times 1 + \frac{84.6}{\sqrt{2}} \times \frac{0.707}{\sqrt{2}}\cos(30° + 30°) + \frac{56.6}{\sqrt{2}} \times \frac{0.424}{\sqrt{2}}\cos(10° - 70°)$$

$$= 50 + 30\cos 60° + 12\cos(-60°) = 71(\mathrm{W})$$

11.3 非正弦周期电流电路的计算

对于非正弦周期电压(或电流)激励下的线性电路，其分析和计算的理论基础是傅里叶级数和叠加原理。即应用数学中的傅里叶级数展开方法，将非正弦周期激励电压、电流分解成直流分量和一系列不同频率的正弦量之和，并将它们分别单独作用到所研究的线性电路上求其响应。最后根据线性电路的叠加原理，将求得的各个响应叠加，其结果即为电路在非正弦周期电压、电流激励下的响应。这种方法称

为谐波分析法。

非正弦周期电流电路分析计算的具体步骤如下：

(1) 将给定的非正弦周期电压 u 或电流 i 展开成傅里叶级数，并根据所需要的准确度确定高次谐波取到哪一项为止。

(2) 分别求出傅里叶级数展开式中的电源电压或电流的直流分量以及各次谐波分量单独作用于电路时的响应。对直流分量($\omega=0$)，求解时把电容看作开路，电感看作短路；对各次谐波分量可以用相量法求解，但要注意不同次谐波的阻抗值不同，其中感抗和容抗用下面两式计算，即

$$X_{Lk}=k\omega L$$

$$X_{Ck}=\frac{1}{k\omega C}$$

式中 ωL 和 $\frac{1}{\omega C}$ 分别为基波分量的感抗和容抗。电阻 R 对于各次谐波而言其阻值相同。并把计算结果转换为时域形式。

(3) 根据线性电路的叠加原理，把步骤(2)中计算出的直流响应和各次谐波的响应进行叠加。并注意只能用瞬时值叠加，而不能用相量叠加。因为不同频率的相量不能应用叠加原理。这样，所求得的响应是一个含有直流分量和各次谐波的非正弦瞬时值表达式。

例 11-5 在本例图(a)所示电路中，已知 $R_1=5\Omega$，$R_2=10\Omega$，基波感抗 $X_{L(1)}=\omega L=2\Omega$，基波容抗 $X_{C(1)}=\frac{1}{\omega C}=15\Omega$，电源电压 $u=[10+141.14\cos(\omega t)+70.7\cos(3\omega t+30°)]$V，试求各支路电流 i、i_1、i_2 及电源输出的平均功率。

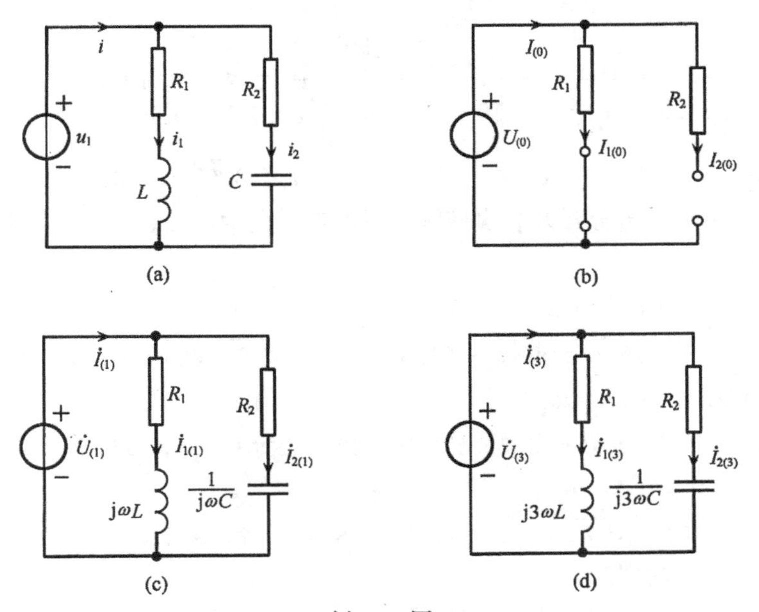

例 11-5 图

解 由于所给出的电源电压就是傅里叶级数展开式的形式，所以直接从上述计算步骤(2)求电流的各分量。

(1) 直流分量单独作用时的电路如本例图(b)所示。此时电感 L 相当于短路，电容 C 相当于开路。各支路电流分别为

$$I_{1(0)} = \frac{U_{(0)}}{R_1} = \frac{10}{5} = 2(\text{A})$$

$$I_{2(0)} = 0$$

$$I_{(0)} = I_{1(0)} + I_{2(0)} = 2\text{A}$$

(2) 基波分量单独作用时的电路如本例图(c)所示。此时可用相量法计算各支路电流分别为

$$\dot{I}_{1(1)} = \frac{\dot{U}_{(1)}}{R_1 + \text{j}\omega L} = \frac{\left(\frac{141.4}{\sqrt{2}}\right)\angle 0^\circ}{5 + \text{j}2} = 18.61\angle -21.8^\circ(\text{A})$$

$$\dot{I}_{2(1)} = \frac{\dot{U}_{(1)}}{R_2 - \text{j}\frac{1}{\omega C}} = \frac{\left(\frac{141.4}{\sqrt{2}}\right)\angle 0^\circ}{10 - \text{j}15} = 5.55\angle 56.3^\circ(\text{A})$$

$$\dot{I}_{(1)} = \dot{I}_{1(1)} + \dot{I}_{2(1)} = 18.61\angle -21.8^\circ + 5.55\angle 56.3^\circ = 20.5\angle -6.4^\circ(\text{A})$$

(3) 三次谐波单独作用时的电路如本例图(d)所示，可计算出各支路电流相量为

$$\dot{I}_{1(3)} = \frac{\dot{U}_{(3)}}{R_1 + \text{j}3\omega L} = \frac{\left(\frac{70.7}{\sqrt{2}}\right)\angle 30^\circ}{5 + \text{j}3 \times 2} = 6.4\angle -20.2^\circ(\text{A})$$

$$\dot{I}_{2(3)} = \frac{\dot{U}_{(3)}}{R_2 - \text{j}\frac{1}{3\omega C}} = \frac{\left(\frac{70.7}{\sqrt{2}}\right)\angle 30^\circ}{10 - \text{j}\frac{1}{3} \times 15} = 4.47\angle 56.6^\circ(\text{A})$$

$$\dot{I}_{(3)} = \dot{I}_{1(3)} + \dot{I}_{2(3)} = 6.4\angle -20.2^\circ + 4.47\angle 56.6^\circ = 8.62\angle 10.17^\circ(\text{A})$$

(4) 将上述直流分量及各次谐波分量的响应化为瞬时值相叠加，得出各支路电流为

$$\begin{aligned} i_1 &= i_{1(0)} + i_{1(1)} + i_{1(3)} \\ &= 2 + 18.6\sqrt{2}\cos(\omega t - 21.8^\circ) + 6.4\sqrt{2}\cos(3\omega t - 20.2^\circ)(\text{A}) \end{aligned}$$

$$\begin{aligned} i_2 &= i_{2(0)} + i_{2(1)} + i_{2(3)} \\ &= 5.55\sqrt{2}\cos(\omega t + 56.3^\circ) + 4.47\sqrt{2}\cos(3\omega t + 56.6^\circ)(\text{A}) \end{aligned}$$

$$\begin{aligned} i &= i_{(0)} + i_{(1)} + i_{(3)} \\ &= 2 + 20.5\sqrt{2}\cos(\omega t - 6.4^\circ) + 8.62\sqrt{2}\cos(3\omega t + 10.17^\circ)(\text{A}) \end{aligned}$$

电源输出的平均功率为

$$P = U_{(0)}I_{(0)} + U_{(1)}I_{(1)}\cos\varphi_{(1)} + U_{(3)}I_{(3)}\cos\varphi_{(3)}$$

$$= 10 \times 2 + \frac{141.4}{\sqrt{2}} \times 20.5\cos 6.4° + \frac{70.7}{\sqrt{2}} \times 8.62\cos(30° - 10.17°)$$

$$= 2462.84(\mathrm{W})$$

例 11-6 在本例图所示电路中，已知 $R=3\Omega$，基波容抗 $X_{C(1)}=\frac{1}{\omega C}=9.45\Omega$，输入电源电压为 $u_s = 10 + 141.40\cos(\omega t) + 47.13\cos(3\omega t) + 28.28\cos(5\omega t) + 20.2\cos(7\omega t) + 15.71\cos(9\omega t) + \cdots(\mathrm{V})$，求电流 i 和电阻 R 吸收的平均功率 P。

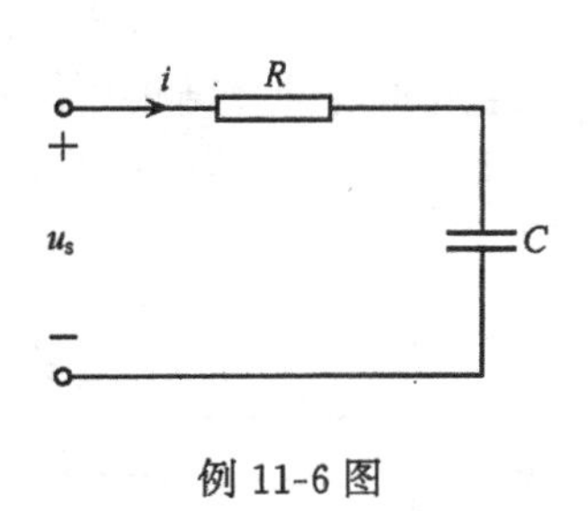

例 11-6 图

解 由于所给出的电源电压已经是傅里叶级数展开形式，所以可以直接写出待求电流相量的一般表达式，即

$$\dot{I}_{\mathrm{m}(k)} = \frac{\dot{U}_{\mathrm{sm}(k)}}{R - \mathrm{j}\frac{1}{k\omega C}}$$

式中 $\dot{I}_{\mathrm{m}(k)}$ 为 k 次谐波电流的振幅。根据叠加原理，按 $k=0,1,2,\cdots$ 顺序，可依次求解如下：

$k=0$

$$\text{直流分量}\, U_0 = 10\mathrm{V} \qquad I_0 = 0 \qquad P_0 = 0$$

$k=1$

$$\dot{U}_{\mathrm{sm}(1)} = 141.4\angle 0°\mathrm{V}$$

$$\dot{I}_{\mathrm{m}(1)} = \frac{141.4\angle 0°}{3 - \mathrm{j}9.45} = 14.26\angle 72.39°(\mathrm{A})$$

$$P_{(1)} = \frac{I_{\mathrm{m}(1)}R}{\sqrt{2}} \times \frac{I_{\mathrm{m}(1)}}{\sqrt{2}} = \frac{1}{2}I^2_{\mathrm{m}(1)}R = 305.02\ (\mathrm{W})$$

$k=3$

$$\dot{U}_{\mathrm{sm}(3)} = 47.13\angle 0°\mathrm{V}$$

$$\dot{I}_{\mathrm{m}(3)} = \frac{47.13\angle 0°}{3 - \mathrm{j}3.15} = 10.83\angle 46.4°(\mathrm{A})$$

$$P_{(3)} = \frac{I_{\mathrm{m}(3)}R}{\sqrt{2}} \times \frac{I_{\mathrm{m}(3)}}{\sqrt{2}} = \frac{1}{2}I^2_{\mathrm{m}(3)}R = 175.93\ (\mathrm{W})$$

同理可求得

$$\dot{I}_{\mathrm{m}(5)} = 7.98\angle 32.21°\mathrm{A} \qquad P_{(5)} = 95.52\mathrm{W}$$

$$\dot{I}_{\mathrm{m}(7)} = 6.14\angle 24.23°\mathrm{A} \qquad P_{(7)} = 56.55\mathrm{W}$$

$$\dot{I}_{\mathrm{m}(9)} = 4.94\angle 19.29°\mathrm{A} \qquad P_{(9)} = 36.60\mathrm{W}$$

将上述直流分量和各次谐波分量按时域形式叠加，即得所求电流为

$$
\begin{aligned}
i = & 14.26\cos(\omega t + 72.39°) + 10.83\cos(3\omega t + 46.4°) \\
& + 7.98\cos(5\omega t + 32.21°) + 6.14\cos(7\omega t + 24.23°) \\
& + 4.94\cos(9\omega t + 19.29°) + \cdots(\mathrm{A})
\end{aligned}
$$

电阻 R 吸收的平均功率为

$$P = P_0 + P_{(1)} + P_{(3)} + \cdots + P_{(9)} = 669.62\ (\mathrm{W})$$

通过本例计算结果可以看出，对于电路中 u_s，它的各次谐波的振幅与 k 成反比衰减，而电路输入阻抗的虚部也与 k 成反比地减少，所以各次谐波的电流振幅衰减缓慢。

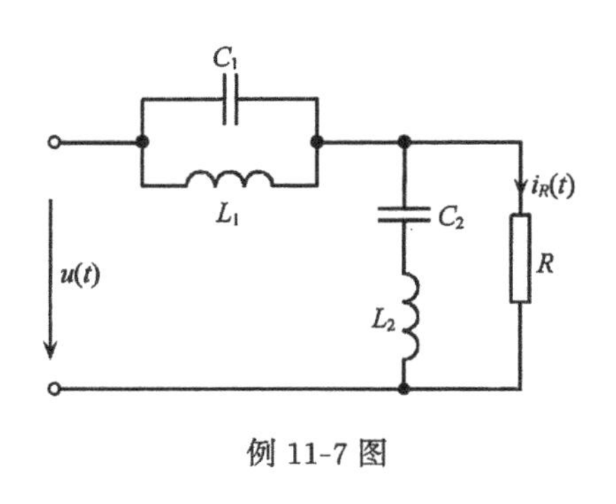

例 11-7 图

例 11-7 在本例图所示的电路中，已知 $\omega L_1 = 100\Omega$，$\dfrac{1}{\omega C_1} = 400\Omega$，$\omega L_2 = 100\Omega$，$\dfrac{1}{\omega C_2} = 100\Omega$，$R = 60\Omega$，外加电压 $u(t) = 60 + 90\cos(\omega t + 90°) + 40\cos(2\omega t + 90°)$ (V)，求电阻 R 中的电流 i_R。

解 对于这种具有电容和电感串、并联环节的电路，首先应分析电容和电感所组成的串并、联部分是否有发生谐振的可能。在本题中，有 $\omega L_2 = \dfrac{1}{\omega C_2} = 100\Omega$，说明该环节对基波分量发生串联谐振，即由 C_2 和 L_2 组成的串联支路对外加电压 $u(t)$ 中基波分量的激励相当于短路。又因为 $2\omega L_1 = \dfrac{1}{2\omega C_1} = 200\Omega$，说明由 L_1 和 C_1 组成的并联部分对外加电压 $u(t)$ 中的二次谐波分量发生并联谐振，则 L_1 和 C_1 组成的并联部分对 $u(t)$ 中二次谐波分量的激励相当于开路。基于上述两个因素，$u(t)$ 中基波分量和二次谐波分量在电阻 R 中均没有产生电流响应，即

$$i_{R(1)} = 0, \qquad i_{R(2)} = 0$$

只有 $u(t)$ 中的直流分量在电阻 R 中有电流响应，所以电阻 R 中的电流为

$$I_R = \frac{U_{(0)}}{R} = \frac{60}{60} = 1(\mathrm{A})$$

通过本例题的讨论可以看出，利用电路的谐振特点，可以大大简化对电路的计算。

例 11-8 本例图(a)所示电路为一全波整流及滤波电路。其中电感 $L = 5\mathrm{H}$，电容 $C = 10\mu\mathrm{F}$，负载电阻 $R = 2000\Omega$，加在滤波电路上的电压 u 的波形为正弦全波整流波形，本例图(b)所示。设 $\omega = 314\mathrm{rad}\cdot\mathrm{s}^{-1}$，$U_m = 157\mathrm{V}$。求负载两端电压的各谐波分量。

解 查阅表 11-1，将给定的激励电压 u 展开成傅里叶级数，即

$$u = \frac{4}{\pi}U_m\left[\frac{1}{2} + \frac{1}{3}\cos(2\omega t) - \frac{1}{15}\cos(4\omega t) + \cdots\right]$$

$$= 100 + 66.7\cos(2\omega t) - 13.33\cos(4\omega t) + \cdots$$

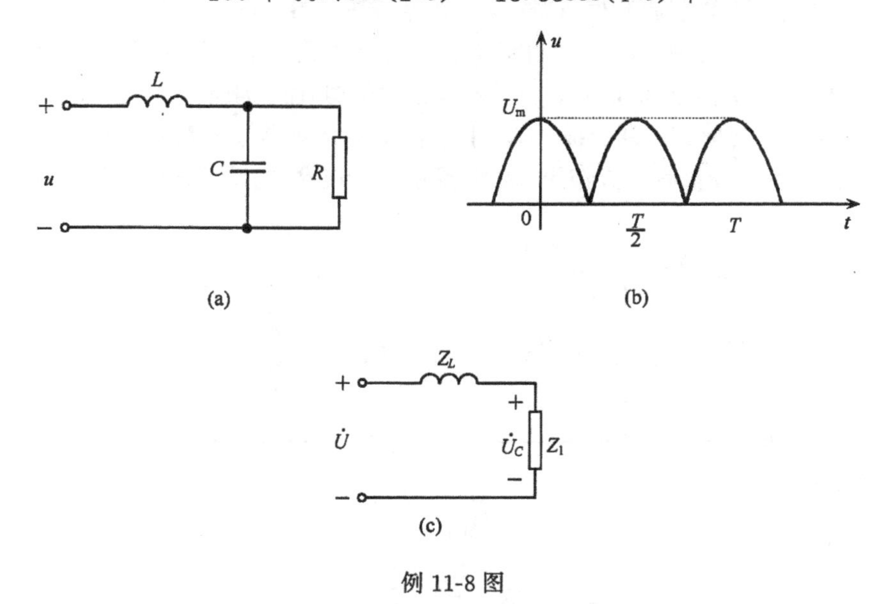

例 11-8 图

设负载两端电压的第 k 次谐波为 $\dot{U}_{\mathrm{cm}(k)}$(采用复振幅相量),由节点电压法,可列写出如下节点方程

$$\left[\frac{1}{\mathrm{j}k\omega L} + \frac{1}{R} + \mathrm{j}k\omega C\right]\dot{U}_{\mathrm{cm}(k)} = \frac{1}{\mathrm{j}k\omega L}\dot{U}_{\mathrm{m}(k)}$$

即

$$\dot{U}_{\mathrm{cm}(k)} = \frac{\dot{U}_{\mathrm{m}(k)}}{\left(\dfrac{1}{R} + \mathrm{j}k\omega C\right)\mathrm{j}k\omega L + 1}$$

因所给激励电压 u 的傅里叶级数展开式中无奇数项,令 $K=0,2,4,\cdots$,代入数据,可分别求得负载两端电压的各谐波分量为

$$U_{\mathrm{cm}(0)} = 100\mathrm{V}\ (k = 0\text{ 时为直流分量})$$

$$U_{\mathrm{cm}(2)} = 3.53\mathrm{V}$$

$$U_{\mathrm{cm}(4)} = 0.171\mathrm{V}$$

由计算结果可以看出,本例图(a)所示滤波电路,利用了电感 L 对高频电流的抑制作用和电容 C 对高频电流的分流作用,使得输入电压中的 2 次和 4 次谐波分量大大削弱,而负载两端的电压接近于直流电压,仅含有 3.5%的 2 次谐波和 0.17%的 4 次谐波。

本例也可由例 11-8 图(c)求 2 次谐波和 4 次谐波。

感抗和容抗对各次谐波的反应不同,这一特性在实际工程中得到了广泛的应用。例如,可以用电感和电容组成各种不同的电路,将这种电路接在网络的输入和输出之间,它可以让某些频率的谐波分量顺利通过而抑制另一些不需要的谐波分量，或者说把不要的谐波滤掉，这样的电路称为滤波器。图 11-8(a)所示为一个简单的低通滤波器，图中电感 L 对高频电流有抑制作用，电容 C 对高频电流起分流作用，这样，输出端中的高频电流分量就被大大削弱，而低频电流则能顺利通过；图 11-8(b)是一个简单的高通滤波器，其中电容 C 对低频谐波分量具有抑制作用，电感 L 对低频谐波分量有分流作用。滤波器在电子技术、电讯工程中应用十分广泛。

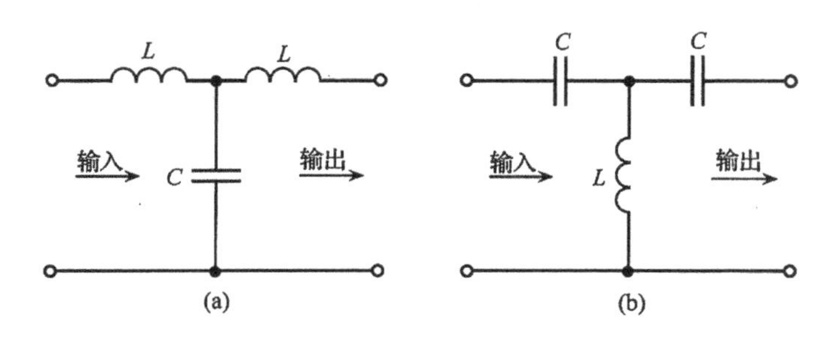

图 11-8

思　考　题

11-1　电路中的非正弦周期电压、电流是如何产生的？

11-2　如何将非正弦周期函数 $f(t)$展开成傅里叶级数？

11-3　何谓纵轴对称波，原点对称波，横轴对称波？它们的傅里叶级数有何特点？

11-4　说明下列函数的波形具有的特征：

(1) $f_1(t)=8\sin(\omega t)+6\sin(3\omega t)+4\sin(5\omega t)$；

(2) $f_2(t)=10+8\cos(\omega t)+6\cos(2\omega t)+4\cos(3\omega t)$；

(3) $f_3(t)=10\sin(\omega t)+8\sin(2\omega t)+6\sin(3\omega t)$。

11-5　知道了周期函数 $f(t)$的频谱，如何写出它的谐波表达式？反之，知道了 $f(t)$的谐波表达式，如何画出它的频谱？

11-6　略述非正弦周期电流电路的计算步骤。

11-7　写出电流有效值由各谐波有效值表示的公式，并加以证明。写出有功功率由各谐波有功功率表达的公式，并加以证明。

11-8　试证明在 R、L、C 串联电路中，非正弦功率 $P=I^2R$，其中 I 是电流的有效值。

11-9　测量非正弦周期电流的有效值、平均值各应使用什么类型的仪表？

11-10　非正弦周期量的直流分量与平均值有什么不同？

11-11　三相发电机的绕组为什么很少采用三角形连接方式？

习　题

11-1　求本题图示波形的傅里叶级数的系数。

11-2　查表 11-1，把振幅为 50V、$T=0.02$s 的梯形波电压分解为傅里叶级数（取到七次谐波）。

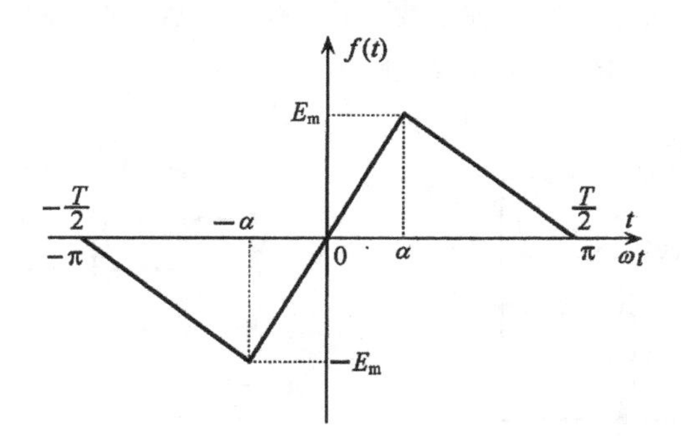

习题 11-1 图

11-3 已知某线圈对基波的感抗为 10Ω，那么它对三次谐波、五次谐波的感抗各是多少？

11-4 一个线圈接在非正弦周期电压上，电压瞬时值为 $u=[10+10\sqrt{2}\cos\omega t+5\sqrt{2}\cos(3\omega t+30°)]$V，如果线圈的电阻和对基波的感抗均为 10Ω，则线圈中电流的瞬时值应为多少？

11-5 在 RLC 串联电路中，外加电压 $u=(100+60\cos\omega t+40\cos 2\omega t)$V，已知 $R=30\Omega$，$\omega L=40\Omega$，$\frac{1}{\omega C}=80\Omega$，试写出电路中电流 i 的瞬时值表达式。

11-6 一非正弦周期电压 $u=(100+66\cos\omega t+40\cos 2\omega t)$V 加在线性电阻 $R=10\Omega$ 上，求电压的有效值和电阻上消耗的功率。

11-7 有效值为 100V 的正弦电压加在电感 L 两端时，得电流 $I=10$A，当电压中有 3 次谐波分量，而有效值仍为 100V 时，得电流 $I=8$A。试求这一电压的基波和 3 次谐波电压的有效值。

11-8 一个 RLC 串联电路，其 $R=11\Omega$，$L=0.015$H，$C=70\mu$F，外加电压为 $u=[11+141.4\cos(1000t)-35.4\sin(2000t)]$V，试求电路中的电流 $i(t)$ 和电路消耗的功率。

11-9 电感线圈与一电容串联电路，已知外加电压 $u=[300\cos\omega t+150\cos 3\omega t+50\cos(5\omega t+60°)]$V，$Z_{L1}=R+jX_{L1}=(5+j12)\Omega$，$X_{C1}=30\Omega$。求电流瞬时值 i 和有效值 I。

11-10 本题图示电路，已知 $u=(200+100\cos 3\omega t)$V，$R=50\Omega$，$\omega L=5\Omega$，$X_C=\frac{1}{\omega C}=45\Omega$，试求电压表和电流表的读数。

11-11 本题图示电路，已知 $u_1=[400+100\sin(3\times 314t)-20\sin(6\times 314t)]$V。求电压 u_2。

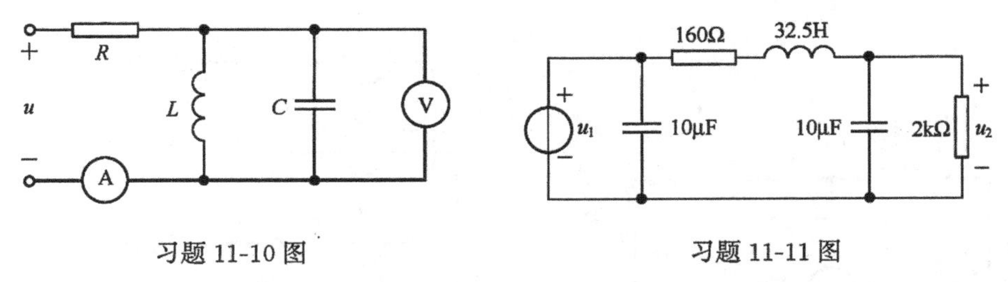

习题 11-10 图　　　　习题 11-11 图

11-12 电路如本题图所示，电源电压为 $u_s(t)=[50+100\sin(314t)-40\cos(628t)+10\sin(942t+20°)]$V，试求电流 $i(t)$ 和电源发出的功率及电源电压和电流的有效值。

11-13　本题图示为滤波电路，要求负载中不含基波分量，但 $4\omega_1$ 的谐波分量能全部传送至负载。如 $\omega_1=1000\text{rad}\cdot\text{s}^{-1}$，$C=1\mu\text{F}$，求 L_1 和 L_2。

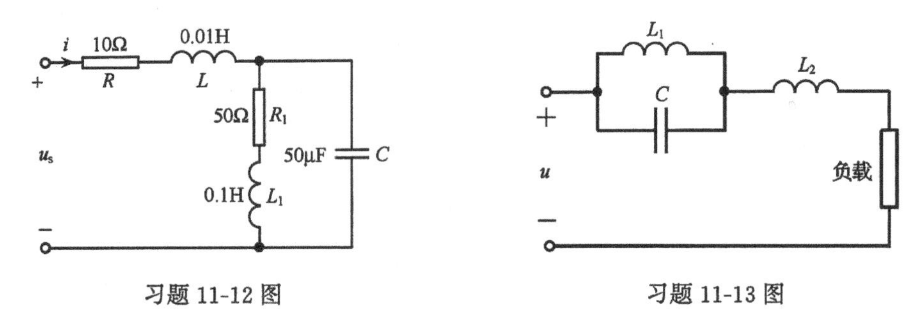

习题 11-12 图　　　　习题 11-13 图

11-14　本题图示电路中 $u_s(t)$ 为非正弦周期电压，其中含有 $3\omega_1$ 及 $7\omega_1$ 的谐波分量。如果要求在输出电压 $u(t)$ 中不含这两个谐波分量，问 L、C 应为多少？

11-15　本题图示电路中 $i_s=[5+10\cos(10t-20°)-5\sin(30t+60°)]\text{A}$，$L_1=L_2=2\text{H}$，$M=0.5\text{H}$。求图中交流电表的读数和 u_2。

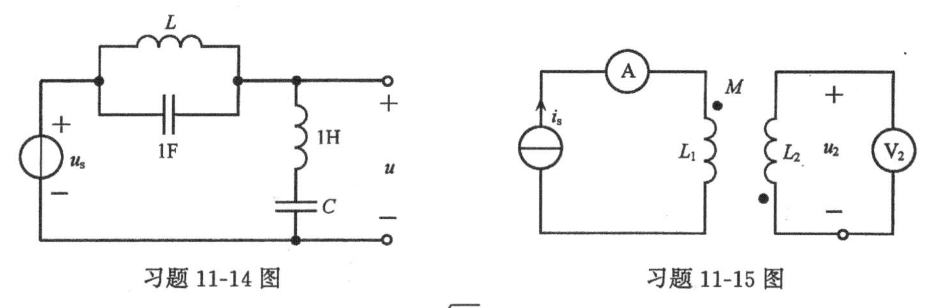

习题 11-14 图　　　　习题 11-15 图

11-16　本题图示电路中 $u_{s1}=[1.5+5\sqrt{2}\sin(2t+90°)]\text{V}$，电流源电流 $i_{s2}=2\sin(1.5t)\text{A}$。求 u_R 及 u_{s1} 发出的功率。

11-17　本题图示对称三相电路中，电源相电压 $u_A=(180\sqrt{2}\cos\omega t+40\sqrt{2}\cos 3\omega t)\text{V}$，负载阻抗 $Z=R+\text{j}\omega L=(6+\text{j}8)\Omega$。求：(1) 四线制时(K 闭合)负载相电压、线电压、相电流及中线电流的有效值；(2) 三线制时(K 打开)负载相电压、线电压、相电流及两中点间的电压有效值。

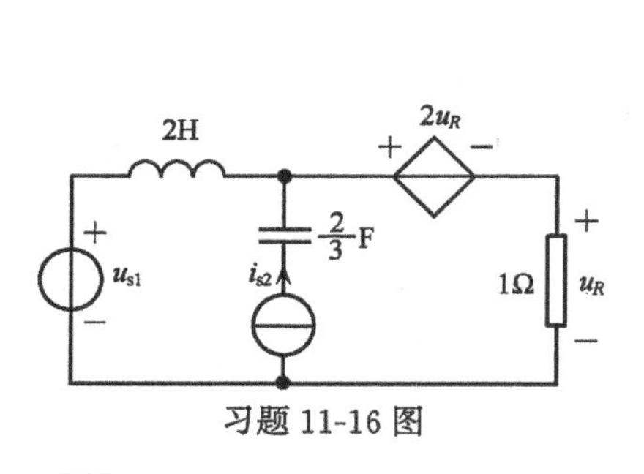

习题 11-16 图

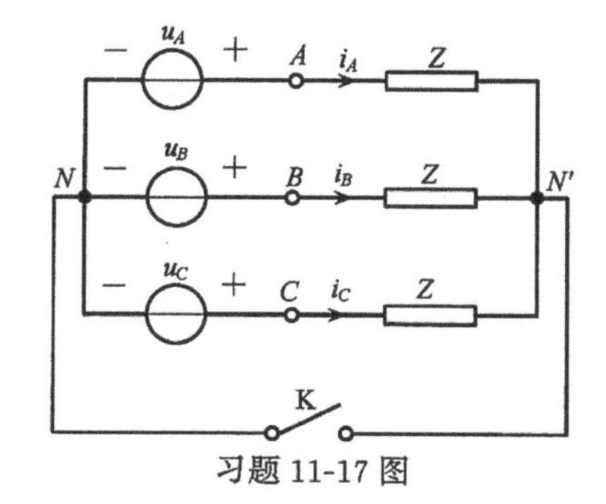

习题 11-17 图

第12章　动态电路的复频域分析法

复频域分析法是应用拉普拉斯变换把线性电路的微分方程转化为代数方程进行求解的方法。本章主要内容有：拉普拉斯变换的定义及其与电路分析有关的一些基本性质，求拉普拉斯变换的部分分式法（分解定理），还将介绍 KVL 和 KCL 的运算形式，运算阻抗，运算导纳及运算电路的基本概念，并通过实例来说明拉普拉斯变换法在线性电路分析中的应用。

12.1　拉普拉斯变换及其基本性质

对于具有多个动态元件的复杂电路，用直接求解微分方程的方法（经典解法）比较困难。这主要表现在两个方面：其一，当电路的阶数增高时，相应微分方程的阶数也增高，而求解高阶微分方程是很困难的；其二，对某些电路而言，初始条件的确定以及由初始条件确定积分常数并非易事。然而，借助拉普拉斯变换法求解高阶复杂动态电路却很方便。

12.1.1　拉普拉斯变换

一个定义在$[0,\infty]$区间的时间函数 $f(t)$，其拉普拉斯变换（简称拉氏变换）定义为

$$F(s)=\int_{0_-}^{\infty}f(t)\mathrm{e}^{-st}\mathrm{d}t \tag{12-1}$$

式中 $s=\sigma+\mathrm{j}\omega$ 为复数，称为复频率。e^{-st}称为拉氏变换的核（或收敛因子）。式(12-1)代表着从时域函数 $f(t)$ 到复频率函数 $F(s)$ 的一种积分变换关系。$F(s)$称为$f(t)$的象函数，$f(t)$称为 $F(s)$的原函数。式(12-1)又常用简单的符号写为

$$F(s)=\mathscr{L}[f(t)] \tag{12-2}$$

或

$$F(s)\doteq f(t) \tag{12-3}$$

应注意式(12-3)中等号上下两个点的位置与该关系式的对应性。

例如，时域形式的电流 $i(t)$和电压 $u(t)$，其象函数分别记为 $I(s)$和 $U(s)$，它们与各自原函数的相互关系可分别表示为

$$I(s)=\mathscr{L}[i(t)]\quad 或\quad I(s)\doteq i(t)$$

$$U(s)=\mathscr{L}[u(t)]\quad 或\quad U(s)\doteq u(t)$$

由式(12-1)可以看出，函数 $f(t)$的拉氏变换 $F(s)$存在的条件是该式右边的积分为

有限值。对于函数 $f(t)$，如果存在正的有限值常数 M 和 s_0，使得对于所有 t 都满足以下条件，即

$$|f(t)| \leqslant M\mathrm{e}^{s_0 t}$$

则 $f(t)$ 的拉氏变换式 $F(s)$ 总存在。因为总可以找到一个合适的 s 值，使式(12-1)中的积分为有限值。本书所涉及的电路函数 $f(t)$ 都满足此条件。

应用拉氏变换法进行电路分析称为电路的一种复频域分析法，又称为运算法。拉氏变换定义式中的积分从 $t=0_-$ 开始，可以计及 $t=0$ 时 $f(t)$ 包含的冲激，从而对计算存在冲激函数电压和电流的电路带来方便。

由象函数 $F(s)$ 求相应原函数 $f(t)$ 的运算称为拉普拉斯反变换，简称拉氏反变换。可以证明，对于已知的象函数 $F(s)$，其对应的原函数 $f(t)$ 满足以下关系式，即

$$f(t) = \frac{1}{2\pi \mathrm{j}}\int_{\sigma-\mathrm{j}\infty}^{\sigma+\mathrm{j}\infty} F(s)\mathrm{e}^{st}\mathrm{d}s \tag{12-4}$$

式(12-14)称为拉氏反变换定义式，式中积分号上下限中的 σ 为正的有限常数。拉氏反变换定义式也可表述为

$$f(t) = \mathscr{L}^{-1}[F(s)]$$

式中符号 $\mathscr{L}^{-1}[]$ 表示对方括号里的象函数做拉氏反变换。

例 12-1 求下列原函数的象函数：

(1) 单位阶跃函数 $f(t)=\varepsilon(t)$；

(2) 单位冲激函数 $f(t)=\delta(t)$；

(3) 指数函数 $f(t)=\mathrm{e}^{at}$。

解 对于以上几个原函数，直接由式(12-1)很容易求得它们的象函数。

(1) 单位阶跃函数的象函数

$$F(s) = \mathscr{L}[\varepsilon(t)] = \int_{0_-}^{\infty}\varepsilon(t)\mathrm{e}^{-st}\mathrm{d}t = \int_{0_-}^{0_+} 1 \cdot \mathrm{e}^{-st}\mathrm{d}t = -\frac{1}{s}\mathrm{e}^{-st}\Big|_{0_-}^{\infty} = \frac{1}{s}$$

(2) 单位冲激函数的象函数

$$F(s) = \mathscr{L}[\delta(t)] = \int_{0_-}^{\infty}\delta(t)\mathrm{e}^{-st}\mathrm{d}t = \int_{0_-}^{\infty}\delta(t)\mathrm{e}^{0}\mathrm{d}t = \int_{0_-}^{0_+}\delta(t)\mathrm{d}t = 1$$

(3) 指数函数的象函数

$$F(s) = \mathscr{L}[\mathrm{e}^{at}] = \int_{0_-}^{\infty}\mathrm{e}^{at}\mathrm{e}^{-st}\mathrm{d}t = \int_{0_-}^{\infty}\mathrm{e}^{-(s-a)t}\mathrm{d}t = \frac{1}{-(s-a)}\mathrm{e}^{-(s-a)t}\Big|_{0_-}^{\infty} = \frac{1}{s-a}$$

从求解(2)中可以看出，由于拉氏变换的积分下限从 0_- 开始，变换过程中能够计及 $t=0$ 时的冲激函数 $\delta(t)$，故求得 $\delta(t)$ 的象函数等于 1。若积分下限取 0_+，则上述积分值等于零。

12.1.2 拉普拉斯变换的基本性质

拉普拉斯变换有许多重要性质，本节只介绍与线性电路分析有关的一些基本性质。

1. 线性组合性质

设 $f_1(t)$和 $f_2(t)$是两个任意的时间函数，它们的象函数分别为 $F_1(s)$和 $F_2(s)$，a_1 和 a_2 是两个任意实常数。则

$$\mathscr{L}[a_1f_1(t) \pm a_2f_2(t)] = a_1\mathscr{L}[f_1(t)] \pm a_2\mathscr{L}[f_2(t)] = a_1F_1(s) \pm a_2F_2(s)$$

证

$$\begin{aligned}\mathscr{L}[a_1f_1(t) \pm a_2f_2(t)] &= \int_{0_-}^{\infty} [a_1f_1(t) \pm a_2f_2(t)]\mathrm{e}^{-st}\mathrm{d}t \\ &= a_1\int_{0_-}^{\infty} f_1(t)\mathrm{e}^{-st}\mathrm{d}t \pm a_2\int_{0_-}^{\infty} f_2(t)\mathrm{e}^{-st}\mathrm{d}t \\ &= a_1F_1(s) \pm a_2F_2(s)\end{aligned}$$

例 12-2 求下列函数的象函数：

(1) $f(t)=\sin(\omega t)$；

(2) $f(t)=k(1-\mathrm{e}^{-at})$，$k$ 为常数。

上述函数的定义域为$[0,\infty]$。

解 (1) 根据欧拉定理可知

$$\sin(\omega t) = \frac{1}{2\mathrm{j}}(\mathrm{e}^{\mathrm{j}\omega t} - \mathrm{e}^{-\mathrm{j}\omega t})$$

由例 12-1 指数函数象函数的表示式可求得

$$\mathscr{L}[\sin(\omega t)] = \mathscr{L}\left[\frac{1}{2\mathrm{j}}(\mathrm{e}^{\mathrm{j}\omega t} - \mathrm{e}^{-\mathrm{j}\omega t})\right] = \frac{1}{2\mathrm{j}}\left(\frac{1}{s-\mathrm{j}\omega} - \frac{1}{s+\mathrm{j}\omega}\right) = \frac{\omega}{s^2+\omega^2}$$

同理可求得 $\cos(\omega t)$的象函数为

$$\mathscr{L}[\cos(\omega t)] = \frac{s}{s^2+\omega^2}$$

(2) 由单位冲激函数和指数函数象函数的表示式可求得

$$\mathscr{L}[k(1-\mathrm{e}^{-at})] = \mathscr{L}[k] - \mathscr{L}[k(\mathrm{e}^{-at})] = \frac{k}{s} - \frac{k}{s+a} = \frac{ka}{s(s+a)}$$

由以上讨论可见，求函数乘以常数的象函数以及求几个函数线性组合（相加减）的象函数时，可以根据拉氏变换的线性性质先求各函数的象函数后再进行数学计算。

2. 微分性质

设函数 $f(t)$及其导数 $f'(t)$都满足拉氏变换式存在的条件，如果

$$\mathscr{L}[f(t)] = F(s)$$

则有

$$\mathscr{L}[f'(t)] = sF(s) - f(0_-)$$

证 $\mathscr{L}[f'(t)]=\mathscr{L}\left[\frac{\mathrm{d}}{\mathrm{d}t}f(t)\right]=\int_{0_-}^{\infty}\frac{\mathrm{d}}{\mathrm{d}t}f(t)\cdot\mathrm{e}^{-st}\mathrm{d}t=\int_{0_-}^{\infty}\mathrm{e}^{-st}\mathrm{d}[f(t)]$

按分部积分法进行积分，由

$$\int u\mathrm{d}v = uv - \int v\mathrm{d}u$$

令

$$\mathrm{e}^{-st} = u, \qquad \mathrm{d}[f(t)] = \mathrm{d}v$$

则

$$-s\mathrm{e}^{-st}\cdot \mathrm{d}t = \mathrm{d}u, \qquad v = f(t)$$

由此可得

$$\mathscr{L}\left[\frac{\mathrm{d}}{\mathrm{d}t}f(t)\right] = \int_{0_-}^{\infty}\mathrm{e}^{-st}\mathrm{d}[f(t)] = \mathrm{e}^{-st}\cdot f(t)\Big|_{0_-}^{\infty} + s\int_{0_-}^{\infty}f(t)\mathrm{e}^{-st}\mathrm{d}t$$

而

$$\mathrm{e}^{-st}\cdot f(t)\Big|_{0_-}^{\infty} = 0 - f(0_-) = -f(0_-)$$

只要把 s 的实部 σ 取得足够大，当 $t\to\infty$ 时，必有 $\mathrm{e}^{-st}f(t)\to 0$，则 $F(s)$ 存在，所以证得

$$\mathscr{L}[f'(t)] = sF(s) - f(0_-)$$

类似地，设函数 $f(t)$ 的各阶导数 $f'(t), f''(t), \cdots, f^{(n)}(t)$ 都和 $f(t)$ 一样满足拉氏变换式存在的条件，则只要 s 的实部 σ 取得足够大，即 $\mathrm{Re}(s)$ 大于条件式 $|f(t)|\leqslant M\mathrm{e}^{S_0 t}$ 中的 S_0，则可推得

$$\mathscr{L}[f''(t)] = s^2F(s) - sf(0_-) - f'(0_-)$$

依此类推，可得

$$\mathscr{L}[f^{(n)}(t)] = s^nF(s) - s^{n-1}f(0_-) - s^{n-2}f'(0_-) - \cdots - f^{n-1}(0_-)$$

例 12-3 应用拉氏变换的微分性质求下列函数的象函数：

(1) $f(t)=\delta(t)$；

(2) $f(t)=\cos(\omega t)$。

解 (1) 因为

$$\delta(t) = \frac{\mathrm{d}\varepsilon(t)}{\mathrm{d}t}$$

而

$$\mathscr{L}[\varepsilon(t)] = \frac{1}{s}$$

所以

$$\mathscr{L}[\delta(t)] = \mathscr{L}\left[\frac{\mathrm{d}\varepsilon(t)}{\mathrm{d}t}\right] = s\times\frac{1}{s} - 0 = 1$$

(2) 因为

$$\frac{\mathrm{d}\sin(\omega t)}{\mathrm{d}t} = \omega\cos(\omega t) \Rightarrow \cos(\omega t) = \frac{1}{\omega}\,\frac{\mathrm{d}\sin(\omega t)}{\mathrm{d}t}$$

而

$$\mathscr{L}[\sin(\omega t)] = \frac{\omega}{s^2+\omega^2} \text{（见例 12-2）}$$

所以可求得

$$\mathscr{L}[\cos(\omega t)] = \mathscr{L}\left(\frac{1}{\omega}\frac{\mathrm{d}\sin(\omega t)}{\mathrm{d}t}\right) = \frac{1}{\omega}\left(s\cdot\frac{\omega}{s^2+\omega^2} - 0\right) = \frac{s}{s^2+\omega^2}$$

3. 积分性质

对于时间函数 $f(t)$，若存在

$$\mathscr{L}[f(t)] = F(s)$$

则有

$$\mathscr{L}\left[\int_{0_-}^{t} f(t)\mathrm{d}t\right] = \frac{F(s)}{s}$$

证 由拉氏变换的定义和分部积分法证明如下

$$\begin{aligned}\mathscr{L}\left[\int_{0_-}^{t} f(t)\mathrm{d}t\right] &= \int_{0_-}^{\infty}\left[\int_{0_-}^{t} f(t)\mathrm{d}t\right]\mathrm{e}^{-st}\mathrm{d}t \\ &= \frac{\mathrm{e}^{-st}}{-s}\int_{0_-}^{t} f(t)\mathrm{d}t\Bigg|_{0_-}^{\infty} - \int_{0_-}^{\infty} f(t)\left(-\frac{1}{s}\right)\mathrm{e}^{-st}\mathrm{d}t\end{aligned}$$

只要 s 的实部 σ 足够大，当 $t\to\infty$ 和 $t=0_-$ 时，等式右边第一项都为零，故得

$$\mathscr{L}\left[\int_{0_-}^{t} f(t)\mathrm{d}t\right] = 0 + \frac{1}{s}\int_{0_-}^{\infty} f(t)\mathrm{e}^{-st}\mathrm{d}t = \frac{F(s)}{s}$$

上述微分性质和积分性质是拉氏变换的两个重要性质。这两个性质使原函数 $f(t)$ 的求导积分运算对应着象函数 $F(s)$ 的乘除运算（对微分性质还要考虑其初始值）。因而使原函数 $f(t)$ 的微分方程对应着象函数 $F(s)$ 的代数方程。可见拉氏变换法是解常系数线性微分方程和线性电路过渡过程的一种重要方法。复变量 s 也因此被称为微分运算子，拉氏变换法则被称为算子法或运算法。

例 12-4 应用积分性质求单位斜坡函数 $f(t)=t$ 的象函数。

解 $f(t)=t$ 可看成是常数 1 从时间 0 到 t 的积分，即

$$t = \int_{0}^{t} 1\cdot\mathrm{d}t$$

而

$$\mathscr{L}[1] = \frac{1}{s}$$

所以

$$\mathscr{L}[t] = \frac{1}{s}\mathscr{L}[1] = \frac{1}{s}\cdot\frac{1}{s} = \frac{1}{s^2}$$

4. 时域平移定理（延迟定理）

时间函数 $f(t)$ 的象函数与其延迟函数 $f(t-t_0)$ 的象函数之间有如下关系：

若

$$\mathscr{L}[f(t)] = F(s)$$

则

$$\mathscr{L}[f(t-t_0)] = \mathrm{e}^{-st_0}F(s)$$

式中，当 $t<t_0$ 时，$f(t-t_0)=0$。

上述定理可证明如下：

证 令 $\tau=t-t_0$，则有

$$\mathscr{L}[f(t-t_0)] = \int_{0_-}^{\infty} f(t-t_0)\mathrm{e}^{-st}\mathrm{d}t = \int_{t_0}^{\infty} f(t-t_0)\mathrm{e}^{-st}\cdot\mathrm{d}t$$

$$= \int_{0_-}^{\infty} f(\tau)\mathrm{e}^{-s(\tau+t_0)}\mathrm{d}\tau = \mathrm{e}^{-st_0}\int_{0_-}^{\infty} f(\tau)\mathrm{e}^{-s\tau}\mathrm{d}\tau = \mathrm{e}^{-st_0}F(s)$$

例 12-5 应用延迟定理求宽度为 t_0，高度为 A 的矩形脉冲函数 $f(t)$ 的象函数。

解 因为矩形脉冲函数可用阶跃函数表示为

$$f(t) = A\varepsilon(t) - A\varepsilon(t-t_0)$$

而

$$\mathscr{L}[\varepsilon(t)] = \frac{1}{s}$$

根据延迟定理可知

$$\mathscr{L}[\varepsilon(t-t_0)] = \mathrm{e}^{-st_0}\times\frac{1}{s}$$

所以该矩形脉冲函数的象函数为

$$F(s) = A\cdot\frac{1}{s} - A\mathrm{e}^{-st_0}\times\frac{1}{s} = \frac{A}{s}(1-\mathrm{e}^{-st_0})$$

5. 频域平移定理

若 $\mathscr{L}[f(t)]=F(s)$，则 $\mathscr{L}[\mathrm{e}^{-at}f(t)]=F(s+a)$

证 $\mathscr{L}[\mathrm{e}^{-at}f(t)] = \int_{0_-}^{\infty}\mathrm{e}^{-at}f(t)\mathrm{e}^{-st}\mathrm{d}t = \int_{0_-}^{\infty} f(t)\mathrm{e}^{-(s+a)t}\mathrm{d}t = F(s+a)$

例 12-6 利用频域平移定理求 $\mathrm{e}^{-at}\sin(\omega t)$ 和 $\mathrm{e}^{-at}\cos(\omega t)$ 的象函数。

解 因为

$$\mathscr{L}[\sin(\omega t)] = \frac{\omega}{s^2+\omega^2}$$

$$\mathscr{L}[\cos(\omega t)] = \frac{s}{s^2+\omega^2}$$

则

$$\mathscr{L}[\mathrm{e}^{-at}\sin(\omega t)] = \frac{\omega}{(s+a)^2+\omega^2}$$

$$\mathscr{L}[\mathrm{e}^{-at}\cos(\omega t)] = \frac{s+a}{(s+a)^2+\omega^2}$$

6. 终值定理

设函数 $f(t)$及其导数 $f'(t)$均满足拉氏变换的条件，令 $L[f(t)]=F(s)$，如果极限$\lim\limits_{t\to\infty}f(t)$存在，则有

$$\lim_{t\to\infty}f(t) = \lim_{s\to 0}sF(s)$$

证 根据拉氏变换的微分性质

$$\mathscr{L}[f'(t)] = sF(s) - f(0_-)$$

或

$$sF(s) = \mathscr{L}[f'(t)] + f(0_-) = \int_{0_-}^{\infty} f'(t)\mathrm{e}^{-st}\mathrm{d}t + f(0_-)$$

对上式两边取极限

$$\lim_{s\to 0}sF(s) = \int_{0_-}^{\infty} f'(t)\mathrm{d}t + f(0_-) = f(t)\Big|_{0_-}^{\infty} + f(0_-) = \lim_{t\to\infty}f(t)$$

7. 初值定理

设函数 $f(t)$及其导数 $f'(t)$均符合拉氏变换的条件，令 $\mathscr{L}[f(t)]=F(s)$，如果极限$\lim\limits_{s\to\infty}sF(s)$存在，则

$$\lim_{t\to 0_+} f(t) = \lim_{s\to\infty}sF(s)$$

证明从略。

终值定理与初值定理可用在拉氏反变换前，以校验所得的象函数是否正确。

例 12-7 用拉氏变换法求电容器 C 对电阻 R 放电电路中，电容电压 u_C 的过渡过程。并根据终值定理和初值定理校验其原函数的终值和初值。

解 (1) 由前面的知识可知，电容对电阻放电电路的微分方程为

$$RC\frac{\mathrm{d}u_C}{\mathrm{d}t} + u_C = 0$$

设 $u_C(t)$的象函数为 $U_C(s)$，其初始值为 $u_C(0_-)=U_0$，将方程两边进行拉氏变换，则有

$$\mathscr{L}\left[RC\frac{\mathrm{d}u_C}{\mathrm{d}t} + u_C\right] = 0$$

$$RC\mathscr{L}\left[\frac{\mathrm{d}u_C}{\mathrm{d}t}\right] + \mathscr{L}[u_C] = 0$$

$$RC[sU_C(s) - U_0] + U_C(s) = 0$$

即得

$$U_C(s)\ \frac{RCU_0}{RCs+1} = \frac{U_0}{s+\frac{1}{RC}}$$

查本节后面常用函数的拉氏变换表 12-1 可知其原函数为

$$u_C(t) = U_0\mathrm{e}^{-\frac{1}{RC}t}$$

(2) 终值

$$\lim_{t\to\infty} u_C(t) = \lim_{s\to 0} s\frac{U_0}{s+\frac{1}{RC}} = 0$$

(3) 初值

$$\lim_{t\to 0_+} u_C(t) = \lim_{s\to\infty} s\frac{U_0}{s+\frac{1}{RC}} = U_0$$

结果与已知的终值和初值均相符合。

根据以上介绍的拉氏变换的定义及其基本性质,可以方便地求得一些常用的时间函数的象函数,表 12-1 为常用函数的拉氏变换表。

表 12-1

原函数 $f(t)$	象函数 $F(s)$	原函数 $f(t)$	象函数 $F(s)$
$A\delta(t)$	A	$\mathrm{e}^{-at}\cos(\omega t)$	$\frac{s+a}{(s+a)^2+\omega^2}$
$A\varepsilon(t)$	$\frac{A}{s}$	$t\mathrm{e}^{-at}$	$\frac{1}{(s+a)^2}$
$A\mathrm{e}^{-at}$	$\frac{A}{s+a}$	t	$\frac{1}{s^2}$
$1-\mathrm{e}^{-at}$	$\frac{a}{s(s+a)}$	$\sin(at)$	$\frac{a}{s^2-a^2}$
$\sin(\omega t)$	$\frac{\omega}{s^2+\omega^2}$	$\cos(at)$	$\frac{s}{s^2-a^2}$
$\cos(\omega t)$	$\frac{s}{s^2+\omega^2}$	$(1-at)\mathrm{e}^{1-at}$	$\frac{s}{(s+a)^2}$
$\sin(\omega t+\phi)$	$\frac{s\sin\phi+\omega\cos\phi}{s^2+\omega^2}$	$\frac{1}{2}t^2$	$\frac{1}{s^3}$
$\cos(\omega t+\phi)$	$\frac{s\cos\phi-\omega\sin\phi}{s^2+\omega^2}$	$\frac{1}{n!}t^n$	$\frac{1}{s^n+1}$
$\mathrm{e}^{-at}\sin\omega t$	$\frac{\omega}{(s+a)^2+\omega^2}$	$\frac{1}{n!}t^n\mathrm{e}^{-at}$	$\frac{1}{(s+a)^{n+1}}$

12.2 拉普拉斯反变换的部分分式展开

用拉氏变换求解线性电路的时域响应时，需要把响应的象函数 $F(s)$通过拉氏反变换式变换为时间函数 $f(t)$。拉氏反变换可以用式(12-4)求得，但涉及到计算一个复变函数的积分，一般比较复杂。实际中求拉氏反变换最简单的方法是利用拉氏变换表直接查出给定象函数的原函数。对于不能从表中查出原函数的情况，可以把象函数分解为若干较简单的、能够从表中查出原函数的项，然后计算各项原函数之和，即为所求原函数。

电路理论中常见的象函数 $F(s)$往往可表示为 s 的有理分式，即分子和分母都是 s 的多项式，其表达式为

$$F(s)=\frac{N(s)}{D(s)}=\frac{a_0s^m+a_1s^{m-1}+\cdots+a_m}{b_0s^n+b_1s^{n-1}+\cdots+b_n} \tag{12-5}$$

式中 m 和 n 为正整数，且 $n\geqslant m$。

把 $F(s)$分解成若干简单项之和，而这些简单项都可以在拉氏变换表中找到其对应的原函数，这种方法称为部分分式展开法，或称为分解定理。

用部分分式展开有理分式 $F(s)$时，首先需要把有理分式化为真分式。若 $n>m$，则 $F(s)$即为真分式。若 $n=m$，则

$$F(s)=A+\frac{N_0(s)}{D(s)}$$

式中 A 是一个常数，其对应的时间函数为 $A\delta(t)$。余项$\frac{N_0(s)}{D(s)}$是真分式。

用部分分式展开真分式时，需要对其分母多项式作因式分解，求出 $D(s)=0$ 的根。$D(s)=0$ 的根可以是实数单根，共轭复根和重根。下面就这些根的不同情况分别讨论 $F(s)$的展开。

1. 实数单根

如果 $D(s)=0$ 有 n 个实数单根，分别为 $p_1,p_2,\cdots,p_n$。则 $F(s)$可以展开为

$$F(s)=\frac{K_1}{s-p_1}+\frac{K_2}{s-p_2}+\cdots+\frac{K_n}{s-p_n} \tag{12-6}$$

式中 $K_1,K_2,\cdots,K_n$ 是待定系数。将上式两边乘以$(s-p_1)$，得

$$(s-p_1)F(s)=K_1+(s-p_1)\left(\frac{K_2}{s-p_2}+\cdots+\frac{K_n}{s-p_n}\right)$$

令 $s=p_1$，则等式右边除第一项外都变为零，这样求得

$$K_1=[(s-p_1)F(s)]_{s=p_1}$$

同理可求得 $K_2,K_3,\cdots,K_n$。由此可得确定式(12-6)中各待定系数的公式为

$$K_i=[(s-p_i)F(s)]_{s=p_i}\qquad i=1,2,\cdots,n \tag{12-7}$$

由于 $F(s)=\frac{N(s)}{D(s)}$，所以

$$K_i=[(s-p_i)F(s)]_{s=p_i}=(p_i-p_i)\frac{N(p_i)}{D(p_i)}$$

因为 p_i 是 $D(s)=0$ 的一个根，故上面关于 K_i 的表达式为$\frac{0}{0}$的不定式，可以用求极限值的方法确定 K_i 的值，即

$$K_i=\lim_{s\to p_i}\frac{(s-p_i)N(s)}{D(s)}=\lim_{s\to p_i}\frac{(s-p_i)N'(s)+N(s)}{D'(s)}=\frac{N(p_i)}{D'(p_i)}$$

这样，便得到确定式(12-6)中各待定系数的另一公式为

$$K_i=\frac{N(p_i)}{D'(p_i)}=\left.\frac{N(s)}{D'(s)}\right|_{s=p_i}\qquad i=1,2,\cdots,n \tag{12-8}$$

确定了式(12-6)中各待定系数后，相应的原函数为

$$f(t)=L^{-1}[F(s)]=\sum_{i=1}^{n}K_i e^{p_i t}=\sum_{i=1}^{n}\frac{N(p_i)}{D'(p_i)}e^{p_i t}$$

例 12-8 已知象函数 $F(s)=\frac{2s+1}{s^3+7s^2+10s}$，求其对应的原函数 $f(t)$。

解

$$F(s)=\frac{2s+1}{s^3+7s^2+10s}=\frac{2s+1}{s(s+2)(s+5)}$$

可知分母多项式 $D(s)=0$ 的根为

$$p_1=0,\qquad p_2=-2,\qquad p_3=-5$$

$$D'(s)=3s^2+14s+10$$

根据式(12-8)确定各系数

$$K_1=\left.\frac{N(s)}{D'(s)}\right|_{s=p_1}=\left.\frac{2s+1}{3s^2+14s+10}\right|_{s=0}=0.1$$

同理求得

$$K_2=0.5,\qquad K_3=-0.6$$

故得所求原函数为

$$f(t)=0.1e^{0t}+0.5e^{-2t}-0.6e^{-5t}=0.1+0.5e^{-2t}-0.6e^{-5t}$$

2. 共轭复根

设 $D(s)=0$ 具有共轭复根 $p_1=a+j\omega$，$p_2=a-j\omega$。因为复数根也属于一种单根，它们也可用式(12-7)或式(12-8)确定系数 K_i，即

$$K_1=[(s-a-j\omega)F(s)]_{s=a+j\omega}=\left.\frac{N(s)}{D'(s)}\right|_{s=a+j\omega}$$

$$K_2=[(s-a+j\omega)F(s)]_{s=a-j\omega}=\left.\frac{N(s)}{D'(s)}\right|_{s=a-j\omega}$$

由于 $F(s)$是两个实系数多项式之比，所以 K_1、K_2 为共轭复数。设 $K_1=|K_1|e^{j\theta_1}$，则

$K_2=|K_1|e^{-j\theta_1}$，于是在 $F(s)$ 的展开式中，将包含如下两项，即

$$\frac{|K_1|e^{j\theta_1}}{s-a-j\omega}+\frac{|K_1|e^{-j\theta_1}}{s-a+j\omega}$$

其所对应的原函数可以从拉氏变换表中查得。

如果 $D(s)=0$ 仅含一对共轭复根，则有

$$\begin{aligned}f(t)&=K_1e^{(a+j\omega)t}+K_2e^{(a-j\omega)t}=|K_1|e^{j\theta_1}e^{(a+j\omega)t}+|K_1|e^{-j\theta_1}e^{(a-j\omega)t}\\&=|K_1|e^{at}[e^{j(\omega t+\theta_1)}+e^{-j(\omega t+\theta_1)}]=2|K_1|e^{at}\cos(\omega t+\theta_1)\end{aligned} \tag{12-9}$$

式中 a 为共轭复根的实部，ω 为共轭复根的虚部（取绝对值），θ_1 为 K_1 的辐角。

例 12-9 求象函数 $F(s)=\dfrac{s+3}{s^2+2s+5}$ 的原函数 $f(t)$。

解 $D(s)=0$ 仅含一对共轭复根，即

$$p_1=-1+j2,\qquad p_2=-1-j2$$

则

$$K_1=\frac{N(s)}{D'(s)}\bigg|_{s=p_1}=\frac{s+3}{2s+2}\bigg|_{s=-1+j2}=0.5-j0.5=0.5\sqrt{2}e^{-j\frac{\pi}{4}}$$

$$K_2=|K_1|e^{-j\theta_1}=0.5\sqrt{2}e^{j\frac{\pi}{4}}$$

由式(12-9)并考虑到 $a=-1,\omega=2,\theta_1=-\dfrac{\pi}{4}$，故得

$$f(t)=2|K_1|e^{-t}\cos\left(2t-\frac{\pi}{4}\right)=\sqrt{2}e^{-t}\cos\left(2t-\frac{\pi}{4}\right)$$

3. 重根

当 $D(s)=0$ 具有 n 重根时，其部分分式将有所不同，应含有 $(s-p_1)^n$ 的因式。现设 $D(s)$ 中含有 $(s-p_1)^3$ 的因式，p_1 为 $D(s)=0$ 的三重根，其余为单根。对这类 $F(s)$ 进行分解时，其展开式可写成

$$F(s)=\frac{K_{11}}{(s-p_1)^3}+\frac{K_{12}}{(s-p_1)^2}+\frac{K_{13}}{(s-p_1)}+\sum_{i=2}\frac{K_i}{(s-p_i)} \tag{12-10}$$

式中作和项 $\sum\limits_{i=2}\dfrac{K_i}{(s-p_i)}$ 为其余单根项。对于单根，仍然用 $K_i=\dfrac{N(s)}{D'(s)}\bigg|_{s=p_i}$ 公式计算。现在的问题是如何确定 K_{11}、K_{12}、K_{13}。

若把式(12-10)两边都乘以 $(s-p_1)^3$，则 K_{11} 被单独分离出来，即

$$\begin{aligned}&(s-p_1)^3F(s)\\&=K_{11}+K_{12}(s-p_1)+K_{13}(s-p_1)^2+(s-p_1)^3\sum_{i=2}\frac{K_i}{(s-p_i)}\end{aligned} \tag{12-11}$$

则

$$K_{11}=(s-p_1)^3F(s)|_{s=p_1}$$

再将式(12-11)两边对 s 求导一次，并令 $s=p_1$，则 K_{12} 被分离出来，即

$$K_{12}=\frac{d}{ds}[(s-p_1)^3F(s)]\bigg|_{s=p_1}$$

采用同样的方法可得

$$K_{13}=\frac{1}{2!}\frac{\mathrm{d}^2}{\mathrm{d}s^2}[(s-p_1)^3F(s)]\Big|_{s=p_1}$$

从以上分析过程可以推论，当 $D(s)=0$ 具有 m 阶重根，其余为单根时，$F(s)$的分解式为

$$F(s)=\frac{K_{11}}{(s-p_1)^m}+\frac{K_{12}}{(s-p_1)^{m-1}}+\cdots+\frac{K_{1m}}{(s-p_1)}+\sum_{i=2}\frac{K_i}{(s-p_i)}$$

式中

$$K_{11}=(s-p_1)^mF(s)|_{s=p_1}$$

$$K_{12}=\frac{\mathrm{d}}{\mathrm{d}s}[(s-p_1)^mF(s)]\Big|_{s=p_1}$$

$$K_{13}=\frac{1}{2!}\frac{\mathrm{d}^2}{\mathrm{d}s^2}[(s-p_1)^mF(s)]\Big|_{s=p_1}$$

$$\vdots$$

$$K_{1m}=\frac{1}{(m-1)!}\frac{\mathrm{d}^{m-1}}{\mathrm{d}s^{m-1}}[(s-p_1)^mF(s)]\Big|_{s=p_1} \tag{12-12}$$

例 12-10 求 $F(s)=\dfrac{s+2}{(s+1)^2(s+3)}$的原函数 $f(t)$。

解 $F(s)$的分母 $D(s)=0$ 既包含有重根又含有单根。其中 $p_1=-1$ 为二重根，$p_2=-3$ 为单根。此时 $F(s)$的展开式为

$$F(s)=\frac{K_{11}}{(s+1)^2}+\frac{K_{12}}{s+1}+\frac{K_2}{s+3}$$

以$(s+1)^2$ 乘以 $F(s)$，得

$$(s+1)^2F(s)=\frac{s+2}{s+3}$$

由式(12-12)可得

$$K_{11}=[(s+1)^2F(s)]|_{s=-1}=\frac{s+2}{s+3}\Big|_{s=-1}=\frac{1}{2}$$

$$K_{12}=\frac{\mathrm{d}}{\mathrm{d}s}[(s+1)^2F(s)]\Big|_{s=-1}=\frac{(s+3)-(s+2)}{(s+3)^2}\Big|_{s=-1}=\frac{1}{4}$$

K_2 由式(12-7)可得

$$K_2=[(s-p_2)F(s)]|_{s=p_2}=\left[(s+3)\frac{s+2}{(s+1)^2(s+3)}\right]\Big|_{s=-3}=-\frac{1}{4}$$

所以

$$F(s)=\frac{\frac{1}{2}}{(s+1)^2}+\frac{\frac{1}{4}}{s+1}+\frac{-\frac{1}{4}}{s+3}$$

查拉氏变换表 12-1 可得其相应的原函数为

$$f(t)=\mathscr{L}^{-1}[F(s)]=\frac{1}{2}t\mathrm{e}^{-t}+\frac{1}{4}\mathrm{e}^{-t}-\frac{1}{4}\mathrm{e}^{-3t}$$

12.3 运算电路

所谓运算电路,是一种与给定电路相对应的复频域形式的等效电路,现介绍如下。

12.3.1 电路元件伏安关系的复频域形式及其运算电路

1. 电阻元件

图 12-1(a)所示为线性电阻元件的时域电路,其时域伏安关系为

$$u(t)=Ri(t)$$

对上式两边求拉氏变换,即得其复频域伏安关系为

$$U(s)=RI(s) \tag{12-13}$$

式(12-13)表明了电阻元件的电压与电流的象函数关系,其相应的复频域电路模型如图 12-1(b)所示,称为电阻 R 的运算电路。

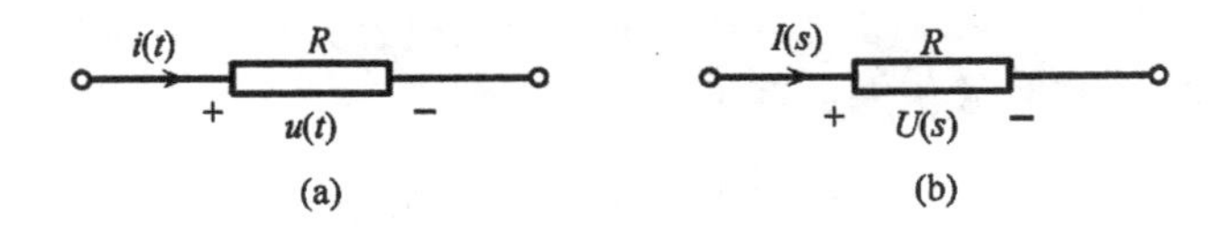

图 12-1

2. 电感元件

图 12-2(a)所示为电感元件的时域电路,设电感的初始电流为 $i(0_-)$,则其时域伏安关系为

$$u(t)=L\frac{\mathrm{d}i(t)}{\mathrm{d}t}$$

对上式取拉氏变换,并根据拉氏变换的微分性质可得其复频域伏安关系为

$$\mathscr{L}[u(t)]=\mathscr{L}\left[L\frac{\mathrm{d}i(t)}{\mathrm{d}t}\right]$$

即

$$U(s)=sLI(s)-Li(0_-) \tag{12-14a}$$

式中 sL 称为电感 L 的运算阻抗(或复频域阻抗),$i(0_-)$表示电感中的初始电流。由式(12-14a)可画出相应的复频域电路模型如图 12-2(b)所示,称为电感 L 的运算电路,其中 $Li(0_-)$体现了初始储能的作用,相当于一个电压源,称为附加电压源。它的负极至正极的方向与初始电流 $i(0_-)$的方向一致。

还可以把式(12-14a)改写为

$$I(s)=\frac{1}{sL}U(s)+\frac{i(0_-)}{s} \tag{12-14b}$$

由此可得出图 12-2(c)所示的 L 运算电路，其中$\frac{1}{sL}$为电感的运算导纳，$\frac{i(0_-)}{s}$表示附加电流源的电流。

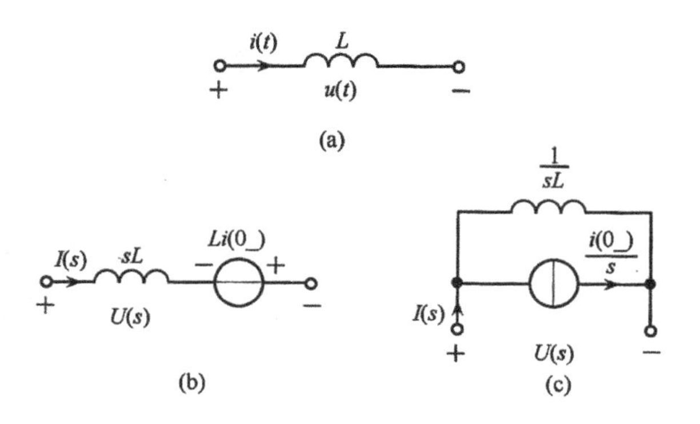

图 12-2

3. 电容元件

类似电感元件的讨论，对图 12-3(a)所示线性电容元件的时域电路，设电容的初始电压为 $u(0_-)$，其时域伏安关系为

$$u(t)=\frac{1}{C}\int_{0_-}^{t}i(t)\mathrm{d}t+u(0_-)$$

对上式取拉氏变换并根据拉氏变换的积分性质可得

$$\left.\begin{aligned}U(s)&=\frac{1}{sC}I(s)+\frac{u(0_-)}{s}\\I(s)&=sCU(s)-Cu(0_-)\end{aligned}\right\} \tag{12-15}$$

由式(12-15)可以分别得出图 12-3(b)、(c)所示的运算电路，其中$\frac{1}{sC}$和 sC 分别为电容 C 的运算阻抗和运算导纳，$\frac{u(0_-)}{s}$和 $Cu(0_-)$分别为反映电容初始电压的附加电压源的电压和附加电流源的电流。附加电压源的极性与初始电压 $u(0_-)$的极性相同。

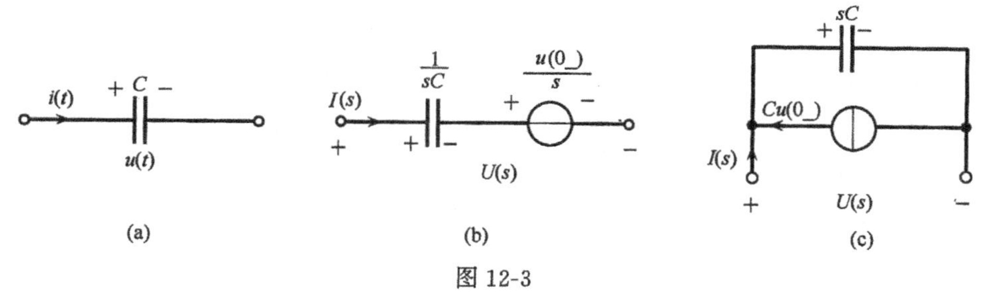

图 12-3

4. 耦合电感元件

对两个耦合电感，运算电路中应包括由于互感引起的附加电源。如图 12-4(a)所示为耦合电感元件的时域电路，其时域伏安关系为

$$u_1(t) = L_1\frac{\mathrm{d}i_1(t)}{\mathrm{d}t} + M\frac{\mathrm{d}i_2(t)}{\mathrm{d}t}$$

$$u_2(t) = L_2\frac{\mathrm{d}i_2(t)}{\mathrm{d}t} + M\frac{\mathrm{d}i_1(t)}{\mathrm{d}t}$$

对上式求拉氏变换，并根据拉氏变换的微分性质，即得其复频域伏安关系为

$$\begin{aligned} U_1(s) &= sL_1I_1(s) - L_1i_1(0_-) + sMI_2(s) - Mi_2(0_-) \\ U_2(s) &= sL_2I_2(s) - L_2i_2(0_-) + sMI_1(s) - Mi_1(0_-) \end{aligned} \tag{12-16}$$

式中 sM 称为互感运算阻抗(或复频域互感抗)，$Mi_1(0_-)$和 $Mi_2(0_-)$都是附加的电压源，附加电压源的方向与电流 i_1、i_2 的参考方向有关。图 12-4(b)为具有耦合电感的运算电路。

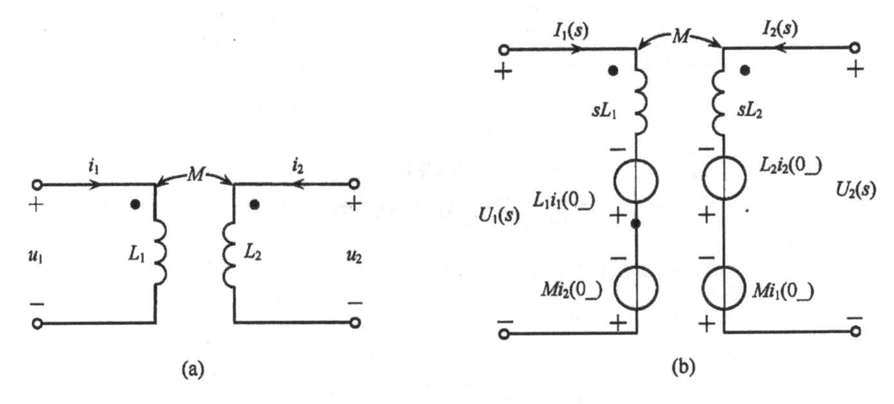

图 12-4

需要指出，耦合电感同名端的位置改变或电流的参考方向改变，则附加电压源 $Mi_1(0_-)$、$Mi_2(0_-)$前面的“+”、“−”也应当做相应的改变。

12.3.2 基尔霍夫定律的复频域形式(运算形式)

1. KCL

对电路的任一节点，有

$$\sum i(t) = 0$$

对上式两边求拉氏变换，即得

$$\sum I(s) = 0$$

上式称为运算形式的 KCL，它说明电路中连接在任一节点的各支路电流象函数的代数和为零。

2. KVL

对电路的任一回路，有

$$\sum u(t) = 0$$

对上式两边求拉氏变换，即得

$$\sum U(s) = 0$$

上式称为运算形式的KVL，它说明电路中任一回路的各支路电压象函数的代数和为零。

12.3.3 欧姆定律的复频域形式(运算形式)

图12-5(a)所示为RLC串联电路。设电源电压为$u(t)$，电感中的初始电流为$i(0_-)$，电容上的初始电压为$u_C(0_-)$。如果用运算电路表示，则可以得出图12-5(b)所示的运算电路。

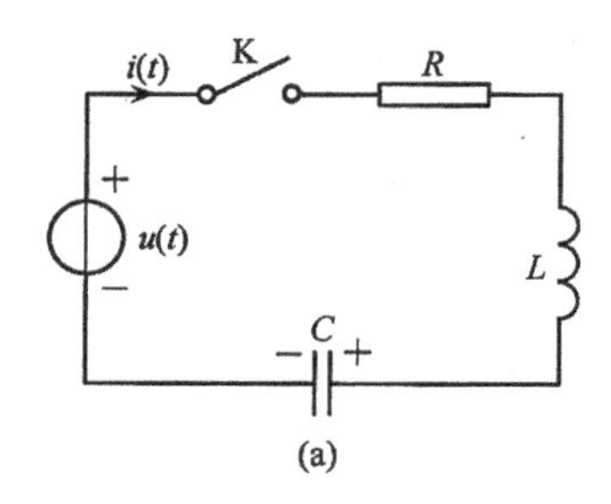

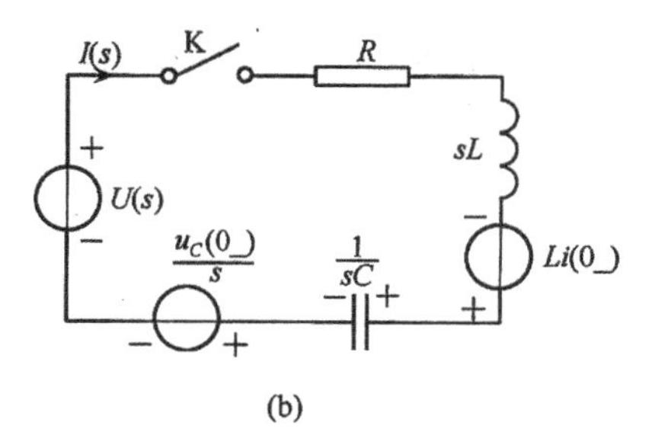

图 12-5

根据运算形式的KVL可得电路的复频域方程为

$$RI(s) + sLI(s) - Li(0_-) + \frac{1}{sC}I(s) + \frac{u_C(0_-)}{s} = U(s)$$

即

$$\left(R + sL + \frac{1}{sC}\right)I(s) = U(s) + Li(0_-) - \frac{u_C(0_-)}{s}$$

当已知$U(s)$、电路各参数以及初始值$i(0_-)$和$u_C(0_-)$时，可由上式直接求出电流$I(s)$，继而由拉氏反变换求出$i(t)=\mathscr{L}^{-1}[I(s)]$，而不必列写电路的微分方程，也不必再单独考虑初始值的影响。这种处理初始值的方法可以避免时域分析中确定积分常数带来的麻烦。这正是复频域分析的一大优点。

在初始值均为零，即零状态时，上式化为

$$\left(R + sL + \frac{1}{sC}\right)I(s) = U(s)$$

或

$$Z(s)I(s) = U(s)$$

式中$Z(s)=R+sL+\frac{1}{sC}$，称为RLC串联电路的运算阻抗。上式即为运算形式的欧姆定律。

12.4 线性电路的复频域分析法

复频域分析法(运算法)与相量法的基本思想类似。相量法是把正弦量变换成相量(复数),从而把求解线性电路的正弦稳态问题归结为求解以相量为变量的线性代数方程;运算法则是把时间函数变换为对应的象函数,从而把问题归结为求解以象函数为变量的线性代数方程。

当电路的所有独立初始条件为零时,电路元件 VCR 的相量形式与运算形式是类似的,而且电路 KCL、KVL 的相量形式与运算形式也是类似的。虽然两种方程具有不同的意义,但两者在形式上的类似说明拉氏变换揭示了存在于电路中的时域特性与正弦稳态特性之间的紧密内在联系。因此以前导出的各种电路分析方法和定理,如网孔法、节点法、叠加原理、戴维南定理等在形式上完全可以移用于电路的复频域分析法(运算法)。

用复频域分析法计算全响应的一般步骤如下:

(1) 按各电容元件的 $u_C(0_-)$值和各电感元件的 $i_L(0_-)$值及各外施激励的象函数,作出给定电路的运算电路;

(2) 对运算电路,仿照计算电阻电路的各种方法,求出响应的象函数;

(3) 将响应的象函数用拉氏反变换化为原函数。

例 12-11 本例图(a)所示电路原已处于稳态。当 $t=0$ 时开关 K 闭合,试用运算法求解电流 $i_1(t)$。

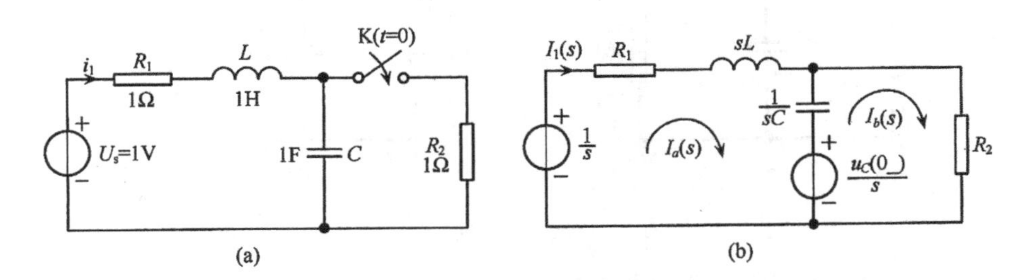

例 12-11 图

解 首先求激励 U_s 的象函数

$$\mathscr{L}[U_s]=\mathscr{L}[1]=\frac{1}{s}$$

因为开关 K 闭合前电路已处于稳态,所以电感电流 $i_L(0_-)=0$,电容电压 $u_C(0_-)=$ 1V,该电路的运算电路如本例图(b)所示。

应用回路电流法求解,设回路电流为 $I_a(s)$和 $I_b(s)$,方向如图所示,可列写回路方程如下

$$\left(R_1 + sL + \frac{1}{sC}\right)I_a(s) - \frac{1}{sC}I_b(s) = \frac{1}{s} - \frac{u_C(0_-)}{s}$$

$$-\frac{1}{sC}I_a(s) + \left(R_2 + \frac{1}{sC}\right)I_b(s) = \frac{u_C(0_-)}{s}$$

代入已知数据得

$$\left(1 + s + \frac{1}{s}\right)I_a(s) - \frac{1}{s}I_b(s) = 0$$

$$-\frac{1}{s}I_a(s) + \left(1 + \frac{1}{s}\right)I_b(s) = \frac{1}{s}$$

联立以上二式解得

$$I_1(s) = I_a(s) = \frac{1}{s(s^2 + 2s + 2)}$$

求其拉氏反变换可得

$$\mathscr{L}^{-1}[I_1(s)] = \frac{1}{2}(1 + \mathrm{e}^{-t}\cos t - \mathrm{e}^{-t}\sin t)$$

所以

$$i_1(t) = \frac{1}{2}(1 + \mathrm{e}^{-t}\cos t - \mathrm{e}^{-t}\sin t)\mathrm{A}$$

例 12-12 本例图(a)所示为 RC 并联电路,激励为电流源 $i_s(t)$。试分别求 $i_s(t)=\varepsilon(t)\mathrm{A}$ 和 $i_s(t)=\delta(t)\mathrm{A}$ 时电路的响应 $u(t)$。

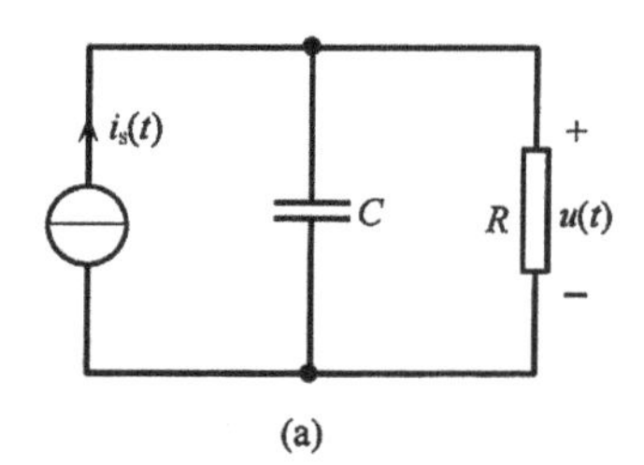

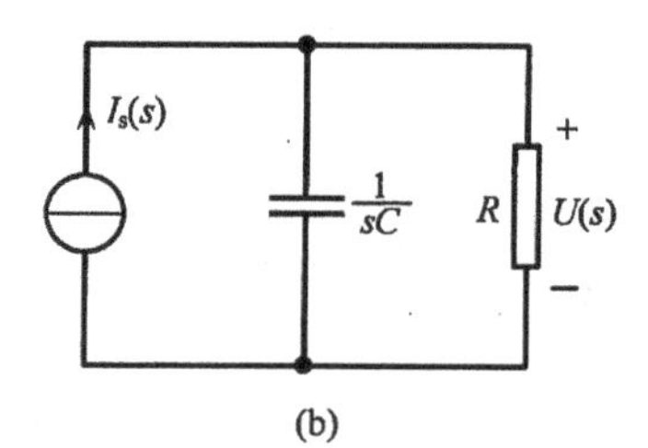

例 12-12 图

解 该电路的运算电路如本例图(b)所示。

(1) 当 $i_s(t)=\varepsilon(t)\mathrm{A}$ 时

$$I_s(s) = \mathscr{L}[i_s(t)] = \mathscr{L}[\varepsilon(t)] = \frac{1}{s}$$

$$U_s(s) = Z(s)I_s(s) = \frac{R \times \frac{1}{sC}}{R + \frac{1}{sC}} \times \frac{1}{s} = \frac{1}{sC\left(s + \frac{1}{RC}\right)} = \frac{R}{s} - \frac{1}{s + \frac{1}{RC}}$$

其拉氏反变换为

$$u(t) = \mathscr{L}^{-1}[U(s)] = R(1 - \mathrm{e}^{-\frac{1}{RC}t})\varepsilon(t)\mathrm{V}$$

(2) 当 $i_s(t)=\delta(t)$A 时

$$I_s(s)=\mathscr{L}[i_s(t)]=\mathscr{L}[\delta(t)]=1\text{A}$$

$$U_s(s)=Z(s)I_s(s)=\frac{R\cdot\frac{1}{sC}}{R+\frac{1}{sC}}=\frac{1}{C\left(s+\frac{1}{RC}\right)}$$

其拉氏反变换为

$$u(t)=\mathscr{L}^{-1}[U_s(s)]=\frac{1}{C}\mathrm{e}^{-\frac{1}{RC}t}\varepsilon(t)\text{V}$$

上述结果即分别为 RC 并联电路的阶跃响应和冲激响应。可见用拉氏变换法求得的结果与第 8 章的结果相同。

例 12-13 一电路如本例图(a)所示，试求在单位冲激电压激励下的零状态响应 $u_L(t)$和 $i_L(t)$。

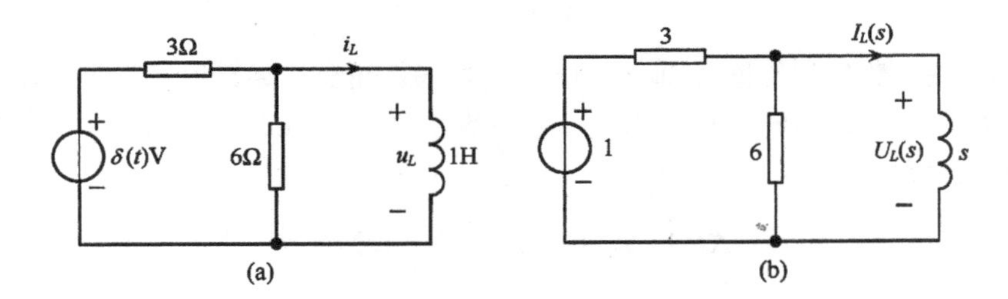

例 12-13 图

解 该电路的运算电路如本例图(b)所示。由节点法可列写以下节点方程

$$\left(\frac{1}{3}+\frac{1}{6}+\frac{1}{s}\right)U_L(s)=\frac{1}{3}\times 1$$

$$\left(\frac{1}{2}+\frac{1}{s}\right)U_L(s)=\frac{1}{3}$$

即

$$U_L(s)=\frac{\frac{2}{3}s}{s+2}=\frac{\frac{2}{3}(s+2)-\frac{4}{3}}{s+2}=\frac{2}{3}-\frac{\frac{4}{3}}{s+2}$$

其拉氏反变换为

$$u_L(t)=\mathscr{L}^{-1}[U_L(s)]=\frac{2}{3}\delta(t)-\frac{4}{3}\mathrm{e}^{-2t}(\text{V})$$

而

$$I_L(s)=\frac{U_L(s)}{s}=\frac{\frac{2}{3}}{s+2}$$

其拉氏反变换为

$$i_L(t)=\mathscr{L}^{-1}[I_L(s)]=\frac{2}{3}\mathrm{e}^{-2t}\mathrm{A}$$

从上述结果可以看出，用复频域分析法求冲激响应非常简便，这是因为 $\mathscr{L}[\delta(t)]=1$，并且不必像时域分析法那样要确定 $t=0_+$时刻的初始条件。

例 12-14 本例图(a)所示电路中，已知 $R_1=R_2=1\Omega$，$L_1=L_2=0.1\mathrm{H}$，$M=0.05\mathrm{H}$，激励为直流电压 $u_s=1\mathrm{V}$，试求 $t=0$ 时开关闭合后的电流 $i_1(t)$和 $i_2(t)$。

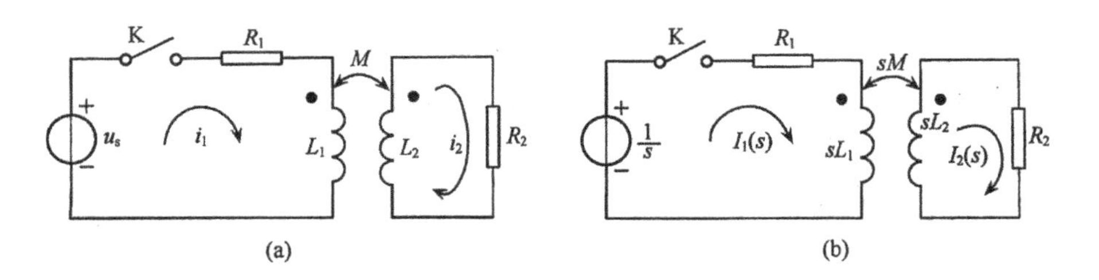

例 12-14 图

解 该电路的初始值 $i_1(0_-)=0$，$i_2(0_-)=0$。相应的运算电路如本例图(b)所示。根据图中标示的同名端和 $I_1(s)$、$I_2(s)$的参考方向，由式(12-16)可列写出以下回路电流方程

$$(R_1+sL_1)I_1(s)-sMI_2(s)=\frac{1}{s}$$

$$(R_2+sL_2)I_2(s)-sMI_1(s)=0$$

代入已知数据，有

$$(1+0.1s)I_1(s)-0.05sI_2(s)=\frac{1}{s}$$

$$(1+0.1s)I_2(s)-0.05sI_1(s)=0$$

联立以上两式解得

$$I_1(s)=\frac{0.1s+1}{s(0.75\times10^{-2}s^2+0.2s+1)}$$

$$I_2(s)=\frac{0.05}{0.75\times10^{-2}s^2+0.2s+1}$$

所以

$$i_1(t)=\mathscr{L}^{-1}[I_1(s)]=1-0.5\mathrm{e}^{-6.67t}-0.5\mathrm{e}^{-20t}(\mathrm{A})$$

$$i_2(t)=\mathscr{L}^{-1}[I_2(s)]=0.5(\mathrm{e}^{-6.67t}-\mathrm{e}^{-20t})(\mathrm{A})$$

例 12-15 本例图(a)所示的电路原先处于零状态，试求激励 $u_s(t)=2\mathrm{e}^{-2t}\mathrm{V}$ 时$(t>0)$的$i(t)$。

解 电路原为零状态，即 $u_C(0_-)=0$，$u_L(0_-)=0$，且 $\mathscr{L}[u_s(t)]=\mathscr{L}[2\mathrm{e}^{-2t}]=\frac{2}{s+2}$，所以可得出本例图(b)所示该电路的运算电路，其等效电路如本例图(c)所

示。

方法一 用网孔法列写如下方程求解。

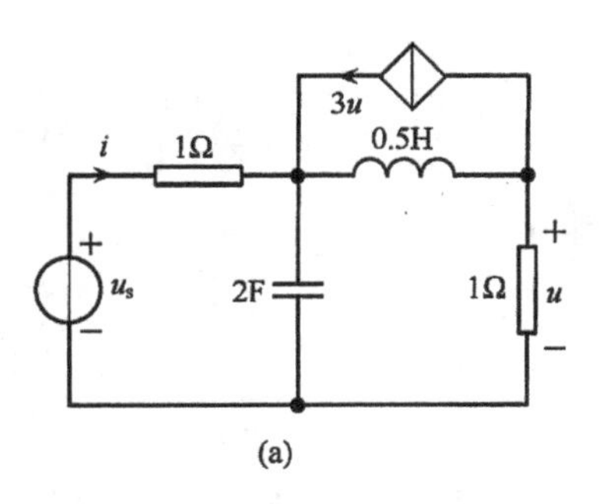

$$\left(1+\frac{1}{2s}\right)I(s)-\frac{1}{2s}I_2(s)=\frac{2}{s+2}$$

$$-\frac{1}{2s}I(s)+\left(\frac{1}{2s}+1+0.5s\right)I_2(s)$$

$$=-1.5sU(s)$$

$$U(s)=1\times I_2(s)$$

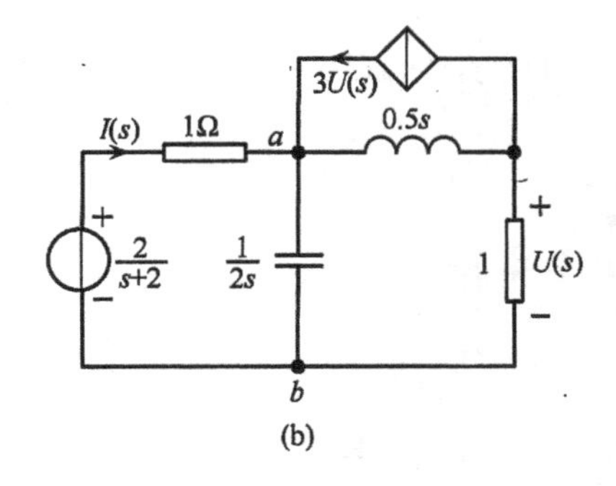

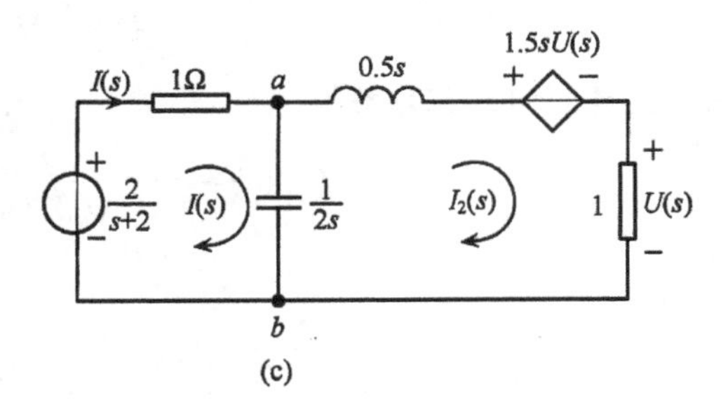

例 12-15 图

整理方程后解得

$$I(s)=\frac{\begin{vmatrix}\frac{2}{s+2} & -\frac{1}{2s}\\ 0 & \left(\frac{1}{2s}+1+2s\right)\end{vmatrix}}{\begin{vmatrix}1+\frac{1}{2s} & -\frac{1}{2s}\\ -\frac{1}{2s} & \left(1+\frac{1}{2s}+2s\right)\end{vmatrix}}=\frac{8s^2+4s+2}{(s+2)(4s^2+4s+2)}$$

$$=\frac{4s^2+2s+1}{(s+2)(2s^2+2s+1)}$$

$$=\frac{2.6}{s+2}+\frac{0.632\angle 161.57^\circ}{s+\frac{1}{2}-\mathrm{j}\frac{1}{2}}+\frac{0.632\angle-161.57^\circ}{s+\frac{1}{2}+\mathrm{j}\frac{1}{2}}$$

故得

$$i(t)=\mathscr{L}^{-1}[I(s)]=2.6\mathrm{e}^{-2t}+2\times 0.632\mathrm{e}^{-\frac{t}{2}}\cos\left(\frac{1}{2}t+161.57^\circ\right)$$

$$=2.6\mathrm{e}^{-2t}+1.264\mathrm{e}^{-\frac{t}{2}}\cos\left(\frac{1}{2}t+161.57^\circ\right)$$

方法二 用节点法列写以下方程求解。

选 b 点为参考节点，可得

$$U_{ab}(s)\left(\frac{1}{1}+2s+\frac{1}{0.5s+1}\right)=\frac{\frac{2}{s+2}}{1}+\frac{1.5sU(s)}{0.5s+1}$$

即

$$U_{ab}(s)=\frac{\frac{2}{s+2}+\frac{1.5sU(s)}{0.5s+1}}{1+2s+\frac{1}{0.5s+1}} \tag{1}$$

又因为受控源作为非独立源对 ab 支路即 $U(s)$ 所在支路电流无影响，故又有

$$U_{ab}(s)=0.5s\times\frac{U(s)}{1}+1.5sU(s)+U(s)=2sU(s)+U(s) \tag{2}$$

联立上述式(1)、(2)，解得

$$U_{ab}(s)=\frac{2(2s+1)}{(s+2)(4s^2+4s+2)}$$

则

$$I(s)=\frac{\frac{2}{s+2}-U_{ab}(s)}{1}=\frac{8s^2+8s+4-4s-2}{(s+2)(4s^2+4s+2)}$$

$$=\frac{4s^2+2s+1}{(s+2)(2s^2+2s+1)}$$

与方法一的结果相同。所以

$$i(t)=\mathscr{L}^{-1}[I(s)]=2.6\mathrm{e}^{-2t}+1.264\mathrm{e}^{-\frac{t}{2}}\cos\left(\frac{1}{2}t+161.57^\circ\right)$$

思 考 题

12-1 写出拉普拉斯变换式与傅里叶变换式，比较二者的不同点。

12-2 写出 $\mathrm{e}^{-at}1(t)$ 的拉氏变换式和傅里叶变换式，再讨论单位阶跃函数 $1(t)$ 的两种变换式。

12-3 试写出正弦函数和余弦函数的拉氏变换式和傅里叶变换式。

12-4 讨论有理分式的部分分式展开，写出不等实根、共轭复根、重根三种情况下的拉氏逆变换。

12-5 推求电感元件和电容元件的运算电路模型(含电压源和含电流源的两种模型)。

12-6 写出运算形式的欧姆定律，为何稳态电路的定理和分析方法亦适用于运算电路，应用时应注意什么？

习 题

12-1 求下列各函数的象函数：

(1) $f(t)=1-\mathrm{e}^{-at}$　　(2) $f(t)=\sin(\omega t+\varphi)$

(3) $f(t)=e^{-at}(1-at)$　(4) $f(t)=\frac{1}{a}(1-e^{-at})$

(5) $f(t)=t^2$　(6) $f(t)=t+2+3\delta(t)$

(7) $f(t)=t\cos(at)$　(8) $f(t)=e^{-at}+at-1$

12-2　求下列各函数的原函数：

(1) $\frac{(s+1)(s+3)}{s(s+2)(s+4)}$　(2) $\frac{2s^2+16}{(s^2+5s+6)(s+12)}$

(3) $\frac{2s^2+9s+9}{s^2+3s+2}$　(4) $\frac{s^3}{(s^2+3s+2)s}$

12-3　求下列各函数的原函数：

(1) $\frac{1}{(s+1)(s+2)^2}$　(2) $\frac{s+1}{s^3+2s^2+2s}$

(3) $\frac{s^2+6s+5}{s(s^2+4s+5)}$　(4) $\frac{s}{(s^2+1)^2}$

12-4　试分别求本题图(a)网络的复频域阻抗和图(b)网络的复频域导纳。

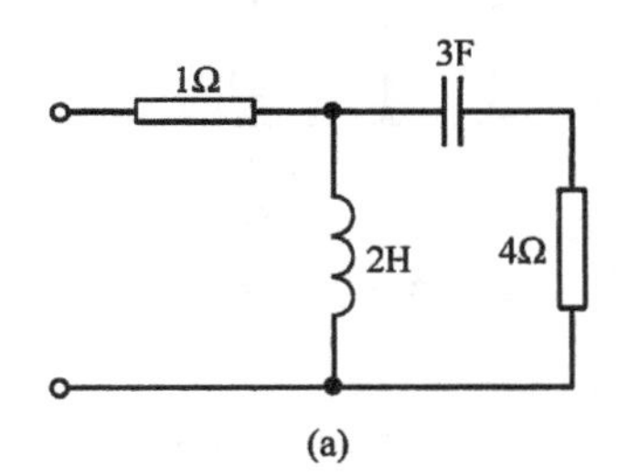

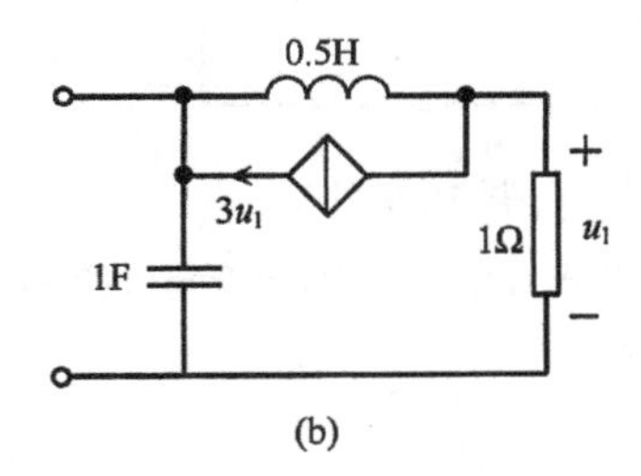

习题 12-4 图

12-5　本题图示电路原处于零状态，$t=0$ 时合上开关 K，试求电流 i_L。

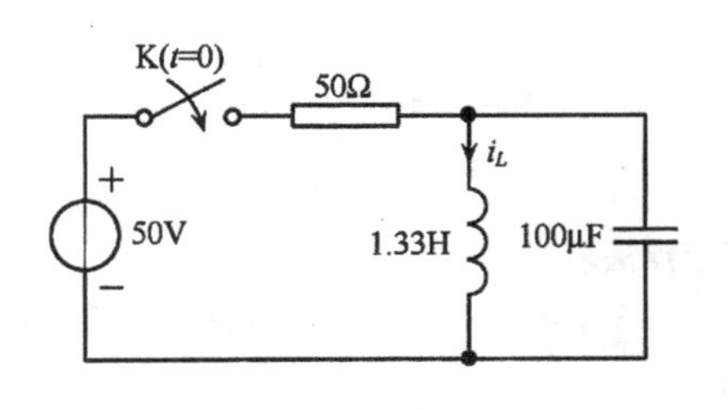

习题 12-5 图

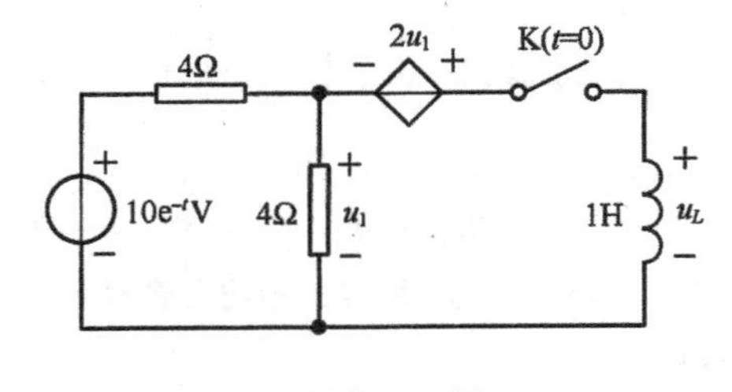

习题 12-6 图

12-6　电路如本题图所示。已知 $i_L(0_-)=0$A，$t=0$ 时将开关 K 闭合，求 $t>0$ 时的 $u_L(t)$。

12-7　本题图示电路在 $t=0$ 时合上开关 K，用运算法求 $i(t)$ 及 $u_C(t)$。

12-8　电路如图所示，$t<0$ 时处于直流稳态。$t=0$ 时将开关 K 断开。求：$t>0$ 时的 $i(t)$ 及 $u_L(t)$；问：开关动作前后电感电流是否跃变？

12-9　如本题所示电路在开关 K 断开之前处于稳态，求开关断开后的电压 $u(t)$。

12-10　本题图示电路中 $i_s=2e^{-t}\varepsilon(t)$A，用运算法求 $U_2(s)$。

12-11　电路如本题图所示，设电容上原有电压 $U_{C0}=100$V，电源电压 $U_s=200$V，$R_1=30\Omega$，$R_2=10\Omega$，$L=0.1$H，$C=1000\mu$F。求 K 合上后电感中的电流 $i_L(t)$。

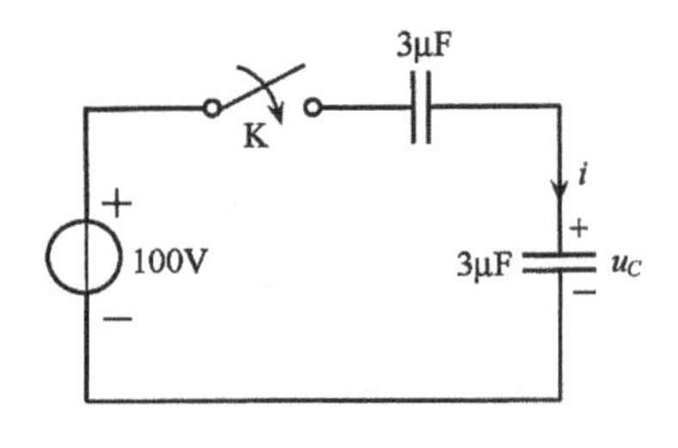

习题 12-7 图

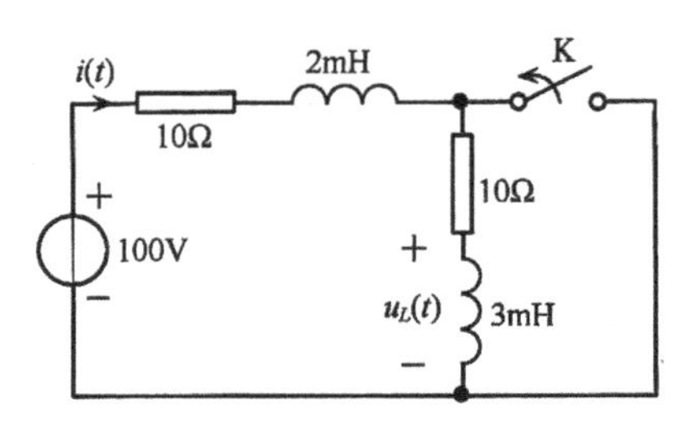

习题 12-8 图

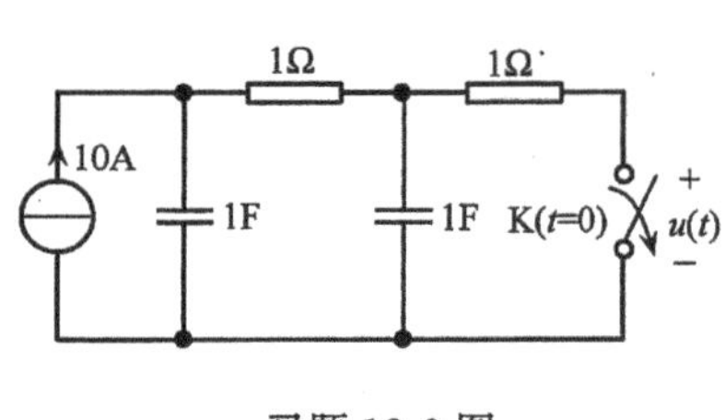

习题 12-9 图

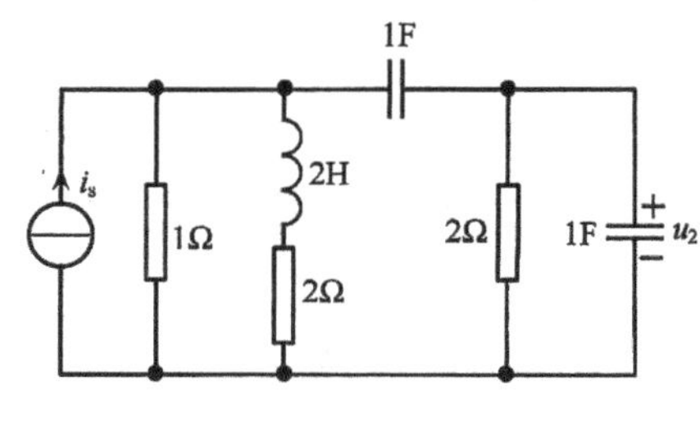

习题 12-10 图

12-12　本题图示电路中 $i_s=2\sin(1000t)$A，$R_1=R_2=20\Omega$，$C=1000\mu$F，$t=0$ 时合上开关 K，用运算法求 $u_C(t)$。

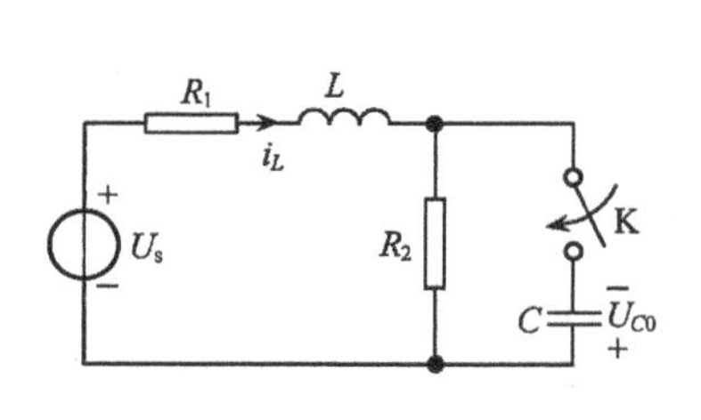

习题 12-11 图

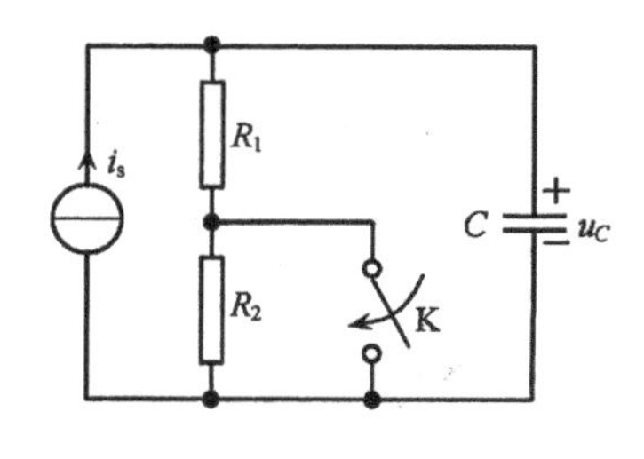

习题 12-12 图

12-13　本题图示电路在 $t=0$ 时合上开关 K，用节点法求 $i(t)$。

12-14　本题图示电路中的电感原无磁场能量，$t=0$ 时，合上开关 K，用运算法求电感中的电流。

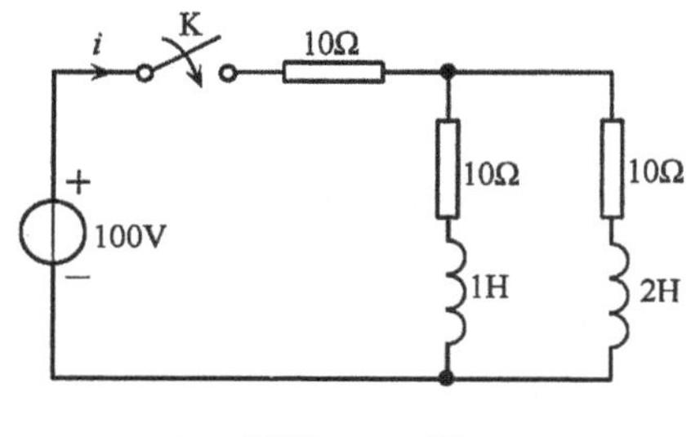

习题 12-13 图

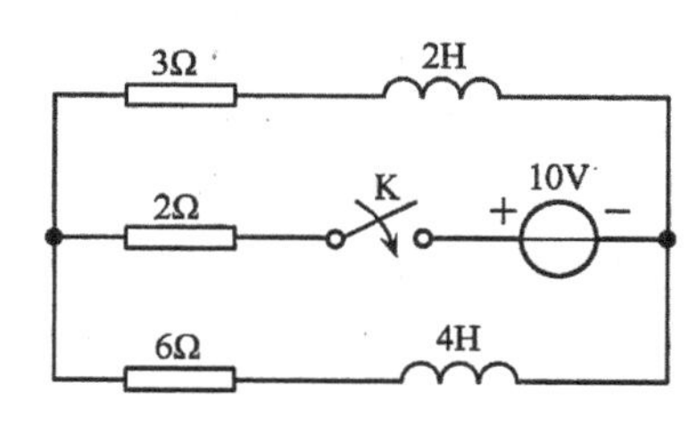

习题 12-14 图

12-15　本题图示各电路在 $t=0$ 时合上开关 K，用运算法求 $i(t)$ 及 $u_C(t)$。

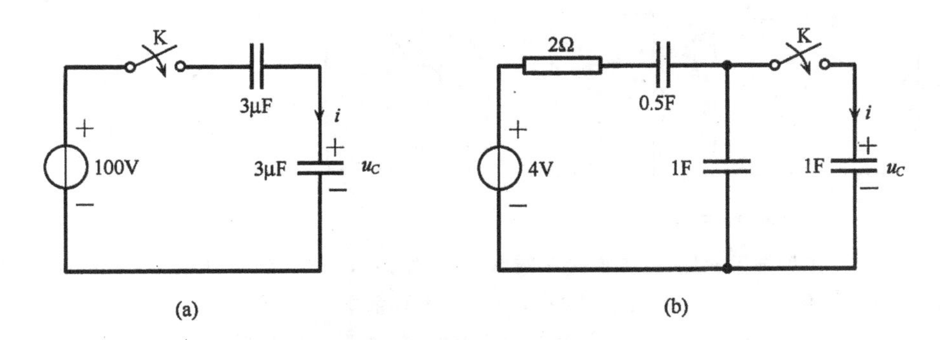

习题 12-15 图

12-16　电路如本题图所示，已知 $u_s(t)=[\varepsilon(t)+\varepsilon(t-1)-2\varepsilon(t-2)]$V，求 $i_L(t)$。

12-17　本题图示电路原先处于零状态，冲激电流源的冲击强度为 $10^{-3}\delta(t)$。求 $u_1(t)$、$u_2(t)$、$i_1(t)$及 $i_2(t)$。根据结果说明 C_1 及 C_2 的充放电过程。

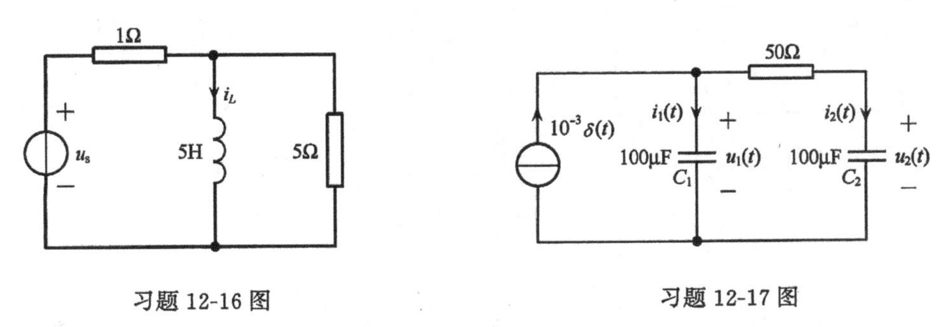

习题 12-16 图

习题 12-17 图

12-18　试分别求本题图示网络中的电流源 $i_s(t)=\delta(t)$A、$i_s(t)=\varepsilon(t)$A 时的 $i(t)$。

12-19　本题图示电路中的储能元件均为零初始值，$u_s(t)=5\varepsilon(t)$V，在下列条件下求$U_1(s)$：(1)$r=-3$；(2)$r=3$。

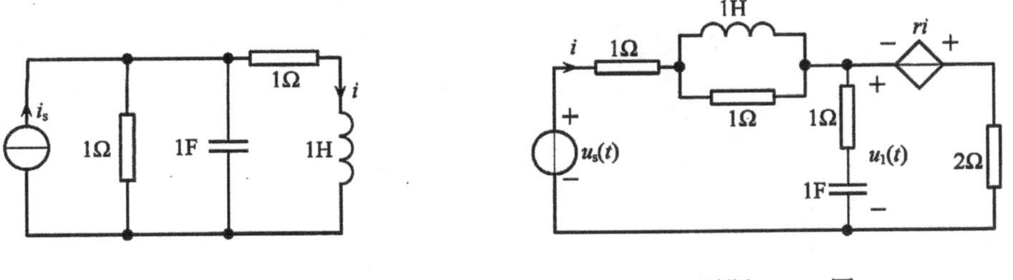

习题 12-18 图

习题 12-19 图

12-20　本题图示电路中，$L_1=1$H，$L_2=4$H，$M=2$H，$R_1=R_2=1\Omega$，$U_s=10$V，电路为零状态。$t=0$ 时合上开关 K。求 i_1 及 i_2。

12-21　用复频域分析法求本题图示电路的零状态响应 $u_0(t)$。已知 $i_s(t)=2e^{-2t}\varepsilon(t)$A。

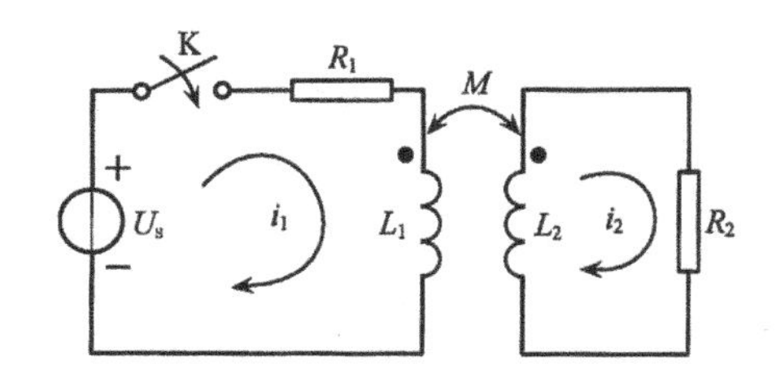

习题 12-20 图

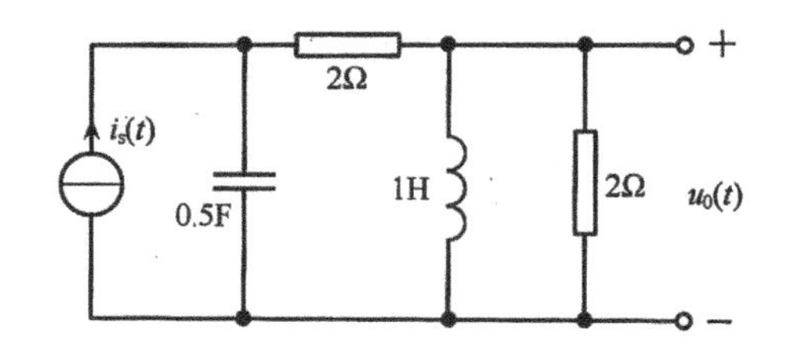

习题 12-21 图

12-22　本题图示电路，$t<0$ 时处于零状态，已知，$R=100\Omega$，$L=0.1\text{H}$，$\omega=2000\text{rad}\cdot\text{s}^{-1}$，$u_s(t)=100\sin(\omega t+60°)\text{V}$。试用复频域分析法求电感中的电流 $i_L(t)$。

12-23　电路如本题图所示，开关K原是闭合的，电路处于稳态。若K在 $t=0$ 时打开，已知 $U_s=2\text{V}$，$L_1=L_2=1\text{H}$，$R_1=R_2=1\Omega$，试求 $t\geqslant0$ 时的 $i_1(t)$ 和 $u_{L_2}(t)$。

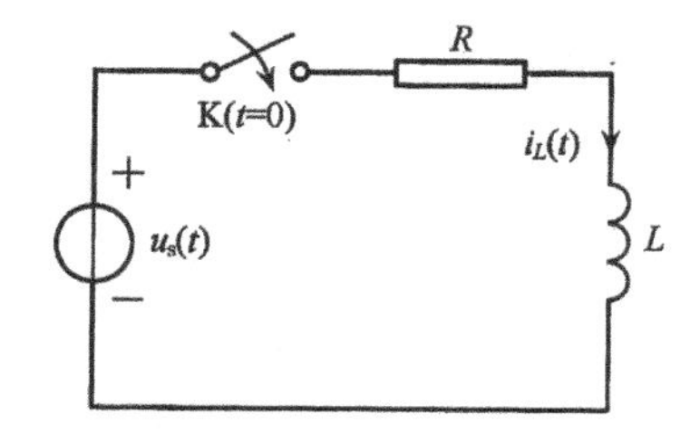

习题 12-22 图

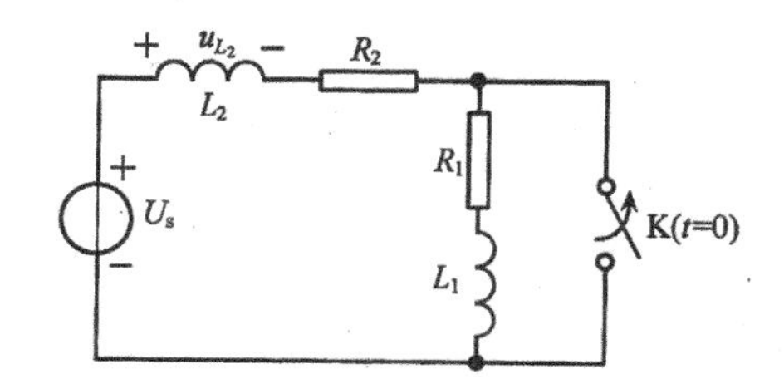

习题 12-23 图

第13章　双口网络

本章主要介绍双口网络及其参数方程，Z、Y、H、T 参数矩阵以及它们之间的相互关系，双口网络的连接，双口网络的等效电路。并简要介绍几种可以用双口网络描述的重要电路元件。

13.1　双口网络的基本概念

在网络分析中，往往只需要研究一个网络的输入与输出特性，而不必考虑其内部结构及组成情况，这时可把该网络用一个方框和一个输入端口与输出端口来表示。每个端口有一对端子，网络共两对端子。如果该网络满足如下端口约束条件：即任意时刻 t，从一个端子流入网络的电流恒等于从另一个端子流出的电流，则称之为双口网络。双口网络的左端口一般为输入端口(或称端口1)，右端口为输出端口(或称端口2)，如图13-1所示。

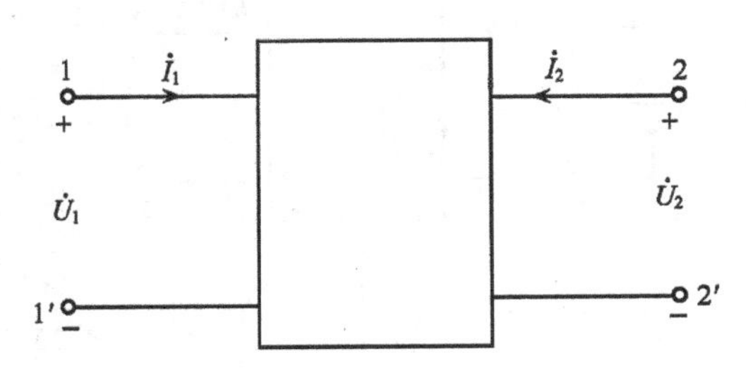

图 13-1

双口网络是一种常见的网络，在实际工程中有着广泛的应用。例如，许多用来构成实际电路的三端和四端元件、器件，像晶体管、变压器等的电路模型都是双口网络。又例如，常用的放大器和滤波器，因为它们都有一个信号输入口和一个信号输出口，所以也都是双口网络。另外，当仅讨论网络中某一特定激励与某一特定响应的关系时，若把激励所在的支路和响应所在的支路从网络中抽出，则剩下的网络显然也成了一个双口网络。本章所介绍的双口网络仅由线性电阻、电感(包括耦合电感)、电容和线性受控源组成，并规定不含任何独立电源。

13.2　无源双口网络方程及其参数

双口网络的端口上共有四个变量，即入端口变量 $\dot{U}_1$、$\dot{I}_1$ 和出端口变量 $\dot{U}_2$、$\dot{I}_2$。双口网络的外特性就是由存在于这四个变量之间的独立约束关系来描述的。由于双口网络的端口数为2，所以四个变量之间的独立约束关系也只能有两个，其约束方程为

$$\left.\begin{aligned} f_1(\dot{U}_1,\dot{U}_2,\dot{I}_1,\dot{I}_2) &= 0 \\ f_2(\dot{U}_1,\dot{U}_2,\dot{I}_1,\dot{I}_2) &= 0 \end{aligned}\right\} \tag{13-1}$$

如果取四个变量中的任意两个为独立变量，余下两个为非独立变量，则有六种不同的组合方式($C_4^2=6$)，从而形成六种不同的参数方程，现仅讨论四种参数方程及其参数 $Z,Y,H,T(A)$。

13.2.1 开路阻抗参数(Z 参数)方程

在图 13-1 中，选电流 $\dot{I}_1$、$\dot{I}_2$ 为独立变量，并将电流 $\dot{I}_1$、$\dot{I}_2$ 用电流源 $\dot{I}_1$、$\dot{I}_2$ 替代，见图 13-2，利用叠加原理可得

$$\left.\begin{aligned} \dot{U}_1 &= Z_{11}\dot{I}_1 + Z_{12}\dot{I}_2 \\ \dot{U}_2 &= Z_{21}\dot{I}_1 + Z_{22}\dot{I}_2 \end{aligned}\right\} \tag{13-2}$$

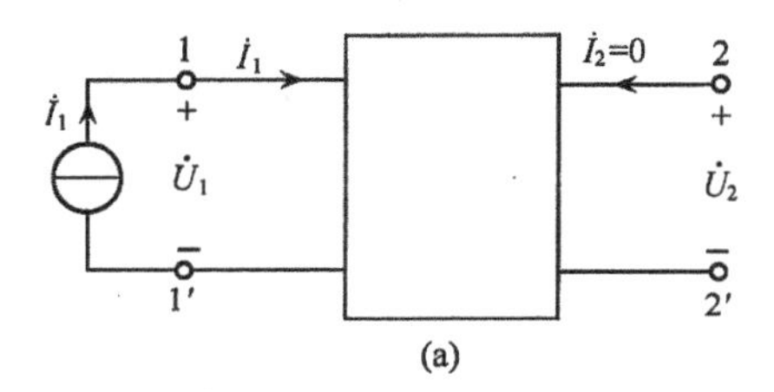

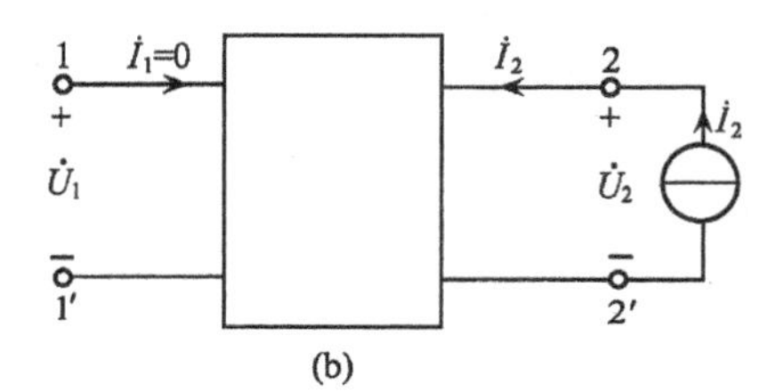

图 13-2

式中

$Z_{11}=\left.\dfrac{\dot{U}_1}{\dot{I}_1}\right|_{\dot{I}_2=0}$ 是端口 2 开路时端口 1 的入端阻抗(驱动点阻抗)

$Z_{21}=\left.\dfrac{\dot{U}_2}{\dot{I}_1}\right|_{\dot{I}_2=0}$ 是端口 2 开路时从端口 1 到端口 2 的传输阻抗

$Z_{12}=\left.\dfrac{\dot{U}_1}{\dot{I}_2}\right|_{\dot{I}_1=0}$ 是端口 1 开路时从端口 2 到端口 1 的传输阻抗

$Z_{22}=\left.\dfrac{\dot{U}_2}{\dot{I}_2}\right|_{\dot{I}_1=0}$ 是端口 1 开路时端口 2 的入端阻抗(驱动点阻抗)

上述方程就是开路阻抗参数方程，其矩阵形式为

$$\begin{bmatrix}\dot{U}_1\\ \dot{U}_2\end{bmatrix}=\begin{bmatrix}Z_{11} & Z_{12}\\ Z_{21} & Z_{22}\end{bmatrix}\begin{bmatrix}\dot{I}_1\\ \dot{I}_2\end{bmatrix}=\boldsymbol{Z}\begin{bmatrix}\dot{I}_1\\ \dot{I}_2\end{bmatrix} \tag{13-3}$$

式中

$$\boldsymbol{Z}=\begin{bmatrix}Z_{11} & Z_{12}\\ Z_{21} & Z_{22}\end{bmatrix}$$

由于 **Z** 矩阵中的四个元素均为阻抗，且都与端口开路有关，故统称为双口网络的开路阻抗参数，与此相应的矩阵 **Z** 称为双口网络的开路阻抗矩阵，式(13-2)称为含开路阻抗参数的双口网络方程。

例 13-1 求本例图所示电路的 Z 参数。

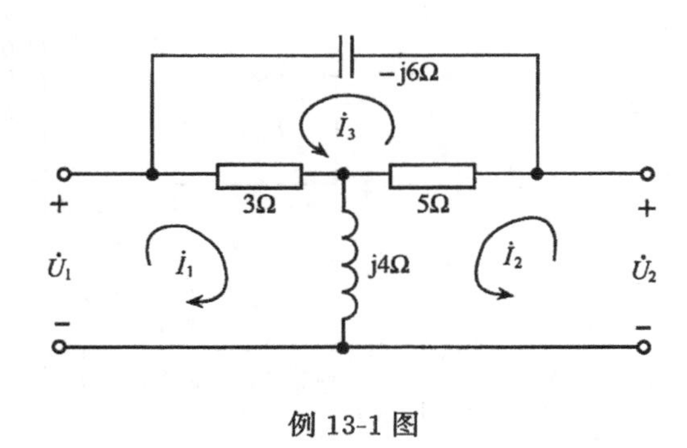

例 13-1 图

解 只要写出式(13-2)形式的方程，即可求得 Z 参数。先列回路方程

$$\dot{U}_1=(3+\mathrm{j}4)\dot{I}_1+\mathrm{j}4\dot{I}_2+3\dot{I}_3 \quad (1)$$

$$\dot{U}_2=\mathrm{j}4\dot{I}_1+(5+\mathrm{j}4)\dot{I}_2-5\dot{I}_3 \quad (2)$$

$$0=3\dot{I}_1-5\dot{I}_2+(8-\mathrm{j}6)\dot{I}_3 \quad (3)$$

由方程(3)解出 $\dot{I}_3$，再代入方程(1)、(2)并整理得

$$\begin{aligned}\dot{U}_1&=(3+\mathrm{j}4)\dot{I}_1+\mathrm{j}4\dot{I}_2+3\left(\frac{-3\dot{I}_1+5\dot{I}_2}{8-\mathrm{j}6}\right)\\&=(2.28+\mathrm{j}3.46)\dot{I}_1+(1.2+\mathrm{j}4.9)\dot{I}_2\\\dot{U}_2&=\mathrm{j}4\dot{I}_1+(5+\mathrm{j}4)\dot{I}_2-5\left(\frac{-3\dot{I}_1+5\dot{I}_2}{8-\mathrm{j}6}\right)\\&=(1.2+\mathrm{j}4.9)\dot{I}_1+(3+\mathrm{j}2.5)\dot{I}_2\end{aligned}$$

由式(13-2)即得

$$Z_{11}=(2.28+\mathrm{j}3.46)\Omega,\qquad Z_{12}=(1.2+\mathrm{j}4.9)\Omega$$

$$Z_{21}=(1.2+\mathrm{j}4.9)\Omega,\qquad Z_{22}=(3+\mathrm{j}2.5)\Omega$$

计算结果表明，对于无源双口网络，$Z_{12}=Z_{21}$，满足互易定理，故称为无源互易网络。

13.2.2 短路导纳参数(Y 参数)方程

在图 13-1 中，选端口电压 $\dot{U}_1$ 和 $\dot{U}_2$ 为独立变量，并将 $\dot{U}_1$、$\dot{U}_2$ 分别用电压源 $\dot{U}_1$、$\dot{U}_2$ 替代(图 13-3)，利用叠加定理可得

$$\left.\begin{aligned}\dot{I}_1&=Y_{11}\dot{U}_1+Y_{12}\dot{U}_2\\\dot{I}_2&=Y_{21}\dot{U}_1+Y_{22}\dot{U}_2\end{aligned}\right\} \qquad (13\text{-}4)$$

式中

$$Y_{11}=\left.\frac{\dot{I}_1}{\dot{U}_1}\right|_{\dot{U}_2=0}$$ 是端口 2 短路时端口 1 的入端导纳(驱动点导纳)

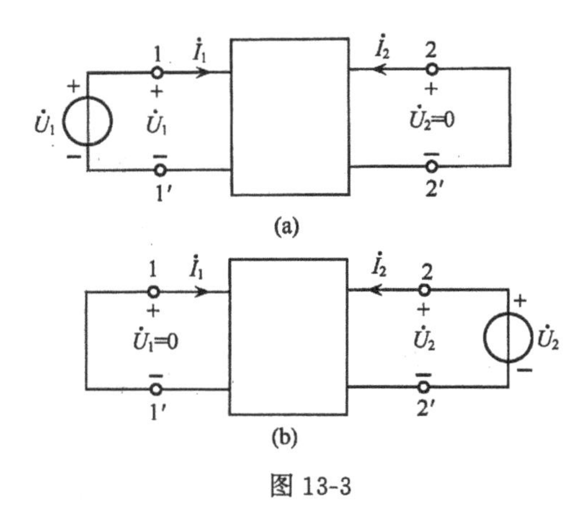

图 13-3

$$Y_{21}=\left.\frac{\dot{I}_2}{\dot{U}_1}\right|_{\dot{U}_2=0}$$ 是端口 2 短路时从端口 1 到端口 2 的传输导纳

$$Y_{12}=\left.\frac{\dot{I}_1}{\dot{U}_2}\right|_{\dot{U}_1=0}$$ 是端口 1 短路时从端口 2 到端口 1 的传输导纳

$$Y_{22}=\left.\frac{\dot{I}_2}{\dot{U}_2}\right|_{\dot{U}_1=0}$$ 是端口 1 短路时端口 2 的入端导纳(驱动点导纳)

上述方程便是短路导纳参数方程,其矩阵形式为

$$\begin{bmatrix}\dot{I}_1\\ \dot{I}_2\end{bmatrix}=\begin{bmatrix}Y_{11} & Y_{12}\\ Y_{21} & Y_{22}\end{bmatrix}\begin{bmatrix}\dot{U}_1\\ \dot{U}_2\end{bmatrix} \tag{13-5}$$

或

$$\begin{bmatrix}\dot{I}_1\\ \dot{I}_2\end{bmatrix}=\boldsymbol{Y}\begin{bmatrix}\dot{U}_1\\ \dot{U}_2\end{bmatrix} \qquad \boldsymbol{Y}=\begin{bmatrix}Y_{11} & Y_{12}\\ Y_{21} & Y_{22}\end{bmatrix}$$

由于 $\boldsymbol{Y}$ 矩阵的四个元素均为导纳,且都与端口短路有关,故统称为双口网络的短路导纳参数,与此相应的矩阵 $\boldsymbol{Y}$ 称为双口网络的短路导纳矩阵,式(13-4)称为含短路导纳参数的双口网络方程。

例 13-2 求本例图所示电路的 Y 参数($\omega=1\mathrm{rad}\cdot\mathrm{s}^{-1}$)。又当 $\dot{U}_1=2\angle 0°\mathrm{V}$,$\dot{U}_2=1\angle -90°\mathrm{V}$,求 $\dot{I}_1$、$\dot{I}_2$。

解 为求 Y_{11}、Y_{21},将端口 2 短路,则有

$$\dot{I}_1=\frac{\dot{U}_1}{1}+\frac{\dot{U}_1}{\frac{1}{\mathrm{j}2}}=(1+\mathrm{j}2)\dot{U}_1$$

故

$$Y_{11} = (1 + \mathrm{j}2)\mathrm{S}$$

$$\dot{I}_2 = -4\dot{U}_1 - \frac{\dot{U}_1}{\frac{1}{\mathrm{j}2}} = (-4 - \mathrm{j}2)\dot{U}_1$$

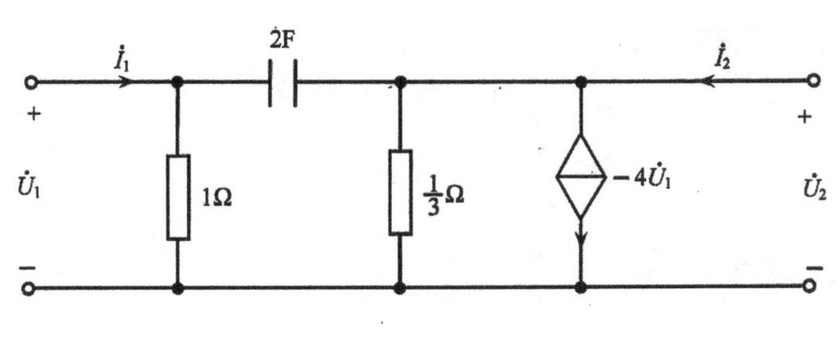

例 13-2 图

故

$$Y_{21} = (-4 - \mathrm{j}2)\mathrm{S}$$

为求 Y_{12}、Y_{22}，将端口 1 短路，此时有 $\dot{U}_1=0$ 则

$$-4\dot{U}_1 = 0$$

$$\dot{I}_1 = -\frac{\dot{U}_2}{\frac{1}{\mathrm{j}2}} = -\mathrm{j}2\dot{U}_2$$

故

$$Y_{12} = -\mathrm{j}2\mathrm{S}$$

$$\dot{I}_2 = \frac{\dot{U}_2}{\frac{1}{3}} + \frac{\dot{U}_2}{\frac{1}{\mathrm{j}2}} = (3 + \mathrm{j}2)\dot{U}_2$$

故

$$Y_{22} = (3 + \mathrm{j}2)\mathrm{S}$$

注意：双口网络含有受控源时，一般而言 $Y_{12} \neq Y_{21}$。

当 $\dot{U}_1 = 2\angle 0°\mathrm{V}$，$\dot{U}_2 = 1\angle -90°\mathrm{V}$ 时，由式(13-4)可得

$\dot{I}_1 = (1 + \mathrm{j}2) \times 2\angle 0° + (-\mathrm{j}2) \times 1\angle -90° = 4\angle -90°(\mathrm{A})$

$\dot{I}_2 = (-4 - \mathrm{j}2) \times 2\angle 0° + (3 + \mathrm{j}2) \times 1\angle -90° = 9.22\angle 49.4° + 180°(\mathrm{A})$

由上面的讨论，很容易得出 Z 参数与 Y 参数的关系。根据 Z 参数和 Y 参数的矩阵形式可知 $\boldsymbol{Y} = \boldsymbol{Z}^{-1}$，从而可推出

$$Y_{11} = \frac{Z_{22}}{\Delta Z}, \quad Y_{12} = \frac{-Z_{12}}{\Delta Z}, \quad Y_{21} = \frac{-Z_{21}}{\Delta Z}, \quad Y_{22} = \frac{Z_{11}}{\Delta Z}$$

式中

$$\Delta Z = \begin{vmatrix} Z_{11} & Z_{12} \\ Z_{21} & Z_{22} \end{vmatrix}$$

就是 **Z** 矩阵的行列式。

例 13-3 试求例 13-2 图所示电路的 Z 参数。

解 从上例已知

$$\boldsymbol{Y} = \begin{bmatrix} 1 + \mathrm{j}2 & -\mathrm{j}2 \\ -4 - \mathrm{j}2 & 3 + \mathrm{j}2 \end{bmatrix} \mathrm{S}$$

于是可得

$$\boldsymbol{Z} = \boldsymbol{Y}^{-1} = \frac{1}{\Delta Y}\begin{bmatrix} 3 + \mathrm{j}2 & \mathrm{j}2 \\ 4 + \mathrm{j}2 & 1 + \mathrm{j}2 \end{bmatrix}, \qquad \Delta Y = \begin{vmatrix} Y_{11} & Y_{12} \\ Y_{21} & Y_{22} \end{vmatrix} = 3$$

$$\boldsymbol{Z} = \begin{bmatrix} 1 + \mathrm{j}\,\dfrac{2}{3} & \mathrm{j}\,\dfrac{2}{3} \\ \dfrac{4}{3} + \mathrm{j}\,\dfrac{2}{3} & \dfrac{1}{3} + \mathrm{j}\,\dfrac{2}{3} \end{bmatrix} \Omega$$

13.2.3 混合参数(H 参数)方程

在图 13-1 中选端口电流 $\dot{I}_1$ 和端口电压 $\dot{U}_2$ 为独立变量,此时的情况相当于双口网络的左端口受到独立电流源 $\dot{I}_1$ 的激励,右端口受到独立电压源 $\dot{U}_2$ 的激励。

利用叠加原理可得

$$\left.\begin{aligned} \dot{U}_1 &= H_{11}\dot{I}_1 + H_{12}\dot{U}_2 \\ \dot{I}_2 &= H_{21}\dot{I}_1 + H_{22}\dot{U}_2 \end{aligned}\right\} \tag{13-6}$$

式中

$H_{11}=\left.\dfrac{\dot{U}_1}{\dot{I}_1}\right|_{\dot{U}_2=0}$ 是端口 2 短路时端口 1 的入端阻抗;

$H_{12}=\left.\dfrac{\dot{U}_1}{\dot{U}_2}\right|_{\dot{I}_1=0}$ 是端口 1 开路时的反向电压传输比;

$H_{21}=\left.\dfrac{\dot{I}_2}{\dot{I}_1}\right|_{\dot{U}_2=0}$ 是端口 2 短路时的正向电流传输比;

$H_{22}=\left.\dfrac{\dot{I}_2}{\dot{U}_2}\right|_{\dot{I}_1=0}$ 是端口 1 开路时端口 2 的入端导纳(驱动点导纳)。

上述方程的矩阵形式为

$$\begin{bmatrix} \dot{U}_1 \\ \dot{I}_2 \end{bmatrix} = \begin{bmatrix} H_{11} & H_{12} \\ H_{21} & H_{22} \end{bmatrix} \begin{bmatrix} \dot{I}_1 \\ \dot{U}_2 \end{bmatrix} \tag{13-7}$$

或

$$\begin{bmatrix}\dot{U}_1\\\dot{I}_2\end{bmatrix}=\boldsymbol{H}\begin{bmatrix}\dot{I}_1\\\dot{U}_2\end{bmatrix},\qquad \boldsymbol{H}=\begin{bmatrix}H_{11}&H_{12}\\H_{21}&H_{22}\end{bmatrix}$$

由于矩阵 $\boldsymbol{H}$ 中的四个元素不全是阻抗或导纳，所以统称为双口网络的第一种混合参数。相应的矩阵 $\boldsymbol{H}$ 称为第一种混合参数矩阵，式(13-6)称为含第一种混合参数的双口网络方程。

例 13-4 本例图所示电路为晶体管在小信号工作条件下的简化等效电路，试求此电路的混合参数 $\boldsymbol{H}$。

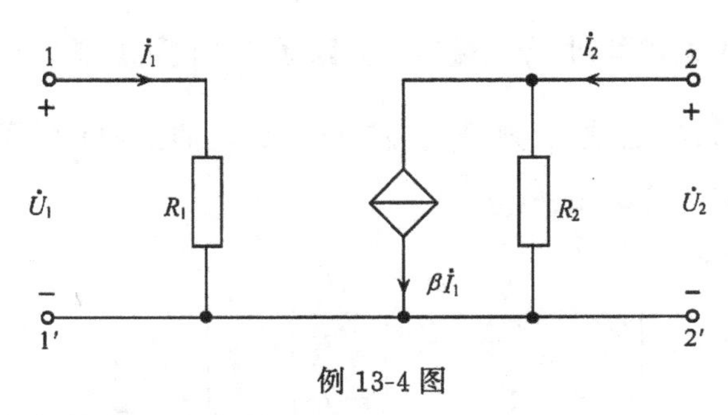

例 13-4 图

解 由 H 参数的定义可求得

$$H_{11}=\left.\frac{\dot{U}_1}{\dot{I}_1}\right|_{\dot{U}_2=0}=R_1$$

R_1 为晶体三极管的输入电阻。

$$H_{21}=\left.\frac{\dot{I}_2}{\dot{I}_1}\right|_{\dot{U}_2=0}=\beta$$

β 为晶体三极管的电流放大倍数。

$$H_{12}=\left.\frac{\dot{U}_1}{\dot{U}_2}\right|_{\dot{I}_1=0}=0,\qquad H_{22}=\left.\frac{\dot{I}_2}{\dot{U}_2}\right|_{\dot{I}_1=0}=\frac{1}{R_2}$$

13.2.4 传输参数(T 参数)方程

在图 13-1 中，若选 $\dot{U}_2$ 和 $-\dot{I}_2$ 为独立变量(注：此处将端口 2 的电流记为 $-\dot{I}_2$，即加了一个负号，只是为了遵循传统表述，并无其他原因)，按照上面相同的讨论方法，可求得下述方程

$$\left.\begin{aligned}\dot{U}_1&=A\dot{U}_2+B(-\dot{I}_2)\\\dot{I}_1&=C\dot{U}_2+D(-\dot{I}_2)\end{aligned}\right\}\tag{13-8}$$

式中

$$A=\left.\frac{\dot{U}_1}{\dot{U}_2}\right|_{\dot{I}_2=0}=\left.\frac{1}{\dot{U}_2/\dot{U}_1}\right|_{\dot{I}_2=0}=\frac{1}{\hat{H}_{21}}$$

($\hat{H}_{21}$ 是端口 2 开路时的正向电压传输比，未予讨论)

$$B=\frac{\dot{U}_1}{-\dot{I}_2}\bigg|_{\dot{U}_2=0}=\frac{1}{-\dot{I}_2/\dot{U}_1}\bigg|_{\dot{U}_2=0}=\frac{-1}{Y_{21}}$$

$$C=\frac{\dot{I}_1}{\dot{U}_2}\bigg|_{\dot{I}_2=0}=\frac{1}{\dot{U}_2/\dot{I}_1}\bigg|_{\dot{I}_2=0}=\frac{1}{Z_{21}}$$

$$D=\frac{\dot{I}_1}{-\dot{I}_2}\bigg|_{\dot{U}_2=0}=\frac{1}{-\dot{I}_2/\dot{I}_1}\bigg|_{\dot{U}_2=0}=\frac{-1}{H_{21}}$$

分析这四个表达式可知：$\frac{1}{A}$是端口 2 开路时的正向电压传输比；$\frac{1}{B}$是端口 2 短路时的正向转移导纳，且取负号；$\frac{1}{C}$是端口 2 开路时的正向转移阻抗；$\frac{1}{D}$是端口 2 短路时的正向电流传输比，取负号。

式(13-8)的矩阵形式为

$$\begin{bmatrix}\dot{U}_1\\ \dot{I}_1\end{bmatrix}=\begin{bmatrix}A & B\\ C & D\end{bmatrix}\begin{bmatrix}\dot{U}_2\\ -\dot{I}_2\end{bmatrix}=\boldsymbol{T}\begin{bmatrix}\dot{U}_2\\ -\dot{I}_2\end{bmatrix} \tag{13-9}$$

式中

$$\boldsymbol{T}=\begin{bmatrix}A & B\\ C & D\end{bmatrix}$$

由于矩阵 $\boldsymbol{T}$ 中的四个元素不全是阻抗或导纳，所以统称为双口网络的第一种传输参数。相应地，矩阵 $\boldsymbol{T}$ 称为第一种传输参数矩阵，式(13-8)称为含第一种传输参数的双口网络方程。

顺便指出，有的教材将第一传输参数矩阵 $\boldsymbol{T}$ 用符号 $\boldsymbol{A}$ 表示，并写成

$$\boldsymbol{A}=\begin{bmatrix}A_{11} & A_{12}\\ A_{21} & A_{22}\end{bmatrix}$$

式中 A_{11}、A_{12}、A_{21}、A_{22}分别对应于 A、B、C、D。

例 13-5 本例图所示的双口网络，输入端接电源 $\dot{U}_s$ 和阻抗 Z_s，输出端接负载 Z_L，试求下列各量的表达式：

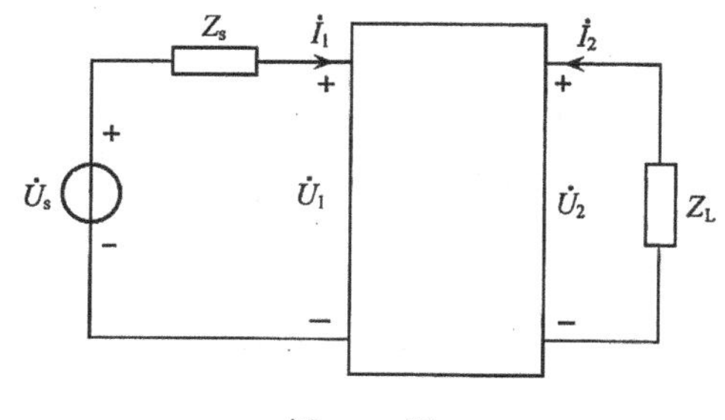

例 13-5 图

（1）电压增益$\frac{\dot{U}_2}{\dot{U}_1}$；（2）电流增益$\frac{\dot{I}_2}{\dot{I}_1}$；（3）输入阻抗 $Z_i=\frac{\dot{U}_1}{\dot{I}_1}$；（4）输出阻抗 $Z_o=\left.\frac{\dot{U}_2}{\dot{I}_2}\right|_{\dot{U}_s=0}$。

解　双口网络的 T 参数方程为

$$\left.\begin{aligned}\dot{U}_1 &= A\dot{U}_2 + B(-\dot{I}_2)\\ \dot{I}_1 &= C\dot{U}_2 + D(-\dot{I}_2)\end{aligned}\right\}\tag{Ⅰ}$$

又从本例图可知

$$\dot{U}_1 = \dot{U}_s - Z_s\dot{I}_1\tag{Ⅱ}$$

$$\dot{U}_2 = -Z_L\dot{I}_2\tag{Ⅲ}$$

将式（Ⅲ）代入式（Ⅰ）中的第一式即可求得电压增益为

$$\frac{\dot{U}_2}{\dot{U}_1} = \frac{Z_L}{AZ_L + B}$$

将式（Ⅲ）代入式（Ⅰ）中的第二式即可求得电流增益为

$$\frac{\dot{I}_2}{\dot{I}_1} = \frac{-1}{CZ_L + D}$$

联立（Ⅲ）、（Ⅰ）可解得输入阻抗为

$$Z_i = \frac{\dot{U}_1}{\dot{I}_1} = \frac{AZ_L + B}{CZ_L + D}$$

联立式（Ⅱ）、（Ⅰ），且令 $\dot{U}_s=0$ 可解得输出阻抗为

$$Z_o = \left.\frac{\dot{U}_2}{\dot{I}_2}\right|_{\dot{U}_s=0} = \frac{B + DZ_s}{A + CZ_s}$$

如果将 Z_s 和 Z_L 也并入双口网络中，则以上公式可简化：电压增益为$\frac{1}{A}$，电流增益为$-\frac{1}{CZ_L}$，$Z_i=\frac{A}{C}$，$Z_o=\frac{B}{A}$。

13.3　双口网络各参数间的换算关系和互易性判据

13.3.1　Z、Y、H、T 参数间的换算关系

由上面的讨论可知，同一个双口网络，可以用不同的参数方程来描述。而且根据各参数方程不难推出各参数之间的换算关系，表 13-1 总结出了这些关系。

表 13-1

	Z 参数		Y 参数		H 参数		T(A)参数	
Z 参数	Z_{11}	Z_{12}	$\frac{Y_{22}}{\Delta Y}$	$-\frac{Y_{12}}{\Delta Y}$	$\frac{\Delta H}{H_{12}}$	$\frac{H_{12}}{H_{22}}$	$\frac{A}{C}$	$\frac{\Delta T}{C}$
	Z_{21}	Z_{22}	$-\frac{Y_{21}}{\Delta Y}$	$\frac{Y_{11}}{\Delta Y}$	$-\frac{H_{21}}{H_{22}}$	$\frac{1}{H_{22}}$	$\frac{1}{C}$	$\frac{D}{C}$
Y 参数	$\frac{Z_{22}}{\Delta Z}$	$-\frac{Z_{12}}{\Delta Z}$	Y_{11}	Y_{12}	$\frac{1}{H_{11}}$	$-\frac{H_{12}}{H_{11}}$	$\frac{D}{B}$	$-\frac{\Delta T}{B}$
	$-\frac{Z_{21}}{\Delta Z}$	$\frac{Z_{11}}{\Delta Z}$	Y_{21}	Y_{22}	$\frac{H_{21}}{H_{11}}$	$\frac{\Delta H}{H_{11}}$	$-\frac{1}{B}$	$\frac{A}{B}$
H 参数	$\frac{\Delta Z}{Z_{22}}$	$\frac{Z_{12}}{Z_{22}}$	$\frac{1}{Y_{11}}$	$-\frac{Y_{12}}{Y_{11}}$	H_{11}	H_{12}	$\frac{B}{D}$	$\frac{\Delta T}{D}$
	$-\frac{Z_{21}}{Z_{22}}$	$\frac{1}{Z_{22}}$	$\frac{Y_{21}}{Y_{11}}$	$\frac{\Delta Y}{Y_{11}}$	H_{21}	H_{22}	$-\frac{1}{D}$	$\frac{C}{D}$
T(A)参数	$\frac{Z_{11}}{Z_{21}}$	$\frac{\Delta Z}{Z_{21}}$	$-\frac{Y_{22}}{Y_{21}}$	$-\frac{1}{Y_{21}}$	$-\frac{\Delta H}{H_{21}}$	$-\frac{H_{11}}{H_{21}}$	A	B
	$\frac{1}{Z_{21}}$	$\frac{Z_{22}}{Z_{21}}$	$-\frac{\Delta Y}{Y_{21}}$	$-\frac{Y_{11}}{Y_{21}}$	$-\frac{H_{22}}{H_{21}}$	$-\frac{1}{H_{21}}$	C	D

表中

$$\Delta Z = \begin{vmatrix} Z_{11} & Z_{12} \\ Z_{21} & Z_{22} \end{vmatrix}, \qquad \Delta Y = \begin{vmatrix} Y_{11} & Y_{12} \\ Y_{21} & Y_{22} \end{vmatrix}$$

$$\Delta H = \begin{vmatrix} H_{11} & H_{12} \\ H_{21} & H_{22} \end{vmatrix}, \qquad \Delta T = \begin{vmatrix} A & B \\ C & D \end{vmatrix}$$

应当指出，并不是所有的双口网络都同时存在这四种参数。有的双口网络或无 Y 参数，或无 Z 参数，或既无 Y 参数，又无 Z 参数(如理想变压器)。

13.3.2 网络互易性判据

双口网络有互易与非互易之分，一个双口网络是否互易可应用互易性判据来确定。下面根据互易定理导出这些判据。

双口网络含 Y 参数的方程是

$$\dot{I}_1 = Y_{11}\dot{U}_1 + Y_{12}\dot{U}_2, \qquad \dot{I}_2 = Y_{21}\dot{U}_1 + Y_{22}\dot{U}_2$$

对第一式来说，当端口 1 短路时，有 $\dot{I}_1 = Y_{12}\dot{U}_2$；对第二式来说，当端口 2 短路时，有 $\dot{I}_2 = Y_{21}\dot{U}_1$。根据互易定理的陈述 1 可知，若要网络互易，则当 $\dot{U}_1 = \dot{U}_2$ 时，应有 $-\dot{I}_1 = -\dot{I}_2$(取负号是因为现在的电流方向与那时的相反)，于是，双口网络互易时，其 Y 参数中应满足以下关系，即

$$Y_{12} = Y_{21} \tag{13-10}$$

同理，根据互易定理的陈述 2 和陈述 3 可分别得出 Z 参数、H 参数中应满足的关系为

$$Z_{12} = Z_{21} \tag{13-11}$$

$$H_{12} = -H_{21} \tag{13-12}$$

应用参数换算关系表 13-1 又可以从上面三个互易关系式导出以下关系式，即

$$AD - BC = 1 \tag{13-13}$$

以上所得的四个式子称为双口网络的互易性判据。应用其中任何一个关系式便可判断一个双口网络是否是互易的。

根据这些判据还可得出一个结论，即互易双口网络的每种参数只有三个是独立参数。如果是对称的无受控源的双口网络，则只有两个独立参数。

13.4 双口网络的连接

双口网络可以相互连接。在电路分析中，如果把一个复杂的双口网络看成是由若干个简单的双口网络按某种方式连接而成，可使分析得到简化。另外，在实际中常常将一些功能不同的双口网络按一定的方式连接起来，用以实现某种特定的技术要求。例如，把一个基本放大器与一个反馈网络适当地连接起来，就组成了一个所谓的负反馈放大器，它能实现维持输出电压稳定的要求。因此，讨论双口网络的连接问题具有重要意义。双口网络的连接方式有级联、串联、并联、串并联、并串联五种方式。本节将简要介绍前三种方式，如图 13-4(a)、(b)、(c)所示。

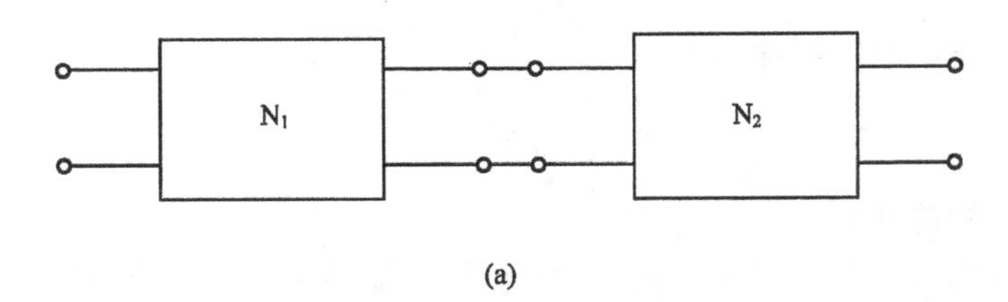

(a)

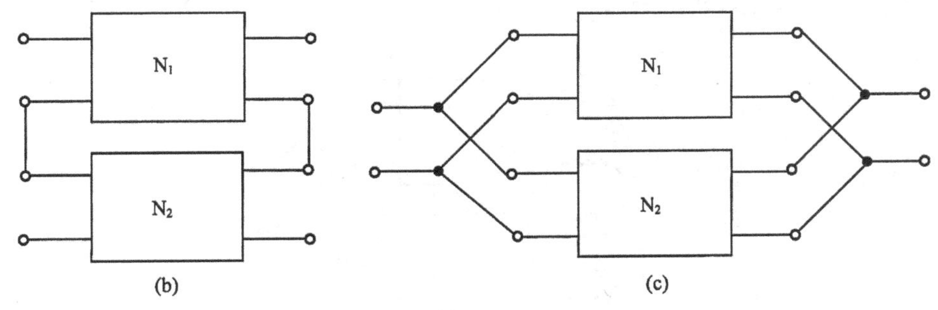

(b) (c)

图 13-4

13.4.1 双口网络的级联(链联)

两个双口网络 N_1 和 N_2 级联，是第一个双口网络的输出口直接与第二个双口网络的输入口连接，这样它们便构成了一个复合的双口网络，如图 13-5 所示。

设双口网络 N_1 和 N_2 的传输参数分别为

$$\boldsymbol{T}_1 = \begin{bmatrix} A' & B' \\ C' & D' \end{bmatrix}, \qquad \boldsymbol{T}_2 = \begin{bmatrix} A'' & B'' \\ C'' & D'' \end{bmatrix}$$

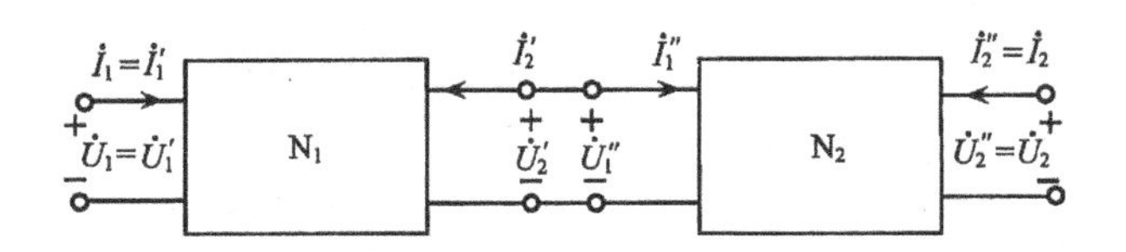

图 13-5

则两双口网络的传输方程分别为

$$\begin{bmatrix}\dot{U}_1'\\ \dot{I}_1'\end{bmatrix}=\boldsymbol{T}_1\begin{bmatrix}\dot{U}_2'\\ -\dot{I}_2'\end{bmatrix},\qquad \begin{bmatrix}\dot{U}_1''\\ \dot{I}_1''\end{bmatrix}=\boldsymbol{T}_2\begin{bmatrix}\dot{U}_2''\\ -\dot{I}_2''\end{bmatrix}$$

由于 $\dot{U}_1=\dot{U}_1',\dot{U}_2'=\dot{U}_1'',\dot{U}_2''=\dot{U}_2,\dot{I}_1=\dot{I}_1',\dot{I}_2'=-\dot{I}_1'',\dot{I}_2''=\dot{I}_2$，故得

$$\begin{bmatrix}\dot{U}_1\\ \dot{I}_1\end{bmatrix}=\begin{bmatrix}\dot{U}_1'\\ \dot{I}_1'\end{bmatrix}=\boldsymbol{T}_1\begin{bmatrix}\dot{U}_2'\\ -\dot{I}_2'\end{bmatrix}=\boldsymbol{T}_1\begin{bmatrix}\dot{U}_1''\\ \dot{I}_1''\end{bmatrix}=\boldsymbol{T}_1\boldsymbol{T}_2\begin{bmatrix}\dot{U}_2''\\ -\dot{I}_2''\end{bmatrix}=\boldsymbol{T}_1\boldsymbol{T}_2\begin{bmatrix}\dot{U}_2\\ -\dot{I}_2\end{bmatrix}=\boldsymbol{T}\begin{bmatrix}\dot{U}_2\\ -\dot{I}_2\end{bmatrix}$$

式中 $\boldsymbol{T}$ 为级联复合双口网络的 T 参数矩阵，它等于组成级联的各双口网络传输矩阵的乘积，即

$$\boldsymbol{T}=\boldsymbol{T}_1\boldsymbol{T}_2$$

对于 n 个双口网络的级联连接，有

$$\boldsymbol{T}=\prod_{i=1}^{n}\boldsymbol{T}_i \tag{13-14}$$

13.4.2　双口网络的并联

两个双口网络 N_1 和 N_2 并联如图 13-6 所示。显然经过这种连接得出的复合网络仍是一个双口网络。而且两个双口网络的输入电压和输出电压被分别强制为相同，即 $\dot{U}'_1=\dot{U}''_1=\dot{U}_1,\dot{U}'_2=\dot{U}''_2=\dot{U}_2$。

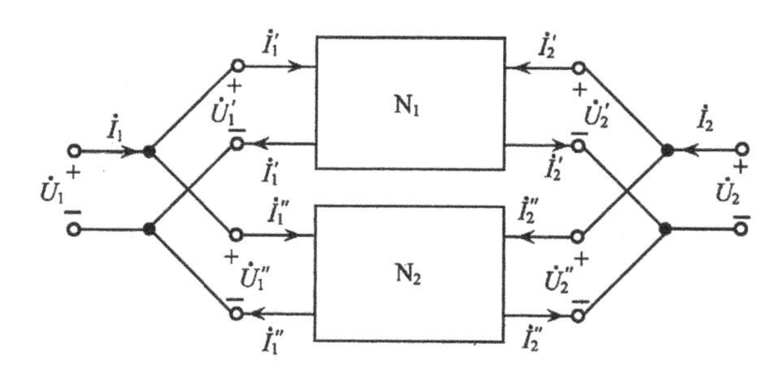

图 13-6

如果每个双口网络的端口条件(端口上流入一个端子的电流等于流出另一个端子的电流)不因并联连接而被破坏，则此复合双口网络的总端口电流应为

$$\dot{I}_1=\dot{I}'_1+\dot{I}''_1,\qquad \dot{I}_2=\dot{I}'_2+\dot{I}''_2$$

若设两双口网络 N_1 和 N_2 的 Y 参数分别为

$$\boldsymbol{Y}_1=\begin{bmatrix}Y'_{11} & Y'_{12}\\ Y'_{21} & Y'_{22}\end{bmatrix},\qquad \boldsymbol{Y}_2=\begin{bmatrix}Y''_{11} & Y''_{12}\\ Y''_{21} & Y''_{22}\end{bmatrix}$$

则应有

$$\begin{bmatrix}\dot{I}_1\\ \dot{I}_2\end{bmatrix}=\begin{bmatrix}\dot{I}'_1+\dot{I}''_1\\ \dot{I}'_2+\dot{I}''_2\end{bmatrix}=\begin{bmatrix}\dot{I}'_1\\ \dot{I}'_2\end{bmatrix}+\begin{bmatrix}\dot{I}''_1\\ \dot{I}''_2\end{bmatrix}=\boldsymbol{Y}_1\begin{bmatrix}\dot{U}'_1\\ \dot{U}'_2\end{bmatrix}+\boldsymbol{Y}_2\begin{bmatrix}\dot{U}''_1\\ \dot{U}''_2\end{bmatrix}$$

$$=\boldsymbol{Y}_1\begin{bmatrix}\dot{U}_1\\ \dot{U}_2\end{bmatrix}+\boldsymbol{Y}_2\begin{bmatrix}\dot{U}_1\\ \dot{U}_2\end{bmatrix}=(\boldsymbol{Y}_1+\boldsymbol{Y}_2)\begin{bmatrix}\dot{U}_1\\ \dot{U}_2\end{bmatrix}=\boldsymbol{Y}\begin{bmatrix}\dot{U}_1\\ \dot{U}_2\end{bmatrix}$$

式中 $\boldsymbol{Y}$ 为并联复合双口网络的 Y 参数矩阵，它等于组成并联的各双口网络 Y 参数矩阵之和，即

$$\boldsymbol{Y}=\boldsymbol{Y}_1+\boldsymbol{Y}_2 \tag{13-15}$$

13.4.3 双口网络的串联

当两双口网络按串联方式连接时，只要每个双口网络的端口条件仍然成立，用类似上述并联的方法，不难导出串联复合双口网络的 Z 参数矩阵与串联连接的两双口网络的 Z 参数矩阵有以下关系

$$\boldsymbol{Z}=\boldsymbol{Z}_1+\boldsymbol{Z}_2 \tag{13-16}$$

例 13-6 试求本例图所示双口网络的传输参数。

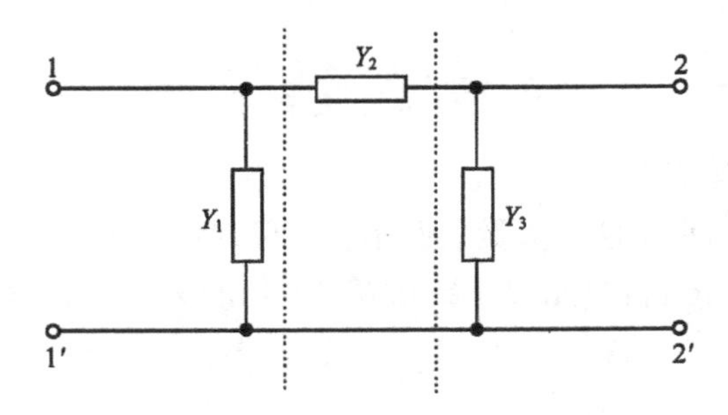

例 13-6 图

解 本例图所示双口网络可以看作是三个简单双口网络的级联。各级联双口网络的传输矩阵分别为

$$\boldsymbol{T}_1=\begin{bmatrix}1 & 0\\ Y_1 & 1\end{bmatrix},\qquad \boldsymbol{T}_2=\begin{bmatrix}1 & \dfrac{1}{Y_2}\\ 0 & 1\end{bmatrix},\qquad \boldsymbol{T}_3=\begin{bmatrix}1 & 0\\ Y_3 & 1\end{bmatrix}$$

则所求双口网络的传输矩阵为

$$\boldsymbol{T}=\boldsymbol{T}_1\cdot\boldsymbol{T}_2\cdot\boldsymbol{T}_3=\begin{bmatrix}1 & 0\\ Y_1 & 1\end{bmatrix}\begin{bmatrix}1 & \dfrac{1}{Y_2}\\ 0 & 1\end{bmatrix}\begin{bmatrix}1 & 0\\ Y_3 & 1\end{bmatrix}=\begin{bmatrix}1+\dfrac{Y_3}{Y_2} & \dfrac{1}{Y_2}\\ Y_1+Y_3+\dfrac{Y_1Y_3}{Y_2} & 1+\dfrac{Y_1}{Y_2}\end{bmatrix}$$

13.5 双口网络的等效电路

由前面的讨论我们知道，任何复杂的无源线性一端口网络，从外部特性来看，总可以用一个等效阻抗(或导纳)来替代。同理，一个给定的无源双口网络也可以找到一个具体的电路来予以等效替代。其等效条件是：双口网络等效电路的方程必须与被替代的双口网络方程相同。

对于无源互易双口网络，由于表征它的各参数中仅有三个参数是独立的，所以互易双口网络的等效电路中可以只包含三个阻抗(或导纳)，于是便可用它们构成的 T 形(星形)电路或 π 形(三角形)电路作为等效电路，如图 13-7(a)、(b)所示。下面分别予以讨论。

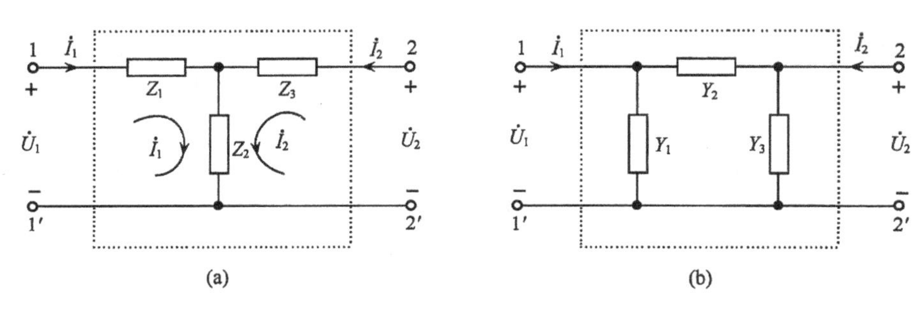

图 13-7

13.5.1 T 形等效电路

如果给定双口网络的 Z 参数，要确定此双口网络的等效 T 形电路(图 13-7(a))中的 Z_1、Z_2、Z_3 的值，可先列写出此双口网络的 Z 参数方程，即

$$\left.\begin{aligned}\dot{U}_1 &= Z_{11}\dot{I}_1 + Z_{12}\dot{I}_2 \\ \dot{U}_2 &= Z_{21}\dot{I}_1 + Z_{22}\dot{I}_2\end{aligned}\right\} \tag{I}$$

接着列写其等效 T 形电路的 KVL 方程

$$\left.\begin{aligned}\dot{U}_1 &= Z_1\dot{I}_1 + Z_2(\dot{I}_1 + \dot{I}_2) = (Z_1 + Z_2)\dot{I}_1 + Z_2\dot{I}_2 \\ \dot{U}_2 &= Z_2(\dot{I}_1 + \dot{I}_2) + Z_3\dot{I}_2 = Z_2\dot{I}_1 + (Z_2 + Z_3)\dot{I}_2\end{aligned}\right\} \tag{II}$$

比较(Ⅰ)、(Ⅱ)两式可得

$$Z_{11} = Z_1 + Z_2, \qquad Z_{12} = Z_{21} = Z_2, \qquad Z_{22} = Z_2 + Z_3$$

由上述三式即可解得三个等效阻抗的值分别为

$$\left.\begin{aligned}Z_1 &= Z_{11} - Z_{12} \\ Z_2 &= Z_{12} = Z_{21} \\ Z_3 &= Z_{22} - Z_{12}\end{aligned}\right\} \tag{13-17}$$

故知道原双口网络的 Z 参数，就可以由上式确定其 T 形等效电路的三个参数(阻

抗参数)。

13.5.2 π 形等效电路

如果无源双口网络给定的是 Y 参数,宜先求出其等效 π 形电路(图 13-7(b))中的 Y_1、Y_2、Y_3 的值。类似于上述 T 形等效电路的求解方法可得

$$\left.\begin{aligned} Y_1 &= Y_{11} + Y_{12} \\ Y_2 &= -Y_{12} = -Y_{21} \\ Y_3 &= Y_{22} + Y_{21} \end{aligned}\right\} \tag{13-18}$$

根据式(13-18),若知道原双口网络的 Y 参数,就可以确定其 π 形等效电路的三个参数(导纳或阻抗)。

如果无源双口网络给定的是其他参数,则可查表 13-1,把其他参数转换成 Z 参数或 Y 参数,然后再由式(13-17)或式(13-18)求得 T 形等效电路或 π 形等效电路的参数值。

例如 T 形等效电路的 Z_1、Z_2、Z_3 与 T 参数之间的关系为

$$Z_1 = \frac{A-1}{C}, \qquad Z_2 = \frac{1}{C}, \qquad Z_3 = \frac{D-1}{C} \tag{13-19}$$

π 形等效电路的 Y_1、Y_2、Y_3 与 T 参数之间的关系为

$$Y_1 = \frac{D-1}{B}, \qquad Y_2 = \frac{1}{B}, \qquad Y_3 = \frac{A-1}{B} \tag{13-20}$$

如果双口网络是对称的,由于 $Z_{11}=Z_{22}$,$Y_{11}=Y_{22}$,$A=D$,则等效 T 形电路或 π 形电路也一定是对称的,这时应有 $Z_1=Z_3$,$Y_1=Y_3$。

例 13-7 已知某双口网络的传输参数为 $A=7$,$B=3\Omega$,$C=9\text{S}$,$D=4$。试求该网络 T 形和 π 形等效电路各元件的参数值。

解 首先验证网络的互易性。由该题目所给条件,有

$$AD - BC = 7 \times 4 - 3 \times 9 = 1$$

故原网络为互易网络。

由式(13-19),T 形等效电路元件值为

$$Z_1 = \frac{A-1}{C} = \frac{2}{3}\Omega$$

$$Z_2 = \frac{1}{C} = \frac{1}{9}\Omega$$

$$Z_3 = \frac{D-1}{C} = \frac{1}{3}\Omega$$

由式(13-20),π 形等效电路元件值为

$$Y_1 = \frac{D-1}{B} = 1\text{S}$$

$$Y_2 = \frac{1}{B} = \frac{1}{3}\text{S}$$

$$Y_3 = \frac{A-1}{B} = 2\text{S}$$

13.5.3 含受控源双口网络的等效电路

如果双口网络内部含有受控源，此时双口网络是非互易的，其四个参数彼此相互独立。若给定双口网络的 Z 参数，那么其参数方程可写成

$$\dot{U}_1 = Z_{11}\dot{I}_1 + Z_{12}\dot{I}_2$$

$$\dot{U}_2 = Z_{12}\dot{I}_1 + Z_{22}\dot{I}_2 + (Z_{21} - Z_{12})\dot{I}_1$$

这样，上述第二个方程右端的最后一项其含义是一个 CCVS，此双口网络的等效电路如图 13-8(a)所示。

同理，对于用 Y 参数表示的含受控源的双口网络，可以用图 13-8(b)所示的等效电路予以代替。

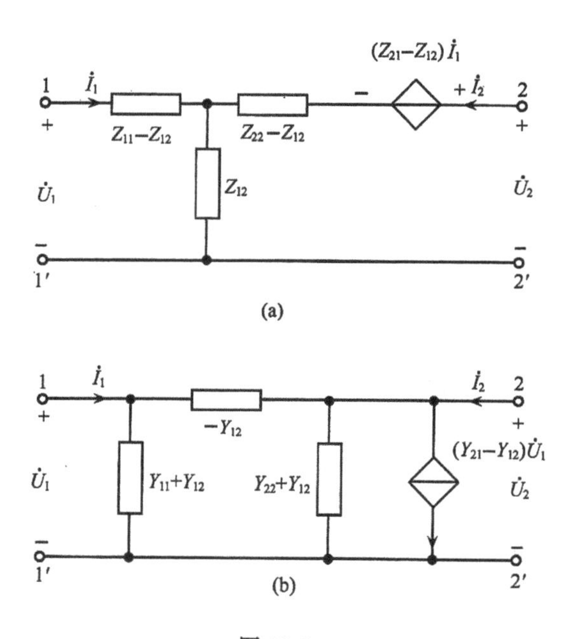

图 13-8

例 13-8 如本例图(a)所示电路，已知双口网络的 Z 参数为 $Z_{11}=3\Omega$，$Z_{12}=4\Omega$，$Z_{21}=\text{j}2\Omega$，$Z_{22}=-\text{j}3\Omega$，$\dot{U}_s=3\angle 0°\text{V}$，$R_s=5\Omega$，$R_L=4\Omega$，求 $\dot{U}_2$。

解 由给定的 Z 参数可知，双口网络是非互易的，可采用图 13-8(b)所示的等效电路求解。

根据给定的 Z 参数可得

$$Z_{11} - Z_{12} = -1\Omega$$

$$Z_{22} - Z_{12} = (-4 - \text{j}3)\Omega$$

$$Z_{21} - Z_{12} = (-4 + \text{j}2)\Omega$$

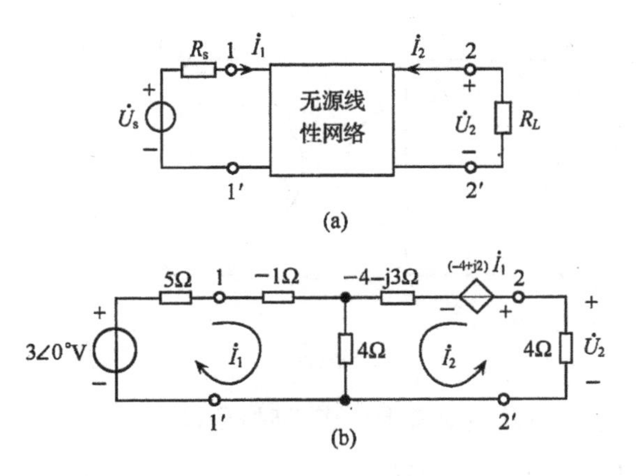

例 13-8 图

用等效电路代替双口网络，可得本例图(b)所示的等效电路。列网孔方程如下

$$3 = (5 - 1 + 4)\dot{I}_1 + 4\dot{I}_2$$

$$0 = (4 - 4 + j2)\dot{I}_1 + (4 - 4 - j3 + 4)\dot{I}_2$$

即

$$3 = 8\dot{I}_1 + 4\dot{I}_2$$

$$0 = j2\dot{I}_1 + (4 - j3)\dot{I}_2$$

解得

$$\dot{I}_2 = - j\frac{0.75}{(4 - j4)}\text{A}$$

$$\dot{U}_2 = - 4\dot{I}_2 = - 4\frac{- j0.75}{(4 - j4)} = 0.53\angle 135°(\text{V})$$

13.5.4 用双口网络描述的电路元件

下面介绍几种重要的可以用双口网络描述的电路元件。

1. 回转器

回转器是一种线性非互易的多端元件，其电路符号如图 13-9 所示。理想回转器可视为一个双口网络，其端口电压、电流满足下列关系式

$$\left.\begin{aligned} u_1 &= - ri_2 \\ u_2 &= ri_1 \end{aligned}\right\} \tag{13-21}$$

或

$$\left.\begin{aligned} i_1 &= gu_2 \\ i_2 &= - gu_1 \end{aligned}\right\} \tag{13-22}$$

式中 r 和 g 分别具有电阻和电导的量纲，故称之为回转电阻和回转电导，统称为回转常数。

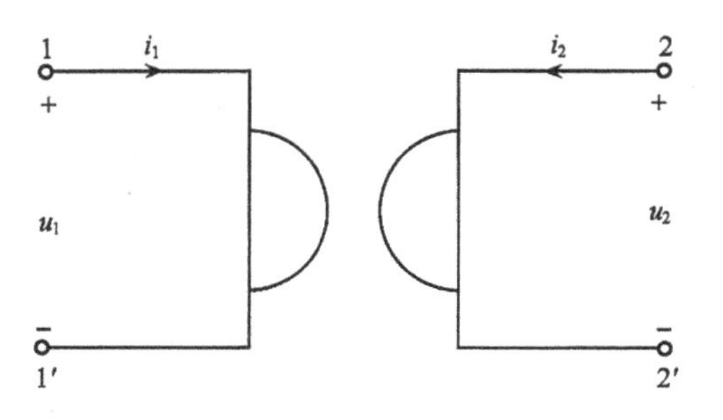

图 13-9

式(13-21)和式(13-22)用矩阵形式表示时，分别为

$$\begin{bmatrix} u_1 \\ u_2 \end{bmatrix} = \begin{bmatrix} 0 & -r \\ r & 0 \end{bmatrix} \begin{bmatrix} i_1 \\ i_2 \end{bmatrix}, \qquad \begin{bmatrix} i_1 \\ i_2 \end{bmatrix} = \begin{bmatrix} 0 & g \\ -g & 0 \end{bmatrix} \begin{bmatrix} u_1 \\ u_2 \end{bmatrix}$$

可见，回转器的 Z 参数矩阵和 Y 参数矩阵分别为

$$\boldsymbol{Z} = \begin{bmatrix} 0 & -r \\ r & 0 \end{bmatrix}, \qquad \boldsymbol{Y} = \begin{bmatrix} 0 & g \\ -g & 0 \end{bmatrix}$$

根据式(13-21)，可得

$$u_1 i_1 + u_2 i_2 = -r i_1 i_2 + r i_1 i_2 = 0$$

这表明理想回转器既不消耗功率，也不发出功率，它是一个无源线性元件。另外，由式(13-21)或式(13-22)很容易证明回转器不具有互易性。

从式(13-21)或式(13-22)还可以看出，回转器有把一个端口上的电流“回转”成另一端口上的电压或相反过程的性质。正是这一性质，使得回转器具有把一个电容回转为一个电感的本领。在微电子器件中，经常用回转器把易于集成的电容回转成难于集成的电感。下面来说明回转器的这一功能。

如图 13-10 所示的电路(采用运算形式)，有 $I_2(s) = -SCU_2(s)$，由式(13-21)或式(13-22)可得

$$U_1(s) = -rI_2(s) = rSCU_2(s) = r^2SCI_1(s)$$

或

$$I_1(s) = gU_2(s) = -g\frac{1}{SC}I_2(s) = g^2\frac{1}{SC}U_1(s)$$

则输入阻抗为

$$Z_{\text{in}} = \frac{U_1(s)}{I_1(s)} = Sr^2C = S\frac{C}{g^2}$$

可见，对于图 13-10 所示的电路，从输入端看，相当于一个电感元件，其电感值 $L = r^2C = \dfrac{C}{g^2}$。如果设 $C = 1\mu\text{F}$，$r = 50\text{k}\Omega$，则 $L = 2500\text{H}$。即回转器可把 $1\mu\text{F}$ 的电容回转为 2500H 的电感。

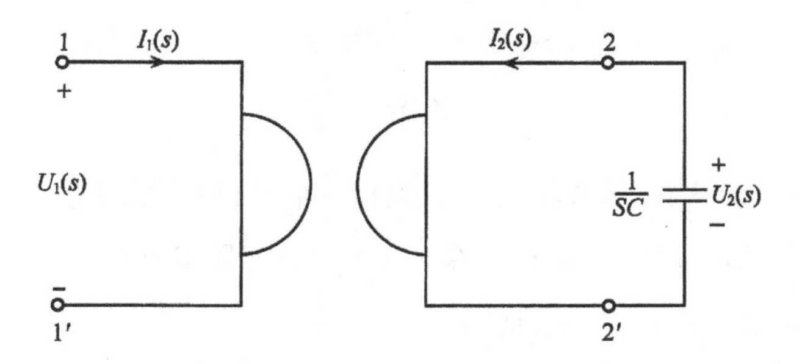

图 13-10

2. 负阻抗变换器

负阻抗变换器(简称 NIC)也是一个双口网络,其电路符号如图 13-11(a)所示。它的端口特性可用 T 参数描述(采用运算形式,且为简化起见,略去 U、I 后的"(s)"),即

$$\begin{bmatrix} U_1 \\ I_1 \end{bmatrix} = \begin{bmatrix} 1 & 0 \\ 0 & -k \end{bmatrix} \begin{bmatrix} U_2 \\ -I_2 \end{bmatrix} \tag{13-23a}$$

或

$$\begin{bmatrix} U_1 \\ I_1 \end{bmatrix} = \begin{bmatrix} -k & 0 \\ 0 & 1 \end{bmatrix} \begin{bmatrix} U_2 \\ -I_2 \end{bmatrix} \tag{13-23b}$$

式中 k 为正实常数。

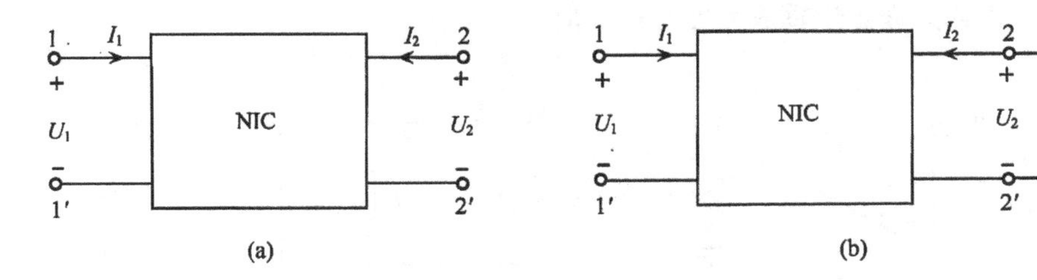

图 13-11

由式(13-23a)可以得出,输入电压 U_1 经过传输后成为 U_2,且 U_1 等于 U_2,即电压的大小和方向均没有改变;但是电流 I_1 经过传输后变为 kI_2,且改变了方向(相对于指定的参考方向)。所以由式(13-23a)定义的 NIC 称为电流反向型 NIC。

由式(13-23b)可以得出,输入电压 U_1 经过传输后变为 $-kU_1$,改变了方向。而电流 I_1 不改变方向。这种 NIC 称为电压反向型 NIC。下面来说明 NIC 把正阻抗变为负阻抗的特性。

在端口 2-2′接上阻抗 Z_2,如图 13-11(b)所示。从端口 1-1′看进去的输入阻抗为 Z_1,设 NIC 为电流反向型,应用式(13-23b)可得

$$Z_1 = \frac{U_1}{I_1} = \frac{U_2}{kI_2}$$

因 $U_2=-Z_2I_2$(相当于指定的参考方向),则得

$$Z_1=-\frac{Z_2}{k}$$

上式表明,输入阻抗 Z_1 是负载阻抗 Z_2 乘以$\frac{1}{k}$的负值。也就是说该双口网络有把一个正阻抗变为负阻抗的功能,即当端口 2-2′接上电阻 R、电感 L 或电容 C 时,则在端口 1-1′将变为$-\frac{1}{k}R$、$-\frac{1}{k}L$ 或$-kC$。

负阻抗变换器在电路设计中为实现负的 R、L、C 提供了理论依据。

3. 运算放大器

运算放大器是由若干晶体管、二极管、电阻和电容等元件组成的高倍率放大器,由于其最初用在模拟计算机中做运算而得名。现在这些元件都集成在约 0.5mm^2 的小硅片上,简称集成运放(或运放)。其原理图如图 13-12(a)所示,输入端口上带正号的是正极性端,带负号的是负极性端,输出端的一端接地。其等效电路为如图 13-12(b)所示的双口网络。可见,运算放大器是一个 VCVS。图中 R_i、R_o 分别为运算放大器的输入、输出阻抗。通常输入阻抗 R_i 很大,约 $10^5\Omega$。输出阻抗 R_o 较小,约 $10^2\Omega$。μ 是电压放大倍数,其值非常大,约 10^6。对于理想运算放大器,可以认为 R_i 为无穷大,R_o 为零,μ 为无穷大,即

$$R_i\approx\infty,\qquad R_o\approx 0,\qquad \mu\approx\infty$$

上述参数值称为理想运算放大器的条件值。

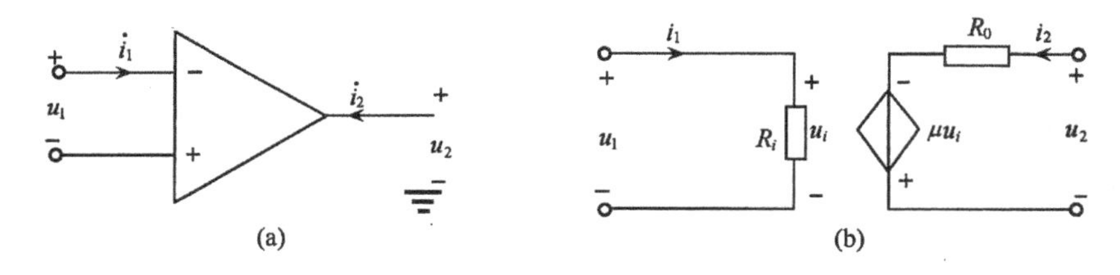

图 13-12

在实际电路中,为了简化分析,通常将运算放大器按理想化条件处理。

利用运算放大器可以实现比例、求和、积分运算。如图 13-13(a)为比例电路,下面予以讨论。

分析可知,由于该运放可视为理想运放,其放大倍数 $\mu=\infty$。在 $u_2=\mu u_i$ 中,若 u_2 为有限值,则 $u_i\approx 0$,而运放的正极性端接地,于是运放负极性端的电位近似为零,该端称为虚地点。故可得 $u_1=R_1i_1$,$u_2=R_2i_2$;又因为运放的输入电阻 R_i 为∞,可得 $i_1=-i_2$,$u_2=-\frac{R_2}{R_1}u_1=ku_1$,式中 $k=-\frac{R_2}{R_1}$是比例系数。

同理可说明图 13-13(b)所示的积分电路。$u_1=R_1i_1$,$i_2=C\frac{\mathrm{d}u_2}{\mathrm{d}t}$。因 $i_1=-i_2$,则

$u_1=R_1(-i_2)=-R_1C\dfrac{\mathrm{d}u_2}{\mathrm{d}t}$，于是可得

$$u_2=\frac{-1}{R_1C}\int u_1\mathrm{d}t+A$$

式中 A 是积分常数，由初始条件决定。

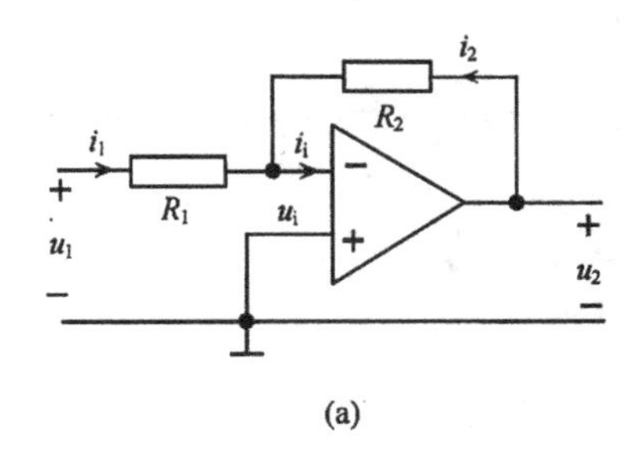

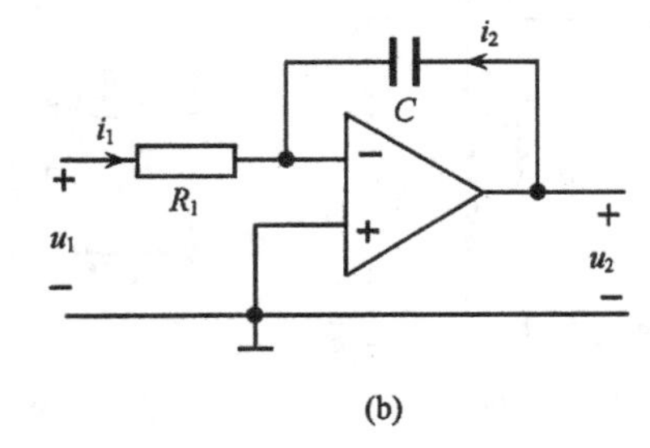

图 13-13

思 考 题

13-1 什么叫双口网络条件？四端网络一定是双口网络吗？

13-2 试写出双口网络的 Z 参数方程和 Y 参数方程，它们之间有何关系，各适用于什么场合？

13-3 已知双口网络中各元件值，如何求其 Z 参数、Y 参数及 T 参数？

13-4 什么样的双口网络满足 $AD-BC=1$？该条件在 Z、Y 参数中各表示什么关系？为什么？

13-5 互易、对称双口网络的 Z、Y、$T(A)$参数各有何特点？如何用实验方法确定互易且对称的双口网络？

13-6 线性无受控源双口网络 $Z_{12}=Z_{21}$，试利用表 13-1 证明：$Y_{12}=Y_{21}$，$AD-BC=1$，$H_{12}=-H_{21}$。

13-7 同一双口网络，阻抗参数 Z_{11}、Z_{12}、Z_{21}、Z_{22}与导纳参数 Y_{11}、Y_{12}、Y_{21}、Y_{22}是否对应为倒数？

13-8 任意一个双口网络都具有 Z、Y、T(或 A)、H 参数吗？试举例说明。

13-9 互易双口网络的 T 形和 π 形等效电路的阻抗符合 Y-△变换公式吗？

13-10 晶体管的 H 参数中，$h_{12}\approx 0$、$h_{22}\approx 0$，试画出其简化的等效电路。

13-11 已知双口网络的 $T(A)$参数，端口 1 接电压源 U_s，改变端口 2 的负载阻抗 Z_L，问 Z_L 等于何值时，才能使 Z_L 吸收最大功率？如何求此最大功率？

13-12 同上题，但端口 1 接电流源 I_s。

13-13 已知双口网络 Z 参数，端口 1 接电流源 I_s，改变端口 2 的负载阻抗 Z_L，问 Z_L 能吸收的最大功率是多少？端口电压 U_1 是多少？

13-14 已知双口网络 Y 参数，端口 1 接电压源 U_s，再做上题，并且求端口电流 I_1。

13-15 已知双口网络 Z、Y 参数，推求 T 形、π 形等效电路公式。

13-16 写出负阻抗变换器和回转器的方程，前者怎样把正电阻变换为负电阻，后者怎样把电容变换为电感？

习　　题

13-1　求本题图示二端口网络的 Z 参数。

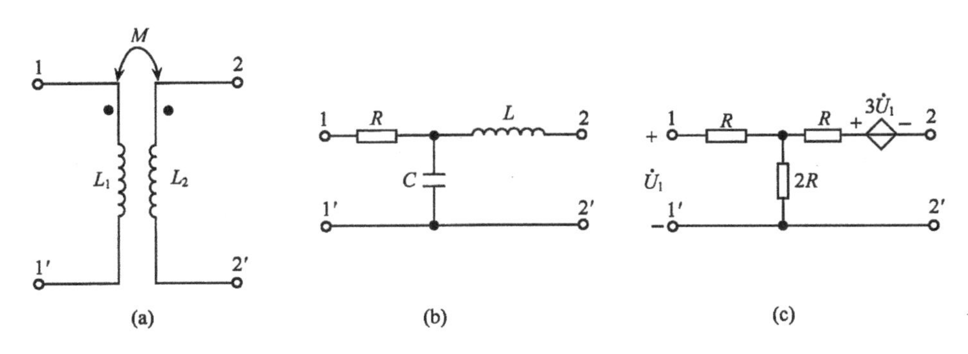

习题 13-1 图

13-2　求本题图示二端口网络的 Y 参数和 Z 参数矩阵。

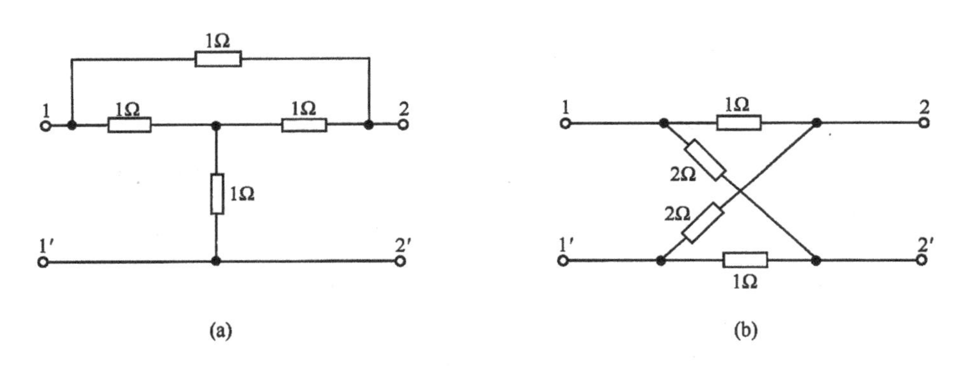

习题 13-2 图

13-3　求本题图示二端口网络的 Y、Z 和 T 参数矩阵。

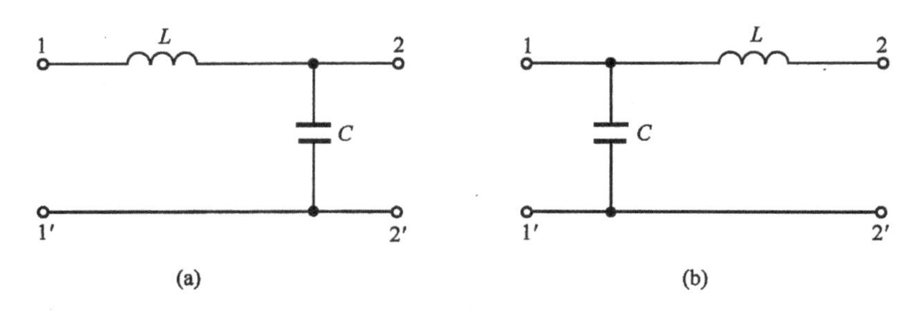

习题 13-3 图

13-4　求本题图示二端口网络的 Y 参数矩阵。

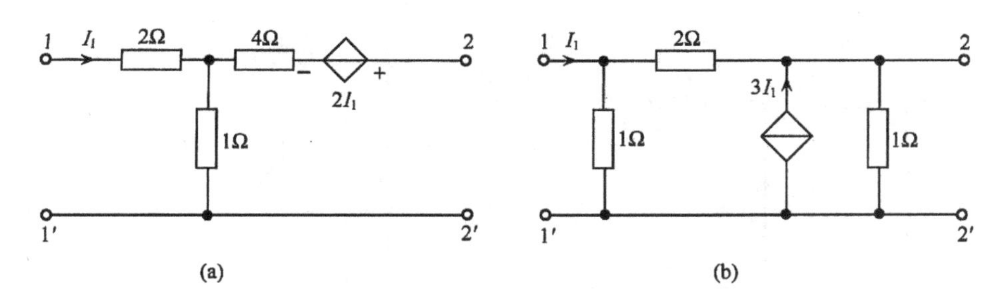

习题 13-4 图

13-5 求本题图示二端口网络的 Z 参数，并利用表 13-1 求出其 Y、T 参数。

13-6 已知本题图示二端口网络的 Z 参数矩阵为

$$\boldsymbol{Z}=\begin{bmatrix}10 & 8\\ 5 & 10\end{bmatrix}\Omega$$

求 R_1、R_2、R_3 和 r 的值。

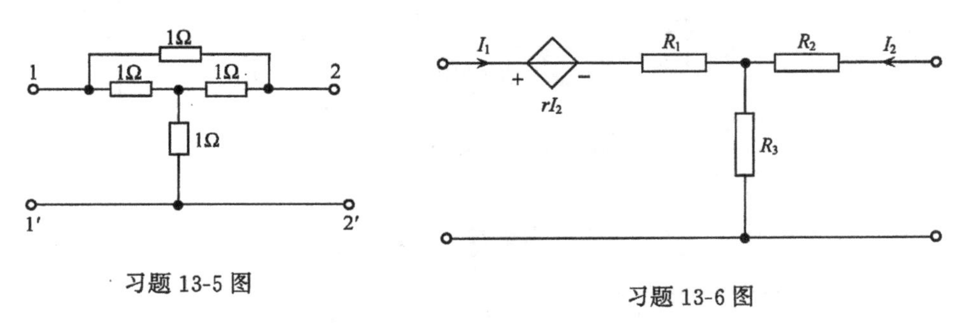

习题 13-5 图

习题 13-6 图

13-7 求本题图示二端口网络的 H 参数。

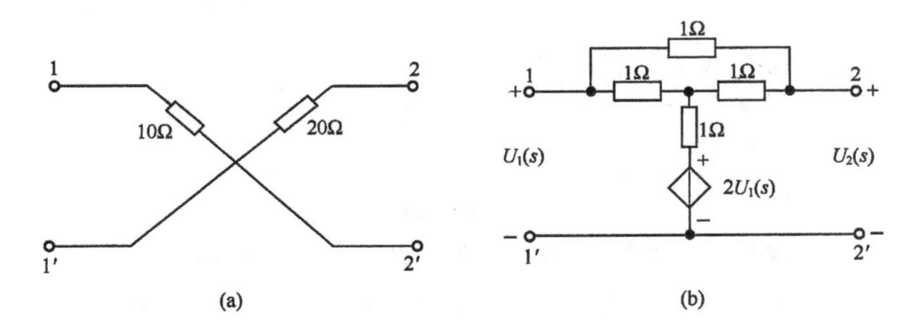

习题 13-7 图

13-8 求本题图示二端口网络的混合参数(H)矩阵。

13-9 求本题图示二端口网络的 Z 参数、T 参数。

13-10 求本题图示二端口网络的 T 参数。

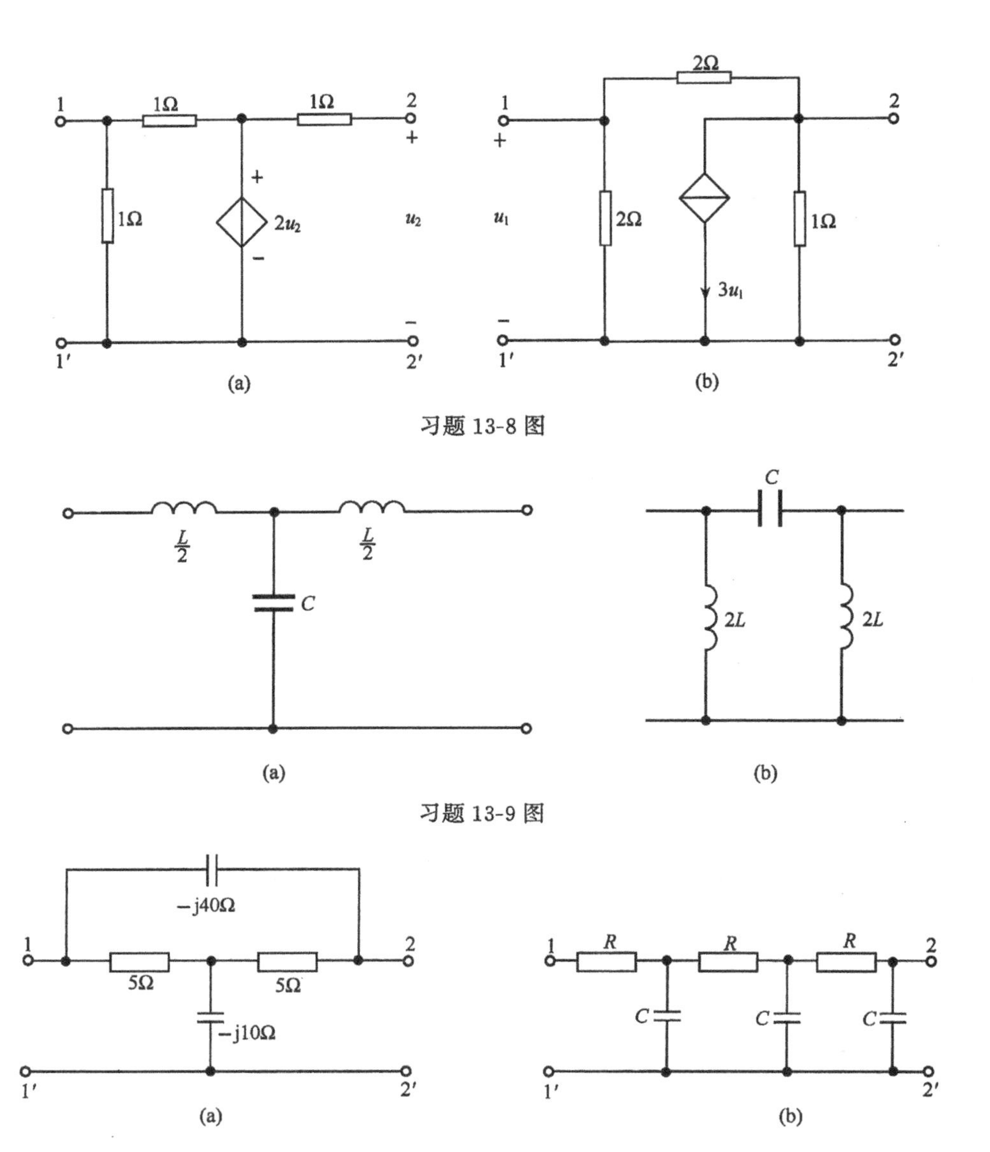

习题 13-8 图

习题 13-9 图

习题 13-10 图

13-11 用级联公式求本题图示二端口网络的 T 参数矩阵(角频率为 ω)。

13-12 本题图示电路,无源线性二端口网络的 Y 参数为 $Y_{11}=0.01\text{S}$,$Y_{12}=-0.02\text{S}$,$Y_{21}=0.03\text{S}$,$Y_{22}=0.02\text{S}$,$\dot{U}_s=400\angle-30°\text{V}$,$R_s=100\Omega$,负载阻抗 Z_L 为 $20\angle30°\Omega$。试用二端口网络的等效电路法求 $\dot{U}_2$。

13-13 试绘出对应下列开路阻抗矩阵的二端口网络的等效电路。

(1) $\begin{bmatrix}3 & 1\\1 & 2\end{bmatrix}$　　(2) $\begin{bmatrix}3 & 2\\-4 & 4\end{bmatrix}$

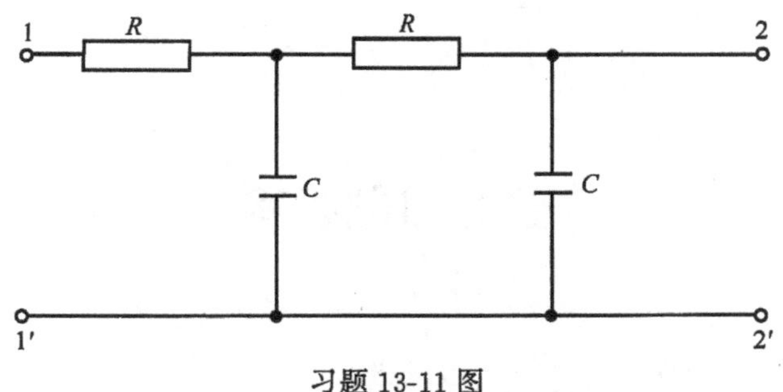

习题 13-11 图

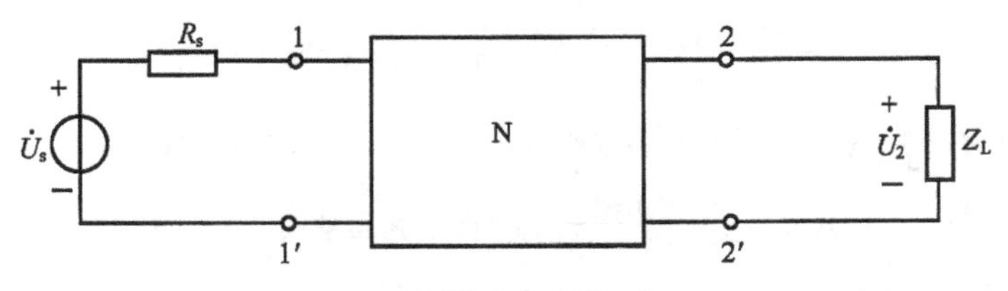

习题 13-12 图

13-14　已知二端口网络的参数矩阵为：

(a) $Z=\begin{bmatrix}\frac{60}{9} & \frac{40}{9}\\ \frac{40}{9} & \frac{100}{9}\end{bmatrix}\Omega$；　　(b) $Y=\begin{bmatrix}5 & -2\\ 0 & 3\end{bmatrix}$S。

试问该二端口网络是否有受控源，并求它的等效 π 形电路。

13-15　试证明两个回转器级联后(本题图(a)所示)，可等效为一个理想变压器(本题图(b)所示)，并求出变比 n 与两个回转器的回转电导 g_1 和 g_2 的关系。

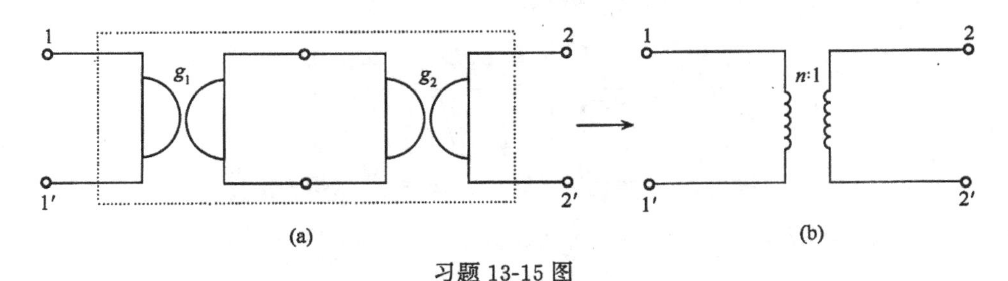

习题 13-15 图

13-16　试求本题图示电路的输入阻抗 Z_{in}。已知 $C_1=C_2=1$F，$G_1=G_2=1$S，$g=2$S。

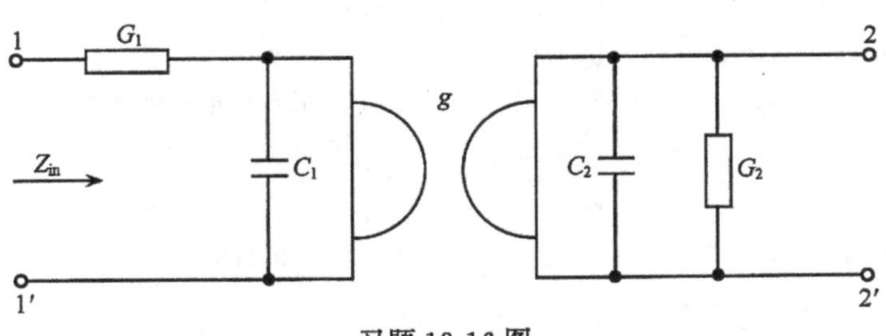

习题 13-16 图

部分习题答案

第1章

1-1　(1) $\boldsymbol{F}=\dfrac{qq'\boldsymbol{r}}{2\pi\varepsilon_0(a^2+r^2)^{3/2}}$；　(2) $r=\dfrac{\sqrt{2}}{2}a$

1-2　(2) $Q=-\left(\dfrac{1}{4}+\dfrac{\sqrt{2}}{2}\right)q$

1-4　(a) $E=\dfrac{\sqrt{2}\lambda}{4\pi\varepsilon_0 R}$,方向:与两条直线间夹角均为45°；　(b) $E=0$

1-5　$E=\dfrac{\sigma}{4\varepsilon_0}$　　1-6　$E=\dfrac{\sigma r}{2\varepsilon_0(R^2+r^2)^{1/2}}$,方向沿圆洞轴线

1-7　$-\dfrac{\sigma}{\varepsilon_0}$,0,$+\dfrac{\sigma}{\varepsilon_0}$,正号表示方向向右,负号表示方向向左

1-8　$r<R_1:E=0;R_1\leqslant r<R_2:E=\dfrac{q_1}{4\pi\varepsilon_0 r^2}$；

$r\geqslant R_2:E=\dfrac{q_1+q_2}{4\pi\varepsilon_0 r^2}$,不是连续函数(在带电面处不连续)

1-9　(1) $E_{内}=\dfrac{\rho_0 r}{3\varepsilon_0}\left(1-\dfrac{3r}{4R}\right)$,$E_{外}=\dfrac{\rho_0 R^3}{12\varepsilon_0 r^2}$;(2) $r=\dfrac{2R}{3}$时,$E_{\max}=\dfrac{\rho_0 R}{9\varepsilon_0}$

1-10　(1) 0；(2) $\dfrac{\lambda}{2\pi\varepsilon_0 r}$；(3) 0　　1-11　$E=\dfrac{\lambda r}{2\pi\varepsilon_0 R^2}$,方向垂直轴线

1-12　$U=\dfrac{\rho R^2}{4\varepsilon_0}$　　1-13　$U_{AB}=\dfrac{\lambda}{\pi\varepsilon_0}\ln\dfrac{d-R}{R}$

1-14　$U_p=\dfrac{\lambda}{4\pi\varepsilon_0}\ln\dfrac{a+\dfrac{L}{2}}{a-\dfrac{L}{2}}$,$U_Q=\dfrac{\lambda}{4\pi\varepsilon_0}\ln\left[\dfrac{\dfrac{L}{2}+\sqrt{\left(\dfrac{L}{2}\right)^2+a^2}}{-\dfrac{L}{2}+\sqrt{\left(\dfrac{L}{2}\right)^2+a^2}}\right]$

1-15　(1) $r>R:E=\dfrac{Q}{4\pi\varepsilon_0 r^2}$,$U=\dfrac{Q}{4\pi\varepsilon_0 r}$;(2) $r\leqslant R:E=\dfrac{Qr}{4\pi\varepsilon_0 R^3}$,$U=\dfrac{Q(3R^2-r^2)}{8\pi\varepsilon_0 R^3}$

1-16　$r\leqslant R_1:U=\dfrac{q_1}{4\pi\varepsilon_0 R_1}+\dfrac{q_2}{4\pi\varepsilon_0 R_2}$;$R_1<r\leqslant R_2:U=\dfrac{q_1}{4\pi\varepsilon_0 r}+\dfrac{q_2}{4\pi\varepsilon_0 R_2}$；

$r>R_2:U=\dfrac{q_1+q_2}{4\pi\varepsilon_0 r}$

1-17　$\sigma_{A左}=\sigma_{B右}=\dfrac{1}{2S}(Q_A+Q_B)$;$\sigma_{A右}=-\sigma_{B左}=\dfrac{1}{2S}(Q_A-Q_B)$;$U_A-U_B=\dfrac{Q_A-Q_B}{2\varepsilon_0 S}d$

1-18　“40μF,300V”;“7.5μF,400V”

1-19　120pF;C_1,C_2 相继被击穿　　1-20　仅当玻璃插入后电容器被击穿

1-21　2倍,$\dfrac{2\varepsilon_r}{1+\varepsilon_r}$倍　　1-22　$\dfrac{(\varepsilon_1-3\varepsilon_2)S}{4d}$;$\dfrac{(\varepsilon_1+\varepsilon_2)S}{2d}$

1-23　(1) $2.7\times10^{-5}\mathrm{C\cdot m^{-2}}$;(2) $2.7\times10^{-5}\mathrm{C\cdot m^{-2}}$;(3) $1.8\times10^{-5}\mathrm{C\cdot m^{-2}}$;
(4) $1.8\times10^{-5}\mathrm{C\cdot m^{-2}}$;(5) $3.0\times10^{6}\mathrm{V\cdot m^{-1}}$,$2.0\times10^{6}\mathrm{V\cdot m^{-1}}$

1-24　(1) $r<R:E=0,D=0;R<r<R+d:E=\dfrac{q}{4\pi\varepsilon_0\varepsilon_r r^2}$,$D=\dfrac{q}{4\pi r^2}$；

$r>R+d: E=\frac{q}{4\pi\varepsilon_0 r^2}, D=\frac{q}{4\pi r^2}$；

(2) $r\leqslant R: U=\frac{q}{4\pi\varepsilon_0\varepsilon_r}\left(\frac{1}{R}+\frac{\varepsilon_r-1}{R+d}\right)$；$R<r\leqslant R+d: U=\frac{q}{4\pi\varepsilon_0\varepsilon_r}\left(\frac{1}{r}+\frac{\varepsilon_r-1}{R+d}\right)$；

$r>R+d: U=\frac{q}{4\pi\varepsilon_0 r}$；

(3) 内界面处：$\sigma'=\frac{-q(\varepsilon_r-1)}{4\pi\varepsilon_r R^2}$；外界面处：$\sigma'=\frac{q(\varepsilon_r-1)}{4\pi\varepsilon_r(R+d)^2}$

1-25 (1) $r<R: E=0, D=0$；$R<r<a: E=\frac{Q}{4\pi\varepsilon_0 r^2}, D=\frac{Q}{4\pi r^2}$；

$a<r<b: E=\frac{Q}{4\pi\varepsilon_0\varepsilon_r r^2}, D=\frac{Q}{4\pi r^2}$；$r>b: E=\frac{Q}{4\pi\varepsilon_0 r^2}, D=\frac{Q}{4\pi r^2}$；

(2) $p=\frac{(\varepsilon_r-1)Q}{4\pi\varepsilon_r r^2}, \sigma'_a=-\frac{(\varepsilon_r-1)Q}{4\pi\varepsilon_r a^2}, \sigma'_b=\frac{(\varepsilon_r-1)Q}{4\pi\varepsilon_r b^2}$；

(3) $r\leqslant R: U=\frac{Q}{4\pi\varepsilon_0}\left(\frac{1}{R}-\frac{\varepsilon_r-1}{\varepsilon_r a}+\frac{\varepsilon_r-1}{\varepsilon_r b}\right)$；$R<r\leqslant a: U=\frac{Q}{4\pi\varepsilon_0}\left(\frac{1}{r}-\frac{\varepsilon_r-1}{\varepsilon_r a}+\frac{\varepsilon_r-1}{\varepsilon_r b}\right)$；

$a<r\leqslant b: U=\frac{Q}{4\pi\varepsilon_0\varepsilon_r}\left(\frac{1}{r}+\frac{\varepsilon_r-1}{b}\right)$；$r>b: U=\frac{Q}{4\pi\varepsilon_0 r}$；

(4) $C=\frac{4\pi\varepsilon_0}{\left(\frac{1}{R}-\frac{1}{a}\right)+\frac{1}{\varepsilon_r}\left(\frac{1}{a}-\frac{1}{b}\right)}$

1-26 (1) $1.1\times10^{-2}\text{J}\cdot\text{m}^{-3}$，$2.2\times10^{-2}\text{J}\cdot\text{m}^{-3}$；(2) $1.1\times10^{-7}\text{J}$，$3.3\times10^{-7}\text{J}$；(3) $4.4\times10^{-7}\text{J}$

1-27 (1) $\frac{Q^2}{8\pi^2\varepsilon r^2 l^2}$，$\frac{Q^2}{4\pi\varepsilon r l}\text{d}r$；(2) $\frac{Q^2}{4\pi\varepsilon l}\ln\frac{R_2}{R_1}$；能按此方法求电容，$C=\frac{2\pi\varepsilon l}{\ln\frac{R_2}{R_1}}$

1-29 (1) 减少 $3.2\times10^{-5}\text{J}$；(2) 增加 $1.59\times10^{-4}\text{J}$　　1-30 $C=\frac{\pi\varepsilon_0}{\ln(d/r)}$

第2章

2-1 $\frac{0.21\mu_0 I}{a}$

2-2 (1) $\frac{\mu_0 I}{4\pi R}\left(1+\frac{3}{2}\pi\right)$，方向垂直纸面向里；(2) $\frac{\mu_0 I}{4\pi R}(\pi+2)$，方向垂直纸面向里

2-3 (1) $\frac{\mu_0 I}{8}\left(\frac{3}{a}+\frac{1}{b}\right)$，方向垂直纸面向里；(2) $\frac{\mu_0 I}{4\pi}\left(\frac{3\pi}{2a}+\frac{\sqrt{2}}{b}\right)$，方向垂直纸面向里

2-4 $B_0=0$

2-5 $B=\frac{\mu_0 I R^2}{2\left[R^2+\left(\frac{a}{2}-x\right)^2\right]^{3/2}}+\frac{\mu_0 I R^2}{2\left[R^2+\left(\frac{a}{2}+x\right)^2\right]^{3/2}}$，方向沿轴线方向

2-6 $B=6.37\times10^{-5}\text{T}$　　2-7 $B=\frac{\mu_0 N I}{4R}$，沿轴的方向

2-8 $B_p=\frac{\mu_0 I}{2\pi a}\ln2$　　2-9 $B=\frac{\mu_0 q}{2\pi R^2}\left[\frac{R^2+2x^2}{(R^2+x^2)^{1/2}}-2x\right]\omega$

2-10 $\frac{\mu_0 I}{4\pi}$　　2-11 $\frac{\mu_0 I l}{2\pi}\ln\frac{b}{a}$

2-14 (1) $r<a: B=\frac{\mu_0 I r}{2\pi a^2}$；(2) $a<r<b: B=\frac{\mu_0 I}{2\pi r}$；

(3) $b<r<c: B=\frac{\mu_0 I}{2\pi r}\cdot\frac{(c^2-r^2)}{(c^2-b^2)}$；(4) $r>c: B=0$

2-15 (1) $\frac{\mu_0 I R_2^2}{2\pi a(R_1^2-R_2^2)}$；(2) $\frac{\mu_0 I a}{2\pi(R_1^2-R_2^2)}$

2-16　$B=\frac{1}{2}\mu_0 j$,方向由右手螺旋法则确定

2-17　(1) $B=\mu_0 j$;(2) $B=0$　　2-18　2.14×10^{-7}Wb

2-19　(1) 1.14×10^{-3}T,方向垂直纸面向里;(2) 1.57×10^{-8}s

2-20　(1) 向西;(2) 3.2×10^{-16}N,$\frac{F_{洛}}{mg}=1.95\times10^{10}$

2-21　1.92MeV　　2-22　$R=3.9\times10^{-2}$m,$h=0.164$m

2-23　$7.57\times10^{6}\text{m}\cdot\text{s}^{-1}$　　2-24　$10^{5}\text{m}\cdot\text{s}^{-1}$,不影响

2-25　(1) $6.7\times10^{-4}\text{m}\cdot\text{s}^{-1}$;(2) 2.8×10^{29}个$\cdot\text{m}^{-3}$

2-26　(1) $\frac{1}{2}\mu_0 I_1 I_2$,方向向右;(2) $\mu_0 I_1 I_2$,方向向右

2-27　$F=2RIB$,方向竖直向上　　2-28　$B=2.45$T,方向由西向东

2-29　$F=\mu_0 I_1 I_2\left[1-\frac{d}{(d^2-R^2)^{1/2}}\right]$,方向垂直长直导线

2-31　$B=9.3\times10^{-3}$T

2-32　(1) $7.85\times10^{-2}\text{m}\cdot\text{N}$;(2) 7.85×10^{-2}J　　2-33　$1.2\times10^{-6}\text{N}\cdot\text{m}$

2-34　(1) $0\leqslant r\leqslant R_1$:$H_1=\frac{Ir}{2\pi R_1^2}$,$B_1=\frac{\mu_0 Ir}{2\pi R_1^2}$;

$R_1<r<R_2$:$H_2=\frac{I}{2\pi r}$,$B_2=\frac{\mu_0\mu_r I}{2\pi r}$;$r\geqslant R_2$:$H_3=\frac{I}{2\pi r}$,$B_3=\frac{\mu_0 I}{2\pi r}$;

(2) 介质内表面 $j_{s_1}=\frac{(\mu_r-1)I}{2\pi R_1}$;介质外表面 $j_{s_2}=\frac{(\mu_r-1)I}{2\pi R_2}$

2-35　(1) 2.0×10^{-2}T;(2) $32\text{A}\cdot\text{m}^{-1}$;

(3) $6.25\times10^{-4}\text{Wb}\cdot\text{A}^{-1}\cdot\text{m}^{-1}$,496;(4) $1.59\times10^{4}\text{A}\cdot\text{m}^{-1}$

2-36　0.4A

第3章

3-1　$kvlt$,方向由 A 指向 B　　3-2　3×10^{-3}V

3-3　$-8.7\times10^{-2}\cos100\pi t$V

3-4　$2.96\sin120\pi t$V;$2.96\times10^{-3}\sin120\pi t$A;2.96V;$2.96\times10^{-3}$A

3-5　$\frac{\mu_0 Iv}{2\pi}\ln\frac{a+b}{a}$,$B$ 端电势高　　3-6　$Bltg\sin\theta\cos\theta$

3-7　$\varepsilon_i=\frac{\mu_0 I\omega}{2\pi}\left[L-r_0\ln\left(1+\frac{L}{r_0}\right)\right]$　　3-8　$\frac{1}{2}\omega Bd^2$

3-9　2.8×10^{-2}V,1.4×10^{-2}A　　3-10　$\frac{\mu_0 l_1}{2\pi}\left(\ln\frac{d_2+l_2}{d_2}-\ln\frac{d_1+l_2}{d_1}\right)\frac{\mathrm{d}I}{\mathrm{d}t}$

3-11　0.5A　　3-12　(1) $L=L_1+L_2+2M$;(2) $L=L_1+L_2-2M$

3-14　(1) $L_1=\frac{\mu_0 N_1^2 a^2}{2R}$,$L_2=\frac{\mu_0 N_2^2 a^2}{2R}$;(2) $M=\frac{\mu_0 N_1 N_2 a^2}{2R}$;(3) $M=\sqrt{L_1 L_2}$

3-15　$\frac{\mu_0 l}{2\pi}\ln\frac{r_2}{r_1}$　　3-16　$\frac{\mu_0\pi N_1 N_2 R^2 r^2}{2(R^2+l^2)^{3/2}}$

3-18　8×10^{-2}J　　3-20　$1.5\times10^{8}\text{V}\cdot\text{m}^{-1}$

3-21　2.2×10^{-1}J　　3-23　$\frac{q_m\omega}{A}\cos\omega t$

3-24　(1) $7.2\times10^{7}\pi\varepsilon_0\cos(10^5\pi t)\text{A}\cdot\text{m}^{-2}$;

(2) $t=0$ 时,$H_p=3.6\times10^{5}\varepsilon_0\pi\text{A}\cdot\text{m}^{-1}$;$t=\frac{1}{2}\times10^{-5}$s 时,$H_p=0$

3-25　$\frac{qa^2v}{2(a^2+x^2)^{3/2}}$,$\frac{qv\sin\theta}{4\pi r^2}$

第4章

4-1 相同区间$\left[0,\frac{\pi}{2000}\right]$,$\left[\frac{\pi}{1000},\frac{3\pi}{2000}\right]$,相反区间$\left[\frac{\pi}{2000},\frac{\pi}{1000}\right]$,$\left[\frac{3\pi}{2000},\frac{\pi}{500}\right]$

4-2 (a) $u=-10^4 i$;(b) $u=-2\times10^{-2}\frac{di}{dt}$;(c) $i=10^{-5}\frac{du}{dt}$;(d) $u=-5V$;(e) $i=2A$

4-3 1.25V,5V,-5V

4-4 t:0-60μs,$u=200V$;t:60-64μs,$u=-3000V$

4-5 (1)$u_R=4\sin\left(2t+\frac{\pi}{3}\right)V$,$u_L=4\cos\left(2t+\frac{\pi}{3}\right)V$,$u_C=\left[50-100\cos\left(2t+\frac{\pi}{3}\right)\right]V$;

(2) $u_R=2e^{-t}V$,$u_L=-e^{-t}V$, $u_C=(100-100e^{-t})V$

4-6 (1) 20W,-20W;(2) 如要使2A电流源功率为0,在AB段内应插入与u_s电压源方向相反数值相等的电压源u_s';(3) 如要使10V电压源功率为零,应在BC间并联一电流源i_s',其方向与i_s电流源相反,数值与i_s相等

4-7 1.5A,8.25V　　4-8 -350W

4-9 只有3个回路方程是独立的

4-10 (a) 8V;(b) 6V

4-11 0.22V,0.464A　　4-12 48Ω

4-13 6A,2A,4A;14V,16V,4V

4-14 $I_1=1A$,$I_2=1.6A$,$I_3=2.6A$

4-15 $I_1=0.0149A$,$U_0=5.06V$

4-16 $u_1=20V$,$u=200V$

第5章

5-1 (1) 11.6V;(2) 10.6V

5-2 (1) 3.0Ω;(2) $\frac{4}{3}$Ω;(3)$\frac{1}{2}$Ω;(4) $\frac{1}{4}$Ω

5-3 (1) 1.5mA,0.75mA;(2) 1.5V,7.5V

5-4 4.0Ω,6.0Ω　　5-5 2mA

5-6 (1) 8Ω;(2) 72V

5-7 (1) 1.2mA,0.2mA;(2) 2mA,2V;(3) 6Ω;(4) 0.55mA,0.27mA,0.18mA

5-8 (1) 0V;(2) 0.5V;(3) -0.5V

5-9 1.5A,1.5A;2A,1A　　5-10 断开:10Ω,5V;接通:5Ω, 0V

5-11 -10V,2.0V,-6.0V　　5-12 10V,0V

5-13 157Ω　　5-14 8Ω

5-15 -3.0V,-12.0V,-9.0V

5-16 (1) $\frac{R_2R_3}{R_2+R_3}i_s$,$\frac{R_3}{R_2+R_3}i_s$;(2) 电阻$R_1$两端的电压增大,电流源两端的电压受影响

5-17 (a) 4.4Ω;(b)3Ω;(c) 1.5Ω(开关合上),1.5Ω(开关打开);(d) 0.5Ω;(e) 3Ω;

(f) 1.269Ω;(g) 1.667Ω

5-18 (1) 3A,4Ω;(2) 2A,8W;(3) 33.33W,0.667W,4W;(4) u_{s_1}、u_{s_2}发出的功率不等于i_s发出的功率,R_1、R_2消耗的功率不等于R消耗的功率

5-19 (1) 5V;(2) 150V　　5-20 (1) 30V;(2) -5V

5-21 0.125A　　5-22 (a) $R_1(1-\mu)+R_2$;(b) $R_1+R_2(1+\beta)$

第6章

6-1 1A,-1.75A,-0.75A　　6-2 2A,3A,-1A

6-3 -0.956A

6-4　$i_1=0.727\sin(100t)\mathrm{A}$，$i_2=2.727\sin(100t)\mathrm{A}$，$i_3=0.036\sin(100t)\mathrm{A}$，
$i_4=1.964\sin(100t)\mathrm{A}$，$i_5=0.764\sin(100t)\mathrm{A}$

6-5　$U_3=14.22\mathrm{V}$　　6-6　$-0.956\mathrm{A}$

6-7　4W　　6-8　1A

6-9　-2.8A，-1.8A，0.8A　　6-10　3.75V

6-11　2.4A　　6-12　80V

6-13　276.25V　　6-14　-1.552A

6-15　(a)$U_\varphi=20\mathrm{V}$；(b)$U_\varphi=30\mathrm{V}$

6-16　(a) $\left(\frac{1}{2}+\frac{1}{2+3}\right)u_{n1}-\frac{1}{2}u_{n2}=4-10$；$-\frac{1}{2}u_{n1}+\left[\frac{1}{2}+3+\frac{1}{\frac{1}{2}+\frac{1}{6}}\right]u_{n2}=10$；

(b) $\frac{8}{5}u_{n1}-\frac{2}{5}u_{n2}=6$；$-\frac{2}{5}u_{n1}+\frac{1}{2}u_{n2}=6$

6-18　14.54A，18.82A，-26.26A，6.43A，15.39A

6-19　$I_s=9\mathrm{A}$，$I_0=-3\mathrm{A}$　　6-20　32V

6-21　$u_0=\dfrac{-\left[\left(\frac{A}{R_2}-\frac{1}{R_3}\right)\left(\frac{u_a}{R_a}+\frac{u_b}{R_b}\right)\right]}{\left(\frac{1}{R_a}+\frac{1}{R_b}+\frac{1}{R_1}+\frac{1}{R_3}\right)\left(\frac{1}{R_2}+\frac{1}{R_3}+\frac{1}{R_4}\right)+\frac{1}{R_3}\left(\frac{A}{R_2}-\frac{1}{R_3}\right)}$

6-22　2A 电流源提供的功率为 4W；1A 电流源提供的功率为 2W；2V 电压源提供的功率为零

第 7 章

7-1　5A，-9V　　7-2　-25V

7-3　$u_{ab}=(\sin t+0.2\mathrm{e}^{-t})\mathrm{V}$　　7-4　80V

7-5　8V　　7-6　1V

7-7　-1A　　7-8　0.2Ω

7-9　$R_\mathrm{L}=\frac{5}{3}\Omega$　　7-10　1A

7-11　(a) 10V，3Ω；(b) 6V，16Ω　　7-12　$R_\mathrm{eq}=2\Omega$，$u_\mathrm{oc}=-0.5\mathrm{V}$

7-13　$u_\mathrm{oc}=0.417\mathrm{V}$，$R_\mathrm{eq}=3.505\Omega$　　7-14　1A

7-15　$\frac{35}{3}$A，$\frac{1}{2}$S　　7-16　-2.5A

7-17　(1) $U_\mathrm{oc}=15\mathrm{V}$，$R_{ab}=14\Omega$；(2) $I_\mathrm{sc}=\frac{15}{14}\mathrm{A}=1.07\mathrm{A}$，$R_{ab}=14\Omega$

7-18　5A，$\frac{50}{11}$A，$\frac{50}{13}$A

7-19　(a) $u_\mathrm{oc}=5\mathrm{V}$，$R_\mathrm{eq}=0$；(b) $i_\mathrm{sc}=7.5\mathrm{A}$，$G_\mathrm{eq}=0$

$R_\mathrm{eq}=0$ 时，原电路没有诺顿等效电路；$R_\mathrm{eq}=\infty$时，原电路没有戴维南等效电路

7-20　-1A　　7-21　3mA

7-22　$U_{s2}=87.85\mathrm{V}$　　7-23　7.38V

7-24　$I=-1\mathrm{A}$　　7-25　10.8A

7-26　3.375W

第 8 章

8-1　$i_1(0_+)=U_\mathrm{s}\cdot\dfrac{R_1+R_2+R_3}{(R_1+R_2)(R_1+R_3)}$；$i_2(0_+)=U_\mathrm{s}\cdot\dfrac{R_3}{(R_1+R_2)(R_1+R_3)}$；

$u_\mathrm{L}(0_+)=U_\mathrm{s}\cdot\dfrac{R_1R_3}{(R_1+R_2)(R_1+R_3)}$；$\dfrac{\mathrm{d}u_C}{\mathrm{d}t}\Big|_{t=0_+}=U_\mathrm{s}\cdot\dfrac{R_3}{C(R_1+R_2)(R_1+R_3)}$

8-2 $u_C=-5+15e^{-10t}V(t\geqslant 0)$；$i_1=0.25+0.75e^{-10t}mA(t\geqslant 0)$

8-3 (a) $u_C(0_+)=10V, i_C(0_+)=-1.5A$；(b) $u_L(0_+)=-5V, i_L(0_+)=1A$

8-4 $u_C(0_+)=4V, i_L(0_+)=2A, i(0_+)=4A$；$i_C(0_+)=-2A, u_L(0_+)=0$；

$\left.\dfrac{du_C}{dt}\right|_{t=0_+}=-1V\cdot s^{-1}, \dfrac{di_L}{dt}=\dfrac{0}{1}=0$

8-5 $2e^{-8t}A, -16e^{-8t}V$ 8-6 $126e^{-3.33t}V$

8-7 $4e^{-2t}V, 0.04e^{-2t}mA$

8-8 子弹经过 l 所花的时间为 9.61ms；$v=\dfrac{l}{9.61}\approx 312.2m\cdot s^{-1}$

8-9 $i=C\dfrac{du_C}{dt}=-5e^{-\frac{t}{2}}\cdot 1(t)+2.5e^{-\frac{t-2}{2}}\cdot 1(t-2)A(t\geqslant 0)$

8-10 (1) 1.024kV；(2) 52.64MΩ；(3) 4588.5s；(4) 50kA, 50MW；(5) 7.5s, 0.1A, 100W

8-11 $10(1-e^{-10t})V$；$e^{-10t}mA$ 8-12 $(2-2e^{-1\times 10^6 t})A$

8-13 (1) $\left(1-\dfrac{1}{4}e^{-15t}\right)A, \left(\dfrac{5}{3}-\dfrac{5}{12}e^{-15t}\right)A, \left(\dfrac{8}{3}-\dfrac{2}{3}e^{-15t}\right)A$；

(2) 零状态$\left(\dfrac{8}{3}-\dfrac{8}{3}e^{-15t}\right)A$，零输入 $2e^{-15t}$；

(3) 自由分量$-\dfrac{2}{3}e^{-15t}$，强制分量$\dfrac{8}{3}A$

8-14 $(5-15e^{-10t})V, 0.75(1+e^{-10t})mA$

8-15 (1) $(12-9e^{-0.5t})V, 4.59e^{-0.5t}A, (72-54e^{-0.5t})W$；

(2) $(12+3e^{-0.5t})V, -1.5e^{-0.5t}A, (72+18e^{-0.5t})W$

8-16 (1) 2A；(2) 48W 8-17 $30V, (40-10e^{-\frac{1}{5}t})V$

8-18 零输入响应 $i_{L1}(t)=2e^{-100t}A, (t\geqslant 0)$；零状态响应 $i_{L2}(t)=4(1-e^{-100t})A, (t\geqslant 0)$；全响应 $i_L(t)=i_{L1}(t)+i_{L2}(t)=4-2e^{-100t}A, (t\geqslant 0)$

8-19 $(8-0.667e^{-\frac{10^6 t}{2.4}})A$；$0.833e^{-\frac{10^6 t}{2.4}})A$；$(4-2e^{-\frac{10^6 t}{2.4}})V$

8-20 $\left((1-e^{-\frac{6}{5}t})\varepsilon(t)-[1-e^{-\frac{6}{5}(t-1)}]\varepsilon(t-1)\right)A$

8-21 (1) $10(1-e^{-100t})V, 0\leqslant t<2s$；$[-20+30e^{-100(t-2)}]V, 2s\leqslant t\leqslant 3s$；$-20e^{-100(t-3)}V$, $t>3s$；

(2) $\{10(1-e^{-100t})\varepsilon(t)-30[1-e^{-100(t-2)}]\varepsilon(t-2)+20[1-e^{-100(t-3)}]\varepsilon(t-3)\}V$

8-22 $u(t)=5e^{-1}\varepsilon(t)+5e^{-(t-1)}\varepsilon(t-1)-15e^{-(t-2)}\varepsilon(t-2)+5e^{-(t-3)}\varepsilon(t-3)$

8-23 $10e^{-5t}V$

8-24 $\delta(t)-e^{-t}V$

8-25 (1) $\dfrac{10^6}{9}e^{-\frac{10^3 t}{9}}\varepsilon(t)V$；(2) $\left(\dfrac{10^6}{9}+1\right)e^{-\frac{10^3 t}{9}}\varepsilon(t)V$；

(3) $\left[2e^{-\frac{10^3 t}{9}}\varepsilon(t)+\dfrac{10^6}{3}e^{-\frac{10^3(t-2)}{9}}\varepsilon(t-2)\right]V$

8-26 $(5+5e^{-50t})\varepsilon(t)A$

8-27 $\left(\dfrac{5}{8}-\dfrac{1}{8}e^{-t}\right)\varepsilon(t)V$

8-28 (1) $(8e^{-2t}-2e^{-8t})V, 4(e^{-2t}-e^{-8t})A$；(2) 2Ω

8-29 $11.2e^{-200t}\sin(400t+63.6°)V$；$10e^{-200t}\sin(400t)mA$；

$-11.2e^{-200t}\sin(400t-63.6°)V$；5.14mA

8-30 (1) $0.044(e^{-382t}-e^{-2618t})$A, $(100+17e^{-2618t}-117e^{-382t})$V;

(2) $100te^{-1000t}$A, $[100-100(1+1000t)e^{-1000t}]$V;

(3) $[0.01e^{-100t}\sin(995t+84.3°)-0.01e^{-100t}\cos(995t+84.3°)]$A,

$[100-100.5e^{-100t}\sin(995t+84.3°)]$V

8-31 $-310e^{-250t}\sin(1.291\times10^4t)$V

8-32 $358e^{-25t}\sin(139t+176°)$V

8-33 $[0.448e^{-t}\sin(2t+63.43°)-0.896e^{-t}\cos(2t+63.43°)]$A

8-34 $(-3e^{-2t}+5e^{-t})$A

8-35 (1) $\left(1+\frac{1}{3}e^{-4t}-\frac{4}{3}e^{-t}\right)\varepsilon(t)$A; (2) $\left(\frac{4}{3}e^{-4t}-\frac{1}{3}e^{-t}\right)\varepsilon(t)$V

8-36 (1) $\left[10-\frac{20}{\sqrt{3}}e^{-0.5t}\sin\left(\frac{\sqrt{3}}{2}t+60°\right)\right]$V;

(2) $\left[\frac{10}{\sqrt{3}}e^{-0.5t}\sin\left(\frac{\sqrt{3}}{2}t+60°\right)-10e^{-0.5t}\cos\left(\frac{\sqrt{3}}{2}t+60°\right)\right]$V

第9章

9-1 (1) 0.01s, 100Hz, 0, 10, 7.07; (2) 0.5s, 2Hz, 16°(或−74°), 120, 84.85;

(3) 0.0063s, 159.15Hz, −30.96°, 58.31, 41.23

9-2 (1) u 超前 i40°; (2) u 滞后 i120°; (3) u 滞后 i150°; (4) u 超前 i91.4°

9-3 (1) $u=220\sqrt{2}\cos(314t+53.13°)$V; (2) 186.68V

9-4 (1) $\dot{U}_1=35.36\angle-110°$V; (2) $\dot{U}_2=21.21\angle-60°$V;

(3) $\dot{U}=51.62\angle-91.65°$V

9-5 (1) −7.99A; (2) 3.07A; (3) −4.92A

9-6 $5.67\angle54.23°$A; $48.36\angle118.2°$V; $u_R=56.72\sqrt{2}\cos(1200t+54.23°)$V

9-7 $111.34\angle59.53°$V

9-8 (a) $\dot{U}=10\angle0°$V; (b) $\dot{U}=10\angle-90°$V

9-9 $20\angle36.87°$A

9-10 (1) 20Ω, 0.05S; (2) $5\angle135°$Ω, $0.2\angle-135°$S; (3) $20\angle90°$Ω, $0.05\angle-90°$S;

(4) $5\angle17°$Ω, $0.2\angle-17°$S

9-11 (a) $Z_0=(2.5-j1.5)$Ω; (b) $Z_0=(2+j1)$Ω

9-12 $\dot{U}_s=8.94\angle-26.6°$V

9-13 $10\sqrt{2}\angle45°$A, $5\sqrt{2}\angle45°$V(设 $\dot{I}_2=10\angle90°$A)

9-14 电流表 A_1:2A; 电流表 A_2:0; $Z_{in}=(110+j0)$Ω

9-15 $Z_x=100\angle60°$Ω 或 $Z_x=200\angle60°$Ω; $Z_{in}=100\angle-60°$Ω 或 $Z_{in}=(100+j0)$Ω

9-16 $44.72\angle26.57°$A; j20A; 40A

9-17 $285.26\angle53.46°$V; $228.32\angle2.12°$V; $475.68\angle-87.88°$V

9-18 (0.5+j3.75)S, $R=2$Ω, $C=750\mu$F

9-19 (1) $Z_1Z_4=Z_2Z_3$; (2) $L_x=R_1R_4C_3$, $R_x=\frac{R_1C_3}{C_4}$

9-20 (a) 30V; (b) 2.24A; (c) 14.49V

9-21　(1) $\omega CR=\sqrt{3}$；(2) $\omega CR=\sqrt{6}$；(3) $\frac{1}{\omega CR}=\sqrt{6}$

9-23　(a) $2.24\angle-63.43°$V, $2.72\angle-53.97°$V；(b) $13.14\angle-152.17°$A, $1.124\angle 26.57°$S；(c) $7.58\angle-18.43°$V, $3.22\angle 82.87°\Omega$

9-24　44.72V　　9-25　11.07Ω

9-26　$7.83\sqrt{2}\cos(10^3t-58.88°)$A

9-27　0W，−57.99kvar；0W，67.14kvar；101.44kW，0var

9-28　44.06W

9-29　$51.5\angle-61°$V, $34.3\angle-61°$V, $51.5\angle 29°$V, $1715\angle 31°$V·A

9-30　$\overline{S}_1=(250+\text{j}1250)$V·A，$\overline{S}_2=-\text{j}1300$V·A

9-31　(769+j1923)V·A，(1116−j3347)V·A；(1884−j1424)V·A，0.798

9-32　$\dot{U}_C=10\angle 45°$V，$\dot{I}_C=20\angle 135°$A，$\dot{I}_R=5\angle 45°$A，$\dot{I}=20.62\angle 120.96°$A，

$\dot{U}_L=61.86\angle-149.04°$V，$\dot{U}_s=52.16\angle-151.7°$V，$\overline{S}_s=(50+\text{j}1074)$V·A

9-33　(2−j1)Ω，6.25W

9-34　117.7μF

9-35　0.1μF，$0.2828\cos(5000t)$A，$1.414\cos(5000t)$V，

$565.7\cos\left(5000t+\frac{\pi}{2}\right)$V，$565.7\cos\left(5000t-\frac{\pi}{2}\right)$V

9-36　(1) 20mH，50

9-37　$I_R=10$A，$I_L=I_C=0.3185$A

9-38　(1) 100；(2) $2.81\times10^{-3}\mu\text{F}\sim1.76\times10^{-2}\mu\text{F}$

9-39　$\sqrt{2}\cos(10^4t)$A，$5\sqrt{2}\cos(10^4t)$V，$\sqrt{2}\cos(10^4t)$A，$250\sqrt{2}\cos(10^4t-90°)$A，

$250\sqrt{2}\cos(10^4t+90°)$A

第10章

10-1　$u_{AN}=240\cos(\omega t-45°)$V；$u_{CN}=240\cos(\omega t+75°)$V；$u_{AB}=240\sqrt{3}\cos(\omega t-15°)$V；

$u_{BC}=240\sqrt{3}\cos(\omega t-135°)$V；$u_{CA}=240\sqrt{3}\cos(\omega t+105°)$V

10-2　1.174A，376.5V

10-3　(1) 15.1A，323.52V；(2)以上各量不变

10-4　$\dot{U}_{B'C'}=450\angle-90°$V，$\dot{U}_{C'A'}=450\angle 150°$V，

$\dot{I}_A=55.11\angle-45°$A，$\dot{I}_B=55.11\angle-165°$A，$\dot{I}_C=55.11\angle 75°$A，

$\dot{I}_{A'B'}=31.82\angle-15°$A，$\dot{I}_{B'C'}=31.82\angle-135°$A，$I_{C'A'}=31.82\angle 105°$A

10-5　30.08A，17.37A

10-6　3.508A，6.076A

10-7　(1) 6.64A，1537W；(2) 19.92A，11.5A，4761W

10-8　22A，1228V

10-9　751.64V

10-10　(1)电流表：6.1A；(2) 3350W；(3)电流表：18.26A，6665W；(4)0A，1665W

10-11　(1) 64.66A，49.05A，41.9A；(2) 107.44A，53.5A，25.76A

10-12　55.88A

10-13　(1) 功率表 W_1：0W，功率表 W_2：3939W（设 $\dot{U}_{AB}=380\angle 30°V$）；(2) 功率表 W_1 与 W_2 的读数均为 1313W

10-14　(1) $3.11\angle -45°A, 3.11\angle -165°A, 3.11\angle 75°A$（设 $\dot{U}_{AN}=220\angle 0°V$）；(2) 2128W，40.85W

10-15　(1) $50.09\angle 115.5°V, 68.17\angle -44.29°A, 44.51\angle -155.6°A, 76.07\angle 94.76°A, 10.02\angle 78.67°A$, 33.36kW；

(2) $Z_N=0$：0A，$38.89\angle -165.0°A, 98.39\angle 93.43°A, 98.27\angle 116.3°A$；$Z_N=\infty$：0A，$48.65\angle -129.8°A, -48.65\angle -129.8°A$

10-16　(1) 65.82A，0A，25.6kW；(2) 65.82A，40.5A，5.450kW（无意义）

10-17　110mH，91.9μF　　10-18　$6.25\cos(500t-90°)V$

10-19　45V，2025V，1687.5V，45V，1575V，1687.5V，2.25V

10-20　11.43mF

10-21　$4.65\cos(2000t+0.76°)V$

10-22　$24.63\angle -15.9°A$

10-23　(a) $2.53\angle 16.89°\Omega$；(b) $15.32\angle 25.03°\Omega$

10-24　(a) $0.91\angle -13.28°A$；(b) $5.62\angle -128.66°A$

10-25　8.01V

10-26　0.0137W，0W，0.56W

10-27　(a) $(0.2+j0.6)\Omega$；(b) $-j1\Omega$；(c) ∞

10-28　$\dot{I}_{11}=\dot{I}_{12}=1.104\angle -83.66°\ A, \dot{I}_C=0$

10-29　$(R+j\omega L_1+j\omega L_2)\dot{I}_{11}-j\omega L_2\dot{I}_{12}-2j\omega M_{12}\dot{I}_{11}+j\omega M_{12}\dot{I}_{12}-j\omega M_{31}\dot{I}_{12}$

$=\dot{U}_{s1}\left(\frac{1}{j\omega C}+j\omega L_2+j\omega L_3\right)\dot{I}_{12}-j\omega L_2\dot{I}_{11}-2j\omega M_{23}\dot{I}_{12}-j\omega M_{31}\dot{I}_{11}+j\omega M_{12}\dot{I}_{11}=0$

10-30　$41.52 rad \cdot s^{-1}$

10-31　$\dot{U}_{oc}=3\angle 0°V$；$Z_{eq}=(3+j7.5)\Omega$

10-32　$\dot{I}_1=0A, \dot{U}_2=32\angle 0°V$

10-33　(1) 25H　　10-34　$0.9998\angle 0°V$

10-35　2.236　　10-36　$-j1\Omega$

第11章

11-1　$a_0=0, a_k=0, b_k=\frac{2E_m}{k^2 a(\pi-a)}\cdot\sin(ka), k=1,2,3,\cdots$

11-2　$f(t)=\frac{2}{\pi^2 t_0}\Big[\sin(100\pi t_0)\sin(100\pi t)+\frac{1}{9}\sin(300\pi t_0)\sin(300\pi t)+\frac{1}{25}\sin(500\pi t_0)\cdot\sin(500\pi t)+\frac{1}{49}\sin(700\pi t_0)\sin(700\pi t)\Big]V$

11-3　30Ω，50 Ω

11-4　$i=[1+\cos(\omega t-45°)+0.02\cos(30\omega t-58.1°)]A$

11-5　$i=[1.2\cos(\omega t+53.1°)+0.8\cos(2\omega t-53.1°)]A$

11-6　113.92V,1297.8W

11-7　77.14V,63.63V

11-8　$[12.83\cos(10^3t-3.71°)-1.396\sin(2\times10^3t-64.3°)]$A,916W

11-9　$i=16.1\cos(\omega t+74.5°)+5.67\cos(3\omega t-79.5°)+0.9\cos(5\omega t-24.7°)$A,$I=12.1$A

11-10　70.7V,4A

11-11　$[370.37-0.347\sin(3\times314t)+0.0173\sin(6\times314t)]$V

11-12　$[0.833+1.403\sin(314t+19.32°)-0.941\cos(628t+54.55°)+0.487\sin(942t+71.19°)]$A,120W,91.38V,1.497A

11-13　1H,66.67mH

11-14　$L=\frac{1}{49\omega_1^2}$,$C=\frac{1}{9\omega_1^2}$

11-15　9.35A,63.74V,$u_2(t)=[50\cos(10t-110°)+75\sin(30t-30°)]$V

11-16　$[0.5+\sqrt{2}\sin(1.5t+45°)+\sqrt{2}\sin(2t+36.8°)]$V,3.75W

11-17　(1) 184V,312V,18.1A,4.86A;(2) 180V,312V,18A,40V

第12章

12-1　(1) $\frac{a}{s(s+a)}$; (2) $\frac{s\cdot\sin\varphi+\omega\cos\varphi}{s^2+\omega^2}$; (3) $\frac{s}{(s+a)^2}$; (4) $\frac{1}{s(s+a)}$;

(5) $\frac{2}{s^3}$; (6) $\frac{3s^2+2s+1}{s^2}$; (7) $\frac{s^2-a^2}{(s^2+a^2)^2}$; (8) $\frac{a^2}{s^2(s+a)}$

12-2　(1) $\frac{3}{8}+\frac{1}{4}e^{-2t}+\frac{3}{8}e^{-4t}$; (2) $\frac{12}{5}e^{-2t}-\frac{34}{9}e^{-3t}+\frac{152}{45}e^{-12t}$;

(3) $2\delta(t)+2e^{-t}+2e^{-2t}$; (4) $\delta(t)+e^{-t}-4e^{-2t}$

12-3　(1) $e^{-t}-(t+1)e^{-2t}$; (2) $\frac{1}{2}+\frac{\sqrt{2}}{2}e^{-t}\cos(t-135°)$; (3) $1+2e^{-2t}\sin t$; (4) $\frac{t}{2}\sin t$

12-4　(a) $\frac{30s^2+14s+1}{6s^2+12s+1}$; (b) $\frac{2s^2+s+1}{2s+1}$

12-5　$\left(1-\frac{3}{2}e^{-50t}+\frac{1}{2}e^{-150t}\right)$A

12-6　$(-3e^{-t}+18e^{-6t})$V

12-7　$0.15\delta(t)$A,50V

12-8　$(5-e^{-4\times10^3t})$A,$[12\times10^{-3}\delta(t)+12e^{-10^3t}]$V

12-9　$(5t+12.5-2.5e^{-2t})$V

12-10　$U_2(s)=\frac{8s}{4s^3+14s^2+16s+3}$

12-11　$i_L(t)=(5+1500te^{-200t})$A

12-12　$-2.824e^{-50t}+17.89\sin(100t-63.43°)$V

12-13　$(6.667-0.447e^{-6.34t}-6.62e^{-23.66t})$A

12-14　$\frac{5}{3}(1-e^{-3t})$A,$\frac{5}{6}(1-e^{-3t})$A

12-15　(a) $0.15\delta(t)$mA,$50\varepsilon(t)$V;(b) $\left(\frac{2}{5}\delta(t)+\frac{1}{6}e^{-\frac{5}{4}t}\right)$A,$\left(\frac{4}{5}-\frac{2}{15}e^{-\frac{5}{4}t}\right)$V

12-16　$[(1-e^{-\frac{t}{6}})\varepsilon(t)+(1-e^{-\frac{t-1}{6}})\varepsilon(t-1)-2(1-e^{-\frac{t-2}{6}})\varepsilon(t-2)]$A

12-17　$(5+5e^{-400t})$V,$(5-5e^{-400t})$V,$0.2e^{-400t}$A,$[10^3\delta(t)-0.2e^{-400t}]$A

12-18 $e^{-t}\sin t\,\mathrm{A}, \left[\frac{1}{2}+\frac{\sqrt{2}}{2}e^{-t}\cos(t+135°)\right]\mathrm{A}$

12-19 (1) $\frac{25(s+1)^2}{s(11s^2+15s+6)}$；(2) $\frac{-5(s+1)^2}{s^2(5s+3)}$

12-20 $(10-2e^{-\frac{1}{5}t})\mathrm{A}, 4e^{-\frac{1}{5}t}\mathrm{A}$

12-21 $[-2e^{-2t}+8.54e^{-0.75t}\cos(0.66t+20.85°)]\mathrm{V}$

12-22 $[0.027e^{-10^3t}+447.2\cos(2\times10^3t-93.43°)]\mathrm{A}$

12-23 $\varepsilon(t)\mathrm{A}, \delta(t)\mathrm{V}$

第 13 章

13-1 (a) $j\omega L_1, j\omega M, j\omega M, j\omega L_2$；(b) $R+\frac{1}{j\omega C}, \frac{1}{j\omega C}, \frac{1}{j\omega C}, j\omega L+\frac{1}{j\omega C}$；(c) $3R, 2R, -7R, -3R$

13-2 (a) $\boldsymbol{Y}=\begin{bmatrix}\frac{5}{3} & -\frac{4}{3}\\ -\frac{4}{3} & \frac{5}{3}\end{bmatrix}\mathrm{S}, \boldsymbol{Z}=\begin{bmatrix}\frac{5}{3} & \frac{4}{3}\\ \frac{4}{3} & \frac{5}{3}\end{bmatrix}\Omega$；

(b) $\boldsymbol{Y}=\begin{bmatrix}\frac{3}{4} & -\frac{1}{4}\\ -\frac{1}{4} & \frac{3}{4}\end{bmatrix}\mathrm{S}, \boldsymbol{Z}=\begin{bmatrix}\frac{3}{2} & \frac{1}{2}\\ \frac{1}{2} & \frac{3}{2}\end{bmatrix}\Omega$

13-3 (a) $\boldsymbol{Y}=\begin{bmatrix}-j\frac{1}{\omega L} & j\frac{1}{\omega L}\\ j\frac{1}{\omega L} & j\left(\omega C-\frac{1}{\omega L}\right)\end{bmatrix}, \boldsymbol{Z}=\begin{bmatrix}j\left(\omega L-\frac{1}{\omega C}\right) & \frac{1}{j\omega C}\\ \frac{1}{j\omega C} & \frac{1}{j\omega C}\end{bmatrix}, \boldsymbol{T}=\begin{bmatrix}1-\omega^2LC & j\omega L\\ j\omega C & 1\end{bmatrix}$；

(b) $\boldsymbol{Y}=\begin{bmatrix}\frac{1-\omega^2LC}{j\omega L} & -\frac{1}{j\omega L}\\ -\frac{1}{j\omega L} & \frac{1}{j\omega L}\end{bmatrix}, \boldsymbol{Z}=\begin{bmatrix}\frac{1}{j\omega C} & \frac{1}{j\omega C}\\ \frac{1}{j\omega C} & \frac{1-\omega^2LC}{j\omega C}\end{bmatrix}, \boldsymbol{T}=\begin{bmatrix}1 & j\omega L\\ j\omega C & 1-\omega^2LC\end{bmatrix}$

13-4 (a) $\boldsymbol{Y}=\begin{bmatrix}\frac{5}{12} & -\frac{1}{12}\\ -\frac{1}{4} & \frac{1}{4}\end{bmatrix}\mathrm{S}$；(b) $\boldsymbol{Y}=\begin{bmatrix}\frac{3}{2} & -\frac{1}{2}\\ -5 & 3\end{bmatrix}\mathrm{S}$

13-5 Z 参数：$\frac{5}{3}\Omega, \frac{4}{3}\Omega, \frac{4}{3}\Omega, \frac{5}{3}\Omega$；$Y$ 参数：$\frac{5}{3}\mathrm{S}, -\frac{4}{3}\mathrm{S}, -\frac{4}{3}\mathrm{S}, \frac{5}{3}\mathrm{S}$；$T$ 参数：$\frac{5}{4}, \frac{3}{4}\Omega,$ $\frac{3}{4}\mathrm{S}, \frac{5}{4}$

13-6 $5\Omega, 5\Omega, 5\Omega, r=3\Omega$

13-7 (a) $30\Omega, -1, 1, 0$；(b) $1\Omega, \frac{4}{3}, -2, -1\mathrm{S}$

13-8 (a) $\boldsymbol{H}=\begin{bmatrix}\frac{1}{2} & 1\\ 0 & -1\end{bmatrix}$；(b) $\boldsymbol{H}=\begin{bmatrix}1 & \frac{1}{2}\\ \frac{5}{2} & \frac{11}{4}\end{bmatrix}$

13-9 (a) $\boldsymbol{Z}=\begin{bmatrix}j\left(\frac{\omega L}{2}-\frac{1}{\omega C}\right) & \frac{1}{j\omega C}\\ \frac{1}{j\omega C} & j\left(\frac{\omega L}{2}-\frac{1}{\omega C}\right)\end{bmatrix}, \boldsymbol{T}=\begin{bmatrix}\frac{2-\omega^2LC}{2} & j\omega L\left(1-\frac{1}{4}\omega^2C\right)\\ j\omega C & \frac{2-\omega^2LC}{2}\end{bmatrix}$；

(b) $$\boldsymbol{Z}=\begin{bmatrix}\dfrac{\mathrm{j}4\omega^2L^2\left(\omega C-\dfrac{1}{2\omega L}\right)}{4\omega^2LC-1} & \dfrac{\mathrm{j}4\omega^3L^2C}{4\omega^2LC-1}\\ \dfrac{\mathrm{j}4\omega^3L^2C}{4\omega^2LC-1} & \dfrac{\mathrm{j}4\omega^2L^2\left(\omega C-\dfrac{1}{2\omega L}\right)}{4\omega^2LC-1}\end{bmatrix},$$

$$\boldsymbol{T}=\begin{bmatrix}\dfrac{2\omega^2LC-1}{2\omega^2LC} & \dfrac{1}{\mathrm{j}\omega C}\\ \dfrac{4\omega^2LC-1}{\mathrm{j}\omega C(4\omega^2L^2)} & \dfrac{2\omega^2LC-1}{2\omega^2LC}\end{bmatrix}$$

13-10 (a) $1.24\angle 23.7°, 10.6\angle -0.99°\Omega, 0.106\angle 89.1°\mathrm{S}$;

(b) $1+\mathrm{j}\omega 6RC-5(\omega RC)^2+\mathrm{j}(\omega RC)^3$, $R(3+\mathrm{j}\omega RC)(1+\mathrm{j}\omega RC)$,

$\mathrm{j}\omega C(3+\mathrm{j}\omega RC)(1+\mathrm{j}\omega RC), 1+3\mathrm{j}\omega RC-(\omega RC)^2$

13-11 $\begin{bmatrix}1-\omega^2C^2R^2+\mathrm{j}3\omega CR & 2R+\mathrm{j}\omega CR^2\\ -\omega^2C^2R+\mathrm{j}2\omega C & 1+\mathrm{j}\omega CR\end{bmatrix}$

13-12 $-62.1\angle -15°\mathrm{V}$

13-14 (a) $Y_a=0.1227\mathrm{S}, Y_b=0.08181\mathrm{S}, Y_c=0.04091\mathrm{S}$;

(b) $Y_a=3\mathrm{S}, Y_b=2\mathrm{S}, Y_c=1\mathrm{S}$；VCCS 的电流为 $2U_1$

13-15 $n=\dfrac{g_2}{g_1}$ 13-16 $\dfrac{s^2+2s+5}{s^2+s+4}$

参 考 文 献

江泽佳．1992．电路原理．北京：高等教育出版社

李瀚荪．1993．电路分析基础．北京：高等教育出版社

吕天祥，魏绍芬．1994．电路基础．成都：西南交通大学出版社

邱光源．1999．电路．北京：高等教育出版社

石生，韩肖宁．2000．电路分析．北京：高等教育出版社

沈元隆，刘 陈．2001．电路分析．北京：人民邮电出版社

王蔼．1994．基本电路理论．上海：上海交通大学出版社

吴锡龙．1987．电路分析导论．北京：高等教育出版社

杨山．1988．电路基础理论．天津：天津大学出版社

俞大光．1984．电工基础(修订本)．北京：高等教育出版社

赵凯华．2003．电磁学．北京：高等教育出版社

周守昌．1999．电路原理．北京：高等教育出版社

周长源．1996．电路理论基础．北京：高等教育出版社